Paul Reichard:

Deutsch-Ostafrika.

Wißmann revidiert die Station Dar es Salaam.
Nach einer Originalphotographie.

Deutsch-Ostafrika.

Das Land und seine Bewohner,

seine politische und wirtschaftliche Entwickelung

dargestellt von

Paul Reichard.

Mit 36 Vollbildern nach Originalphotographien.

Springer-Verlag Berlin Heidelberg GmbH 1892

ISBN 978-3-662-33702-8 ISBN 978-3-662-34100-1 (eBook)
DOI 10.1007/978-3-662-34100-1
Softcover reprint of the hardcover 1st edition 1892

Deutsch-Ostafrika.

Die Erwerbung von Deutsch-Ostafrika.

Die deutsche Kolonialbewegung ist auf den französischen Schlacht=
feldern geboren worden als natürliche Folge der dort errungenen Einig=
keit und Machtstellung. Schon bald nach Beendigung jenes beispiellos
erfolgreichen Kampfes brach sich die Überzeugung Bahn, daß wir uns
nicht damit bescheiden durften, in die engen Grenzen des Deutschen
Reiches eingezwängt, auf jede Machtentfaltung und jeden Einfluß außer=
halb derselben zu verzichten. Volkswirtschaftliche und ideale Gründe
drängten uns auf neue Bahnen. Bisher hatten die Bemühungen
deutscher Forscher im Grunde genommen keine andern Erfolge gehabt,
als die Ausdehnung der britischen Weltmacht zu fördern. Deutschland
begnügte sich mit dem Ruhme, sein möglichstes zur Erweiterung der
geographischen Kenntnisse fremder Erdteile, besonders Afrikas beigetragen
zu haben, während England es sich angelegen sein ließ, ein Stückchen
herrenloser Erde nach dem andern als Kolonie in Besitz zu nehmen.
Seine überschüssigen Kapitalien legte es dann in seinem überseeischen
Besitze an und zieht jährlich etwa eine Milliarde Zinsen daraus. Ganz
Europa versorgt es mit Rohstoffen von dorther. Durch die Anlage
von Kohlenstationen in allen Teilen der Erde rückt es seinem Ziele,
den Welthandel vollständig zu beherrschen, immer näher. England
wird unter solchen Umständen eines Tages in der Lage sein, den über=
seeischen Handel einer beliebigen Nation nach Belieben einzuschränken
oder ganz zu unterbinden. Deutschland dagegen gehen alljährlich durch
Auswanderung ungeheure Summen an Kapital und Arbeitskraft un=
wiederbringlich ans Ausland verloren. Lange hat es gedauert, ehe
man zu der Überzeugung gelangte, daß das einzige Mittel zur Er=

haltung derselben in Erwerbung von Kolonien bestand. Ganz allmählich kam eine dahin zielende immer mächtiger anschwellende Strömung in Fluß, welche schließlich zu thatkräftigem Vorgehen hindrängte. Doch wohin sich der suchende Blick wenden mochte, geeignete Gebiete fanden sich nirgends, wir schienen bei der Teilung der Welt zu spät zu kommen. Da eröffneten sich Aussichten auf die Erwerbung von Samoa. Doch ebenso schnell wie sie aufgetaucht waren, verschwanden sie wieder, als im Jahre 1880 die Samoavorlage im Reichstage zu Fall kam. Auf lange waren damit alle kolonialen Bestrebungen lahm gelegt. Einer un= abweisbaren Notwendigkeit entspringend, hatte der Wunsch nach Kolonien schon zu tiefe Wurzel in der Nation gefaßt, als daß die Frage damit hätte erledigt bleiben können. Deutscher Eigenart entsprechend trat man an die Lösung derselben zunächst mit unendlichen theoretischen Erörterungen und fand Genüge in Gründung von Vereinen, Halten und Anhören von Vorträgen. Um den neuen Bestrebungen Freunde zu gewinnen und Verständnis dafür in weite Kreise zu tragen, war dies zwar notwendig, aber praktische Erfolge konnten nicht damit erzielt werden. Dies Raten ohne Thaten zeitigte zunächst eine ganz eigen= tümliche Erscheinung: So wie ein elektrischer Strom außerhalb seines Leiters Nebenströme erzeugt, so kam im Auslande eine Bewegung in Fluß, Frankreich ging nach Tongking, Italien nach Massaua, noch ehe Deutschland, welches die ganze Frage angeregt hatte, selbst zu Thaten geschritten war. Lange sollten diese nicht mehr auf sich warten lassen, die Kolonialbewegung ging in die Kolonialpolitik über.

Der eigentliche Beginn unsrer Kolonialpolitik ist von dem 24. April 1884 an zu rechnen, an welchem Tage der damalige Reichskanzler Fürst Bismarck an den deutschen Konsul in Kapstadt ein Telegramm folgenden Inhalts abgehen ließ:

„Nach Mitteilung des Herrn Lüderitz zweifeln die Kolonial= behörden (des Kaplandes), ob seine Erwerbungen nördlich vom Oranje= fluß auf deutschen Schutz Anspruch haben. Sie wollen amtlich erklären, daß seine Niederlassungen unter dem Schutze des Reiches stehen.“

Mit aufbrausendem Jubel begrüßte Deutschland dies Ereignis. Welche Fülle von Hoffnungen und Aussichten eröffneten sich mit einem Schlage. Endlich schienen die Zeiten angebrochen, wo der Deutsche dem Auslande gegenüber die Stellung einnehmen konnte, auf

welche er als Angehöriger einer so sieghaften Nation Anspruch hatte
Um der Wahrheit die Ehre zu geben, muß leider gesagt sein, daß
wir wenig Achtung im Auslande genießen trotz der blutigen Lorbeeren,
welche wir im letzten Kriege errungen. Endlich auch schien die Zeit
gekommen, wo der Deutsche unter dem Schutze des Reiches in der
Fremde seine Nationalität frei entfalten konnte, wo die Früchte seiner
Arbeit, welche er als Forscher, Missionär, Kaufmann erntete, dem
Vaterlande zu gute kommen.

Ehe aber die Erwerbungen in Südwestafrika zustandegekommen
oder auch nur bekannt geworden waren, bereiteten sich in aller Stille
Dinge vor, welche die höchste Bedeutung erlangen sollten, es leitete
sich die Erwerbung von Deutsch-Ostafrika ein, und damit trat ein
bisher unbekannter Mann in den Vordergrund, dem wir diese Er-
rungenschaft verdanken sollten. Dieser Mann war Dr. Karl Peters.

Dr. Karl Peters wurde im Jahre 1856 als der Sohn eines
Pfarrers in Neuhaus an der Unterelbe geboren. Er studierte
Nationalökonomie, Geschichte und Jurisprudenz, erwarb 1879 den
Doktorgrad und ein Jahr später die facultas docendi. Nach Be-
endigung seiner Studien ging er nach England. Der mehrjährige
Aufenthalt dort sollte von entscheidendem Einfluß auf sein Leben und
Wirken sein. Die Kreise, mit welchen er in England verkehrte,
lenkten seine Aufmerksamkeit auf das kolonialpolitische Gebiet, er lernte
die hohe Bedeutung von Kolonien für das Mutterland schätzen und,
angeregt durch die in Deutschland in Fluß kommende koloniale Strömung,
studierte er mit regstem Interesse die einschlägigen Verhältnisse. Im
Jahre 1884 kehrte Dr. Peters in die Heimat zurück zu einer Zeit,
wo die Wogen kolonialer Begeisterung zwar hoch gingen, aber noch
nicht zu greifbarem Resultat geführt hatten. Welcher Gegensatz zu
dem praktischen Vorgehen der Engländer, welche in ruhelosem Thaten-
drang ganz Afrika für sich in Beschlag legten. In Dr. Peters reifte
der Entschluß, selbst Hand anzulegen und für Deutschland Gebiete zu
gewinnen, wo der Deutsche, im Zusammenhang mit dem Vaterlande,
von fremdem Einfluß ungestört, arbeiten konnte. Die Ausführung
des Planes war außerordentlich schwierig, da kein Vorbild gegeben
war, denn die Erwerbungen in Südwestafrika waren damals noch nicht
vollzogen. Von seiten des Reiches war seit dem Fall der Samoa-

vorlage keine Unterstützung zu erwarten, umsoweniger, als sich die Reichsregierung allem Anscheine nach noch immer nicht entschließen konnte, mit der doktrinären traditionellen Abneigung gegen alle Kolonialpolitik zu brechen. Das gesteckte Ziel fest im Auge haltend, ging Dr. Peters energisch an die Ausführung seines Vorhabens, ganz nach eignem Ermessen handelnd und nur auf die eigne Kraft angewiesen. Man kann ihm die Anerkennung nicht versagen, welche seinem mutigen Handeln gebührt, besonders da ihm die größten Schwierigkeiten von seiten seiner eignen Landsleute bereitet wurden. Nur Böswilligkeit oder schlechter Wille vermögen die Bedeutung seiner Thaten in den Augen der Welt herabzusetzen. —

Im Sommer 1884 machte Dr. Peters die Bekanntschaft des Grafen Behr-Bandelin und erwarb in diesem einen begeisterten Anhänger und Freund für seine Ideen. Auf Betreiben beider wurde nun die „Gesellschaft für deutsche Kolonisation" gegründet. Der Zweck dieser neuen Gesellschaft sollte die Erwerbung überseeischer Gebiete sein, nach welchen man deutsche Auswanderung hinlenken wollte. Die Gelder wurden in der Höhe von 65 000 Mark zusammengebracht. Mit dieser verschwindend kleinen Summe wollte man nun eine Kolonie gründen. Das sah allerdings etwas nach Abenteuern aus, allein Dr. Peters gab derartigen Einwendungen kein Gehör und schritt unverweilt zur Ausführung.

Die Gesellschaft für Kolonisation hatte sich die Sache in der Weise gedacht, daß man Länder kaufen und an Kolonisten wieder verkaufen wollte. Man trug sich zuerst mit der Absicht, in Brasilien vorzugehen. Der Missionsinspektor Merensky, welcher Afrika aus eigner Erfahrung kannte, schlug das Hinterland der portugiesischen Kolonie in Westafrika im Gebiet vom Massamedes vor, und dieses wurde auch vorläufig ins Auge gefaßt. Der Öffentlichkeit gegenüber mußte man sich begnügen, „das Plateau von Südafrika" als das zu berücksichtigende Land zu bezeichnen.

Deutlicher durfte man nicht sein, um nicht die Aufmerksamkeit fremder Nationen, namentlich der Engländer, wachzurufen. Im September 1884 waren alle Vorbereitungen zur Abreise der Expedition nach Südwestafrika getroffen. Da langte in Deutschland die Kunde von der Besitzergreifung Angra Pequenas durch Lüderitz im letzten

Augenblick vor der Abreise an. Als glücklicher Zufall mußte dieser Umstand gepriesen werden, denn am Kuene würde wahrscheinlich das Unternehmen des Dr. Peters gescheitert sein. Ferner darauf bestehen zu wollen, sich zwischen jene und die portugiesischen Gebiete einzu= klemmen, wäre, besonders ohne Aussicht auf einen eignen Hafen, ein zweckloses Unternehmen gewesen. Nun konnte Dr. Peters seine früher vergebens vorgebrachten Pläne zur Ausführung bringen. Schon immer hatte er auf Usagara an der Ostküste von Afrika hingewiesen, sein ganzes Sehnen richtete sich dorthin, Stanleys warme Schilderungen hatten seine ganze Phantasie gefangen genommen. Abwägend die Dar= stellungen dieses Reisenden zu prüfen, hatte man damals noch nicht für notwendig gefunden. Dr. Peters drang im Ausschuß mit seinem Plane durch, in Ostafrika Erwerbungen zu machen, und führte den= selben auch mit ungemeiner Schnelligkeit aus.

Am 1. Oktober 1884 brach Dr. Peters auf. Als Reisegefährte schloß sich ihm Graf Joachim Pfeil an, welcher schon ein großes Stück von Afrika gesehen hatte. Er war 1873 mit der Hermanns= burger Mission nach Natal gegangen. Dort führte er ein wechselndes Farmer= und Wanderleben und lernte Land und Leute, namentlich die Sulukaffern kennen. Nachdem er 1877 auf einige Monate bei seinen Eltern in Europa zu Besuch erschienen war, ging er wiederum nach Afrika, kaufte sich im Oranjefreistaat an, um Landwirtschaft und Viehzucht zu treiben. Seine Unternehmungen schlugen jedoch gänzlich fehl. Schon damals trug er sich mit dem Gedanken, geeignete Gebiete ausfindig zu machen, um diese in deutsche Kolonien umzuwandeln. Durch die Wanderzüge der Transvaal=Bauern veranlaßt, wandte er seine Aufmerksamkeit auf das Gebiet zwischen dem unteren Limpopo und Sambesi. Er verließ seine Farm, rüstete sich mit einem von achtzehn Ochsen gezogenen Karren und sieben Pferden aus und brach Anfang September 1871 nach den Drachenbergen auf. Er gelangte nach mannigfachen Schwierigkeiten nach dem Limpopo, mußte aber am Cumati seine Ochsen zurücklassen und die Reise zu Fuß fortsetzen. Zuletzt zwangen ihn Mangel und Krankheit, noch ehe der Sambesi erreicht war, den Rückweg anzutreten, und im Januar 1883 traf er wieder auf seiner Farm ein. Einen Monat später brach er abermals auf. Diese Reise wäre ihm beinahe verhängnisvoll geworden. Zu

Fuß durchwanderte er mit seinen Trägern einen Teil des Swasi= und Togolandes in der Absicht, die Delagoabai zu gewinnen. Plötzlich entflohen seine Träger, und ganz allein gelassen, blieb er vom heftigsten Fieber geschüttelt in einem Sumpfe liegen. Wenn nicht ein zufällig des Weges ziehender Händler den bewußtlos Daliegenden aufgefunden und in seiner Hütte gepflegt hätte, wäre Graf Pfeil verloren gewesen. Erst nach wochenlangem Krankenlager konnte er seinen Marsch fort= setzen. Endlich in der Delagaobai angelangt, traf er ein Schiff und auf diesem fuhr er über Sansibar nach Aden, wo er abermals ein sehr heftiges Fieber zu überstehen hatte, ehe er im Mai 1883 wieder in der Heimat anlangte.

In Berlin, wo er sich meist aufhielt, befaßte er sich nunmehr eifrig mit geographischen Studien und verlegte sich besonders auf Einübung geographischer Ortsbestimmungen. Nebenbei wirkte er für den Kolonialverein durch Halten von Vorträgen. In Berlin war es auch, wo er Dr. Peters kennen lernte. Es war ganz natürlich, daß Graf Pfeil, der sich ja selbst schon lange mit Kolonisationsideen trug, begeistert Dr. Peters' Pläne aufgriff und selbst teil an den Aus= führungen derselben nahm.

Außer Graf Pfeil schloß sich noch Assessor Dr. Jühlke an, ein langjähriger Freund des Dr. Peters, und späterhin auf eigne Rechnung und Gefahr ein Herr Otto, der selbst ein alter Kolonist war.

Durch eine Indiskretion kam der ganze bis zum Aufbruch der Expedition sorgfältig geheim gehaltene Plan in die Presse. Um die öffentliche Meinung irre zu leiten, nahm die Expedition ihren Weg über Hannover. Dadurch war der Schein geweckt worden, als be= absichtige man über Liverpool nach Westafrika zu gehen. Es gelang sogar, die „Times" zu täuschen, deren darüber handelnder Artikel als= dann durch die ganze englische Presse ging. Schließlich brachte man es zustande, durch Verbreitung widersprechender Nachrichten die öffentliche Meinung vollständig irre zu leiten. Unter falschem Namen dampften dann die vier Herren aus dem Hafen von Triest. Am 4. November traf die Expedition in Sansibar ein und fand dort in Herrn Justus Strandes, Vertreter von Hansing u. Co., die regste Unterstützung, obgleich derselbe, nachdem er schließlich in das Geheimnis der Expedition eingeweiht worden war, die stärksten Zweifel in das

Gelingen des Planes setzte. Jedenfalls hielt man es von seiten der in Sansibar ansässigen Europäer, denen gegenüber die Expedition als eine halb wissenschaftliche, halb sportliche ausgegeben wurde, für unmöglich, so schnell, wie Dr. Peters beabsichtigte, aufzubrechen. Dieser machte aber das anscheinend Unmögliche doch möglich und schon sechs Tage später trat er, wenn auch höchst mangelhaft ausgerüstet, seinen Marsch nach dem Innern an und zwar von Sadaani aus. Außer den vier Europäern bestand die kleine Karawane nur aus sechsunddreißig Trägern und sechs Dienern. Es war auch in Sansibar Dr. Peters gelungen, den Sultan Said Bargasch über den wahren Zweck zu täuschen, und dies war noch wichtiger, wie die Täuschung der öffentlichen Meinung in Europa, denn Said Bargasch würde selbstverständlich alle Hebel in Bewegung gesetzt haben, um das Unternehmen zu vereiteln.

Von Sadaani aus betrat man altbekannte Karawanenwege, durchzog Useguha, machte am 23. November in Mkindo in Nguru den ersten Halt und schloß den ersten Vertrag mit dem dortigen Häuptling. Von da wendete sich Dr. Peters nach Usagara und erreichte am 4. Dezember das als Endziel ins Auge gefaßte Muini Msagara. Täglich legte die Karawane vierzehn Kilometer im Durchschnitt zurück. Für Anfänger war dies eine ganz tüchtige Leistung, besonders in anbetracht der Thatsache, daß unterwegs sechs Verträge geschlossen worden waren. In Muini Msagara, nicht Sima heißt der Ort, ging es mit den bis dahin schon von Deutschland aus aufs äußerste angestrengten Kräften mit einem Male zu Ende. Alle vier Europäer erkrankten an heftigen Fieberanfällen, denen kurz darauf Otto erlag, welcher dort begraben wurde. Ein möglichst schneller Rückzug zur Küste war geboten, insbesondere, um die Ergebnisse des kecken und kühnen Zuges zu sichern. Graf Pfeil blieb zurück, um in Kiroa die erste Station zu gründen. Dr. Peters und Dr. Jühlke machten sich am 4. Dezember 1884 von Muini Msagara auf, um unter ungeheuren Strapazen durch Ukami und Ukwere zur Küste hernieder zu steigen. Ganz und gar erschöpft erreichten beide, in Hängematten getragen, unterwegs aus Mangel an Tauschwaren Hunger leidend, am 17. Dezember über Bagamojo die Stadt Sansibar. Dr. Peters verließ Sansibar allein, seinen Gefährten als Vertreter dort zurücklassend, ging über Bombay, wo er sich zur Erholung einige Wochen lang aufhielt, nach Deutschland zurück und traf dort schon nach nur vier= monatlicher Abwesenheit wieder ein. Er durfte sich rühmen, eine ganz erstaunliche Leistung vollbracht zu haben, sowohl was die Origi= nalität des Planes, als auch die Art der Ausführung anging. Noch mehr mußten seine Hintermänner zufrieden sein. Innerhalb sechs Wochen war in Afrika durch Verträge mit Häuptlingen Grund und Boden für die Gesellschaft für deutsche Kolonisation erworben worden von einer ungefähren Oberflächenausdehnung des Königreichs Bayern.

Man hat seinerzeit viel über den Wert dieser Verträge gespottet. Es muß auch zugegeben werden, daß sie staatsrechtlich ohne alle Be= deutung waren, wenn man die thatsächlich geringe Macht der in Frage kommenden Häuptlinge in Betracht zieht. Privatrechtlich fehlte ihnen jede Grundlage, weil der Häuptling nach dortigen Rechtsbegriffen gar nicht in der Lage ist, in der hier angewandten Form Land zu ver= kaufen oder abzutreten, denn alles Land gehört gewissermaßen dem Stamme oder vielmehr den Individuen des in dem Häuptling ver= körperten Staatsverbandes. Diesen, aber auch nur diesen gegenüber ist das Land herrenlos, während der Fremde, und solcher ist jeder, welcher einem andern Staatsverbande angehört, ganz rechtlos ist. Man darf selbst den Neger nicht für so dumm halten, daß er gegen eine Reihe von Geschenken und das Versprechen, für die Zukunft weiterer Geschenke gewärtig sein zu dürfen, selbst wenn unter diesen Geschenken, wie Dr. Peters berichtet, rote Husarenjacken be= findlich waren, sein Land ohne weiteres an einen plötzlich aus dem Dunkel auftauchenden Europäer abzutreten oder sich gar ohne weiteres unter dessen Schutz zu stellen. Besonders aber darf man ihn nicht für so bodenlos einfältig halten, daß er sich durch einen Vertrag für gebunden hält, den man ihm in deutscher, ihm unverständlicher Sprache vor= gelesen hat. Alle Häuptlinge, mit denen Dr. Peters solche Verträge schloß, hatten ganz bestimmt nicht die leiseste Ahnung von der Be= deutung, welche der Reisende seinen Verträgen unterlegte, sonst würde nicht ein einziger von ihnen zum Unterzeichnen zu bestimmen gewesen sein. Schon die Schnelligkeit, mit der Dr. Peters seine Abkommen besiegeln zu lassen pflegte, sprach für die Annahme, daß die sämt= lichen Häuptlinge überlistet worden waren.

Allen derartigen Einwänden und Bedenken hatte Dr. Peters kein Gehör gegeben, sie vollständig unbeachtet gelassen und dies auch, was man ausdrücklich betonen muß, mit vollstem Recht. Ihm konnte es für den Augenblick nur darauf ankommen, etwaigen Einwänden des Sultans Said Bargasch die Spitze abzubrechen, noch mehr mußte sein Augenmerk darauf gerichtet sein, die von ihm erworbenen Gebiete für alle andern Nationen unantastbar zu machen. Diesen Zweck hat er mit seinen Verträgen vollständig erreicht, da sie von der Deutschen Reichsregierung anerkannt wurden. Eine thatsächliche Besitzergreifung war damit aber nicht erreicht. Die Häuptlinge hatten sich dem Wortlaute der Verträge nach zwar unterworfen, indem sie sich angeblich aller Rechte als Staatsoberhaupt begeben hatten, nur ihre privatrechtlichen Ansprüche waren ihnen garantiert worden, in Wirklichkeit dachte keiner an die Erfüllung der ihnen meist kaum bekannten Bedingungen, und als man später damit begann, Stationen und Plantagen anzulegen, mußte sogar bebautes Land von den Schwarzen gegen Entschädigung erworben werden. Es lag ganz im Belieben der Häuptlinge, die Verträge so lange zu halten, wie sie wollten. Die Gesellschaft hatte keine Machtmittel, sie dazu zu zwingen, aber eben auch keine solchen, den garantierten Schutz für Leben und Eigentum, namentlich dem Sklavenraub und feindlichen Häuptlingen gegenüber zu gewähren. Dies war der schwächste Punkt der Verträge und des ganzen Vorgehens des Dr. Peters. So lange keine zu großen Anforderungen gestellt wurden, genügten die Verträge. Von dem mit Sicherheit vorauszusehenden Momente aber, wo den Negern die Unzulänglichkeit der Machtmittel ihrer neuen Herren zum Bewußtsein kam, mußte ein Umschwung eintreten.

Man hat die Frage aufgeworfen, ob wir zur Besitzergreifung von Ländern berechtigt sind, die sich in den Händen wilder Stämme befinden, und ob uns eine Berechtigung zur Einmischung in ihre Angelegenheiten zusteht, ob wir ferner die Befugnis haben, sogenannte wilde Völker zu zwingen, mit uns in Verkehr zu treten.

Alle diese Fragen sind zweifellos zu bejahen. Die barbarische Kultur von Naturvölkern gibt uns völkerrechtlich Anlaß zur Einmischung in ihre Angelegenheiten. Alle Einwände, welche man gegen solche Einmischung zu machen versuchte, gründen auf falschen Voraussetzungen, indem man dem Neger oder andern barbarischen Stämmen Freiheiten und Selbstbestimmung zugestand, welche ihnen als Naturvölkern unmöglich zukommen durften.

Kein Naturvolk nützt die Hilfsquellen seines Landes in solcher Weise aus, daß es mit uns in Handelsverbindung treten kann, welche auch nur annähernd ein Gleichgewicht zwischen der Produktionsfähigkeit ihrer Länder und unsrer Tausch- und Kaufkraft herstellen könnten. Aus diesem Mißverhältnis ergibt sich von selbst die Berechtigung für uns, die Bewirtschaftung und Ausbeute ihrer Länder in die Hand zu nehmen, d. h. Kolonien in ihren Gebieten zu gründen. Thatsächlich machen auch andre zivilisierte Nationen längst von solchem Rechte Gebrauch. Da wo eine Abschließung versucht wird, steht uns deshalb auch zweifellos das Recht gewaltsamen Eindringens zu. Ferner verpflichten uns geradezu sittliche und wirtschaftliche Gründe, wilde Völker kulturell zu erziehen.

Wir selbst folgten nur dem urewigen Gesetz der Selbsterhaltung, wenn wir uns endlich dazu aufrafften, von den bei der Austeilung der Erde übrig gebliebenen Ländern so viel wie möglich für uns zu gewinnen. Dr. Peters hat dies in ausgedehntem Maße bewerkstelligt, wir sind ihm dafür zu Dank verpflichtet. Als er Anfang Februar 1885 nach Deutschland zurückgekehrt war, mußte er in erster Linie seine Erwerbungen sicherstellen. Es gelang wider Erwarten rasch, denn schon am 27. Februar 1885, einen Tag nach der Unterzeichnung der Kongoakte in Berlin, erhielt er den Schutzbrief des deutschen Kaisers durch Vermittelung des Reichskanzleramtes. Derselbe lautete:

„Wir Wilhelm, von Gottes Gnaden deutscher Kaiser, König von Preußen, thun kund und fügen hiermit zu wissen: „Nachdem die derzeitigen Vorsitzenden der „Gesellschaft für Deutsche Kolonisation", Dr. Karl Peters und Unser Kammerherr, Felix, Graf Behr-Bandelin, Unsern Schutz für die Gebietserwerbungen der Gesellschaft in Ostafrika, westlich von dem Reiche des Sultans von Sansibar, außerhalb der Oberhoheit andrer Mächte, nachgesucht und Uns die von besagtem Dr. Karl Peters zunächst mit den Herrschern von Usagara, Nguru, Useguha und Ukami im November und Dezember v. J. abgeschlossenen Verträge, durch welche ihm diese

Gebiete für die deutsche Kolonisationsgesellschaft mit den Rechten der Landeshoheit abgetreten worden sind, mit dem Ansuchen vorgelegt haben, diese Gebiete unter Unsre Oberhoheit zu stellen, so bestätigen Wir hiermit, daß Wir diese Oberhoheit angenommen und die betreffenden Gebiete, vorbehaltlich Unsrer Entschließungen auf Grund weiterer Uns nachzuweisenden vertragsmäßigen Erwerbungen der Gesellschaft oder ihrer Rechtsnachfolger in jener Gegend, unter Unsern kaiserlichen Schutz gestellt haben. Wir verleihen der besagten Gesellschaft unter der Bedingung, daß sie eine deutsche Gesellschaft bleibt und daß die Mitglieder des Direktoriums oder die sonst mit der Leitung betrauten Personen Angehörige des Deutschen Reiches sind, sowie den Rechtsnachfolgern dieser Gesellschaft unter gleichen Voraussetzungen die Befugnis zur Ausübung aller aus den Uns vorgelegten Verträgen fließenden Rechte, einschließlich der Gerichtsbarkeit, gegenüber den Eingeborenen und den in diesen Gebieten sich niederlassenden oder zu Handels= und andern Zwecken sich aufhaltenden Angehörigen des Reiches und andrer Nationen, unter der Aufsicht Unsrer Regierung und vorbehaltlich weiterer von Uns zu erlassenden Anordnungen und Ergänzungen dieses Unsres Schutzbriefes.

„Zu Urkund dessen haben Wir diesen Schutzbrief Höchsteigenhändig vollzogen und mit Unsrem Kaiserlichen Insiegel versehen lassen.

Gegeben Berlin, den 27. Februar 1885.

(gez.) Wilhelm.
(ggz.) v. Bismarck.

Ehe wir dazu übergehen, die Errungenschaften des Dr. Peters kurz ins Auge zu fassen, sei es gestattet, die Thatsache der Erteilung des Schutzbriefes einer Betrachtung zu unterziehen. Dieser Akt ist s. Z. in seiner ganzen Bedeutung viel zu wenig gewürdigt worden. Glänzende Aussichten eröffneten sich damit der deutschen Kolonial= und auswärtigen Politik, welche aber leider durch ein nachfolgendes verändertes Verhalten der deutschen Reichsregierung nicht erfüllt werden sollten. Entgegen allen bisherigen diplomatischen Gepflogenheiten hatte die Regierung kühn und keck ohne ängstliches Erwägen zugegriffen.

Die Verhältnisse an der afrikanischen Ostküste, welche durch unsre Einmischung einer so jähen Veränderung unterworfen worden waren, lagen folgendermaßen: Der Sultan von Sansibar war in der That nichts andres mehr als ein englischer Vasall, trotz der ihm von Frank=reich und England in der Erklärung vom 10. März 1862 gemeinsam garantierten Selbständigkeit.

Das englische Übergewicht war immer mehr befestigt worden, besonders von dem Augenblick an, als Sir Bartle Frere den Sultan von Sansibar am 5. Juni 1873 zur Unterzeichnung eines Vertrages zwang, demgemäß der Sklavenhandel, wenn auch nicht ganz unterdrückt, so doch bedeutend eingeschränkt wurde. Große Summen verschlangen die von dem englischen Geschwader fortgesetzt gemachten Anstrengungen, die Ausführung des Vertrages zu sichern. Eine immer mehr zu=nehmende Einwanderung britischer Inder, welche im Besitze großer Kapitalien waren, brachte nach und nach den ganzen Handel auf weite Ausdehnung in deren Hände. Der englische diplomatische Agent Sir John Kirk, ein früherer Begleiter Livingstones, war zuletzt beinahe allmächtig in Sansibar. Die Bevölkerung sagte von ihm: anakata maneno sote (wörtlich: er zerschneidet alle Worte, d. h. er gibt immer den Ausschlag). Kirk hatte ein Ziel unentwegt im Auge: die Er=werbung Sansibars und der ganzen Ostküste als englische Kolonie.

Die englisch=indische Regierung hatte, um Verwickelungen zu vermeiden, schon unter dem Vorgänger Said Bargaschs, Said Madjid, die Verpflichtung von diesem übernommen, an Maskat alljährlich einen Tribut von 40 000 Dollars zu zahlen, als Said Madjid sich weigerte, die Zahlung dieser Summe nach dem Tode Said Suenis von Maskat ferner zu leisten. An der Küste und an vielen Punkten des Hinter=landes von Sansibar waren eine Menge englischer Missionäre thätig. Überall waren englische Interessen zu wahren. Niemand wird demnach im Ernste behaupten können, daß England keine Rechte und Ansprüche an der afrikanischen Ostküste gehabt habe. — Im Angesichte aller dieser Thatsachen schritt Deutschland rücksichtslos zur Besitzergreifung der von Dr. Peters gemachten Erwerbungen.

Als Deutschland zu Anfang des Jahres 1885 die Kolonialpolitik in solch offensive Bahnen leitete, legte das englische Kabinett sofort Verwahrung ein. Dieselben wurden vom Auswärtigen Amte nicht berückſichtigt, vielmehr der oben erwähnte Schutzbrief erteilt. Faſt zu derſelben Zeit ging der zum Generalkonſul ernannte Afrikaforſcher Gerhard Rohlfs an Bord eines Kriegsdampfers nach Sanſibar mit der offenkundigen Abſicht, den Sultan zum Beitritt zur Kongokonferenz zu beſtimmen, und einige Tage ſpäter erhielt das engliſche Kabinett die offizielle Anzeige von der Erteilung des Schutzbriefes an Dr. Peters, welcher das deutſche Protektorat über die erworbenen Provinzen erklärte.

Wenn man aus allen dieſen Ereigniſſen das Facit zieht, ſo waren Anzeigen einer denkbar kräftigſten Kolonialpolitik vorhanden, welche in hohem Grade geeignet ſchien, weitſchauende Ziele zu ver= folgen, Deutſchlands leiſtungsfähiger Induſtrie und ſeinem ſchon damals bedeutenden überſeeiſchen Handel neue Wege zu öffnen und Ausgangs= punkte für weitere Unternehmungen zu ſchaffen. Das kräftige und entſchiedene Vorgehen der deutſchen Reichsregierung mußte eine frohe Zuverſicht für die Zukunft eröffnen und das Nationalbewußtſein, beſonders der Deutſchen im Auslande fördern. Die Wirkungen des kraftbewußten Auftretens unſrer Reichsregierung ſollte ſich ſogleich ganz beſonders nach der am meiſten betroffenen Seite äußern. Wir meinen den Sultan von Sanſibar. Als derſelbe am 25. April 1885 offizielle Kenntnis von der Erteilung des Schutzbriefes erhielt, ließ er ungeſäumt, zweifellos unter engliſchem Einfluß ſtehend, ein Telegramm folgenden Inhaltes an den deutſchen Kaiſer abgehen:

„Wir haben vom Generalkonſul Rohlfs Abſchrift von Euer Majeſtät Proklamation vom 27. Februar empfangen, wonach Gebiete in Uſagara, Nguru und Ukami, von denen es heißt, daß ſie weſtlich von unſern Beſitzungen liegen, Eurer Oberhoheit und deutſcher Re= gierung unterſtellt ſind. Wir proteſtieren hiergegen, weil dieſe Gebiete uns gehören und wir dort Militärſtationen halten und jene Häuptlinge, welche die Abtretung von Souveränitätsrechten an die Agenten der Geſellſchaft anbieten, dazu nicht die Befugnis haben: dieſe Plätze haben uns gehört ſeit der Zeit unſrer Väter.“

Zu gleicher Zeit ſandte Said Bargaſch Truppen nach Uſagara, Witu und Dſchagga, um die deutſche Beſitzergreifung ungültig zu machen.

Der Proteſt des Sultan Said Bargaſch war, wenn wir un= parteiiſch urteilen ſollen, in allen Punkten berechtigt, die in Frage kommenden Gebiete befanden sich thatsächlich unter seiner Oberhoheit. Seit einer langen Reihe von Jahren waren nämlich die betreffenden Gebiete allenthalben von arabischen und wasuaheli Händlern durchsetzt. An den bedeutendsten Punkten hatte Said Bargasch den jeweilig einflußreichsten Araber zum Wali ernannt, an kleinen zahlreichen umher zerstreuten Orten je drei bis vier Belutschen stationiert. In Mamboia auf der Route Sadaani=Mpapua hatte er eine befestigte Station angelegt, wo regelmäßig eine Abteilung seiner regulären Soldaten lag und zeitweilig sich sein General, der in seinen Diensten stehende Engländer Mathews, aufhielt; in Kondôa befand sich ein Schiach (Scheik) ebenso in Mwomero, in Muini Msagara ein Wali mit einem Detachement Belutschen, und gerade diesem zahlte der Häuptling von Usagara, Muini Msagara, sowie die andern Häuptlinge Tribut. Alle Beamten waren verpflichtet, die Ordnung im Lande aufrecht zu erhalten, und sie erfüllten diese ihre Aufgabe zweckentsprechend. Anderweitig erhoben allerdings die Häuptlinge, wie z. B. der von Simba=muene, einen kleinen Wegezoll, Hongo, allein Said Bargasch und die Araber duldeten dies, so lange er für Ordnung im Lande sorgte. Said Bargasch betrachtete diese Gebiete immer als die seinen, und nie kam ihm der Gedanke, daß eine andre Macht Anspruch darauf erheben könne, er hielt es nicht für notwendig, schriftliche Verträge da ab= zuschließen, wo er längst die thatsächliche Herrschaft ausübte. Wenn auch diese Machtentfaltung unsern Begriffen von Herrschaft nicht entsprach, so genügte sie doch vollständig für den Zweck.

Weiter im Innern in Unjamuesi lagen die Verhältnisse ebenso, doch sprechen wir davon an geeigneter Stelle. Uber all diese That= sachen, ob sie der deutschen Regierung bekannt waren, wissen wir nicht, ging dieselbe ruhig hinweg, ebenso wie über die Ansprüche der Engländer, und war auch der Belehrung durch Said Bargasch un= zugänglich. Es genügte ihr, den Willen zu haben, die Gebiete zu besitzen, um sie mit Beschlag zu legen. Darin lag der viel zu wenig gewürdigte Schwerpunkt der damaligen ungewöhnlich kräftigen und erfolgreichen Kolonialpolitik. Dr. Peters und seine Gesellschaft waren mit dem Schutzbrief dem Sultan Said Bargasch gegenüber allerdings im Vor= teil, als sie für den Fall eines Konfliktes geschriebene Verträge besaßen. Der starke Wille der deutschen Regierung genügte, die erworbenen

Gebiete waren und blieben in Händen der Gesellschaft trotz des Sultans thatsächlich besseren Rechtes; wenn dagegen der Beamte des Sultans Said Bargasch, welcher in Mwomero saß, Salim bin Hamed, eine schriftliche Erklärung abgab, daß sein Herr keine Oberhoheit in Usagara und Useguha ausübte, so hat er einfach die Wahrheit verdunkelt. Der Verfasser hatte selbst Gelegenheit, sich auf seiner Reise von der Lage der oben geschilderten Dinge zu überzeugen, und notorisch ließen sich alle Expeditionen, welcher Nation sie angehören mochten, vom Sultan Empfehlungsbriefe nach dem Innern geben. Wenn dieselben nichts mehr zu bedeuten hatten als ein unbeschriebenes Blatt Papier, so hatte dies ganz besondere Gründe, indem sie gar nicht mehr sein sollten.

Said Bargasch erzielte mit seinem Protest, wie bemerkt, keine Wirkung, als daß ihm Fürst Bismarck auf sein beleidigendes Telegramm eine energische Antwort zu teil werden ließ, worauf Said Bargasch sich dazu verstand, seine Truppen zurückzuziehen. Um aber eine nachhaltige Anerkennung des deutschen Schutzgebietes zu erwirken und um dem Sultan sowie der ganzen Bevölkerung Deutschlands Macht augenscheinlich vorzuführen, mußte ein starkes deutsches Geschwader vor Sansibar erscheinen.

Das Erscheinen der deutschen Kriegsschiffe machte in Sansibar auf den Sultan, die Araber und die Negerbevölkerung den tiefsten Eindruck. Man erreichte damit, daß Said Bargasch eine befriedigende Erklärung wegen seines Telegrammes abgab und die Herrschaft über die Schutzgebiete rückhaltlos anerkannte. Auch hier war es englischer Einfluß, welcher sich, diesmal jedoch zu unsern gunsten, bemerkbar machte. England hatte, durch das bestimmte Verfahren Bismarcks vor die Wahl eines Konfliktes oder eines Vergleiches gestellt, den letztgenannten Weg gewählt und seinem Vertreter, Sir John Kirk, den Befehl erteilt, in allen Dingen gemeinsam mit seinen deutschen Kollegen vorzugehen, unter dem üblichen Vorbehalt des englischen Kabinetts, und erklärte in einem weiteren Notenwechsel, die deutschen Kolonisationspläne nicht durchkreuzen zu wollen. Hier konnte man recht deutlich den alten Erfahrungssatz bestätigt sehen, daß das säbelrasselnde England sofort die Klinge in die Scheide steckt, wo man ihm ebenfalls ein blankes Schwert zeigt.

England war von Deutschland überrumpelt worden und hatte trotz jahrzehntelanger Anstrengung sehen müssen, wie ihm diese junge Kolonialmacht in Ostafrika zuvorgekommen war. Im Gefühl vollständiger Sicherheit hatte das englische Kabinett gar nicht daran gedacht, dort je einen Mitbewerber zu sehen. Nun mußte es bedacht sein, den Schaden so gut wie möglich auszubessern und zu retten, was übrig blieb. Englands Bereitwilligkeit hatte also seine guten Gründe. Wie schon erwähnt, hatten England und Frankreich am 10. März ein Abkommen geschlossen, in welchem dem Sultan von Sansibar die Unabhängigkeit garantiert wurde. So lange Deutschland diesem Übereinkommen nicht beigetreten war, bestand die Gefahr, daß dieses, in seiner bisherigen energischen Weise fortfahrend, eines Tages das ganze Sultanat einstecken könne. Schien doch die Gefahr während der deutschen Flottendemonstration vor Sansibar sehr nahe zu liegen. England verzichtete aber keineswegs auf seine Ansprüche in Ostafrika, und um ganz sicher zu gehen, war es so klug gewesen, Deutschland durch seine Unterstützung in Sansibar sich zu Dank zu verpflichten. Die kaiserlich deutsche Regierung bestätigte gern, daß sie die friedliche Lösung der offiziösen Vermittelung der Geschäftsträger Großbritanniens verdankte. England hatte damit schriftlich eine Anweisung auf Deutschlands Dankbarkeit und säumte nicht, den ausgestellten Wechsel einzulösen, indem auf sein Betreiben Deutschland jenem englisch=französischen Abkommen beitrat und ebenfalls des Sultans Unabhängigkeit garantierte. Wenn Deutschland damit auch eine weitere rückhaltlose Anerkennung seiner Forderungen gegenüber dem Sultan erwirkte und sogar erreichte, daß die Häfen Pangani und Dar es Salaam in der Form einer Zollpacht an die Ostafrikanische Gesellschaft abgetreten wurde, so hatte man sich doch damit die Hände gebunden. Mehr konnte England vorläufig nicht erreichen. Mit dem Beitreten Deutschlands zu jenem Abkommen war England Sansibar für die Zukunft sicher. Niemand, sagte sich das englische Kabinett, wird sich nun mit der Frage beschäftigen, was gedenkt Großbritannien später bezüglich Sansibars zu thun, und derartige Verträge werden bekanntlich in vielen Fällen nur geschlossen, um in aller Ruhe Vorbereitungen zur Durchkreuzung derselben treffen zu können und um im geeigneten Augenblicke nicht gehalten zu werden. Von dieser Praxis machte England denn auch thatsächlich ausgiebigen Gebrauch.

Inzwiſchen hatten ſich auch in Deutſchland in kolonialen Kreiſen die Dinge verändert. Die erfolgreiche Expedition des Dr. Peters, die ſchnelle Erteilung des Schußbriefes hatten dem jungen Unternehmen eine Menge neuer Freunde und, was die Hauptſache war, Kapital zugeführt. Es zeigte ſich nun die unabweisbare Notwendigkeit einer Neukonſtituierung der Geſellſchaft für deutſche Koloniſation. In der bisherigen Form genügte ſie den Anſprüchen nicht mehr. Die Schwierig= keit, welche die juriſtiſche Form darbot, löſte man durch Gründung einer Kommanditgeſellſchaft, welche unter der Firma: „Karl Peters und Genoſſen" in das Firmenregiſter eingetragen wurde. Dr. Peters übertrug man die Leitung. Dieſer erkannte mit richtigem Blick, daß man zunächſt darauf bedacht ſein mußte, möglichſt weitgehende Gebiete für die Geſellſchaft zu gewinnen. Ein zu viel konnte man leichter wieder abgeben, als ein zu wenig ſpäter vergrößern.

Nun folgte eine Zeit, welche man ſpäter „die Periode des Flaggenhiſſens" genannt hat. Dr. Peters hat ſich damals eine Menge Gegner geſchaffen und die Kolonialpolitik etwas in Mißkredit gebracht durch das Anpreiſen und Lärmſchlagen und zum nicht geringen Teil durch die Art und Weiſe ſeiner erſten Erwerbungen, welche in einer für den beſonnenen Deutſchen wenig ſympathiſchen, zu burſchikoſen Weiſe geſchah, ſo daß man vielfach die ganze Sache nicht ernſt nehmen wollte. Die Schilderung dieſer Reiſe wäre in der gegebenen Form beſſer ganz unterblieben. Jedenfalls aber haben wir es der Rührigkeit des Dr. Peters zu verdanken, daß im Mai 1885 bis Februar 1886 die unten aufgeführten Gebiete unter die Ober= hoheit der Geſellſchaft gebracht wurden:

die Nordküſte des Somalilandes von Halule bis Warſcheikh durch Regierungsbaumeiſter Hörnecke und Leutnant von Anderſen im September 1885,

die Küſte des Somalilandes an der Wubuſchimündung durch Dr. Jühlke, Leutnant Günther und Jancke im Herbſt 1886,

das Land nördlich und ſüdlich vom Sabaki durch Leutnant von Anderſen im Januar 1886,

Uſambara, Pare und Dſchaggaland am Kilimandſcharo durch Dr. Jühlke und Premierleutnant Kurt Weiß im Mai 1885,

Uſaramo durch Leutnant Schmidt und Söhnge im September 1885,

Kutu durch den Grafen Pfeil im Juni 1885,

Uhähä, Mahenga, Ubäna und das Land der Wangindo zwischen Rufidji und Rowuma, ebenfalls durch den Grafen Pfeil im November 1885.

Die Verhältnisse waren mittlerweile so weit gediehen, daß eine Regelung derselben auf diplomatischem Wege nicht länger hinausgeschoben werden konnte. Dahinzielende Verhandlungen wurden nunmehr am 23. Dezember 1885 eingeleitet und fanden ihren Abschluß in dem „internationalen Abkommen zu London am 1. November 1886". Danach erkannte Deutschland und Großbritannien die Souveränität des Sultans an über die Inseln Sansibar und Pemba, über alle andern kleinen Inseln, welche in der Nähe der beiden innerhalb eines Umkreises von zwölf Seemeilen lagen, ebenso über die Inseln Lamu und Mafia.

Auf dem Festland hatte eine gemischte Kommission die Verhältnisse betreffs des Sultans Machtvollkommenheit untersucht, und war zu dem Resultat gekommen, daß der Besitz des Sultans von Sansibar, entsprechend seiner Machtentfaltung, nicht über fünf Seemeilen landeinwärts, gerechnet von dem höchsten Flutenstand, reiche. Dementsprechend gestanden ihm die beiden Vertragsmächte auch nicht mehr zu, wie den schmalen, fünf Seemeilen breiten Streifen parallel der Küste, ununterbrochen laufend von der Mündung des Mininganiflusses am Ausgang der Tungibucht bis Kipini. Ferner wurden dem Sultan von Sansibar an der Somaliküste die Stationen Kismaju, Baraua, Marka und Makdischu zugesprochen, deren Ausdehnung see- und landwärts nach denselben Grundsätzen wie oben festgesetzt wurden.

In demselben Vertrage wurden die beiderseitigen Interessensphären in vorläufiger Abgrenzung festgestellt. England verpflichtete sich zur Unterstützung Deutschlands gegenüber dem Sultan. Beide Mächte machten sich verbindlich, den Sultan zum Beitritt zu der Generalakte der Berliner Kongokonferenz zu bestimmen.

Damit war leider die Periode der friedlichen Weiterentwickelung abgeschlossen, der Aufstand brach aus, noch zu Lebzeiten des Sultans Said Bargasch. Wir werden diese Vorgänge einer eingehenderen Betrachtung würdigen, bilden sie doch die interessantesten Vorgänge an der Ostküste in letzter Zeit. Nach Beendigung der kriegerischen Wirren unter den Nachfolgern Said Bargaschs, Said Khalifa und

Said Ali, wurde das englisch-deutsche Abkommen geschlossen und damit die Grenzen Deutsch-Ostafrikas endgültig im ganzen Umfange festgesetzt. In dem Vertrage vom 1. November 1886 war die Grenze nur für den östlichen Teil des ganzen Gebietes bestimmt, und zwar derart, daß im Süden der Rowumafluß von seiner Mündung bis zu dem Punkte der Einmündung des Msinjeflusses, von dort weiter auf dem Breitengrade dieses Punktes bis zum Ufer des Nyassasees laufend, die Grenze bilden sollte. Im Norden war das Gebiet begrenzt von einer Linie, deren Verlauf der folgende war: beginnend mit der Mündung des Flusses Wanga oder Umba lief sie in gerader Linie nach dem Jpesee, weiterhin entlang dem Ostufer und um das Nord-ufer des Sees führend, den Fluß Lumi überschreitend, um die Land-schaft Taweta, um Dschagga in der Mitte zu durchschneiden; dann entlang dem nördlichen Abhang der Bergkette des Kilimandscharo, um in gerader Linie weiter geführt zu werden bis zu demjenigen Punkte am Ostufer des Viktoria-Njansasees, welcher von dem ersten Grade südlicher Breite getroffen wird. Die östliche Grenze wurde durch den schmalen Küstenstreifen bestimmt, welcher damals den Besitz des Sultans von Sansibar bildete.

Wir berühren in unsern Ausführungen die übrigen Erwerbungen, Witu und die Somaliküste, nicht, da die Vorgänge dort fortan für uns nur geschichtliches Interesse haben, denn sie gehören nicht mehr zu unserm Kolonialbesitz.

An die Bestimmungen des obigen Vertrages anknüpfend oder dieselben vielmehr weiterführend, schlossen England und Deutschland am 1. Juli 1890 einen Vertrag, demzufolge die Grenze in folgender Weise in dem westlichen Teil des Gebietes fortgeführt wurde: im Norden durch eine Linie, welche den Viktoria-Njansa auf dem ersten Grade südlicher Breite überschreitet und diesem Breitengrade bis zur Grenze des Kongostaates folgt, wo sie ihr Ende findet. Dabei ist der Mfumbiro-berg nicht mit einbegriffen, selbst wenn sich herausstellen sollte, daß dieser südlich von dem ersten Grad südlicher Breite liegt.

Im Süden wurde die Interessensphäre begrenzt durch die Linie, welche, anknüpfend an den Punkt, wo der Breitengrad die Mündung des Msinjeflusses in den Rowuma, den Nyassa, trifft, sich längs des Ost-, Nord- und Westufers des Nyassasees bis zum nördlichen Ufer der Mündung des Songweslusses fortsetzt. Sie geht dann diesen Fluß bis zu seinem Schnittpunkte mit dem dreiunddreißigsten Grade östlicher Länge hinauf und folgt ihm weiter bis zu demjenigen Punkte, wo an der Grenze des in dem ersten Artikel der Berliner Konferenz beschriebenen geographischen Kongobeckens, wie dieselbe auf der dem neunten Protokoll der Konferenz beigefügten Karte gezeichnet ist, am nächsten kommt (so sagt der Wortlaut des Vertrages). Von hier geht sie in gerader Linie auf die Grenze des Kongostaates zu und führt an derselben entlang bis zu deren Schnittpunkte mit dem zweiund= dreißigsten Grade östlicher Länge. Sie wendet sich dann in gerader Linie bis zu dem Vereinigungspunkt des Nord= und Südarmes des Kilambolusses, welchem sie dann bis zu seiner Mündung in den Tanganikasee folgt. Im Westen verläuft die Grenze von der Mündung des Kilambolusses bis zum ersten Grade südlicher Breite und fällt mit der Grenze des Kongostaates zusammen. Im Artikel XI. ver= pflichtete sich Großbritannien, seinen ganzen Einfluß aufzubieten, um ein freundschaftliches Übereinkommen zu erleichtern, wodurch der Sultan von Sansibar seinen auf dem Festlande gelegenen und in den vorhandenen Konzessionen der Deutsch=ostafrikanischen Gesellschaft er= wähnten Besitzungen nebst Dependenzen, sowie die Insel Mafia an Deutschland ohne Vorbehalt abtritt. Dies ist inzwischen geschehen, indem der Sultan eine Entschädigung von vier Millionen Mark von der Deutsch=ostafrikanischen Gesellschaft ausgezahlt erhielt. Deutschland besitzt somit das ganze Gebiet einschließlich des früher dem Sultan von Sansibar gehörigen Küstenstreifens. England wurde freies Durchzugs= recht durch unsre Gebiete von Norden nach Süden und umgekehrt zugesprochen, während von einem gleichen Rechte für uns, betreffend die englischen Gebiete, nirgends die Rede ist. Deutschland verpflichtete sich dagegen, die Schutzherrschaft Großbritanniens anzuerkennen über die verbleibenden Besitzungen des Sultans von Sansibar mit Einschluß der Inseln Sansibar und Pemba, sowie über die Besitzungen des Sultans von Witu.

Wenn es auch nicht unsre Aufgabe sein kann, hier Kritik an den Bestimmungen des Vertrages zu üben, so muß gesagt werden, daß ein Mißgriff mit der Preisgabe der Insel Sansibar geschehen ist, abgesehen von andern ungünstigen Bestimmungen des Ver=

trages, welcher bekanntlich auch die Grenzregelung unsrer sämtlichen übrigen afrikanischen Kolonien festlegt. Es handelt sich bei derartigen Abmachungen nicht allein um die Feststellung mehr oder weniger großer Gebiete, wobei es selbstverständlich nicht auf einige Quadrat= meilen Landes ankommen kann, es muß in solchen Fällen auch der Umfang des Ansehens in Betracht gezogen werden, auf welches eine Nation wie die deutsche nicht nur Anspruch hat, sondern geradezu verpflichtet ist, solchen zu erheben, umsomehr, als wir es in den in Frage kommenden Gebieten mit halbzivilisierten und ganz wilden Völkern zu thun haben. Derartige Völker haben ein ungewöhnlich feines Empfinden für Machtäußerungen, ohne dabei in der Lage zu sein, die politischen Beweggründe solch einschneidender Operationen, wie sie in Afrika stattfanden, beurteilen zu können. Daß wir mit dem Abschluß des Vertrages in seiner vorliegenden Form eine Einbuße an Ansehen erlitten haben, ist zweifellos, und nur schwer, unter großen Opfern und innerhalb langer Zeit läßt sich der Schaden ausbessern.

England hatte sein möglichstes erreicht, Sansibar, das Eingangs= thor Afrikas, war in seine Hände gekommen. Was kümmerte England der Vertrag vom 10. März 1862, den es mit Frankreich geschlossen, darin dem Sultan von Sansibar die Selbständigkeit garantierend.

Welche erstaunliche Entwickelung hat unsre Kolonialbewegung in Ostafrika genommen: Im September 1884 machte sich Dr. Peters reisefertig, um irgendwo in Afrika Land zu kaufen in der Absicht, deutsche Kolonien zu gründen. Am 27. Februar 1885 wurde einer Kommanditgesellschaft der kaiserliche Schutzbrief über ein Gebiet von der ungefähren Größe Bayerns erteilt. Schon fünf Jahre später mußte sich das stolze England, welches ein Monopol auf allmähliche Beschlagnahme sämtlicher herrenloser Länder zu besitzen glaubte, ent= schließen, am 1. Juli 1890 das englisch=deutsche Abkommen mit uns zu vereinbaren, demzufolge Deutschland in Ostafrika ein Gebiet zugesprochen wurde von der doppelten Größe des Heimatlandes. Nicht zu vergessen die Abtretung der Insel Helgoland an Deutschland. Wie ungeheuer stark mußten die treibenden Kräfte wirken, welche derartige Ereignisse zeitigten.

Allgemeine Schilderung
des deutsch-ostafrikanischen Gebietes.

Das ungeheure wissenschaftliche Material, welches uns die Arbeit der Forscher geliefert hat, läßt uns Afrika als denjenigen Kontinent erkennen, welcher sich durch eine außerordentliche Gleichförmigkeit aus= zeichnet. Schon in der einfachen Küstengliederung deutet sich dies an. Diese Gleichförmigkeit des geologischen Aufbaues bedingt eine solche auch nach allen andern Richtungen. Wir finden ein gleichmäßiges Klima, wenn wir von den Wüstengebieten absehen, eine ziemlich gleich= artige Pflanzendecke, verschieden nur auf sehr weitgedehnten Strecken, wir nennen nur die enormen Waldsteppenbildungen des südlichen und östlichen Teils und die Gegenden, wo feuchte Wälder auf große Ausbreitung vorherrschen, wie im mittleren und unteren Kongogebiete. Die Bewohner, deren Charakter, Lebensweise und Sitten zeigen in großen Zügen auch jene Gleichmäßigkeit, und dies alles gilt dem= entsprechend auch für Deutsch=Ostafrika.

Wir müssen zunächst den geologischen Bau ins Auge fassen. Das ganze Gebiet Ostafrikas zeigt uns überall Urgestein, Gneis, Granit und roten Sandstein in weitaus vorherrschender Weise, und auch hier tritt uns als zweites wesentliches Merkmal von ganz Afrika der aus= gesprochene Hochplateaucharakter entgegen. Da seit der Entstehung des Kontinents keine gewaltsamen plötzlichen geologischen Änderungen statt= gefunden haben, konnten die abtragenden Naturkräfte, das Wasser und die Atmosphärilien, seit unendlichen Zeitaltern wirken, und so sehen wir heute nur noch Reste alter Gebirge vor uns im inneren Hochplateau und in den Randgebirgen desselben. Die Erde ist durch allmähliche Abkühlung unausgesetzter Zusammenziehung unterworfen. Dieselbe bewirkt in erster Linie Faltenbildungen, welche zu Aufwerfungen in Gestalt von Gebirgen Veranlassung geben, anderseits entstehen Einsenkungen und Erdspalten. Als in ihrer Großartigkeit einzig auf der Erde dastehendes Beispiel dieser Art haben wir solche Spalten in Ostafrika vor uns, welche in fast meridionaler Richtung parallel verlaufend, die Becken der innerafrikanischen Seen bilden.

Nur an einer Stelle haben in Deutsch=Ostafrika vulkanische Kräfte die Erde durchbrochen und im nördlichen Teil den gewaltigen Kilimandscharo aufgebaut.

Gehen wir auf Einzelheiten ein, so finden wir an dem Meere zunächst einen schmalen Küstensaum, welcher, nur ganz allmählich zu Höhen von kaum hundert Metern ansteigend, gegen Süden an Breite zunimmt. In den nördlichen Gebieten ist dieser Küstenstreifen nur zwanzig bis dreißig Kilometer breit, ehe er den Fuß der Randgebirge erreicht, in den mittleren Teilen wächst die Breite auf sechzig bis siebzig Kilometer und in den südlichsten noch am wenigsten erforschten Teilen dehnt sich niederes Terrain bis zum Fuße der imposanten Nyassaberge.

Die Randgebirge stellen eine Kette von Gebirgen dar, deren Verlauf im allgemeinen der Küste folgt, um im Süden in weitem Bogen bis gegen den Nyassa zurückzutreten. In ununterbrochener Folge, nur in der Höhe verschieden, können wir von Norden nach Süden die Gemeinsamkeit dieser Erhebungen verfolgen, wenn wir mit dem Berglande Usambara mit durchschnittlicher Höhe von 1200 bis 1400 m beginnen. Der Kilimandscharo als einzelner Bergkegel erfordert besondere Beachtung. Südwärts fortschreitend schließen sich nach Überschreitung einer Einsattelung die Bergzüge von Useguha an, welche, als Terrassenerhebung von der Küstenzone aus zu 250 bis 360 m ansteigend, vor die schönen Berge von Nguru gelagert sind. Bei schönem klaren Wetter sind deren über 1200 m hohe Gipfel sogar in Sansibar sichtbar. Weiter schließen sich, in der eingeschlagenen Richtung laufend, die landschaftlich herrlichen Berge von Usagara und die Kideteberge an. Sie recken ihre stolzen Häupter bis zu 2100 m empor. Mit Gipfeln von ungefähr gleicher Höhe folgen weiterhin die Rubäho= und Mahengeberge. Vor diesen lagern die Berge von Ukami und Kutu, um sich schließlich nach dem Lande zwischen Rowuma und Rufidji abzuflachen. Nur durch einen ganz schmalen Rücken, dessen höchste Erhebungen nicht über 800 m hoch zu sein scheinen, stehen sie im Zusammenhang mit den Nyassabergen, welche Höhen bis zu 3000 m aufweisen.

Haben wir diese Berge, uns westwärts wendend, überschritten, so ist der Abstieg dorthin kaum bemerkbar, wir haben das innere Hochplateau erreicht und befinden uns bis zum Tanganika und nördlich zum Viktoria=Njansa auf einem riesigen Hochplateau in durchschnitt= licher Höhe von 1000—1500 m, durchsetzt von niederen sanftgewellten Granit= und Gneishügeln und =Kuppen. In den östlichen Teilen zeigen sich in großer Häufigkeit oft riesige Granit= und Gneisfelsen und =Blöcke, welche an erratische Blöcke erinnern, besonders da Ver= witterung und vom Wind bewegter Sand den Felsen ein Aussehen geben, als habe Wasser Auswaschungen an denselben bewirkt. Diese Felspartien und Kuppen sind Trümmer des Gerippes uralter Gebirge.

Hydrographisch gehört Deutsch=Ostafrika dem Indischen Ozean, dem Nil und dem Kongo an.

Die Gletscher des in die Regionen ewigen Eises hinaufragenden Kilimandscharo speisen den Panganifluß, welcher bei der Stadt Pangani ins Meer mündet. Auf seinem ziemlich geraden Lauf strömt er zuerst in sanftem Bogen über Felsen dahin, um in seinem unteren Lauf nach Osten umzubiegen. Er nimmt auch die Wasser auf, welche von der südlichen Hälfte Usambaras thalwärts strömen, während die nördliche Seite dieses Gebirges nach dem Umba zu entwässert wird, einem unbedeutenden Flüßchen, an dessen Mündung in den Ozean der Ort Wanga als Ausgangspunkt der Grenze des im Norden sich anschließenden englischen Gebietes liegt.

Die Nguru=, Usagara= und Ukamiberge und zum Teil auch noch die Rubähoberge senden ihre Wasser durch den Mkata oder Wami thalwärts. Ukami beteiligt sich daran aber nur mit den Abflüssen seiner Westhänge, während von dessen Nord=, Ost= und Südseite der Kingani gespeist wird, ein Fluß, welcher von Süden so gut wie gar keine Zuflüsse aufnimmt.

Der Rufidji strömt von weit her. Seine Quellflüsse kommen als Kisigo aus Ugogo im Norden, als Ruaha von den Nordhängen der Nyassaberge und als Ulanga aus Mahenge im Süden.

Station Mikindani von der Seeseite.

Nach einer von Major v. Wißmann zur Verfügung gestellten Originalphotographie.

Der Rowuma entwässert die Osthänge der Nyassaberge.

Alle die Flüsse sind für die Schiffahrt fast ohne alle Bedeutung, führen aber das ganze Jahr über mehr oder weniger Wasser. Überhaupt ist das Küstengebiet bedeutend wasserreicher wie das Innere, und in den Bergen sprudeln und rieseln unzählige Wasserläufe, meist umsäumt von herrlichen Urwaldstreifen.

Eigentliche Flüsse weist dagegen das sehr wasserarme Innere nicht auf. Wir finden dort überall nur Regenströme, welche in der trockenen heißen Zeit entweder vollständig versiegen oder wie die bedeutenderen derselben nur eine Kette größerer und kleinerer Wasserbecken bilden, welche dann ohne Zusammenhang bleiben und von Nilpferden, Krokodilen und Fischen wimmeln und landschaftlich meist von unvergleichlichen Reizen und außerordentlicher Abwechselung sind. Der bedeutendste dieser Regenströme ist der Malagarasi, welcher sich in den Tanganika ergießt, d. h. solange er während der Regenzeit Wasser führt. Alle andern, sowohl diejenigen, welche dem System des Tanganika, als auch jene, welche dem Viktoria-Njansa und Rikwa im Südost des Tanganika und Nyassa angehören, sind ohne alle Bedeutung, ebenso die Rinnsale der Bäche des Massailandes, welche ihr Regenwasser dem Manjarasee und den im Norden desselben liegenden Natronseen zuführen.

Kehren wir zu dem Küstengebiet zurück, so finden wir, daß die Küste unsrer ostafrikanischen Besitzungen, entsprechend dem Aufbau des ganzen Kontinentes, sehr wenig gegliedert ist. Nur einige Einbuchtungen bieten dem Schiffer gegen die mächtige Dünung des Indischen Ozeans als Naturhäfen Schutz oder zeigen bei stürmischem Wetter durch vorgelagerte Inseln weniger unruhiges Wasser. Diese wenigen Häfen, zu welchen vor allen Tanga, der beste der ganzen deutschen Ostküste, ferner Dar es Salaam mit einem ebenfalls vortrefflichen Hafen, Kiloa und Lindi zu rechnen sind, bieten wegen Korallenbildungen auch Schwierigkeiten und sind zum Teil deswegen recht schwierig anzulaufen. Der flache Sandstrand zieht sich einförmig dahin, blendend weiße Dünen bildend. Von den Monsunen aufgewirbelt, führen sie wie alle Dünen ein unruhevolles Dasein. Nur wo eine üppig wuchernde Decke von Kräutern, kriechenden Schlinggewächsen und Gras Wurzeln fassen konnte, sind sie zum Stehen gebracht, wenn nicht Wellenschlag,

Wind und Flut aufs neue Breschen reißen in Erdwerke, welche sich das Meer selbst aufgerichtet hat. Die Flüsse legen die letzte Strecke ihres Weges trägen Laufes zurück und bilden meist Deltaanschwemmungen, deren bedeutendste dem Rufidji angehört, denn der Küstenstreifen ist in der Nähe des Meeres flach, und weit stromaufwärts machen Flut und Ebbe den Spiegel der Flüsse steigen und fallen und erzeugen dementsprechend bei Flut ein Rückwärtsströmen des Wassers.

In zahllosen Hinterwassern und lagunenartigen Gebilden mischen sich Fluß und Meer zu Brackwasser, dem Standorte der sonderbaren Mangroven, welche, grundlosem Schlamm= und Sumpfboden ent= sprossend, einförmige Waldungen bilden. Je nach dem Stand des Wassers gleichen sie überschwemmten oder auf Stelzen stehenden Wäldern. Diese Wälder atmen fieberschwangeren Pesthauch aus, nicht minder die Süß= und Brackwasserlagunen. Eine üppige, aber unschöne Vegetation säumt solche Sümpfe ein. Die Bäume sind von un= durchdringlichen Schlingpflanzen überwuchert, in einförmiges Grün gekleidet, wie eine schlecht gemalte Landschaft sieht hier alles aus. Der Rand der mit brodelndem Schlamm angefüllten Sümpfe ist mit Schilf= und Rohrdickicht bestanden, das dunkelbraune, stinkende Wasser zeigt an seichten Stellen orangegelbe, gallertartige Raseneisensteingebilde, die tiefen Stellen mit Wasserrosen oder den kohlartigen Pistien bedeckt. Myriaden von Moskitos schweben in der Luft und sitzen in unzählbaren Scharen auf den Blattunterseiten an schattigen Stellen, wie ein dünner Schleier anzusehen. Sie überfallen jeden, der sich ihnen nähert oder sie aufstört, in unbarmherziger Blutgier. Eine feuchte schwüle Luft liegt auf dem Sumpfe, dem Lieblingsaufenthalte aller Arten von Wasservögeln, ein tausendfacher Chor von Fröschen führt ein un= unterbrochenes Konzert aus.

Wo sich dagegen das Land auf zehn bis zwanzig Meter erhebt, ist alles staubtrocken, dichter Busch tritt an Stelle der Sumpfpflanzen, untermischt von hohen dunkelbelaubten Bäumen. Wenn nicht zuweilen ein kühler Hauch von der See her wehte, könnte man in der glühenden Mittagssonne kaum atmen. Gern sucht man daher die Stellen auf, wo die Eingeborenen im Schweiße ihres Angesichtes Nutzpflanzen angebaut haben und der dichtbelaubte Mangobaum oder weitgedehnte Kokospalmenhaine kühlen Schatten spenden. Die Felder der Ein=

geborenen sind mit Sorghum, Mais, Maniok, Bataten und Gemüsen bestanden, in feuchten Niederungen sehen wir üppige Reis= und Zucker=felder. Hier und da schaut aus Bananenbeständen das strohgedeckte Giebeldach einer Negerhütte, und die Städte der Küste leuchten mit ihren weißgetünchten, aus Korallenkalk gemauerten Häusern schon von weit her. Das Meer ist von arabischen Dau= und kleinen Segel=booten belebt und am Horizont erblicken wir einen Dampfer oder ein Segelschiff.

Wenden wir uns landeinwärts, so durchschreiten wir zuerst dünenartige Hügel, mit dichtem Buschwald bestanden, unterbrochen von wiesenartigen Grasflächen. Die Flußniederungen zeigen in den flachen Überschwemmungsgebieten baumlose Grasflächen, welche nach der Regen=zeit oft meterhoch von Wasser überflutet werden. In der trockenen Zeit ist der thonige Schlammboden derart ausgedörrt, daß sich nach allen Seiten unzählige, oft fußbreite Risse und Sprünge öffnen. Der holperige Pfad bereitet dann dem Fuß Marterqualen, weil von der Regenzeit her Spuren von Menschen und wilden Tieren, hier besonders Nilpferden, tief eingedrückt sind. Erhebt sich der Boden nur um ein geringes von seiner Umgebung, so treten sofort die merkwürdigen Flötenakazien auf (Acacia fistula), dünne, mit feinen Fiederblättern schwach belaubte Bäumchen von höchstens fünf Meter Höhe mit sperrigem Astwerk. Sie erhöhen mit ihrem dürftigen Aussehen recht sehr den Eindruck allgemeiner Trockenheit. Sie liefern gutes Gummi arabikum, die Rinde wahrscheinlich wertvolle Gerbstoffe. Weitstehend bilden die Flötenakazien Bestände von höchst melancholischem Aussehen. Sie sind bewehrt mit kleinfingerlangen Doppelstacheln. Der nackte Schwarze meidet sie schon deshalb, weil er fürchtet, mit seinen bloßen Füßen in die herabgefallenen schneeweißen Dornen zu treten. Der Stich derselben verursacht große Schmerzen, welcher sich zu einem peinigenden Brennen steigert wegen der feinen Brennhaare, die wie ein Hauch den Dorn überziehen. An ihrer Basis haben die immer paarweise stehenden Dornen eine Anschwellung von der Größe einer Hasel= bis Walnuß, welche anfangs saftig, allmählich dünnwandig verholzt. Irgend ein Insekt veranlaßt durch Stiche diese Anschwellung, wahrscheinlich die glänzend schwarze Ameise, welche man auf allen Bäumchen findet. Sie benutzen die hohlen Kapseln als Wohnungen.

Zu diesem Zwecke haben sie auch wahrscheinlich das 3,5 mm im Durch=
messer haltende Loch hineingebohrt. Wenn nun der scharfe Südwest=
monsun über das Land fegt und die windseits stehenden Löcher trifft,
so entstehen leise und elfenhafte Töne, fernem Orgelklang gleichend.
Erinnerungen an die Märchenwelt der Kindheit rufen sie wach.

Die ganz baumlose oder baumarme Savanne, von den Ein=
geborenen Mbuga genannt, tritt bis an den Fluß heran. Denken
wir uns, daß wir von Bagamojo aus ins Land vordringen wollen,
so werden wir bald, aus mannshohem Grase tretend, unvermutet die
schmutzig=gelben Fluten des Kinganiflusses vor uns sehen, welche sich
meerwärts wälzen. Wir sind an der Kinganifähre, jetzt deckt ein
kleines Fort die Überfahrtsstelle. Dasselbe wurde von Herrn
von Gravenreuth im August 1888 angelegt und besteht aus einem
schußfesten, aus Wellblech gebauten Hause mit Umwallung. Eine Be=
satzung von zwölf Mann und eine kleine Schnellfeuerkanone genügen
zur Deckung vollständig, während ein Stahlboot den Verkehr ver=
mittelt. Früher waren die Einrichtungen sehr primitiv, nur einige
schwanke schmale Einbäume vermittelten den ganzen ungeheuren Kara=
wanenverkehr, und große Safari (Karawanen) brauchten oft tagelang,
um hinüber zu kommen. Vieh wurde hinübergetrieben. Der Wali
von Bagamojo erhob trotz der mangelhaften Einrichtungen einen ziemlich
hohen Wegezoll, der wohl oder übel gezahlt werden mußte.

Beim Anblick der wirklich trostlosen Ufer erhalten wir zunächst
einen sonderbaren Begriff von tropischer Ufervegetation. Vertrauen
wir uns aber einem der schmalen Einbäume, Mtumbi genannt, an
und lassen uns von dem Fährmann mit dem kurzen myrtenblatt=
förmigen, leicht gebogenen Ruder stromauf= oder abwärts rudern,
so können wir die Schönheit der Landschaft nicht genug bewundern.
Wir haben hier das Bild eines typischen ostafrikanischen Stromes vor
uns. In gespanntester Erwartung schauen wir dem ersehnten Augen=
blicke entgegen, wo wir das erste Nilpferd „in Freiheit dressiert" zu
sehen bekommen sollen, denn der heutige Tag gilt der Jagd. Der
zwischen sechzig und zweihundert Meter breite Strom ist auf der
großen Ausdehnung seiner Ufer mit einem herrlichen Uferurwald ein=
gesäumt. Kulissenartig schieben sich in den zahllosen Windungen die
Baumgruppen voreinander. Uralte Riesen, mit lustigem oder dicht=

belaubtem Gipfel, himmelanstrebende Stämme mit lichtgrüner, glatter Rinde oder knorrige Bäume mit weit ausladenden Ästen. Graugrün belaubte Bäume, mit kirschgroßen, amarantroten Früchten beladen, ragen weit übers Wasser. Dazwischen schlanke Phönixpalmen, wo die Strömung am meisten sprudelt und gurgelt und über sumpfiges Land hinüberleckt, da stehen am liebsten die stammlosen Raphiapalmen mit ihren zehn bis fünfzehn Meter langen Wedeln. Trockene Stämme und rotes Wurzelwerk ragt aus dem Wasser. Und über alles klettern Lianen. Sie umklammern meterdicke Stämme und feine Äste, sie steigen in die Kronen hinauf und wehen im Winde, von Baum zu Baum in graziösen Festons oder einander selbst wie in wütendem Ringkampfe umschlingend, von Schenkeldicke bis zur Dünne eines Fadens. Stellenweise überwuchern sie die ganze übrige Vegetation und bilden Partien, als liege ein grüner Teppich auf Astwerk gebreitet. Wo tiefe Buchten und Hinterwasser von grünen Wiesenflächen begrenzt werden, erheben sich stolze Borassuspalmen mit mehrhundertjährigem Stamme, der in der Mitte dick angeschwollen ist. Die Fächerblätter= kronen, deren einzelne Blätter oft zwei Armspannen Durchmesser erreicht, rascheln im Winde. Schilf und Binsen stehen am Ufer. Wohin man blickt, stromauf und =ab, überwältigende Großartigkeit. In eigentümlicher Beleuchtung erscheint die Landschaft, die glühende Sonne steht senkrecht über dem Scheitel, und so kommt es, daß alles im hellsten Lichte strahlend, in einförmig grünem Ton erscheint, während die Schatten sich tiefschwarz abheben. Nur am Morgen oder Abend spielen schöne satte Farben auf dem Laubwerk.

Auf trockengelaufenem Sand oder Schlammbänken liegen Krokodile, einige mit weit aufgerissenem Rachen, um sich von der Sonne das kalte Blut durchwärmen zu lassen, mißfarben wie alte abgestorbene Stämme. Bei unsrer Annäherung schieben sie sich sofort leise in den Fluß. Diejenigen, welche hoch oben auf den Bänken liegen, krümmen den Rücken wie ein Kater, heben den Schweif nach oben und mit hoch ausgreifenden Füßen laufen sie, den Schlamm aufspritzend, ins Wasser.

Ein reiches Vogelleben kann sich hier ungestört entfalten, in den Morgen= und Abendstunden zu regem Leben erwacht, während in den heißen Mittagsstunden alles schweigt. Zwischen den Krokodilen trippeln ganz ungeniert die kosmopolitischen Strandläufer umher, geschäftig den Schlamm und Sand nach Insekten absuchend. Weiße Reiher stehen wie sinnend am Ufer, den starren Blick ins Wasser gerichtet. Wenn sie den spitzen Schnabel zuweilen blitzschnell in die Flut tauchen, glänzt fast jedesmal ein silberschimmernder Fisch darin. In die Luft geschleudert, wird er von dem nimmersatten Schlund des Vogels aufgefangen. Durch Ast= und Wurzelwerk huschen krächzend graue Nacht= reiher. Ein reizender kleiner Eisvogel schwirrt an uns vorbei, in der Luft, den Kopf nach unten gesenkt, flattert ein schwarzweiß gesprenkelter Eisvogel immer an genau demselben Punkt, als sei er an einem Faden aufgehängt, um sich plötzlich ins Wasser zu stürzen, aus dem er sich schnell wieder emporarbeitet, dabei ein triumphierendes Ge= zwitscher ausstoßend, denn er hat ein blinkendes Fischlein erbeutet und wird es auf einem Aste verspeisen. Über uns erschallt die jauchzende Stimme des Schreiadlers. Über die Wasserfläche streicht schweren Fluges ein Riesenreiher mit rauh tönender Stimme und hoch in den Lüften kreist eine Schar Klaffschnäbel, schwarze storchartige Vögel, deren Schnabel sich nur an der Basis und der Spitze berührt, während dazwischen in der Mitte eine Öffnung frei bleibt, welche ihnen den Namen eingetragen. Einige Exemplare dieser Vögel stehen sinnend, den Kopf mit den klugen Augen auf den Rücken gelegt, am Ufer, andre stolzieren im Schlamm umher, um Muscheln zu fischen und in die Sonne zu legen, wo die Muschel, sich von selbst öffnend, dem Vogel das gewalt= same Öffnen erspart. Enten und Gänse streichen vor uns auf, ein Paar Ibis Hagedasch fliegen unaufhörlich schreiend, wie es ihre Ge= wohnheit ist, den Uferwald entlang. Überall pfeift, singt, schwirrt und flattert es.

Während wir, vom Strom getragen, ruhig dahin gleiten, erscheinen vor uns beim Umschiffen einer Biegung im Wasser mehrere schwarze riesige Tierköpfe, es sind Nilpferde, eine ganze Familie, welche in Herden von acht bis zehn Stück gewisse Reviere inne zu haben scheinen. Manchmal taucht ein Kopf unter, andre kommen an die Oberfläche. Einige der Tiere lassen sogar den walzenförmigen glänzenden Riesen= leib zum Teil aus dem Wasser hervorragen, sie schlafen. Da es die heißeste Zeit des Tages ist, verhalten sie sich ruhig, und nur zuweilen vernimmt man ein leises Schnauben übers Wasser hallen. Erst gegen

Abend pflegen die Tiere munter zu werden, sie tauchen dann laut
schnaubend auf und nieder, reißen im Gähnen den ungeheuren Rachen
mit den fürchterlichen Zähnen weit auf, um ihn mit lautem Klapp
zu schließen und hinterher ein behagliches Grunzen erschallen zu
lassen, dem ein dröhnendes Brüllen folgt, lautes Echo aus den Ufer=
waldungen lockend. Wenn eines der Tiere den Kopf etwas aus
dem Waffer emporhebt, um mit nach vorne gespitzten Ohren aufmerk=
sam in einer Richtung zu blicken, so erinnert es in der That, besonders
in den Nackenpartieen, an ein Pferd. Tritt aber das Nilpferd da,
wo es ungestört sein idyllisches Leben führen kann, noch vor Einbruch
der Dunkelheit, in unsicheren Gegenden erst tief in der Nacht, seine
Wanderungen an, so glaubt man aus einiger Entfernung ein riesen=
haftes Schwein vor sich zu haben, welchem Tiere es ja auch zoologisch
am nächsten steht. Die kurzen und im Vergleich zu dem unförmlichen
Leib zierlich aussehenden, vierzehigen Beine machen, daß der dicke
Bauch in sumpfigem Terrain auf dem Boden schleift, das Tier mit
dem enormen, häßlichen Kopf kann als Urbild der Plumpheit gelten.
Sieht man es langsam, bedächtig und vorsichtig dem Waffer entsteigen,
oder vielmehr sich ans Land wälzen, so würde man es nicht für
möglich halten, daß das Kiboko, wie es in Kisuaheli genannt wird, ein
so ausgezeichneter Fußgänger ist und während der Nacht, seiner Natur
als Nachttier getreu, oft viele Stunden weite Ausflüge unternimmt,
so daß es den Weg in ununterbrochenem Galopp, seiner einzigen
Gangart neben dem Schritt, zurücklegen muß, wenn es zu rechter
Zeit wieder in seinem Quartier, dem Waffer, anlangen will, wo es
regelmäßig kurz vor oder mit Sonnenaufgang eintrifft. Daß das
Kiboko aber sogar ein ganz gewandter Bergsteiger ist, würde der
Verfasser nie geglaubt haben, wenn er nicht am Tanganika die ganz
frischen Spuren von Nilpferden an steilen, selbst für Menschen nur
mühsam ersteigbaren Bergabhängen in 200 m Höhe mehr wie einmal
gesehen hätte. Am Djuofall des Lufirafluffes, welcher sich in Urua
in den oberen Kongo ergießt, haben die Nilpferde durch tausende von
Jahren in vielen, vielen Generationen breite, einen Meter tiefe und
ihrem Leibesumfange entsprechend breite Rinne in den roten Sand=
steinfels getreten.

Das Nilpferd hat einen brutalen Charakter und greift meist ohne weiteres Boote an, um sie umzuwerfen, aus reiner Lust an Roheiten. Doch gibt es unter ihnen sehr verschiedenartige Temperamente, in weiten Gebieten gleichmäßig geartet. Die Nilpferde des Kingani und andrer Flüsse und Seen in der Nähe der Ostküste, sowie diejenigen, welche an der Westküste und im Flußsystem des Kongos westlich von Tanganika hausen, sind nach übereinstimmenden Berichten und nach den Erfahrungen des Verfassers im Wasser nicht aggressiv. Die Nilpferde aber, welche das Gebiet westlich im Innern von Ostafrika bis zum Tanganika, am obern Rowuma, Rufidji, dem Nyassa, Viktoria-Njansa und dem Nil bewohnen, sind händelsüchtige Gesellen. Auf dem Lande und des Nachts aber ist es nirgends anzuraten, einem Kiboko in die Quere zu kommen. Hat es einen Menschen erblickt, so fällt es ihn wütend an, nicht in blinder Wut, sondern scharf zublickend verfolgt es sein Opfer, um es zu morden. So wurden im Jahre 1879 in der Kinganiniederung nahe bei der vorerwähnten Fährstelle zwei Negerinnen von einem Nilpferd getötet. Laut schwatzend folgten dieselben bei hellem Mondschein einem Pfade, welcher zwei Dörfer verbindet, und achteten nicht des Rauschens im hohen Grase. Es war ein Nilpferd, welches ärgerlich ob der indiskreten Unterbrechung seiner Mahlzeit die Weiber anfiel, den Körper der einen mit einem einzigen Biß in zwei Stücke zerteilend, der andern nachlief und ihr einen Schenkel aus dem Leibe riß. Sie war noch am Morgen im stande, vor ihrem Tode den Hergang zu erzählen. Derselben rohen Familie scheint das eine Nilpferd des Berliner zoologischen Gartens zu entstammen. Die Mutter dieses Tieres wurde vom Bruder Oskar aus der französischen Mission in Bagamojo geschossen, als sie mit ihrem Jungen auf dem Rücken eine Schlammbank ersteigen wollte. Vom Blei getroffen, schleuderte sie das Junge im Bogen auf den Sand, wo es Bruder Oskar gelang, mit Hilfe seines Rockes des glitschigen zappelnden Säuglings habhaft zu werden, trotz des empörten Sträubens des „Kindes des Nilpferdes", wie die Neger sagen, da ihnen ein Ausdruck für „Junges" fehlt. Es gelang, die bald darauf nach Berlin transportierte kleine Bestie mit Milch großzuziehen. Sie ließ sich das Euter der Mutter vortäuschen durch die vom Wärter in der Faust gehaltenen Milchflasche, welche sie ins Maul nahm und die Milch aussoff. Die Milchflasche hatte hier die Gestalt und Größe eines großen Kübels. Dankbar war das Tier nicht, es hat vor drei Jahren, nach dem Vorbilde seines mutmaßlichen Verwandten, seinen Wärter in einem plötzlichen Wutanfalle ebenfalls in der Mitte entzwei gebissen, so daß dessen Tod augenblicklich eintrat.

Man sollte danach nicht glauben, daß das Nilpferd ein eingeschworener Vegetarianer ist, dem man doch sonst eine große Sanftmut nachrühmt. Es frißt nur Gras, während der Nacht die feineren Wassergräser abweidend, bis zum halben Leib im Schlamm stehend, wobei es ein Schmatzen vernehmen läßt, das bei der langsamen Kauart sich genau anhört und ebenso laut wie das langsame Schlagen des Rades eines kleinen Dampfers. Auf dem Lande nimmt das Nilpferd auch nur seine saftige Grasarten und scheint Mais, Zuckerrohr, Reis und andre afrikanische Getreidearten auch für solche zu halten, denn die Anwohner von Flüssen können sich für ihre Felder kaum der Nilpferde erwehren, da wo die Tiere häufig vorkommen. Die Leute sind zu faul, die Felder mit einem tiefen Graben oder einem wenn auch nur niederen Wall zu umhegen. Vor solchem Hindernis würde das dumme Nilpferd wie der Ochse am Berge stehen, denn es kann kaum über einen armdicken Ast hinweg schreiten und geht allen Hindernissen sorgfältig aus dem Wege.

Umsomehr ist es im Wasser zu Hause. Es verbringt den ganzen Tag in seinem Element und nur in Gegenden, wo es von Menschen ungestört leben kann, wagt es sich auch des Tages über aufs Land, um in der Sonne zu schlafen. Höchst erheiternd wirkt es, wenn es dann von uns überrascht in wahnsinniger Hast ins Wasser stürzt, um sich dort in Sicherheit zu bringen. Nilpferde gibt es in Afrika noch in ungeheurer Menge. So dummdreist sich die Tiere anfangs dem mit Feuerwaffen ausgerüsteten Jäger gegenüber benehmen, so ausgezeichnet verstehen sie es sehr bald sich solch gefährlichem Jäger zu entziehen. Der Verfasser hatte im Kongoquellgebiete monatelang sein Lager am Ufer des nur 30—40 m breiten Likulweflusses aufgeschlagen. In den ruhigen und tiefsten Stellen in nächster Nähe des Lagers hielten sich während der ganzen Zeit Nilpferde auf. Sie kamen sogar öfters in der Nacht mitten durchs Lager, hinterließen ihre Fährten und sonstige Spuren. Oft genug bemühten wir uns, zu Schuß auf die Tiere zu kommen, an Stellen, wo sie sich innerhalb kleiner, tiefer Becken nach sorgfältiger Terrainuntersuchung unter allen Umständen befinden mußten, und dennoch konnte man sie nie zu Gesicht bekommen. Im Kingani sind sie weniger ängstlich. Man kann dort mitten in die kleinen Herden hineinfahren und sie beschießen. Im Wasser hat das seine Schwierigkeiten, das Boot schwankt, und nur ein Schuß ins Hirn wirkt augenblicklich tödlich. Wendet sich das Tier dabei sofort um und schlägt mit den Beinen das Wasser zu weißem Gischt, ohne noch=mals mit dem Kopfe hoch zu kommen, so können wir der Beute sicher sein, wenn sie uns nicht, was meist in fließenden Gewässern der Fall ist, der Strom entführt. Anders kommt der Kadaver, von Ver=wesungsgasen gebläht, nach vier bis zehn Stunden an die Oberfläche, und bedeutender Anstrengungen bedarf es manchmal, das Ungetüm aufs Land zu ziehen.

Der Verfasser hat unter andern ein Nilpferd geschossen, dessen Kopf von der Spitze der Schnauze bis zum Rückgratansatz 1,75 m maß. Als der abgetrennte Kopf auf der Erde lag, maß er vom Boden bis zur Scheitelhöhe 0,75 m. Die sogenannte Schnauzenspitze hatte dabei an ihrem spitzesten Teil immer noch eine Breite von 50 cm. Die halbkreisförmigen Eckzähne maßen 54 cm. Der Schädel dieses Tieres hatte auf eine Entfernung von 60 m der Mauserkugel widerstanden. Die Kugel war genau zwischen beiden Augen aufgeschlagen und in unzählige Stückchen zerrissen. Das Tier hatte aber offenbar eine so schwere Gehirnerschütterung davon=getragen, daß die Betäubung ihm nicht mehr gestattete, den Kopf über das Wasser zu heben und es elendig im eignen Elemente ersaufen mußte.

Daß die an verschiedenen Körperstellen zwei Daumen dicke Haut für Kugeln undurchdringlich sei, ist in nichts begründet. Weder die Haut des Nilpferdes, noch die des Elefanten, Büffels und Rhinozeros vermag dem Eindringen einer Kugel, und sei sie aus einem glatten Laufe abgeschossen, zu widerstehen. Das Nilpferd steht übrigens noch nicht, wie man zuweilen hört, auf dem Aussterbe=etat. Es wird auf Jahrhunderte noch eine charakteristische Erscheinung in allen afrikanischen Gewässern bleiben, wo man nicht der Felder wegen an eine systematische Ausrottung gehen muß.

Wenn wir den Kingani überschritten und den nur ganz schmalen, oft nur wenige, höchstens 20 m breiten Urwaldsaum hinter uns haben, um wieder die sonnendurchglühte Savanne zu durchwandern, treten wir bald in schöne, liebliche Landschaft ein; der schwarzgraue Boden bildet sanftschwellende Hügel, weite flache Thäler, mit Gras bestanden, allenthalben haben sich mehr oder weniger umfangreiche, dichte, fast undurchdringliche Wald= und Buschgruppen angesiedelt, deren Ein= buchtungen im Mittagsschatten der Lieblingsstandort einer schönen, kleinen Sagopalmenart bildet. Die verzweigten Dumpalmen und Hyphaenepalmen ziehen die baumlosen Strecken vor, und wir wandern wie durch einen weiten, herrlichen und wohlgepflegten Park. Manch= mal thut sich ein Blick in die Ferne auf blaue Bergspitzen und Höhenzüge auf.

Der Boden besteht hier aus Humus, mit weißem Sand gemischt. Er dürfte seiner Beschaffenheit nach einigermaßen dem Boden von Sumatra ähneln. Wenn er auch bedeutend minderwertiger wie jener ist, so scheint er doch zum Anbau von Tabak geeignet zu sein, besonders da wir hier in der Nähe der Küste fast während aller Monate des Jahres Regenfall haben. Man sollte daher überall da, wo sich dieser Boden in guter Qualität findet, Versuche mit Tabaks= plantagen machen. Man wird einen recht brauchbaren Tabak erzielen können, welcher eine rentable Plantagenwirtschaft gestattet.

Es sei gestattet, hier einige Worte über den so zu Ehren ge= kommenen Sumatratabak einzuflechten, von dem heutzutage in Händler= und Fabrikantenkreisen mehr gesprochen wird wie vom altberühmten Havanatabak; denn dieser ist seit etwa zwei Jahrzehnten sehr in Mißkredit gekommen. Zu seiner Ehrenrettung muß gesagt werden, daß der Tabak selbst hieran nicht Schuld trägt, wohl aber die Ver= hältnisse auf Cuba, der Heimat des Havanatabaks. Die spanische Mißwirtschaft dort ist Ursache, daß eine regelmäßige Bewirtschaftung nicht stattfinden kann, besonders nicht im Innern der Inseln. Die fortwährenden Unruhen und Empörungen machen dies ganz un= möglich. In denjenigen Gebieten, welche im thatsächlichen Macht= bereich der spanischen Regierung liegen, wo also Ruhe und Ordnung herrscht, ist der Boden längst derart durch Tabaksbau ausgesogen, daß man zu künstlicher Düngung, Guano, Stallmist und mensch=

lichen Exkrementen gegriffen hat. Dadurch wurde der Boden aller=
dings wieder ertragsfähig, allein der nunmehr gewonnene Tabak war
entweder bedeutend minderwertig oder er hatte Spuren vom Geruche
der Düngung angenommen. Die feinsten Sorten, welche nunmehr in
geringer Menge produziert werden, da der Anbau im Innern der
politischen Verhältnisse wegen unmöglich ist, werden alle in Cuba selbst
konsumiert, denn dort raucht jeder, jung und alt, Männlein und
Weiblein. So kommt es, daß die Ausfuhr nach andern Havana=
tabak konsumierenden Ländern nicht mehr der Nachfrage entsprach und
gute Sorten, besonders solche für Deckblatt, kaum mehr, selbst für die
teuersten Preise zu haben waren. Da machte man die Erfahrung,
daß die Tabake Sumatras allen Anforderungen, welche man an sehr
feine Tabake stellte, vollkommen entsprachen. Sie lieferten ein aus=
gezeichnetes, sehr ausgiebiges Deckblatt, von tadellosem Brand und
vorzüglichem Geruch. Doch die Herrlichkeit des Sumatratabaks
scheint von nicht allzulanger Dauer bleiben zu wollen. Nach drei=
jähriger Bewirtschaftung ist der Boden nicht mehr geeignet zur Er=
zeugung der feinsten Sorten, welche allein den Anbau lohnend machen,
und da derselbe in solch ausgedehntem Maße stattgefunden hat, daß
weite Flächen abgewirtschaftet sind, so mußte man sich schon jetzt nach
andern Gebieten umsehen und hat damit begonnen, auf der Insel
Borneo Tabaksplantagen anzulegen, indem man dort wie auf Sumatra
den Urwald rodete. Minderwertige Tabake dagegen lassen sich in
vielen Ländern der Erde in großer Menge produzieren, so auch in
Ostafrika. Die Rentabilität solcher Plantagen hängt aber von der
Arbeiterfrage ab. Wenn es gelingt, den Neger dafür zu gewinnen,
so wird sich das auf Anbau von Tabak in Ostafrika verwendete Kapital
gut genug verzinsen, anders aber nicht, denn der ostafrikanische Tabak
wird niemals auch nur annähernd die Güte des Sumatradeckblatt=
tabaks erreichen. Eine ganz offene Frage ist die, ob man in Ost=
afrika nicht Zigarettentabak erzeugen könnte, bei dem andre leichter
zu erfüllende Bedingungen maßgebend sind. —

Der sandige Humusboden ist auch der Hauptfundort des Kopals,
eines fossilen, bernsteinähnlichen Harzes. Kopal wird auch in West=
afrika und in Südamerika gewonnen, der von der Ostküste Afrikas

stammende ist jedoch der beste, er ist am härtesten und inwendig klar durchsichtig, blaßgelb bis bräunlichrot. Der Kopal bildet dort Platten, Körner und Knollen, welche von einer mehr oder weniger durch=scheinenden Verwitterungskruste umgeben sind. Diese muß entweder durch Abschaben oder durch Waschen mit Alkalilauge entfernt werden, worauf der reine Kopal, wie mit Wärzchen bedeckt, erscheint. Zuweilen finden sich Insekten in dem Kopal eingeschlossen wie im Bernstein. Solche Stücke werden von Europäern als Kuriosität teuer bezahlt. Die Neger Sansibars, spekulative Araber und Inder benützen dies, um Fälschungen auf den Markt zu bringen, indem sie lebende In=sekten in Kopal einschmelzen und dieselben hohen Preise für ihre Artefakten erzielen, wie für echte Stücke; es bedarf großer Fach=kenntnis, die Insekten als solche zu erkennen, welche in jenen vergangenen Zeiten lebten.

Die Gewinnung des Kopals geschieht bis jetzt in sehr unrationeller und denkbar einfachster Weise. Gewöhnlich vereinen sich mehrere Ein=geborne zur Ausführung dieser Arbeit, indem sie mit einem Fundi (Meister) ein Übereinkommen treffen. Dieser Fundi ist ein in der Auffindung er=giebiger Stellen erfahrener Mann. Darin besteht einzig und allein seine Meisterschaft, welche er sich dadurch erworben hat, daß er sich Mühe gegeben, die Bodenverhältnisse einigermaßen zu studieren, und so eine gewisse Übung im Erkennen harzreicher Bodenstellen erlangt hat. Er be=hauptet natürlich, Zaubermittel, also eine Art Wünschelrute zu besitzen. Trotzdem sich die Meisterschaft im Erkennen ergiebiger Stellen sehr leicht erwerben läßt, so geben sich doch nur wenige Mühe darum und müssen den Löwenanteil an der Ausbeute dem Fundi überlassen. Ein Haupt=grund für die jedesmalige Vereinigung mehrerer dürfte aber in dem gegenseitigen Schutze liegen, welcher bei den bisher unsicheren Verhält=nissen geboten ist. Die Arbeit selbst geschieht in folgender Weise. Hat der Fundi durch seine angeblichen Zaubermittel eine Stelle erkundet, wo viel Kopal zu erhoffen ist, so beginnt jeder der Leute ein Loch in die Erde zu wühlen von spannenweitem Durchmesser. Mittels eines etwa meterlangen zugespitzten Holzes wird die Erde aufgelockert und mit der Hand ausgehoben, um aufs neue mit dem Holze auf=gelockert und ausgehoben zu werden, bis die Tiefe des Loches der

Armlänge gleichkommt. Tiefer kann der Arbeiter auf diese Weise nicht eindringen und läßt es dabei bewenden, weil nach Angabe der Neger in größerer Entfernung von der Erdoberfläche kein Kopal mehr vorkommen soll. Eine Menge solcher Löcher werden nahe nebeneinander gegraben und dabei die Kopalstücke ans Tageslicht befördert. Die Leute bauen leichte Hütten in der Nähe und weilen so lange, bis der Vorrat in der Erde erschöpft ist, was stets schnell geschehen soll, da man es wahrscheinlich immer nur mit dem Harze eines oder höchstens zwei bis drei Bäumen zu thun hat, welche dicht nebeneinander ge= standen haben. An dem Orte seiner Entstehung ist das Harz sodann fossil geworden. Zusammengeschwemmtes scheint sich nirgends zu finden. Wenn die Leute für ihre Bedürfnisse genug Kopal gegraben haben, so ziehen sie heimwärts, verstecken aber ihre Beute zu Hause sorgfältig, besonders vor dem Häuptling. Sie warten die Ankunft von Händlern ab, meist Schwarze aus dem Mrima oder kleine arabische Kaufleute, um an diese ihre Vorräte zu verkaufen.

Es ist klar, daß ein derartiger Betrieb ganz unrationell ist. Die kopalführenden Gebiete, deren bedeutendstes Kapitän Elton im Jahre 1874 im Delta des Rufidji entdeckte, werden noch lohnende Ausbeute bringen, wenn sich deutsche Unternehmer der Sache be= mächtigen, um mit andern Apparaten als den zugespitzten Stöcken zu arbeiten. Vielleicht lassen sich Trockenbagger anwenden, um die Erde auszuheben, welche dann zur Gewinnung des Kopals geschwemmt werden müßte.

Das ganze Gebiet längs der Küste ist stark bevölkert, besonders auch die zahlreichen kleinen Inseln der Küste, welche bewohnbar sind. So finden sich z. B. auf der 60 Kilometer langen Strecke zwischen Dar es Salaam und dem südwärts gelegenen Kisidju acht größere Ort= schaften und eine Menge zerstreut liegender Ansiedelungen. Die Leute sind arbeitsam in dortigem Sinne, bauen Feld und treiben Viehzucht, denn sie können ihre Produkte gut verwerten.

Wo immer wir nun den Fuß in die Berge setzen mögen, überall bietet sich uns dasselbe Bild der Vegetation, die Abhänge an den niederen Partien mit lichtem gleichförmigen Wald, die Einschnitte und Schluchten der in ununterbrochener Folge sich aneinander reihenden

Bachkaskaden von üppigem Urwald bestanden, finden wir in den hohen Bergen an der Regenseite derselben dichte Urwaldkomplexe von oft unvergleichlichem malerischen Reize, da wir hier nicht nur die gehäufte Üppigkeit einer wunderschönen Vegetation, sondern auch herrliche Durchblicke und Fernsichten vor uns haben, denn die Berge sind z. B. in Nguru, Usagara, Kutu, Rubäho von herrlichem landschaftlichen Reiz, so wie man ihn in den schönsten Partien der Schweiz kaum findet. Der lichte Wald findet bei einer Höhe über 1800 m kein rechtes Fortkommen mehr und macht dem obenerwähnten Urwald und weiten, die Kuppen und grotesken Gipfel überziehenden Grasflächen Platz, welche in schöner Abwechselung durch Felswände und Felspartien unterbrochen werden. Die Hochthäler sind bei ihrem Wasserreichtum von großer Fruchtbarkeit.

Westlich von dem Küstengebirge zieht sich von Norden bis nach Süden hin ein breites Gebiet, das seine größte Ausdehnung im Massailand zeigt, von eigenartiger Beschaffenheit. Es ist fast ganz flach, und nur wenige hügelartige Erhebungen, Granitkuppen, kleine erloschene Vulkane und seltsam geformte Felsgebilde bringen Abwechselung in die einförmige Ebene, westwärts begrenzt durch einen Terrassenanstieg, welcher annähernd meridional ganz Ostafrika durchzieht und im allgemeinen die Wasserscheide zwischen ost- und westwärts fließenden Gewässern darstellt. Das ganze Gebiet zeigt roten Laterit, in den nördlichsten Teilen, dem Kilimandscharogebiete, gegen den Kenia zu, vulkanisches Gestein und dessen Verwitterungsprodukte. Hier herrscht Steppencharakter und großer Wassermangel vor, zugleich bilden diese Gegenden den Aufenthaltsort zahllosen Wildes in allen in Afrika vorkommenden Arten, ein wahres Dorado für den Weidmann.

In Ugogo, Usango, Mahenge und Uhähä finden wir den häßlichen undurchdringlichen Dornbusch, in den das Rhinozeros seine breiten Pfade getreten hat. Ein Riese unter den Bäumen, der Baobob, hat hier seinen Lieblingsstandort und nimmt ungeheure Dimensionen an. Die Länder längs des Nyassa, Tanganika, Rikwa bis zum Viktoria-Njansa, diesen nach allen Seiten umgebend, sind das Gebiet des sogenannten Pori oder lichten Waldes, welcher das ganze Land überzieht und von Savannen durchsetzt ist.

Wenden wir uns kurz der Bodenbeschaffenheit zu, so kann man eigentlich sagen, daß ganz Ostafrika, entsprechend den übrigen Teilen dieses Kontinents, fast nur aus rotem oder gelblichem Laterit besteht; von dem 60—70 % die Oberfläche ausmachen. 20 % derselben sind mit alluvialem hell= bis dunkelblau=grauem Thon mit vielem Glimmersand belegt, während höchstens 10 % der Hauptsache nach aus Granit, Gneis, Glimmerschiefer und Tafelbergsandstein besteht. Am Tanganika kommt dieser letztere besonders in Kawende und Ufipa vor, neben Glimmerschiefer.

Da ganze Gebiet Ostafrikas ist von körnigem, mitunter große Blöcke bildendem Rasen=Eisenstein durchsetzt, welcher ein vorzügliches, von den Eingeborenen gewonnenes Eisen liefert.

Im Gebiet der Vulkane im Norden finden wir natürlich Eruptiv= gesteine und in den Randgebirgen etwas Basalt.

Klima.

In Ostafrika haben wir zwei oder eigentlich drei Jahreszeiten, durch die Monsune und Passate bedingt, welche sich in entgegengesetzter Richtung halbjährlich abwechseln. Die dazwischen liegenden Windstillen oder Kalmen leiten den Übergang des einen Monsun in den andern ein.

Der Südwestmonsun erlischt Anfang Oktober, dann folgen um den höchsten Sonnenstand, für Sansibar der 9. Oktober, Kalmen, so daß Mitte Oktober die ersten schwachen, sich immer mehr steigernden Regen zeigen. Für das Innere treten alle Erscheinungen zehn bis vierzehn Tage später ein und enden etwas früher, dort durch die weit ins Innere wehenden Nordost= und Südwestpassate bedingt. Die Regen dauern sodann bis Ende Dezember, dann folgen vierzehn regenlose Tage. Diese erste Regenzeit heißt im Kisuaheli Mwua tu = der Regen (wörtlich nur Regen) im Gegensatz zu Regen mit nachfolgenden Überschwemmungen. Der Nordostpassat, welcher nach den Kalmen allmählich einzusetzen begonnen, flaut im Februar immer mehr ab, bis wieder mit dem am 4. März erreichten höchsten Sonnenstande Kalmen eintreten. Danach weht von Ende März bis Ende September der regelmäßige scharfe Südwest. Während seiner sich allmählich einleitenden Herrschaft beginnt Mitte März die zweite Regenzeit, im Innern fängt sie schon im Februar an, von den Eingeborenen Mwua mkuba, der große Regen genannt, denn jetzt geht viel mehr Wasser nieder, so viel, daß das Ablaufen nicht mehr Schritt halten kann mit dem Zuströmen, und nun beginnt die Periode der Überschwemmung, die sogenannte Masika, welches Wort man fälschlich mit Regenzeit übersetzt hat. Die letzten Regen gehen Ende April bis Mitte Mai nieder. Die beiden Regenzeiten, der Mwua tu und der Mwua mkuba, sind übrigens meist nicht scharf getrennt. Die kleine dazwischenliegende Trockenzeit kann ganz verschwinden und nur wenige Tage dauern, die ganze Regenzeit kann früher oder später einsetzen, länger oder kürzer dauern. Es kann anhaltende Dürre ebenso sehr dem Ackerbau schaden wie zu viel Regen. Es scheinen auch in Afrika längeren trockenen Perioden solche mit vielem Regen zu folgen. Immer aber tritt unmittelbar nach der Regenzeit eine kalte ein, die sogenannte Kipupué, onomatopoetisch die Zeit des Zitterns, der Kälte. Die Nächte kühlen sich infolge der großen Klarheit der Luft durch Ausstrahlung derart ab, daß die Luft geradezu kalt wird, die Temperatur auf 10—12 ⁰ C., ausnahmsweise sogar bis auf 5—6 ⁰ C. sinkt, welches dann wirklich eine Zeit des Zitterns ist, zwei dicke wollene Decken schützen dann den Europäer nicht mehr vor der Kälte. Die unmittelbare Folge solch bedeutender Abkühlung sind Tauniederschläge gegen Sonnenaufgang. Diese Tauniederschläge sind oft sehr beträchtlich und eine charakteristische Erscheinung Afrikas. Kein andres tropisches Land der Erde hat ein derart taureiches Klima wie Afrika. Zur Zeit des Sonnenaufgangs bringt man keinen Neger ohne Gewalt in das um jene Jahreszeit mannshohe Gras, welches erst gegen elf Uhr vormittags wieder ganz getrocknet ist. Wer gezwungen ist, jetzt dem schmalen Negerpfade zu folgen, wird ebenso naß, als wenn er durchs Wasser gegangen wäre. Am Tage dagegen kann die Quecksilbersäule des Thermometers bis 35—36 ⁰ C. steigen, manchmal sogar bis 38—39 ⁰, so daß an einem Tage die Temperaturdifferenz 32—33 ⁰ betragen kann. Diese kalte Zeit, welche wir als die zweite Jahreszeit bezeichnen wollen, dauert bis Mitte Juni, um der heißen trockenen Platz zu machen, der dritten Jahreszeit, welcher dann wieder in ewigem Wechsel die Regenzeit folgt. Das afrikanische Klima zeichnet sich vor anderm Tropenklima dadurch aus, daß von den beiden Wesenheiten eines solchen hier die Wärme gegen die Feuchtigkeit bedeutend in den Vordergrund tritt. Das Klima Afrikas ist überhaupt durch seine allgemeine Neigung zur Trockenheit ausgezeichnet. Auf den Reisenden macht Ostafrika den Eindruck, als sei es in einer allmählichen Austrocknung begriffen. Zweifellos beruht dies auf einer Täuschung, welche am meisten durch den uns ganz ungewohnten Anblick der zahlreichen wasserleeren Regen=bäche und =Rinnen hervorgerufen wird. Dieselben führen nur in der Regenzeit, meist nur während weniger Wochen oder gar Tage Wasser und machen sonst den Eindruck, als seien sie einem gänzlichen Austrocknen anheimgefallen, und dieser Eindruck überträgt sich dann unwillkürlich auch auf alle andern einschlägigen Erscheinungen.

Wir machen uns von den Erscheinungen der Regenzeit immer ganz falsche Begriffe. Das Herannahen derselben kündet das Erscheinen des Siebengestirns am nördlichen Himmel, welches der Eingeborene der Küste bezeichnend „Kulimia“, „die Ackerbaubringenden“ (von kisuahli kulima, das Feld bestellen, ackern) nennt. Wenn es am nördlichen Horizonte verschwindet, so ist auch der Regen zu Ende, wenigstens für das Innere, denn dort regnet es während der trockenen Zeit nie. Auch anders noch kündet sich die Regenzeit an durch ein bis jetzt noch ziemlich unerklärliches Zeichen. Die Bäume des lichten Waldes beginnen sich Ende August schon, also während der allertrockensten Zeit, mit maigrünem Laub zu schmücken, und wenn die ersten Regen niedergehen, prangen die meisten derselben in herrlichem Blütenschmuck, just zu der Zeit, wo die Insekten zu neuem Leben erwachen. Uns will scheinen, als beeilten sich die Bäume voll Sehnen nach Liebeslust, so schnell ihren besten Schmuck, die Blumen anzulegen, um den Amor der Pflanzen, die Insekten, ihres Amtes als Ehestifter sobald als möglich walten zu lassen, damit die Früchte noch vor Eintritt der rauhen, trockenen Zeiten zu gedeihlicher Reife erwachsen.

Gegen Ende der trockenen Zeit ziehen sich immer größere Wolkenhaufen zusammen, welche drohend am Horizonte erscheinen, bis es endlich zu einigen kleinen Schauern kommt, die aber auf der heißen, trockenen Erde kaum sichtbare Nässe erzeugen. Abends zuckt Wetterleuchten am fernen Himmel, doch acht bis zehn Tage kann es dauern, ehe wir den ersten Donner vernehmen. Endlich gehen die ersten Regengüsse Ende Oktober nieder unter Donner und Blitz in immer mehr sich steigerndem Grade, bis es zuletzt alle Tage regnet. Zu Landregen von tagelanger Dauer, wie wir ihn oft kennen lernen, kommt es dort nie. Meist regnet es während der Nacht, dann scheint am Morgen die Sonne, oder es gießt am Vor- oder Nachmittag. Selten ist ein ganz mit Regen ausgefüllter Tag, an den meisten blickt die Sonne wenigstens einmal durch das graue schwere Gewölk. Manchmal gibt's allerdings mächtige Güsse. Einmal beobachtete der Verfasser einen Regen wo innerhalb einer Stunde 80 mm gemessen werden konnte, das war ein tropischer Regen. Sonst aber stehen unsre Regen ihren Kollegen innerhalb der Wendekreise in Deutsch=Ostafrika würdig zur Seite. In Ausdauer übertreffen sie dieselben entschieden, entsprechend ihrer nordischen Abstammung.

Ein tropischer Regentag ist ebenso ungemütlich wie ein deutscher, besonders wenn man dann keine warmen Kleider hat. Wollhemden, dicke Tuchkleider, ein Überzieher sind dann recht angenehme Dinge, und sehr gut begreift man, daß während eines solchen Regens der arme Neger graubraun vor Kälte, bebend und zitternd, ganz un= zurechnungsfähig ist. Sein nicht allzugroßer Verstand erreicht dann schon bei einer Temperatur von 17—18 º C. den Gefrierpunkt, wohl= gemerkt aber nur, wenn's dabei regnet, denn sonst vermag er Kälte recht gut zu vertragen. Sitzt man in einer Hütte mit regendichtem Strohdach und steckt man in warmen Kleidern, so läßt man mit Behagen den Regen über sich ergehen, der, meist heftig einsetzend, schon aus einiger Entfernung deutlich vernehmbar wird, wenn er mit eigentümlich scharfem und prasselndem Rauschen, als führe ein brausender Wind durch die Bäume, heranzieht. Wir sehen ihm zu, wie er das Blattwerk peitscht und den Boden festschlägt, und die Tropfen dabei in feinen Staub zersprühen, wie er vom niederen Strohdach herabplätschert und in der Erde geschäftig Rinnen aus= höhlt, als hätte er die größte Eile, wie sich das Wasser am Boden sammelt und zu kleinen Bächlein zusammenthut, die Erde mit= mitreißend. Manchmal hagelt es auch erbsengroße, selbst schwalben= eiergroße Stücke, dann wundern sich die Schwarzen immer wieder aufs neue, und sie nehmen die Stücke in die Hand und behaupten, sie brennen, und nennen es Steinregen. Fragt man sie, wo diese Steine hinkommen, so antworten sie „in die Erde" oder „sie gehen fort". Was geht es sie an, warum sich um Dinge kümmern, die nicht mehr da sind. Nach einigen Stunden Regen kommt die Sonne und dann wird's wieder warm. Da es aber in der Regenzeit alle Tage regnet, durch Monate, so kommt doch schließlich eine ganze Menge Wasser hernieder. Recht ungemütlich sind die Gewitter, die elektrische Spannung scheint dann sehr bedeutend zu sein und wirkt

unangenehm auf die Nerven, indem ein großes Unbehagen eintritt.
Schnell kommt dunkles unheimliches Gewölk herangezogen, aber ohne
den bei uns vorausgehenden Wind, der kommt immer erst mit
Gewitter und Regen und peitscht brausend den Guß auf die Erde.
Ein blendender Blitz, gleichzeitig ein dröhnend krachender Donnerschlag,
der brüllend in den Wolken weiterrollt, machen die Erde erbeben, und
mit doppelter Wucht rauscht der Regen hernieder, ein zweiter, vielleicht
auch ein dritter Schlag, und dann ist das Gewitter vorüber, wenn
nicht noch ein andres oder mehrere folgen. In der Nacht macht es
einen recht schauerlichen Eindruck, das Rauschen und Prasseln des
Regens, das Brausen des Windes, das Wetterleuchten, das Krachen
des Donners. Ununterbrochen zucken die Blitze, man kann sie kaum
noch zählen. Alles in weit höherem Maße wie bei uns. Während
der zweiten Regenzeit sind die Gewitter weniger häufig und nicht
so heftig. Die Flüsse und Bäche treten über, und wo man in der
trockenen Zeit oft keinen Tropfen Wasser findet, entstehen reißende
Gewässer. Im Verlaufe weniger Stunden steigt und fällt das Wasser
um einige Meter, die Flußmündungen, Savannen und weite Ebenen,
selbst Wälder stehen unter Wasser. Wer jetzt marschieren muß, erduldet
viele Strapazen und Mühsal. Stundenlang geht's den Pfad entlang
in wechselnd tiefem Wasser, bald bis zu den Knöcheln, bald bauch-
und brusttief. Ein eigentümliches Rauschen erzeugt das Schreiten der
Karawane im Wasser, welche schon nach einigen Stunden todmüde sein
kann, und die Nerven geraten in höchste Aufregung, wenn's immer wieder
und wieder durchs Wasser geht und das hohe, dichte Gras, fortwährend ins
Gesicht schlagend und in den Pfad hängend, das Vorwärtskommen aufs
äußerste erschwert. Mehr wie einmal kann es vorkommen, daß dann
nicht einmal ein trockenes Plätzchen zum Lagern zu finden ist und die
Leute froh sind, wenn sie weit umher zerstreut auf Termitenhügeln
lagern können. Wenn nachts ein sehr heftiger Guß niedergeht, kann
es auch geschehen, daß das ganze Lager überschwemmt wird, das
Feldbett steht im Wasser, die Leute müssen Kisten und Warenballen
nach hoch gelegenen Punkten bringen und selbst auf Bäume flüchten.
Damit ist der Gipfel der Ungemütlichkeit erklommen, denn solchen
Güssen widersteht auch das Zelt nicht und ein feiner Sprühregen
durchdringt alles. Aufatmend sieht man endlich die Sonne wieder

erscheinen. Doch auch diese Zeit vergeht. Die Wolken verziehen sich, das Wasser läuft ab und verdunstet, das unausstehliche Gras wird immer gelber und trockener trotz des starken nächtlichen Taues, und mit hoher Befriedigung nimmt man wahr, wie hier und da in der Ferne schon eine Rauchwolke aufwirbelt. Die Savannenbrände haben begonnen, eine Wohlthat für den Reisenden, den Eingeborenen und die Tiere der Wildnis.

Mitte Juni ist sämtliches Gras getrocknet, und von da an nehmen die Brände immer größere Dimensionen an. Man denke dabei nicht an die wahrscheinlich auch immer übertrieben geschilderten amerikanischen Präriebrände.

Nirgends finden sich, mit Ausnahme der Flußniederungen, sehr mächtige Grasbestände. Meist reichen die Halme dem Wanderer kaum bis zum Unterleib, höchstens zur Brust, und außerdem stehen die Graspflanzen nicht gleichmäßig über die Fläche verbreitet, wie auf unsern Wiesen, sondern in einzelnen Büscheln, wenigstens spannweit voneinander mit emporragenden Wurzelstrünken, wie unzählige Inselchen auf ebener Fläche. Ziemlich gleichmäßig setzt sich die Grasdecke fort durch ganz dünnes Krüppelholz oder durch die offene Savanne, durch den Wald oder die Parklandschaft. Alles ist gelb, die Bäume sind meist entlaubt. Zünden wir das dürre Gras in der glühend heißen Sonne an! Wir brauchen um den Wald oder das Krüppelholz dabei nicht besorgt zu sein, kein einziger Baum oder Strauch verbrennt. Solche Pflanzen, welche harzig wie unsre Koniferen, sofort lichterloh aufflammen wollten, haben in Afrika keinen Platz. Wir brauchen auch um unsre Person nicht besorgt zu sein, denn statt die Fläche vor uns sogleich in ein loderndes Flammenmeer verwandelt zu sehen, müssen wir sogar das Feuer an vielen Stellen anlegen, damit es endlich aufflackert, und wenn uns nicht ein günstiger Wind, der uns um jene Zeit in Gestalt des Südostpassats umfächelt, zu Hilfe kommt, so passiert es, daß unser Feuer bald von selbst erlöscht. In langer Schlangenlinie wird es endlich vom Winde dahingetrieben und nun beginnt ein furchtbarer Lärm, ein Zischen und Prasseln wird vernehmbar, als ob Pelotonfeuer von Pistolen eröffnet worden sei, brausend fährt die Lohe gen Himmel, schwarzgelben Rauch emporwirbelnd, bald mächtig aufflammend, bald wie ersterbend am

Boden fortkriechend. Langsam schreitet die Feuerlinie weiter. Nur wenn starker Wind dieselbe auf den Boden niederdrückt, rückt sie manchmal schneller vor. Dem Wind entgegen kämpfen die Flammen mit der Luftströmung, sie sind schon nach ganz kurzer Zeit vollständig erlöscht. Die Flammen sind bei Tage nur wenig sichtbar als dunkelrote oder gelbe Zungen. Durch die weiter schreitenden Flammen aber können wir unbesorgt mit einem Sprunge hinburchdringen, wenn nicht zufällig das Gras an einer zur Regenzeit unter Wasser stehenden Stelle sehr üppig wucherte. Wir brauchen sogar nicht einmal für die Patronen in unsrer Tasche dabei besorgt zu sein. In der Ferne sehen wir Wild und glauben zuerst, es müsse beim Anblick des qualmenden Rauches erschreckt entfliehen. Ruhig bleibt aber das Wild stehen und zieht erst dann ebenso ruhig weiter, wenn das Feuer sich nähert, einer nicht brennenden Stelle zu. Die Rauchwolken aber ballen sich hoch oben in den Lüften zusammen zu kleinen Kumuli, welche sich in der ersten Zeit der Brände bald wieder auflösen, später aber zu solcher Größe anwachsen, daß man es häufig sehen kann, wie sie sofort nach ihrer Bildung wieder herabregnen. Es ist das in den Grashalmen eingeschlossene Wasser, welches durch die Feuersglut in Dampf verwandelt, von dem heißen Luftstrom nach oben gerissen wird. Dieses Wasser ist es auch, welches als Dampf die kräftigen Halme zum Bersten bringt, dabei die pistolen= schußartigen Detonationen verursachend. Haben die Brände einmal begonnen, so lodern sie Tag und Nacht, einen Widerschein am Himmel in ihrem eignen Rauch erzeugend. Von weitem sehen solche Brände während der Nacht in der Ebene genau so aus wie eine große Bahnhofanlage mit den zahllosen Weichenlaternen, da das Feuer bei dem langsamen Fortschreiten still zu stehen scheint und nur selten eine Flamme höher gen Himmel züngelt. An Bergabhängen glaubt man eine ferne, gut erleuchtete Stadt vor sich zu haben. Großartig ist das Schauspiel gegen alles Erwarten niemals.

Für alle Lebewesen sind diese Brände eine Wohlthat, nur nicht für die armen Insekten, die Heuschrecken, Mantiden und Käfer, welche nicht fliegen können. Auch Mäuse fallen dem Brande manchmal zum Opfer. Große Säugetiere aber, wie Antilopen und Raubzeug, gehen in Ostafrika während solcher Brände ebenso selten zu Grunde wie bei uns etwa in einem Waldbrande. In Westafrika dagegen, wo die

Grasbestände viel dichter und höher sind, findet man häufig verbrannte Antilopen.

Wenn der Rauch des Feuers in der Savanne recht lustig gen Himmel wirbelt, dann ist die Tafel gedeckt für allerhand Getier. Ganze Schwärme von Vögeln schweben in den Lüften und spielen im Dampf. Schwalben und Bienenfresser, Goldkuckucke und Falken, Adler, Geier und Klaffschnäbel, Mygtheria senegalensis und Nimmersatt erscheinen, um Jagd zu machen auf die in Todesangst dem Feuer voranschwirrenden Insekten, welche schon lange, noch ehe die Flammen erscheinen, entfliehen, aufgeschreckt durch den prasselnden Lärm. Hüpfend, springend, flatternd sieht man sie dahineilen und durch die Lüfte ziehen. Die meisten werden vom Feuer erreicht; vor allem aber die= jenigen, denen die Flügel fehlen. Hilflos, mit verbrannten Glied= maßen, halb oder ganz geschmort zappeln sie im Todeskampf am Boden, um von weniger fluggewandten Vögeln genommen oder von dem kleinen Raubzeug der Ichneumone, Springmäuse und andrer Karni= und Omnivoren verzehrt zu werden. Der Schakal stellt sich häufig ein und selbst hier und da Löwen und Panther, um an dem leckeren Mahl teilzunehmen.

Hinter sich läßt der Grasbrand eine Szenerie, die wegen ihrer Öde jeder Beschreibung spottet. Der Boden schwarz gebrannt, die Bäume und Sträucher kahl und grau, kein andrer Farbenton, wenn nicht hier und da der rote Lateritboden hervorleuchtet. Der Wald ein Bild der Melancholie, alles Grau in Grau, die Äste und Zweige starren wie im Winter kahl und trübselig gen Himmel, ein eintöniges Einerlei, das den Reisenden zur Verzweiflung bringen kann, der Him= mel in blendendes Weiß gehüllt, das von dem Höhenrauch herrührt, der allmählich den ganzen Kontinent überzieht. Die Luft von Brand= geruch erfüllt, der Wind wirbelt Asche und Kohlenteilchen auf, welche sich in Nase und Augen festsetzen, unter die Kleider schlüpfen, den ganzen Körper schwarz färbend. Dabei eine glühende Hitze, alles staubtrocken, nirgends Trinkwasser, ein Bild trostlosester Öde. Und doch sehnt man diese Zeit herbei, denn die Regenzeit ist viel unangenehmer, das üppige Wachstum der Vegetation erweist sich schließlich immer als unangenehme, meist nicht einmal schöne Er= scheinung. Auch beginnt jetzt die Zeit für den Weidmann, denn das

Mbueni, Grabinsel. Nach einer Originalphotographie.

Wild, welches bis dahin paarweise dem Geschäft der Fortpflanzung gelebt hat, thut sich in Rudeln zusammen und tritt auf die offene Savanne, welche im Gegensatz zum Wald ihr Trauerkleid ablegt und mit hoffnungsvollem Grün sich schmückt. Das Gras beginnt, trotz der absoluten Trockenheit und großen Hitze, sofort zu keimen und schon nach fünf bis sechs Tagen sehen wir einen schönen grünen Hauch den Boden überziehen.

Wir sind jetzt in der heißesten und zugleich trockensten Zeit. Wer hätte nicht schon die Gelegenheit ergriffen, einen aus Afrika Zurückkehrenden nach der Hitze und der Wirkung derselben auf den Europäer auszuforschen. Er rechnet darauf, von wenigstens 50°—60° C. zu hören, und wäre höchst befriedigt, wenn man ihm mitteilte, daß der Europäer während der heißen Zeit vor Erschöpfung kein Glied zu rühren vermag. Erstaunt und enttäuscht schüttelt der Frager das Haupt, wenn er von 35°—36° C. im Schatten hört und daß die Temperatur nur ausnahmsweise bis 38° und 39° C. hinaufgeht. Es ist mit der Hitze thatsächlich gar nicht so sehr schlimm. Ein recht glühend heißer gewitterschwüler Sommertag bei uns ist eine Plage, welcher man in Deutsch-Ostafrika selten ausgesetzt ist. In der Regenzeit kommen zwar Tage vor, wo die Temperatur und der Feuchtigkeitsgehalt der Luft ziemlich hohe sind, in Wirklichkeit sowohl als für das subjektive Empfinden, dann stellen sich aber regelmäßig Gewitter ein, die Schwüle hört auf und nach dem stets als Begleitung auftretenden Regen kühlt sich die Luft sofort um 3—4° ab, man empfindet dies meist sogar als unangenehm kühl und zieht gern wärmere Kleider an. Die Nächte kühlen sich während der Regenzeit wenig ab, auf höchstens 19—20° C., wenn des Tages über ein Maximum von 30—35° C. im Schatten erreicht worden ist. Der Europäer schläft dann unruhig und schlecht wegen der feuchten Hitze. Der Schwarze wird während dieser Periode ungeheuer von Moskitos geplagt und flüchtet sich auf 4—5 m hohe, in roher Weise errichtete Gestelle, welche aus Baumstämmen und aufgelegtem Stabroste hergestellt werden, eigentlich einer Bettstatt auf enorm hohen Füßen vergleichbar. Gegen Regen schützt sich der Schläfer in seiner luftigen Höhe, indem er ein Dach über seine Ruhestatt legt, welches aus meterbreiten, steifen, 2—3 m langen Baststücken hergestellt wird. Unter seinem hohen Bette zündet er auf dem Erdboden ein kleines Feuer an, dessen Rauch nach oben wirbelnd die lästigen Moskitos, dort Umbu genannt, einigermaßen fern hält. Wenn heftiger Regen, noch dazu vom Wind gepeitscht, niedergeht, so flüchtet der Mann in seine Hütte. Weiber bedienen sich niemals solcher erhöhten Schlafstätten. Die Regenzeit ist für den Neger die unangenehmste Zeit des Jahres. Das Unbehagen des Europäers wird hauptsächlich dadurch veranlaßt, daß die in den Tropen so notwendige Transpiration wegen der Feuchtigkeit der Luft gehemmt wird.

Hat die Regenzeit der trockenen Periode Platz gemacht, so beginnt eine Zeit großen körperlichen Behagens, natürlich immer vorausgesetzt, daß man nicht erkrankt ist. Die nunmehr außerordentlich trockene Luft bewirkt eine sehr erhöhte Schweißabsonderung, die Lungen arbeiten freier, man hat ein Gefühl, als ob die ganze Körperoberfläche atmete. Selbst die glühendsten Sonnenstrahlen vermögen keine Ermattung und Erschlaffung hervorzubringen; der Europäer kann in der größten Hitze den ganzen Tag über angestrengt marschieren, der Jagd obliegen, selbst körperliche Arbeiten verrichten, wird aber natürlich bei letzterer den Schatten aufsuchen. Die kühlen Nächte gestatten einen guten tiefen Schlaf. Es versteht sich aber von selbst, daß sich der frisch Ein= getroffene Strapazen und Anstrengungen nicht aussetzen darf, sondern sich erst ganz allmählich daran gewöhnen muß.

Das Klima in Ostafrika ist im großen und ganzen ungesund dennoch vermag der Europäer ohne Schaden für seine Gesundheit eine Reihe von Jahren dort auszuhalten. Es hängt dies zu einem guten Teil von seiner Lebensweise ab, vorausgesetzt, daß er mit einer für den dortigen Aufenthalt geeigneten Konstitution ausgestattet ist, und dahin gehört vor allen Dingen eine absolute Gesundheit der Ver= dauungs= und Blutbereitungsorgane. Sehr mit Recht werden daher von der Reichsbehörde und der Deutsch=ostafrikanischen Gesellschaft alle diejenigen, welche nach Ostafrika gehen, einer genauen Untersuchung darauf hin unterworfen und nur gesunde Leute in Dienst genommen. Die meisten Europäer sündigen gegen ihre Gesundheit, und diese sind es, welche das Klima Ostafrikas in so üblen Ruf gebracht haben. Welch unvernünftiges Leben dort geführt wird, vermag man nur aus eigner Anschauung zu beurteilen. Bier, Brandy mit Sodawasser, schwere Weine zu jeder Mahlzeit, übermäßig ausgedehnte Tafel mit schwerer

Nahrung bei minimaler körperlicher und geistiger Leistung. Nahrungs=
stoffe werden aufgehäuft, ohne verbraucht zu werden. Es ist daher
nur natürlich, wenn sich die in jenem Klima gerade besonders gefähr=
lichen Stoffwechselkrankheiten so häufig einstellen. Das beste Mittel
zur Vorbeuge gegen derartige Krankheiten sind neben der diätetisch
genau geregelten Lebensweise körperliche Anstrengungen in angemessener
Weise, seien es während der Reise Märsche oder auf der Station
gymnastische Übungen und Sport, wie Reiten, Polo, Ballspiele und
Jagd, wie sie die Engländer mit ausgezeichnetem Erfolge betreiben.

Die Tropen und speziell Ostafrika ist, was Krankheiten angeht,
zweifellos unserm Klima gegenüber im Vorteil, abgesehen vom Fieber
und Dysenterie. Typhus, Diphtheritis, Lungenschwindsucht, welche bei
uns so unendlich viele Opfer fordern, sind dort unbekannt, wenn auch
Tuberkulose und besonders Lupus manchmal vorkommen, welch letztere
Krankheit übrigens von Syphilis zu unterscheiden, dem Laien unmöglich
ist. Die einzigen einheimischen Infektionskrankheiten sind Malaria und
Dysenterie. Gegen beide besitzen wir ausgezeichnete Mittel, diese bös=
artige Krankheit zu bekämpfen. Die schrecklichste Krankheit Afrikas,
die geradezu eine Geißel des Landes bildet, ist das Fieber. Der
Verlauf ist innerhalb gewisser Grenzen immer derselbe typische: All=
gemeine hochgradige Mattigkeit, dann heftiger Kopfschmerz, eintretende
Temperaturerhöhung, durch oft ungemein heftige Schüttelfröste ein=
geleitet, dann weitere Temperatursteigerung gegen Abend, Schlaflosigkeit,
unangenehme Vorstellungen und quälende Gedanken. Am Morgen
niedrigste Temperatur, am zweiten Tage gegen Abend meist noch höhere
Temperatur, bis zu 40 °, selbst 42 ° bei heftigem Auftreten; am dritten
Tage Besserung. Bei vielen tritt noch heftiges Erbrechen und Durch=
fall hinzu, was in anbetracht der Kopfschmerzen ungemein quälend
werden kann. Ist ein Anfall vorüber, so kann er sich am dritten,
vierten oder siebenten Tage noch mehrmals in schwächerem Grade wieder=
holen, bis er endlich ausbleibt. Dies ist die intermittierende Form.
Die remittierenden oder unausgesetzten mit ziemlich gleich hoch bleibender
Temperatur sind die unangenehmeren. Tritt noch bei beiden Formen
Blutharnen hinzu, so haben wir es mit der gefährlichen Form des
Gallenfiebers zu thun, welche, wenn man nicht ein gesundes Klima
aufsucht, oft nach kurzer Zeit zum Tode führen kann. Anders wider=

steht der Körper jahrelang dem Fieber oder man wird fast ganz un=
empfänglich dagegen.

Die schlimmsten Fieberräume, wo man sich jedesmal einen Anfall
holt, sind schlechte, feuchte und dumpfe Wohnräume, welche wenig oder
gar nicht ventiliert sind und der Sonne keinen Zutritt gestatten. Dies
läßt sich in unzähligen Fällen nachweisen. Die erste Bedingung für
den Europäer ist es daher, luftige, hochgelegene Wohnungen zu schaffen,
welche, absolut trocken, auch dem Lichte freien Zutritt gewähren. In
solchen Räumen ist man kaum jemals der Gefahr der Ansteckung aus=
gesetzt, besonders wenn man dabei auch der Umgebung, sei es in der
Stadt oder an sonst einem Ort, die notwendige Aufmerksamkeit schenkt
und auch diese wenn möglich so wählt, so gestaltet, daß die obigen
Bedingungen erfüllt werden und die gefährlichen Keime zerstören
können. Großer Gefahr ist man auch in bezug auf Fieberansteckung
ausgesetzt, sobald man den Boden umwühlt, dann gelangen die Keime
an die Luft, und das ist auch der Grund, weshalb sich vor oder bei
Eintreten der Regenzeit eine gesteigerte Neigung zu Fiebererkrankungen
nicht allein bei Europäern, sondern auch bei den Eingeborenen bemerk=
bar macht. Aus diesem Grunde allein werden in Ostafrika europäische
Kolonisten ohne ernstliche Gefahr für Gesundheit und Leben niemals
dort selbst das Feld bestellen können. Der Wind scheint nicht zur Ver=
breitung des Fiebers beizutragen, im Gegenteil reinigt er offenbar die
Luft, wie denn auch während des herrschenden Südwestmonsuns und
=Passates die Luft am reinsten und gesündesten ist.

Das Fieber findet sich übrigens allenthalben, sei es im Thal
oder auf Höhen, in trockenen und sumpfigen Gegenden, in der Tief=
ebene und dem Hochplateau, unmittelbar an der Küste wie im Innern,
nie kann man von einer Gegend nach dem äußeren Anscheine sagen,
ob dieselbe gesund ist oder nicht. Oft steht die nachträgliche Er=
fahrung mit dem Aussehen eines Fleckens in direktem Widerspruche.
Es scheint aber unter allen Umständen auf die Größe des Ansteckungs=
herdes anzukommen, so ist z. B. die Stadt Sansibar verhältnismäßig
recht gesund, das Innere der Insel aber sehr fieberschwanger. An
der Küste gilt Tanga als der gesündeste Platz. Pangani ist sehr un=
gesund, ebenso Dar es Salaam und Bagamojo. Der Kilimandscharo
und Usambara mit ihren unzähligen Wasserläufen scheinen ebenfalls

ziemlich gesund zu sein. Das landeinwärts liegende ganz trockene
Ugogo, beginnend mit Mpapua ist sehr fieberschwanger, trotzdem dort
während der trockenen Zeit derartiger allgemeiner Wassermangel herrscht,
daß man gegen Ende der heißen Zeit oft nicht einmal genug Wasser
für die Eingeborenen und deren Rinderherden auftreiben kann, so ist
z. B. Mdaburu an der Westgrenze des Landes bei einer Meereshöhe
von 1500 m ein derartiger Fieberherd, trotzdem Sümpfe auf tageweite
Entfernungen nicht vorhanden sind, daß im Jahre 1881 nach kurzem
Bestande eine französische Missionsstation aufgegeben werden mußte.
Ebenso ist Tabora in hohem Grade ungesund. Da in den beiden
obengenannten Orten jedoch allgemein die sogenannte Tembeform der
Hütten, auf welche wir noch zu sprechen kommen werden, gebräuchlich
ist und diese sehr unpraktisch, gegen Regen keinen genügenden Schutz
gewährt, so ist es nicht unwahrscheinlich, daß man mit Einführung
gesünderer Wohnungen diesem Übel einigermaßen wird steuern können.

Jedenfalls kann man heute behaupten, daß das Fieber im all=
gemeinen sehr viel von dem Schrecken eingebüßt hat, den es früher
verbreitete, und auch in Zukunft, richtig behandelt bei angemessener
Lebensweise, deren Bedingungen sehr leicht zu erfüllen sind, immer
weniger Opfer fordern wird.

Wir kommen zu einer andern Plage, der Dysenterie. Es kann
gleich gesagt werden, daß diese in Ostafrika im allgemeinen keinen
bösartigen Charakter zeigt und unter Europäern so gut wie gar
nicht epidemisch auftritt, ebensowenig unter den Bewohnern der Küste,
trotzdem sie dort niemals ganz erlischt. Strengste Diät und der Ge=
brauch der Brechwurz (Ipekakuanha) sind unfehlbare Mittel. Nie
aber darf man Opium anwenden, sondern beim Auftreten sofort wieder=
holte starke Dosen von Rizinusöl und dann die obenangeführten
Mittel. Bei nicht ganz streng eingehaltener Diät zeigt sich dagegen
leicht Steigerung bis zu chronischem Auftreten.

Die Eingeborenen des Innern sind ganz besonders empfänglich
für Dysenterie, und unter ihnen tritt die Krankheit häufig epidemisch,
auf, vor allem in den Karawanen, welche in schlechtem Nährzustande
die Küste verlassen. So starben in der aus zwei europäischen und
vielen arabischen und Suahelihändlern zusammengesetzten Karawane,
mit welcher der Verfasser im Jahre 1880 nach Tabaro gelangte,

von 2000 Köpfen während zwei Monaten etwa dreißig Leute an Dysenterie und fünfundsiebzig bis achtzig an den schwarzen Blattern, welche unter den Eingeborenen wohl die meisten Opfer fordern. Europäer dagegen bleiben von dieser Krankheit in Ostafrika gänzlich verschont, und nicht ein einziger Fall ist bekannt, wonach ein Europäer an den Blattern dort gestorben wäre.

Von Hautkrankheiten werden dagegen Europäer häufiger befallen, besonders Neulinge in den Tropen. Durch Entzündung der Schweißdrüsen infolge der gesteigerten Hautthätigkeit entsteht die Millaria, der sogenannte „rote Hund", preakle heat der Engländer. Es bilden sich zahllose kleine weiße Pusteln, deren Umgebung heftig gerötet ist, wie nach Moskitostichen. Diese Pusteln verursachen ein ganz unerträgliches Jucken, das den Patienten zur Verzweiflung treiben kann. Alle bisher angewandten Mittel halfen nichts, weder Pudern mit Bärlappsamen, noch Fett. Kalte Bäder, zu denen man unwillkürlich des Brennens wegen greift, verschlimmern das Übel. Der Verfasser litt erst am roten Hund, als er nach Europa zurückgekehrt war und auf allgemeines Anraten Wollunterkleider anlegte. Als erfolgreiches Mittel wandte er sehr heiße Bäder und kräftiges Abreiben mit starken Bürsten dagegen an.

Vielfach erkranken Europäer, besonders wie es scheint diejenigen, welche in der Küstenregion leben, im Innern dagegen sehr selten, an einer Beule, von welcher auch Eingeborene befallen werden, der sogenannten Mangobeule. Die Ansichten über die Entstehung und das Wesen derselben sind geteilt, die einen halten sie für eine bösartige Steigerung des „roten Hund", andre halten sie für Forunculosis, welche ansteckend ist, denn manchmal wird die ganze europäische Bevölkerung davon befallen. Die Ansicht, daß die Krankheit durch den Genuß der Mangofrucht hervorgerufen werde, ist sicher nicht stichhaltig, sondern mag nur insofern einigen Zusammenhang damit haben, als die Haut zur Zeit der Mangoreife, als der heißesten, am meisten dafür empfänglich ist. Die Krankheit dehnt sich oft über den ganzen Körper aus, allenthalben große, stark eiternde Beulen verursachend, so daß der Patient oft wochenlang in allen Bewegungen und Lagen gepeinigt wird. Trotz aller angewandten Mittel bringt erst der Eintritt der kühleren Jahreszeit oder Klimawechsel Heilung.

Infolge der in den Tropen so überaus gesteigerten Hautthätigkeit
ist der Europäer auch leicht zu rheumatischen Erkrankungen geneigt,
er muß sich immer am meisten vor plötzlicher Hautabkühlung hüten und
erreicht dies am besten durch angemessene Kleidung. Es stehen sich in
bezug auf die Wahl des Stoffes zwei Ansichten gegenüber. Die einen
schwören auf Wolle, die andern schwärmen für Baumwolle. Die Wolle
hat jedenfalls den Nachteil, die Haut zu sehr zu reizen, selbst bei dem=
jenigen, der sie in Deutschland zu tragen gewohnt war. Viele aber
vertragen Wolle in den Tropen, und diese mögen sie auch nach Ge=
fallen dort anlegen. Der Verfasser hat jedoch die Beobachtung gemacht,
daß bei weitem die meisten schließlich doch zur Baumwolle greifen,
schon aus dem Grunde, weil Wolle überhaupt teuer ist, und dann auch,
weil dieselbe immer mehr zusammenschrumpft und verfilzt, besonders in den
Tropen Neigung zur Ausbildung dieser unangenehmen Eigenschaft zeigt.
Damit verliert sie auch ihre so hochgerühmte Eigenschaft, den Schweiß
aufzusaugen, welche sie übrigens mit der Baumwolle gemein hat.
Diese ist der Haut zweifellos zuträglicher, was man schon ohne weiteres
beim Anlegen empfinden kann. Die Baumwolle schützt wie Wolle vor
Erkältung, indem sie aufgenommenen Schweiß langsam verdunsten läßt
und sich nicht wie die hier ganz untaugliche Leinwand an den Körper
anlegt. Als Strümpfe empfiehlt sich dagegen Wolle weit mehr wie
Baumwolle, und zwar sehr dicke wollene Strümpfe, welche, so paradox
es klingen mag, die Füße weit kühler halten wie Baumwolle, indem
sich dieselbe im Gewebe nicht so zusammendrückt wie Baumwolle und
damit die Ventilation in den Schuhen unterhalten bleibt. Auch bilden
sie beim Marsch eine weichere angenehmere Unterlage und schützen mehr
gegen Reibung des Schuhwerkes. Als Schuhe wähle man Schnürschuhe
und Kniestiefel mit Doppelsohlen, ohne welche der Fuß bald ermüdet.

Der Schnitt der europäischen Kleidung hat sich in Sansibar zu
einem dort eigentümlichen herausgebildet, lange Hosen und für Ge=
sellschaft eine ganz kurze Jacke, beides weiß und sehr bequem, besonders
da man dort keine Weste anlegt. Jedenfalls trage man immer euro=
päische Kleidung mit besonderer Hervorhebung, nicht etwa, wie manche
Europäer versucht haben, die zwar malerische, aber unpraktische arabische.
Diese sei als Scherz einmal gestattet, aber nicht als Regel. Wenn man
aber gar wie jener Missionär in der Gegend des Kilimandscharo statt

der Hosen die Schuka, das Hüftentuch der Eingeborenen, anlegt, so kann man Wißmann nur beistimmen, wenn er sich weigerte, einen solchen Narren zu empfangen.

Als Kopfbedeckung leistet ein Panama oder beliebiger andrer weißer, breitkrempiger, geschmackvoller Strohhut genau dieselben Dienste wie der häßliche und in seiner Form höchst unpraktische Tropenhelm. Der Verfasser hatte sich zuletzt derart an die Hitze gewöhnt, daß er immer nur ein kleines leichtes Filzhütchen trug. Jedenfalls sind der Kopf wie auch Schläfe und Nacken im Anfang ganz besonders zu schützen. Trotz der oft enormen direkten Bestrahlung und dem Reflex vom Boden kommen in Afrika Hitzschläge oder Sonnenstich so selten vor, daß man von solchen Fällen noch jahrelang sprechen hört, und das hat seinen Grund in der leichten Kleidung. Die bei uns vor=kommenden Hitzschläge oder Sonnenstiche verdanken ihre Entstehung nicht so sehr der Anstrengung in hoher Temperatur an unbeschatteten Stellen, als vielmehr der unzweckmäßigen Kleidung, welche die Blut=zirkulation ebenso sehr hemmt wie die Atmung und Ausdünstung der Haut. Am besten zeigt sich dies bei den alljährlich oft leider töblich verlaufenden Hitzschlägen bei Manövern. Dort werden an den Körper in bezug auf Kraftleistung die allerhöchsten Ansprüche gestellt, wobei der Mann gezwungen ist, die denkbar unzweckmäßigste Kleidung zu tragen.

Man hat früher die Gefahren der afrikanischen Hitze entschieden überschätzt, da man sein Urteil nach Erfahrungen unvernünftig lebender Europäer richtete. Der Aufenthalt in den Küstengebieten war für die wenigen europäischen Kaufleute kein allzu unterhaltender, und so kam es, daß viele derselben, besonders diejenigen, welche als einfache Kommis keine Verantwortungen trugen, ein sehr unangemessenes Leben führten, tranken und sich Ausschweifungen hingaben und dann ent=weder starben oder ihr lebenlang siech blieben. Oder man führte als Beleg für die Schädlichkeit des dortigen Klimas die hohe Sterb=lichkeit unter den Forschungsreisenden an, vergessend oder absichtlich übersehend, daß gerade diese infolge ihrer Aufgabe ein derart un=regelmäßiges Leben führten, so vielerlei Gefahren ausgesetzt waren, daß es merkwürdig ist, wenn nicht ein noch höherer Prozentsatz zu Grunde ging.

Wenn wir uns den augenblicklichen Stand der Dinge in unsrer Kolonie vergegenwärtigen, so berechtigen uns die in letzter Zeit gemachten Erfahrungen entschieden zu ziemlich großen Hoffnungen in bezug auf unsre Landsleute dort, was die Fähigkeit langen Aufenthaltes angeht, doch darf auf andrer Seite nicht außer acht gelassen werden, daß wir es dabei dem größten Teil nach mit sorgfältig nach gesundheitlicher Richtung ausgewähltem Material zu thun haben und nur junge kräftige Leute hinausziehen. Da wir aber an solchen keinen Mangel, sondern Überschuß haben, so können wir, was diesen Punkt anlangt, unbesorgt für die Weiterentwickelung Ostafrikas in die Zukunft blicken. Eines aber wird nie dort erreicht werden, eine Akklimatisation der weißen Rasse. Wir werden die Menschen, welche dort notwendig sind, immer aus der Heimat holen müssen und sie zum Sammeln neuer Kräfte nach einer Reihe von Jahren nach gesunden Gegenden schicken. Dort von Weißen geborene Kinder werden zu Grunde gehen, wenn man sie nicht in einem gemäßigten Klima erzieht.

Sansibar.

Sonderbar mag es erscheinen, wenn wir in einem Buche, welches den Titel „Deutsch=Ostafrika" trägt, einem der ersten Kapitel die Aufschrift „Sansibar" geben. Wie aber könnte man z. B. über Frankreichs Provinzen und deren Entwickelung schreiben, ohne ausführlich seiner Hauptstadt Paris zu gedenken, und was Paris für Frankreich, das ist Sansibar für Ostafrika. Auch wenn es die Diplomaten mit einem Federstrich davon losgelöst haben, so wird es dennoch langer Zeit bedürfen, ehe ein andrer Ort der nunmehr deutschen Küste der alten Sultansstadt den Rang abgelaufen haben wird. Noch spätere Geschlechter werden von Sansibar als der einstigen Hauptstadt von Ostafrika sprechen, nennen wir doch noch heute Moskau immer die einstige Hauptstadt des Russischen Reiches. Zudem ist Sansibar für alle sozialen, politischen, sowie wirtschaftlichen Verhältnisse und Beziehungen von so weitgehender Bedeutung, daß es nicht zu umgehen ist, dieselbe einer eingehenden Besprechung zu würdigen, trotzdem es nicht zu unsrer ostafrikanischen Kolonie gehört.

Sansibar, Unguja nennt es der Eingeborene, war nicht immer der Mittelpunkt der Ostküste. Lange hat es mit Mombas gerungen, ehe letzteres seine Überlegenheit einbüßte. Welch wechselvolles Schicksal war der Insel beschieden. In den ältesten Zeiten im Besitz der Eingeborenen, setzten sich schon früh die Araber dort fest, um den Portugiesen zu weichen, welche schließlich wieder von den Arabern verdrängt wurden. Zum Hauptorte der Küste wurde die Stadt Sansibar erst, als im Jahre 1840 Said Said, der Sultan von Maskat, sich dorthin zurückzog. Müde der ewigen Kriege mit den widerspenstigen Städten in Ostafrika, der Kämpfe in Arabien gegen die Perser und überdrüssig der Betteleien und Belästigungen seiner eignen Großen in Maskat, wollte er allen Unannehmlichkeiten aus dem Wege gehen. Auch hatte er längst mit richtigem Blick die immer größer werdende Bedeutung des Küstenstriches, welcher Sansibar auf dem Festlande vorlag, erkannt und beschloß, sein an Anstrengungen und Thaten reiches Leben auf dem schönen meerumrauschten Eiland zu vollenden. Said Said blickte schon damals auf eine lange Re= gierungszeit zurück, denn schon im Jahre 1806 war er als sechzehn= jähriger Jüngling auf den Thron der Dynastie Abu Said gekommen. Mit zunehmendem Alter erfreute er sich immer größerer Beliebtheit, lebte fortan mehr den Werken des Friedens, soweit dies als Herrscher eines so unruhigen und verschiedenartigen Volkes möglich war. In Maskat nahm er nur hier und da längeren Aufenthalt, um dort Regierungsgeschäfte zu erledigen. So hatte er auch 1853 eine Reise dorthin angetreten, war schon drei Jahre von Sansibar abwesend und wurde sehnsüchtig von seinen Anverwandten und seinen Unterthanen erwartet. Da, eines Tages gegen Ende des Jahres 1856, kehrte in der Mittagsstunde ein schwarzer Fischer von der See nach der Stadt zurück mit der Nachricht, daß er auf offenem Meere einige Schiffe mit roter Flagge gesehen habe und nur wegen des hohen Seeganges bei dem stürmischen Nordostpassat nicht habe an die Schiffe heran= gekonnt. Das konnten nur des Saids Schiffe sein, und mit Windeseile verbreitete sich in der Stadt die Nachricht. In freudiger Erregung bereitete sich alles zum feierlichen Empfang vor. Madjid, der älteste der in Sansibar anwesenden Söhne, welcher schon die Regierung geführt hatte, beeilte sich, dem Vater mit einem kleinen Gefolge in einem Boote entgegenzufahren, denn die Schiffe waren spätestens mit Sonnenuntergang zu erwarten. Doch die Zeit verstrich, ohne daß sie einliefen, und allgemeine Unruhe bemächtigte sich der Bevölkerung Als gar in der Nacht die Paläste des Sultans und das Haus des Madjid mit Bewaffneten umstellt wurden, steigerte sich die Aufregung zu allgemeiner Bestürzung.

Die aufgehende Sonne aber beleuchtete Said Saids Schiffe im Hafen. Statt der roten hingen Trauerflaggen von deren Masten. Der Herrscher war tot. Unterwegs erlag er auf See einer vor

Jahren ins Bein erhaltenen Schußwunde, aus welcher man die Kugel nicht hatte entfernen können. Bargasch, der älteste der an Bord befind= lichen Söhne, hatte den Leichnam in einer Kiste verwahren lassen, um ihn in Sansibar zu bestatten, gegen den mohammedanischen Ritus damit einen doppelten Verstoß begehend. Man hätte den toten Fürsten überhaupt nicht einsargen dürfen nnd ihn dem Meere übergeben müssen, so schreibt es der Koran vor. Madjid hatte man allgemein bei dem heftigen sturmartigen Wind für verloren gehalten, es war ihm aber gelungen, die Schiffe zu erreichen. Zu seiner Bestürzung über die unerwartete Trauerbotschaft gesellte sich grenzenloses Erstaunen, denn Bargasch hatte schon mit der Leiche des Vaters das Schiff ver= lassen, um sie, wie Madjid erst am andern Tage erfuhr, in aller Stille beisetzen zu lassen. Bargasch war es auch, welcher den Befehl zum Umstellen der Paläste und des Harems, sowie Madjids Haus gegeben hatte, um an Stelle des älteren Bruders mit Gewalt die Herrschaft in Sansibar an sich zu reißen. Die Bestattung des Vaters hatte er deshalb heimlich vornehmen lassen, weil es Sitte bei den Arabern ist, die Erbfolge an der Leiche des Verstorbenen zu regeln. Weil er fürchtete, daß in diesem Falle die allgemeine Stimme den Bruder zum Sultan ausrufen werde, hatte er den feierlichen Akt vereitelt. Da Madjid nur dadurch der Gefangennahme durch Bargasch entging, daß er den Schiffen entgegengefahren war, so war der verräterische Anschlag mißlungen, und als Entschuldigung führte Bargasch an, mit seinen sonderbaren Maßregeln eine Rebellion habe vereiteln zu wollen. Am nächsten Morgen proklamierte sich Madjid als unabhängigen Herrscher von Sansibar, während sein Bruder Suëni den Thron von Maskat bestieg. Damit hatte sich die Teilung des früheren Reiches von Maskat vollzogen, und Suëni gelang es nicht, seine Ansprüche auf Sansibar durchzusetzen, erreichte aber, daß ihm durch Englands Ver= mittelung von Madjid jährlich 40 000 Maria=Theresiathaler als Ent= schädigung ausgezahlt wurden. Da sich aber in den späteren Jahren Madjid weigerte, die Gelder zu zahlen, so übernahm die indische Regierung bis zu Suënis Tod diese Verpflichtung, um nicht Ver= wickelungen herbeizuführen, von denen sie annahm, daß sie für Indien gefährlich werden konnten. In Wahrheit wohl, um später England Grund zu Einmischungen in Sansibar zu geben.

Sansibar blieb nun eine Reihe von Jahren bis in die jüngste Zeit unabhängig.

Es ist kein Zufall, daß die Stadt zu so hoher Bedeutung empor= wuchs, wenn auch Mombas einen der besten Häfen der Welt und Sansibar nur eine offene Reede besitzt. Viele Umstände haben zu diesem Emporblühen beigetragen und nicht zum wenigsten die Be= schaffenheit des Hinterlandes.

Sansibar ist eine Koralleninsel, deren Korallenkalk an vielen Orten, besonders im Innern des Eilandes, zu Tage tritt. In der weitaus größten Ausdehnung ist derselbe mit einer roten Lehmart, dem Laterit, bedeckt. Diese zwar an und für sich sehr fruchtbare Erdart bedarf jedoch guter Durchfeuchtung, um zu produzieren. Das feuchte Klima Sansibars erfüllt diese Bedingung in hohem Maße, indem neben einer ausgiebigen Regenzeit in allen Monaten des Jahres Niederschläge stattfinden. Dazu gesellt sich eine fast immer gleich= bleibende Temperatur von 25—26 ° C., um eine sehr üppige Vegetation zu erzeugen und der Insel eine bevorzugte Stellung nach dieser Richtung zu sichern. Eine zweite, ebenfalls vorkommende Erdart ist grauen Ansehens, thonhaltig und infolge des eingemengten Sandes mehr locker, der Lieblingsstandort der Kokospalme, welche in großer Menge auf Sansibar gedeiht.

Wenn nach langer Seefahrt am südlichen Horizonte des tiefblauen Meeres die Insel Sansibar sichtbar wird, so ist der erste Anblick der Insel einigermaßen entnüchternd. Am Horizont erscheint ein Punkt, der sich allmählich in einen Streifen verwandelt. In der von den glühend heißen Sonnenstrahlen erhitzten Luft scheint dieser Streifen zuweilen, je nach den Schwankungen des Schiffes, in der Luft zu schweben. Bald nimmt er bestimmtere Gestaltung an. Es ist die Nordspitze der Insel, auf welcher ein niederer Höhenrücken sanft ausläuft. Ein breiter eintöniger Strand liegt vor einer ebenso ein= tönig scheinenden graugrünen Vegetationsdecke, ein nichts weniger als tropischer Anblick. In demselben Maße aber, wie wir uns der Stadt Sansibar nähern, während wir in immer größerer Nähe der West= küste der Insel dahingleiten, zeigt sich uns die Landschaft in glühenderen Farben und größerer Abwechselung. Wir unterscheiden Bäume, Palmen, Rasenflächen wechseln mit Busch und Plantagenanlagen, einzelne

blendend weiße Landhäuser leuchten aus dem Dunkel der Bäume, den
Strand entlang werden Sandflächen unterbrochen von kleinen ver=
steckten Buchten. Im Wasser stehen die merkwürdigen Mangroven
und Pandanus. Das Meer wird immer belebter, arabische Daus und
kleine Einbäume gleiten vorüber mit doppelten Auslegern, die scharfe
Brise bläht das unverhältnismäßig große Segel, daß das Boot wie im
Fluge dahingleitend, an seinem Bug weißer Schaum aufsprudelt und
es uns schnell überholt. Der einzige schwarze Bootsmann ist genötigt,
auf dem äußersten Ende des Luvseitenauslegers niederzukauern,
um, von den Wellen benetzt, durch sein Gewicht das Umschlagen
zu verhindern. Durch diese winzigen, meist nur zwei Mann
fassenden Fischerboote, welche trotz ihrer Kleinheit den Sansibar=
kanal überschreiten, werden in der Nacht eine Menge Sklaven ge=
schmuggelt, und bei gutem Winde sind sie der schnellsten Dampf=
barkasse unerreichbar.

In weiterer Fahrt taucht bald die Stadt Sansibar aus dem
Meere. Es macht zuerst einen geradezu verblüffenden Eindruck,
wie winzig niedrig die hohen Häuser erscheinen gegen die auf dem
Wasser im Vordergrunde liegenden Schiffskolosse, den Marinen Deutsch=
lands, Englands und Frankreichs angehörend. Die Anker rasseln in
die Tiefe, wir sind auf der Reede angelangt, voll des prächtigen
farbenreichen Bildes, welches, überflutet von blendend hellem Sonnen=
schein, vor uns aufgerollt ist. Wie das Wasser funkelt und glitzert, in
allen Farbentönen reflektieren die Gegenstände das strahlende, zitternde
Sonnenlicht, vom blendenden Weiß der Häuser durch alle Stufen der
Farbenskala hindurchlaufend bis zum dunkelsten, gesättigten Grün,
Braun und Blau der Vegetation und des Meeres. Entzückt stehen
wir, ohne zu wissen, wohin zuerst den Blick wenden. Zahlreiche
Boote, Einbäume und Kähne haben sich vom Strande abgelöst, um
ein wahres Wettrudern zu eröffnen, die schwarzen Insassen in uns
ungewohnter Tracht, Hemden, Kaftane, Hüftentücher. In unverständ=
lichem Idiom überschreien sie sich, um, einander verdrängend, die
herrlichen Erzeugnisse der Tropen anzubieten, welche wir bis dahin
nur in den Schaufenstern der Delikateßläden oder auf üppiger
Tafel prangen sahen. Zu unserm Erstaunen heimeln uns aber die
Preise bezüglich ihrer Höhe ungemein an. Die Verkäufer wollen

davon profitieren, daß wir Fremde sind. Andre bieten Affen, Ichneu= mone, Papageien an.

Sollen wir uns das Bild einprägen, welches der Hafen bietet mit seinen unzähligen Schiffen, Kriegs= und Handelsfahrzeugen, Segel= und Dampfschiffen, seltsam geformten arabischen Daus aus Maskat in plumper Form, andre in graziöseren Linien gebaut mit weit aus= ladendem Bug. Sonderbare, mit Kokosstricken zusammengenähte Tepe, an denen kein einziger Nagel verwendet wurde. Sie schöpfen zwar immer Wasser, widerstehen dagegen den furchtbaren Stößen der Brandung ihrer heimatlichen Küste, des Somalilandes. Zwischen alle= dem hindurch ein ununterbrochenes Gewimmel kleiner, durch Ruder oder Segel fortbewegter Boote.

Wie herrlich breitet sich die Stadt vor uns aus mit den hohen, weißen Häusern, deren flaches Dach uns fremdartig anmutet. Dort die beiden hohen Sultanspaläste, deren einer neuerer geradezu un= geheuerliche Dimensionen aufweist und durch seine Schmucklosigkeit an eine Kaserne erinnert. Links davon der Harem mit grünen Läden und kleinen arabischen Erkern, sonst aber ebenso geschmacklos wie die andern Bauten. Die Araber haben ihre schöne Architektur daheim in Maskat gelassen. Am deutlichsten zeigt sich dies an dem nüchternen aufgemauerten Leuchtturm. Schon seit 1884 sendet eine starke elektrische Bogenlampe ihre Strahlen aufs Meer, dem Schiffer ein Wahrzeichen, doch überflüssig, denn in der Nacht wagt niemand die Einfahrt, es seien denn kleine Daus. Nach rechts und links breitet sich das Häusergewirr und weiterhin die herrliche Schamba (wörtlich Feld, Acker, Plantage, hier die ganze Umgebung so genannt) aus, in welcher uns die dunkelgrünen Mangobäume und schlanken Kokospalmen am meisten ins Auge fallen.

Ein Stück Welt= und Kulturgeschichte spricht aus dem Häuser= meer der auf 80—100000 Einwohner geschätzten Stadt. Die arabischen Häuser, immer aus Aberglaube an irgend einer Stelle un= vollendet gelassen, andre nach dem Tode des Besitzers in Trümmer gefallen, ohne daß jemand daran denkt, den Schutt hinwegzuräumen, erzählen von der Indolenz der Araber und des Mohammedanismus, der nur Ruinen an Ruinen zu reihen vermag. Dort neben dem hohen Palast des Sultans liegt das düstere, nur noch schlecht erhaltene alte portugiesische Fort, von vier massiven Türmen flankiert. Eindringlich predigt es uns den Zerfall der portugiesischen Macht und Herrlichkeit. Der lange Zollschuppen, anmaßend vor die Paläste gebaut, und die emporragenden Häuser der Inder mit den grellblau und grün ge= strichenen Fensterläden deuten schon durch ihre Dimensionen die Macht des Kapitals an. Die gut gehaltenen, mit zahlreichen Fenstern ver= sehenen Gebäude europäischer Kaufleute, sowie der diplomatischen Ver= treter europäischer und andrer Mächte tragen auf dem Dache alles überragende Masten, deren Flaggen lustig im Winde wehen, als wollten sie uns zurufen: „Siehe, wie groß ist die Macht der Zivilisation, sie triumphiert über all das unter uns Liegende." In welchem Gegen= satz dazu die schmutzige Madagaskarvorstadt, das Negerviertel mit seinen elenden, aus Lehm und Stroh errichteten Hütten, erinnernd an die von der Kultur noch fast unberührte eingeborene Bevölkerung.

Wenn wir Unterkommen gefunden, werden wir uns beeilen, die Stadt zu durchstreifen, denn wir glauben uns in eine Märchenwelt versetzt und können nicht schnell genug unsre Neugierde befriedigen. Die Straßen sind eng, oft so eng, daß man sich gerade noch aus= weichen kann, und sehr schmutzig. Ein undefinierbarer Geruch erfüllt die Luft, ein sonderbares Gemisch aller Wohlgerüche Indiens und Arabiens mit dem ekelhaften Gestank getrockneter Erzeugnisse des Meeres, halbfauler Tintenfische, Haifischflossen und faulender Früchte und Unrat, köstlichem Duft der herrlichen Orangen Sansibars, Blumen und Petroleum. Dieses Gemisch, das bald die Nase beleidigt, bald dem Geruchssinn schmeichelt, je nachdem das eine oder das andre vor= herrscht, wird jedem unvergeßlich bleiben, der es einmal empfunden hat.

Die Stadt liegt auf einer Halbinsel, welche durch das Ein= schneiden einer Lagune gebildet wird. Die Negervorstadt liegt jenseits. Die Verbindung ist durch eine steinerne Brücke hergestellt. Dicht zusammengedrängt stehen die massiv aus Korallenkalk aufgemauerten zwei= bis vierstöckigen Häuser. Nach außen wenige kleine Fenster, mehr Luftlöcher, zeigend, umschließen sie nach innen meist einen Hof, der von einer rings umlaufenden Galerie umgeben ist. In dieser Ausführung sind auch die meisten Häuser der Küstenstädte erbaut. Die Erdgeschosse der meisten bilden offene Läden, nischenartige finstere Höhlen, angefüllt mit allerhand Kram und Eßwaren. Dazwischen

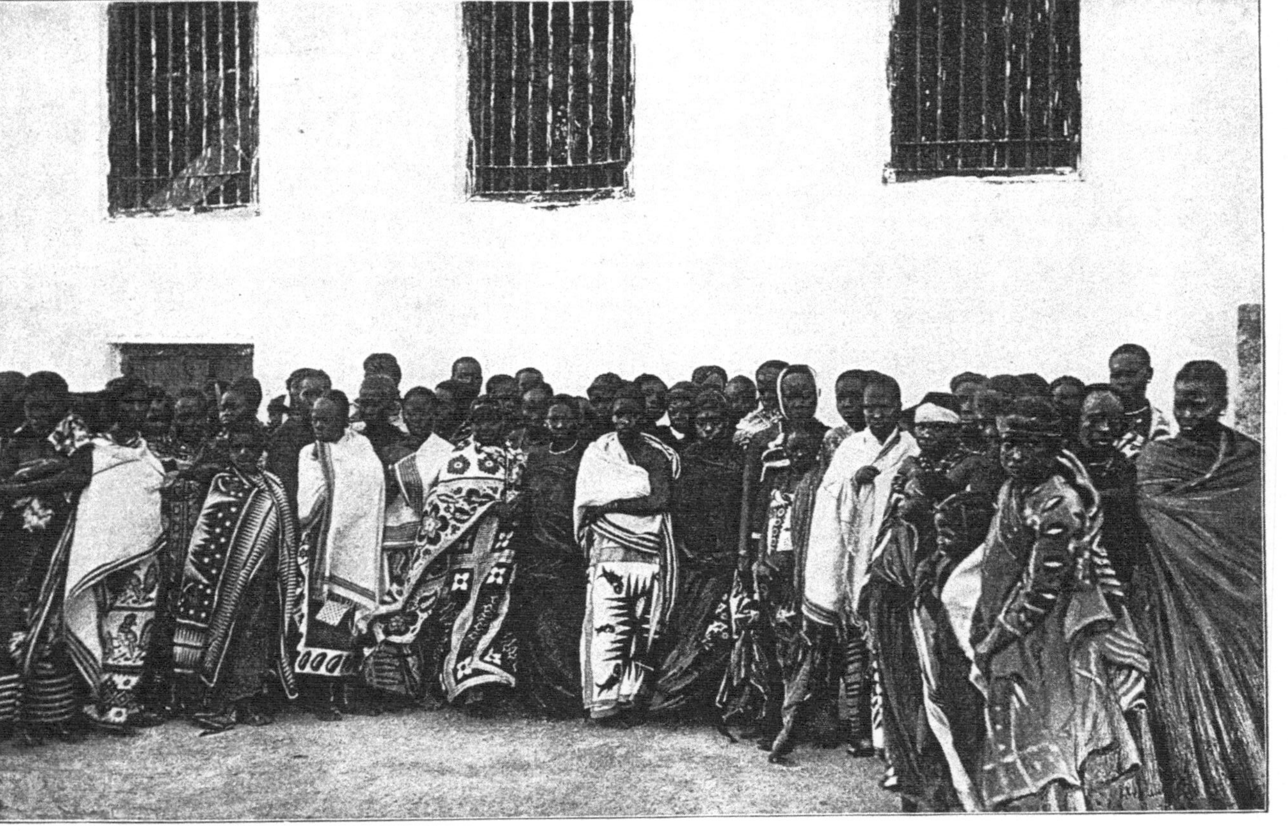

Negerweiber aus Sansibar und von der Ostküste.
Nach einer Originalphotographie.

im Halbdunkel des Hintergrundes der Besitzer, mit untergeschlagenen Beinen auf einem Teppich oder Kasten kauernde gelbe Inder, Hindu oder Banian, die Frauen der ersteren in bunte grelle Seide gekleidet, Hosen mit überfallendem Hemd. Mieder kennen die Glücklichen nicht, dagegen sind sie über und über mit Gold- und Silberschmuck behangen, große Ringe in Ohr und Nase, Ringe an Fingern und Zehen, und dicke unförmige Arm- und Fußspangen.

In den Straßen wogt es auf und ab. Araber, Neger, Perser, Wasserträgerinnen, Kühe und Esel, Kinder, Erwachsene, Hindu, Banian, Lastträger, schreiend, schiebend, stoßend, in sinnverwirrendem Trubel. Würdevoll, in einer dem Europäer komisch erscheinenden Grandezza schreitet ein Trupp kostbar gekleideter Araber bedächtigen Schrittes daher, Gestalten, denen wir überall in den Küstenstädten Deutsch-Ostafrikas begegnen, im Paßgang, Bein und Arm derselben Seite beim Schreiten nach vorn bewegend. Respektvoll weicht alles aus. Die ganze nicht allzuhohe und breite Gestalt mit zartem Knochenbau ist in ein feines, weißes Batisthemd gehüllt, welches bis zu den Knöcheln reicht, um die Hüften durch den gold- und silberdurchwirkten Gürtel der Djembia, des Krummdolches, festgehalten. Kokett ist ein Zipfel aufgerafft und läßt darunter die feine, weiße Baumwollenschuka, das Hüftentuch, hervorblicken, deren bunte, breite Borte mit Seide durchwirkt ist. Hosen trägt der Araber nicht. Ein Kaftan aus schwarzem oder buntem Tuch oder aber aus braunen Kamelhaargeweben bedeckt die Schultern. Die Ärmel sind durch ein Loch in den Seiten ersetzt und bilden eigentlich nur einen weiten Faltenwurf. Auf dem Rücken, an Hals und Brust kostbare bunte und sehr geschmackvolle Gold-, Silber- und Seidenstickerei. Das ganz glattrasierte Haupt ist mit einer meist in weiß gestickten kleinen anliegenden Mütze bedeckt, um welche kunstvoll die Kilemba (Turban) aus hellblauem Baumwollstoff mit rotgelber Borte geschlungen ist. Die nackten Füße stecken in großen rotbraunen Ledersandalen, deren handbreite Halteriemen mit schönem weiß und grünem Lederwerk geziert ist. Das braune Gesicht mit scharfen, semitischen Zügen ist von einem glänzend schwarzen Bart umrahmt. Der Schnurrbart wird immer abrasiert. Die großen blitzenden Augen werden noch mehr vergrößert durch schwarze Antimon-schminke, welche auf das untere Lid aufgetragen wird. Der schnee-

weiße Bart ehrwürdiger Greise ist mit Henna rot gefärbt. Der Griff
des Dolches, mit kostbarer Silberfiligranarbeit belegt, wird weit ab=
stehend getragen, eine darüber hängende rosenkranzartige Bernsteinkette
läßt man zuweilen spielend durch die Hände gleiten. Über der linken
Schulter hängt an wollener Koppel ein langes, gerades, arabisches
Schwert ohne Parierstange oder ein krummer Beludschensäbel, der
Griff ragt drohend dicht unter der Achsel hervor.

In der rechten Hand trägt der arabische Dandy ein dünnes,
weißes Spazierstöckchen. Von Zeit zu Zeit führen die voranschreitenden
Notabeln in den rauhen Gutturallauten des Arabischen unter gemessenen
Gesten ein kurzes Gespräch, um bald wieder in würdevolles Schweigen
zu verfallen. Der gute Ton fordert, daß die Vornehmen von einem
zahlreichen Gefolge begleitet werden, den Wasuasi, schmarotzende Nichts=
thuer, welche meist ihre reiche Kleidung der Güte ihrer Gönner zu
verdanken haben. In welchem Gegensatze zu dem glänzenden Troß
stehen die in Ketten gelegten Verbrecher, welche aus einer Seitenstraße
hervortreten, deren Namen wir nicht nennen können, da die Straßen
von Sansibar keine solchen führen. Nur mit einem Hüftentuche be=
kleidet, sind sie mit Halseisen und Ketten aneinander gefesselt. Ihre
klirrende Last schleppen sie unter militärischer Aufsicht, um Straßen=
arbeit zu verrichten. Ihre meist vergnügten Gesichter sind mit ihrer
traurigen Lage nicht recht in Einklang zu bringen, der leichtfertige,
heitere Charakter des Schwarzen, seine Bedürfnislosigkeit lassen ihn
diese Strafe weniger hart empfinden. In eintönigem Wechselgesang,
eilend schnellen Schrittes und niemand ausweichend, stürmen Hamali,
Lastträger, daher, welche ungeheure Kolli von großem Gewicht
schleppen, die dicken Tragstangen biegen sich, quietschen und knarren
in Reibung mit den haltenden Kokosstöcken unter der Last. Um
diese Last nicht in Schwingung geraten zu lassen, dürfen sie nicht
Schritt halten.

Mit lautem „Simila, Simila!" (weicht aus!) kommen uns leicht=
gekleidete Vorläufer entgegen, um einem Trupp auf Eseln reitender
Araber Platz zu schaffen. Wir treten schnell zur Seite, und vorüber
saust die wilde Jagd mit fliegenden Kaftanen und klirrenden Schwertern
in unruhigem Kreuzgalopp, Trab reitet der Araber nicht. Die
kühnen Reiter machen trotz ihres kriegerischen Aussehens auf den

deutschen Reitersmann einen recht betrüblichen Eindruck. Die langen
Hemden sind bei dem Quersitz hinaufgezogen, die nackten, meist
dünnen Waden klammern sich krampfhaft an den mit bunter Decke
belegten breiten Sattel. Die Füße, an denen die Ledersandalen
wie Holzpantinen hängen, scheinen in Ermangelung von Steigbügeln
Fühlung unter dem Bauche des Reittieres zu suchen, was verursacht,
daß die Kniee weit abstehen. Mit den Armen fuchtelt der Reiter in
der Luft, so daß der Kaftan vom Luftzug weit aufgebläht wird und
die ganze Gestalt aussieht, als wolle sie davonfliegen, um mit den
Beinen den Esel in die Lüfte zu entführen. Dennoch sitzen die
Araber sehr fest. Die Reittiere, meist Maskatesel, gehören einer sehr
edlen Rasse ihres mit Unrecht so verachteten Geschlechtes an. Sie
sind groß, stark und sehr ausdauernd und in Sansibar teurer wie
arabische Pferde. Sie werden mit Henna rot gefärbt, was trotz der
für einen Esel recht ungewohnten Abtönung im Verein mit dem bunten,
phantastischen Sattelzeug prächtig aussieht, besonders da alle kräftige,
feurige Tiere sind, deren einige ihr hallendes a—i a—i in gellenden
Tönen hinausschmettern. Der einzige am Kinnriemen befestigte Zügel
dient nicht zum Lenken, sondern nur zum Anhalten. Geleitet wird
das Tier durch Schläge auf das Schulterblatt, wobei es der Richtung
des Schlages folgt, also links geht, wenn man es auf das rechte
Schulterblatt schlägt.

Für den Neuling ist unter den ihm hier entgegentretenden Typen
immer die Negerbevölkerung am interessantesten, weil ihm hierin ein
gänzlich fremdes Element entgegentritt. Die Kleidung der Männer
bildet ein langes, bis zu den Knöcheln reichendes Hemd, darunter ein
buntes Hüftentuch, dessen einer Zipfel beim Dandy auf der Erde
schleifen muß, während das eingesteckte Messer das Hemd auf einer
Seite empor hebt. Den glattrasierten Kopf bedeckt eine weiße oder
fezartige rote Mütze ohne Quaste. An den Füßen arabische Sandalen,
stolzieren die Schwarzen mit den weißen Stöcken umher, mit wichtiger
Miene, affektierter Aussprache, gezwungen würdevoller Haltung. Oft
genug aber läßt sie das angeborene Temperament aus der Rolle
fallen, laut sprechend fahren sie dann mit heftigen Gestikulationen
aufeinander los, mit rollenden Augen, so daß man glauben könnte,
es müsse jeden Augenblick eine Prügelei ausbrechen, doch ist die

Besorgnis unnötig, auf diese Weise erleichtern sich die Leute das Nichtsthun.

Die Weiber fallen in ihrer merkwürdigen Tracht noch mehr in die Augen. Unmittelbar um den Leib tragen sie, wie die Männer, eine Schuka, jedoch unter den Achseln um den Körper geschlungen darüber das Leso. Es sind dies buntbedruckte Baumwolltaschentücher, deren sechs Stück zu je drei zusammenhängend an der Längsseite aneinander genäht sind. Dies Leso hüllt die Gestalt bis zu den Knöcheln ein. Schulter und Arme bleiben dagegen ganz unbedeckt. Viele tragen auch arabische Frauenhosen. Die Frisur wechselt in allen möglichen Spielarten. Das Haar ist in der Mitte gescheitelt und nach seitwärts glatt gestrichen, so daß die Kräuselung verschwindet, und in oft recht geschmackvoller Weise geordnet, oder es werden unzählige parallel laufende Zöpfchen dicht auf die Kopfhaut angeflochten, vom Scheitel nach den Seiten oder von vorn nach hinten, wobei ein aufgelockertes Toupet vorn stehen bleibt, oder Löckchen auf oder über der Stirn, in tausend Varietäten. Über die Frisur legt die eitle Schöne den Ukaia (Schleier), in dickem Wulste kranzartig um den Kopf gewunden. Er ist mit Seidenfäden in Abständen umwickelt, eine handbreite, gelbe, blaue oder rote Kinnbinde aus fingerdicken, lose geschlagenen Schnüren rahmen das runde, dralle Gesicht ein, und nach hinten hängen bis zur Erde zwei lange Zipfel des durchsichtigen, indigoblauen Schleiers, welche zu mannigfachen Koketterien Anlaß geben; nicht aber etwa durch Verschleierung des dunklen Gesichtes, sondern durch die Art und Weise, wie die Hand die Zipfel anfaßt. Die Stirn ist mit Kurkuma gelb gefärbt, die unteren Augenlider werden mit Antimon schwarz geschminkt. Auch hier ist die weibliche Koketterie zu finden, auch hier übt sie ihren Reiz aus. Es ist selbstverständlich, daß auch die schwarze Schönheit Schmuck trägt, kolossale Silberringe in arabischen Mustern um Knöchel und Arme, riesige Ohr- und Nasenringe, welche über den Mund hängen, ein kleines, weißes Pflöckchen, in einem der Nasenflügel ein durchgestochenes Loch ausfüllend. Die Peripherie der beiden Ohren ist mit fünf Löchern versehen, in denen ebenfalls weiße Pflöckchen von der Dicke der Ohrmuschel und dem Durchmesser eines Bleistiftes stecken. Die Anzahl derselben variiert übrigens, so war es z. B. bis 1880 oder 1883 Mode, fünf solcher Pflöckchen in jedem

Ohr zu tragen. Im Jahre 1885 würde eine schwarze Dame mit dieser Anzahl allgemeine Heiterkeit erregt haben, so wie etwa bei uns eine Frau, welche heute noch eine Krinoline tragen wollte. Diese leidige Mode, auch in Afrika schwingt sie ihr tyrannisches Zepter und erlegt ihren schwarzen weiblichen Unterthanen die Pflicht auf, wenigstens jeden Monat, oder so oft überhaupt Leso mit neuen Mustern nach Sansibar gelangen, sich nur in solchen öffentlich zu zeigen. In andern Dingen aber läßt sie den Schwarzen, Arabern oder andern orientalischen Völkern in Rücksicht auf deren konservativen Charakter mehr Zeit, die Formen zu ändern, besonders um so un= zivilisierter dieselben sind, so daß oft Jahrzehnte und mehr verlaufen können, ehe eine augenfällige Veränderung stattgefunden hat. Die Mode ist sogar so nachsichtig, daß sie z. B. bei den Warua westlich vom Tanganika gestattet, eine einmal dressierte Frisur unverändert fünf bis selbst zehn Jahre zu tragen, während welcher Zeit an der Frisur nur Ausbesserungen vorgenommen werden. In betreff der Gepflogenheiten der Mode unterscheiden sich die Schwarzen überhaupt im Prinzip gar nicht von uns, sondern nur in der Ausführung, und so ist es natürlich, daß auch die Haltung und der Gang durch die Mode beeinflußt werden. Die Männer haben den schon erwähnten Paß= gang der Araber angenommen, den man auch bei unsern Landleuten häufig genug findet, unsre Unteroffiziere wissen nach ihren Erfahrungen auf den Exerzierplätzen davon zu erzählen. Dieser Paßgang gibt dem Schreitenden einen eigentümlich plumpen, wiegenden Gang, besonders wenn er dabei „mardadi" (eitel) auch das Wiegen des Kopfes vom Araber abgesehen hat, und wie dieser den Spazierstock mit der Krücke nach oben, ohne ihn an der Schulter anzulehnen, balanciert. Noch sonder= barer aber ist der Gang der Weiber, der, wenn er richtig ausgeführt wird, das sprachlose Entzücken des Sansibargigerl erregen kann. Man sehe eine solche dicke, dralle Dame nur dahinwatscheln, mit tiefem Ernste bestrebt, das möglichste an Grazie, nach ihren Begriffen, aus sich „herauszuholen", denn solchen Eindruck machen ihre Bemühungen. Als hätte sie Blei in den Füßen und doch leichten Schrittes schwebt, oder sagen wir lieber schiebt sich die „Bibi", wie der Sansibarite die Frauen mit dem arabischen Worte anredet, dahin. (Weib heißt in Kisuaheli manamke in sonderbarem Anklange an die niederdeutsche

Aussprache Madamke des französischen Madame.) Schlenkernd wird ein Bein vor das andre gesetzt, wobei die ganz einwärts gestellten Füße kaum vom Boden erhoben werden. Bei jedem Schritt läßt sich das Weib in die Hüfte des aufgesetzten Beines sinken, so daß diese nach außen geschleudert wird und dementsprechend dieselbe Seite des immer stark ausgeladenen Gesäßes. Eine Schulter wird nach vorn getragen, die andre nach hinten herabsinkend, als seien beide ungleich hoch. Die Arme hängen schlaff am Körper herab und werden stark, hier nicht im Paßgang, geschlenkert, wobei es als besonders chic gilt, wenn während der Rückwärtsbewegung die Hand nach außen gedreht wird. Der Kopf macht infolge seiner eigentüm= lichen Haltung den Eindruck, als sei er ein mit Wasser gefülltes Gefäß, was sorgfältig im Gleichgewicht gehalten werden muß, um ein Überlaufen zu verhindern. Viele junge Mädchen haben recht hübsche Gestalten und besonders wohlgeformte Beine. Die manchmal erst elf bis zwölf Jahre alten Mütter tragen ihre Kinder in einem Umschlag= tuche auf dem Rücken oder vielmehr dem vorstehenden Gesäß. Als Zeichen einer großen Unbildung würde es dabei gelten, wenn man das Umschlagtuch über eine Schulter schlingen wollte, wie es die Ein= geborenen des Inneren thun.

Schreiten wir die Straße entlang, so vernehmen wir von weitem her rauhen eintönigen Gesang, dessen Unisono unheimlich, wie der warnende Chor in der alten Tragödie klingt, den Lärm der Straße übertönend. Es ist ein großer Zug der Irregulären des Sultans, Suri, Araber und Belutschen, welche man ihres Kriegstanzes wegen Wiroboto (Flöhe) nennt, denn sie führen dabei sonderbare Sprünge aus. Es sind arme Schlucker, welche Leib und Leben um einen Sündenlohn, zwei bis drei Dollar pro Monat, verkaufen und damit noch Weib und Kind ernähren sollen. Sie sind meist tapfer, unter ihnen ausgezeichnete Schützen. Der Verfasser sah selbst in Sansibar einen Belutschen mit seiner langen Luntenflinte, deren Lauf allerdings gezogen war, mit fast nie fehlender Sicherheit Bach= stelzen und andern kleinen Vögeln den Kopf abschießen. Diese Irre= gulären standen während des Aufstandes an der Ostküste mehr wie einmal unsern Truppen gegenüber und sie waren es auch, welche sich am hartnäckigsten verteidigten.

Je näher die Kriegerschar kommt, desto vernehmlicher mengt sich
dem Gesang ein eigentümliches Klappern und Rasseln bei; wenn sie in
regellosem Haufen an uns vorüber eilen, erkennen wir die Ursache
des merkwürdigen Geräusches, denn wir sehen eigentlich wandelnde
Arsenale, in schmutzige Hemden gehüllt, zu denen bei den Belutschen
nach unten enger werdende weiße Hosen kommen, welche durch ihren
Schnitt den Beinen ihrer Träger die Form krummer Säbel geben.
Was hängt und baumelt nicht alles an diesen meist kleinen braunen
Gestalten mit den struppigen Bärten, wild rollenden Augen und den
semitischen Gesichtern. Die Araber unter ihnen sind mit dem Krumm=
dolch umgürtet, in dessen rotem Gurt die Patronenhülsen aneinander
gereiht sind, unmittelbar unter der linken Achsel tragen sie das gerade,
breite und haarscharfe Schwert, Upanga, welches sie wohl zu führen
wissen. Auf der Schulter liegt eine Flinte, irgend welchem System
seit Erfindung der Feuerwaffen angehörend, auf dem Rücken einiger
hängt der kleine Faustschild aus Rhinozeroshaut, und manche tragen
noch eine Lanze mit schöner vierschneidiger Klinge. Die Belutschen sind
noch mehr behängt. Neben Schwert und Dolch, oft in schönen tscherkessischen
und persischen Formen, selbstverständlich die Flinte. Im Patronen=
gürtel eine Pistole, ein Besteck aus zwei kleinern Messern, auf dem
Rücken ein großer, zwei Spann im Durchmesser führender, runder Schild
aus Nilpferdhaut, ein Pulverhorn aus Holz oder Metall und eine
große Wasserflasche, viele führen ebenfalls Lanzen, überall hängen noch
kleine Gebrauchsgegenstände, Pulverpfannenräumer, Schwamm, Stahl
und Zunder. Auf der Brust unter dem schmutzigen weißen Hemd
fehlt bei keinem Araber oder Belutschen das Amulett, auf Papier=
schnitzel geschriebene Koransprüche, welche in ein kleines Ledertäschchen
eingenäht sind. Alles das klappert und rasselt in sonderbarster Weise.
Wie ein solchergestalt Bewaffneter zu kämpfen imstande, ist nicht
recht begreiflich. Die Leute ziehen vor des Sultans Palast, um dort
ihre Schwerttänze aufzuführen, was alle Freitage geschieht.

Bald merken wir, daß wir uns dem Markte nähern, wo ein
dichtes Gedränge herrscht. Die Verkäufer kauern an der Erde,
Männer und Weiber, und bieten ihre Waren, Früchte, Salz, Tabak
und Betel zum Kauen, Reis, Kokosnüsse, Zuckerrohr, Papai, die herr=
lichen Orangen, die an Wohlgeschmack alle andern Sorten übertreffen,

sowie alle Erzeugnisse der Schamba, in den Seitenstraßen werden
Kleider, Waffen, Stoffe, Sandalen, Bettgestelle, Brandy, Gewürze und
Gebrauchsgegenstände ausgeboten. Ängstlich huschen einige Banianen
durch das Gedränge, um jede Berührung mit einem Andersgläubigen
zu vermeiden. Sie müssen sonst sogleich zum Wasser, um sich dort
abzuwaschen, sonst sind sie unrein. Sie gehören der indischen Sekte
der Battias an und führen die allgemein übliche Bezeichnung „Banian"
Krämer eigentlich nur als Spottname. Die Banianen sind Vege=
tarianer, denn sie dürfen kein lebendes Wesen töten, und da sie in
der Befolgung dieser religiösen Vorschrift sehr gewissenhaft sind, so
pflegen sie selbst Ungeziefer sorgfältig vor die Thür zu setzen. Die
Mahlzeiten nimmt jeder allein oder voneinander abgewendet ein.
Als Tafelgeschirr dienen ihnen aus großen frischen Blättern des
indischen Feigenbaumes zusammengefügte Teller und Schüsseln. Das
Thongeschirr, in welchem die Speisen bereitet werden, muß alle Monate
durch neues ersetzt werden. Der Baniane darf den Mund beim Essen
nicht mit der Hand berühren, aber auch weder Messer noch Gabel
benützen, er muß daher die Speisen in den Mund werfen. Ebenso=
wenig darf er das Trinkgefäß an die Lippen bringen, er gießt daher
Wasser und Brühen in den Mund. Ihre verbotreiche Religion bereitet
ihnen manche Verlegenheit durch eigne Unachtsamkeit und durch bös=
willigen Scherz andrer, so daß sie sich dann umständlichen Reinigungen
unterziehen müssen.

Die Kleidung der Banianen besteht in einem um die Hüften ge=
schlungenen Lendentuche aus feinen weißen, rotgeränderten Baumwoll=
stoffen, dessen einer Zipfel von hinten nach vorn zwischen den Beinen
hindurch gezogen wird. Zu Hause bleibt der Oberkörper nackt, auf
der Straße wird er mit einer dünnen Kattunjacke bekleidet, deren
enganliegende Ärmel die doppelte Länge des Armes haben und in
unzähligen Fältchen auf den Unterarm gezogen werden. Die Füße
stecken in dicksohligen, leichtgeschnabelten Schuhen und auf dem Kopfe
sitzt eine kleine cerevisartige Mütze aus bunten Seidenstoffen oder
blumendurchwirktem Samt. Das schwarze Haar ist auf dem Vorder=
haupte abrasiert und wächst hinten unbeschnitten. In einem gedrehten
Zopfe liegt es unter der Mütze, zu Hause löst man es auf, und oft
fällt es bis zum Gürtel herab. An Festtagen schmückt das Haupt ein

Sklavenhändler. **Belutschen und Araber.** Nach einer Originalphotographie.

(Der Mittelste wurde hingerichtet.)

aus dünnem, rotem, golddurchwirktem Stoff gewundener Turban, der von einem Turbanwickler für oftmaliges Tragen künstlich gewunden wird, so daß vorn eine hornartige Erhöhung entsteht und das Ganze nur aufgesetzt zu werden braucht.

Ihre Weiber lassen die Banianen immer in der indischen Heimat, nicht aber ihre angebeteten heiligen Kühe, welche sie noch in die Fremde mitnehmen. Mit ihnen wohnen sie unter einem Dache und lassen ihnen eine gradezu zärtliche Behandlung angedeihen. Ihre Toten verbrennen die Banianen und werfen die Asche ins Meer.

Neben ihnen leben sehr viele indische Mohammedaner, die Hindu, in Sansibar, welche in Kleidung und Lebensweise den Arabern ähneln. Sie tragen statt des Turbans eine geschmacklose cerevisartige Mütze oder einen häßlichen ringartigen Wulst aus Stoffen darüber, welcher an einen Turban erinnert. Hindu und Banianen sind durch ihren Fleiß und ihre kaufmännische Begabung von ungeheurem Einfluß auf die Entwickelung der Verhältnisse an der Ostküste. Wir werden davon noch hören.

Die Parsi aus Indien sind in der Minderzahl, sie gehören den Ariern an. Sie kleiden sich ähnlich wie Europäer und tragen einen sehr häßlichen Hut aus Wachstuch ohne Rand. Sie sind Feueranbeter und ebenfalls Kaufleute. Perser werden durch wenige Landsleute ver=treten, welche als Artilleristen in des Sultans Diensten stehen und durch ihre hohe cylinderartige, randlose Kopfbedeckung auffallen.

Am meisten Leben bringt der Nordostmonsun nach Sansibar, dann wimmelt die Stadt von fremden Gästen aus Indien und Arabien, wobei die letzteren sehr gefürchtet sind, meist wilde Beduinen, welche überall, wo sich Gelegenheit bietet, Menschen rauben. Ihr Schwert, welches sie gut zu führen wissen, steckt locker in der Scheide, und vor Gewaltthaten schrecken sie nie zurück.

Zu derselben Zeit sind dann auch Somali häufige Gäste in Sansibar.

In der Stadt selbst und unter ihrer bunten Bevölkerung haben wir uns genügend umgesehen, wir sind fast erdrückt von der Mannigfaltigkeit des Geschauten und ziehen uns ermüdet in unser Haus zurück. Der nächste Tag ist einem Ausflug in die Umgebung der Stadt gewidmet. Auf Eseln geht's in den herrlichen strahlenden

Morgen, in die sogenannte Schamba hinaus, welche wir in der Um=
gebung von Bagamojo ebenfalls, wenn auch nicht so schön wieder=
finden. Wir scheinen in einen unendlich ausgedehnten Park eingetreten
zu sein. In tropischer Üppigkeit stehen auf weiten Rasenflächen
Gruppen blaugrüner, dichtbelaubter, riesiger Mangobäume, zwar Kinder
eines andern Erdteils, sind sie aus Indien hierher verpflanzt, gedeihen
aber fast besser wie in ihrer Heimat, gelbgrüne Nelkensträucher, frucht=
beladene Orangen=, Mandarinen= und Limonenbäume, dazwischen schlanke
zartgefiederte Kokospalmen, Urwalddickichte auf minder fruchtbaren
Stellen, Felder von Maniok, Mais und Sorghum, Ananaspflanzungen,
Wiesen mit mächtigem Graswuchs, gelber Hibikus und rote Winden
an Sümpfen neben prächtigem Pandanus, Schilf, Binsen und Reis=
felder, das Wasser kleiner Teiche mit prachtvollen weißen und blauen
Nymphäen. Aus all dem herrlichen Grün tauchen arabische und
indische Landhäuser oder die niederen strohgedeckten Negerhütten. Ein
reiches Vogelleben entwickelt sich hier. In den Feldern die leuchtend
roten, aber dem Korn schädlichen Feuerfinken, metallisch rot und grün
schillernde Nektarinien, kleine reizende Vögel, welche an Kolibri erinnern,
Goldkuckuck, Tauben, in den Sümpfen Enten, Reiher, die sonderbare
Parra africana läuft emsig mit den riesigen Zehen auf den Blättern der
Wasserlilie umher, prächtige Sultans und andre Wasserhühner knurren
und gurgeln im Schilf. Wie zauberhaft ist das alles erst, wenn man
bei Mondschein den Heimweg antritt, denn es ist wegen der Fieber=
luft nicht ratsam, in der paradiesisch schönen Schamba zu übernachten.
Silberschein liegt auf der Landschaft und von unbeschreiblicher Schön=
heit ist der Riesenpark, durch den wir reiten. Prachtvolle Fernsichten
und Perspektiven eröffnen sich. Auf den Sümpfen und Wiesen liegt
leichter Duft, am Himmel funkelt ein Heer von Sternen, das ins
Laub der Bäume seine äußersten Vorposten gesandt zu haben scheint,
denn dort glüht und flimmert es ebenso wie am Himmel, es sind
tausend und abertausend umherschwirrender Leuchtkäfer. Nachtschwalben
und Fledermäuse huschen durch die lauen Lüfte, aus dem Sumpfe töntin
in allen Tonarten ein Chor von Fröschen, ein Knarren, Gurren, Gurgeln
und Quaken. Unzählige Cikaden vereinigen sich zu einem oft ohren=
betäubenden Konzert, und aus allen Richtungen kommt ein Klingeln,
Geigen, Pfeifen und Schnarren mit einer nervenaufregenden Beharr=

lichkeit, so daß wir froh sind, dem betäubenden Lärm entwichen zu sein, wenn wir, zu Hause angelangt, den wundervollen Abend auf dem flachen Dache verbringen können und den Blick über die Stadt und das Meer schweifen lassend, wo die nächtliche Stille nur hier und da unterbrochen wird, wenn ein Windstoß aus dem Negerviertel her die Töne eines lärmenden, den Tanz begleitenden Gesanges herüber trägt.

Sansibar ist für den Neger der Inbegriff der Städte, alles Schönen und Guten, das Dorado, und war dasselbe für den Araber, der dort oder in Maskat geboren, bis zu der Zeit, da England begann sich in die inneren Angelegenheiten des Reiches zu mischen. Diese Vorliebe für Sansibar ist nicht etwa allein dem dort geborenen Neger eigen, sondern allen Schwarzen, welche als Sklaven dorthin kommen. Selbstverständlich interessieren sie sich dort für ganz andre Dinge wie Europäer, so hat besonders der Neger gar kein Verständnis für land=schaftliche Schönheit. Wohl aber empfindet er mit großem Behagen das ewig gleichbleibende warme Klima, das ihm angenehmer wie das des Kontinentes erscheint. In verhältnismäßiger Ruhe und Sicherheit verbringt er auf der meerumflossenen Insel sein Leben, wenn ihn nicht eigne Wanderlust in die Ferne treibt. Ein angenehmeres Leben wie in Sansibar ist für den Schwarzen nicht denkbar, sei er Freier oder Sklave. Ist er Freier, so genügt der Anbau eines kleinen Stückchen Feldes und der Besitz einer Anzahl Kokospalmen, um ihm ein sorgenfreies Leben zu sichern. Er baut etwas Gemüse, Sorghum, Mais und Reis, sowie Tabak, und bringt die Erzeugnisse seiner Schamba (Feld) in die Stadt auf den Markt, wo er immer Käufer findet, nachdem er das zum eignen Gebrauch notwendige aufgespeichert hat. Er nimmt ein Weib, und wenn es dieses und seine Verhältnisse gestatten, ein zweites oder gar drittes, die Anzahl derselben bleibt uneingeschränkt, und fortan führt er ein wahres Schlaraffenleben, denn alle Arbeit bürdet er den Weibern auf. Den Tag über verbringt er mit Umherbummeln und Nichtsthun, besucht Freunde und Bekannte in der Schamba oder geht zur Stadt, um dort, angethan mit schönen reinen Kleidern, spazieren zu gehen, zu klatschen und zu trinken. Mit besonderer Vorliebe gibt er sich der letztgenannten Beschäftigung hin und genießt in der Schamba Pombe (einheimisches Bier) oder Palm=wein und in der Stadt Brandy. Er unterläßt auch nicht, mit den schwarzen Weibern auf der Straße, dem Markte und am Brunnen zu kokettieren, denn im Punkte der Treue nimmt er es ebenso wenig genau wie seine Gattin, nur allzu geneigt ist jede schwarze Schöne, auf solche Koketterie einzugehen. Trotz dieser weitumfassenden Liebe für das schwache Geschlecht kann der Neger eifersüchtig wie ein Türke werden, und dann fährt das nie fehlende Messer schnell aus der Scheide, und die in Sansibar an sich schon beliebte Prügelei führt zu blutigem Ende. Die Abende sind fast immer dem Tanz geweiht, und unter Händeklatschen, Gesang und Trommelbegleitung mit Weibern oder unter Männern allein findet das Morgengrau oft noch die Un= ermüdlichen sich ihrer Passion hingeben. Das will mehr sagen wie bei uns, wo zwar auch oft genug der weiße Lichtschimmer der auf= gehenden Sonne in den Tanzsaal fällt, denn in Sansibar dauert die Nacht volle zwölf Stunden, und mit Beginn der Dunkelheit pflegen die Tänze ihren Anfang zu nehmen. Wenn auch genau dasselbe schöne Leben in den Küstenorten geführt werden kann, so zieht man doch den Aufenthalt in Sansibar vor, aus denselben Gründen, aus welchen der Nichtsthuer in Europa den Aufenthalt in der Großstadt wählt. Mit demselben Dünkel sieht auch der Bewohner der Haupt= stadt auf den Provinzialen herab und erkennt ihn auf den ersten Blick als solchen, wie dies bei uns der Fall ist. Sogar seine Bauern= fänger hat Sansibar, so gut wie etwa Berlin.

Es versteht sich von selbst, daß alle schwarzen Einwohner der Stadt und Insel Sansibar Mohammedaner sind, wenn auch kaum mehr als dem Namen nach. Damit ist ihnen, seien sie Freie oder Sklaven, ein Gefühl der Zugehörigkeit zu dem auf sonst unerreichbarer Höhe stehenden Araber gegeben, und so wie ein Schimmer vom Abglanze eines Herrschers auf dessen Diener, und sei er der letzten einer, fällt und ihm nach der eignen Meinung einen etwas erhöhten Standpunkt gegenüber andern gibt, so dünkt sich auch der Neger von San= sibar als etwas Besseres wie seinesgleichen. Dies Gefühl ein= gebildeter Superiorität macht ihm fast allein schon den Aufenthalt dort unvergleichlich, und mit unwiderstehlicher Sehnsucht zieht es ihn immer wieder dorthin, um sich unter den Fittichen des Arabertums zu bergen, auch wenn ihn dessen Krallen verwunden. Sansibar ist

für ihn das Gelobte Land, und es gehe dem Neger, der einmal in
Sansibar gelebt hat, noch so gut in der Fremde, im Inneren Ost=
afrikas, am Kongo, in Westafrika oder am Kap, immer wieder kehrt
er zurück nach Sansibar.

Auch für den Araber läßt sich kein angenehmeres Leben denken.
Hat er am Morgen sein Gebet verrichtet und die Milchsuppe getrunken,
so beginnt er seine Besuchswanderung, indem er von einer Veranda
zu andern zieht. Ehe er hinzutritt, begrüßt er die Versammlung mit
feierlichem salaam alaikum, was mit alaikum salaam erwidert wird.
Die Sandalen streift man sodann ab und stellt sie neben diejenigen
der schon Anwesenden, ehe man den ausgebreiteten Teppich oder bei
minder Begüterten die Matte betritt, um sich dort mit unter=
geschlagenen Beinen niederzulassen. Es herrscht ein sehr höflicher
zuvorkommender Ton unter den Arabern, den sich auch der Geringste
aneignet. Besonders angenehm berührt die Ehrerbietung gegen den
Vater und das Alter. Den Arm aufs Knie gestützt, dreht man in
raschem Wirbel seinen Spazierstock und beginnt, nachdem man die allseitigen
Fragen nach dem Befinden beantwortet, seine Neuigkeiten auszukramen.
Der Araber ist sehr unwissend und äußerst klatschsüchtig. Er erledigt
daher immer zuerst das Neueste der chronique scandaleuse, ehe er zum
zweiten Abschnitt seiner Unterhaltung, der Politik, übergeht. Dann
kommen Handelsnachrichten und Geschäfte, und wenn dies alles be=
sprochen ist und noch Zeit vorhanden, und dies ist meistens der Fall,
so beginnen die mit großem Eifer gepflegten religiösen Gespräche,
welche in Haarspalten, Spitzfindigkeiten und Sophistereien ihres=
gleichen suchen. Der richtige Bummler und Schmarotzer weiß es
immer so einzurichten, daß er zur Essenszeit zufällig auf der Veranda
eines reichen Mannes erscheint. Doch das legt ihm keiner übel aus,
denn Gastfreundschaft wird uneingeschränkt gewährt, so daß ärmere
Araber das ganze Jahr umsonst für ihre Person leben können, nur
dem Neger und sei er selbst ein Freigeborener, ist das Betreten
einer solchen Veranda nicht gestattet. Die Auftragplatte wird mit
den zahllosen gesalzenen und süßen Speisen, welche man alle
zusammen, nicht in verschiedenen Gängen, durcheinander genießt,
vor die Anwesenden auf den Teppich gesetzt, und nachdem alle die

Hände gewaschen, greift man ungeniert zu, alles mit den Fingern zum Munde führend.

Wenn der Araber den übrigen Tag dazu verwendet, seiner Schamba (Plantage) ab und zu einen Besuch abzustatten, hat er sein Tagewerk vollendet. Die eigentliche Arbeit dort überläßt er meist seinem Verwalter und kümmert sich höchstens um den Verkauf des Ernteertrages. Die Weiber sieht man selten und dann immer ver= hüllt auf der Straße. Sie verbringen ihr Leben im Harem. Wenn der Mann zum Sommeraufenthalt auf sein Landhaus geht, d. h. während der regenarmen Periode, so folgen sie dorthin. Man glaube aber ja nicht, daß das Leben der arabischen Frauen in Sansibar und auch in Maskat ein bedauernswertes sei. Sie genießen so gut wie gar keine Erziehung. Wenn sie ein Drittel des Korans auswendig gelernt haben, so ist ihre Bildung vollendet. Schreiben dürfen sie überhaupt nicht lernen. Man fürchtet postlagernde oder andre sträf= liche Liebeskorrespondenz. Die Ansprüche, welche daher das Weib vom geistigen Standpunkt aus ans Leben macht, beschränken sich auf ein Minimum und finden vollauf Genüge im Klatsch, welchen die sich fortwährend besuchenden Frauen ebenso pflegen wie die Männer. Putz, Toiletten, Bäder, Handarbeiten, Gebete, Bereitung von Naschwerk und Wahrsagerei füllen den ganzen Tag aus, und so hält die Langeweile kaum jemals ihren Einzug in die ohnehin indolente Seele der ara= bischen Frau. Sehnt sie sich jedoch nach Liebe, so müßte sie kein Weib sein, wenn sie es nicht möglich zu machen verstände, Mittel und Wege zu finden, diese Sehnsucht zu stillen, dagegen schützen weder Eunuchen noch die Mauern und Thüren des Harems. Die arabischen Frauen reiner Rasse sind in Sansibar wenig fruchtbar und leiden viel unter dem Klima, daher findet man selten in Sansibar geborene Vollblutaraber. Die meisten Kinder werden mit Negersuria (Konkubinen) gezeugt. Diese Kinder werden fast immer ebenso dunkel wie ihre Mütter und ihre Nach= kommen nehmen erst nach einigen Generationen hellere Hautfarbe an. Es ist so allmählich eine Halbblutrasse entstanden deren Charakter die Eigen= tümlichkeit hat, die schlechten Eigenschaften der beiden reinen Rassen in besonders hohem Grade in sich zu vereinigen. Alle Elemente, welche auch nur Spuren von arabischem Blute in sich haben oder zu haben glauben, nennen sich ebenfalls Araber und sehen mit Verachtung auf den Neger herab.

Wenn wir der Stadt und ihrer Bevölkerung eine so eingehende Schilderung gewidmet haben, trotzdem sie nicht in unsern Kolonialbesitz einbegriffen ist, so geschah dies, weil von Sansibar aus das ganze Leben, aller Verkehr nach dem Innern hin= und wiederflutet, um immer wieder in Sansibar neue Kräfte zu gewinnen, ebenso wie vom Herzen aus das Blut in den Körper und wieder dorthin zurückströmt. Von Sansibar aus unternahm das Arabertum seinen Zug ins Innere, etappenweise vordringend, und wenn auch überall arabische Ansiedelungen entstanden, so hatten sie doch immer den Charakter des Vorüber= gehenden, insofern als die Gründer derselben nur in der Absicht aus= zogen, nach Erledigung ihrer Geschäfte, zumal niemals eine Aus= wanderung ganzer Familien stattfand, nach der Stadt der Städte, nach Sansibar zurückzukehren. Der Einzelne unternahm eine geschäftliche Expedition, die Angehörigen blieben in Sansibar. Zwang die Not, im Innern zu weilen, die Sehnsucht dorthin verblieb. Was sollte auch ans Innere Afrikas fesseln, das für die Begriffe des Arabers ein rauhes unwirtliches Land ist, Feindseligkeit der Ein= geborenen, der Mangel an Bequemlichkeit machen den Aufenthalt unan= genehm. Man war in der Fremde, das bedeutet in Afrika etwas ganz andres wie bei uns. Doch lassen wir diese vom Gefühl beeinflußten aufgeführten Gründe ganz außer acht, so bleiben andre um so schwerer wiegende, die geschäftlichen Rücksichten. Wer so glücklich war, auf eigne Rechnung ins Innere zu ziehen, der eilte, so schnell wie möglich seine Geschäftsreise zu beenden und ins Gelobte Land Sansibar zurückzukehren, um entweder neue Unternehmen in Angriff zu nehmen oder die Früchte seiner Bemühungen da, wo es ihm am besten gefiel, in Ruhe zu genießen, und das war immer wieder Sansibar. Derjenige, welcher mit fremdem Kapital arbeitete, war verpflichtet, nach Sansibar zurückzukehren, um mit seinem Gläubiger abzurechnen. Und zuletzt, wo anders sollte man die eingehandelten Waren absetzen, da half alles Drehen und Wenden nichts, das konnte mit Vorteil nur in Sansibar, dem großen Handels= zentralpunkt Ostafrikas, geschehen. Nach Sansibar kamen die arabi=

schen Kaufleute aus Maskat, die Hindu und Banian aus Indien, die Somali und Galla, die Eingeborenen von den Komoren und diejenigen des Innern. Alle brachten die Erzeugnisse ihrer Länder, um sie dort zu verkaufen und gegen die Produkte andrer einzutauschen.

Und dasselbe, was für den Araber Geltung hat, ist auch nach jeder Richtung für den Schwarzen aus Sansibar geltend, der von einer Art kindlicher Ehrfurcht durchschauert wird, wenn er an sein geliebtes Sansibar, an Unguja, denkt. Sansibar ist und bleibt für ihn der Mittelpunkt seiner Welt, genau so wie für den Franzosen Paris. Gerade was den Neger angeht, kann man am deutlichsten erkennen, welch ungeheuren Einfluß die Stadt und Insel auf das Leben und Denken jener Menschen ausübt, und da müssen wir vor allem feststellen, daß der in Sansibar geborene freie Schwarze und die Wahadimu ihr heimatliches Eiland so gut wie nie verlassen. Unter hundert sogenannten Sansibariten, welche in die Welt hinausziehen, befindet sich immer nur ein wirklicher Sansibarer. Alle andern sind aus dem Innern importierte Negersklaven, welche sich durch den Aufenthalt dort erst in einen Sansibariten verwandeln, nach geschehener Metamorphose ihr Heimatland ganz und gar verleugnen und um keinen Preis dorthin zurückkehren möchten, um ihr Leben dort zu verbringen. Mit so hoher Begeisterung, wie er solcher überhaupt nur fähig ist, schwärmt er fortan von Sansibar, und wenn er als Begleiter der Araber oder, wie es sogar vorkommt, für eigne Rechnung ins Innere zieht, so treibt ihn ebenso große Sehnsucht nach Sansibar zurück wie den Araber. Er kann nicht satt werden, dem Eingeborenen von den Vorzügen, der Schönheit und dem herrlichen Leben der Hauptstadt zu erzählen, von dem ewig warmen Klima, den schönen, liebebedürftigen Weibern, dem guten Essen und Trinken und den geordneten Verhält= nissen. Mit unsäglicher Verachtung und Mitleid blickt er auf alle herab, welche nicht dort wohnen oder es nie gesehen haben, uud seien es seine eignen Eltern und Geschwister. Für wie unendlich hoch gebildet hält er sich, wenn er die Umgangssprache in Sansibar, Kisuaheli, erlernt hat, und sie in echt sansibarer affektiertem Jargon aussprechen kann, wenn er versteht zu gehen, zu essen, zu trinken, sich zu kleiden, mit Weibern umzugehen, wie es in der Großstadt üblich. Wie stolz ist er darauf, Islamit geworden zu sein, wenn er es auch nur dazu gebracht hat, den arabischen Gruß und einige Vokabeln annähernd richtig auszusprechen und unter unendlicher Wiederholung der Formel Allah'h hu akbar (Gott ist groß), angeblich Suren aus dem Koran abzubeten und dabei die vorgeschriebenen Verbeugungen nach geschehener Reinigung zu machen. Damit haben wir zugleich ein Bild skizziert von dem Grade des Einflusses des Arabertums auf den Neger. — Mit aufgerissenem Mund und weitgeöffneten Augen lauscht der Eingeborene des Kontinentes den Schilderungen, welche der nunmehr als Sansibarite geltende Landsmann mit lebhaften Farben gibt, der Wunsch, die Stadt der Wunder zu schauen, wird mächtig rege in dem Zuhörer, und sein Blick wendet sich fortan dorthin; er ruht nicht, bis er die Stadt betreten hat, wenn ihn nicht, wie z. B. die Wanjamuesi, die Furcht vor dem Meere zurückhält. Es ist immer ein Beweis von geringer Intelligenz, wenn sich einzelne Stämme ganz von Sansibar fern halten, und dies sind immer die wildesten, wie die Massai, die Wagogo, die Wahähä. Dort hat sich auch Sansibars Einfluß am wenigsten geltend gemacht. Sonst aber ist die Parole, welche in Ostafrika alle Tage ausgegeben wird, immer und immer wieder erklingt: „Sansibar". Sansibar ist der geistige und der wirt=schaftliche Mittelpunkt Ostafrikas, seine Lage, sein Hafen machen die Insel zur Vermittlerin des Handels mit allen andern Ländern. Von Sansibar strahlt alles nach dem Inneren Ostafrikas aus, dorthin fließt alles zurück, und dieses Sansibar, dieses Haupt des großen Rumpfes Ostafrika hat man mit einem Federstriche losgetrennt, zum Schaden für uns und nicht zum Vorteil Englands. —

Und sind nicht von Sansibar aus alle Expeditionen, die wichtigen, groß=artigen, sowohl als die kleinen unbedeutenden ausgegangen? Von Sansibar aus zogen Rebmann und Krapf, den Kilimandscharo zu entdecken, von Sansibar gingen Burton und Speke als die ersten Europäer an den Tanganika und entdeckten im Viktoria=Njansa den Hauptquellsee des Nils. Livingstone trat von Sansibar seine letzte Reise an, um den Nyassa, den Banguelo und Märusee zu entdecken. Stanley rüstete seine Expeditionen in Sansibar aus, um Livingstone zu suchen, um später den Viktoria-Njansa und Tanganika zu umschiffen und seine weltberühmte Kongoreise anzutreten. Von der Decken begann seine Reisen in Ostafrika von Sansibar aus, um am Jubo sein Leben zu lassen. Die Unternehmungen der Association Internationale africaine unter dem König der Belgier sowohl wie die im Anschluß an diese ausgeführte große Expedition, an welcher der Verfasser teilnahm, gingen von Sansibar aus, und wurde nicht auch von Sansibar aus der Sklavenhandel lahm gelegt und endlich die Erwerbung Deutsch-Ostafrikas in Angriff genommen? Der Name der Stadt Sansibar wird für alle Zeiten in engster Verbindung mit der Geschichte und Entwickelung Ostafrikas bleiben, wenn auch die Insel jetzt in englischen Händen liegt, so ist doch nicht die Möglichkeit ausgeschlossen, daß sie dereinst auch wieder politisch mit Ostafrika vereint wird.

Die Bedeutung der Araber und Inder in Oſtafrika.

———

Afrika, pflegt man zu ſagen, leidet an einer ſchweren Krankheit, und dieſe heißt „die Araber“. Sie iſt ebenſo ſchwer wie die Tuberkuloſe zu heilen. Um dieſe Geißel der Menſchheit aus der Welt zu ſchaffen, hat man ſchon viele Mittel angewandt und glaubte in dem Tuberkulin endlich ein Palladium dagegen gefunden zu haben. Die Krankheit, „die Araber“, an welcher Afrika leidet, glaubt man mit der Auf= hebung des Sklavenhandels und der Sklaverei heilen zu können. Beide Mittel, das Tuberkulin und dasjenige, welches man für Afrika anwandte, ſind in ihrer Wirkung einander auffallend gleich. Das erſtere hat die bedenkliche Eigenſchaft, die verderbenbringenden Mikro= organismen in alle Organe zu treiben und in bis dahin geſunden Körperpartien neue Erkrankungen hervorzurufen. Die Aufhebung des Sklavenhandels und der Sklaverei hat die unangenehmen Folgen gehabt, die bis dahin nur an der Küſte, den Inſeln und an einzelnen Punkten Afrikas anſäſſigen Araber weit ins Innere nach allen Gegenden zu treiben und den ganzen Kontinent in ungeahnter Weiſe mit ihrem Sklavenraub und =Handel zu durchſeuchen. Schwer wird es ſein, den angerichteten Schaden wieder gut zu machen, beſonders da man keine Radikalkur anwenden, d. h. die Araber nicht vernichten kann, wie dies manche vorgeſchlagen haben.

Der Araber iſt von Haus und aus Neigung Landwirt und Krieger. Wenn ſchon er ziemlich ausgeprägten Sinn für Handel beſitzt, ſo überläßt er dieſe Beſchäftigung in ſeiner eigentlichen Heimat Arabien und auch früher an der afrikaniſchen Oſtküſte doch immer ganz gern andern Leuten. Anſcheinend ſteht dies zwar im Wider=

ſpruch mit unſern Erfahrungen, bei tieferem Eingehen in die Ver=
hältniſſe beſtätigt ſich aber die Wahrheit der Behauptung immer
wieder. Erſt die Verhältniſſe haben den Araber zum Händler gemacht,
und wo es die Verhältniſſe geſtatten, greift er ſofort zur Hacke, um
wieder den Acker zu beſtellen.

Bis zu Anfang unſres Jahrhunderts betrieben die Araber auf
den Inſeln und der Oſtküſte überall faſt nur Plantagenbau und zwar
in ausgedehntem Maße. Ihr Handel erſtreckte ſich nur auf den
Vertrieb der landwirtſchaftlichen Produkte, demgegenüber der Sklaven=
handel mehr in den Händen einzelner Importeure lag. Der Plantagen=
beſitzer, wie überhaupt der anſäſſige, anſtändige Araber gab ſich nicht
gern damit ab, und es gilt von jeher nicht als anſtändig, einmal
gekaufte Sklaven um des Gewinnes willen wieder zu verhandeln,
wenn nicht etwa Not dazu zwingt. Der Elfenbeinhandel, früher noch
unbedeutend, lag in den Händen einiger der wenigen dort angeſiedelten
Inder. Der ganze Handel Sanſibars war überhaupt damals ſo un=
bedeutend, daß ein Schiff noch zu Anfang unſres Jahrhunderts mit
Mühe eine volle Ladung in Sanſibar zuſammenbringen konnte. Im
Jahre 1820 führten Araber die Gewürznelkenkultur in Sanſibar und
Pemba ein. Der Baum gedieh über alles Erwarten gut, beſſer
ſogar, wie in ſeiner eigentlichen Heimat, den Molukken, und gab
äußerſt ertragreiche Ernten. Ein großer Teil des übrigen Anbaues
wurde durch Gewürznelken verdrängt. Beſonders rodete man weit=
gedehnte, mit Kokospalmen beſtandene Flächen. Nur das ſtetige Sinken
des Preiſes für Gewürznelken ſetzte weiterer Ausdehnung eine Grenze.
Die Araber bemächtigten ſich um ſo lieber dieſes neuen Zweiges der Land=
wirtſchaft, als der Anbau faſt mühelos war. Das allerdings viel Arbeit
verurſachende Einſammeln der Früchte konnte durch die zahlreichen Neger=
ſklaven leicht bewältigt werden. Kein Wunder, daß zu jener Zeit San=
ſibar einem blühenden Garten glich und allgemeiner Wohlſtand herrſchte.
Der zunehmende Reichtum erzeugte jedoch ein üppiges Leben. Die
Harems waren überfüllt, Unſittlichkeit riß ein und nahm bei den
ohnehin leicht zum Sybaritentum neigenden Arabern immer mehr zu,
worunter namentlich die ſchwarzen männlichen Sklaven zu leiden
hatten. Unter Said Said herrſchten noch erträgliche Zuſtände auf
der Inſel, aber unter ſeinem Nachfolger Madjib erhoben die einfluß=

reichen Araber immer übermütiger das Haupt, zweifellos beeinflußt durch den nach seines Bruders Thron lüsternen Bargasch. Sie begannen einander zu befehden, lieferten sich, besonders bei dem Erscheinen der jährlich aus Arabien wiederkehrenden Suriaraber, Straßenkämpfe und schreckten vor Schandthaten nicht zurück, welche zuletzt geradezu als Sport verübt wurden. Mit einem Haufen bis an die Zähne bewaffneter Sklaven lauerten trunkene Araber Vorübergehenden auf und zwangen dieselben unter andern, ob Sklaven, Neger oder Araber, die eignen Exkremente zu verzehren. Waren die Mißhandelten nicht dazu zu bringen, so schlug man ihnen den Kopf herunter. Einzelne besonders bestialisch veranlagte Individuen verlangten von paarweise Aufgegriffenen noch Schändlicheres, und Mordthaten waren gar nichts Seltenes.

Der Sklavenhandel nahm infolge des großen Verbrauches von Arbeitskräften immer größere Dimensionen an. Schon im Jahre 1839 hatte England einen Handelsvertrag mit Sansibar geschlossen und setzte, wie wir wissen, 1847 bei Said Said durch, daß der Sklavenhandel nördlich von Baraaua verboten wurde, vermochte aber weitere Zugeständnisse von jenem Herrscher nicht zu erhalten. Erst unter Madjid, seinem Nachfolger, glaubte die englische Regierung bessere Erfolge erzielen zu können. Dem Namen nach herrschte Said Madjid über ein Gebiet von Kap Delgado bis Mukdischa und weit ins Innere westwärts hinein. Thatsächlich war es anders mit dessen Macht bestellt. Schon in geringer Entfernung von der Küste waren die Eingeborenen ganz unabhängig. Selbst über die Insel Sansibar war er nicht unbedingter Herrscher. Er mußte seine Macht mit Muini Mku („der große Herr", nicht „Besitzer der Größe", wie es Otto Kersten übersetzt, das müßte muenje ukuba heißen) teilen. Muini Mku war der Häuptling oder Oberherr des seit Urzeiten auf Sansibar ansässigen Stammes der Wahadimu. Einer der bedeutendsten dieser immer denselben Namen führenden Oberherren war derjenige, welcher am 25. Juni 1865 starb. Wenn auch Muini Mku eine jährliche Kopfsteuer von 10000 Dollar entrichten mußte und im Kriegsfall Heeresfolge zu leisten hatte, so war sein Einfluß im Innern der Insel bedeutend größer wie derjenige des Sultans. Die Wahadimu sind echte Neger, noch ziemlich rein erhalten und sprechen einen vom

Kisuaheli wesentlich verschiedenen Dialekt. Die Araber hatten es wohl hauptsächlich deshalb für geraten gehalten, diesen Stamm unabhängig bestehen zu lassen, weil die Leute als fleißige Ackerbauer diejenigen Feld= und Gartenprodukte in Sansibar zu Markte brachten, welche für die Araber selbst anzubauen zu wenig lohnend waren, oder welche zu verkaufen sie unter ihrer Würde hielten.

Einem anscheinend so schwachen Regenten gegenüber wie Said Madjid glaubte die englische Regierung schärfere Maßregeln ergreifen zu dürfen und bereitete ihm im Jahre 1861 ernstliche Ungelegenheiten. Angespornt durch die hohen, für unsre deutschen Begriffe schmachvollen Prisengelder, erlaubten sich die in den ostafrikanischen Gewässern stationierten englischen Kriegsschiffe mancherlei Übergriffe. Sie nahmen und verbrannten fortwährend Schiffe friedlicher Kauffahrer unter dem Vorwande, daß sich dieselben mit Sklavenhandel beschäftigten. Wider= rechtlich setzten sie sich in den Besitz des Eigentums jener Schiffer und störten in ganz unverantwortlicher Weise den Handel an der ganzen Küste. Dieses angeblich humane Vorgehen schädigte den er= laubten Handel, ohne den verbotenen auszurotten. Europäer, wie Eingeborene und Araber wurden davon betroffen, und allgemeine Mißbilligung machte sich geltend. Am meisten erregte dies Vorgehen die Wut der schwer betroffenen Araber, welche sich betreffs des Sklavenhandels in ihrem Rechte glaubten, denn der Koran verbietet denselben nicht. Es entstanden unter den mit dem Nordostmonsun erschienenen Suri derartige Unruhen, daß es zu einem Kampf zwischen den Engländern und Arabern kam, wobei drei der ersteren verwundet wurden. Die englische Regierung mußte sich entschließen, mildere Instruktionen an ihre Kreuzer zu erlassen, und wagte nicht, den Kommandanten des am meisten bei dem Unfuge beteiligten Schiffes weiterhin mit dem Kommando zu betrauen.

Said Madjid benutzte geschickt diese Vorfälle, die englische Re= gierung hinzuhalten, so daß sie bei ihm nichts mehr zu erreichen ver= mochte, trotzdem sie, wie wir wissen, in den letzten Jahren die Sub= sidien für Said Madjid an Maskat zahlte.

Im Jahre 1870 starb Said Madjid und sein Bruder Bargasch kam auf den Thron. Er hatte schon im Jahre 1869 einen Versuch gemacht, die Herrschaft mit Gewalt an sich zu reißen, als ihn Said Madjid wegen seiner fortwährenden Wühlereien aus Sansibar verbannte. Statt das zu seiner Abreise fertige Fahrzeug zu betreten, besetzte er nachts eine mit Mauern umgebene Schamba im Innern der Insel, unterstützt von einer zahlreichen Anhängerschaft. Said Madjid war nicht im stande, gegen den Rebellen vorzugehen, und nun waren es die Engländer, welche ihm aus eignem Antriebe in der Gefahr beisprangen. Einige Marineoffiziere führten einen großen Haufen Araber und einige leichtere Schiffskanonen gegen die Verschanzung Bargaschs. Nach kurzer Beschießung wäre es ein Leichtes gewesen, das Haus zu nehmen, allein die angreifenden Horden hatten nicht den Mut zum Sturm. Als am andern Morgen englische Marinesoldaten erschienen, zeigte sich, daß Bargasch in der Nacht nach der Stadt entwichen war, wo er sich ohne Widerstand ergab.

Said Bargasch war erfüllt von grimmem Haß gegen alle Europäer, besonders gegen die Engländer, weil diese damals Partei gegen ihn ergriffen hatten. Wenn er auch stets Liebenswürdigkeit und Freundlichkeit gegen die Europäer zur Schau trug, so gehorchte er nur dem Gebot der Not, sein Haß blieb immer derselbe. Wo er konnte, ohne sich Blößen zu geben, arbeitete er mit Nachdruck den Plänen der Engländer entgegen. Es wurde daher auch der englischen Gesandtschaft unter Sir Bartle Frere außerordentlich schwer, bei Said Bargasch die völlige Aufhebung des Sklavenhandels durch den Vertrag vom Jahre 1873 durchzusetzen, der Sultan unterzeichnete den diesbezüglichen Vertrag erst, als die Kanonen der englischen Kriegsschiffe drohend ihre Mündungen gegen die offene Stadt richteten.

Die Unterzeichnung dieses Vertrages war gleichbedeutend mit der Besiegelung des Ruines von Sansibar, denn damit war für die Araber eine ganz neue Situation geschaffen. Der plötzliche Umschwung stellte ihre ganze Existenz aufs Spiel, welche ohnehin schon von dem Tage an erschüttert war, als, wie vorerwähnt, im Jahre 1847 auf Betreiben der Engländer der Sklavenhandel in den nördlichen Gebieten verboten worden war. Doch danach fragte Said Bargasch nicht weiter, als er der Gewalt weichen mußte, wenn er nur seine Revenüen aus dem an Inder verpachteten Zoll bezog. Die Araber hatten, abgesehen von den Sklavenhändlern, sich fast

ausschließlich mit Plantagenwirtschaft befaßt. Die fortwährende Weg=
nahme von Sklavenschiffen durch die Engländer erschwerten die Zufuhr von
Sklaven auf Sansibar und Pemba ungemein. Dadurch wurden die
Preise für die Sklaven derart in die Höhe getrieben, daß allmählich
die kleinen Plantagenbesitzer immer weniger in der Lage waren, ihre
abgängigen Arbeitskräfte zu ersetzen. Einer nach dem andern ging
zu Grunde, die Plantagen wurden entwertet und verwilderten, da sie
nicht mehr bewirtschaftet werden konnten. Nun kam auch noch die
Aufhebung des Sklavenhandels und Sklavenmarktes in Sansibar hinzu,
und damit war der Niedergang des Arabertums unausbleiblich. Die
früheren Landwirte mußten einen andern Beruf ergreifen, wollten sie
nicht gänzlich verarmen. Ihr ganzes Kapital steckte in den jetzt wert=
losen Plantagen. Zu sparen hatten sie nicht verstanden. Es würde
auch wenig Zweck gehabt haben, denn der Koran verbietet dem Musel=
man aufs strengste, Zinsen zu nehmen oder zu geben. Etwa vor=
handenes Bargeld war bald aufgezehrt, und die Not pochte an die
schöngeschnitzten Thüren der arabischen Häuser und Villen.

Da gab es nur ein Mittel, man mußte borgen. Der Nelken=
ertrag der Schamba wurde verpfändet, ehe derselbe eingebracht, war
natürlich das geliehene Geld längst aufgebraucht, nun wurden Hypotheken
auf den Grund und Boden, auf die Häuser aufgenommen, immer
schwerer wurde es den bedrängten Arabern, ihren Verbindlichkeiten
nachzukommen, und eines Tages erfolgte der gänzliche Zusammenbruch.
Sansibar, die einst so blühende Insel mit ihrem hohem Wohlstand,
war wirtschaftlich zu Grunde gerichtet.

Die mitleidigen Seelen, welche den armen bedrängten Arabern
so hilfreich beisprangen, waren die Inder. In ihnen griff ein ganz
neues Element in den Entwickelungsgang der afrikanischen Ostküste
ein. Bis dahin waren die Inder allerdings schon längst an der Ost=
küste ansässig, seit der Zeit der portugiesischen Herrschaft lebten einzelne
derselben an den Hauptplätzen, aber bei ihrer geringen Zahl blieben
sie ohne Bedeutung. Die Banianen trieben Kleinhandel, die moham=
medanischen Hindu vermittelten den Großhandel und verstanden sehr
gut die Koranvorschriften vom Zinsgeben und =nehmen zu umgehen.
Sie kauften Elfenbein, Sklaven, Nelken, Kautschuk, Kopal und Kopra,
und exportierten diese Artikel.

Der Elfenbeinhandel, zu Anfang unsres Jahrhunderts noch ganz unbedeutend, hatte inzwischen immer höheren Aufschwung genommen infolge des in Europa gesteigerten Verbrauchs. Früher waren es die Eingeborenen, welche den kostbaren Artikel zur Küste brachten. Das sollte anders werden, als das Elfenbein in den Küstengebieten seltener wurde. Die als Plantagenbesitzer zu Grunde gerichteten Araber bemächtigten sich nun in immer ausgedehnterem Maße des Elfenbeinhandels. In immer größerer Anzahl zogen sie nach dem Innern, und hier sehen wir die schlimmen Folgen des Aufhebens der Sklaverei. Anfangs nur auf Sansibar, Pemba und den großen Küstenorten sitzend, breiteten sie sich allmählich weiter nach dem Innern aus, und damit wurden die Sklavenräuber auf immer größere Gebiete verpflanzt. Bald sehen wir sie die Küstengebiete überschreiten. Die schon vor etwa siebzig Jahren als kleine Handelsstation gegründete arabische Niederlassung Tabora wurde zum Knotenpunkt ihrer Unter= nehmungen. Sie gingen hierauf zum Viktoriasee und nach dem Tanganika, überschritten denselben, setzen sich in Manjuema und am Kongo fest, verwüsteten die Gebiete im Süden des Sees, drangen zum Nyassa vor, wo sie ganze Länder entvölkerten, und bald war ganz Ostafrika von ihnen durchsetzt und ihrem Einfluß unterworfen. Nachdem sie einmal in großer Zahl ins Innere vorgedrungen und dort all= mählich feste Siedelungspunkte gegründet, deren entferntesten am Kongo sowie diejenigen am Nyassa sich von der Küste unabhängig gemacht hatten, begannen sie den Plantagenbau als ihre eigentliche Lieblings= beschäftigung dort in ausgedehntem Maße, und damit stieg der Sklaven= bedarf wieder ganz enorm, so daß wieder eine Triebfeder zur Neu= belebung dieses schändlichen Gewerbes vorhanden war. So haben wir eigentlich durch unsre Bemühungen, den Sklavenhandel an der Küste auszurotten, denselben im Innern zu neuer Blüte gebracht, wir haben den Teufel mit dem Beelzebub ausgetrieben.

Mit dem Vordringen der Araber wuchs der Einfluß der Inder, denn sie waren es, welche den mittellosen Arabern Kapitalien vor= streckten und sie allmählich vollkommen von sich abhängig machten. Europa hat sich immer nur wegen des Unrechtes aufgeregt, welches dem Neger durch den Araber zugefügt wird, niemals aber sich Kopf= zerbrechen gemacht, daß auch den mit mehr oder weniger Recht so

übel beleumundeten Arabern ein Unrecht geschieht. Man vergegen=
wärtige sich nur die Lage der Araber. Was die Sklaverei angeht,
glauben sie sich in ihrem guten Rechte. Einmal in festen Händen, be=
finden sich diese in einer durchaus erträglichen Lage, denn an den einzelnen
werden durchaus keine zu hohen Ansprüche gestellt. Die Bekämpfung
und Ausrottung der schwarzen Heiden, welche sich nicht unter die
Fittiche des Propheten begeben, ist für sie ein seligmachendes Werk,
so erscheint dem Araber die Sklavenjagd von diesem Standpunkte aus
nicht als verwerflich. Zudem hängt ihre ganze Existenz von dem
Besitz der Sklaven ab. Wir nehmen ihnen dieselben, zwingen sie
damit, einen andern Beruf zu ergreifen. Die uns treibenden sittlichen
Beweggründe verstehen sie nicht. Doch nicht genug damit, daß wir
sie ihrer Existenzmittel berauben, überantworten wir diese Leute
Wucherern schlimmster Sorte, deren Hilfe sie anrufen müssen als
letztes Mittel, wenn sie nicht verhungern wollen. Und wie ist es
mit dieser Hilfe bestellt: der Araber, welcher sich entschlossen hat,
Elfenbein im Innern einzukaufen, geht den Inder um ein Kapital,
sagen wir von 4000 Dollar, an. Er mußte zunächst Garantie leisten,
indem er etwa eine Plantage verschrieb oder einen Bürgen stellte.
Von den 4000 Dollar erhält der Araber in bar höchstens 2—300 Dollar,
den Rest in landesüblichen Tauschwaren, welche dem Araber mit einem
Aufschlag von etwa 100 % angerechnet werden. Dagegen muß er Elfen=
bein, in diesem Falle 80 Frassila à 35 Pfund engl. liefern. Der Inder
rechnet dabei das Frassila mit 50 Dollar, während es in Sansibar
70—100 Dollar wert ist. Träger sind für ein solches Unternehmen
bei einem Kapital von 4000 Dollar etwa zwanzig bis dreißig not=
wendig à 20—25 Dollar, welche der Inder ebenfalls anwirbt. Diese
Träger kosten ihn nicht mehr wie 8—10 Dollar pro Mann. Den
Gegenwert nimmt er von den Stoffen des Arabers zurück, wobei er
dieselben höchstens zum halben Wert des angerechneten Preises zurück=
nimmt, so daß dem Araber eigentlich nur etwa der vierte Teil des
geliehenen Kapitals zur Verfügung steht. Sein wie seines Gläubigers
mohammedanisches Gewissen ist dabei vollständig rein, denn der eine
hat weder Zinsen zu zahlen, noch nimmt sie der andre.

Im Falle des Gelingens der Expedition verdient der Inder
300—400 %. Liefert dagegen der Araber nur den vierten Teil des

bedungenen Quantums Elfenbein, so verdient der Wucherer immer noch 100 %.

Der gewöhnliche Verlauf derartiger Unternehmungen aber ist folgender: der Araber zieht nach dem Innern und kommt in Tabora, dem Haupthandels= und Stapelplatz dort, an. Hier erholt er sich zunächst von den ungewohnten Strapazen und gibt mehr Stoffe aus, als sein Vorrat erlaubt. Entweder handelt er für den Rest gleich in Tabora Elfenbein ein und ist dann der Klügere und wird wenigstens in der Lage sein, Schulden mit geringem Nutzen zu decken, oder aber er bringt weiter in das Innere vor und handelt dort das Elfenbein ein. In den wenigsten Fällen aber ist es ihm überhaupt möglich, das bedungene Quantum zu erlangen. Er muß außerdem auf dem Rückwege zur Küste in Tabora Elfenbein verkaufen, um sich mit Tauschwaren für Proviant zu versehen. Er gewinnt dabei zwar, aber sein Elfenbein, welches er dem Gewicht nach liefern muß, ver= mindert sich. In Sansibar ist er genötigt, um seine Schulden abtragen zu können, wiederum Geld zu nehmen und zwar zu denselben Be= dingungen. Mit geringeren Mitteln zieht er zum zweitenmal aus, oft mit demselben Erfolg wie früher, oft gelingt es ihm, durch Er= fahrung klüger gemacht, seine Schulden zu tilgen. Ein andrer Teil der Araber vermag jedoch den Verlockungen eines üppigen, aus= schweifenden Lebens im Innern nicht zu widerstehen und gelangt auf den Punkt, sich eines Tages dem Nichts gegenüber zu sehen, ohne einen Zahn gekauft zu haben. Vorläufig kann er nun nicht mehr daran denken, seine Gläubiger zu befriedigen. Es bleibt ihm nur die Wahl, sich in Sansibar ins Schuldgefängnis werfen zu lassen oder im Innern zu bleiben. Natürlich zieht er das letztere vor.

In Tabora leiht er nun bei einem Araber, Inder gehen nie ins Innere, eine kleine Summe, doch selbstverständlich in Tauschwaren. Er kauft in der Umgegend einige Sklaven und bebaut etwas Feld, dessen Erträgnisse er an die Araber oder durchziehende Karawanen verkauft. Gelingt es ihm, ein kleines Kapital auf diese Weise zu ersparen, so kauft er Elfenbein und arbeitet sich allmählich wieder in die Höhe. Oft aber gerät er auch in Tabora so tief in Schulden, daß dort seines Bleibens nicht länger ist, und dann zieht er sich nach Ujiji am Tanganika zurück, wo er dasselbe Manöver wiederholt.

Schließlich muß er nach Nyangue in Manjuema flüchten, wo er sich dann mit Leib und Seele einem der großen Araber verkauft, d. h. derselbe übernimmt seine Schulden wenigstens zum Teil. Für seine Gläubiger ist er jetzt nicht mehr erreichbar, kann aber auch nie mehr zu größerem Besitz gelangen, da alles seinem jetzigen Gläubiger gehört. Gelingt es ihm aber, selbst dort am Kongo leihweise einige Gewehre, etwas Munition und Stoffe zu erhalten, so betreibt er fortan Sklaven= handel oder vielmehr Sklavenraub auf eigne Rechnung. Einzelnen unter diesen Arabern ist es gelungen, sich nach und nach bedeutende Elfenbeinvorräte aufzuspeichern, eine Menge Sklaven zu erwerben und große Plantagen anzulegen. Diese verschuldeten Araber im Innern und am Kongo sind die eigentlichen Sklavenjäger. Sie stehen außerhalb des Einflusses von Sansibar, sie sind losgelöst von allen Beziehungen mit der Küste und deshalb unsre gefährlichsten Gegner.

Die Ausbreitung der Araber hat in der unverhältnismäßig kurzen Zeit von fünfzig bis sechzig Jahren stattgefunden als unmittelbare Folge des Ansturmes zivilisierter Antisklavereifanatiker, welche sich ohne Rücksicht auf bestehende Verhältnisse und tiefgewurzelte soziale Zustände in den betroffenen Gegenden die Sklaverei mit Gewalt und mit einem Schlage aus der Welt zu schaffen vornahmen. Ihr Ziel war ein sittliches, dem wir alle unbedingt zustreben, aber ihre Mittel und die Ausführung waren unzweckmäßig und brutal, fast ebenso brutal wie die der Gegner. Wir können uns nicht ganz frei= sprechen von einem Anteil an der Schuld, welche das Arabertum im Innern auf sich geladen hat, in Ostafrika, am Kongo und nicht zum geringsten Teil im Sudan. Unsre Schuld aber beginnt erst da, wo wir den Araber nach überstürzter Bekämpfung des Sklavenhandels dem Inder überantwortet haben, diesem Urbild des Wucherers, welcher allen in seine Hände Gegebenen den letzten Blutstropfen aussaugt. Die einzige Entschuldigung, welche wir bei dem Inder gelten lassen können, ist, daß das Risiko, welches er bei seinen Unternehmungen läuft, ein ungeheures ist und er oft sein ganzes Kapital verliert.

Diese Inder aber sind englische Unterthanen, England wäre ebenso gut verpflichtet gewesen, dem wucherischen Treiben ein Ziel zu setzen und den Wucher seiner indischen Unterthanen auch im Auslande zu bekämpfen und unter dasselbe Strafgesetz zu stellen wie in Europa, als es sich verpflichtet fühlte, Unterthanen andrer Herrscher vom Sklavenhandel abzuhalten und Sklaven zu befreien.

Wenn wir auch die durch die Araber im Innern erzeugten Mißstände aufs tiefste beklagen müssen, so dürfen wir doch nicht vergessen, daß sie ein gutes Stück Kulturarbeit verrichtet haben, indem sie diejenigen waren, welche überall dem Handel die Wege öffneten und da, wo sie sich ansiedelten, immerhin einen gewissen Grad von staatlicher Ordnung aufrecht zu erhalten bestrebt waren, wenn auch ihre Ansprüche in dieser Richtung ebenso gering wie die Erfolge waren. Wir haben den Arabern und ihrem Einfluß zu danken, daß es möglich war, die großartigen von Sansibar ausgehenden Entdeckungsreisen zu unternehmen und in so schneller Folge auszuführen.

Man hat sich bei uns in letzter Zeit allmählich gewöhnt, sich den Araber als einen bis an die Zähne bewaffneten Wüterich vorzustellen, der gar keine andern Gedanken verfolgt, als blutgierig Menschen zu morden und Sklaven zu erbeuten. Wer den echten Araber auf seinem Handelszuge beobachtet hat, wird ein ganz andres Bild dieser Menschen in sich aufnehmen. Man verwechsele ihn nicht mit jenen schwarzen Halbarabern, deren Charakter eine Mischung aller schlechten Eigenschaften der beiden Rassen ist, denen er entstammt. Alle ausgesuchten Schandthaten haben diese Mischlinge auf dem Gewissen, wie jener Gouverneur von Tabora, Abdalla bin Nasib, den kennen zu lernen noch der Verfasser das zweifelhafte Vergnügen hatte. Vor ungefähr 25 Jahren war derselbe, noch nicht mit dem Amte eines Wali betraut, als Händler ins Innere gezogen. Von Abstammung ein Halbblutaraber, seine Eltern waren beide schwarz und der Großvater ein Araber, wurde er im Mrima an der Küste geboren und erhielt den Namen Abdalla bin Nasib. Er hatte, wie die meisten seiner Landsleute, von einem Inder Kapital entliehen und gehörte auch zu jenen, denen es geglückt war, gute Geschäfte zu machen, so daß er als reich gelten konnte. Alljährlich zog er zur Küste, wo er seine eingehandelten Waren absetzte, um mit immer größerem Kapital und bedeutenderen Streitkräften zurückzukehren. Damals fand sich in Ostafrika, besonders in Unjamuesi, noch viel Elfenbein, vor allem in dem ehemals sehr elefantenreichen Ugalla, einem Lande, welches von Tabora aus für Karawanen in zehntägigem Marsche nach Süden zu erreichen ist. Abdallah bin Nasib brach dorthin auf und wurde von dem mächtigen Häuptling Taka gastfreundlich aufgenommen. Da Abdalla mit unverhältnismäßig vielen Askari, Bedeckungsmannschaften, erschienen war, wurde Takas Miß= trauen erregt und dieser beruhigte sich nicht eher, bis Abdalla mit ihm Blutsbrüderschaft geschlossen hatte. Vor der Hütte seines Lieblings= weibes ließ der Häuptling eine Schilfmatte ausbreiten, auf welche jeder der beiden zukünftigen Blutsbrüder mehrere Unterarmlängen weißen Baumwollstoffes niederlegen ließ. Darauf nahmen die beiden, niedere Holzschemel als Sitze benutzend, einander gegenüber Platz, dann entblößten sie die Brust. Inzwischen mußte jeder dem Mjampara, d. i. dem Hauptmann oder Beirat des andern ein scharfes Instrument überreichen, und damit machte man beiden kleine Einschnitte in die Haut der Brust, so daß nur einige wenige Bluts= tropfen hervorquollen. Währenddessen hatte Taka eine schwarze Ziege durch einen von Abdallas Leuten nach mohammedanischem Ritus schlachten lassen, anders hätte Abdalluh sich als Mohammedaner nicht persönlich der Zeremonie unterziehen können, was zwar nicht notwendig war, aber auf Takas dringenden Wunsch geschah. Zwei kleine Stückchen von der Leber der Ziege, am Feuer rasch geröstet, wurden den beiden gereicht und damit mußten sie sich gegenseitig das Blut von der Brust wischen, um die Leber mit dem Blut unzerkaut herunterzuschlucken. Dann wurden beiden zwei Lanzen derart auf den Kopf gelegt, daß auf dem Scheitel eines jeden ein Schaft und eine Klinge ruhten. Die Wan= jampara (Plural von Mjampara) wetzten dann einer nach dem andern die Klinge auf dem Haupte desjenigen, dem sie die Hauteinschnitte bei= gebracht hatten, und hielten dabei eine lange Rede, wobei sie erklärten, daß beide nunmehr Blutsbrüder geworden, sich wie Kinder derselben Eltern betrachten müßten, daß beider Verwandtschaft, Sklaven und das ganze Eigentum gemeinsam wäre, ausgenommen die Weiber, mit welchen umzugehen, dem Blutsbruder als Blutschande ausgelegt wird. Beide Blutsbrüder waren verpflichtet, einander mit Geschenken zu unterstützen und sich in allen Lagen des Lebens, besonders in Kriegs= fällen, zu unterstützen. Sollte aber einer der beiden die Bedingungen nicht erfüllen oder gar feindselig gegen den andern auftreten, so solle er dem Verderben anheimfallen, wie auch seine ganze Familie; sein

Eigentum solle in die Hände des früheren Blutsbruders übergehen. Unter Verwünschungen verdammte man solche Schlechtigkeit und schloß mit den drohenden Worten: „Wo du hintrittst, soll kein Gras mehr wachsen, Schlangen sollen dich beißen und dein Haupt wird dir ab= geschlagen werden."

Wenn auch solcher an und für sich ganz feierlichen Zeremonie, welcher eine große Menge Zuschauer als Zeugen beiwohnen und die immer mit schrecklichem Flintenknallen, Gesang, Tanz und Zechgelage der Leute endet, im Grunde genommen kein allzugroßer Wert beigelegt werden kann und die Blutsbrüderschaft, vor allem von seiten des Negers, nur als Mittel zur Erreichung habgieriger Zwecke ausgenützt wird, so muß doch zugegeben werden, daß in den meisten Fällen der Aberglaube den Neger vor einem Bruch der Blutsbrüderschaft zurück= schrecken läßt.

Taka glaubte sich vollständig sicher, da er den Abdalla als Araber für ein höheres Wesen hielt, und dieser erreichte leicht seinen Zweck, von Taka das Geheimnis anvertraut zu bekommen, wo dessen Elfen= bein nach dortiger Gepflogenheit in der Erde versteckt und vergraben war. Die Vorräte sollen sehr bedeutend gewesen sein. Nun galt es, sich derselben zu bemächtigen. Um den Schein von sich abzuwälzen, als habe er, Abdalla, die Blutsbrüderschaft gebrochen, mußten seine Leute einen Streit provozieren. Einer aus Abdallas Gefolge legte einen Mehlreibstein ungebührlich lange in Beschlag, so daß die Be= sitzerin ihr Mehl nicht reiben konnte und schließlich noch den Stein verunreinigt fand. Der Mann der Besitzerin stellte den mutmaßlichen Thäter zur Rede, ein Wortwechsel entstand, der Eingeborene fuchtelte mit seinem Speer in der Luft umher, einige hinzugekommene Araber legten dies so aus, als sei ihr Leben bedroht gewesen. Ein Schuß streckte den Armen nieder, zugleich das Signal zu dem längst geplanten Gemetzel gebend, nachdem noch Abdalla sich selbst zu Taka begeben hatte, um ihn für den Streit ver= antwortlich zu machen. Taka wies die Zumutung energisch zurück, wollte, als er den Schuß hörte, aufspringend seinen Speer ergreifen, dies wurde auch ihm von seiten des edlen Abdalla als Angriff aus= gelegt, und unter dem Rufe: „du hast die Blutsbrüderschaft gebrochen" schoß er den Negerhäuptling eigenhändig nieder. Was nun folgte, ist leicht denkbar. Die nur mit Lanzen, Bogen und Pfeil und damals noch mit Holzschilden bewaffneten Wagalla wurden niedergemacht, Weiber und Kinder als Sklaven fortgeführt. Das Elfenbein verkaufte Abdalla an der Küste.

Lange Jahre durfte kein Araber das Land Ugalla betreten. Erst als der Verfasser jene Gebiete in den Jahren 1880—1885 durch=streifte und das ganze Volk unter wenig thatkräftigen Nachfolgern Takas allmählich immer mehr von seiner Widerstandskraft eingebüßt hatte, konnten die Wagalla den Durchzug arabischer Karawanen nicht mehr hindern. Elfenbein gab es aber nicht mehr, die Elefanten waren längst abgeschossen. In diesem Teile Ostafrikas, nach dem Tanganika hin, vollzog sich die arabische Invasion verhältnismäßig ruhig, die vorgefundenen Stämme lebten meist in größeren Staats=verbänden, welche sich gegenseitig weniger befehdeten wie die am Südende des Tanganika und Nyassa. Aus diesen Gründen kommen auch hier weniger ausgedehnte und weniger grausame Raubzüge der Araber behufs Erlangung von Sklaven vor.

Anders lag die Sache im Süden. Dort wurden von Kiloa aus jene scheußlichen Sklavenjagden am Nyassa und in dessen nördlichen Gebieten unternommen, hier zeigte das ganze Vordringen von An=beginn einen andern Charakter. Die dichte Bevölkerung bekämpfte sich selbst ununterbrochen aufs heftigste, die erbeuteten Menschen wur=den an Araber verkauft, welche ihrerseits von den Eingeborenen um Unterstützung in ihren Kämpfen angegangen wurden. Der Elefanten=reichtum lockte noch ganz besonders, und so konnte es geschehen, daß ganze Länderstriche entvölkert wurden.

Wo der Islam seinen Einzug in Afrika hält, muß sich ihm alles beugen. Ganz Nordafrika und bis herunter zum 2° oder 3° Nordbreite ist ihm verfallen. Langsam, aber sicher ist es dem Arabertum im Norden Afrikas gelungen, alle Völker um die Fahne des Propheten zu scharen. Wo dies nicht auf dem friedlichen Wege allmählicher Bekehrung im Be=triebe des Handels stattfinden konnte, da flog das Schwert aus der Scheide, um Mohammeds Willen Nachdruck zu verleihen. Der Fa=natismus der Bekehrer teilte sich den neuen Jüngern mit, und wie eine Welle wälzt sich's von Stamm zu Stamm, von Volk zu Volk, dem neuen Glauben immer neuen Boden gewinnend.

Der Wali und der Kadi von Bagamojo.

Nach einer von Major v. Wißmann zur Verfügung gestellten Originalphotographie.

Auf den ersten Blick hat es den Anschein, als ob die moham=
medanische Welt zielbewußt nach allgemein verabredeten Plänen die
Invasion Afrikas, sei es von welcher Seite immer, in Angriff ge=
nommen hätte. Dies ist keineswegs der Fall, sondern beruht einfach
in der Befolgung der Lehren des Korans, nach welchen alle Bekenner
des Islams leben und welche allen zur Richtschnur ihres Lebens dienen.
Für alle Verhältnisse des Lebens hat der Koran seine Regeln bereit.
Dieselben waren besonders gut verwendbar auf Afrika, dessen Be=
völkerung viele kulturellen Berührungspunkte mit den Arabern haben.
Der Boden war für das Arabertum etwa ebenso vorbereitet, wie im
alten Germanien die Verhältnisse für das Christentum günstig lagen;
dennoch haben es die Araber in Afrika ganz unterlassen, ihren Einfluß
dahin geltend zu machen, den Islam dort zu verbreiten, und geradezu
unbegreiflich gering erscheint dieser Einfluß in seiner Einwirkung auf
die schwarzen Eingeborenen, die Bantustämme. Wenn der Araber auch
verstanden hat, in Ostafrika, da wo es ihm notwendig erschien, seine
Macht zu entfalten, vom Fanatismus finden wir keine Spur und so über=
schätzen wir leicht den Einfluß des Arabertums in Ostafrika auf den
Eingeborenen. Fremd gehen Neger und Araber aneinander vorüber.
Wenn der letztere auch die Töchter des Landes in seine Harems ein=
schließt und Kinder mit ihnen zeugt, so daß eine neue Rasse entstehen
will, wenn auch der Araber seinen schwarzen Sklaven zum Islam
bekehrt, so ist es dem Arabertum nicht einmal an der Küste gelungen,
die Gesamtbevölkerung zu bekehren, und dicht hinter Bagamojo, Dar es
Salaam und andern Orten, halten die eingeborenen Negerstämme noch
heute an ihren uralten Sitten und ihrem Aberglauben fest. Vom
Innern gar nicht zu reden, dort ist noch kein einziger Fall bekannt,
daß ein eingeborener Häuptling zum Islam bekehrt wurde. Wir
rechnen Mtesas von Uganda Übertritt zur Lehre der Propheten
nicht hierzu, da er nur aus Habgier sich zu diesem Schritt
verstand und übrigens auch ebenso Katholik und Protestant geworden
ist, wie Mohammedaner. Die Araber betrachten den Aufenthalt
im Innern als etwas Vorübergehendes. Sie beschränkten sich
darauf, Elfenbein und Sklaven zu kaufen oder beides zu rauben.
Im Innern gingen sie nur insofern systematisch vor, als sie immer
nur solche Gegenden aufsuchten, wo sie die besten Geschäfte machen

konnten. War eine Niederlassung zu einiger Bedeutung heran=
gewachsen, so bestellte der Sultan von Sansibar einen Gouverneur,
der für Aufrechterhaltung der Ruhe und Sicherheit verantwortlich
war. Da der Sultan aber kein absoluter Herrscher in unserm Sinne,
sondern mehr ein primus inter pares ist, so war es für ihn
nicht möglich, die Herrschaft unbedingt aufrecht zu erhalten. Er brachte
seine Landsleute dadurch in Abhängigkeit von sich, daß er ihnen
Geschenke machte, deren Wert er ihnen dann bei jeder Gelegenheit
vorrechnete, und daß er vor allem ihre immer vorhandenen Schulden
bezahlte. Dadurch wurden seine Beamten ganz und gar von ihm
abhängig, denn er hatte nunmehr das Recht, jeden Augenblick deren
Angehörige in Schuldhaft zu nehmen, wenn er der Schuldner selbst
nicht habhaft werden konnte.

Dem Gouverneur oder Wali stand im Innern keinerlei militärische
Bedeckung zur Verfügung, er war in Streitfällen mit den Eingeborenen
auf seine Hausmacht und die Unterstützung seiner Landsleute an=
gewiesen, welche bei ihrem lebhaften Gefühl der Solidarität Schwarzen
gegenüber immer zusammenhielten. Man muß den Arabern übrigens
nachsagen, daß sie im allgemeinen immer bemüht waren, auf diploma=
tischem Wege ihre Angelegenheiten zum Austrag zu bringen, abgesehen
von denjenigen, welche am Nyassa hausten. Am Kongo haben sich
ganz eigenartige Verhältnisse herausgebildet, welche wir hier nicht
weiter berühren können.

Wollten sich an irgend einem Punkte des Innern Araber nieder=
lassen, so bedurfte es immer der Erlaubnis des Häuptlings hierzu.
Nachdem diesem Geschenke übergeben worden waren, wartete man den
Weiterverlauf ruhig ab, und die dann folgenden Unterhandlungen
dauerten oft viele Monate. Da man inzwischen seine Geschäfte ab=
wickeln konnte, so hatte es keine Eile. War die Erlaubnis aber
einmal erteilt, so war dies gleichbedeutend mit Errichtung der arabischen
Herrschaft. Die Araber gewannen ganz allmählich die Oberhand, und
eines Tages sah sich der Häuptling genötigt, statt Tribut zu empfangen,
solchen zu bezahlen. Vor Gewaltthaten hüteten sich die Araber an
solchen Orten in Ostafrika, welche voraussichtlich von großer Bedeutung
werden konnten, sorgfältig. Einmal mußten sie die Eingeborenen in

guter Laune erhalten, weil sie wegen Lieferung der Nahrungsmittel immer von ihnen abhängig waren, und dann muß man bedenken, daß alle Araber Händler, also Privatleute waren, denen von seiten des Sultans von Sansibar keinerlei Unterstützung zu teil wurde, sie also ganz auf sich und ihre Mittel angewiesen blieben. Dem Europäer zeigten sich die Araber immer höflich, liebenswürdig und gastfreundlich, und thaten ihm von Angesicht zu Angesicht gern den Gefallen, an die Harmlosigkeit seiner Forschungsreisen und Missionen zu glauben. Said Bargasch versah auch jeden Forscher auf dessen Bitten bereit= willigst mit einem Empfehlungsbrief an seine Gouverneure, worin die= selben in feierlichem Tone angehalten wurden, dem weißen Manne, dem Freunde des Sultans, in jeder Weise Vorschub zu leisten, und seine Pläne zu fördern, unter Androhung höchster Ungnade im Weigerungs= falle, denn der Weiße kam ja nur, um Insekten und Pflanzen zu sammeln, Wege zu erkunden, Berge, Flüsse und Seen in seine Karten einzutragen. Harmlose Gemüter unter solchen Reisenden waren immer sehr erstaunt, wenn der in schöner arabischer Schrift wie gestochen gemalte Brief, auch wenn er noch so oft den Beamten vor= gezeigt wurde, niemals eine andre Wirkung haben wollte, als daß sich der Empfänger in höchster Ehrfurcht mit über der Brust gekreuzten Armen vor dem Schreiben verbeugte, himmelhoch beschwor, alle Wünsche des Reisenden und alle Befehle des Saidina erfüllen zu wollen, In= schalla'h (so Gott will) hieß es, und es dann dabei bewenden ließ. Im günstigsten Fall konnte sich der Reisende rühmen, den Mund gestopft zu bekommen mit einem leckeren arabischen Mahle, das war und blieb alles. Weder Drohungen noch Versprechungen vermochten, daß sich der Herr Gouverneur zu irgend etwas verstehen wollte, da hatte er einmal keinen Einfluß auf die Häuptlinge, das andre Mal selbst keine Leute, oder das niederschmetternde „kescho" (morgen) tönte dem Ungeduldigen entgegen. Es blieb nichts übrig, als die Angelegen= heit fallen zu lassen oder selbst zu handeln. „Handeln", dazu war der Araber immer bereit — wenn er etwas dabei verdienen konnte. Man wollte die Wirkungslosigkeit der arabischen Briefe des Sultans von Sansibar als Ausfluß seiner Machtlosigkeit deuten. Wie einsichtslos! — Das war stillschweigendes Übereinkommen, denn längst schon mußte

sich der Araber sagen, daß die Forscher und Missionäre die Vor=
läufer und Vorposten einer feindlichen Macht waren. Und hatten sie
nicht recht?

Das Arabertum hatte in Ostafrika in den letzten Jahren einen
gewaltigen Anlauf genommen und stand im Zenith seiner Höhe im An=
fang der achtziger Jahre. Zu jener Zeit, es war im Jahre 1880,
machte ein Franzose Sergere an der Spitze einer großen Handels=
karawane den Zug des Verfassers ins Innere nach Tabora mit als
der Vertreter einer französischen, in Sansibar ansässigen Firma. Er
hatte die Absicht, in Tabora Elfenbein aufzukaufen. Mit Neid und Miß=
gunst beobachteten die Araber an der Küste und im Innern sein Be=
ginnen, vermochten aber seinem Vormarsch kein Hindernis in den Weg
zu legen. Sergere hatte alle Vorbreitung zweckentsprechend getroffen
und sogar in Tabora ein arabisches Haus gemietet, wo er sofort nach
seiner Ankunft mit dem Einkauf begann. Von allen Seiten wurde
ihm durch Eingeborene Elfenbein zugetragen, da er gute Preise und
gute Tauschware zahlte. Die Araber ließen sich die Gelegenheit eben=
sowenig entgehen. Um sich aber keine Blöße zu geben, kamen sie bei
Nacht. Gelang das Unternehmen, so war ein riesiger Gewinn zu er=
zielen. Da Sergere mit eignem genügenden Kapital arbeitete, konnten
ihm die Araber keine Konkurrenz machen. Es lag aber die Gefahr für
diese nahe, daß Sergere andre Europäer folgen würden und damit
das Handelsmonopol der Araber gebrochen werde. Das mußte ver=
hindert werden, man lauerte nur auf den geeigneten Augenblick. Dieser
ließ nicht lange auf sich warten. Sergere beging die Unvorsichtigkeit mit
einem Bruder des Häuptlings Sike von Unjanjembe Namens Sueto,
mit dem Sike in Feindschaft lebte, Blutsbrüderschaft zu machen
und dann unklugerweise dem Todfeinde der Araber in Ostafrika, dem
berüchtigten Häuptling Mirambo, Geschenke zu senden. Das brach
ihm den Hals; den Arabern war nun der Vorwand zum Handeln
gegeben. Der damalige Gouverneur von Tabora, Abdalla bin Nasib,
von dem wir schon gehört haben, sandte im Bunde mit Sike einen
Kriegshaufen von Arabern und Eingeborenen vor Sergeres Wohnung
mit der Erklärung, daß man ihm 24 Stunden Zeit zum Aufbruche
nach der Küste gäbe und 15 Träger zur Verfügung stelle zum Trans=

port seines Zeltes, Bettes, Kochgeschirrs und einiger Lebensmittel. Träfe man ihn nach dieser Frist noch in Tabora, so werde er ohne weiteres als Bundes- und Kriegsgenosse Mirambos niedergeschossen. Das ganze Auftreten der Leute ließ nicht den mindesten Zweifel in ihre Entschlossenheit setzen. Sergere mußte in der Nacht aufbrechen. Zum Glück hatte er schon eine große Menge Elfenbeins unauffällig unter dem Elfenbein andrer Händler zur Küste abgeschickt. Den vorhandenen Vorrat sowie seine Tauschwarenbestände legte Abdalla mit Beschlag. Niemand hat je wieder etwas davon gesehen.

Die Angelegenheit würde auch fernerhin auf sich beruht haben, denn alle Reklamationen beim Sultan wollten nichts fruchten, wenn sich nicht die französische Regierung ins Mittel gelegt hätte. Abdalla bin Nasib sollte nunmehr „gerufen" werden, wie man sich dort ausdrückt, d. h. er sollte sich verantworten. Ein Befehl des Sultans nach dem andern ging nach Tabora, Abdalla rührte sich nicht. Erst als der Sultan Repressalien an Familienangehörigen und verwandten Vollblutarabern zu ergreifen drohte, entschloß sich Abdalla, zur Küste zu gehen. Mit den heftigsten Vorwürfen wurde er empfangen, denn — Said Bargasch hatte selbst im geheimen Kapital zu dem Unternehmen zugeschossen. Nach etwa einjährigem Aufenthalte in Sansibar sollte Abdalla jedoch gegen alles Vermuten aufs neue mit dem Gouverneurposten in Tabora, den bis dahin sein Bruder Schiache bin Nasib verwaltete, betraut werden. Eine große Karawane wurde ausgerüstet, aber nur einige Tagereisen von der Küste entfernt starb Abdalla ganz plötzlich, ohne vorher krank gewesen zu sein. Zweifellos hatte Gift hier eine Rolle gespielt. Einige Monate später starb auch Schiache in Tabora unmittelbar nach einer Mahlzeit, welche er bei einem kurz zuvor von der Küste angelangten Araber eingenommen hatte.

Später unternahm die Hamburger Elfenbein-Firma H. A. Meyer mehrere Handelsexpeditionen. Die erste gelangte glücklich nach Tabora, der Führer derselben erlag jedoch schon bald dem Klima, und gingen die Elfenbein- und Tauschwarenvorräte gänzlich verloren. Es verdient erwähnt zu werden, welch ungewöhnlichem Schicksal dieser Vertreter des Elfenbeinhauses in seiner Kindheit verfallen war. In Australien von eingewanderten Europäern geboren, wurde er als Kind von chinesischen Piraten geraubt. Einige Tage später fand man den Kleinen wieder in der Nähe derselben Stelle, wo man ihn zuletzt bemerkt hatte, vergnügt lächelnd mit einem Zettel in der Tasche, worauf in englischer Sprache geschrieben fand, daß ihn die Piraten seiner in der Kindheit thatsächlich ungeheuerlichen Häßlichkeit wegen zurückerstatteten. — Eine zweite Expedition der ebengenannten Firma verlief ebenso resultatlos und scheiterte an dem bösen Willen der Araber, dem Vertreter der Firma Elfenbein zu verkaufen. Bei einem dritten Versuche wurde der hinausgesandte Europäer von einem Araber Mohammed bin Kassim in Tabora ermordet. Es glückte aber, desselben nach Beendigung des Aufstandes habhaft zu werden, und der Reichskommissar von Wiß= mann hat den Mörder im Jahre 1890 in Sadani zum Tod durch den Strang verurteilt. Dem Verfasser selbst haben sie unendliche Schwierig= keiten bereitet. Nur gegen Missionäre waren sie immer von gleichbleiben= der Freundlichkeit. Von diesen wußten sie ganz bestimmt, daß diese Leute ihnen im Handel niemals Konkurrenz machen würden, noch könnten, dazu schienen die Mittel der Missionäre zu gering, außerdem hatten sie sie sich überzeugt, daß politische Motive ihrem Handeln nicht unterlagen. Von der religiösen Seite fürchteten sie noch weniger, sie meinten, daß nach den bisherigen Erfolgen derselben an eine Gefahr gar nicht zu denken sei. Die englischen Missionäre waren ihnen allerdings un= bequem, da diese sich immer demonstrativ in Sklavensachen mischten. Weil sie aber ohne jede Machtentfaltung auftraten, ließ man sie ge= währen. Sonst sah man melkende Kühe in diesen englischen Missio= nären, welche unbedenklich die unsinnigsten Preise für alles zahlten.

Unannehmlichkeiten für die Missionäre begannen erst in Deutsch= Ostafrika, als die Unruhen von der Küste die Gemüter in Aufregung brachten. Am Nyassa griffen die Araber eine englische Missionsstation an, wurden aber zurückgeschlagen. Die französischen Missionäre wurden von den Arabern in Kipallapalla bei Tabora ausgewiesen und mußten nach Norden fliehen. Nur einem glücklichen Zufall hatten sie es zu verdanken, daß sie nicht in einen Hinterhalt fielen, den man ihnen zu legen gedachte, indem die Karawane an dem betreffenden Tage weiter marschierte, wie auf der Strecke üblich ist. Die Feinde kamen dadurch zu spät. In Uganda wurden schwere Kämpfe zwischen

Missionären und zum Christentum übergetretenen Eingeborenen auf der einen Seite und Arabern und Waganda auf der andern ausgefochten, und in der Nähe der Küste zerstörten Araber die französische Missions= station Mpugu.

Das Feuer, welches so lange unter der Asche geglimmt hatte, sollte endlich hell auflodern und Arabertum, nicht Islam, und Zivili= sation zu einem letzten Entscheidungskampfe in Ostafrika aufeinander prallen.

Die Araber haben uns in thörichter, eigensinniger Weise den Fehde= handschuh hingeworfen, ihr Untergang war damit besiegelt, darüber konnte man keinen Augenblick im Zweifel sein. Die einsichtsvolleren derselben sahen ihr endliches Schicksal klar vor Augen, aber die Fehler, welche wir begangen haben, blendeten unsern Gegnern die Augen, sie sahen unsre Macht nicht und gingen tollkühn ins Verderben.

Der Aufstand.

Mitte August 1888 liefen plötzlich in Deutschland höchst beun=
ruhigende Nachrichten über den Stand der Dinge in Ostafrika ein.
In Pangani waren Unruhen ausgebrochen. Für den Kenner der ost=
afrikanischen Verhältnisse waren damit längst vorausgesehene Ereignisse
eingetreten. Wir haben im vorigen Kapitel gesehen, wie die Macht=
und Einflußsphäre der Araber allmählich von der Küste nach dem
Innern verschoben worden war. Die Araber hatten sich über den
Tanganika hinüber begeben, und am Kongo festgesetzt, wo sie unbedingte
Herrschaft ausübten. Sie verwüsteten dort die unglücklichen Länder
ebenso, wie am Nyassa und im Süden des Tanganika, und auch in
Uganda hatten sie eine Katastrophe herbeigeführt. Trotzdem England
ein mögliches gethan hatte, dem Sklavereiunwesen an der Küste ein
Ende zu bereiten, blühte dasselbe im Herzen Afrikas zu neuem Leben
empor und nahm ungeahnte Dimensionen an. Der ganzen arabischen
Welt hatte sich seit lange große Unzufriedenheit bemächtigt, denn die
Bekämpfung der Sklaverei, sowie die Zunahme europäischen Einflusses
in Afrika hatte dieselbe mit Angst und Besorgnis um ihre Existenz
erfüllt, ein Zusammenstoß zwischen Arabern und Europäern war un=
vermeidlich. Ein Aufstand, ein Krieg mußte ausbrechen.

Die Ursachen sind auf weit zurückliegende Ereignisse zurückzu=
führen, als im Jahre 1847 die Engländer bei Said Said einen
Vertrag durchsetzten, wonach in den nördlich von Baraua gelegenen
Gebieten der Sklavenhandel verboten sein sollte. Unablässig arbeiteten
die Engländer an der Verfolgung ihrer Pläne, die Herrschaft über
die Ostküste zu erlangen, und legten langsam, aber sicher Bresche auf

Bresche in die arabische Macht. Unter Said Bargasch gelang es ihnen, im Jahre 1873 durch Sir Bartel Frere den ersteren durch einen Vertrag zur Aufhebung der Sklaverei in Sansibar zu zwingen. Von da an datiert eigentlich erst das Mißtrauen, welches die Araber nunmehr in alle Handlungen der Engländer setzten, und in ohnmächtiger Wut mußten die Araber sehen, wie sie schrittweise nachgeben mußten, trotzdem die ganze Küste und das Innere in ihren Händen blieb. Die Überzeugung, daß einst Englands Flagge über Sansibar wehen würde, hatte sich aller bemächtigt, aber niemand dachte daran, dem mächtigen England Gewalt entgegenzusetzen. Nur im Innern hatten hier und da einige arabische Heißsporne englische Flaggen heruntergerissen, so Ende der siebziger Jahre in Ujiji. Als aber mit dem Erscheinen Deutschlands eine neue Macht in den Vordergrund trat, deren Kraft man noch nicht kennen gelernt hatte, da glaubten die Araber dieser gegenüber andre Saiten aufziehen zu müssen, umsomehr, als sie der Ansicht waren, daß Deutschland von England abhängig sei und dieses zu fürchten habe. Zur Verbreitung dieser Annahme hatten die Engländer, besonders deren Missionäre, geflissentlich beigetragen. So traute sich denn Said Bargasch die Kraft zu, Deutschland Gewalt entgegen zu setzen, als er, wie wir schon wissen, nach Kenntnisnahme des Vertrages, Truppen nach Usagara und dem Kilimandscharo sandte. Deutschlands Antwort war die Hinaussendung eines Geschwaders, welches am 7. August in Sansibar einlief.

Das Geschwader wurde aus allen Teilen der Welt nach Aden am Eingang des Roten Meeres zusammengezogen und bestand aus den Schiffen „Prinz Adalbert", „Stosch" „Elisabeth", und „Gneisenau" unter dem Befehl des Kommodore Paschen. Die Schiffe trafen am 7. August 1885 auf der Reede von Sansibar ein. Unter großem Zusammenlauf der Bevölkerung legten sie sich drohend vor den Palast des Sultans. Am 19. August erschienen noch die Korvette „Bismarck", mit dem Admiral Knorr an Bord, welcher alsdann das Kommando übernahm, ferner der Tender „Adler", auf welchem sich die Schwester des Sultans von Sansibar befand. Später gesellte sich noch die „Möwe" hierzu, auf welcher der berühmte Forscher Nachtigal kurz zuvor an der Westküste Afrikas gestorben war, nebst dem Tender „Ehrenfels". Der Sultan hatte sogleich in kluger Berechnung die Schiffe freundlich empfangen, denn es mochte ihm sowohl wie seinen Unterthanen ein heilsamer Schrecken in die

Glieder gefahren sein, als man sah, daß das angeblich so ohnmächtige Deutschland ebenfalls eine ganz imposantes Geschwader senden konnte. Kriegerische Macht erkennt man eben ganz besonders in Afrika an und man fürchtete damals allgemein, daß Deutschland Sansibar wegnehmen werde. Von dem Erfolg, den das Erscheinen des Geschwaders erzielte, haben wir schon gehört, der Sultan erkannte alle Forderungen Deutsch= lands an.

Der Verfasser hatte persönlich Gelegenheit, den tiefgehenden Ein= druck des Erscheinens unsrer Kriegsschiffe an der Ostküste zu beob= achten, und stolze Freude machte auch seine Brust wie die aller an der Ostküste Afrikas ansässigen Deutschen schwellen. Doch sollte sich diese Freude bald in Ärger und Verstimmung verkehren. Der Verfasser befand sich gerade auf der Rückkehr zur Küste von seiner großen Reise aus dem Innern. In einer Entfernung von drei Tagemärschen von Bagamojo wurden am Morgen auf dem Marsche mit einem Male Kanonenschläge vernehmbar. Nachrichten von der Ankunft des deut= schen Geschwaders waren schon in unbestimmter Ferne ins Innere ge= drungen, die abenteuerlichsten Gerüchte kursierten, alles war in höchster Spannung, und ernstliche Kämpfe schienen demnach in Aussicht zu stehen. Die bei günstigem Winde dumpf herüberhallenden Kanonenschläge, deren man fünfundvierzig zählte, konnten in dieser Anzahl keine Salutschüsse sein, besonders da sie ganz unregelmäßig aufeinander folgten und an= scheinend, ihrer ungleichen Stärke wegen, von Geschützen verschiedenen Kalibers abgegeben wurden. Die ganze Karawane geriet in die höchste Aufregung, allgemeines Schweigen trat ein und Entsetzen malte sich auf allen Zügen, als der Verfasser die Ansicht äußerte, es könne mög= licherweise Sansibar beschossen werden. Die Redseligkeit der Schwarzen gewann jedoch bald die Oberhand, und die geängstigten Gemüter machten sich Luft durch wirklich aufrichtige Bewunderung einer solch starken Macht, die wagen konnte, Sansibar zu beschießen. Die Be= wunderung und Furcht hatte auch in Sansibar im Anfang geherrscht, um leider bald in das Gegenteil umzuschlagen, denn nach dem äußeren Anschein verlief für die Augenzeugen die ganze Flottendemonstration im Sand, und die damals gehörten Schüsse erwiesen sich als Scheiben= schießen eines der Schiffe. Wenn schon es immer mit Freuden zu be= grüßen ist, wenn es gelingt, Verwickelungen, wie sie hier vorlagen, auf

friedlichem Wege zu ordnen und dabei wie hier von der Gegenpartei
Zugeständnisse zu erzwingen, so muß es doch als ein recht großer
Fehler angesehen werden, daß wir damals jenen orientalischen und
halb wilden Völkern gegenüber, mit denen wir es zu thun hatten, so
stillschweigend über unsre Erfolge zur Tagesordnung übergegangen
sind. Niemand in Sansibar wurde sich des von den Deutschen er=
rungenen Sieges bewußt, England und der Sultan thaten ihr mög=
lichstes zur Abschwächung des Eindruckes und wir unser möglichstes,
nichts von unserm Erfolge merken zu lassen, die Sache schien im Sande
verlaufen zu sein. Der ganze Vorgang sah sogar für den Uneinge=
weihten wie eine Niederlage aus, so daß sich unsrer Landsleute in San=
sibar eine große Niedergeschlagenheit bemächtigte und alle nichts weniger
wie stolz auf ihre Nationalität waren. Gegner wie die Araber müssen
gedemütigt werden. Großmut und Zartgefühl legt der Orientale, Halb=
und Ganzwilde als Schwäche aus. Welch andern Eindruck hätte es
hervorgebracht und von welch unberechenbarem Vorteil für zukünftige
Ereignisse wäre es gewesen, wenn wir unsern, wenn auch nur diplo=
matischen Sieg mit Freudenfesten und Feuerwerk, mit Kanonendonner
und Flottenparade gefeiert hätten. Je mehr Spektakel, um so besser,
dann hätten die Araber und Eingeborenen im Angesichte unsres Trium=
phes ein Gefühl der Niederlage beschleichen müssen und nicht, wie es
thatsächlich der Fall war, in dem Vorgefallenen nur eine Bestätigung
der Gerüchte gesehen, daß Deutschland von England abhängig sei und
auf Englands Wunsch nachgegeben habe.

Wir haben oben gehört, daß auch eine Schwester des Sultan mit
dem Geschwader erschien. Dieselbe hatte im Jahre 1866 Sansibar
auf einem englischen Kriegsschiff heimlich verlassen, um in Aden bei
einem spanischen Ehepaar Zuflucht zu finden und auch dort getauft
zu werden. Ihr arabischer Name war Salme. In Sansibar wurde
sie von der Bevölkerung Bibi Salima genannt. Salme hatte sich
nämlich in Sansibar in einen Europäer Namens Ruete verliebt. Die
Heirat fand nun in Aden statt. Das Ehepaar siedelte nach Hamburg,
der Heimat des Mannes, über. Die nunmehrige Frau Ruete, geborene
Prinzessin von Sansibar aus dem Hause Abu Said, lebte sich ganz
und gar in europäische Verhältnisse ein und eignete sich bei ihrer großen
Intelligenz eine ausgezeichnete Bildung an. Sie gebar drei Kinder,

zwei Töchter und einen Sohn. Ihr Glück sollte aber von nur kurzer Dauer sein, nach dreijähriger Ehe verunglückte ihr Mann beim Abspringen von der Pferdebahn und starb. Von da an wurde die arme Frau vom Unglück verfolgt. Durch fremde Schuld verlor sie den größten Teil ihres Vermögens. Said Madjb, ihr Bruder, welcher seiner Schwester trotz ihres Schrittes wohlwollend gesinnt blieb, starb, mit Said Bargasch war Frau Ruete seit langer Zeit durch Palastintriguen verfeindet, so daß sie mit ihrer Familie in recht bedrängte Lage kam. Eine Zeit des Unglücks machte die ehemalige Prinzessin durch, in Dresden und Berlin mußte sie durch Unterrichten ihren Unterhalt zu verdienen suchen. Als Said Bargasch nach London ging, hoffte sie dort eine Versöhnung mit dem Bruder herbeiführen zu können. Allein die englische Diplomatie verhinderte eine Zusammenkunft beider. Als Deutschland an der Ostküste von Afrika in Mitbewerb trat, glaubte Frau Ruete ihre Zeit gekommen. Sie wandte sich in Berlin an maßgebende Persönlichkeiten und erhielt eines Tages vom Auswärtigen Amt die Aufforderung, sich zu einer baldigen Reise nach Sansibar bereit zu halten, wo sie denn auch in Begleitung ihrer Kinder auf dem Tender „Adler" eintraf. Von seiten der Bevölkerung war der Empfang der arabischen Prinzessin ein herzlicher. Said Bargasch aber wollte nichts von ihr wissen, der damals übermächtige englische Einfluß brachte es zum zweitenmal zuwege, daß weder eine Aussöhnung zwischen den Geschwistern stattfand, noch die berechtigten Erbansprüche der Frau Ruete befriedigt wurden, und um eine schlimme Erfahrung und bittere Enttäuschungen reicher mußte sie die Rückreise nach Europa antreten.

Die Ereignisse brachten es nun mit sich, daß die Ostafrikanische Gesellschaft in rascher Folge eine Anzahl Expeditionen hinaussandte und eine Menge neuer Erwerbungen machte, unter andern auch an der Somaliküste. Einer der eifrigsten Pioniere war Dr. Jühlke, der Freund Dr. Peters, den er, wie wir wissen, schon auf seiner ersten Expedition begleitet hatte. Dr. Jühlke sollte im Dienste des Vaterlandes sein Leben lassen. Ehe er seine Reise nach der Somaliküste angetreten hatte, war am 11. November 1887 der Leutnant Günther bei dem Versuch, eine gute Einfahrt in den Juba zu suchen, mit dem Boote gekentert und mit allen Insassen in der Brandung ertrunken.

Dr. Jühlke ging mit Janke nach Kismayu an der Mündung des Juba, um dort, mit einem der berühmten Empfehlungsbriefe des Sultans Said Bargasch versehen, eine Station anzulegen und womöglich Erwerbungen zu machen. Der Wali des Sultans war wie alle seine Kollegen an der Somaliküste von den Somali eigentlich nur geduldet und mußte jährlich Tribut an dieselben zahlen. Er empfing Dr. Jühlke wenig zuvorkommend und machte der Expedition alle möglichen Schwierigkeiten. Er hetzte die Somali gegen die fremden Eindringlinge auf, so daß erstere bald eine drohende Haltung annahmen und Jühlke und Janke das Wort „Baruni", so wurde v. d. Decken dort genannt, zuriefen. Die Ermordung desselben steht noch lebhaft in der Erinnerung aller Somali und gilt noch heute dort als Heldenthat, während wir von den Somali gründlich verachtet werden, weil wir garnichts gethan haben, um die Schmach der Ermordung v. d. Deckens zu sühnen. Janke verließ sodann Dr. Jühlke, um in Sansibar Geschäfte zu erledigen, und kehrte bald zu ihm zurück. Währenddessen war es Jühlke gelungen, nachdem die Somali wieder beruhigt worden waren, verschiedene Verträge mit deren Häuptlingen bis Merka hinauf abzuschließen und für Kismayu das Recht der Anlage einer Faktorei zu erlangen. Jühlke und Janke trafen sofort Vorbereitungen zur Ausnützung dieses Rechtes und wollten ein leichtes Gebäude als Verkaufshalle herstellen. Am Flusse wollten sie zu diesem Zwecke Holz schlagen lassen und fanden bei einem Spaziergang dorthin einen aus neun schweren Wunden blutenden schwerverwundeten Somali, den Dr. Jühlke sogleich verband. Am andern Morgen beschäftigte sich Janke nochmals zwei Stunden mit dem Verwundeten und machte sich sodann zu einer abermaligen Fahrt nach Sansibar bereit. Während dieses Tages schossen die Araber den ganzen Tag aus dem befestigten Kismayu nach der gegen den Strand gelegenen Somalihütte, welche Dr. Jühlke bezogen hatte. Er beklagte sich selbst darüber bei Janke: „Mit den Sultansoldaten", sagte er, „wird es jetzt immer toller. Den ganzen Tag schießt das Gesindel, ohne daß ich jemals einen schießen sehe. Die Kugeln höre ich pfeifen, und heute morgen raschelte eine durch das Dach meines Hauses. Totschlagen wird uns das Gesindel schon nicht. Und wenn, nun dann hat hoffentlich die elende Wirtschaft hier ein Ende!" An demselben Tage fand, wie Ali bin Mohammed, ein erprobter treuer Araber im Dienste der Ostafrikanischen Gesellschaft, erfuhr, eine große Volksversammlung in Kismayu statt, an welcher auch der Wali des Sultans teilnahm. Während derselben machten die Araber darauf aufmerksam, daß durch die Anwesenheit der Deutschen, welche im Besitze großer Warenvorräte seien, der ganze arabische Handel lahm gelegt werden müsse. Man müsse diesen Jühlke zwingen, wieder abzuziehen, oder ihn erschlagen. Am Morgen des 1. Dezember 1887, als Janke schon an Bord des Schiffes gegangen war, welches ihn nach Sansibar bringen sollte, erschienen bei Jühlke zwölf Somali mit dem dem üblichen Gruß: Jambo, jambo sana. Einer derselben hatte einen schlimmen Fuß und bat Jühlke um Arznei. Jühlke stand während=dessen ahnungslos mit lässig in die Seite gestemmten Armen und suchte sich mit den Somali verständlich zu machen, als plötzlich einer der neben ihm Stehenden sein breites Messer herausriß und dasselbe Jühlke mehrmals in Brust und Leib stieß, so daß der Getroffene sofort zusammenbrach und aus drei großen Wunden blutete, aus deren eine die Milz hervorquoll, während die Somali davonliefen. Juma, einer von Jühlkes Leuten, lief zum Strande, worauf sofort Ali bin Falli zum Hause kam. Er fand Jühlke noch am Leben. Dieser sagte: „O, Ali, mit mir ist's jetzt aus." Dann verlangte er, auf Fragen keine Antwort mehr gebend, einige Pulver aus der Reiseapotheke und nahm diese mit Hilfe des ebengenannten Ali bin Mohammed. In diesem Augenblick erhielt Janke, welcher in ein Boot steigen wollte durch einen Neger Namens Moses die schreckliche Nachricht: „O master, master, bana mkuba Somali killed." Am Land herrschte ungeheure Aufregung. Samoli standen in Haufen umher, wichen aber vor den arabischen Soldaten zurück, welche Janke zu dem Thatorte brachten. Dort fand er den armen Jühlke, im Sande liegend, unter dem Ober=körper ein Kissen, ohne jedes Lebenszeichen, die Gesichtszüge ruhig, von Totenblässe überzogen und die blauen Augen gebrochen gen Himmel starrend. Die Hände waren ohne Krampf, von Blut über=strömt, wie die ganze Gestalt.

Janke brachte nun die Leiche an Bord des Dampfers „Isolde" und wollte sie in Lamu oder Port Durnford begraben, da der Wali, welcher inzwischen auch erschienen war, nicht gestatten wollte, daß Janke in Kismayu bleibe; er könne ihn vor den Somali nicht schützen.

Wegen der schwer rollenden See ging jedoch die Fahrt langsam, und die Leiche war nicht mehr zu erhalten. Jühlke mußte ein seemännisches Begräbnis zu teil werden. Janke wusch den Toten, kleidete ihn sauber an, schnitt für die Eltern drei Locken ab, streifte die Ringe vom Finger, und in einem am Fußende beschwerten Sarg, eingewickelt in die deutsch-ostafrikanische Flagge, wurde die Leiche auf Deck gestellt. Der Kapitän sprach ein Gebet, las den 90. Psalm, sprach das Vaterunser, thränenden Auges sangen die Leute einen Choral, und langsam ließ man dann den Leichnam ins tiefblaue Meer gleiten, nachdem als letzter Ehrengruß ein Schuß über den Toten gefeuert worden war.

Der Mörder war ein junger Somali, der von seinen eignen, in Kismayu wohnenden Eltern nach den Beweggründen seiner That gefragt wurde. Er behauptete, der Wali von Kismayu habe ihm hundert Dollar versprochen, wenn er den Deutschen ermordete, man könne mit ihm machen, was man wolle, er würde immer auf seiner Aussage verharren. Den Namen des Menschen konnte man nicht erfahren, da ihn kein Somali nennen wollte, aus Furcht, die Familie desselben der Rache der Deutschen zu überliefern.

Als man den Wali fragte, warum er nicht auf die fliehenden Mörder geschossen habe, deren man sogleich ansichtig geworden, als die Nachricht von der That sich mit Blitzesschnelle verbreitete, antwortete er, dazu habe er von Said Bargasch keinen Befehl gehabt. Und der Mord geschah unter dessen Flagge. Ein großer Teil der Somali war nach dem Morde landeinwärts geflohen; allerdings nur ein bis zwei Tagereisen, allein alle fürchteten das Erscheinen deutscher Kriegsschiffe. Kaum ein Zweifel besteht, daß Somali und Araber im Einverständnisse den feigen Mord begingen.

Leider muß gesagt werden, daß wir hier in unerhört schwächlicher Weise gegen die Mörder vorgingen und nicht alle Mitschuldigen zur Verantwortung zogen. Statt sofort Kriegsschiffe nach Kismayu zu beordern, ließ man sich auf monatelange Unterhandlungen ein, bis schließlich die Somali sich gnädigst dazu verstanden, einen Sklaven als angeblichen Mörder auszuliefern, welcher erschossen wurde. Damit glaubte man die Schmach getilgt. Auf die späteren Ereignisse hat unser damaliges Verhalten

den schlimmsten Einfluß geübt und den Mut der Empörer nur belebt.
Wie anders hätte England in solchem Falle gehandelt. Es würde
ein summarisches Verfahren eingeschlagen und durch den ehernen
Mund seiner Kanonen den Mördern und ihren Spießgesellen klar
gemacht haben, daß man nicht ungestraft einen englischen Mann er=
schlägt. Die Engländer selbst aber würden wie schon unzählige Male
die Bestätigung gesehen haben, daß keiner der Ihren schutzlos dem
Mordstahl irgend eines wilden Halunken preisgegeben ist. Umsonst
ist England bei derartigen Völkern, wie Araber oder Somali, nicht
gefürchtet. Nicht ohne Grund kann der Engländer das stolze Wort
der alten Römer auf sich anwenden: „civis Romanus sum“.

Der Tod des bedauernswerten Dr. Jühlke, der mit heiligem Eifer
sein Leben der neuen kolonialen Sache gewidmet hatte, erinnert uns
lebhaft an einen andern Landsmann, Klaus v. d. Decken aus Hannover,
der im Dienste der Wissenschaft sein Leben ebenfalls in Afrika aus=
gehaucht hat, und zwar an demselben Flusse, an dem Jühlke gestorben
war. V. d. Decken wurde wie Jühlke von Somali ermordet. Sein
Tod blieb leider ungesühnt.

Im Besitze reicher Mittel hatte v. d. Decken schon mehrere
Reisen an der Ostküste Afrikas unternommen, so versuchte er die
Hinterlassenschaft des am Nyassa ermordeten Roscher zu retten, erreichte
aber den See nicht; dann besuchte er eine Menge Punkte der Küste
und den Kilimandscharo, bis er im Jahre 1865 eine großartige Ex=
pedition plante und auch antrat, zur Erforschung des Juba und Tana.
In seinem Gefolge befanden sich acht Deutsche und Österreicher, sowie
ein Engländer. Mit einem eignen, in Hamburg gebauten, in Sansi=
bar wieder zusammengesetzten Dampfer gelang die Einfahrt in den
Juba. Unter schlimmen Vorzeichen aber begann die Reise, denn ein
kleiner im Schlepptau geführter zweiter Dampfer ging in der furcht=
baren Brandung des Juba mit dem Maschinisten verloren, da die
Trosse brach. Der „Welf“, wie der große Dampfer hieß, ging den
Fluß hinauf, strandete aber im September 1865 oberhalb des Somali=
ortes Berbera. Die Expedition mußte den leckgewordenen Dampfer
entladen und schlug am Ufer ein Lager auf. Ein Haufe Somali
überfiel nunmehr dies Lager, wobei vier Europäer getötet wurden.
V. d. Decken und sein Begleiter Dr. Link hatten sich unterdessen

in Berbera befunden, um dort Lebensmittel einzukaufen, ohne eine Ahnung von dem Überfall zu haben. Die nach dem Kampfe leben=gebliebenen Europäer flüchteten sich nun in einem kleinen Boot, ohne auch nur den Versuch zur Rettung ihres Chefs zu machen, den Juba hinunter nach Sansibar. Während die Flüchtlinge den Fluß hinab eilten und an Berbera vorbeikamen, lebten v. d. Decken und Link noch, wurden aber bald darauf, voneinander getrennt, durch die Somali ermordet. Die Ursachen des Mordes sind nie recht aufgeklärt worden, wahrscheinlich spielte die Habgier beutelustiger Somali die Hauptrolle. Der Verfasser fand im Jahre 1884 in Katanga, im Quellgebiet des Kongos, einen dorthin verschlagenen Msuaheli, Namens Jbrahim, aus Pangani, welcher v. d. Decken auf dessen zweiter Reise zum Kili=mandscharo begleitet hatte. Jbrahim erzählte, daß an der Ostküste unter den Arabern, Somali und Wasuaheli folgende Auffassung der den Mord betreffenden Umstände herrsche: v. d. Decken sei, wie wir ja auch bestimmt wissen, nach Berbera gegangen, um Lebensmittel und Vieh zu kaufen. Die Unterhandlungen, mit dem Häuptling zu diesem Zwecke geführt, haben sich aber derart in die Länge gezogen, daß der sehr leicht erregbare v. d. Decken wütend geworden sei und sich mit dem Häuptling entzweit habe. Die Vertrauensmänner des Reisenden vermochten jedoch, auf eignen Antrieb, den Häuptling zu beruhigen und ihn sogar zu veranlassen, sich in die von v. d. Decken bewohnte Hütte zu begeben. Dort reichte er nach einigen freundlichen Worten dem Europäer die Hand zur Versöhnung hin. Nun aber habe v. d. Decken in die dargereichte Hand gespieen mit den Worten: „Einem Hunde reiche ich die Hand nicht." Tödlich be=leidigt erhob sich der Häuptling, ohne ein Wort zu sagen, und die Dinge nahmen ihren Verlauf.

Unwahrscheinlich klingt diese Aussage nicht, ist aber ebensowenig verbürgt, wie alle andern zu uns gedrungenen Nachrichten über die Nebenumstände der beklagenswerten Katastrophe. Seit jener Zeit pflegten die Schwarzen und Araber an der Ostküste zu sagen: „Wasungu wana uauua burre kama ubusi", „Die Europäer lassen sich umsonst töten, wie Ziegen", d. h. sie lassen es sich ruhig gefallen, wenn einer der Jhrigen erschlagen wird, ohne Genugthuung zu fordern. Fand diese Ansicht nach der niederträchtigen Ermordung fühltes nicht eine neue Bestätigung? Welchen Respekt konnten jene wilden Völker vor einem Volke haben, das einen der Ihrigen einem Sklaven gleichachtet, und einen solchen konnte man jeden Augenblick für zwanzig bis dreißig Dollar kaufen.

Alle bis zum Erscheinen unsrer Schiffe vor Sansibar gemachten Erwerbungen der Deutsch-ostafrikanischen Gesellschaft hatten nur einen zweifelhaften Wert, solange kein Hafen in Besitz derselben gelangt war. Der Sultan besaß aber die unbestrittene Herrschaft über den Küsten-streifen. Admiral Knorr, welcher die Unterhandlungen mit Said Bargasch während der Flottendemonstration führte, verlangte direkt den Hafen von Dar es Salaam für deutsche Schiffe. Der Sultan willigte ein, denselben für Deutschland zu öffnen. Nunmehr erst konnte ein direkter Verkehr mit den zahlreichen Stationen der Gesell-schaft im Innern vermittelt werden, deren Zweck zunächst nur darin bestand, das Besitzrecht der erworbenen Länder faktisch auszuüben. Da später auch noch die Erwerbungen am Kilimandscharo und Umsam-bara hinzugekommen waren, mußte ein zweiter, mehr nordwärts ge-legener Hafen zugänglich gemacht werden. Im Londoner Vertrag vom 1. November 1886 wurde nunmehr auch noch Pangani frei-gegeben. Damit war aber im Grunde genommen immer noch sehr wenig erreicht, denn das Hauptziel aller Bestrebungen in Ostafrika war und blieb die finanzielle Ausnutzung des Erworbenen. Nach diesen Grundsätzen war Dr. Peters weiterhin unermüdlich thätig und richtete nunmehr sein Augenmerk darauf, die Erhebung der Zölle zu erlangen. Diese Zölle bildeten bisher die Haupteinnahme des Sultans von Sansibar und eigentlich den ganzen Inhalt seiner Regierungs-thätigkeit auf den Inseln und dem Festlande. Wenn es gelang, den Sultan zum Abtreten dieser bedeutenden Gerechtsame zu bewegen, so war damit neben der Aussicht auf sichere finanzielle Erträge der An-griffspunkt für einen Hebel gefunden, mittels dessen man ihm ohne große Schwierigkeiten allgemach die ganze Herrschaft entwinden konnte, indem man die Verwaltung und Gerichtsbarkeit und damit die that-sächliche Regierungsgewalt des Sultanats an sich riß.

Dr. Peters gelang es auch wirklich, seine Pläne zur Ausführung zu bringen und mit dem Sultan, der sich allerdings nur widerstrebend dazu entschloß, einen Vertrag zustandezubringen. Da aber Said

Bargasch verschiedene Paragraphen dazwischen warf, welche nicht an=
nehmbar erschienen, verweigerten der Direktionsrat und das Auswärtige
Amt in Berlin, welches mitzureden hatte, die Unterzeichnung. Said
Bargasch glaubte sich nun von Dr. Peters getäuscht, denn er hatte in
demselben einen Mann vermutet, welcher, mit den ausgedehntesten Voll=
machten versehen, zur Abschließung von Verträgen berechtigt sei. Er=
zürnt und enttäuscht machte Said Bargasch eine Reise nach Maskat,
um weiteren Unannehmlichkeiten aus dem Wege zu gehen, angeblich
um dort Heilung von einem allerdings bestehenden alten Leiden zu
suchen. Sein Zustand verschlimmerte sich aber derart, daß er sich zur
Heimkehr gezwungen sah. Er langte aber noch ganz munter in Sansibar
an. Am 27. März 1888, einen Tag nach seiner Rückkehr, starb er
ganz unerwartet. Mit ziemlicher Bestimmtheit ist anzunehmen, daß der
unglückliche Sultan an Gift gestorben ist. Sein Nachfolger war sein
ältester Bruder Said Khalifa, ein schwacher, unselbständiger Charakter,
welcher sich nicht entfernt an Fähigkeiten mit seinem Vorgänger messen
konnte. Als Trunkenbold war er in Sansibar derart berüchtigt, daß
ihn kein Europäer mehr empfangen wollte. Einige Flaschen Kognak
genügten, den lästigen Besucher fernzuhalten, wie dies der Verfasser
aus eigner Erfahrung bestätigen kann.

Said Khalifa war leichter zu überreden und gab schließlich dem
unausgesetzten Drängen des deutschen Generalkonsuls Michahelles nach.
Er unterzeichnete einen Vertrag, demzufolge der Ostafrikanischen Gesell=
schaft die gesamte Verwaltung an der Küste zwischen Wanga und dem
Rowuma zunächst auf fünfzig Jahre übertragen wurde. Der Vertrag
ist ein zu wichtiger Akt, als daß wir es unterlassen könnten, hier die
Hauptpunkte kurz zusammenzufassen: 1. Dem Sultan sollen keine Ver=
bindlichkeiten erwachsen, weder wegen der Kosten der Besitzergreifung
noch auch wegen der daraus etwa entstehenden Kriegszustände. Da=
gegen willigt er ein, alle Akte und Handlungen, welche erforderlich
sind, um die Bestimmungen des Vertrages zur Ausführung zu bringen,
vorzunehmen und der Gesellschaft mit seiner ganzen Autorität und
Macht zu helfen. 2. Die Gesellschaft wird ermächtigt, Beamte ein=
zusetzen, Gesetze zu erlassen, Gerichtshöfe einzurichten, Verträge mit
Häuptlingen abzuschließen, alles noch nicht in Besitz genommene Land
zu erwerben, Steuern, Abgaben und Zölle zu erheben, Vorschriften

für den Handel und Verkehr zu erlassen, die Einfuhr von Waren,
Waffen und Munition und allen andern Gütern, welche nach ihrer
Ansicht der öffentlichen Ordnung schädlich sind, zu verhindern; alle
Häfen in Besitz zu nehmen und von den Schiffen Abgaben zu er=
heben. 3. Die Verwaltung soll im Namen des Sultans und unter
seiner Flagge, sowie unter Wahrung seiner Souveränitätsrechte geführt
werden. Der Sultan erhält eine nach einem Jahre festzustellende
Pachtsumme, ferner fünfzig Prozent des Reineinkommens, welches aus
den Zollabgaben der Häfen fließen wird, dazu Anteilscheine der Ge=
sellschaft.

Wenn auch in dem Vertrag nicht ausdrücklich bemerkt war, daß
neben der Flagge des Sultans diejenige der Gesellschaft geführt
werden solle, so war dies doch zur Aufrechterhaltung ihrer Autorität
notwendig.

Dieser Vertrag barg die Keime künftiger Verwickelungen in sich, da
der Gesellschaft gar keine Machtmittel zur Verfügung standen, welch
letzterer Umstand besonders bedenklich war angesichts der Meinung,
welche man sich allmählich unter den Eingeborenen über deutsche Macht
gebildet hatte. Der Versuch zur Ausführung der Vertragsbestimmungen
führte unmittelbar zum Ausbruch des Aufstandes.

Die Araber fühlten sich durch den Vertrag in ihrem Stolze ge=
demütigt, denn fortan sollte eine fremde Macht über sie gebieten, um=
somehr gedemütigt, als man bisher nach allen Erfahrungen nicht ge=
lernt hatte, diese Macht zu respektieren. Bei dem unter den Arabern
herrschenden thatsächlich patriarchalischen Verhältnisse hatten sie über=
haupt einen eigentlichen Herrscher nicht anerkannt. Ihre Herrscher
nannten und titulierten sie ja auch niemals „Sultan“ = „Herrscher“,
sondern immer nur „Saidina“, d. i. „Herr“. Sie betrachteten ihr
staatliches Oberhaupt als primus inter pares. Der Zorn der Araber
war daher um so größer, als man ihren Rat bei dem Abschluß des
Vertrages gänzlich umgangen hatte.

Die Europäer, welche nunmehr über Ostafrika gebieten sollten,
richteten ein Hauptaugenmerk auf die Ausrottung des Sklavenhandels;
daß es nur eine Frage der Zeit sei, die Sklaverei ganz abzuschaffen,
war ihnen ebenso klar. Dadurch sahen die Araber ihre ganze Existenz
bedroht, ebenso die schwarze Bevölkerung, deren Interessengemeinschaft

mit den Arabern im Bestand des Sklavenhandels und der Sklaverei
gipfelte. Die sehr zahlreichen englischen Inder, welche bis dahin die
Zollverwaltung ausschließlich in Händen hatten, fürchteten für ihre
Handelsinteressen und setzten sofort eine lebhafte Agitation gegen die
Deutschen in Bewegung. Es stand also die Gesamtbevölkerung von
Deutsch=Ostafrika der Gesellschaft und den Vertragsbestimmungen von
vornherein feindlich gegenüber. Der Fanatismus des Islams spielte
bei den weiteren Ereignissen so gut wie gar keine Rolle, was bei der
bekannten Toleranz der dortigen Araber ganz natürlich war.

Man hat von wenig einsichtsvoller Seite oder aus Parteigründen
bei uns ebenso wie von seiten der Engländer den Ausbruch der nun
folgenden Wirren auf die Art der Durchführung des Vertrages und
auf das Verhalten der Beamten der Ostafrikanischen Gesellschaft zurück=
zuführen versucht. Das war zum Teil Thorheit oder zum Teil böser Wille.
Es kann allerdings nicht bestritten werden, daß das Vorgehen einzelner
Beamten nicht ganz richtig war. Es kam thatsächlich zu Übergriffen; um
einen solcher Fälle, der s. Z. viel Staub aufgewirbelt hat, zu erwähnen,
diene folgendes: Einer der Beamten war in der Nähe von Pangani mit
Einkauf von Lebensmitteln beschäftigt und berichtet über die Vorgänge
dabei selbst: „Einen der Kerle, der es zu toll trieb, lockte ich ins Zelt,
ließ ihn dort binden und knebeln, daß er nicht schreien konnte, und
schlug ihn windelweich, dann warf ich ihn zur Abkühlung ins Wasser.
Er schüttelte sich und lief davon." Das war von allen Gesichts=
punkten verwerflich und würdelos. Es muß auch gesagt werden,
daß sich die Beamten vielfach zu sehr auf den Rechtspunkt stellten,
so vertragsmäßig und entgegenkommend sie auch verfuhren.

Die Ostafrikanische Gesellschaft ging unter der trefflichen Leitung
ihres derzeitigen Generalvertreters, des Konsuls Vohsen, unverweilt an
die Durchführung des Vertrages. Zwei Hauptbedingungen waren aber
dabei nicht erfüllt, einmal fehlten, wie schon angedeutet, alle Machtmittel, um
den Anordnungen den notwendigen Nachdruck zu geben, Widerspenstige
zu bestrafen und unruhige Elemente einzuschüchtern; das Personal der
Gesellschaft reichte kaum aus, um überhaupt die Zollverwaltung auf der
langgestreckten Küste zu übernehmen, und zum zweiten mangelte eine
bedingungslos nachdrückliche Unterstützung von seiten der Reichs=
regierung. Man hatte geglaubt, dem erst angeführten Nachteil dadurch

begegnen zu können, daß man den Sultan zur Stellung von Streit=
kräften und Truppenabteilungen in den einzelnen Orten zwang. Allein
es war doch nicht anzunehmen, daß bei der thatsächlichen Machtlosig=
keit Said Khalifas eine nachhaltige Unterstützung zu erwarten war,
die irregulären Truppen, welche man zu diesen Zwecken beorderte,
setzten sich aus Arabern und Beduinen zusammen, äußerst unzuverlässige
Elemente. Said Khalifa war sich wohl selbst kaum der Tragweite
seiner Handlungsweise bewußt, er faßte die Angelegenheit als Groß=
kaufmann mehr vom kaufmännischen als vom politischen Standpunkt auf.
Man würde ihn bei sicherer Garantie eines hohen Gewinnes mutmaßlich
sogar zur Abtretung seines ganzen Sultanates haben bewegen können.

Als die Beamten der Ostafrikanischen Gesellschaft, gestützt auf je
zehn bis zwölf Sultanssoldaten, in den Küstenplätzen erschienen, die
Übergabe der Zollverwaltung verlangten und neben der Flagge des
Sultans die eigne hissen wollten, machte sich der allgemeine Unwille
sofort in Gewaltakten Luft.

Die Unruhen begannen in Pangani. Der Ort ist für die nörd=
lichen Gebiete bisher nächst Bagamojo der wichtigste gewesen. Seiner
Weiterentwickelung steht der Umstand entgegen, daß Pangani keinen
Hafen besitzt und Schiffe auf der ganz ungeschützten Reede vor Anker
gehen müssen. Es liegt am linken Ufer der Mündung des gleich=
namigen Flusses. Die Mündung des etwa 110—150 m breiten
Flusses wird durch ein querliegendes Korallenriff gesperrt, welches bei
niederem Wasser nur 1,₃ m unter der Oberfläche liegt. Es bedarf
umfassender kostspieliger Sprengarbeiten, um eine auch für größere
Schiffe passierbare Einfahrt herzustellen.

Die Stadt bietet vom Meere aus einen sehr hübschen Anblick.
An den zahlreichen schneeweißen, massiv aus Korallenkalk in arabischem
Muster, meist zweistöckig erbauten Häusern mit flachen Dächern, kann
man sofort das Überwiegen arabischer Elemente erkennen. Den Hinter=
grund der Stadt bildete ein weitgedehnter dichter Palmenwald, welcher
dem ganzen Bild ein tropisches Gepräge verleiht. Weiter stromauf=
wärts und den ganzen weiten Palmenwald bis zum Meere nordwärts an=
schließend, bildet ein ausgedehnter dichtbewachsener Mangrovensumpf,
Kokotoni genannt, den Abschluß und macht Pangani nicht gerade zu einem
klimatischen Luftkurort.

Schon dicht hinter Pangani beginnen anmutige Hügelreihen, welche den Fluß stromauf begleiten. Auf dem rechten Ufer gegenüber der Stadt liegt der kleine Ort Mbueni mit etwa 500 Hütten am Fuß eines zum Fluß und ostwärts zum Meer steil abfallenden Felsens. Landeinwärts reihen sich villenartig stattliche, aus Palmen und schattigen Baumgruppen hervorschimmernde, zahlreiche arabische Landhäuser inmitten äußerst üppiger Plantagen. Der Boden ist hier sehr fruchtbar. Die Berge vom Usambara und Tongwe schimmern aus blauer Ferne herüber.

Die Stadt Pangani ist wie alle ihre Schwestern an der Ostküste sehr unregelmäßig erbaut und war ehedem ebenso unreinlich wie jene. Die Straßen wetteiferten untereinander in Schmutz und Gestank, besonders in der während der Kämpfe niedergebrannten Negerstadt mit ihren zahlreichen strohbedeckten leichten Lehmhütten. In dem arabischen Viertel sind Araber, einige Inder und Belutschen, sowie mehrere griechische und Goakleinhändler ansässig. Dicht am Hafen finden wir das Zelthaus der Deutsch-ostafrikanischen Gesellschaft, dessen Vorhof mit schwarz-weiß-rot angepinselten Pfählen umhegt ist. Auf der östlichen Seite, wo sich früher ein zweites Negerviertel ausdehnte, springt schon von weitem ein ganz freiliegendes zweistöckiges Haus in die Augen, mit hohen Mauern und Bastionen umgeben. Es ist ein altes, sehr praktisch gebautes, zweistöckiges arabisches Haus, welches in das Fort der Stadt umgewandelt wurde und zwar meist mit Hilfe gefangener Aufrührer.

Auf der Höhe des der Stadt gegenüberliegenden Felsvorsprunges, Ras Muhesa genannt, von zwei Seiten von der tosenden Brandung umspült, liegt malerisch ein neuerbautes Fort, in welchem, von regelmäßigem Verkehr mit der Außenwelt abgeschlossen, die Besatzung, aus fünfundzwanzig Mann und einem weißen Offiziere bestehend, gezwungen ist, ein beschauliches Einsiedlerleben zu führen, trägt aber das stolze Bewußtsein in der Brust, mit den Kanonen die Mündung des Panganiflusses vollkommen zu beherrschen.

Pangani bildet den Ausgangspunkt für alle nach dem Massaigebiet ziehenden Karawanen. Es haben sich dort ganz eigenartige Verhältnisse ausgebildet, der Elfenbeinhandel nach dem Massailand ist bis jetzt immer noch ein sehr lohnender geblieben, und deshalb war es den dortigen Händlern, Negern und Arabern möglich, sich ziemlich unabhängig von Indern zu halten und eine große Selbständigkeit auch gegenüber Sansibar zu bewahren. An diesem Handel beteiligte sich die ganze Stadt und Umgebung, und große Freudenfeste wurden gefeiert, wenn alljährlich die Karawanen aus Massai zurückkehrten. Tagelang hallte die Stadt wider von den Freudenschüssen der auf der letzten Strecke immer den Panganifluß zum Transport benützenden Leute. Die Trinkgelage in Pangani wollten dann kein Ende nehmen, auf dem Wasser wurden in Booten Vergnügungen veranstaltet, nachts Feuerwerk abgebrannt und ein großer Teil des oft beträchtlichen Gewinnes in kürzester Zeit wieder verpraßt. Doch was kümmerte dies die leichtlebigen Panganineger, denn nur solche, niemals Araber, nahmen teil an den gefährlichen Handelszügen, auf denen alljährlich eine Menge ihr Leben lassen mußte. Die Neger hatten es bis in die neueste Zeit hinein verstanden, sich ein Art Handelsmonopol für die Massaigebiete aufrecht zu erhalten, indem sie die Gefahren und Anstrengungen solcher Reisen, welche allerdings bedeutende waren, ins ungeheuerliche übertrieben. Die Übertreibungen wurden um so eher geglaubt, als Massaihorden thatsächlich wiederholt bis zur Stadt Pangani raubend und plündernd vorgedrungen waren und überall namenlosen Schrecken verbreiteten. Araber wurden bei dem Versuche, selbst zu den Massai zu gehen, wiederholt derart mißhandelt, daß ihnen die Lust zu neuen Versuchen vollständig verging. Wahrscheinlich waren es die um ihr Monopol besorgten Neger, welche die Massai zu den Mißhandlungen veranlaßten.

Hier waren die Araber der Stadt die Kapitalisten und außerdem Großgrundbesitzer, welche aus ihren weitgedehnten, den Pangani entlang angelegten, sehr ertragreichen Schamba gute Rente zogen. Hier in Pangani hatten sie am tiefsten Wurzel gefaßt, konnten sie doch dort ihrer Lieblingsbeschäftigung, der Landwirtschaft, mit bestem Erfolge obliegen. Sie verwendeten dabei eine große Anzahl von Sklaven, welche sie, durch die Verhältnisse ungemein begünstigt, zu harter, anhaltender Arbeit zwingen konnten, derart aber, daß schließlich vor etwa fünfundzwanzig Jahren ein allgemeiner Sklavenaufstand ausbrach. Sicher ist derselbe aber auch darauf zurückzuführen, daß die Araber ihre Schuldner, handeltreibende Neger, welche infolge unvernünftiger Ver-

Pangani. Nach einer Originalphotographie.

schwendung nicht in der Lage waren, ihre Schulden abzutragen, zu Sklaven machten und zu Arbeiten in ihren Plantagen zwangen; allerdings stand ihnen ein Recht hierzu zu, allein in die Praxis lassen sich derartige Befugnisse nicht übertragen. Die Anzahl dieser zu Sklaven gemachten Schuldner wuchs in demselben Verhältnis, als es unter den schwarzen Elfenbeinhändlern Mode wurde, sich gegenseitig durch Festlichkeiten zu überbieten. Schließlich kam es zu einer Revolte dieser nunmehr zur Arbeit gezwungenen Schuldner und der gekauften Sklaven. Die rebellischen Sklaven entflohen und sammelten sich, um sich zur Wehr zu setzen. Die Araber vermochten die Leute nicht zur Rückkehr zu zwingen. Said Bargasch, unter dessen Regierung diese Vorgänge sich abspielten, war mit seinen Truppen ebensowenig im stande, Änderung zu schaffen. Er mußte den Sklaven sogar Zugeständnisse machen und wies ihnen bei Kikowa einen Platz zur Anlage eines Dorfes an, wo sich eine Art Negerrepublik bildete und ein stark befestigtes Dorf angelegt wurde, welches durch 3 m hohe Steinmauern mit in zwei Etagen angebrachten Schießscharten verteidigt wurde. Ecktürme flankierten ein gut befestigtes Thor. Es ist klar, daß ein solcher Ort der Herd fortwährender Zwistigkeiten zwischen den Arabern uud umliegenden Dörfern bildete, zumal immer neue Zuzüge von entlaufenen Sklaven dorthin stattfanden. Es bestand ein andauernder Kriegszustand zwischen diesen entlaufenen Sklaven und den Arabern und Umwohnern, wobei häufig Kämpfe stattfanden. Später verstanden es die Führer des Aufstandes, aus diesen Zuständen Kapital gegen die Deutschen zu schlagen.

In Pangani widersetzte sich der Wali, ein unangenehmer, zu Schikanen geneigter Araber der Hissung der Gesellschaftsflagge. Es war dies dort zu erwarten, denn in Pangani erkannte man nur ungern die Oberherrschaft von Sansibar an. Erst mit dem Erscheinen des deutschen Kriegsschiffes „Karola" konnte man die Hissung der Flagge und Anerkennung der Gesellschaft durchsetzen, nachdem der Wali entflohen war. Nun beging man die Unvorsichtigkeit, keine Mannschaften zum Schutze der Beamten zurückzulassen. Damit hatte man zu den vielen alten einen neuen Fehler gefügt. In Pangani glaubte man diesen Umstand als eine Schwäche erkennen zu müssen, denn kaum hatte die „Karola" die Reede von Pangani verlassen, so gewann die

Kriegspartei die Oberhand. Die Ermahnungen der reichen und vor=
nehmen Araber Said Hamadi und Suliman bin Nasr fruchteten nichts,
wenn schon alle begüterten arabischen Familien auf deren Seite standen.
Damals war es nur der Zwietracht der arabischen Bevölkerung zu
verdanken, daß das Leben der inzwischen in ihren Häusern ein=
geschlossenen deutschen Beamten geschont blieb. Konsul Vohsen gelang
es erst nach größerer Mühe durchzusetzen, daß der Sultan, seinen Ver=
pflichtungen gemäß, eine Abteilung seiner regulären Truppen dorthin
sandte unter dem General Mathews, der als Engländer in seinen
Diensten stand. Mathews vermochte nun zwar die deutschen Beamten
aus der aufgeregten Bevölkerung zu retten, aber seine Truppen er=
wiesen sich als in so hohem Grade demoralisiert, so daß er selbst in
Lebensgefahr durch die eignen Leute geriet. Die Aufständischen zwangen
ihn, am 23. September mit seinen Truppen Pangani zu verlassen.
Von da an behielt die Kriegspartei in Pangani die Oberhand, und
fortan trat der Araber Buschiri an die Spitze der Bewegung, wenn
auch im Anfang nicht in der ausgesprochenen Absicht, einen Aufstand
zu organisieren, so wurde er doch allmählich in diese Lage gedrängt.

Buschiri bin Salim war ein Mischlingsaraber und beinahe so
braun wie ein Neger. Seine kleine untersetzte Gestalt zeigte einen
muskulösen Körperbau. Das lebhafte, intelligente Gesicht umrahmte
ein langer weißer Bart und ließ ihn älter erscheinen, als er war,
er zählte bei seinem Tode angeblich 55 Jahre. In früheren Jahren
hatte er unter Said Madjid häufig Reisen ins Innere nach Tabora
unternommen, wo er in dessen Diensten gegen Mirambo in Unjanjembe
kämpfte und sich schon dort durch Tapferkeit und Mut auszeichnete.
Als Said Bargasch die Regierung antrat, wollte Buschiri den neuen
Sultan nie anerkennen. Er legte in der Gegend von Pangani
eine große Boma an und schlug alle Angriffe von Said Bargaschs
Truppen erfolgreich zurück, so daß er gewissermaßen als eine Art
unabhängiger kleiner Fürst angesehen wurde, bis Said Bargasch, des
ewigen Kampfes müde und vielleicht auch, weil er eine weitere Aus=
dehnung des Widerstandes fürchten mochte, Buschiri in Ruhe ließ.
Buschiri hatte inzwischen auch wegen eines alten Leidens, Elefantiasis
der Hände und Beine, seine frühere Beweglichkeit eingebüßt, so daß
sich schließlich ein leidliches Verhältnis zwischen ihm und dem Sultan

von Sansibar herausbildete. Die Elefantiasis ist eine in Afrika weit verbreitete Hautkrankheit, welche in einer übermäßigen Wucherung der Bindegewebe der Haut besteht, an sich zwar nicht schmerzhaft sein soll, aber um so lästiger. Dieselbe ergreift meist nur die unteren Extremitäten und beim Manne das Skrotum, welches bis zu doppelter Kopfgröße anschwellen und dann durch das Gewicht allerdings schmerzhaft werden kann. Selten dagegen sieht man diese Krankheit an den Armen und Händen auftreten. Auch Said Bargasch litt daran. Der Name der Krankheit rührt daher, daß die Beine infolge des Wucherns des Gewebes manchmal so dick werden, daß sie die Füße fast verschwinden lassen und dann die Beine wirklich an Elefantenbeine erinnern. Europäer werden nie von Elefantiasis befallen. Bei Buschiri scheint in letzter Zeit einige Besserung eingetreten zu sein, doch litt er bis zu seinem Tode daran.

Buschiri war in Ostafrika längst vor Ausbruch des Aufstandes bekannt und eine populäre Persönlichkeit. Dies erklärt auch zum Teil die Größe seiner Gefolgschaft und die Schnelligkeit, mit welcher er dieselbe um sich scharte.

Zu jener Zeit hatte die deutsche Plantagengesellschaft in Lewa, landeinwärts von Pangani, eine große Tabaksplantage angelegt, auf welcher in letzter Zeit 600 Neger gegen Lohn arbeiteten. Die Ernte des anscheinend sehr gut geratenen Tabaks war zum Teil schon eingebracht, zum Teil wurde neuer ausgepflanzt, und man hatte die Unruhen in Pangani als beigelegt ansehen zu können geglaubt, als plötzlich die Beamten in Lewa wiederholt von Aufrührern angegriffen wurden. Es gelang aber, die Angreifer zurückzuschlagen und sich nach Pangani zu retten.

Man hat im Anfang die Bedeutung der Bewegung von seiten der Reichsregierung sehr unterschätzt und nicht von vornherein genügend durchschlagende Mittel aufgeboten, um die Unruhen niederzukämpfen. Die an der Küste lebenden Europäer und Beamten der Ostafrikanischen Gesellschaft erkannten jedoch gleich das Gefährliche der Lage und wandten sich sofort an den diplomatischen Vertreter des Reiches in Sansibar, um der schmachvollen Situation ein Ende zu machen. Die Deutschen wurden allgemein verhöhnt und verspottet, da sie gar keine Maßnahmen trafen, den unleidlich gewordenen Zuständen ein Ende zu bereiten, und dies alles im Angesicht ihrer Marine. Am meisten kam diese Stimmung in Sansibar zum Ausdruck. Dr. Hans Meyer berührte, kurz nachdem die Unruhen ausgebrochen waren, Sansibar. Schon damals konnte er schreiben: „Auf den Straßen machten die Neger mit offener Absichtlichkeit viel mehr Lärm als vordem. Keinem fiel es mehr ein, dem begegnenden Europäer auszuweichen oder ihm ein begrüßendes Jambo entgegenzurufen, und that er es doch, so geschah es in spöttischem Ton, worauf gewöhnlich noch, falls in dem Europäer ein Deutscher vermutet wurde, eine höhnische Bemerkung folgte. Es lag ein Zug von Unverschämtheit und Geringschätzung im Wesen der Neger, der ihnen früher fremd gewesen." Im Auftrage aller Deutschen verfügte nun, um diesem schmachvollen Zustande ein Ende zu bereiten, eine Deputation von drei Herren sich zu dem derzeitigen Generalkonsul in Sansibar, um ein energisches Eingreifen der Marine herbeizuführen, welches unbegreiflicherweise nicht stattfinden wollte, und zu diesem Zwecke sollte der Generalkonsul veranlaßt werden, an den deutschen Kaiser zu telegraphieren, und als er dies ablehnte, bat die Deputation um die Erlaubnis, selbst zu telegraphieren, worauf er dieselbe aufs bringendste ersuchte, dies nicht zu thun, um nicht seine Pläne zu kreuzen. So kam es, daß die anfänglichen Unruhen bald in hellen Aufruhr übergingen und einen ernsten Charakter zuerst in Bagamojo annahmen.

Bagamojo liegt auf einem sanft ansteigenden niederen Rücken, unmittelbar am Meeresufer. Gegen Süden und Osten ist die offene Reede durch eine vorspringende Landzunge meerwärts geschützt, welche den Schiffen einen ziemlich guten Schutz gewährt. Es können aber wegen des niederen Wassers nur Schiffe von geringem Tiefgang näher herangehen, andre müssen weit draußen im Meere ankern. Die arabischen Dau laufen mit der Flut so nahe wie möglich an die Stadt heran und lassen sich bei Ebbe trocken fallen, um dann vom Ufer aus in bequemster Weise entladen zu werden. Seiner für den Dauverkehr so ungemein günstigen Reede und dem Umstande, daß Bagamojo Sansibar am nächsten von allen Küstenorten liegt und ebenso gut bei Südwest- wie bei Nordwestmonsun angelaufen werden kann, hat dieser Platz seinen hohen Aufschwung zu verdanken, und schwer nur wird es möglich sein, den Verkehr nach einem der guten Häfen von Sansibar hinzulenken. Der Name der Stadt Bagamojo bedeutet „die Herzberuhigende", von dem Kisuaheliworte kubaga = beruhigen, besänftigen und mojo Herz, und zwar weil, wie die Eingeborenen sagen, sich das Herz beruhige, wenn den aus dem Innern zur Küste nieder= steigenden Karawanen der Anblick der Stadt und des Meeres das Ende der Anstrengungen und Gefahren der Reise verkünde. Bagamojo bietet vom Meeee aus einen wenig malerischen Anblick. Zwischen Palmenhainen und Mangobäumen leuchten die ganz aus Korallenkalk erbauten Häuser hervor, mit Kalk schneeweiß getüncht, in arabischer Bauart mit flachem Dache errichtet; wie große, bunt durcheinander geworfene Häuservierecke. Bei Ebbe läuft der Strand weit hinaus trocken und wimmelt dann von Negern aus dem Innern, welche sich dort waschen. In nicht gerade angenehmer Weise hinterlassen sie Spuren ihres Besuches, welche die auflaufende Flut hinwegspült.

Die auf der Seite liegenden und durch einige Streben vor dem Umfallen geschützten arabischen Dau werden unter Lärm und ein= tönigem Gesang von Schwarzen entladen, auf der Reede weit draußen liegen vielleicht einige Dampfer, und allenthalben herrscht reges Leben; auch im Innern der Stadt, welche von Wanjamuesi und Wasuaheli wimmelt, Inder eilen geschäftig umher, die Araber gebärden sich, als seien sie noch vollkommen die Herren der Situation. Bagamojo besteht eigentlich nur aus einer langen Hauptstraße, welche sich in zahlreichen Krümmungen, dem Ufer in Entfernung einiger hundert Meter folgend, hinzieht. Die Häuser sind mit erhabener Verachtung jedweder Bau= flucht hingestellt. Zahlreiche Neben= und Seitengäßchen führen all= mählich in die Negerviertel und zuletzt in die Schamba. Alte Straßen werden von den Eingeborenen als Müllabladeplätze angesehen, wie die überall umherliegenden Kokosnuß= und Orangenschalen, sowie Schmutz aller Art beweisen. Manchmal sind dieselben kaum passierbar, zumal wenn der Regen den Boden aufgeweicht hat und stellenweise Wassertümpel zurückließ. Knochen sind dagegen nirgends sichtbar, dafür sorgen die zahlreichen gelben, kleinen Köter mit dem spitzen Fuchs= gesicht und =Ohren. Wie überall im Orient üben sie auch hier eine Art Sanitätspolizei aus, eine Beschäftigung, die, nach ihrem mageren Zustande zu urteilen, wenig einträglich sein kann. Hier und da scheinen sie sich bitter darüber zu beklagen, denn so kann man fast ihr

vielstimmiges Geheul auffassen, welches die armen Kreaturen zuweilen
ausstoßen. Vielleicht auch drücken sie damit ihr Bedauern aus, daß
ihnen das Bellen versagt ist, Laute, die man übrigens von europäischen,
nach Afrika gebrachten Hunden auch seltener ausstoßen hört, wie bei
uns. Solche Hunde sieht man jetzt in allen Größen und Rassen
häufig an der Ostküste. Die einheimischen Hunde haben einen eben=
solchen Respekt vor ihnen, wie die Eingeborenen, und man muß den
sprachlosen Schreck und die namenlose Angst gesehen haben, welche
einen Schwarzen befällt, wenn er sich zum erstenmal einer Ulmer
Dogge gegenübersieht, um das Komische einer solchen Situation ganz
zu begreifen. Ihre Angst könnte nicht größer sein bei dem uner=
warteten Anblick eines Löwen in der Wildnis. Man braucht übrigens
gar nicht so weit zu suchen, um dicht bei Bagamojo auf den König
der Tiere zu stoßen, und verhältnismäßig häufig hört man von Raub=
anfällen dieser großen Katze. Bagamojo war noch bis 1870 ein kaum
genannter kleiner Ort, nur einige wenige Steinhäuser waren errichtet.
Erst als Said Bargasch den Thron bestiegen hatte und das bis dahin
von Said Madjid bevorzugte Dar es Salaam gänzlich verödet liegen
gelassen worden, datiert der Aufschwung Bagamojos, dessen Einwohner
man Anfang der achtziger Jahre auf 10 000 schätzte. Jetzt in aller
jüngster Zeit ist es in mächtigem Aufblühen begriffen und dürfte nach
den jüngsten Schätzungen 15 000 Einwohner zählen. Bagamojo macht
jetzt, als Phönix aus der Asche entstanden, einen ganz andern Ein=
druck. Die frühere Unreinlichkeit ist jetzt verpönt. Die Beamten
sehen auf strengste Reinlichkeit, und auch die Anlage der Stadt wird
beaufsichtigt, in schnurgerader Flucht werden die Straßen angelegt.
Besonders die Neger haben an diesen geraden Wegen eine geradezu
kindische Freude, vor allem die Träger aus dem Innern. Diese sind
nun nicht mehr wie früher in so hohem Grade von den Indern ab=
hängig in bezug auf ihre Unterkunft. Dieselben zwangen die Träger
früher, in scheunenartigen Gebäuden zu wohnen, gaben ihnen täglich
je 1 Pesa für Unterhalt, und damit waren die Leute verpflichtet, in
ihre Dienste zu treten. Jetzt können sie nach Gefallen in der
neuerbauten großen Karawanserai der Ostafrikanischen Gesellschaft
Unterkommen finden für täglich 1 Pesa Entschädigung. Diese Kara=
wanseraien finden viel Anklang bei den Trägern, und dies spricht un=

gemein für die Güte und Zweckmäßigkeit der Einrichtung, denn der Wilde aus dem Innern entschließt sich nur sehr schwer zur Benutzung neuer Einrichtungen, so schwer wie unsre konservativsten Bauern. Die Ostafrikanische Gesellschaft hofft auf einen jährlichen Nutzen von 10 000 Rupien aus der Karawanserai.

Die Träger sind immer zu monatelangem Aufenthalt an der Küste gezwungen und verdienen unterdessen ihrem Unterhalt durch Feldarbeit, Holz=, Wasser= und Steinetragen.

An großen Gebäuden finden wir in Bagamojo noch einen Hindu=tempel und eine Moschee. Das frühere Gouvernementsgebäude ist jetzt in ein sehr festes Fort verwandelt, welches den dortigen Ansprüchen vollkommen genügt. Die Ostafrikanische Gesellschaft hat ihr schönes in Europa konstruiertes Haus an die deutsche Regierung gegen einen ansehnlichen Preis vermietet.

In der nächsten Umgebung Bagamojos haben die Neger ihre zahlreichen Giebelhäuser errichtet, aus Stangen und Rutenfachwerk, mit Kokospalmblättern eingedeckt. In der Schamba stehen die Hütten vereinzelt, wie auch arabische Steinhäuser, von Kokospalmen und riesigen Mangobäumen umrauscht und beschattet, inmitten grüner und üppiger Felder, Bananenpflanzungen, Ananasgärten und Zuckerrohr=dickichten.

Nach Nordwesten liegt die berühmte französische Missionsstation „de la congrégation du saint Esprit et du saint coeur de Marie". Ein schloßähnliches Gebäude bildet die Wohnung der Missionäre, ein ähnliches dient den Ordensschwestern zum Aufenthalt. Für die Zöglinge sind eine Menge guter luftiger Wohnungen errichtet. Schreinerei, Schlosser=, Schuster= und Schneiderwerkstätten, sogar eine Buchdruckerei findet sich vor. Was dem dortigen Boden mit Hilfe des heißen Klimas abgerungen werden konnte, ist in reichster Fülle vorhanden. Die ganze Anlage in ihrer Schönheit und weiten Aus=dehnung bietet geradezu eine Sehenswürdigkeit. Die Gastlichkeit, Barmherzigkeit und Liebenswürdigkeit der dortigen geistlichen Herren und der Schwestern ist berühmt. Mehr wie ein Europäer hat der liebevollen uneigennützigen Pflege der Ordensbrüder das Leben zu verdanken, und unzählige haben die weitgehendste Gastfreundschaft dort genossen. Die Mission wurde schon 1869 gegründet und hatte mit

ungeheuren Schwierigkeiten zu kämpfen, besonders mit dem Wider=
willen der schwarzen und arabischen Bevölkerung, Grundbesitz an die
Mission abzutreten. Die Missionäre haben es aber allmählich ver=
standen, sich immer festere Position zu schaffen, und erfreuten sich
immer größerer Zuneigung. Ihr Verhalten sollte während des Auf=
standes den schönsten Lohn ernten, indem die Aufrührer das ganze
Anwesen aus Achtung gegen die Missionäre immer freiwillig als
neutralen Boden betrachteten. Jetzt dürfte die Zeit der rechten Blüte
dieser schönen Anstalt gekommen sein.

In Bagamojo erschien am 16. August 1877 Konsul Vohsen, um
dort die Verwaltung zu übernehmen und die Gesellschaftsflagge zu hissen.
Der Wali von Bagamojo machte auch hier Schwierigkeiten. Konsul
Vohsen wollte aber dem im übrigen wohlgesinnten Beamten nicht
gleich von vornherein schroff gegenübertreten und rief infolgedessen
die Vermittelung des Sultans an. Das unentschlossene Verhalten des=
selben veranlaßte die Absendung eines deutsches Kriegsschiffes, doch
wurde glücklicherweise noch alles friedlich beigelegt.

Am 21. August erschien Konsul Vohsen zum zweitenmal, verlas
öffentlich den die Verwaltung betreffenden neuen Erlaß unter dem
Schutze der Sultansoldaten. Die Situation war eine ziemlich unge=
mütliche, denn eine aufgeregte bewaffnete Bevölkerung umgab den Platz
und nahm eine drohende Haltung an, als der Wali die Sultansflagge
herunter holte, die Flagge der Gesellschaft hoch ging und darauf auch
die des Sultan wieder. Die Ereignisse nahmen nunmehr einen ruhigen
Verlauf, die Zollerhebung fand durch deutsche Beamte statt. Da
brachen am 8. September in Tanga ebenfalls Unruhen aus. Die
deutschen Beamten wurden gefangen gehalten. Die „Möwe", welche von
diesen Vorgängen keine Ahnung hatte, ging am Abend des 7. September
bei Tanga vor Anker und schickte eine Jolle an Land, um frisches
Fleisch zu kaufen. Als das Boot ungefähr 50 m vom Land entfernt
war, wurde es plötzlich von dort aus beschossen. Nur der Dunkel=
heit war es zu danken, daß niemand getroffen wurde. An Bord
wurde alles klar zum Gefecht gemacht und am Morgen ein Kutter
armiert. Als derselbe 200 m vom Lande war, wurde er heftig be=
schossen. Der Strand war jedoch mit den Revolverkanonen und den
Geschützen von Bord aus schnell gesäubert. Die beiden deutschen

Dorf von Bagamojo. Nach einer Originalphotographie.

Beamten hatten inzwischen die Verwirrung, welche einige platzende Granaten anrichteten, zur Flucht benutzt und wurden von dem nunmehr an ·Bord zurückkehrenden Kutter aufgenommen. Dann wurde nochmals eine Jolle armiert, und mit 60 Mann ging's an Land. Die sehr gedeckt stehenden Schwarzen wurden aus allen Stellungen vertrieben. Leider hatten drei Matrosen ziemlich schwere Verwundungen erlitten. Der Wali konnte nicht ergriffen werden. Nachdem die „Möwe" die beiden Beamten nach Sansibar gebracht hatte, erhielt das Schiff die Ordre, den Wali von Tanga unter allen Umständen festzunehmen, und fand, dorthin zurückgekehrt, die „Leipzig" und „Sophie" schon dort. Es wurde nunmehr ein Landungsmanöver befohlen. Nachts 11½ Uhr fuhr ein Boot zur „Leipzig" hinüber, wo bereits zwei von der „Sophie" eingetroffen waren, mit noch drei Booten der „Leipzig", also im ganzen sechs Booten und 150 Mann ging es nach dem Land zu. Die Riemen waren umwickelt, Blendlaternen klar gestellt, Pechkränze und Handschellen bereit. Es herrschte tiefste Finsternis, kein Laut wurde vernehmbar außer dem leisen Plätschern der Wellen. Alles war in gespanntester Erwartung. Endlich langte die Expedition nach ³/₄ stündigem Rudern bei dem Dorfe an, und lautlos ging die Ausschiffung vor sich. In drei Abteilungen gingen die Angreifer gegen das schlafende Dorf vor. Das Haus des Wali wurde umstellt und Einlaß begehrt. Eine bewaffnete Gestalt, welche von der hinteren Seite aus entfliehen wollte und auf den Anruf nicht stand, wurde niedergestreckt. Die in die Wohnung Eindringenden fanden jedoch das Nest leer. Außer den beiden im Harem versteckten Frauen und drei kleinen Kindern fand sich niemand. Dieselben wurden natürlich unbehelligt gelassen. Nur der Pförtner, welcher die Thür geöffnet hatte, wurde mitgenommen, und so verlief das Unternehmen resultatlos, worauf die Schiffe nach Sansibar zurückkehrten. Inzwischen hatten die früher erwähnten Vorgänge in Pangani gespielt, welche mit dem durch die Rebellen erzwungenen Abzuge des Generals Mathews endeten. Man schien in Sansibar die Absicht gehabt zu haben, gegen den nunmehr in Aktion getretenen Buschiri vorzugehen. Es wurden aus den verschiedenen Schiffen starke Landungsabteilungen formiert von zusammen 700 Mann, sogar wiederholte Landungsmanöver dort ausgeführt, als plötzlich aus unersichtlichen Gründen Gegenbefehl erteilt wurde, so daß die Sache unterblieb. Eine folgenschwere Unterlassung. Man fürchtete damals, jedoch allgemein mit Unrecht, den Ausbruch eines fanatischen Religions= krieges. Die Ereignisse im Sudan übten, so glaubte man, allmählich ihre Wirkung auch auf die übrigen Teile Afrikas aus, und Kreuz und Halbmond rüsteten sich zu einem letzten Entscheidungskampf. Für Kenner bestanden jedoch derartige Befürchtungen nicht; einmal war die arabische Welt Ostafrikas in Religionssachen viel zu gleichgültig, und dann hatte sich der ganzen mohammedanischen Welt seit einiger Zeit eine große Niedergeschlagenheit bemächtigt. Das ewige Kismêt wollte, daß in diesen Zeitläufen, so hieß es, die Giaur, die Ungläubigen, siegen sollten. Dennoch wuchs die Aufregung an der ganzen Küste von Tag zu Tag über alles Maß, ohne daß irgend welches Einverständnis unter den Leuten bestand. Die unsinnigsten Nachrichten wurden verbreitet. Die Deutschen beabsichtigten, alle, selbst die geringfügigsten Strafen in Deutschland verbüßen zu lassen. Dem Sultan hinterbrachte man lächerliche Märchen von angeblichen Mißhandlungen seiner Beamten bei Gelegenheit der Flaggenhissung, und da er selbst wenig guten Willen zeigte, für seinen Teil zur Beruhigung der Küste beizutragen, und die Bevölkerung dies bald herausfühlte, so wurde sie in ihrem Widerstande nur noch mehr bestärkt. Unbegreiflicherweise geschah aber von seiten der deutschen Regierung immer noch nicht das mindeste, dem schmachvollen Zustande durch energische Maßregeln ein Ende zu bereiten. Die Ostafrikanische Gesellschaft war mit ihren unzuläng= lichen Mitteln ganz außer stande hierzu. So konnte es kommen, daß der längst gefürchtete ernstliche Zusammenstoß stattfand, und zwar in Bagamojo.

Am 22. September bestand die Befürchtung vor einer bewaffneten Erhebung, da der Wali am Morgen dieses Tages die Beamten der Gesellschaft aufforderte, sich schleunigst in das Gesellschafts= haus zu begeben, da er nicht mehr im stande sei, seine Autorität aufrecht zu erhalten. Unglücklicherweise hatte sich an diesem Tage der Vorsteher der Station, Herr von Gravenreuth, und der Admiral Deinhard, dessen Schiff „Leipzig“ vor Bagamojo lag, nach dem Kingani auf Flußpferdjagd begeben. Die Deutschen in Bagamojo, von einigen Arabern und nur zwölf schnell bewaffneten Askari unter= stützt, bereiteten sich auf einen Angriff vor. Bald füllte sich die Stadt

mit Bewaffneten, welche sich auch in großer Zahl vor dem Gesell=
schaftshause sammelten, aber aus Furcht vor den drohend auf sie ge=
richteten Revolverkanonen einen Angriff nicht wagten. Als aber die
Anführer sich in der unverkennbaren Absicht, das Boot der Gesellschaft
zu zerstören, dem Strande näherten, eilte Herr Velke mit zwei Askari,
welche sich unter beständigem Feuer in die Gebüsche zurückzogen, an
den Strand und vertrieb die Rebellen. Die Führer derselben waren
der Jumba Jimbo Mbili und Mavara, zwei tief verschuldete und
übelbeleumundete Subjekte, welche, dem Trunke ergeben, nichts zu ver=
lieren, aber alles zu gewinnen hatten. Diese ließen nunmehr ein
heftiges Feuer auf das Stationsgebäude eröffnen. Die Angreifer,
welche gut gedeckte Positionen inne hatten, wurden nunmehr mit
Granaten beworfen und zu gleicher Zeit nach der auf der Reede
liegenden „Leipzig“ Notsignale gegeben. Wahrscheinlich würden dieselben
unter gewöhnlichen Umständen keinen Erfolg gehabt haben, da der strenge
Befehl erteilt worden war, keine Truppen mehr zu landen, um nicht
eine Wiederholung der Vorgänge in Tanga herbeizuführen. Da aber
der Admiral Deinhard am Kingani auf der Jagd war, so entstand die
durchaus berechtigte Befürchtung, daß dieser bei den nun ausgebrochenen
Feindseligkeiten den Rebellen in die Hände fallen könnte. Nun war
die Marine zum Eingriff gezwungen und von diesem Tage an datiert
erst ein Umschwung in der Art des Vorgehens der Reichsregierung.
Die „Leipzig“ sandte sofort Truppen an das Land, doch hatten die
Herren der Ostafrikanischen Gesellschaft die Rebellen schon vertrieben,
so daß die Marine nichts mehr zu thun fand, als die Rebellen mit
Hurra weit über die französische Mission zurückzutreiben. Gegen
fünf Uhr zog sich die Marine auf die „Leipzig“ zurück und ließ eine
Abteilung von dreißig Mann unter Führung eines Offiziers in Ba=
gamojo zurück. Am nächsten Tage wurden durch die Sultansoldaten
des Wali, etwa hundert Tote, größtenteils Eingeborene, darunter aber
auch einige Araber sowie einige Soldaten des Sultans, welche gegen
die Deutschen gefochten hatten, beerdigt.

Admiral Deinhard hatte inzwischen thatsächlich in der Gefahr ge=
schwebt, von den Rebellen gefangen genommen zu werden. Seine
Rettung verdankte er dem Araber Said Magram, der den Herren eine
Warnung hatte zugehen lassen. Der Admiral, Herr v. Gravenreuth und

der Marinepfarrer Wangemann waren mit zwei Booten und einigen Matrosen in die Kinganimündung hineingefahren. Der Admiral hatte zwei Nilpferde geschossen, deren eines man auch habhaft wurde und mit einem Tau festband, als Ebbe eintrat, die Boote trocken liefen und natürlich nicht weiter konnten. Während dieser Zeit erschienen die aus Bagamojo vertriebenen Aufständischen am Ufer und würden die Insassen wohl überlistet und zum Landen bestimmt haben, wenn ihnen nicht die Warnung zugegangen wäre. Erst am Abend mit auflaufender Ebbe konnten die in höchster Gefahr Schwebenden an Bord anlangen. v. Gravenreuth, welcher nach Bagamojo zurückgekehrt war, schritt nun zum Angriff. Am 25. September zog er mit vier Herren und zwei Kanonen, etwa dreißig Sultansoldaten, fünfundzwanzig schwarzen Bediensteten und dreißig Sklaven des Arabers Said Magram aus und stürmte ein wohlverschanztes Dorf, nahm den vom Feinde besetzten Übergang an einem kleinen Bache und ging zur Kinganifähre vor, wo die Flagge des Sultans allein wehte. Die Soldaten waren zum Teil ermordet, zum Teil entflohen. Dann wurde die Schamba eines Arabers am Kingani besetzt, worauf die Truppen nach Bagamojo zurückkehrten, wo sie mit Jubel empfangen wurden.

Daß der Aufstand trotz dieser Ereignisse weiter um sich griff, glaubte man dem Umstande zuschreiben zu müssen, daß von Windi aus immer wieder Munition verteilt wurde. Der Ort wurde in Brand geschossen, und zahlreiche Explosionen schienen die Richtigkeit dieser Annahme zu bestätigen.

Ein merkwürdiger Zufall war es, daß an demselben Tage, an welchem die Unruhen in den nördlichen Küstenplätzen ausbrachen, die Bewegung in dem südlichen Teil Deutsch=Ostafrikas ihren Anfang nahm, und zwar in Kilwa Lindi und Mikindani. Hier kam es gleich von Anfang zu einem förmlichen Kriege. Alle genannten Plätze waren von jeher berüchtigt als Sklavenexportplätze. Die dort angesiedelten Araber erkannten sofort, daß mit dem Erscheinen der Deutschen ihrem ertragsreichen Sklavenhandel ein Ende bereitet werde, und da sie sich selbst zum Widerstand zu schwach fühlen mochten, so ist es nicht ausgeschlossen, daß sie die Wajao, einen großen und kriegerischen Stamm, aufstachelten, gegen die Deutschen zu kämpfen. Erwiesen ist diese An=nahme jedoch nicht. Es ist ebenso möglich, daß die Wajao durch die zu jener Zeit gegen die Engländer kämpfenden Araber des Nyaffasees zu einem Vorstoß gegen die Küste bestimmt wurden, als sie auf eignen Antrieb dorthin zogen, um von den Arabern Tribut zu erpressen, wie dies fast alljährlich stattfand. Bei solchen Gelegenheiten begnügten sich die Wajao mit verhältnismäßig geringen Summen an Tausch= waren, Geld, Waffen und Munition und zogen dann wieder ab. Es ist daher das wahrscheinlichste, wenn wir annehmen, daß bei Gelegen= heit des Erscheinens jener Wajao, welches zufällig zur Zeit der Über= nahme der Küstenverwaltung durch die Ostafrikanische Gesellschaft statt= fand, die Araber diese Wilden zum Angriff auf die Deutschen ver= anlaßten, indem sie ihnen große Beute in Aussicht stellten. Schon am 20. September zeigten sich dieselben vor Mikindani. Die gut= gesinnten Araber bestürmten den Bezirkschef v. Bülow, die Flucht zu ergreifen, da er sich unmöglich schützen könne, ebensowenig wie die Araber, denn keiner ihrer Leute werde gegen die Wilden kämpfen. v. Bülow wollte anfangs von Flucht nichts wissen, als aber am 23. September Tausende von Wajao erschienen, bestiegen die Herren schleunigst eine Dau und wurden, noch während das Schiff vor Anker lag und im Anfang der Fahrt, zwei Stunden lang beschossen. Doch nur vier Kugeln schlugen in das Fahrzeug ein. Die Herren wandten sich nach Lindi in der Absicht, die dortigen Deutschen aufzunehmen, entkamen aber dort nur mit knapper Not der Gefangennahme. In Kilwa Kiwinja verbrachten sie die Nacht auf offener Reede, wurden dann von einem englischen Kriegsschiffe und später von der „Möwe" aufgenommen, welche sie nach Sansibar brachte.

In Lindi lagen die Verhältnisse für den Chef v. Eberstein von Anfang an sehr schwierig. Der Ort war von alters her ein be= rüchtigter Sklavenmarkt, um den Sultan von Sansibar hatte man sich nie viel bekümmert. Die Araber versuchten daher beim Erscheinen der Wajao, der Deutschen durch Verrat habhaft zu werden. Sie traten mit Kasseguro, einem Häuptling der Wajao, in Verbindung, er solle die Station überfallen. Die deutschen Beamten fühlten sich beim Er= scheinen der Wilden anfangs ganz sicher, da es den Anschein hatte, als wollten diese, wie schon so oft, die Araber brandschatzen. Die Be= völkerung rüstete sich ebenfalls zum Widerstand. Der Akida weigerte sich aber aus hundert Gründen, der Aufforderung v. Ebersteins nachzu=

kommen, die Wajao anzugreifen. v. Eberstein glaubte dies Verhalten
als Feigheit auslegen zu müssen und erklärte nunmehr selbst, mit
seiner Truppe ins Gefecht gehen zu wollen. Der Akida nahm dies
mit großer Freude an und erklärte sich nun auch mit seinen Leuten
bereit. Zum Glück erfuhren die Deutschen durch den Inder Ratani
Frienda, daß Verrat geplant sei, indem sie im Falle eines Kampfes
von den Arabern und ihren eignen Sultanssoldaten ermordet werden
sollten. Der Akide aber machte dem Wajaohäuptling im geheimen die
heftigsten Vorwürfe, daß er nur mit 150 Mann erschienen sei. Er
beabsichtigte nun, ein Scheingefecht mit ihm zu liefern, dann wolle er
in die Stadt fliehen und dorthin sollten ihm die Wilden folgen. Die
Wajao wagten dies aber nicht, wegen ihrer geringen Stärke, und so
begannen Verhandlungen mit den Beamten, um diese in Sicherheit zu
wiegen. Es wurde schließlich eine Summe vereinbart und auch aus=
gezahlt. Als der Friede geschlossen war, versuchte der Akida zum
zweitenmal Verrat zu üben. Der Araber Isar bin Senâm ver=
eitelte jedoch den Anschlag, und es gelang den Beamten und Ratani
Frienda, dessen Auslieferung die Wajao verlangt hatten, auf einem
kleinen Boote zu entfliehen. Sie wurden dann auf dem Meer von
einer Dau aufgenommen und gelangten nach Sansibar.

Einen andern Ausgang nahm die Sache in Kiloa. Dort waren
die Beamten Krieger und Hessel hinkommandiert. Noch am 21. Sep=
tember schrieb Krieger an einen Verwandten, daß die Lage keineswegs
sicher sei, doch gäbe er die Hoffnung auf Wiederherstellung eines besseren
Verhältnisses mit den Arabern nicht auf. Schiache Hamis unterstütze ihn
aufs beste in seinen Bemühungen. Da erschienen am 23. September die
Wajao in der Zahl von mehreren Tausenden vor Kiloa. Die rebellischen
Araber gaben nun Krieger und Hessel eine Frist von 48 Stunden zum
Verlassen des Ortes. Aus Pflichtgefühl aber und im Vertrauen auf
die deutsche Marine weigerten sie sich, ihren Posten zu verlassen.
Darauf hielten die Rebellen eine große Beratung, Schauri, wie es dort
genannt wird, und sollen den beiden in einer Moschee den Tod geschworen
haben. Die Streitigkeiten zwischen dem Chef und den Arabern be=
gannen am 21. September schon als Einleitung der Feindseligkeiten.

In höchster Besorgnis zogen sich nun Krieger und Hessel in ihr
Haus zurück, sie hatten schon gleich alle Hoffnung auf Rettung auf=

gegeben, wenn nicht ein Kriegsschiff herbeieilte. Die Wajao er=
schienen in immer größerer Zahl und verlangten die Übergabe
der nunmehr in ihrem Hause eingeschlossenen Deutschen, welche un=
ausgesetzt beschossen wurden. Sie ließen Krieger und Hessel mitteilen,
daß die Küste von alters her den Wajao gehöre und daß sie auch
jetzt wieder Besitz davon ergreifen wollten. Krieger und Hessel ver=
teidigten sich mannhaft, vermochten aber der Übermacht gegenüber nichts
auszurichten und sahen stündlich ihren Tod vor Augen. Da erschien
mit einem Male ein deutsches Kriegsschiff, die „Möwe“. Neuer Mut
beseelte die Verzweifelten. Nun galt es, sich bemerkbar zu machen.
Dies war aber schwer, weil das von der Gesellschaft gemietete Haus
unter dem fortwährenden Feuer der Angreifer lag, so daß man nicht
zu dem Flaggenmaste, auf dem die Gesellschaftsflagge noch wehte, ge=
langen konnte. Die beiden setzten aber in froher Zuversicht auf Rettung
ihre Verteidigung fort, es gelang ihnen sogar schließlich, zu signalisieren,
was auch deutlich von der „Möwe“ aus beobachtet wurde. Die „Möwe“
mußte zudem, so glaubten die beiden, das fortgesetzte Schießen hören und
den Pulverdampf sehen und dann ohne Zweifel bald Boote landen lassen,
um die beiden zu retten. — Doch der ganze Tag verstrich, ohne daß die
„Möwe“ irgend welche Anstalten dazu treffen wollte. Mit Sonnen=
aufgang begann am nächsten Tage der Angriff der Belagerer aufs
neue, noch immer lag das deutsche Kriegsschiff unbegreiflicherweise
ruhig auf dem Wasser, nur hier und da Rauchwolken ausstoßend. Da
mit einem Male gab das Schiff Signale. Die Belagerten vermochten
jetzt aber nicht mehr dieselben zu erwidern, ohne sich der Gefahr aus=
zusetzen, bei dem wütenden Gewehrfeuer der Belagerer sich unfehlbarem
Tode zu überliefern. — Doch was war das, stieren Auges lugten
Krieger und Hessel aufs Meer, das Herz stand ihnen still, das Un=
glaubliche geschah; die „Möwe“ dampfte ab, ins Meer hinaus, ohne einen
Schuß gethan, ohne ein Boot gelandet, ohne auch nur irgend einen
Versuch zur Rettung gemacht zu haben. Jetzt galt es noch ein letztes
Wagnis. Krieger erstieg unter großer Anstrengung eine Kokospalme
im Hofe des Stationsgebäudes und nahm die Gesellschaftsflagge mit
hinauf, um von dort aus Signale zu geben. Von Kugeln durchbohrt
stürzte er herab. Nunmehr drangen die Angreifer in hellen Haufen
auf das Haus ein, und da Hessel keinen Ausweg, keine Rettung mehr

sah, erschoß er sich selbst, das einzige Mittel, um einem qualvollen Martertode zu entgehen. — Die Rebellen schnitten hierauf die Köpfe der beiden ab und steckten sie auf hohe Stangen.

Mit welchen Gefühlen mögen die beiden Unglücklichen aus dem Leben geschieden sein, welche Gedanken mögen ihre Brust durchwühlt haben, als sie das deutsche Kriegsschiff wieder abdampfen sahen, sie dem Verderben preisgebend.

Was hatte unsre Marine zu diesem unbegreiflichen Verhalten veranlaßt? Der Admiral des Geschwaders hatte die „Möwe" nach Kiloa beordert, aber dem interimistischen Befehlshaber die strengste Ordre erteilt, aufs Geratewohl kein Boot ans Land zu setzen, damit nicht etwa eine Wiederholung der in Tanga vorgefallenen Ereignisse provoziert würde. Diese Ordre hatte der Befehlshaber nicht zu überschreiten gewagt, trotzdem man vom Schiffe aus ganz gut bemerken konnte, daß die Deutschen in Kiloa in einer höchst bedrängten Lage sein müßten, und er recht wohl hätte verantworten können, nunmehr zu landen, denn niemand hätte sagen können, daß dies aufs Geratewohl geschehen sei. Der Admiral, ein sehr schneidiger energischer Seemann, war außer sich, als man ihm den Verlauf dieser Expediton meldete. Nach der Beschießung der Boote in Tanga wurde dagegen ein ganzes Geschwader nach Tanga beordert, um nächtlicherweile Boote zu landen, welche den Wali gefangen nehmen sollten. Hätte man den Befehl bei den Vor= gängen in Bagamojo ebenso wörtlich befolgt, so würde wohl ein deutscher Admiral in die Gefangenschaft der Aufrührer geraten sein.

Der deutsche Generalkonsul ließ einen Bericht nach Berlin abgehen, demzufolge der Strand bei Kiloa beim Einlaufen des Schiffes dicht mit Bewaffneten besetzt war. Die Stadt sei mit Eingeborenen gefüllt gewesen, im Orte selbst habe man viel geschossen. Da das Stations= haus der Ostafrikanischen Gesellschaft nicht am Ufer, sondern mitten unter den übrigen Häusern gelegen war, so konnte es vom Hafen aus nicht beobachtet werden. Es war nur zu erkennen, daß die Gesellschafts= flagge noch wehte. Der Kommandant des Schiffes wartete daher ab, bis die Angestellten der Gesellschaft in irgend einer Weise mit ihm in Verbindung treten würden, was ja auch versucht wurde. Dennoch zog es der Kommandant vor, nichts zu thun, um nicht den Wortlaut seiner Ordre zu überschreiten.

Nördlicher Eingang zu Kilwa.

Nach einer von Major v. Wißmann zur Verfügung gestellten Originalphotographie.

Als Kommentar zu jenen Vorfällen möge der Bericht eines Augenzeugen von der „Möwe" gelten. Die „Deutsche Kolonialzeitung" vom 24. November 1888 hat diesen Bericht auf Seite 380 veröffentlicht: „Kiloa .... Kurz darauf kam uns der Befehl, mit der ‚Möwe' nach Kiloa zu gehen, wo die Deutschen von den Arabern hart bedrängt wurden, wir bekamen aber gleichzeitig den Befehl, Feindseligkeiten nicht anzufangen. Als wir nach zwei Tagen Seereise dorthin kamen, wurde auf dem Lande geschossen, und wie wir durch die Gläser deut= lich wahrnehmen konnten, waren die Deutschen mit ihrem Gefolge eingeschlossen. Am nächsten Morgen ging das Schießen weiter, und wurden von uns Signale für die Deutschen gemacht, daß sie an Bord kommen sollten. Dieselben wurden nicht beantwortet und erfuhren wir zwei Tage später durch einen Neger, welcher zum Gefolge der Deutschen gehörte und nachts an Bord geschwommen kam, daß die Deutschen bei Abgabe von Signalen getötet seien."

Niemand wird danach behaupten können, daß derartige Vorkomm= nisse zur Erhöhung unsres Ansehens beigetragen haben. Zweifellos nahm der Aufstand als Folge solcher Maßregeln so große Dimensionen an, was für uns um so beschämender ist, als wir es doch eigentlich nur mit einer Handvoll arabischer Bauern und Schacherer zu thun hatten, welche an einem ungeheuer ausgedehnten Küstenstreifen verteilt waren, unterstützt von einer wankelmütigen schwarzen Bevölkerung, welche bei einem sofortigen thatkräftigen Auftreten unsrerseits nicht weiterhin gewagt haben würden, die Waffen gegen uns zu erheben.

In Sansibar leben höchstens 5000 Araber reiner Abstammung. Eine gleiche Anzahl mag sich an der Küste des ganzen ostafrikanischen Gebietes, soweit dasselbe von Arabern besiedelt ist, sowie im Innern bis zum Kongo aufhalten. Ein ganz geringer Bruchteil, höchstens ein Fünftel von diesen 5000, beteiligt sich persönlich an dem Handel im Innern. Größer ist allerdings die Zahl der Mischlinge; gering angenommen, dürften sie eine zehnmal so große Zahl darstellen. Der größte Teil dieser Mischlinge befindet sich im Innern. Wegen ihrer Schulden wagen sie sich nicht zur Küste zurück, und der weitaus größte Teil zieht den Aufenthalt im Innern vor, da diese Leute in Sansibar ge= sellschaftlich doch nicht für ganz voll angesehen werden und mancher Demütigung ausgesetzt sind. Diese Mischlinge konnten natürlich nicht an den Kämpfen teilnehmen. Die in Sansibar ansässigen Araber haben sich persönlich, mit Ausnahme einzelner, nicht an dem Aufstand beteiligt, ebensowenig ein großer Prozentsatz der an der Küste ansässigen, von denen ein Teil derselben sogar auf unsrer Seite stand. So hat die Zahl der aktiv feindlich eingreifenden Araber sicher 900 bis 1000 nicht überschritten. Dies hätte man von vorn herein nicht übersehen dürfen. Die Negerbevölkerung, welche sich zum Islam bekannte, stand allerdings zum größten Teil auf seiten der Araber, besonders die Jumbe oder Dorfvorsteher, deren Interessen in besonders hohem Grade mit denen der Araber gemeinsame waren. Die Araber verstanden es vortrefflich, diese Leute zu ihren Zwecken auszubeuten, und diese Jumbe mit ihrem Anhang waren es auch, welche die meisten Kämpfer gegen uns ins Feld führten und auf welche Buschiri seine Macht hauptsächlich stützte. Die heidnischen Stämme schlossen sich der Bewegung nur in Wahrung ihrer Sonderinteressen an, indem sie hofften, Beute zu machen, und würden ebensowohl gegen die Araber wie gegen uns gekämpft haben, je nachdem sie gute Aussichten auf der einen oder andern Seite gehabt hätten.

Der einzige Ort, welcher während aller bisherigen Kämpfe eine ruhige friedliche Oase in dem aufrührerischen Gebiete bildete, war Dar es Salaam. Nähert man sich vom Meere her diesem vortrefflichen Hafen, so bildet die Küste zunächst eine geschlossene Linie, und von einer Einfahrt ist nichts zu bemerken. Sehr gefährliche Korallenriffe liegen vor derselben. Da die Riffe aber jetzt alle mit Bojen gekennzeichnet sind, so können selbst die größten Schiffe durch die flußartige, gekrümmte Einfahrt in den vollkommen sicheren Hafen einlaufen, der einem größeren Binnensee gleich tief in das Land einschneidet. Schon von weitem leuchtet uns ein hoher weißer Obelisk entgegen, der mit einem schwarzen Kreuze gekrönt ist, dem Andenken des ertrunkenen Stabsarztes Dr. Schmelzkopf geweiht. Nicht allzugroße Dampfer können bis unmittelbar an das Land heran. Auf einer langen schmalen Landzunge, welche den Hafen vom Meere trennt, ist eine Missionsstation der evangelischen Missionsgesellschaft für Ostafrika errichtet. Ein herrliches Stückchen Erde. Von Kokospalmen und Mangobäumen beschattet erheben sich jetzt die schönen weißgetünchten Gebäude. Viel Not und Trübsal mußten die Gründer dieses herrlichen Anwesens durchmachen, ehe sie es wieder so weit brachten, die Mission in den jetzigen blühenden Zustand zu versetzen.

In großem Bogen nach Norden und Westen zieht sich die Strand=linie dahin und verläuft mit dem östlichen Ufer des inneren Hafens weit südwärts, wo sich derselbe allmählich in einem langgestreckten Mangrovensumpf verliert, mit Palmen und hohen dichtbelaubten Bäumen reich bestanden. Eine Menge Gebäude beleben die Szenerie, die uns an Ort und Stelle von der britischen Mission errichtete Kapelle, ein neuer Gasthof, das große Holzhaus der afrikanischen Ge=sellschaft, das Fort, ein hohes solid konstruiertes Gebäude, das deutsche Hospital, dann eine Reihe langgestreckter ruinenhafter Gebäude, an denen jetzt aber eifrig gearbeitet wird. Das Negerviertel bildet nach dem Meere zu gelegen einen dichten Haufen kleiner palmenbeschatteter Hütten. Über die Häuser und Palmenkronen schauen aus weiter Ferne Bergzüge hervor.

Dar es Salaam war bei Ausbruch des Aufstandes ein ganz kleiner unbedeutender Ort. Said Madjid, der Vorgänger und Bruder Said Bargaschs, hatte die Wichtigkeit des leicht zu verteidigenden Hafens wohl erkannt und den Plan gefaßt, dorthin allmählich seine Residenz von Sansibar zu verlegen. Diese Stadt schien ihm für den etwaigen Ausbruch von Feindseligkeiten mit Europäern gar zu unsicher. Er war dort allen Angriffen schutzlos preisgegeben. Er ließ einen ganz zweckmäßigen Plan für die Errichtung einer Stadt ausarbeiten, und auf hunderten von Daus wurden viele tausend Sklaven dorthin gebracht, um den Bau eines großen Palastes in Angriff zu nehmen. Doch die Arbeiten schritten bei der Gemütlichkeit der Araber nur sehr langsam fort, und als Madjid 1871 starb, waren von den vielen in Angriff genommenen Häusern nur zwei in der Nähe des Strandes fertig geworden. Es waren auch eine Menge indischer Häuser entstanden, die Inder verließen aber fast sämtliche die Stadt, da Dar es Salaam schnell in Trümmer sank, und auf den Marmorfliesen des Sultan=palastes hörte man die Ketten gefangener Sträflinge klirren. Englische Unternehmer hatten begonnen, von Dar es Salaam aus eine Straße nach dem Innern anzulegen. An achtzig Kilometer waren davon hergestellt, als man die Arbeiten wegen des zunehmenden Verfalls der Stadt im Stiche ließ.

Erst jetzt geht Dar es Salaam anscheinend einer glänzenden Zukunft entgegen, denn man hat es für gut befunden, den Sitz des deutschen Gouvernements dorthin zu verlegen, und Mitte April dieses Jahres hat der neu ernannte Gouverneur, Herr v. Soden, unter Kanonendonner seinen feierlichen Einzug in Dar es Salaam gehalten. Hoffentlich macht nun der Ort seinem Namen Dar es Salaam, „Hafen des Friedens", Ehre. Ob die Wahl trotz des vorzüglichen Hafens eine glückliche ist, muß die Zukunft lehren, denn Dar es Salaam ist leider sehr ungesund wegen der im Süden ausgebreiteten Sümpfe, deren Pesthauch vom Südwestmonsun über die nördlich gelegene Stadt geweht wird.

Dem damaligen Chef von Dar es Salaam, Leue, gelang es sehr bald, ein gutes Verhältnis mit den Eingeborenen herzustellen. Sein Charakter vereinte große Energie, Gerechtigkeit, Ruhe und Geduld, alles Eigenschaften, welche ihn wie für seinen Posten geschaffen erscheinen ließen. Er verstand es, ohne jemals Unwillen zu erregen, eine eiserne Zucht aufrecht zu erhalten und einen guten Handel mit den Produkten des Landes, Kautschuk, Orseille und Kopal, in Gang zu bringen. Elfenbein gelangte wenig nach Dar es Salaam, da es nicht Endpunkt der Karawanenstraßen aus dem Innern ist. Der friedliche Zustand sollte aber von nur kurzer Dauer bleiben. Die Aufrührer drangen auch dorthin und griffen die Station an. Es gelang aber Leue unter den schwierigsten Umständen, unterstützt von unsrer Marine, den Ort zu halten, so daß dieser wie auch Bagomojo die einzigen Plätze waren, welche niemals in die Hände der Rebellen gekommen waren. Zuerst war es der Jumbe von Dar es Salaam Schindo (der Schuß), welcher die Umgebung des Ortes unsicher machte. Derartige Vorkommnisse würden aber bald zu unterdrücken gewesen sein, wenn nicht die Beutegier und der Rachedurst der Araber durch die Unterbringung von 240 Sklaven in Dar es Salaam, welche durch die „Leipzig" aufgebracht worden waren, gereizt worden wäre.

Der Aufstand hatte schließlich allmählich derartige Dimensionen angenommen, daß er auch in Deutschland allgemeines Bedenken erregte. Man begann, wie auch im Auslande, die Ursachen mit größerem oder geringerem Rechte auf die Übel und Folgen der Sklaverei, des Sklavenhandels und der Sklavenjagden zurückzuführen,

als Ausfluß des Widerstandes, welchen die nach dieser Richtung
geschädigten Elemente den Europäern entgegensetzten. Schon längst
hatte der Kardinal Lavigerie, Erzbischof von Karthago, eine leb=
hafte Agitation gegen die Scheußlichkeiten des Sklavenhandels ein=
geleitet und die abenteuerlichsten Pläne ausgedacht. So beabsichtigte
er, einen echten und rechten Kreuzzug gegen die Araber Afrikas
zu eröffnen. Er hatte aber, wie vorauszusehen war, wenig
Glück mit dieser Idee, aber erreicht, daß die öffentliche Teil=
nahme für diese Sache wachgerufen wurde. Die damit verbundene
Erregung benutzte Fürst Bismarck sehr geschickt als Ansatz für einen
Hebel zu Maßregeln zur Bekämpfung des Aufstandes. Es gelang ihm
thatsächlich, mit England und Portugal ein Abkommen über eine Blockade
der afrikanischen Küste zu vereinbaren. Dadurch sollte einerseits die
Sklavenausfuhr und demgemäß die Zufuhr menschlicher Handelsware
vermindert oder ganz aufgehoben, anderseits eine Verhinderung der
Einfuhr von Waffen und Munitionsvorräten herbeigeführt werden.
Eine eigentümliche Rolle spielte bei diesen Vorgängen Frankreich, auf
dessen Bereitwilligkeit zur Mitwirkung man zu früh gerechnet hatte.
In der Deputiertenkammer erklärte im November 1888 der Minister
des Äußern, Goblet, Frankreich habe noch keine Verpflichtungen zur
Mitwirkung bei der Blockade eingegangen. Es werde nur Kriegsschiffe
nach Sansibar schicken, aber niemals an der Blockade teilnehmen.
Sollte die Blockade zur Ausführung kommen, so sei das Recht der
Durchsuchung der Schiffe nach Waffen die natürliche Konsequenz, hin=
sichtlich des Sklavenhandels habe jedoch Frankreich niemals das Recht
der Durchsuchung anerkannt. Das war um so eigentümlicher, als es
längst erwiesen und eine allgemein bekannte Thatsache war, daß fast
alle Sklavenschiffe unter französischer Flagge segelten. Trotzdem Anfang
der achtziger Jahre in der Nähe von Sansibar eine Sklavendau, unter
französischer Flagge laufend durch die Engländer aufgegriffen und der
Kapitän aufgehängt worden war, wurden alle derartigen Übelstände
von Frankreich einfach abgeleugnet.

Am 2. Dezember 1888 kam nach Übereinkommen unter den
beteiligten Mächten die Blockade zustande. Das Blockadegeschwader
bestand aus sechs deutschen Schiffen mit 54 Geschützen und 1337 Mann
und aus sieben englischen Schiffen mit 52 Geschützen und 1510 Mann.

Unsrer Marine fiel das Gebiet längs der Küste zur Bewachung zu, welches ungefähr unserm heutigen Deutsch=Ostafrika entspricht.

Jetzt machten die Araber mit erneuten Kräften Anstrengungen, den Aufstand zu schüren, was ihnen nicht schwer wurde, denn infolge der Blockademaßregeln und außerordentlichen Wachsamkeit unsrer Marine wurden vielfach Sklavenschiffe abgefangen und dadurch viele Araber und wohlhabende Neger geschädigt, und die Durchsuchung sämt= licher Schiffe rief große Erbitterung hervor. Es muß hier gleich gesagt werden, daß die Erfolge der Blockade sehr zweifelhafter Natur waren, denn den Aufständischen wurden trotz aller Wachsamkeit Waffen und Munition zugeführt und nur der Sklavenhandel unmittelbar an der Küste und über See geschädigt. Im Innern blieben die alten Ver= hältnisse bestehen, denn dorthin erstreckte sich die Macht der Marinen nicht. Alle derartige Maßregeln zur See treffen die Mißstände nicht an der Wurzel. Es ist dasselbe, als wenn man Unkraut dadurch vernichten wollte, daß man immer nur die äußersten Blättchen abrisse und die übrige Pflanze unberührt ließe. Auf den Verlauf des Auf= standes erwirkte man durch die Blockade die entgegengesetzte Wirkung, welche man erzielen wollte, er wurde noch mehr angefacht.

Nun strömten vonallen Seiten Araber zu, sogar aus Maskat kamen Zuzüge. Buschiri setzte sich nach Süden in Bewegung. Mit einer großen Gefolgschaft von 800 Mann schlechtbewaffneten Gesindels brach er am 20. November von Pangani aus auf, denn dieser Ort war gänzlich in den Händen der Aufrührer, durch Palissaden und Gräben geschützt. Auf dem gegenüberliegenden Ras Muhesa war eine alte fortartige Anlage aufs neue befestigt und sogar mit einigen alten Schiffskanonen verteidigt, so daß die Rebellen glaubten, hier in aller Ruhe die Dinge abwarten zu können.

Buschiri nahm einem Inder eine Dau weg, belud sie mit einer Kanone, Munition und Gepäckstücken und landete damit bei Sadani, feuerte die Bewohner zum Widerstand und tapferen Ausharren an, besuchte sodann die Ruinen des in Brand ge= schossenen Windi und bezog Anfang September in der Nähe von Bagamojo ein Lager.

In Bagamojo hatten sich die Aufständischen in den letzten Wochen ziemlich ruhig verhalten. Nun kam neues Leben in ihre Operationen, und schon am 7. Dezember unternahm Buschiri einen Sturm auf das Usagarnhaus der Ostafrikanischen Gesellschaft. Durch wohlgezielte Schüsse und die sofort zur Hilfe herbeigeeilten Mannschaften der „Leipzig" wurden sie zum Rückzuge gezwungen. Bei diesem Gefechte gingen sämtliche Hütten Bagamojos in Rauch auf, so daß nur noch die Steinhäuser stehen blieben. Die Schädigung der Aufständischen war eine derart empfindliche, daß sie sich zunächst auf den kleinen Krieg verlegten. In Bagamojo waren nach und nach eine Menge Wanjamuesi in Karawanen angelangt, welche sich an den Gefechten gegen die Rebellen beteiligten und von der Ostafrikanischen Gesellschaft unterhalten wurden. Herrn v. Gravenreuth war es gelungen, eine große Karawane derselben mit Gewalt durch die Aufständischen hindurchzubringen. Die Wanjamuesi zogen, ihrer Gewohnheit und ihrem unruhigen Wesen ent= sprechend, fortwährend in der Umgegend umher und wurden dabei viele derselben von Buschiris Leuten erschlagen.

Am Weihnachtsfest 1888 erschien Buschiri wiederum vor Baga= mojo. Er wurde auch diesmal zurückgeschlagen, dagegen gelang es ihm, den Wanjamuesi empfindlichen Schaden zuzufügen, welche nun ihrerseits einen Kriegszug gegen Buschiri unternahmen, der aber, wie es bei dem Mangel einheitlicher Führung unter diesen Leuten voraus= zusehen war, damit endete, daß sie mit blutigen Köpfen zurückgeschlagen wurden. Sie brachten genaue Kunde darüber, daß Buschiri in der Nähe von Bagamojo ein sehr gut befestigtes Lager bezogen hatte, von dem aus er nun unausgesetzt die ganze Gegend beunruhigte.

Als einen Hort des Friedens sahen wir während dieser ganzen unruhevollen Zeit die französische Mission in Bagamojo. Sie blieb es auch bis zur Beendigung des Feldzuges. Mit großem Geschick hatten es die Missionäre verstanden, volle Neutralität aufrecht zu erhalten, und die Aufständischen sowohl wie Buschiri hatten sich überzeugen lassen, daß sie der ganzen Bewegung gegenüber unparteiisch standen. Zum guten Teil gelang ihnen dies aber nur deshalb, weil die Bevölkerung schon seit der Gründung der Station im Jahre 1869 gewohnt war, nur Gutes von den Missionären zu hören. Araber, Neger und Europäer fanden dort liebevolle Auf= nahme und Heilung von Krankheit und Wunden, und viele Hundert von Flüchtlingen hatte man Unterkunft gewährt in dem Kokos= und

Casuarienwalde der Station. Sogar der Unterhalt wurde ihnen durch die aufopfernden Missionäre gewährte, ohne deren Hilfe sie dem Hunger erlegen wären. Reis und die Nüsse der tausende von Palmen genügten im Anfang. Aber die Vorräte erschöpften sich. Père Etienne, der Obere, wandte sich bittend an die Europäer und reichen Inder Sansibars und bekam in kürzester Zeit 15000 Rupien zusammen. Der reiche Taria Topan, der frühere Zollpächter, gab allein 3000 Rupien. Auch die Offiziersmessen der englischen und deutschen Schiffe hatten bedeutende Beträge beigesteuert.

Dar es Salaam wurde nun, wie wir schon angedeutet haben, am 31. Dezember von einem feindlichen Haufen in einer Stärke von 1000 Mann angegriffen. Die Aufrührer wurden jedoch durch einige wohlgezielte Schüsse aus einer Kruppschen Schnellfeuerkanone vertrieben, aber nunmehr traten alle in Leues Dienst befindlichen Araber zu dem Feinde über, so daß nur zwanzig zuverlässige Leute blieben. Immer noch glaubte man nicht an den Ausbruch ernstlicher Feindseligkeiten, da erschienen in der Frühe des 10. Januar 1889 Feinde in Trupps von 60—70 Mann, welche gegen die evangelische Missionsstation auf der den Hafen abschließenden Landzunge vorrückten. Dort befand sich Missionär Greiner mit seinen Missionskindern. Als man auf der „Möwe", welche draußen auf dem Meere lag, die weißen Hemden der Araber zwischen den Bäumen hindurchleuchten sah, begann man sofort ein lebhaftes Granatfeuer dorthin zu eröffnen. Die Araber wichen zurück, und nun konnte Missionär Greiner mit den Seinigen ein am Strande liegendes Boot besteigen.

Greiner war schon am Abend vorher von der „Möwe" aus gewarnt worden, allein in Dar es Salaam glaubte man nicht an die Gefahr, und so blieb er mit seiner Frau und Nichte in der Mission. Doch hören wir Greiners eigne Schilderung:

„Alles war an die gewohnte Beschäftigung gegangen, und ich wollte mich eben ein wenig von den Anstrengungen der letzten Tage ausruhen, als in nächster Nähe zwei Schüsse krachten. Meine Frau kam hereingestürzt und rief: „die Kerle sind im Hof", daß ich Mühe hatte, in meine eben abgelegten Schuhe hineinzukommen. Als ich mit dem Gewehr in der Hand auf den Flur trat, tanzten die Kerle mit drei Fahnen, weiß und rot, vor dem Hause hin und her und schossen

Französische Missionsstation zu Longa bei Kondoa.

Nach einer Originalphotographie.

nach dem Strand, wo Herr v. Schönstädt bereits im Boote lag, um sich vor den Kugeln der Feinde zu decken. Ich zielte nun zwischen einem kleinen mich deckenden Zaun hindurch und schoß auf den nächsten Mann, der, wenn schon getroffen, doch nicht stürzte, aber ein fürchterliches Gebrüll erhob. Nun ward die ganze Bande auf mich aufmerksam, und ein fürchterliches Kugelfeuer wurde auf uns eröffnet, ohne aber jemand zu treffen. Da sauste eine 15 cm-Granate von der „Möwe" über uns hinweg und schlug in das Ökonomiegebäude, welches sogleich in Brand geriet. Nun mir nach um Gotteswillen", rief ich meiner Frau und Nichte zu, „sie schießen von der „Möwe", hinunter an den Strand, damit sie sehen, daß wir da sind. (Man glaubte auf dem Schiffe, daß sich Greiner mit den Seinen nach dem Stationshause gerettet habe.) Die Granate hatte uns jedoch trotz des Schadens, den sie anrichtete, das Leben gerettet, denn die Angreifer zogen sich jetzt weiter zurück. Wir erreichten das Boot, welches aber halb voll Wasser war. Einige der schwarzen Missionskinder hatten sich zu uns gerettet, diesen half ich ins Boot, als sich plötzlich das Revolvergeschütz der „Möwe" auf uns richtete, dessen Kugeln rechts und links ins Wasser schlugen. Eine aber ging dicht an meinem linken Ohr vorbei, zerschmetterte meiner Nichte zwei Finger und tötete eine Sklavin. Da man uns nun am Winken erkannte, warf man die Geschosse auf den Feind." Die „Möwe" nahm sodann die Geretteten auf.

Die Angreifer zerstörten inzwischen die Missionsanlagen vollständig, beschossen das Stationshaus und zündeten die Stadt an, wurden aber von Leue zurückgeschlagen. In der Nacht hatten die Rebellen die hohen Mangobäume in der Nähe des Stationsgebäudes erstiegen und schossen von dort aus. Einige wohlgezielte Granaten von der „Möwe" zersplitterten die Stämme, und wie Früchte stürzten die Schützen herab. Auch an diesem Tag zogen sich die Araber ohne Erfolg zurück.

Während dieser Vorgänge hatten die Rebellen die Missionsstation Pugu der katholischen bayrischen Missionäre landeinwärts von Dar es Salaam zerstört. Der Araber Soliman bin Sef schiffte sich nachts mit dreißig Genossen in eine Dau nach Dar es Salaam ein, kam glücklich durch den Blockadegürtel und überfiel am 13. Januar 1889 ohne weiteres die Station. An dem genannten Tage waren die Brüder gerade vom Mittagstisch aufgestanden und schickten sich an, paarweise unter dem Gebet des „Miserere" zur Kirche zu ziehen, als plötzlich ein Schuß krachte, welcher den Bruder Petrus sofort niederstreckte.

Unter unausgesetztem Feuer drangen 150 Araber vor. Pater Benedikt flüchtete mit Schwester Martha zur Kapelle. Die andern Brüder liefen ins Schlafzimmer, um von da aus durch die Fenster zu entfliehen. Zweien gelang dies auch. Sie kamen, von Schwarzen geführt, nach vielen Ängsten und Gefahren einige Tage später nach Dar es Salaam. Ein kleiner spielender Negerknabe wurde ermordet und ein noch kleineres Kind wurde in seinem Bettchen mit einem Messer durchbohrt. Die Schwester Benedikta, welche fieberschwach auf dem Ruhebett lag, wurde über den Hof vor das Missionskreuz geschleppt und sollte dort von einem der Wütenden erschossen werden, als ein Araber den Schwarzen zurückhielt.

Zwei kranke Brüder wurden furchtbar mißhandelt. Einer erhielt drei Stiche in Arm und Kopf Er sprang trotzdem zum Fenster hinaus, wurde aber niedergeschossen. Diese drei wurden dann zu der unter dem Kreuz liegenden Schwester Benedikta geschleppt, und dann begann unter dem wildesten Lärm die Plünderung des Hauses. Die Rebellen zogen sechs bis sieben Hemden und Nachtjacken übereinander, legten die Meßgewänder an, einer schlug den Baldachin als Mantel um, die Kruzifixe wurden zerschlagen, die heiligen Gefäße zusammengebunden, um weggeschleppt zu werden. Alle hatten etwas umgelegt, Beutestücke am Leib befestigt und nach dortiger Gewohnheit auf den Kopf gebunden, so daß manche der Räuber wie unförmliche dicke Klumpen aussahen. In der Kapelle vor dem Altar lagen die Leichname des Bruders Benedikt und der Schwester Martha, die Körper waren durch zahllose Schuß= und Stichwunden vollständig verstümmelt. Die Gebäude wurden den Flammen übergeben, und das Raubgesindel schleppte noch an die 300 Lasten mit. Die drei Brüder und die Schwester, welche man unter das große Kreuz gebracht hatte, wurden als Gefangene und Geiseln mitgeschleppt. Sieben bis acht Wochen schmachteten sie in der Gefangenschaft der Rebellen, wurden aber leidlich behandelt. Besonders nahm sich Buschiri ihrer an. Für die Freilassung forderten die Rebellen zuerst die Übergabe von Dar es Salaam, begnügten sich aber schließlich nach langen Verhandlungen mit 6000 Rupien und zwei von den Deutschen gefangen genommenen Sklavenhändlern, die man ihnen auslieferte. Mitte März erhielten die gefangenen Missionäre ihre Freiheit wieder.

Am 25. Januar wiederholten sich die Kämpfe in Dar es Salaam, wobei zwei Matrosen der „Sophie", welche die „Möwe" abgelöst hatte, schwer verwundet wurden, da der Feind heftige Gegenwehr leistete. Der Kapitänleutnant Landfermann brach gleich nach Beendigung des Gefechtes bewußtlos zusammen und starb an Bord infolge eines Sonnenstiches. Er wurde bei Dar es Salaam begraben. Bagamojo wurde während dieser Vorfälle unausgesetzt beunruhigt, und nachdem Buschiri wieder von Dar es Salaam zurückgekehrt war, verging keine Woche ohne Scharmützel. Der Held des Aufstandes hatte damals eine merkwürdig ritterliche Art den Deutschen gegenüber bewahrt. So zeigte er fast jedes Treffen, das er liefern wollte, zuvor schriftlich an. So schrieb er unter anderm: „Ihr Deutschen seid feige Schakale. Ihr verbergt euch in euren Höhlen und fürchtet den großen Löwen. Wir werden euch aber herausholen!" Ein andres Mal ließ er mitteilen: „Ihr Deutschen seid Ratten, die sich vor der großen Katze fürchten. Ihr werft uns eure Kugeln entgegen, kommt aus euern Löchern und fechtet mit uns mit dem Schwerte. Wollt ihr aber nicht kommen, so werden wir uns ducken, wenn eure Kugeln über uns sausen, und dann zu euch kommen, um euch einzeln mit dem Dolche zu töten. Auch wollen wir Leitern und Fackeln mitbringen, damit wir eure Mauern ersteigen und euch zu finden wissen." Buschiri kam dann thatsächlich in der Nacht. Der Angriff wurde aber abgeschlagen.

Anfang März saß die Besatzung der Station eines Morgens beim Kaffee, als ein heftiger Knall ertönte und eine Menge Kugeln in die Wand des Hauses schlugen, eine zweite Detonation erfolgte. Die Besatzung war aber jeden Augenblick gefechtsbereit, Leutnant Meier ließ das Thor weit öffnen und rückte mit seiner weißen und schwarzen Mannschaft Buschiri entgegen. Nach kurzem Gefecht stürmten die Matrosen am Ratuhause vorbei und drangen in die Straßen ein, Leutnant Meier voran. Da sahen sie ein Geschütz vor sich, die Bedienungsmannschaft wollte gerade nochmals feuern, doch ehe sie dazu kam, waren die Deutschen heran. Die Araber und Schwarzen flohen in großer Eile und ließen auch noch ein zweites Geschütz im Stich. Einige Tage später wurden wiederum zwei Geschütze erobert, welche die Aufrührer aus den Stationen der Ostafrikanischen Gesellschaft in Pangani und der verlassenen Station Madimola am Kingani mit= genommen hatten. Bei diesen Kämpfen that sich der Schwarze Schauch Komba rühmlichst hervor. Er führte eine Patrouille durch Bagamojo und stieß unvermutet auf einen starken Trupp Araber. Sofort griff er mit seinen wenigen Leuten die ehedem so gefürchteten Gegner an, und bedrängte sie derart, daß sie schließlich entflohen. Damit nicht zufrieden, lief er den Fliehenden nach und nahm drei derselben gefangen, um sie unter jubelndem Freudengeschrei nach dem Stations= hause zu schleppen. Der Kaiser dekorierte den Schauch Komba für diese tapfere That mit dem Militärehrenzeichen II. Klasse, das erste Mal, daß einem Schwarzen diese Dekoration verliehen wurde.

Nachdem noch die „Schwalbe" den Ort Kondutschi, einen Haupt= schlupfwinkel der Sklavenhändler, überrumpelt und zerstört hatte, wurde Ende März mit Buschiri ein Waffenstillstand abgeschlossen, und dann trat der Aufstand mit dem Erscheinen Wißmanns in eine neue Phase ein.

Niederwerfung des Aufstandes durch v. Wißmann.

Die ganze oftafrikanische Küste, soweit sie deutsche Interessen einschloß, war nun in vollstem Aufruhr. Die beiden einzigen Punkte, Dar es Salaam und Bagamojo, welche durch die heldenhafte Verteidigung der deutschen Besatzung mit ihrem kleinen Häuflein schwarzer Soldaten und weniger treu ergebener Araber dem Ansturm der hundertfach überlegenen Macht der Rebellen standhielt, konnte sich nicht auf die Dauer mit ihren geringen Machtmitteln halten. Der Sultan von Sansibar hatte zwar, dem diplomatischen Drucke nachgebend, zum Schein einen schwachen Versuch gemacht, den Aufstand zu dämpfen, aber der Volksbewegung gegenüber erwies sich seine Kraft als gänzlich wirkungslos, zumal es ihm doch nicht ernstlich darum zu thun war, den Deutschen, die im Grunde genommen seine Widersacher waren, zum Siege zu verhelfen. Die Gefahr rückte immer näher heran, daß ein mit großer Kühnheit und Thatkraft von unsrer Seite unternommenes Werk an dem Widerstand der Araber und Neger gescheitert wäre. Für diesen Fall hätte Deutschland für immer darauf verzichten müssen, zur Kolonialmacht heranzuwachsen und an großen zivilisatorischen Werken außerhalb des Vaterlandes mitzuwirken. Zum Glück verkannte aber die große Masse des Volkes die Tragweite der Ereignisse nicht. Zudem war die Ehre der Nation schon zu sehr in Ostafrika engagiert, als daß das deutsche Volk nicht mit allem Nachdrucke hätte darauf bestehen müssen, thatkräftig einzugreifen. Einmütig trat dasselbe für die Interessen seiner Landsleute ein und nahm den Kampf in ruhiger Zuversicht auf. Die Angelegenheit wurde in der Volksvertretung des Reichstages zur Sprache gebracht, dem Bundesrat ging seitens des Reichskanzlers folgender Gesetzentwurf, betreffend den Schutz der deutschen Interessen und Bekämpfung des Sklavenhandels in Ostafrika, zu. Der Entwurf umfaßt drei Paragraphen, welche nach der dritten Lesung am 30. Januar 1888 in untenstehender Fassung angenommen wurden:

§. 1. Für Maßregeln zur Unterdrückung des Sklavenhandels und zum Schutz der deutschen Interessen in Ostafrika wird eine Summe bis zur Höhe von zwei Millionen Mark zur Verfügung gestellt.

§. 2. Die Ausführung der erforderlichen Maßregeln wird einem Reichskommissar übertragen.

§. 3. Der Reichskanzler wird ermächtigt, die erforderlichen Beträge nach Maßgabe des eintretenden Bedürfnisses aus den bereiten Mitteln der Reichshauptkasse zu entnehmen.

Bei den Debatten erklärte Graf Bismarck, daß es wünschenswert sei, auf dem Festlande ein amtliches Organ zu haben, und deshalb sei Hauptmann Wißmann für den Posten eines Reichskommissars in Aussicht genommen. Dieser traf ungesäumt seine Vorkehrungen, um an die Ausführung seiner Aufgabe zu gehen.

Am 4. September 1853 wurde Hermann Wißmann in Frankfurt an der Oder geboren. Sein Vater war Regierungsassessor Hermann Ludwig Wißmann, seine Mutter war eine geborene Elise Schach von Wittenau. Schon als Knabe legte der kleine Hermann vielfach Beweise eines selbständigen Charakters ab und ließ sich nur durch Güte lenken, während Strenge sofort seinen Widerspruch wachrief. Da der Vater in seiner Eigenschaft als Regierungsrat sich nicht viel um die Erziehung seines Kindes kümmern konnte, so lag diese fast ausschließlich in der Mutter Händen. Zuerst besuchte der Knabe die Bürgerschule zu Langensalza, und als sein Vater nach Erfurt versetzt wurde, trat er in die dortige Realschule und dann ins Gymnasium ein. Nach Beendigung des dänischen Feldzuges wurde Wißmanns Vater nach Kiel versetzt. Der wiederholte Wechsel des Wohnortes und der damit verbundene Wechsel der Schule war für den Studiengang des Knaben sehr nachteilig. Er mußte alle Energie aufwenden, um mit seinen Mitschülern gleichen Schritt zu halten. In Kiel hatte er anfangs viel unter dem Hasse der Dänen gegen alles Deutsche zu leiden. Es gelang jedoch Wißmann, sich die Achtung seiner Mit=

schüler durch sehr „schlagende" Beweise seiner Überlegenheit zu sichern. Doch sollte er sich derselben in Kiel nicht lange erfreuen, denn sein Vater erkrankte infolge von Überarbeitung und ging nach dem Süden, während Hermann nach Neuruppin in Pension gegeben wurde. Im Jahre 1869 erfolgte der Tod seines Vaters, den er schmerzlich betrauerte. Als im Jahre 1870 der große Krieg ausbrach, flammte in dem Jüngling hohe Begeisterung auf, sein glühender Wunsch war darauf gerichtet, als Soldat den Kampf gegen die Franzosen mitzufechten. Wegen seiner Jugend blieb ihm die Erfüllung dieses Wunsches versagt. Als aber im Herbste des Jahres 1870 der Erlaß bekannt wurde, daß die Reise für Obersekunda zum Eintritt in die Prima des Berliner Kadettenkorps berechtigte, ließ sich Wißmann nicht mehr davon abhalten, jene Anstalt zu besuchen. Seine Selbständigkeit brachte den ungestümen jungen Menschen oft genug in Konflikt mit dem strengen Reglement der Kadettenanstalt, er machte seinen Lehrern keine geringe Mühe. Aber schon Ostern 1873 bestand er sein Fähnrichsexamen und wurde dann zur Dienstleistung in das zu Rostock garnisonierende mecklenburgische Infanterieregiment Nr. 90 kommandiert. Zu Anklam besuchte Wißmann sodann die Kriegsschule, machte dort sein Offiziersexamen und kam nach Rostock zurück. Hier brachte ihn sein übersprudelnder Lebensmut manchmal in recht unangenehme Lagen. Er mußte sogar 1874 ein kurze Festungshaft wegen Zweikampfes mit ernstem Ausgang verbüßen.

In Rostock lernte Wißmann den bekannten Afrikareisenden Dr. Paul Pogge kennen. Pogge hatte schon im Jahre 1871 eine Reise nach Natal unternommen, jedoch nur zum Zwecke der Jagd. Als nun von seiten der „Afrikanischen Gesellschaft in Deutschland" in Berlin im Jahre 1874 eine Expedition nach Westafrika ausgerüstet wurde, hatte sich Pogge als Freiwilliger angeschlossen. Der Führer der Expedition war Homayer. Mit diesem und dem Botaniker Soyaux drang Pogge von Angola aus bis Pungo Andongo vor. Homayer und Soyaux kehrten aber dort um, und Pogge ging mit dem Leutnant Lux, welcher sich in Angola angeschlossen hatte, zu dem Häuptling Muata Jamvo. Von da kehrte Pogge nach Deutschland zurück.

In enger Freundschaft schloß sich Wißmann an Pogge an, und als beide eines Abends in fröhlicher Zechgenossenschaft zusammen-

saßen, kam die Rede auf die von Berlin aus aufs neue geplanten
Expeditionen nach dem zentralafrikanischen Kongobecken südlich des
Äquators, wohin von Westen und Osten aus Forschungsreisen unter=
nommen werden sollten. Wißmann erklärte, die Reise mitmachen zu
wollen, wenn ihm Pogge Gelegenheit dazu schaffen wolle. Er
werde die in jenen Gegenden noch nicht besuchten Länder bereisen,
„die entdecke ich“, sagte er in übermütiger Laune, und er hat Wort
gehalten.

Wißmann wandte sich auf Anraten seines Freundes Pogge an
Dr. Nachtigal, den derzeitigen Vorsitzenden der „Afrikanischen Gesell=
schaft in Deutschland“ zu Berlin. Auf den bewährten und verdienst=
vollen Reisenden machte Wißmann einen so guten Eindruck, daß er
ihn sofort als Geographen der Expedition einreihte. Wißmanns vor=
gesetzte militärische Behörde bewilligte ihm den gewünschten Urlaub,
worauf er sich während sechs Monaten auf der Seemannsschule zu
Rostock astronomischen und meteorologischen Studien hingab, zugleich
auf der dortigen Universität, so gut es gehen wollte, sich geologische
und zoologische Kenntnisse aneignete.

Am 19. November 1880 verließen Pogge und Wißmann mit
nicht allzu glänzender Ausrüstung Hamburg und langten am 7. Januar
1881 in San Paul de Loando an. Von hier aus gingen sie den
Quanza aufwärts bis Dondo und gelangten nach Malange, wo beide
mit dem eben aus dem Reiche des Muata Jamvo angelangten
Dr. Buchner zusammentrafen. Wenige Tage später traf dort ebenfalls
Major Mechow ein, welcher aus dem Lande Kassongos kam. Erst am
3. Juni konnte die Expedition mit nur einundachtzig Trägern und
sechs Dienern aufbrechen, und zwar mit der Absicht, zu Muata Jamvo
vorzudringen und dort eine wissenschaftliche Station zu gründen. In
Kimbundu angelangt, mußte jedoch der ursprüngliche Plan aufgegeben
werden, weil der am Delirium erkrankte Muata Jamvo niemand mehr
den Durchzug durch sein Land gestatten wollte. Die Expedition
wandte sich deshalb nach Norden in das Land der Baschilange, Lu=
buku, das Land der Freundschaft genannt. Die Karawane überschritt,
nach Durchwanderung des Landes Kioque den Kassai. Um nun zwei
mächtige in Fehde lebende Häuptlinge nicht zu beleidigen und sich
nicht beide zu Feinden zu machen, mußte sich die Expedition teilen.

Pogge ging zum Häuptling Mukenge, Wißmann zu Tschingenge. Pogge legte bei Mukenge eine Station an. Dann zogen beide weiter, vereinten sich, besuchten den Mukambasee, welcher sich gegen alles Erwarten nur als ein sehr großer Teich erwies. Von da aus erreichten die beiden Forscher nach vielen Beschwerlichkeiten Nyangwe, die Hauptniederlassung der Araber am Kongo. Pogge ging seinem Auftrag gemäß nach seiner Station Mukenge zurück, während Wißmann seine Reise nach der für ihn schweren Trennung von seinem Reisegefährten weiter nach Osten fortsetzte. Er ging über den Tanganika und Ujiji, und besuchte den berühmten und berüchtigten Häuptling Mirambo. Zu derselben Zeit hielt sich der Verfasser, welcher mit Dr. Böhm und Dr. Kaiser einige Monate früher als Wißmann von Sansibar aus nach dem Innern aufgebrochen war, auf der Station Igonda in Uniamuesi auf. Dort feierte er mit seinem Kollegen Dr. Böhm (Dr. Kaiser war nach dem Rikwasee aufgebrochen, wo er bald darauf starb), ein nur kurzes, aber fröhliches Wiedersehen. Von Igonda aus erreichte Wißmann am 14. November 1882 bei Sadani den Indischen Ozean und dann Europa wieder. Er war nach Livingstone der erste Europäer und der erste Deutsche überhaupt, welcher Afrika auf dem viel schwierigeren Wege von Westen nach Osten durchquert hatte.

Doch nicht lange duldete es den kühnen Mann zu Hause. Der König der Belgier berief Wißmann als Führer einer Expedition zur Erforschung des Kongobeckens, und schon am 16. November 1883 schiffte er sich mit den Leutnants Hans und Franz Müller, Dr. med. Wolf und Leutnant von Francois, sowie dem Schiffszimmermann Bugslag und zwei Büchsenmachern, Schneider und Meyer, ein. Die Expedition nahm wieder von San Paul de Loando ihren Ausgang. Auf dem Wege nach Malange traf Wißmann mit dem zu einem Skelette abgemagerten Pogge zusammen. Pogge rang schon damals mit dem Tode und erlag am 17. März 1884 in Loando dem Fieber. Vordringend erreichte Wißmann den Häuptling Kalamba Mukenge, wo man bei seinem Erscheinen große Freudenfeste feierte, denn der Häuptling war ein alter Freund Wißmanns und hatte diesen auf seiner ersten Reise persönlich nach Nyangwe gebracht. Als Blutsbruder des Häuptlings mußte er diesen in einem Kriege unterstützen.

Am 7. Januar 1885 starb Leutnant Müller, der ältere, am Fieber. Die Reise ging dann auf selbstgezimmerten Booten den Kassai hinunter, wobei Wißmann feststellte, daß der früher entdeckte Sankurru ein Nebenfluß des mächtigen Kassai ist. Nach harten Kämpfen mit den Bassongo-Mino erreichte die Expedition unverhofft den Kongo. Wißmann erfuhr dort zu seinem Erstaunen von der kurz zuvor erfolgten Gründung des Kongostaates. Von hier aus mußte Wißmann seiner angegriffenen Gesundheit wegen Madeira aufsuchen. Dann kehrte er nach dem afrikanischen Kontinente zurück. Auf dem Schiffe „Peace" der englischen Missionäre ging Wißmann den Kassai aufwärts. Leutnant Müller war ebenso wie v. François nach Deutschland zurückgekehrt, während Dr. Wolf noch in Afrika weilte, aber bald nach Hause zurückkehrte.

Wißmann bahnte sich dann unter schrecklichen Gefahren und Strapazen seinen Weg durch neue Länder und erreichte Nyangwe zum zweitenmal, wanderte hierauf wiederum zum Tanganika, folgte dessen Westufer, ging von da nach dem Nyassasee, diesen entlang durch den Schire und Sambesi und erreichte bei Kilimane den Ozean. Über Ägypten kehre er nach Europa zurück.

Den Winter 1885 auf 1886 sah sich Wißmann genötigt, wegen seiner angegriffenen Gesundheit abermals Madeira aufzusuchen, und schrieb dort sein Werk „Unter deutscher Flagge quer durch Afrika", nachdem das Werk „Im Innern Afrikas", zum größten Teil von den Offizieren seiner Expedition geschrieben, eben erschienen war. Von Madeira aus ging Wißmann im Auftrage des Königs der Belgier nach Kairo und wurde, da diese Mission sehr bald beendet war, mit der Führung des ersten Teils der Emin Pascha-Expedition betraut. Als aber der Aufstand in Ostafrika ausbrach, wurde Wißmann vom deutschen Reichskanzler Fürsten Bismarck berufen, als deutscher Reichskommissar den Aufstand niederzuschlagen und geordnete Verhältnisse dort herzustellen. Er wurde zum Hauptmann befördert und ging, nachdem der Reichstag für das Unternehmen die Mittel bewilligt hatte, mit einundzwanzig deutschen Offizieren, Ärzten und Beamten, sowie vierzig Unteroffizieren nach seinem Bestimmungsorte ab, und zwar zunächst nach Kairo, denn dort sollten Sudanesen angeworben werden, welche den Stamm der Truppen des Reichskommissars zu bilden hatten. Die Zusammenstellung ging ungewöhnlich rasch von statten. Wißmann hatte sich in aller Stille, während man sich daheim durch alle möglichen Pläne, betreffs der zu wählenden Völkerschaften den Kopf zerbrach, in Übereinstimmung mit dem Auswärtigen Amte dazu entschlossen, Sudanesen anzuwerben. Schon nach wenigen Wochen stand ihm eine fertige Truppe zur Verfügung, welche nur einexerziert zu werden brauchte. Die rasche Erledigung dieser Frage hatte man dem für die vorliegenden Umstände glücklichen Zufall zu verdanken, daß die Sudanesen der ägyptischen Regimenter infolge des Mahdi= aufstandes nicht in ihre südliche Heimat zurück konnten. Die ägyptische Regierung war froh, die unbequemen Esser los zu werden, und schaffte sich die Leute nun auf leichte Weise vom Halse, indem sie dieselben Wißmann überließ. Sie war dadurch auch der Pflicht der Dankbar= keit gegen diese Leute enthoben, indem sie nicht weiter dafür zu sorgen brauchte. Sorge hatte dies der ägyptischen Regierung eigentlich über= haupt nicht gemacht. Monatelang vorenthielt sie den armen Schluckern den Sold. Die deutsche Regierung hatte im geheimen mit der ägyp= tischen ein Einverständnis in der Sache erzielt, und durch die aner= kennenswerte Unterstützung des englischen Gouvernements in Kairo waren alle etwaigen Hindernisse bald erledigt.

Wer die damals der Werbetrommel Wißmanns in Kairo folgenden zerlumpten und verkommenen Gestalten gesehen hätte, würde nie ge= glaubt haben, ein so vorzügliches Soldatenmaterial vor sich zu haben. Wißmanns afrikanische Erfahrungen ließen ihn mit sicherem Blick das Richtige erkennen.

Die früher im Sudan verwendeten Truppen stammten aus den südlichsten ägyptischen Provinzen von Bahr el Ghasal und Bahr el Abiad, und aus Darfur, die meisten waren Dinka und Schilluk Nigri= tier, welche sich nordwärts an die Grenze der Bantustämme an= schließen. Es sind große hagere Gestalten mit unverhältnismäßig langen Extremitäten und sehr häßlichen eckigen Gesichtszügen. Sie sind alle Bekenner des Islams, natürlich nur dem äußeren Wesen nach. Lesen und schreiben können nur einige ihrer Offiziere. Sie kennen nichts als den Soldatenberuf und sind echte Söldner. Die meisten hatten schon eine Menge Kriege in Ägypten und Arabien mitgemacht, und viele trugen mit Stolz ihre Dekorationen, englische und ägyptische

Medaillen. Im ganzen waren sechshundert Mann angeworben worden. Natürlich waren alle verheiratet, und ihre Weiber mußten mitgenommen werden. Unter sehr schwierigen Umständen fand die Verladung der Truppe in Suez statt, und nach einer schrecklichen Fahrt, während welcher bei hohem Seegang die in zwei Dampfern unter= gebrachten Leute alle seekrank geworden waren, erreichte die Expedition Aden; dort brachen auch noch zum Unglück die Blattern aus, doch that die von Dr. Schmelzkopf sofort vorgenommene allgemeine Impfung gute Dienste.

Die militärische Ausbildung wurde sogleich in Aden in Angriff genommen. Die junge Kolonialtruppe bildete im Anfang in dieser Richtung ein besonders komisches Bild und würde uns gewiß zu er= schütterndem Lachen gereizt haben, wenn uns Gelegenheit zur Beobachtung der dabei abspielenden Szenen geboten worden wäre. So mußte im Anfang jede Übung damit begonnen werden, daß man die Mann= schaften zusammensuchte und förmliche Jagden auf unsichere Dienst= pflichtige veranstaltete. Unterstützt wurden die europäischen Offiziere und Unteroffiziere darin, durch eine zwanzig Mann starke Polizeitruppe, aus Türken gebildet, wahre Galgengesichter, welche zu keinem andern Berufe tauglich waren, hier aber vortreffliche Dienste leisteten. Alle mögliche Aus= reden wurden gebraucht, von Krankheit oder von Krankheit der Weiber und Kinder, welche gepflegt werden mußten, einer mußte das Mahl bereiten und konnte deswegen nicht antreten, ein andrer mußte die Kinder oder die Kleider waschen, oder Wasser holen und das Zelt reinigen. Es bedurfte im Anfange langer diplomatischer Unterhandlungen mit Hilfe eines Dolmetschers, ehe es gelang, den Leuten klar zu machen, daß außer wirklicher Krankheit keine Gründe für Fernbleiben vom Dienste existierten. Als die Sudanesen aber einmal die Überzeugung gewonnen hatten, daß ihnen derartige Unregelmäßigkeiten bei der Konsequenz der Weißen unter keinen Umständen durchgingen, gewöhnten sie sich sehr bald an große Pünktlichkeit und machten sogar eine Art Sport daraus. Die Kleidung bestand im Anfang, ehe die Uniformen geliefert werden konnten, aus allen nur denkbaren Toilettenstücken des Occidents und Orients. Fetzen von unbestimmbarer Form, Hosen, alte Plätthemden, arabische Tücher und Kaftane, Turban, Fez und Cylinder, türkische Pluderhosen und karrierte Gigerl=Unaussprechliche, alles war vertreten und bot oft einen unsäglich lächerlichen Anblick, der noch dadurch erhöht wurde, daß im Anfang wegen Mangel an Gewehren mit Stöcken exerziert wurde.

Eine ganz unerhörte Schwierigkeit bot die Bearbeitung der Truppenlisten, wegen der oft sehr gleichklingenden Namen. Manche hatten mehrere Namen, die sie dann nach Gefallen beibehielten oder wechselten, der Geburtsort war bei den meisten nicht festzustellen, ihr Gedächtnis ließ die Leute hierin ganz und gar im Stich und nannten sie dann irgend einen beliebigen Ort. Auf Feststellung des Alters mußte von vornherein verzichtet werden, die von den Leuten nach eigner Schätzung darüber gemachten Angaben schwankten zwischen zehn und zweihundert Jahren. Wahrscheinlich variierte dasselbe zwischen fünf= undzwanzig und fünfunddreißig Jahren im Durchschnitte. Ganz be= sondere Schwierigkeiten boten im Anfang die Löhnungsverhältnisse, da die Leute hierin ein außerordentliches Mißtrauen an den Tag legten, was man ihnen aber, ehe sie sich eines Besseren überzeugen konnten, nicht übelnehmen durfte. Sie waren eben zu sehr an die türkische Paschawirtschaft, Bestechlichkeit und an Unterschlagungen gewöhnt.

Die Truppen wurden in Aden eingeschifft und bei Bagamojo ge= landet. Die Sudanesen waren in Kompanien von je hundert Mann eingeteilt. Das gesamte Bataillon hatte eine Stärke von fünfhundert= sechzig Mann. Eine Kompanie von neunzig Mann bildeten die Be= satzungstruppe von Dar es Salaam, dazu kamen zwei Kompanien Sulu von je hundert Mann, so daß dem Reichskommissar im ganzen achthundertfünfzig Mann schwarze Truppen und fünfzig Europäer gleich zu Anfang der Aktion zur Verfügung standen. Die Sulu waren von Leutnant Ramsay in Inhambana in der portugiesischen Provinz Mosambik mit Erlaubnis der dortigen Regierung angeworben worden.

Im Anfange der Ausbildung hatten die Europäer Dolmetscher notwendig, um eine Verständigung herbeizuführen. Bald aber hatte sich ein eigentümlicher Jargon von Arabisch, Kisuaheli, Französisch und Deutsch gebildet, der allen verständlich war, und jetzt sprechen wohl alle mehr oder weniger fertig Kisuaheli, die Umgangssprache an der ganzen Ostküste. Diese Sprache wird auch am Orientalischen Seminar zu Berlin gelehrt. Sie ist eine Bantusprache, agglutinierend (zusammen=

leimende), d. h. Beziehungen werden durch Anfügen von Wortstämmen
an eine Wurzel ausgedrückt, so daß oft ganze Sätze in ein Wort zu=
sammengefügt werden, z. B. singalikwendako = ich würde nicht dorthin
gegangen sein, von kuenda = gehen, oder nuimbani im Hause. Ferner
ist Kisuaheli eine Präfixsprache, d. h. die Beziehungen zum Haupt=
wort werden durch anpassende Veränderung der Vorsilbe dargestellt,
z. B. kitu kisuri, schöne Sache, die schöne Sache, mtu msuri, schöner
Mann, der schöne Mann. Es wird nicht wie im Deutschen die letzte
Silbe verändert; schöner Mann, schöne Frau, schönes Kind. Das Kisuaheli
ist eine schönklingende sehr vokalreiche Sprache, welche in der Aussprache
einigermaßen an Italienisch erinnert. Die Sprache ist nicht sehr wortreich
und zeichnet sich durch große Armut an abstrakten Begriffen aus, wes=
halb es nicht leicht ist, dieselbe zu beherrschen und sich in den Ideen=
gang der Leute einzuleben. Man kann sich zwar sehr bald durch An=
wendung der Infinitivform des Verbs bei einfachen alltäglichen Dingen
verständlich machen, da die Schwarzen sofort begreifen, was der Euro=
päer meint; wenn es aber sich um verwickelte Verhältnisse, besonders
solche politischer Natur handelt, so bedarf es doch, selbst wenn man
die Grammatik beherrscht, jahrelanger Übung, um sofort ein über alle
Zweifel erhabenes Verständnis herbeizuführen. Selbst die Schwarzen,
welche nicht an der Küste geboren sind und das Kisuaheli erst erlernen
mußten, bedürfen immer wiederholter und umständlicher Auseinander=
setzungen, um ein genaues Verständnis in verwickelten Angelegenheiten
herbeizuführen. Die wie das Kisuaheli ebenfalls den Bantusprachen
angehörigen Sprachen des Innern, sind in dieser Beziehung noch
mangelhafter. Ein Gedanke, der im Deutschen mit wenigen Worten wieder=
gegeben werden kann und sofort verstanden wird, muß in den Sprachen
des Innern, soweit es überhaupt möglich ist, gedreht und gewendet
werden, es müssen Vergleiche und Bilder zu Hilfe genommen und be=
sonders durch weithergeholte Einleitungen allmählich erst auf den Kern
der Sache hingeleitet werden. Aus diesen Gründen machen auch fast
alle Schwarzen auf den der Sprache nicht Mächtigen den Eindruck
ausgezeichneter Redner, was immer nur für die Lebhaftigkeit des
Vortrages, der Betonung und der Gestikulation und Übung, nie aber
für den Gedankenreichtum einer Rede der Schwarzen zutreffend ist.
Um die Neger zu führen, bedarf es unter allen Umständen der Fertig=

keit, eine Rede zu halten, unter Anwendung möglichst drastischer Wendungen, wobei selbst die Zoten nicht auszuschließen sind. Bei der Wißmannschen Truppe war die Kommandosprache die deutsche, an welche sich die Leute bald gewöhnten.

Die Uniform der Schutztruppe war aus drapfarbenem Stoffe, sogenanntem Katli hergestellt, Jacke und Hose, die im Schnitt einiger= maßen an die Drillanzüge unsrer Armee erinnert. Die Hosen aber reichten nur bis zur halben Wade. Vom Knie abwärts wird das Bein mit einer blauen wollenen Binde umwickelt, welche sich als sehr prak= tisch erwiesen hat. Diese sowie die Schuhe fielen bei den Sulu fort. Als Kopfbedeckung hatte man den roten Fez und einen Turban gewählt, aus hellgrauem, schleierartigem Stoff von 3 m Länge und 2 m Breite. Zu 12 cm breiten Streifen zusammengelegt, wird es auf einer Holzform gewickelt und auf den Fez gesetzt. Die Waffen bestehen aus dem Mausergewehr M. 71, an einem Lederkoppel ein kurzes Seitengewehr neuesten Modells und zwei Patronentaschen. Die europäischen Offiziere tragen weiße Baumwolluniformen mit gelben Knöpfen, Achselstücken und Gradabzeichen in Gestalt gelber Litzen auf den Ärmeln. Als Kopfbedeckung weiße Tropenhelme.

Die Sudanesen zeichnen sich durch außerordentliche Ordnung und Sauberkeit aus. Im Dienste sieht man an ihren Uniformen so gut wie nie Flecken, ebensowenig zerrissene Sachen. Anders die Sulu, bei welchen die Uniform große Verwunderung hervorrief, da sie in ihrer Heimat meistens gar nichts oder höchstens ein kleines Fell tragen. Die Einkleidung derselben rief denn auch allgemein die größte Heiter= keit hervor. Jacken und Hosen wurden von einzelnen verkehrt an= gezogen oder gar ganz vertauscht und die Arme in die Hosenbeine gesteckt und der Versuch gemacht, die Jacke als Hose zu verwenden. Schuhe konnten sie nicht ertragen, und ließ man sie barfuß. Die ganze Uniform erscheint den Sulu überflüssig und wird dementsprechend von ihnen behandelt. Da sie ihren Körper einölen, so ist die Uniform immer fettgetränkt. Daß hier und da die Uniform auszubessern sei, wollen sie nicht einsehen und so fehlen häufig ganze Stücke, besonders an Stellen, welche einer starken Abnützung ausgesetzt sind bei ihrer Gewohnheit, sich niederzukauern. So erschien eines Tages beim Exer= zieren einer der Sulu mit nur einem Hosenbein. Da er im zweiten

Gliede stand, hatte man die sonderbare Toilette nicht gleich bemerkt, erst als beim Abschwenken der Delinquent nach vorn kam, erregte sein Aussehen allgemeine Heiterkeit. Als er vom Kompaniechef nach dem Verbleib des andern Hosenbeines befragt wurde, holte er dasselbe, fein säuberlich zusammengelegt aus der Tasche des angezogenen und deutete grinsend nach einer Kokospalme, wo er es beim Hinaufklettern ein= gebüßt hatte.

Das Einexerzieren ging sehr schnell von statten, und schon nach einem halben Jahre würde man eine Sudanesenkompanie unbedenklich neben einer Landwehrkompanie haben üben lassen können, ohne daß das Urteil zum Nachteil der ersteren ausgefallen wäre, wenn schon einzelnen zu Tage tretenden Erscheinungen ein Lächeln hervorrufen. So hatte das Gesicht der Schwarzen einen höchst komischen Ausdruck, wenn die Augen derselben beim Passieren der Vorgesetzten auf diesen gerichtet sein mußten, mit möglichst weit aufgerissenen Augen ver= wandelt sich bei den angespannten Gesichtsmuskeln das freundlich aus= sehen sollende Gesicht in eine ganz grinsend verzerrte Fratze, von er= schreckend wildem Aussehen. Dazu kam, daß die Sudanesen sowohl wie die Sulu den Kolbenhals das Gewehres mit Perlschnüren und kleinen Holzstückchen bewickeln und zieren, was aber nicht zur Unterscheidung geschieht, sondern derartige uns unmilitärisch erscheinenden Anhängsel an die Waffen sind Amulette. Der Schwarze würde sein Gewehr, das er mit größter Liebe und Sorgfalt pflegt und rein= hält, auch die sonst nicht gerade durch Reinlichkeit ausgezeichneten Sulu, aus tausenden herausfinden. An einer Menge von Merkmalen er= kennt er dasselbe, auch ohne die Nummer entziffern zu können. Die Sulu legen ihre Eisen= und Kupferschmucksachen, welche sie an den Armen, Knöcheln und in den Ohren tragen, nie ab. Die Sudanesen bilden eine ganz vorzügliche Truppe. In ägyptischen Diensten sind sie schon seit mehreren Generationen zum Kriegsdienste herangezogen worden und in vieler Herren Ländern in den Kampf geführt worden. Sie kennen keinen andern Beruf als den Soldatenstand. Sie ent= behren jeder Selbständigkeit und beugen sich willig dem streng mili= tärischen Zwang. In ägyptischen und türkischen Diensten ging es ihnen schlecht genug, der Sold wurde ihnen oft gar nicht, oft erst nach Mo= naten oder Jahren ausgezahlt, und für ihren Unterhalt mußten sie

Sudanesen in Kairo. Nach einer Originalphotographie.

selbst sorgen. Hatten sie dann in hunderten von Gefechten ihr Leben aufs Spiel gesetzt und zwanzig bis dreißig Jahre lang treu der Sache des Vizekönigs oder des Sultans von Konstantinopel gedient, waren sie vom Alter und von Strapazen geschwächt, kriegsuntüchtig und unfähig, ihren Unterhalt zu verdienen, so wies man sie, mehr wie einmal ab, wenn sie um Brot baten, und mancher verkam elend in irgend einem Winkel. Diesen Verhältnissen gegenüber empfanden sie die Behandlung in deutschen Diensten wie eine Wohlthat. Sie lebten in geordneten Verhältnissen, bekamen regelmäßig zur Stunde ihren Sold und wurden als Soldaten menschenwürdig behandelt. Mit großer Hingebung widmen sie sich daher auch ihrem Beruf und übertreffen sogar die gehegten Erwartungen. Die glänzendsten Eigenschaften der Sudanesen sind ihre Zuverlässigkeit und Anhänglichkeit. Wachvergehen sind während eines Jahres kaum vorgekommen, trotzdem manchmal außergewöhnliche Anforderungen gestellt wurden. Wo man einen Sudanesen hinstellte, da blieb er stehen, bis ein Gegenbefehl kam. So passierte in den ersten Tagen nach der Ankunft in Bagamojo eine Geschichte, welche man für ein Märchen halten könnte, wenn sie nicht durch Europäer verbürgt wäre. Einige pockenverdächtige Weiber und Kinder wurden bei Baganojo in einem Steinhause gesondert untergebracht. Als die Kranken nach dreiwöchentlicher Quarantäne entlassen wurden, meldeten sich plötzlich bei einer Kompanie drei Sudanesen, welche der Kompaniechef nicht kannte. Diese drei waren nämlich von Anfang an als Wache zu den Kranken kommandiert, und weil die Listen damals noch unvollständig und unrichtig waren, hatte man sie vollständig vergessen. Auf die Frage, weshalb sie nicht zurückgekommen seien, um sich zu melden, und von wem sie ihre Nahrung erhalten hätten, machten sie sehr erstaunte Gesichter und sagten, man hätte ihnen ja befohlen, vor dem Hause Posten zu stehen, das hätten sie gethan. Das Essen hätten ihnen die Weiber täglich zugetragen. In allen Gefechten bewiesen die Sudanesen den größten Mut und erwarben sich unbedingtes Vertrauen in ihre Zuverlässigkeit bei ihren Führern. Sie waren in allen Lagen zufriedener, heiterer Stimmung und stillvergnügt. Auf dem Marsche äußerte sich nicht das laute, zum Lachen und Schwatzen neigende Wesen der Suaheli-Askari, und niemals hörte man sie die triumphierenden Schlachtgesänge der Sulu vortragen. Die Sudanesen sind auch im Gegensatz zu den Sulu und Suaheli emsige Arbeiter in allen Dingen, und provisorische Befestigungsarbeiten sind ausschließlich von ihnen unter der Aufsicht ihrer Offiziere ausgeführt worden. Nur zum Patrouillendienst waren sie wegen ihres gänzlich mangelnden Orientierungsvermögens nicht zu verwenden. Hier traten die Sulu und Suaheli an ihre Stelle und leisteten darin vorzügliche Dienste. Die Sulu zeigen in allen Dingen den echten Bantunegercharakter. Im Verkehr mit den Europäern und Eingeborenen, welche sie bald zu Freunden gewannen, sind sie, wie alle Neger, ziemlich gutmütig. Sie haben aber im Gegensatz zu andern Negern ein ausgesprochenes Ehrgefühl und zeigen große Empfindlich= keit, so daß es des Studiums ihres Charakters bedarf, um sie mit Schonung ihrer Eigenart zu behandeln, dann aber sind sie lenksam wie Kinder, besonders wenn sie die unbedingte Konsequenz des Weißen erkannt haben. In Gefechten und Kämpfen aber kommt ihre Blut= gier und Raublust zum Durchbruch, so daß es oft der ganzen Strenge der europäischen Offiziere bedurfte, um sie davon abzuhalten, Ver= wundete zu töten und den Gefallenen die Köpfe abzuschneiden. Die Bedürfnislosigkeit und außerordentliche Ausdauer befähigt sie in hohem Maße zu Kriegsdiensten, besonders, da sie unter guter Führung den Sudanesen an Tapferkeit nicht nachstehen.

Die Suaheli sind die unzuverlässigsten und im Durchschnitt am wenigsten tapfersten. Sie folgen aber den Weißen, in die sie großes Vertrauen setzen, unbedenklich in den Kampf, besonders seitdem sie wahrgenommen haben, daß die Rebellen Schlag auf Schlag nieder= geworfen werden.

Dies war das Material, welches Wißmann bei Inangriff= nahme seiner Aufgabe zur Verfügung stand. Man vergesse nicht, daß sämtliche Truppen, sehr bald ins Feuer geführt, eine nur notdürftige militärische Ausbildung genossen hatten, daß die Kommandos zu Anfang in türkischen Worten gegeben wurden, und man den Charakter der Leute ebensowenig kannte, als man ihre Behandlung verstand. Umso höher sind die erzielten Erfolge an= zuschlagen.

Wißmann war schon vor Eintreffen der Sudanesen und Sulu in Sansibar angelangt und hatte sogleich eine lange Beratung mit

dem Konteradmiral Deinhard, dem Befehlshaber des Blockadege=
schwaders, und mit dem Generalkonsul Michahelles.

Wie wir gehört haben, war mit Buschiri, und zwar durch Ver=
mittelung des Konteradmirals Deinhard, ein Waffenstillstand abge=
schlossen worden, demzufolge bis zur Ankunft des Reichskommissars
Wißmann alle Feindseligkeiten eingestellt werden sollten. Zu gleicher
Zeit hatte man aber auch Friedensunterhandlungen angeknüpft. Wiß=
mann brach dieselben sofort ab. Rebellen gegenüber konnte und durfte
er nicht an einen friedlichen Ausgleich denken, das wäre eine Aner=
kennung der Rebellion gewesen. Der Führer der Aufständischen hatte
alle nur denkbaren Feindseligkeiten gegen deutsche Unterthanen unter=
nommen, und zuletzt die weitgehendsten Friedenszugeständnisse der Ost=
afrikanischen Gesellschaft mit Hohn und Spott zurückgewiesen. Buschiri
stellte übrigens bei Wißmanns Erscheinen selbst Friedensbedingungen.
Auf seine bisherigen Erfolge pochend, glaubte er die maßlosesten An=
forderungen stellen zu können. Seine Vorschläge waren in einer für
Deutschland geradezu beleidigenden Weise gehalten, oder vielmehr
trugen sie von vornherein den Stempel der Lächerlichkeit an sich.
Den Waffenstillstand nahm Wißmann an, um in Ruhe seine Vorbereitungen
treffen zu können.

Wißmann hatte in Deutschland fünf Dampfer gekauft für den
Dienst an der Küste und in den Flüssen. Der eine derselben, die
„Martha", brachte die gesamte Ausrüstung nach Dar es Salaam, als
dem zur Ausladung am meisten geeigneten Hafen, von wo aus das
ganze Kriegsmaterial nach Bagamojo gebracht wurde. Der Geschütz=
park bestand aus sechs Revolverkanonen und zwölf leichten Feld=
geschützen, welche letztere zunächst nur als Strandgeschütze verwendet
werden sollten. Die Deutsch=ostafrikanische Gesellschaft besaß eine An=
zahl kleiner Schnellfeuerkanonen von Krupp, welche auch von Wiß=
mann übernommen wurden. Der mit Verschluß 63 Kilo wiegende
Lauf wird von zwei Leuten an einer Stange getragen, die Lafette
ebenfalls, je ein Mann trägt dann neben seinen Ausrüstungen ein
Rad. Hundert Granaten dieses Geschützes bilden eine Trägerlast.
Wißmann hatte 700 000 Mauserpatronen zu seiner Verfügung, welche
in Dar es Salaam lagerten. Es war dies eine ungeheure Menge,
das gesamte deutsche Blockadegeschwader führte deren nur 100 000.

Die Sudanesen waren in Kompanien von je hundert Mann eingeteilt, das gesamte Bataillon hatte eine Stärke von fünfhundert= sechzig Mann. Eine Kompanie von neunzig Mann bildete die Be= satzungstruppe von Dar es Salaam, dazu kamen noch zwei Kompanien Sulu von je hundert Mann. Die Gesamtstärke der Truppen für die ersten Aktionen betrug siebenhundert Mann Schwarze und fünfzig Europäer.

Der Waffenstillstand sollte von nicht langer Dauer sein. Buschiri brach denselben durch eine That empörender Roheit und Grausamkeit, wodurch er auch seinen Ruf als ritterlicher Kämpe einbüßte, den er sich durch sein früher gezeigtes Benehmen bei Absendung seiner Fehde= briefe bei den Europäern in gewissem Grade erworben und auch bei seiner Behandlung der Missionäre bethätigt hatte. Buschiris Leute hatten aus einer Patrouille einen Askari der Ostafrikanischen Gesell= schaft aufgegriffen und diesen nach dem Lager geschleppt. Dort befanden sich zufällig Leute aus dem Dorf Kaule bei Bagamojo, dessen Be= wohner zu Buschiri übergegangen waren. Anfangs hatten sie aller= dings Neutralität bewahrt, auch in Bagamojo Nahrungsmittel ver= kauft und bei dieser Gelegenheit die Mannschaften der Station alle kennen gelernt. Einer dieser Leute sah den Gefangenen in Buschiris Lager und teilte diesem mit, daß der Gefangene an den Befestigungen der Europäer mitgearbeitet habe. Buschiri ließ daraufhin seinen Scharf= richter kommen, den Askari in die Mitte des Lagers führen und dort vor versammeltem Kriegsvolk zur allgemeinen Abschreckung beide Hände abhacken. Dann sagte er zu dem derart Verstümmelten: „Nun gehe zu deinen Wasungu (Europäern), erzähle ihnen, daß Buschiri es mit ihnen ebenso machen wird."

Der Askari, eine robuste Natur, stemmte seine beiden Arm= stummel in die Seite, um die Blutung zu stillen, lief, was er konnte, und langte auch in dem Stationshause an, dort brach er stöhnend zu= sammen, zeigte seine blutigen Stumpfe und ächzte noch „Buschiri", dann wurde er ohnmächtig. Die „Schwalbe" lag gerade auf der Reede von Bagamojo, und durch Signale erbat man den Schiffsarzt, welcher sofort kam und dem Schwarzen einen sorgfältigen Verband an= legte. Die erste Frage des wieder zum Bewußtsein gelangten Unglück= lichen war: „Bekomme ich auch etwas zu essen." Man teilte ihm einen kleinen Jungen zur Pflege zu, und bald war er wieder ganz genesen.

Sehr bald fand er sich sogar vergnügt in seine Lage. Es wurde selbst von einigen seiner schwarzen Brüder um seine glückliche Lage beneidet. Der Mann, welcher durch seine Angabe die Verstümmelung des Armen herbeigeführt hatte, geriet bald darauf selbst in die Gewalt der Deutschen und büßte seine Missethat mit dem Tod durch den Strang. Seit jener That griff eine ganz außerordentliche Erbitterung gegen den elenden Buschiri um sich. Der günstige Verlauf der Heilung jenes Unglücklichen und die ihm innewohnende Kraft, nach einer solch entsetzlichen Verwundung noch einen weiten Weg zurückzulegen, steht nicht einzig in seiner Art da. Die Schwarzen haben eine ganz außergewöhnliche Heilkraft, sei es, daß dies in ihrer kräftigen widerstandsfähigen Natur liegt, oder vielleicht in dem Umstand, daß bei der verhältnismäßig dünnen Bevölkerung Afrikas oder den klimatischen Verhältnissen jene Fäulnis- und Krankheitserreger noch nicht die große Verbreitung wie bei uns erlangt haben. So zeichnen sich z. B. die Wawembastämme im Südwesten des Tanganika durch ungewöhnlich grausame Häuptlinge aus, welche sich besonders darin gefallen, diejenigen Männer, welche sich mit den zahlreichen Weibern eines Häuptlings in unerlaubte Verhältnisse einlassen, zu verstümmeln und ebenso die betreffenden Weiber. Je nach dem Grade der Intimität, den man bei derartigen Verhältnissen feststellen konnte, finden Verstümmelungen der Geschlechtsteile bei Mann und Frau, Abhacken der Füße und Hände, Abschneiden der weiblichen Brüste, der Lippen, Augenlider oder Ohren statt. Die meisten dieser Unglücklichen überstehen die schreckliche Operation, nachdem man die Blutung durch das Mehl einer Getreideart, des Panicum, dort Uläfi genannt, zum Stehen gebracht hat. Wenn die Füße oder Hände abgehackt oder aus den Gelenken ausgelöst wurden, so werden die Stumpfe in kochendes Öl getaucht, worauf die Blutung der großen Arterien sofort stillstehen soll, und dann erst wird das Mehl aufgestreut. Der Verfasser selbst konnte wiederholt unglaubliche Heilungsprozesse beobachten. Um nur ein paar Fälle anzuführen, sei erwähnt, daß bei einem Gefecht ein Askari des Verfassers sein Gewehr überladen hatte, so daß der Lauf platzte und dem Manne sämtliche Finger der linken Hand abgerissen wurden und ein Sprengstück durch die Hand schlug. Die gefährliche Lage nach dem Gefecht erlaubte nur das Anlegen eines Notverbandes aus Baumwollstreifen und Durchtränkung mit schwacher Karbollösung in sehr schmutzigem Wasser. Der Verwundete marschierte hierauf die ganze Nacht, den ganzen folgenden Tag und bis zum Mittag des zweiten Tages, nachdem während der zweiten Nacht gelagert wurde. Wasser war erst am Nachmittag des zweiten Tages aufzutreiben. Nach fünf Wochen war, ohne daß das geringste Wundfieber einge=treten war und der Verband erst am fünften Tage zum erstenmal gewechselt wurde, vollständige Vernarbung eingetreten. Bei demselben Gefechte erhielt ein Träger sechs schwere Hieb= und Stichwunden. Demselben konnte aus Mangel an Verbandzeug und antiseptischen Mitteln gar kein Verband angelegt werden. Der Verwundete machte, ohne getragen zu werden, denselben schrecklichen Marsch mit, mußte dann allerdings liegen bleiben, war aber ebenfalls nach fünf Wochen wieder ganz geheilt.

Buschiri ließ es auch während des Waffenstillstandes nicht an Feindseligkeiten gegen die den Europäern treu gebliebenen Wanjamuesi fehlen und am 28. April überfiel er fast unter den Mauern Baga=mojos das Dorf Kaule, plünderte dasselbe und ließ es in Rauch auf=gehen. Die Einwohner flüchteten sich nach Bagamojo. Der Reichs=kommissar war somit aller Verpflichtungen betreffs des Waffenstillstandes enthoben. Zum Glück trafen am 6. Mai die Sulu von Mosambik ein, auf welche Wißmann gar nicht mehr gerechnet hatte. Sofort wurden die Vorbereitungen zum Überfall des Rebellenlagers getroffen. Über die Größe der feindlichen Streitkräfte war man ungenau unter=richtet. Die Angaben schwankten zwischen ein= und dreitausend Mann Arabern und Mischlingen. Die Stärke der Negertruppen konnte über=haupt nicht geschätzt werden, da dieselbe fortwährendem Wechsel unter=worfen war.

Nach sorgfältig eingezogenen Erkundigungen und Auskundschaftung durch Wanjamuesi hatte man erfahren, daß sich das Hauptlager auf einer kleinen Anhöhe befand, angelegt auf einem kleinen Hügel in=mitten weiter Grasebenen, $1\frac{1}{2}$ Meilen von Bagamojo entfernt, hinter dem breiten, die Stadt umgebenden Palmengürtel. Nach der ziemlich bedeutenden Ausdehnung der Umwallung zu urteilen, mochten sogar drei= bis viertausend Leute Schutz darin gefunden haben. Dieses Lager war mit einer sogenannten Boma umgeben, eine Befestigungsart, welche die

Araber von den Negern angenommen haben. Die Neger, welche in fortwährender Fehde miteinander liegen, sind verhältnismäßig kampf= geübt, wagen aber selten offene Feldschlacht, sondern ziehen eine Art Festungskrieg vor. Sie haben bei Anlage solcher Befestigungen eine ziemliche Geschicklichkeit erlangt. Die Kriege, welche die Schwarzen untereinander führen, fordern in der Regel sehr wenige Opfer und werden aus Mangel an guten Führern schlecht und wenig entschieden geführt.

Trotz der Verschiedenartigkeit der Befestigung kennt der Neger nur zwei Bezeichnungen dafür, wenigstens in dem größten Teil des deutschen Interessengebietes, die Boma und das Jpuri. Mit Boma bezeichnet er jede Art von Umzäunung, die einfachste Hecke zum Schutze eines Gemüsegartens bis zum uneinnehmbaren Dorf, das Jpuri, ein aus dem Kiunjamuesi entlehntes Wort, ist ein Gebäude mit flachem Dach, welches die Ortschaften als Befestigung umgibt.

Die Boma einfachster Art ist aus abgehauenen Zweigen, Dorn= hecken und Ästen hergestellt, welche zuweilen an eingegrabenen, über= mannshohen Gabeln mit aufgelegten Querstangen angelegt werden Zuweilen schichtet man Astwerk nur bis zur Brusthöhe rings um ein Karawanenlager. Für diesen Fall ist die Boma in 1—1¹/₂ Stunden hergestellt. Diese Art von Boma hat nicht den Zweck, die dahinter Verborgenen vor einschlagenden Geschossen, Kugeln, Pfeilen oder geschleuderten Lanzen zu schützen, sondern den Verteidiger dem Feinde unsichtbar zu machen. Ist eine solche Boma mit zahlreichen Dorn= hecken durchsetzt, so kann man einem mit wenig Feuerwaffen versehenen Feind leicht stand halten. So genügt z. B. ein solcher Dornen= hag vollständig, das Eindringen selbst an Zahl weit überlegener Massen zu verhindern. Kein Schwarzer wagt sich an die boma ja miba (Dornenumhegung) heran. Der für Karawanenlager gebrauchte Aus= druck mkoa bedeutet nicht den schützenden Hag, sondern den kreisrunden Grundriß der Anlage.

Dörfer werden mit der Boma ja miti (Palissadenumzäunung) umgeben. — Buschiri hatte bei seinem Lager 2¹/₂ m hohe Palmen= stämme verwendet. — Da die Hütten der Negerdörfer immer zuerst angelegt, dann erst die Palissaden errichtet werden, so ist der Grund= riß der Bomabefestigung immer ganz unregelmäßig, oft mit ein=

springenden Bogen und Winkeln. Die einfachste Art der Boma ja miti wird derart errichtet, daß mit der Hacke ein etwa metertiefer, zweispannbreiter Graben gezogen wird und in diesen hinein 4—5 m lange, arm= bis schenkeldicke Stämme der krummen und unregelmäßig gewachsenen afrikanischen Baumarten so dicht wie möglich, oft zwei bis drei Lagen, hintereinander gestellt und mit der ausgehobenen Erde festgestampft werden. In Abständen von 5 zu 5 m sind Stämme eingefügt, welche in ungefährer Höhe von 2 m vom Boden weit aus= einander gabeln, so daß nach innen und außen der Gabelschenkel vor= ragt. In diese Gabeln legt man dünne Stangen, acht bis zehn Stück übereinander. Dadurch, daß diese Stangen innen und außen fest in den überragenden Gabeln die Palissaden auf der ganzen Länge der Boma festhalten, wird ein Umsinken der Stämme nach innen oder außen verhindert und ein sehr festes Gefüge hergestellt. Als Schieß= scharten benützt man zufällig aufgebliebene Lücken. Gegen Pfeile ist man hinter der Boma ebenso sicher, wie gegen Kugeln, wenn die Stämme in drei= bis vierfacher Lage gefügt sind. Der Platz vor der Boma ist entweder ganz frei gehalten oder mit einem undurch= dringlichen Dickicht von Dornen und dichten Büschen bewachsen. Viel= fach sieht man auch, besonders in Unjamuesi, einen seichten Graben vor der Boma, dessen nach den Palissaden aufgeworfene Erde in einiger Entfernung von diesen eine dichte Euphorbienheckenkrone trägt, welche oft 6—7 m hoch wird. Die Euphorbien bildeten früher bei ihrer Dichtig= keit und Höhe den Hauptschutz gegen Pfeile und sollen durch ihren giftigen Milchsaft den Eindringling schrecken.

Seit die Feuerwaffe so allgemein in Afrika und besonders in Ostafrika eingeführt wurde, kamen die Hecken vor den Palissaden immer mehr in Wegfall, und begann man um das Dorf einen 2—3 m breiten und bis $1\frac{1}{2}$ m tiefen Graben auszuheben. Die ausgehobene Erde wird an die früher beschriebenen Palissaden geworfen, so daß diese nur 2 m hoch sichtbar bleiben. Während des Aufführens eines damit entstandenen Erdwalles vergräbt man dabei armdicke, glatte Hölzer in Brusthöhe im Wall. Zieht man diese Hölzer, wenn die Erdarbeiten fertig sind, heraus, so entstehen Schießscharten. Oft wird der Graben tiefer und breiter ausgehoben, die Palissaden werden auf den Erdwall gesteckt, die Querstangen mit Dornen belegt und ebenso der Fuß der Palissaden, um nackten Füßen eine Annäherung unmöglich zu machen und das Herausstoßen der Querstangen nach oben ebenso zu verhindern.

Ein derartig befestigtes Dorf, in Wanjamuesi gelegen, welches außerdem durch Fallgruben gesichert war, in deren Boden spitze Holzstäbe staken, hielt sich, durch nur zwölf Feuersteingewehre verteidigt, in wiederholten Belagerungen gegen eine Armee von fünf- bis sechshundert Gewehren des berüchtigten Häuptlings Mirambo.

Im Lande Kawende, östlich von Tanganika, also auch in Deutsch-Ostafrika, sah der Verfasser ein Dorf, welches ohne Eingreifen von Geschützen uneinnehmbar angelegt war. In dem sumpfigen Terrain war zur Anlage des Dorfes eine trockene Stelle ausgewählt. Der Erdauswurf des Grabens war an die fast 7 m hohen Palissaden bis zu einer Höhe von 2 m gehäuft, und innerhalb lief ringsum eine meterhohe Bank, mit einen halben Meter breitem Pfade. Die Palissaden waren von vierfacher Lage und innen gegen den Erddruck von außen abgestrebt. In 3 m Höhe lief innerhalb des Dorfes ringsum eine Galerie, aus Holzstämmen und Rundhölzern errichtet, als Standort für die Schützen. Das Dorf mit nur etwa dreißig Hütten war innen durch Palissaden abgeteilt. Die Dächer der Hütten verschwanden unter zahlreichen dichtbelaubten Fikrisbäumen vollständig und waren durch das vielverzweigte Astwerk gegen Brandpfeile geschützt, selbst wenn das Laub gefallen war. Ein breiter Graben hatte sich allmählich mit Schlamm gefüllt, und dichtes Buschwerk überwucherte die Oberfläche. Zu undurchdringlichem Dickicht von 30 m Breite auf schwankem Boden verflochten, machte es jede Annäherung unmöglich. Der einzige Zugang zum Dorfe führte durch eine schmale, lange Einbuchtung der Palissaden, nachdem man einen durch das umgebende Dickicht gehauenen mannsbreiten Pfad passiert hatte, dessen Boden durch aufgeworfene Erde trocken gehalten wurde. Die Pforte war so niedrig, daß man nur tief gebückt, zugleich über die kniehohe Schwelle schreitend, eintreten konnte. Die Thür selbst war aus einem dicken Baumstamm halbkreisförmig geschnitzt, hatte eine Breite von dreiviertel Meter und bewegte sich schwer in langen Angeln. Der Verschluß wurde durch einen schweren Klotz bewerkstelligt, welcher in ein Loch der Bortschwelle paßte. Der Besitzer dieser nur 60—80 m im Durchmesser haltenden

Feſtung beabſichtigte jedoch wegen der höchſt ungeſunden Lage des Ortes auszuwandern. Er ſelbſt und ſeine Leute hatten viel am Fieber zu leiden.

In Bagamojo herrſchte in den letzten Tagen vor dem geplanten Angriff des Lagers von Buſchiri ein reges Leben, und die in Trümmer geſunkene Stadt, deren Straßen ſchon von Unkraut überwuchert waren, bildete ein großes Kriegslager. Aus allen Teilen Afrikas zuſammengewürfelte Krieger zeigten ſich, wohin man blickte: Die in weiße Uniformen eingekleideten Sudaneſen und Sulu, denen man noch ſchnell einige Begriffe von deutſcher Geſechtsweiſe beibrachte, Wanjamueſi in ihren bunten maleriſchen, echt wilden Koſtümen, in kleinen oder größeren Trupps umherziehend, Weiber und Kinder, deutſche Offiziere und Unteroffiziere. Proviant und Lebensmittel, Waffen und Munition wurden verteilt. Wißmann hatte anfangs nicht darauf gerechnet, daß die Marine an dem Angriff teilnehmen ſollte. Dies geſchah aber doch, als der Admiral den Wunſch ausſprach, ſeinerſeits mit Mannſchaften einzugreifen. Am 8. Mai ſollte der Angriff ſtattfinden. Schon mit Sonnenaufgang waren ſämtliche ſchwarze Truppen aufgeſtellt. Die Sudaneſen verhielten ſich ruhig, wie es altgedienten Soldaten ziemt. Die Sulu konnten nicht unterlaſſen, vor der Front ihre heimatlichen Kriegstänze aufzuführen. Die Wanjamueſi, welche in gedrängten Haufen hinter den in Reih' und Glied aufgeſtellten Sudaneſen und Sulu ſtanden, waren zur Hälfte mit Vorderladern, zur Hälfte nur mit Bogen, Pfeil und Lanze ausgerüſtet und hatten alle durch Bemalen mit weißer und roter Farbe, durch Federn und Pelzſchmuck ſich ein möglichſt wildes Anſehen zu geben verſucht.

Eine Abteilung der Marine von der „Leipzig", neunzig Mann ſtark, übernahm nach getroffener Abrede die Beſetzung der Station, und weitere dreißig Mann beſetzten die Häuſer, in welchen die Somali der Dr. Petersſchen Emin-Paſcha-Expedition untergebracht waren, welche als unſichere Leute bewacht wurden. Dr. Peters hatte die Somali vorläufig auf einen Monat dem Kommando des Reichskommiſſars unterſtellt. Dieſe Somali hatten ſchon wiederholt ganz wirkſame Verteidigung ihres Lagers geführt.

Dem Reichskommiſſar ſtanden am Tage des Geſechts folgende Truppen zur Verfügung:

5 Sudanesen-Kompanien	550 Mann	
Somali, Bootsleute der Schutztruppe	40 „	geführt von 20 Offizieren und Unter- offizieren,
Askari der Station	60 „	
1 Kompanie Sulu	100 „	

Ein geschlossener Trupp von 40 Europäern,

Marine-Abteilung mit 210 Matrosen, 10 Offizieren, 2 Ärzten,

____

1000 Mann reguläre Truppen,

dazu kommen noch einige hundert Wanjamuesi.

An Geschützen wurden zwei 4,7 cm- und eine 6 cm-Schnellfeuerkanone mitgeführt. Voraus die Stationsaskari und Wißmannschen Truppen, in der Mitte die Matrosen und zuletzt die Wanjamuesi. In langer Reihe auf dem nur fußbreiten Pfade, einer hinter dem andern, ging's vorwärts, manche Hindernisse waren zu überwinden, einige tiefe Bäche und sumpfige Stellen in glühender Hitze. Alles ging aber in musterhafter Ordnung vor sich. Zuletzt lag vor der Truppe nur noch ein lichter Palmenwald, und in der weiten Grasebene auf der Anhöhe das imposante Kriegslager des Buschiri, ohne daß vom Feinde etwas zu sehen war.

Etwa tausend Schritte vor dem Lager schwärmte der Vortrupp von etwa fünfzig Stationsaskari unter Führung des Herrn v. Eberstein aus, langsam vordringend. Die andern Truppen zogen sich nach beiden Seiten hin. Die Artillerie hatte auf 500 m vor dem Lager Aufstellung genommen und war schußbereit. Chef Dr. Schmidt schwenkte mit einem Seitendetachement, bestehend aus zwei Sudanesenkompanien und der weißen Schutztruppe nach der linken Flanke ab und hatte Auftrag, von Süden her den Angriff auf das Lager zu unternehmen. Das Gros, geführt vom Premierleutnant v. Gravenreuth, war jetzt zur Entwickelung gelangt und schob sich zwischen die linke Flügelabteilung und den Vortrupp. Chef v. Zelewski hatte schon vorher den Befehl erhalten, mit einer Sudanesen- und einer Sulukompanie sowie dreißig Somali aus der Marschkolonne auszuscheiden und das Lager von Nordosten zu umgehen. Er sollte sich mit Dr. Schmidt vereinigen und so das Lager ganz einschließen.

Die Marinetruppen unter Korvettenkapitän Hirschberg hatten sich vorher herausgezogen und neben dem Gros und der Artillerie entwickelt. Dieselbe stand in der Front und deckte die Artillerie, hinter welcher sie Aufstellung genommen hatte.

In dieser Formation rückten die Angreifer in der ganzen Linie, ohne zu schießen, vor. Beim ersten Aufrücken, welches die Truppen auf ungefähr 800 m an das Lager heranbrachte, eröffneten die Araber, durch ihre Palissaden und Erdwerke gedeckt, ein lebhaftes Feuer, welches aber auf Wißmanns Befehl zunächst nicht erwidert wurde. Erst als die Linie bis auf etwa 300 m an das Lager herangekommen war, wurde vom Reichskommissar das Zeichen zum Beginne des Angriffs gegeben, indem Wißmann den weißen Reitesel Buschiris nieder= streckte. Buschiri hatte das Tier zum Hohn hinaustreiben lassen. Nun begann das Feuer sofort auf der ganzen Linie und wurde während einiger Minuten auf beiden Seiten mit großer Heftigkeit unterhalten, so daß alles in weißen Pulverdampf eingehüllt war und ringsum der Lärm und Donner der Schlacht hallte. Die Artillerie war bis auf 250 m herangegangen und versuchte eine Bresche in die Umwallung zu legen. Auch auf feindlicher Seite trat nunmehr ein schweres Ge= schütz in Thätigkeit, aus welchem mit großen Eisenstücken auf die An= greifer geschossen wurde. Die Offiziere, welche beritten waren, stiegen von den Pferden und führten die Truppen mit Säbel und Revolver ins Feuer gegen das Lager. Die Abteilung des Herrn v. Zelewski hielt sich unterwegs etwas zu lange auf, durch Schwierigkeiten aller Art aufgehalten, und so konnte leider eine völlige Umzingelung nicht bewerkstelligt werden. Alle Abteilungen griffen nun ein, der Höhe= punkt des Gefechts war gekommen. Der Donner der Kanonen, das ununterbrochene Geknatter von mehreren tausend Gewehren, Kampfgeschrei und Geheul verursachten ein furchtbares Getöse. Dazu entwickelte sich ein ungeheurer Rauch, so daß zeitweise ganze Abteilungen dahinter verschwanden. In der ersten Reihe stand Wiß= mann, dicht neben ihm fielen mehrere Askari, Dr. Schmelzkopf und Hauptmann Richelmann wurden an seiner Seite verwundet. Die Artillerie hatte, in die vorderste Reihe vorgerückt, bald das 6 cm- Geschütz Buschiris zum Schweigen gebracht und eine breite Bresche in die Palissaden geschossen. Dicht neben dem Geschütz Buschiris wurden später sechs durch Granatsplitter getötete Araber aufgefunden. Die Truppen des Reichskommissars hielten sich musterhaft, nirgends war während des ganzen Gefechtes ein Zaudern zu bemerken gewesen. Die Sudanesen schossen mit der Ruhe altgedienter Soldaten. Die Sulu hatten zwar noch kein rechtes Vertrauen in ihre neue Waffen, waren aber kaum zurückzuhalten. Wilde Raubgier blitzte aus ihren Augen, und mit dem Gewehr in der einen, dem Seitengewehr in der andern Hand, drängten sie, wie sie es auch in ihren eignen Kämpfen gewohnt waren, ungestüm vor, um Mann gegen Mann zu fechten. Die Wanjamuesi hatten wegen der dichten Schützenreihen nicht in das Gefecht eingreifen können. Sie schossen daher ihre Flinten ins Blaue und im Bogen ab und erhoben ein solch wildes Kriegsgeheul, in das auch die Sulu einfielen, daß selbst der betäubende Lärm des Gewehr= und Geschützfeuers übertönt wurde.

Nachdem das Geschützfeuer einige Minuten gewirkt hatte und sämtliche Truppen bis auf 120 Schritte an das Lager herangekommen waren, gab Wißmann das Zeichen zum Sturm. Mit aufgepflanztem Seitengewehr stürzten die ihm zunächststehenden Truppen des Herrn v. Gravenreuth, welche den Befehl anfangs allein verstanden hatten, vorwärts. Die dritte Sudanesenkompanie war zuerst an den Palissaden. Der erste im Lager war der Kompaniechef Leutnant Sulzer. Mit lautem Hurra stürzten nun die Matrosen unter Korvettenkapitän Hirschberg und die Askari unter Herrn v. Eberstein auf die Be= festigung. Damit verstummte auf der ganzen Linie das Feuer, und von allen Seiten stürmten die Kompanien, die Offiziere weit voran, gegen die Befestigung. Während die Matrosen unter großer An= strengung die Palissaden niedergerissen hatten, war ein Teil der Askari und Sudanesen durch ein Thor eingedrungen, und alles, was sich im Lager befand, wurde niedergemacht. Die Hütten, aus denen immer noch einzelne Schüsse fielen, wurden mit den Bajonetten aufgebrochen. Die Araber hatten sich teilweise in Schlupfwinkel verkrochen. Sie wurden von den erbitterten Soldaten, besonders den Sulus, niedergestochen. Die Offiziere waren kaum im stande, die Gefangenen vor der Wut der Schwarzen zu schützen. Die beiden Flankenabteilungen, besonders die von Herrn v. Zelewski geführte, hatten die Umzingelung leider nicht vollenden können; so war es einem großen Teil der feindlichen Besatzung gelungen, schon vor dem ersten Schützenanlauf zu entfliehen, indem sie aus dem Lager ausbrachen und nordwärts verschwanden.

Zwischen diesen Flüchtlingen und der Abteilung Zelewski entspann sich ein heftiges aber kurzes Gefecht, das mit der gänzlichen Auflösung und wilden Flucht der Leute Buschiris endete. Gleichzeitig gelang es einer andern Abteilung, südwärts durchzukommen, welche aber von den Truppen des Dr. Schmidt noch tausend Meter weit verfolgt wurde und erhebliche Verluste erlitt. Weitere Verfolgung der Fliehenden wurde wegen der Schwierigkeiten aufgegeben, welche durch das hohe Gras, durch Buschwerk und Dornen bereitet wurden und die Leute nur unnütz ermüdet haben würden.

Leider war der Rebellenführer Buschiri nicht in die Gewalt der Deutschen gekommen. Gefangene sagten aus, daß er schon unter den ersten Flüchtlingen gewesen sei, seiner Korpulenz wegen jedoch nicht weit habe gelangen können und ganz in der Nähe im Grase gelegen habe.

Der Kampf war beendet, und nur aus weiter Ferne hallten noch hier und da einige Schüsse herüber, blindlings von den Flüchtlingen nach rückwärts abgegeben, in dem Glauben, noch immer verfolgt zu werden. Weit und breit zeigte sich kein Araber mehr. Der Sieg war vollständig, die noch am Tage zuvor so übermütigen, frechen Araber waren gänzlich gedemütigt. Überall herrschte lärmende Fröhlichkeit, Siegesgeschrei und -Gesänge, und der gellende, gedehnte Kriegsruf u—ui der Wanjamuesi, welcher Hyänengeheul nachahmt, ertönte triumphierend durch das Lager. Man hatte dies den Truppen zur Plünderung überlassen. Proviant fand sich nur sehr wenig, Munition in ganz geringer Menge. Das erlassene Verbot, Lebensmittel einzuführen, und die strenge Kontrolle des Blockadegeschwaders betreffs der Munition, hatte sich demnach als sehr wirksam erwiesen. Dagegen fanden sich eine Menge Geschirr, Matten, Kleidungsstücke und Waffen aller Art in den Hütten des Kriegslagers vor. Zwei arabische Fahnen, zwei glatte Geschütze alter Konstruktion, mehrere Mausergewehre und zahlreiche Vorderladerflinten, allen möglichen Systemen und Zeitaltern angehörend, wurden erbeutet, von großen Wallbüchsen mit Auflegegabel bis zu feinen Doppeljagdflinten mit Hinterladersystem. Sie wurden teils verbrannt, teils von den Schwarzen mitgeschleppt. Arabische und Belutschenschwerter, arabische Speere und

Messer wurden von den Matrosen und Unteroffizieren als Erinnerung an das siegreiche Gefecht mitgenommen. In einer Hütte hatte man in drei Kisten 6000 Rupien gefunden, noch in derselben Verpackung, wie sie als Lösegeld für die gefangenen katholischen Missionäre von Pugu an Buschiri ausgezahlt worden waren. Die Soldaten hatten aber schon eine schleunige Verteilung unter sich vorgenommen, so daß an eine Rückforderung nicht zu denken war, ohne gegen einzelne ungerecht zu sein oder allgemeine Mißstimmung hervorzurufen. Die Belohnung war zudem den Leuten zu gönnen und wirkte für die Zukunft anspornend.

Die Zahl der gefallenen Rebellen, welche im Lager und in dessen Nähe aufgefunden wurden, belief sich auf siebzig. Später wurde aus ziemlich zuverlässiger Quelle der Verlust des Feindes auf 106 Tote festgestellt. Sicher sind aber später und auf der Flucht noch viel mehr zu Grunde gegangen, aus Mangel an geeigneter Pflege oder töblichen Wunden erlegen, und manch einer mag einsam und verlassen im Gras oder Busch sein Leben ausgehaucht haben. Man schätzte die Verluste des Feindes auf 15—20 Prozent, ein sehr hoher Satz. Unter den Gefallenen befanden sich fast nur Hadramautaraber von der Südküste Arabiens. Tote Neger fand man nur drei. Auch einige sehr angesehene Araber aus Pangani und Bagamojo sowie einer der treuesten Anhänger Buschiris fanden sich unter den Toten. Gefangen wurden nur zwei Araber, acht Sklaven und zwanzig Weiber, welche man teilweise aus schon brennenden Hütten herauszerrte.

Aber auch auf seiten der Deutschen waren schwere Verluste zu beklagen. Leutnant Scholle von der „Schwalbe" hatte, als er mit kühnem Mute den Matrosen voran die Palissaden erkletterte, einen Schuß in den Unterleib erhalten, der ihn auf der Stelle tötete. Der Matrose Foell aus Nürnberg erhielt einen Schuß durch das Gehirn. Von der Schutztruppe fiel der Feldwebel Peter, welcher einem Hitzschlage erlag; sodann waren sechs schwarze Soldaten gefallen. Verwundet war Stabsarzt Dr. Schmelzkopf durch einen Streifschuß an der linken Unterleibseite, und Hauptmann Richelmann hatte einen Schuß durch den linken Unterschenkel erhalten. Dem Matrosen Klebba wurde der Arm zerschmettert, so daß derselbe amputiert werden mußte, und der Obermatrose Hinkelmann hatte es dem Umstand, daß er Schlüssel in seiner Tasche trug, zu verdanken, nur einen Prellschuß erhalten zu haben. Drei Sudanesen hatten leichte Wunden.

Nachdem die Truppen wieder gesammelt, zerstörte man das Lager. Mit großer Mühe wurden die Palissaden des 300 m langen und 200 m breiten Lagers aus der Erde gerissen und auf Haufen verbrannt, die Hecken angezündet, die Erdwerke, Wälle und Gräben geschleift und zugeschüttet, so daß an ein nochmaliges Festsetzen nicht mehr zu denken war. Das eine Geschütz, dessen Lafette zerschossen war, wurde vergraben, um später als Trophäe nach Bagamojo geführt zu werden, das andre wurde gleich mitgenommen.

Nach Verabredung mit Konteradmiral Deinhard waren am Morgen des Gefechtstages fünf Dampfpinassen den Kingani hinaufgeschickt worden, welche an der Fähre bei Windi und Mtoni, wo v. Graven= reuth das Fort angelegt, sämtliche Fährboote zerstörten und etwaige Flüchtlinge abfangen sollten. Es zeigten sich jedoch nur sehr wenige Araber, und diese ergriffen sofort die Flucht, als von den Booten aus auf sie geschossen wurde. Die meisten Flüchtlinge hatten die weiter stromaufwärts liegende Dundafurt benutzt, welche aber wegen des seichten Wassers nicht für die Dampfpinassen erreichbar war.

Nachdem die Truppen bei dem eroberten Lager sich alle ge= sammelt und etwas ausgeruht hatten, wurde der Rückmarsch angetreten. Nun erst zeigten sich die Folgen der kolossalen Anstrengungen, besonders da kein Wasser zum Löschen des brennenden Durstes in glühender Sonne zu haben war. Viele Weiße mußten deswegen wie die Ver= wundeten getragen werden, die Sulu und die Wanjamuesi waren die einzigen, denen man keine Ermüdung anmerkte. Die Sulu brachten, mit Beutestücken über und über beladen, einiges Leben in die langsam dahinschleichenden Truppen, in deren Mitte sie marschierten. Sie stimmten auf dem ganzen Wege mit den Wanjamuesi ihre melodischen Schlachtgesänge an.

In Bagamojo wurden die Truppen von den wenigen treu= gebliebenen Bewohnern mit lautem Jubel begrüßt, wobei sich die Weiber besonders durch ihr eigentümliches Freuden= und Sieges= geschrei auszeichneten. Dieses Geschrei, in Ostafrika „Wigeregere" genannt, hört man in ganz Afrika und selbst in den von arabischen

Das Expeditionskorps auf dem Exerzierplatze zum Gefechte entwickelt.

Nach einer von Major v. Wißmann zur Verfügung gestellten Originalphotographie.

Völkern bewohnten Nordregionen von Marokko bis Ägypten und selbst Arabien, bei freudigen Veranlassungen. Es wird dadurch hervorgebracht, daß bei einem hohen Fistelton die Zunge zwischen den Lippeninnenrändern mit der Spitze in schnelle wagerechte Vibrationen gebracht wird, wodurch ein weithin tönender schriller Laut vernehmbar wird. Wenn dies Geschrei von vielen hundert Weibern ausgestoßen wird, so macht es den Eindruck eines eigentümlichen Jubels. Während des Schreiens heben die Weiber begrüßend einen Arm in die Höhe.

Nachdem die Verwundeten in Bagamojo in dem provisorischen Lazarett untergebracht und an sämtliche Truppen Erfrischungen ausgeteilt worden waren, nahmen alle teil an der allgemeinen Fröhlichkeit. Die Wanjamuesi und Sulu führten ihre interessanten Kriegstänze auf, in ihren eigenartig klangvollen Chorgesängen von den Weibern begleitet. Die Marine schiffte sich unter den Klängen ihres Musikkorps ein und ging wieder an Bord.

Mit diesem Siege verschwanden die Rebellen weit und breit aus der Umgegend von Bagamojo, und wenn umherschweifende Patrouillen hier und da auf feindliche Abteilungen stießen, so ergriffen die letzteren sofort die Flucht, ebenso aber auch alle Eingeborenen, sobald sich nur ein einziger Soldat der Deutschen sehen ließ. Die Dörfer der Umgegend waren fast alle verlassen und von Buschiris Mordbrennerbanden ausgeraubt und zerstört worden. Wißmann mußte unbewaffnete Suaheli nach den wenigen noch bewohnten Ortschaften entsenden, um zu verkünden, daß, nachdem Buschiri geschlagen sei, der Krieg beendet wäre und man vor den Wasungu (Europäern) nicht fliehen sollte. Wenn auch die Nachricht einigermaßen beruhigend auf die unglücklichen Wasaramo wirkte, welche seit Monaten in steter Gefahr für Leben und Eigentum gelebt hatten vor den blut- und beutegierigen Räubern Buschiris, so war ihr Mißtrauen doch nicht leicht zu beseitigen. Sie fürchteten nicht etwa dasselbe von den Deutschen, was ihnen von Buschiris Leuten angethan worden war, wohl aber, daß man sie mit verantwortlich für dessen Unthaten machen werde. Daher waren sie anfangs auch nur sehr schwer zu bewegen gewesen, Ergebenheitsdeputationen nach Bagamojo zu senden. Einige solcher Abgesandter ergriffen sogar beim Anblick der vielen Soldaten sofort die Flucht. Erst als Wißmann mehrere schwarze Würdenträger mit größter Freundlichkeit empfangen hatte und sie reich beschenkte, wich das allgemeine Mißtrauen allmählich. Die Dörfer bei Bagamojo besiedelten sich nach und nach, und ein regelmäßiger Verkehr leitete sich ein. Auch die Araber suchten sich möglichst unbemerkt aus der bösen Sache zu ziehen. Einige versicherten ihre Ergebenheit, erklärten, sich nur gezwungen den Rebellen ·angeschlossen zu haben, während andre sich durch die Flucht nach Sansibar der Strafe entzogen.

Buschiri hatte sich mit dem Reste der ihm treu gebliebenen Neger und Araber westwärts zurückgezogen und sich in einer Entfernung von etwa 60 km aufs neue verschanzt. Seine Lage war eine ziemlich verzweifelte. Er war von jeder Zufuhr von der Küste abgeschnitten, sein Ruf hatte unendlich gelitten, und seine Gefolgschaft bestand nur noch aus Arabern, welche gar nichts mehr zu verlieren hatten und selbst in friedlichen Zeiten nicht hätten wagen dürfen, zur Küste zurückzukehren. Seine übrigen Begleiter waren nichts wie ein Haufe schwarzen Gesindels, welches sich in Aussicht auf Beute, Raub und Plünderung zu Buschiri hielt. Fast alle vornehmen und einsichts= vollen Araber zogen sich gänzlich von ihm zurück. Vorläufig aber war in und bei Bagamojo vollständige Ruhe hergestellt, und die Truppen konnten für weitere militärische Unternehmungen vorbereitet werden. Dar es Salaam dagegen wurde unausgesetzt beunruhigt, und ohne militärische Bedeckung konnte sich niemand außerhalb der nächsten Umgebung zeigen oder Befestigungsarbeiten ausführen.

Im ganzen Lande herrschte eine wahre Anarchie. Die einzelnen Dörfer und Negerstämme, welche bisher gezwungen oder freiwillig Buschiri Heeresfolge geleistet hatten, gingen fortan ihre eignen Wege und verschafften sich, an die rechtlosen Zustände gewöhnt, durch Raub und Plünderung ihren Unterhalt. So wurden allmählich immer mehr Menschen in die Unruhen und den Aufstand hineingezogen, welche früher gar nicht daran gedacht hatten, an dem Aufstand teilzunehmen. Besonders thaten sich jetzt die Bewohner der Landschaft Ukwere und einige Ortschaften am unteren Kingani durch Diebstahl und Menschen= raub hervor. Dort, am Kingani, hatte sich eine ganze Kolonie ent= laufener Sklaven gesammelt, welche sich durch besondere Dreistigkeit hervorthaten. Schritte zur nachdrücklichen Wiederherstellung der Ruhe im Lande mußten auf später verschoben werden, denn es waren zeit=

raubende Vorbereitungen notwendig, um in weiten Gebieten die Ordnung und das Ansehen wiederherzustellen.

Zunächst wurde von Dar es Salaam aus ein Zug unternommen, wobei aber nirgends ein Feind zu Gesicht kam mit Ausnahme einiger hier und da flüchtenden Araber, Belutschen oder Schwarzen. Das einzige Ergebnis des Streifzuges war die Erbeutung einer sechzig Stück starken Rinderherde. Eine zweite Expedition von Dar es Salaam aus nach der Schamba des schon früher genannten rebellischen Jumbe von Dar es Salaam, Schindo, endete ebenso resultatlos mit einem mehr komischen Intermezzo. Der Führer der Expedition war von Behr, der Sohn des Grafen Behr, der sich, wie wir im ersten Kapitel gehört haben, mit großem Eifer für die Kolonialpolitik interessiert hatte. Als man in der Schamba Schindos ankam, hörte v. Behr plötzlich lautes Schreien und Schimpfen der Askari, welche an der Spitze marschierten. Bei Näherkommen befand man sich auf einem freien Platz, in dessen Mitte, von den Askari umringt, ein altes Weib in flatternden Gewändern stand. Bewaffnet mit einem Stock und einem Messer, fuhr es wie eine Furie umher, um sich schlagend hatte sie schon zwei Askari verletzt. Die Askari faßten die Sache als Scherz auf und umtanzten unter wildem Geschrei die Alte, welche sich wie eine Rasende gebärdete, unter dem Ruf: „Mama Schindo, Mama Schindo!", denn sie war in der That Schindos Mutter. Bei v. Behrs Erscheinen wurde der komischen Szene schnell ein Ende bereitet, indem man der Alten von hinten eine Matte um den Kopf warf, sie schnell entwaffnete und als Gefangene mitführte. Später versuchte sie, aus ihrer Haft in Dar es Salaam zu entfliehen. Sie war im dortigen Stationsgefängnis in Bastion II. untergebracht. Es gelang ihr, das durch Gitter verschlossene Luftloch mittels eines Steines so weit zu vergrößern, daß sie schon den Oberkörper durch die schmale Öffnung hindurch gezwängt hatte, als die Schildwache, durch das Geräusch aufmerksam gemacht, das Weib durch einige Kolbenstöße zurücktrieb. Spätere Befreiungsversuche wurden der „Mama Schindo" durch angelegte Handschellen unmöglich gemacht.

Wißmann konnte Dar es Salaam schon sehr bald wieder verlassen. Die Negerbevölkerung, hier sehr schwach, zeigte sich weder geneigt, irgend etwas gegen die Station zu unternehmen, noch wäre sie bei ihren gänzlich unzulänglichen Mitteln dazu im stande gewesen. Die Eingeborenen empfanden im Gegenteil die Vertreibung der Araber als eine Wohlthat, und bald erschienen von allen Seiten Jumbe, um wegen Friedensbedingungen zu beratschlagen. Es wurde ein Tag festgesetzt, an welchem alle pünktlich erschienen. Die Versammlung trug, wie immer bei solchen Gelegenheiten, ein sehr feierliches Gepräge. Wißmann saß in der Mitte auf einem Stuhl, von seinen Offizieren umgeben, die Abgesandten und Jumbe hockten ihrer Gewohnheit gemäß auf Matten auf dem Boden. Die Bedingungen, welche Wißmann stellte, waren: Verbot des Waffentragens ohne Erlaubnisschein, welcher aber in den meisten Fällen gegeben wurde; Abbrechen aller Ver=binbungen mit den Rebellen. Ferner mußten sich die Jumbe alle Monate auf der Station melden. Denjenigen Jumbe, welche frühere Bewohner von Dar es Salaam bei sich aufgenommen hatten, wurde unter Strafandrohung zur Pflicht gemacht, jene Leute zum Verlassen ihrer Dörfer und zur Wiederansiedelung in Dar es Salaam zu ver=anlassen. Die ganze Versammlung hatte ein würdiges Ansehen. Die Befestigungen von Dar es Salaam, seine Kanonen und die zahlreichen Soldaten mit der guten Bewaffnung, deren zufriedenes und selbst=bewußtes Auftreten hatten einen tiefen Eindruck auf die Jumbe gemacht und es ihnen rätlich erscheinen lassen, sich mit den Deutschen auf guten Fuß zu stellen. Diese Deutschen schienen doch, nach den zu allerletzt gemachten Erfahrungen, andre Leute zu sein, als man bisher zu glauben berechtigt war. Die Araber bestanden vor ihren Augen nicht mehr als das erste und bewunderungswürdigste Volk.

Die Jumbe, welche an der Küste überall die einflußreichsten Persönlichkeiten sind, können nicht als Häuptlinge bezeichnet werden. Eigentliche Häuptlinge gibt es in allen Ortschaften mit mohammeda=nischer Bevölkerung nicht mehr. Man kann als Häuptling nur noch denjenigen von Sansibar, den Muini mku, bezeichnen, dessen Titel eigentlich in Kisuaheli Mfalme ist, ein Wort, welches jetzt immer mehr in Vergessenheit gerät. Die Jumbe sind eigentlich mehr Dorfschulzen. Es können ihrer mehrere an einem und demselben Orte leben, wobei aber immer einer der Wortführer und ausschlaggebende ist. Die Jumbewürde ist erblich und wird äußerlich gekennzeichnet durch

Jumbe Muamgai und Familie.
Nach einer Originalphotographie.

eine hohe cylindrische Mütze mit dicker Wandung aus bunten Baum=
wollfäden, in Indien gewoben. Derartige Mützen dürfen nur die
Jumbe tragen. Die Jumbemützen scheinen aber wie alles Irdische
nach und nach der Vergessenheit anheimzufallen oder nicht mehr modern
zu sein, denn die Jumbe umwickeln ihre Mützen jetzt meist verschämt
mit einem Turban. Die älteren Herren unter den Jumbe halten
aber noch fest an ihren alten Gebräuchen und tragen die „Kofia“
noch mit Stolz. Diese Dorfschulzen zeigen in ihrem Charakter die
größte Ähnlichkeit mit dickköpfigen, bornierten Bauern bei uns, welche,
in ihre Ideen verrannt, sich durch keine Macht der Erde davon
abbringen lassen, von einer einmal gefaßten Meinung abzugehen, wenn
nicht, wie während des Aufstandes, die Gewalt sie zu besserer Einsicht
gebracht hätte. Es bestehen eine Menge sonderbarer abergläubischer
Gebräuche unter ihnen, welche sich aber meist auf gegenseitiges Miß=
trauen zurückführen lassen. So dürfen sich, soviel sich der Verfasser
erinnert, die Jumbe von Kaule, dem nächsten südlich von Bagamojo
gelegenen Ort, und der Hauptjumbe von Bagamojo niemals von
Angesicht zu Angesicht sehen. Sie müssen, wenn sie miteinander
persönlich zu verhandeln haben, durch eine Matte getrennt bleiben,
und halten ängstlich an der strikten Durchführung dieser lächerlichen
Zeremonie fest. So lange beide noch nicht zur Würde eines Jumbe
erhoben sind, dürfen sie sich sehen, wenn sie auch schon dazu bestimmt
sind. Wahrscheinlich entstand der Brauch durch Furcht vor gegen=
seitigen Attentaten.

Einige Tage nach Wißmanns Abmarsch aus Dar es Salaam
teilten Boten dem nunmehrigen Chef der Station, Dr. Schmidt — Leue
war zu seiner Erholung nach Europa zurückgekehrt — mit, daß der
Jumbe, welcher sich an der Zerstörung der Station Pugu und Er=
mordung der dortigen Missionäre beteiligt hatte, sich in der Nähe
aufhielt. Es wurde sofort ein kleines Expeditionskorps ausgesandt,
um denselben gefangen zu nehmen oder wenigstens sein Dorf zu
zerstören. Dies letztere geschah, ohne aber daß man des Jumbe
habhaft werden konnte. Von der einst blühenden Missionsstation,
welche fünf Stunden von Dar es Salaam am Fuße der Usaramo=
berge liegt, fand man nur die gänzlich in Ruinen liegenden Gebäude=
trümmer. Unter den Trümmern des herabgefallenen Daches fand

man die Gebeine der beiden ermordeten Missionäre, welche Dr. Schmidt sorgfältig sammeln ließ, um sie mit militärischen Ehren zu letzter Ruhe zu bestatten. Unter einem schattigen Mangobaum ruhen die opfermutigen Sendboten christlicher Zivilisation. Ihrem Berufe waren sie treu geblieben bis zum letzten Atemzuge.

Am 6. Juli wurde Saadani gemeinsam von Wißmann und vier Schiffen der Marine angegriffen und gänzlich zerstört, und ebenso Uvindji. Dabei wurden auf deutscher Seite ein Matrose, ein Unteroffizier und ein Sulu schwer, ein Offizier, ein Unteroffizier und sechs Sudanesen leicht verwundet.

Wir haben schon gehört, daß in Pangani die Kriegspartei die Oberhand gewonnen hatte und der Ort gänzlich in Besitz der Aufständischen übergegangen war. Nach den jüngsten Ereignissen und der gänzlichen Niederlage Buschiris schien sich aber wieder die zum Frieden neigende Strömung dort geltend zu machen. Die Aussichten schienen eine Zeitlang um so günstiger, als Buschiri vollständig verschollen war. Es erschien sogar eine Friedensdeputation auf Wißmanns Aufforderung in Sansibar, um dessen Friedensbedingungen entgegenzunehmen. Die Unterhandlungen wurden jedoch jäh abgebrochen, als vom Kreuzergeschwader die Nachricht eintraf, daß trotz des abgeschlossenen Waffenstillstandes Banden der Aufständischen den Strand in herausfordernder Weise besetzt hielten und schließlich sogar eine an der Panganimündung kreuzende Dampfpinasse beschossen hatten. Es wurde sofort zwischen dem Reichskommissar Wißmann und dem Konteradmiral Deinhard ein Angriff auf Pangani beschlossen und dafür der 9. Juli festgesetzt. Am 8. abends erschien das Blockadegeschwader, bestehend aus den Korvetten „Leipzig", „Möwe", „Carola", „Schwalbe" und dem Kanonenboot „Pfeil", sowie dem gecharterten Transportdampfer „Cutsch". Ferner waren Wißmanns Schiffe „Harmonie", „München", „Vulkan" und „Max" zur Stelle. Eine Macht, wie sie von seiten Deutschlands noch nie an der Ostküste vereint und den Aufständischen gegenüber entwickelt worden war. Die Araber hatten die Anhöhen auf dem rechten Panganiufer bis zum Kap Muhesa durch Schützengräben befestigt, wie man dies in der Morgendämmerung deutlich durch die Gläser von den Schiffen aus bemerken konnte. Die Verhältnisse waren des seichten Wassers wegen für eine Annäherung hier sehr ungünstig, und die steilen, mit dichtem Buschwerk bewachsenen Höhen boten, abgesehen von den Befestigungen der Araber, die bedeutendsten Schwierigkeiten. Die Araber hielten sich aber in ihren Stellungen unklugerweise gar nicht gedeckt und liefen in großer Aufregung hin und her, so daß sie ihre Positionen völlig verrieten und der Marine Gelegenheit zu scharfem Visieren gaben.

Um acht Uhr morgens ging auf dem Admiralsschiff die deutsche Flagge hoch, diesem Beispiel folgten sämtliche andre Schiffe, und wenige Minuten später fiel auf der „Möwe" der erste Schuß. Deutlich konnte man die Granate auf dem Kamme des Hügels explodieren sehen an dem aufwirbelnden Rauch und Staub. Sämtliche Schiffe nahmen dann das Feuer auf, und Schuß auf Schuß donnerte über das Wasser. Da man aber nicht beabsichtigte, sämtliche Punkte der Küste in Trümmer zu legen, so wurde die Stadt Pangani geschont und mehr das rechte Panganiufer mit der Vorstadt Mbueni bestrichen. Auf dem linken Ufer hatte man sich darauf beschränkt, längs des Strandes, von der halben Entfernung zwischen der landeinwärts gelegenen Stadt und dem Meere beginnend bis zu dem Palmenwald im Norden, eine doppelte Reihe Palissaden mit Schützengräben aufzuwerfen. Während der Beschießung wurden die schwarzen Truppen in die großen Kutter verladen, und die Landung auf den rechten Flügel der feindlichen Aufstellung gerichtet. Das erste Treffen unter Dr. Schmidt, aus zwei Kompanien bestehend, landete zunächst. Nachdem alle drei Treffen, durch tiefes Wasser watend, am rechten Panganiufer jenseit der Stadt gelandet waren, entwickelte sich auf der ganzen Linie ein sehr lebhaftes Gewehrfeuer. Die Araber zogen sich zuerst langsam sprungweise zurück und verteidigten ihre Stellung von Busch zu Busch. Bald aber endete der Rückzug in wilder Flucht, und hinterher donnerten die Salven der verfolgenden Schützen. Als eine Abteilung gegen das Ras Muhesa vorging, fand dieselbe die Stellung vom Feinde geräumt, welcher dem wohlgezielten Granatfeuer der Marine nicht standzuhalten vermocht hatte. Mbueni war ebenfalls schon vom Feinde verlassen, nachdem der Ort in Brand geschossen war. Auf dem jenseitigen Ufer, nahe dem Wasser unterhalb der Stadt, waren bei Beginn des Gefechtes hier und da weiße Gestalten aufgetaucht. Nachdem das ganze rechte Panganiufer, sowie sämtliche Stellungen und Erdwerke der Aufständischen in Händen der Deutschen waren und besetzt gehalten wurden, erschienen plötzlich hinter einer Palissadenverschanzung mehrere Araberhaufen in ziemlich beträchtlicher Stärke, welche offenbar die Absicht hatten, dem offenen Flußufer entlang nach der Stadt zu entkommen. Für Gewehrkugeln war die Entfernung von Ras Muhesa aus zu beträchtlich. Da erschien auf dem Höhenzuge, welcher das rechte Panganiufer begleitet, eine Geschützabteilung der Maximkanonen neuester Konstruktion. Leutnant Böhlau, welcher die Artillerie befehligte, gab, um die Entfernung richtig zu ermessen, einige Probeschüsse ab und eröffnete sodann auf die ganz ungedeckt fliehenden Araber während zwei Minuten ein Schnellfeuer, wodurch die Unglücklichen im wahren Sinne des Wortes vernichtet wurden. Dies Geschütz vermag bei außerordentlicher Treffsicherheit in der Minute 600 Schüsse abzugeben. Die Wirkung war hier eine mörderische, von den zweihundert Arabern war nach zwei Minuten nur noch die Hälfte zu sehen. Dreißig Tote und ungefähr fünfzig Schwerverwundete bedeckten den Platz.

Inzwischen ging die „München" über die bis dahin für Schiffe von größerem Tiefgang unpassierbar gehaltene Barre des Panganiflusses und stieß in der Höhe der ersten Palissaden auf eine quer über den Fluß gespannte eiserne Kette, deren eines Ende jedoch durch ein altes Schiffstau ersetzt war. Ohne einen Augenblick dem Anprall des Schiffes zu widerstehen, sank das lächerliche Verteidigungsmittel ins Wasser. Die „München" ging flußaufwärts. Die Marine landete in starker Brandung dreihundert Mann, wobei ein Sanitätsboot umschlug und ein Landungsboot leck geschlagen wurde. Glücklicherweise geschah weiter kein Unglück dabei. Die Mannschaften erreichten schwimmend das Ufer. Der nunmehr geplante Sturm war aber durch das starke Geschützfeuer von den Schiffen derart gut vorbereitet, daß man nirgends mehr den Feind vorfand und die Marine ohne Verlust die Positionen besetzte. Das Feuer der Geschütze war trotz der hohen Dünung von großer Treffsicherheit. Die Deutschen konnten nun in die Stadt eindringen, mit lebhafter Freude von den Indern begrüßt, welche von den Aufständischen zurückgehalten worden waren. In der Stadt stießen die Marinetruppen schon auf Abteilungen, welche unter Führung des Herrn v. Elz von Westen her vorgedrungen waren.

Station Tanga vom Lande aus.

Nach einer von Major v. Wißmann zur Verfügung gestellten Originalphotographie.

Von der Wißmannschen Truppe waren ein weißer Unteroffizier und drei Sudanesen verwundet. Ein Sudanese war gefallen. Die Marinetruppen hatten gar keine Verluste. Es war somit, wie vorauszusehen, ein leichter Sieg. Die offen daliegende Stadt konnte europäischer Kriegskunst keinen Widerstand leisten. Die Araber dagegen hatten Pangani für ganz uneinnehmbar gehalten. Die Anzahl ihrer Gefallenen konnte man nur durch Schätzung ermitteln, da der Feind seine Toten und Verwundeten weggeschleppt hatte, man nimmt an, daß der Verlust der Rebellen sich auf sechzig Tote und hundert Verwundete belief.

Pangani wurde nun sofort von zwei Kompanien besetzt. Drei Kompanien bezogen Ras Muhesa. Trotzdem aber die Araber überall vertrieben und zerstreut worden waren, beunruhigten dennoch kleine Banden unausgesetzt die Umgebung. Doch hörte dies bald von selbst auf.

Pangani wurde nun in kurzer Zeit befestigt, und bald kehrte wieder Ruhe und Frieden in der Stadt ein. Verkehr und Handel nahmen neuen Aufschwung, mit der arabischen Herrschaft war es zu Ende.

Wißmann hatte mit Admiral Deinhard die Verabredung getroffen, eine gemeinsame Operation gegen Tanga vorzunehmen. Da er aber durch alle möglichen, sehr dringenden Geschäfte einige Tage länger in Anspruch genommen wurde, so ging der Admiral allein mit seinem Geschwader am 12. Juli nach Tanga ab und schickte, dort angekommen, sogleich eine Botschaft an Land mit einem Friedensbrief, welcher den Eingeborenen Straflosigkeit zusicherte, für den Fall, daß sie sich unterwerfen wollten. Auch in Tanga waren, wie zuvor in Pangani, die Einwohner in zwei Parteien gespalten. Die Araber baten sich Bedenkzeit aus. Die Neger wünschten Frieden. Der Admiral bestand auf sofortiger Erklärung. Als am nächsten Tage, dem 13. Juli, das Landungskorps von dreihundert Mann Stärke, am Südufer der Bucht landete, zeigte sich anfangs eine friedliche Stimmung. Ohne irgend welche Zeichen feindlicher Absicht hatten sich die Einwohner am Ufer versammelt, und eine Abordnung kam den landenden Truppen entgegen. Dennoch hielten sich die Marinetruppen voll Mißtrauen kampfbereit, in der Ungewißheit zu erwartender Feindseligkeiten. Diese

Vorsicht sollte sich als sehr wohl angebracht erweisen, denn wie auf ein gegebenes Zeichen feuerten plötzlich die Araber ihre Gewehre auf die Matrosen ab. Doch nur einer wurde durch Zerschmettern des Armes verwundet. Die meisten Kugeln flogen, ohne Schaden anzurichten, ins Wasser. Das Feuer wurde von der Landungstruppe sofort erwidert und unter Hurra die Höhe gestürmt. In wilder Flucht stob der Feind nach allen Seiten auseinander, bis in die Stadt und darüber hinaus in den Palmenwald verfolgt. Der Angriff auf die deutschen Truppen soll übrigens keineswegs beabsichtigt gewesen sein, die Araber waren nur hundert Mann stark und würden einer Streitmacht von der Stärke der ihr gegenüber stehenden keinen Widerstand entgegengesetzt haben. Durch irgend einen unglücklichen Zufall ging jedoch in ihren Reihen ein Schuß los, der von ihnen als Angriffssignal aufgefaßt wurde. Die Erklärung klingt sehr wahrscheinlich, wenn man an die Friedensdeputation denkt, welche den Truppen bis zum Strande entgegen kam.

Tanga wurde von der Marine besetzt. Auch hier gaben die Inder ihrer lebhaften Freude Ausdruck über die nunmehr zu erhoffende Wendung zum Besseren, und als am 13. Juni abends die „Harmonie" mit drei Kompanien und die „München", mit dem Reichskommissar an Bord, in Tanga eintraf, war für Wißmann nichts mehr zu thun. Die Marinewache wurde durch die Truppen Wißmanns abgelöst und sofort mit dem Bau eines Forts begonnen. In kürzester Zeit war alles vollendet und nur mit Hilfe der Truppen Wißmanns, denn die Eingeborenen waren alle entflohen.

Tanga war bis dahin ein weltvergessener Punkt an der ostafrikanischen Küste, kaum dem Namen nach bekannt, so daß sogar Brix Förster noch in seinem im Jahre 1890 herausgegebenen Buche schrieb, daß die Tangabucht keinen Hafen für größere Schiffe besitze. Das ist keineswegs der Fall, sondern wir finden hier derart günstige Wasserverhältnisse, daß Tanga geradezu als der beste Hafen der ganzen deutschen Ostküste Afrikas bezeichnet werden muß. Die Bucht von Tanga stellt ein zwei bis drei Quadratmeilen großes Becken dar, mit einer Länge von 8 km und einer Breite von 6 $\frac{1}{2}$ km. Die schmale Einfahrt mit vorliegender Insel schützt den Innenhafen vor jedem Seegang. Selbst die großen Kriegsschiffe können in den Hafen ein=

laufen und in nicht allzu großer Entfernung vom Ufer Anker werfen. Auf dem etwa einen Quadratkilometer großen Eiland, welches eben= falls den Namen Tanga führt, lag früher die Stadt gleiches Namens in dem üppigen Bestande tropischer Bäume und Palmen. Einige Überreste von Mauerwerk und zahlreiche alte Fundamente deuten die Stätte ehemaliger Ansiedelung an. Die kleine Insel wäre vorzüglich zur Anlage einer kleinen Werft und Kohlenstation geeignet. Hügel= ketten im Norden und Westen schützen den Hafen vor Winden und Brandung vollständig. Die sehr bequeme Einfahrt läßt sich von der südlich vorspringenden Landzunge durch Strandbatterien sehr leicht verteidigen. Landschaftlich ist die Tangabucht der schönste Punkt der ganzen Küste. Der Hafen macht bei schönem klaren Wetter einen geradezu märchenhaft schönen Eindruck. Schön wie ein Schmuckkästchen hebt sich jetzt das neue Stationsgebäude aus den üppig grünen Palmen und Mango, den sonderbaren Baobab mit den grauvioletten Riesen= stämmen, das massiv erbaute Haus der Deutsch=ostafrikanischen Ge= sellschaft mit der ringsum laufenden Veranda, das reizend gelegene Missionshaus der deutsch=evangelischen Mission, die zahlreichen stroh= gedeckten Negerhütten, einige wenige arabische und indische Steinhäuser, im Hintergrunde Hügelketten und die hohen Berge von Usambara, die kleine Insel inmitten des tiefblauen Wassers, ein ganz unvergleich= lich schönes Landschaftsbild. Früher wurde Tanga sehr stiefmütterlich behandelt, jetzt ist es in mächtigem Aufblühen begriffen.

Vom Strand aus führt uns der Weg zuerst über eine kleine Böschung von 20 m Höhe in das Araberviertel, welches erst jetzt nach der Beschießung durch die Marine aufgeräumt und an einigen Stellen wieder aufgebaut wird, was um so schneller geschehen kann, als es in Tanga bisher kaum Steinhäuser gab. Man baute bisher nur leichte Lehmhütten. An das Araberviertel schließt sich eine breite Straße, welche Haus für Haus nur von Indern und Banianen be= wohnt wird. Die Stadt zählt ungefähr 5000 Einwohner. Das Negerviertel oder vielmehr Negerdorf Tschumbangi, unter welchem Namen allein der Ort bis vor fünfzig Jahren bekannt war, liegt ge= trennt von Tanga, so daß von dort nur einige Strohdächer zwischen der üppigen Vegetation hervorblicken. Tschumbangi besteht aus etwa hundert Hütten, welche zum Teil unregelmäßige Straßen bilden, zum

Teil um freie Plätze gruppiert sind. Eine angenehme Sauberkeit fällt sofort dem Besucher auf, wie auch die nette, zierliche Bauart der Hütten. Die vier- bis fünfhundert Seelen zählende Bewohnerschaft besteht nur aus sogenannten Watu wa Mrima, d. h. wörtlich Leute der Berge. Man versteht unter dem Mrima den hügeligen Küstenstrich von Tanga bis in die Nähe von Dar es Salaam, und unter der Watu wa Mrima die muselmanische Bevölkerung, welche auch ausschließlich Kisuaheli spricht. Die Leute sind sehr eingebildet und selbsteingenommen. Sie betrachten sich neben den Arabern als die Träger der dortigen Zivilisation und in ihrer Art als über den Arabern stehend. Auf den Verfasser machten diese Leute immer den Eindruck hochmütiger Bauern, welche nichts andres in ihrer Heimat gelten lassen und mit mitleidigem Stolz auf jeden herabblicken, der sich in ihr Gebiet hineinwagt. Die Mrimaleute bilden ethnologisch keinen Stamm. Sie sind mit allen möglichen fremden Elementen ge= mischt, und das Blut vieler Stämme des Innern, sowie arabisches und selbst indisches Blut fließt in ihren Adern. In ihrem Aussehen unterscheiden sie sich von andern Negern durch ein intelligenteres Ge= sicht. Im allgemeinen erfreuen sie sich einer gewissen Wohlhabenheit, wissen den Wert des Geldes sehr wohl zu schätzen und sind Händler, Fischer und Handwerker. Wie schon angedeutet, bekennen sie sich alle zur Lehre des Propheten, begnügen sich aber mit der Erfüllung äußer= licher Koranvorschriften, ohne einen tieferen Begriff von dessen Lehren zu besitzen. Die Mrimaleute kleiden sich wie die Neger von Sansibar und wie Araber, führen auch wie diese Waffen. Die Mrimaleute sind sehr regsam und haben hauptsächlich den kleinen Handel nach den in nicht zu großer Entfernung von der Küste gelegenen Hinterländern in Händen. Wie wir schon wissen, sind sie es, welche das Elfenbein im Massailande kaufen. Tangas Umgebung ist besonders fruchtbar, an Wasser fehlt es nicht. In die Bucht von Tanga münden der Sigi und Ndosu, welche das ganze Jahr über Wasser führen und sehr wohl zu künstlicher Bewässerung herangezogen werden können. Verfolgt man den Sigistrom aufwärts, so gelangt man an den viel= besuchten Marktplatz Amboni, und dann nach Muschesa, welches als Übergangspunkt für die von Magila nördlich nach Wanga Reisenden wichtig ist. In der Umgebung Tangas gedeihen in üppiger Fülle

alle Tropengetreide und Gemüse, sowie besonders schöne Bananen=
und auch Tamarindenbäume wachsen wild in großer Menge. Die
Tamarinde ist eine sehr gesuchte Zuthat zu Speisen und ausgezeichnet
als süßes Kompott, zum Braten oder als angenehme Beigabe und zum
Frühstück, wie man es in Indien genießt. Von der bewußten Wirkung,
welche Tamarinden bei uns als Medikament hervorbringen sollen,
spürt man dort bei dem Genuß der angenehm saueren Frucht nichts.

Hinter den letzten Häusern von Tanga dehnt sich ein weiter
Kokospalmenwald aus, der den Ort in breitem Gürtel umgibt und
im Norden und Süden ans Meer heranreicht. Derselbe harrt jedoch
rationellerer Ausnützung. Jetzt wird in Tanga neben starkem Garten=
bau hauptsächlich Viehzucht betrieben. Kein andrer Ort der Küste ist
dazu mehr geeignet. Auch die militärische Station machte sich dies
zu nutze und hielt auf den schönen, bis ans Meer heranreichenden
Weidegründen fünfhundert Stück Rinder. Dieser Umstand hat der
Station den Scherznamen „Landwirtschaftliche Versuchsstation" ein=
getragen. Aus diesem Scherz wird aber sicher einmal Ernst werden,
denn unter allen Punkten der ganzen Küste ist Tanga derjenige, dem
man die beste Zukunft prophezeien kann, da hier neben den günstigen
Bodenverhältnissen, dem ausgezeichneten Hafen auch noch der Umstand
hinzukommt, daß Tanga der gesündeste Punkt der Küste ist, so daß
sich Kranke dort in verhältnismäßig kurzer Zeit ganz gut erholen.

Die Bevölkerung des Hinterlandes von Tanga ist infolge der günstigen
Bodenverhältnisse eine sehr starke und in ethnographischer Beziehung
eine der interessantesten der ganzen Küste. Der arabischen Bevölke=
rung gelang es nie, dort wie an andern Punkten der Küste Wurzel
zu fassen. Wir finden in Bondeï, der Name Usambara ist in Tanga
und Umgegend beinahe unbekannt, den Volksstamm der Wadigo, welcher
in Gestalt, Sitten und Gebräuchen von andern Küstenstämmen erheb=
lich abweicht. Die unter dem Mittelmaß der übrigen Stämme kleinen
Wadigo sind schlank und ebenmäßig gebaut, und ihre hübsche Gesichts=
form unterscheidet sich wesentlich von dem breiten und gemein
aussehenden Typus der übrigen Neger. Die Männer machen sonder=
barerweise neben ihren auffallend wohlgestalteten Weibern, deren
Gesichtszüge sehr ansprechend sind, einen zwerghaften Eindruck. Die
Weiber tragen ein für den an derartige Verhältnisse Gewöhnten sonderbares

Kostüm. Dasselbe besteht in einem kleinen kurzen, bis zu den Knieen reichenden Röckchen, welches aus einer Menge feiner dichter Falten besteht. Diese Falten werden dadurch hervorgebracht, daß der Stoff, weißes Merikani, zwischen Steinen gepreßt wird. Diese Röcke zeigen große Ähnlichkeit mit der griechischen Fanfulla. Auf der Brust wird ein vorn zusammengeknotetes Tuch, unterhalb des Knies wird ein breiter Zeugstreifen getragen, welcher an Strumpfbänder erinnert. Die Ohrläppchen werden, wie bei vielen andern Stämmen, oft ungeheuerlich ausgeweitet zur Aufnahme von Eisen=, Kupfer= und Messingschmuck.

Die Männer tragen jetzt ziemlich allgemein ein baumwollenes Hüftentuch in weiß und blau oder in bunten Mustern, in abgelegenen Orten wohl auch noch Felle. Ihre Waffen bestehen ausschließlich in Pfeil und Bogen. Die Leute sind eifrige Ackerbauer, eine Beschäftigung, welche in den fruchtbaren Thälern Bondeïs recht lohnend ist, aber auch hier wie von allen Negerstämmen nur mit der Hacke betrieben wird. Die Wadigo produzieren solche Quantitäten afrikanischer Ge= treidearten, daß ein reger Tauschhandel mit der Küste stattfindet und Tanga dadurch als Ausfuhrhafen von Korn eine gewisse Bedeutung gewonnen hat, welche sich hoffentlich immer mehr steigern wird. Fast täglich sieht man die Wadigo mit ihren langen, spitzen Bastsäcken Mtama und Mais zum Verkauf auf den Markt nach Tanga tragen. In Amboni findet, wie schon erwähnt, ein großer Markt statt. Dort ist durch den lebhaften Verkehr ein umfangreicher freier Platz ganz von Gras gesäubert worden, und wohl an tausend Männer und Weiber finden sich dort häufig ein, um in Gruppen oder Reihen aufgestellt ihre Marktwaren feilzubieten, Mtama, Mais, auch etwas Reis, Hühner, Eier, geflochtene Matten, Holzschnitzwerk, wie Teller, niedere drei= und vierbeinige Schemel, aus einem Stück gearbeitet und auch Tabak in kleineren Quantitäten. Die Wadigo sind schon derart von der Kultur beleckt, daß sie fast nur Geld für ihre Waren nehmen. Die Häuser zeigen im Gegensatz zu den Giebelhäusern der Küstenorte schon die Konusform der echten Negerhütte, wobei der untere Dachrand fast den Boden berührt. Die einzelnen Dörfer sind Ortsschulzen unterstellt.

Nachdem in Tanga und Umgegend die Ruhe wieder hergestellt war, hielt sich Wißmann nicht lange mehr dort auf, sondern ging süd=

wärts, um auf der „München" eine Besichtigung der Küstenplätze vor=
zunehmen.

Dr. Schmelzkopf begleitete ihn, um eine ärztliche Revision damit
zu verbinden. Außer diesen beiden Herren befanden sich an Bord
Dr. Bumiller, Wißmanns unzertrennlicher Begleiter und Adjutant,
welcher sich durch seine Hingabe, seine Fähigkeiten und seinen Fleiß
ganz außerordentlich hervorthat. Der Südwestmonsun wehte sehr stark,
und bei der mächtigen Dünung konnte der Kapitän die offene See
nicht halten. Er war gezwungen, in der Nähe von Dar es Salaam
angelangt, im Schutze einer kleinen Insel vor Anker zu gehen. Wiß=
mann ließ ein Boot klar machen und ruderte mit den beiden Offizieren
und einigen Schwarzen nach der Insel, um zu jagen. Sehr bald aber
zeigte sich, daß das schon lange nicht mehr benützte Boot ganz leck
war und derart Wasser nahm, daß es nur den vereinten Bemühungen
der Insassen gelang, dasselbe solange über Wasser zu halten, daß man
den Strand noch erreichte, in dessen Brandung es dann völlig sank.
Nur mit Mühe konnte es auf den Strand gezogen werden.

Der Vorgang war von Bord aus von Dr. Schmelzkopf bemerkt
worden, er erkannte die gefährliche und peinliche Lage, in welcher sich
die drei befanden, und glaubte schließlich, es habe ein feindlicher
Zusammenstoß stattgefunden, da er Schüsse gehört zu haben meinte.
Schwimmend wollte er vom Schiffe aus seinen Kameraden Hilfe
bringen. Dem Kapitän gelang es jedoch, den Doktor von seinem wag=
halsigen Unternehmen zurückzuhalten. Am nächsten Morgen aber,
gegen vier Uhr, beschloß Dr. Schmelzkopf, sein Wagestück dennoch aus=
zuführen. Ausgerüstet mit einer Flasche Kognak, etwas Kaffee, einer
kleinen Schachtel Nägel zur Reparatur des Bootes und etwas Chinin,
sprang er entkleidet über Bord. Die Entfernung bis zur Insel
betrug etwa 1000 m. Der Stabsarzt besaß zwar einen hohen Grad
von Kraft nnd Gewandtheit, allein es gingen hohe überbrechende
Wellen, und seine Bewegungen wurden durch die mitgenommenen
Gegenstände sehr beeinträchtigt. Von Bord aus war er des Seegangs
und der noch herrschenden Dunkelheit wegen bald nicht mehr zu sehen.

Auf der Insel hatte man von dem ganzen Vorgang nichts
bemerken können. Erst später wurden die Schiffsbrüchigen aufmerksam,
als der Kapitän drei Schüsse abgefeuert hatte und unter heftigen

Gestikulationen etwas hinüberrief, welches aber bei dem Tosen der Brandung unverständlich blieb. Bei Tagesanbruch kalfaterten die Schiffbrüchigen ihr Boot und machten es wieder flott. Trotzdem noch durch alle Fugen Wasser eindrang, gelang es dennoch, das Schiff zu erreichen, und in dem Moment, wo alles an Bord war, sank das Boot. Die erste Frage natürlich, welche der Kapitän an die An= kommenden richtete, war: „Wo ist Dr. Schmelzkopf?" Alle waren aufs äußerste erstaunt und bestürzt. Jeder Zweifel war von vorn= herein ausgeschlossen, daß der mutige Mann ertrunken oder von einem der dort häufigen Haifische erfaßt und in die Tiefe gezogen worden. Bis acht Uhr forschte man nach ihm, der Strömung folgend, aber, wie gleich vorauszusehen war, vergebens. Ein pflichtgetreuer, aufopfernder, sehr befähigter Mann war verloren gegangen. Seinem Andenken wurde der Obelisk bei Dar es Salaam gesetzt.

Von Bagamojo aus wurde die Unterwerfung der unruhigen Eingeborenen, welche aus Raub= und Beutelust sich in immer größerer Zahl den Aufständischen angeschlossen hatten, mit Energie fortgesetzt. Die Neger leisteten so gut wie gar keinen Widerstand, sondern flohen vor den anrückenden Schutztruppen, so daß deren Bemühungen, Schuldige zu bestrafen, meist erfolglos blieben. Es verdient hier des außerordentlichen Mutes Erwähnung gethan zu werden, den bei Gelegenheit des Streifzuges einer Truppenabteilung ein Sudanese an den Tag legte. Es war des Nachts, als die von Leutnant v. Behr geführte Abteilung durch aus der Ferne herüberhallende Schüsse beun= ruhigt wurde. Das Lager, am Kingani aufgeschlagen, wurde dadurch alarmiert, und kurz darauf erschienen am andern Ufer einige Soldaten mit der Meldung, daß sie einen Brief von Herrn v. Gravenreuth, der sich ebenfalls auf einem kriegerischen Streifzug befand, zu überbringen hätten. Die Angelegenheit konnte von höchster Wichtigkeit sein, der Brief mußte über den Fluß herüber. Guter Rat war teuer, ein vor= handenes Stahlboot war bei der gerade eingetretenen Ebbe, die sich hier vom Meere aus noch bemerkbar macht, so tief in den Schlamm gesunken, daß es selbst unter den vereinten Anstrengung der Leute nicht flott zu machen war. Ein Floß zusammenzustellen, war in der Dunkelheit nicht möglich. Es blieb nichts übrig, als den hier 200 m breiten Strom zu durchschwimmen. Die Gefahr bei einem derartigen

Wagnis war groß. Denn der Fluß wimmelte von Krokodilen. Weder unter den Wanjamuefi, Wafuaheli oder Sulu fand fich jemand bereit dazu, als man nach einem Freiwilligen Umschau hielt. Da trat aus der Reihe der Sudanefen ein großer ftarfer Soldat vor und meldete fich zum Durchschwimmen des Fluffes. Auf die Gefahr aufmerkfam gemacht, fchüttelte der Brave feinen Kopf und mit dem Ausruf All hamb ul illah (Wie Gott will, gefchieht es) fprang er in die Fluten. Sämtliche Anwefenden erhoben ein furchtbares Geschrei, um die gräß= lichen Saurier zu verscheuchen. Glücklich entftieg der Schwimmer am andern Ufer dem Fluß. Er nahm den Brief in Empfang, band ihn in fein Kopftuch und trat den Rückweg an. Die aufs höchfte gefpannten Zuschauer begannen von neuem zu fchreien. Ruhig fteuerte der Schwimmer nach dem diesfeitigen Ufer, als mit einem Male in der Mitte des Fluffes der Kopf eines Krokodils dicht hinter dem kühnen Manne erschien. v. Behr erzählt, daß ihm in diefem Moment der Atem ftockte, das Blut zum Herzen ftrömte und ihm der Ruf in der Kehle ftecken blieb, denn jeden Augenblick konnte der Ärmfte unter der Oberfläche des Waffers verschwinden, von dem Untier hinab= gezogen. Doch zum Glück verschwand der Kopf des Krokodils wieder, fei es infolge des furchtbaren Geschreies am Ufer, fei es, daß es durch den von einem Sudanefen mit großer Geiftesgegenwart geschleuderten Feuerbrand fortgescheucht wurde. Der Tapfere erreichte ungeschädigt das Trockene und wurde von feinen Kameraden mit ftürmischem Jubel empfangen und im Triumph ins Lager getragen. Die Offiziere drückten ihm voll Anerkennung die Hand, und einer der Herren wollte ihm zwanzig Rupien schenken, bescheiden aber trat der Mann zurück und fagte: „Nein, ich nehme kein Geld, ich habe nur meine Pflicht als Soldat gethan."

Den Schutztruppen gelang es nach und nach, in der Umgegend Bagamojos Ruhe und Sicherheit herzuftellen, nachdem man eine Menge Dörfer überrumpelt und Gefangene gemacht hatte und schließlich das durch feinen Sklavenhandel berüchtigte Kondutfchi zerftört worden war.

Buschiri war inzwischen verschollen. Seine Versuche, fich in der Umgegend von Bagamojo zu halten und neue Anhänger zu fammeln, scheiterten. Wenn er auch noch zahlreiche Freunde befaß, welche ihn unterftützten, fo war feine Stellung dennoch erschüttert, besonders als das Dorf Kuale, in dem sich vierzig seiner bei Bagamojo zersprengten Anhänger, Araber und Belutschen, verschanzt hatten, durch Dr. Schmidt erstürmt und das Lager zerstört wurde.

Buschiris Macht war so gering geworden, daß er eine Karawane von Wanjamuesi in der Stärke von tausend Mann nicht aufzuhalten vermochte. Er richtete nun sein Augenmerk auf die französische Missionsstation Sima in der Absicht, die Missionäre gefangen zu nehmen. Er wollte dann, wie sich später herausstellte, nach Mpapua ziehen, um die dortigen Anlagen der Europäer zu zerstören. Die Missionäre von Sima flohen zu dem einflußreichen Häuptling Kingo von Mragoro bei Simbamuene.

Seine Mutter war Häuptling von Simbamuene. Die Schönheit und Fruchtbarkeit der Gegend um Simbamuene ist außerordentlich. Der Ort Simbamuene liegt am Fuße der hohen romantischen und schön bewaldeten Ukamiberge, zahlreiche Ortschaften übersäen das Gelände und reichen bis hoch in die Berge hinauf. In üppiger Fülle gedeihen hier in Ukami alle afrikanischen Getreide= und Gemüsearten, Bananen und ganz besonders Zuckerrohr. Das Klima ist ziemlich gesund, scheint aber für Rinderzucht nicht geeignet. Von jeher herrschte in Ukami als Folge der günstigen Bodenverhältnisse ein gewisser Wohlstand, und so konnte es nicht ausbleiben, daß andre Häuptlinge neidisch ihre Blicke dorthin richteten. Vor 50—60 Jahren machte sich ein Häuptling, Namens Kisabengo aus dem Stamme der Waseguha, auf und drang, aus der Nähe von Sadaani kommend, nach Ukami vor, eroberte nach harten Kämpfen die herrliche Landschaft und legte sich wegen seiner Siege den Namen „Simba" d. i. Löwe bei. Sein Titel war Muene, Herr, Herrscher, Häuptling, ein Wort, das für Ostafrika auffallend ist, da es dort sonst nirgends in einer der vielen Sprachen zu finden, in Westafrika dagegen allgemein gebräuchlich ist.

Der frühere Kisabangu wurde fortan Simbamuene, d. h. Herr Häuptling Löwe, nicht Löwenhäuptling, angeredet. Dies ist die einzige richtige Erklärung der Entstehung und Schreibweise dieses Wortes. Simbamuene legte am Fuße der Ukamiberge einen großen Ort an, seine Residenz, am Ufer des Mrogorobaches, umgab dieselbe mit einer 4 m hohen, aus Stein und Lehm errichteten Mauer, deren vier Ecken mit Türmen flankiert waren. Die vier Thore wurden durch kunst=

Kingo von Mrogoro.
Nach einer Originalphotographie.

voll in arabiſchem Stil geſchnitzte Thüren geſchloſſen. Die zahl=
reichen, ſpäterhin ringsum errichteten Hütten zuziehender Unterthanen
wurden ebenfalls mit einer niederen Lehmmauer umgeben. Simba=
muene erhob hohen Wegezoll von allen durchziehenden Karawanen, und
da er zugleich ziemlich geordnete Verhältniſſe im Lande herſtellte, ſo
ließen ihn die Araber gewähren und zahlten ruhig den Hongo, wenn
ſie ihre Handelszüge nach dem Innern unternahmen. Nach dem
Tode Simbamuenes geriet ſein Reich, wie auch ſeine Reſidenz in
raſchen Zerfall. Seine Nachfolgerin, eine Tochter, führte denſelben
Namen wie er. Als dieſe ſtarb, kam deren Tochter zur Regierung,
und dieſe hat der Verfaſſer kennen gelernt bei Gelegenheit eines ihm
von ſeiten der „Fürſtin“ abgeſtatteten Beſuches. Sie bat, der Euro=
päer möge doch Zauber machen, damit ihren Brunnen Waſſer zuflöſſe,
welche ſie thörichterweiſe an einer ganz ungeeigneten Stelle angelegt
hatten. Kingo, ihr Sohn, ſcheint mehr Energie wie ſeine Mutter zu
haben. Jedenfalls hatte er Einſicht genug, ſich auf Seite der Deutſchen
zu ſchlagen und den flüchtigen Miſſionären Schutz angedeihen zu
laſſen gegen Buſchiri, welcher vergeblich Verſuche machte, den einfluß=
reichen Häuptling auf ſeine Seite herüberzuziehen.

Buſchiri wendete ſich inzwiſchen nach Mpapua, wo es ihm zum
letztenmal gelingen ſollte, Unheil anzurichten. In Mpapua war, wie
wir gehört haben, eine Station der Oſtafrikaniſchen Geſellſchaft ange=
legt, und ſeit einer langen Reihe von Jahren beſtand dort eine eng=
liſche Baptiſtenniederlaſſung. Die engliſchen Miſſionäre hatten ſich
rechtzeitig zu einem Wagegehäuptling geflüchtet, als die Nachricht
von Buſchiris Anrücken lautbar wurde. Von den beiden Beamten der
Oſtafrikaniſchen Geſellſchaft, Leutnant Gieſe und Nielſon, einem
Schweden, waren ſeit langem keine Nachrichten zur Küſte gelangt. Von
Sanſibar aus hatte man deswegen Mitte Februar zwei Boten dorthin
geſandt, welche kleingeſchriebene Briefe in ihren dort allgemein ge=
bräuchlichen Amulettbeutelchen verborgen trugen. Dieſe Vorſicht er=
wies ſich als ſehr wohl angebracht, denn die Leute wurden von
Buſchiri angehalten und unterſucht. Ein anweſender vornehmer und
ſtrenggläubiger Araber verhinderte das Öffnen der Amulettbeutel, als
die Boten angaben, es ſeien geweihte Koranſprüche darin enthalten.
Man ließ ſie ihres Weges ziehen, und ſie erreichten mit den Briefen

Mpapua. Man fing die Boten wieder auf, beraubte sie ihrer Ge=
wehre und ließ sie laufen. Die Briefe lieferten sie richtig in Sansibar
ab. Giese berichtete, daß zur Zeit des Abganges der Boten in
Usagara alles ruhig sei. Er beabsichtigte aber, da ein Vordringen
auf direktem Wege zur Küste unmöglich schien, sich nordwärts nach
dem Kilimandscharo zu wenden, um von da die Küste zu erreichen.
Noch vierundzwanzig Stunden vor Buschiris Erscheinen in Mpapua
hatten die englischen Missionäre Warnungen an die beiden Beamten
ergehen lassen, leider beachteten sie diese nicht, sondern schenkten einem
Gerücht Glauben, demzufolge Buschiri in die Gefangenschaft der
Deutschen geraten, auf dem Wege nach Deutschland begriffen sei, um
dort seine Strafe zu verbüßen. Man unterließ es sogar, bessere
Verteidigungsmaßregeln zu treffen, und so gelang es den Rebellen, sich
in der Nacht des 23. Mai 1889 anzuschleichen und die Station zu
überrumpeln. Ehe die Überraschten sich verteidigen konnten, war
Buschiri mit seinen Leuten eingedrungen und schoß eigenhändig den
unglücklichen Nielson, welcher mit seiner Büchse am Fenster erschien,
nieder, das Gewehr des Leutnants Giese versagte. Er sprang durch
ein Fenster und vermochte sich durch dichten Busch zu retten. Auf
das Schießen hin waren sofort die Leute des Stationsdorfes zu Hilfe
geeilt und hatten, fünfzehn Mausergewehre stark, ein derart heftiges
Feuer eröffnet, daß Buschiri die Flucht ergriff. Giese hatte sich bei
dem Sprung durchs Fenster die Füße verletzt und war, ganz von
Dornen zerfetzt, zu dem Häuptling Chipangilo geflüchtet. Er ver=
mochte zwar am andern Morgen die Station wieder zu beziehen,
allein seine Leute verließen ihn, einer nach dem andern, eingeschüchtert
durch Buschiris Drohungen. Es blieb Giese daher nichts anders
übrig, als seine Vorräte an die englische Mission zu verkaufen, die
Kanone dem Häuptling anzuvertrauen. Krank, von Dornen ver=
wundet, marschierte er, auf selten betretenen Pfaden, der Küste zu.
Seine Leute flohen zum größten Teil oder wurden aufsässig, von allen
Seiten war er vom Feinde bedroht. Wenn es ihm auch gelang, in
den französischen Missionsstationen Führer zu mieten und Lebensmittel
zu erhalten, so war er doch oft der Verzweiflung nahe, wenn ihn
der Marsch durch wasserlose Wüste führte und das Schreckgespenst
des Durstes ihn plagte. Die größten Schwierigkeiten bereitete ihm

das Passieren des 100 m breiten Wami. Giese irrte mit seinen Be=
gleitern umher, bis sie einige trockene Hölzer fanden, aus Lianen
einen Strick drehten und daraus ein Floß zusammenbanden, mit dem
sie das andre Ufer erreichten. Als Giese endlich die Glocken der
französischen Mission in Bagamojo erklingen hörte, war er gerettet.
Diese und andre schlimme Nachrichten drängten zu ganz entschiedenem
Vorgehen gegen Buschiri, welcher, sich fortwährend nach neuen Ver=
bündeten umsehend, mit den Wahähä Blutsbrüderschaft geschlossen
hatten.

Eine große Expedition wurde von Wißmann ausgerüstet, um
den Marsch nach Mpapua anzutreten, in der Absicht, Buschiri zu ver=
nichten. Die Stärke der in mehreren Abteilungen mit nur leichtem
Gepäck marschierenden Truppe bestand aus annähernd zweitausend
Mann, von denen die Hälfte aus Wanjamuesi bestand. Diese waren
seit Monaten an der Küste zurückgehalten und kehrten, nachdem sie in
den Kämpfen gegen Buschiri manchen wesentlichen Dienst geleistet hatten,
nach ihrer Heimat zurück. In Msua vereinten sich alle Abteilungen.
Der Ort kann als typisch für die Anlage der dortigen Dörfer gelten.
Inmitten des undurchdringlichen Urwaldbusches gelegen, der Msua auf
weite Strecken nach allen Seiten umgibt, konnte man nur durch einen
schmalen, eingehauenen Weg Zugang finden. Dicht gedrängt stehen
die Hütten in ziemlicher Sicherheit vor feindlichen Angriffen. Der
fruchtbare Boden des Landes bringt alles im Überflusse hervor, und
der Häuptling der hier wohnenden Wadohä, Pasi Simba, brachte dem
Reichskommissar, welcher die Expedition selbst befehligte, eine Menge
Nahrungsmittel als Geschenk. Als Gegengeschenk wurden ihm die
üblichen bunten Stoffe und Schmucksachen überreicht. Ein Schutzbrief
stellte ihn unter deutsche Oberhoheit, und eine mächtige deutsche Flagge
wehte fortan von einem hohen Baume lustig im Wind. Wie wir schon
wissen, sind die Wadohä Menschenfresser, der Häuptling wollte dies
jedoch auf Befragen keineswegs zugeben, sondern leugnete mit ver=
schmitztem Lächeln. Der Verfasser hatte einen Koch vom Stamme
der Wadohä, der als Sklave von ihm losgekauft wurde, und
dieser gab die fatale Thatsache zu. Es scheint aber, daß die
scheußliche Sitte allmählich im Abnehmen begriffen ist, denn die
Opfer sind zu schwer zu beschaffen, und das Verspeisen geschieht mit

größter Heimlichkeit, um unliebsamen Erörterungen aus dem Wege
zu gehen.

Der Weg von Msua bis Mpapua führt fast immer durch recht
schöne, abwechselungsreiche Gegend, durch das Land Ukami über Simba=
muene durch die palmenbestandene, glühend heiße Mkataebene. Der
Mkata oder Wami wird auf einer Brücke überschritten, die durch einen
umgestürzten Baumstamm gebildet wird. Die blauen zackigen Berge
von Usagara kommen in Sicht, und dann geht es den Mkondokwa,
der sich in den Wami ergießt, entlang. Das Thal wird von Kon=
doa an immer enger und romantischer. Vorbei geht es an Muini
Msagara, der ersten Station der Ostafrikanischen Gesellschaft, dort
mündet auch der Simabach, in dessen malerischem Thale Graf Pfeil
einst an lieblicher Stelle eine idyllische Station angelegt hatte, doch
der Aufstand ist darüber hinweggeschritten, und alles ist wieder zer=
stört. Das Thal des Mkondokwa geht bald in einen schluchtartigen
Paß über, von hohen Felsen eingeschlossen. Borassus= und Hyphäne=
palmen, hochstämmige Bombaxbäume, Bambus= und Phönixpalmen
vereinen sich mit dichtem Wald zu einem wunderschönen Vegetations=
bild in der herrlichen Gebirgslandschaft.

Der Weg führt bald über den Fluß und dann über einen hohen
Paßrücken, den die Träger zwischen Granitfelsen und Geröll nur
mühsam erklettern. Hoch oben weht frischer scharfer Wind, und der
Blick schweift in endlose blaue Ferne. Bis zum Horizonte dehnen sich
Wald= und Savannenstreifen, weit in der Ferne rotes Gelände. Es
ist schon Ugogo mit seiner öden Landschaft. Tief unten zu Füßen
liegt still der Ugombosee, eine Lagerstelle für alle Karawanen. Er
wimmelt von Nilpferden und Krokodilen. Hoher romantischer Reiz
liegt darin, wenn sich dort am Abend die Wachtfeuer ausdehnen, der
Rauch wie geisterhafter Nebel übers Wasser zieht und die Konturen
der Ufer und der Berge immer undeutlicher werden. Das Brüllen
der Nilpferde hallt übers Wasser und tausende von Vögeln streichen
darüber hin, Enten fallen auf der Oberfläche ein. Der Mond gießt
mattes Silberlicht über die Landschaft, und Frösche und Cikaden be=
ginnen ihr tausendstimmiges Konzert.

Der See trocknet in sehr heißen, regenarmen Zeiten ganz aus,
wie zuletzt im Sommer 1888; dann sind die Nilpferde zum Aus=

wandern gezwungen. Die Krokodile verkriechen sich im Schlamm, und die Fische werden leichte Beute der Eingeborenen.

Vom Ugombosee bis Mpapua geht es schon durch den häßlichen Dornbusch, dem wir noch in Ugago begegnen werden, und über rote harte Erde. Froh ist der Wanderer, wenn er in Mpapua anlangt, das südlich am Fuße der 1800 m hohen Granitberge liegt.

Mpapua gehört noch zu Usagara. Es bildet einen Hauptknoten= und Durchgangspunkt für alle Karawanen, welche auf dem Wege von Dar es Salaam, Bagamojo und Sadaani nach dem Innern, nach Tabora, dem Tanganika, Viktoria Njansa und nach dem Kongo wollen. Ebenso müssen alle Karawanen von dorther auf dem Weg zur Küste Mpapua passieren. Es mögen auf dem Hin= und Rückwege jährlich hunderttausend Menschen und mehr dort passieren, und da sich alle in Mpapua verproviantieren, so läßt sich daraus ein Schluß auf die Fruchtbarkeit der scheinbar ganz sterilen Gegend ziehen. Hier finden wir auch die ersten großen Rinderherden, welche vortrefflich gedeihen. Die Eingeborenen treiben bedeutende Viehzucht, leider ohne großes Verständnis. Hier ist dem rationellen Viehzüchter eine recht dankbare Aufgabe gestellt.

Wenn wir auf unserm Marsche westwärts, da, wo das Mkon= dokwathal sich verengt, den Ort Kiroa hinter uns haben, so begegnen wir bald den echten Tembe, einer andern wie an der Küste gebräuch= lichen Hüttenform. Das niedere, außen oft nur $1\frac{1}{2}$ m hohe, innen vertiefte Gebäude umschließt immer einen rechteckigen Hofraum, welcher zur Aufnahme der Rinder während der Nacht dient. Das Tembe hat eine Seitenlänge, welche zwischen 40 bis 300 m wechseln kann, je nach dem Wohlstand des Besitzers, das Umfassungsgebäude ist aber nie breiter wie 3 m. Das flache Dach hat von der Mitte aus kaum merkliche Neigung nach unten und ruht in der Mitte auf einem Längs= balken, welcher durch zahlreiche Pfosten im Innern gestützt ist, ein fußdicker Erdbewurf, auf Scheite gelegt und gegen das Herabrieseln durch untergelegtes Stroh oder Schilf gesichert, bietet zwar einen sehr guten Schutz gegen die heißen Sonnenstrahlen, einen um so schlechteren aber gegen Regen, der bei heftigen Güssen überall Einlaß findet. Die Wände sind aus dichtgestellten Scheiten oder Stangen hergestellt, welche durch zwei längslaufende Rutenbündel fest zusammen gehalten

werden. Ein Thonbewurf stellt den Verputz dar. Im Innern ist
der Raum in zahlreiche Abteilungen getrennt, welche zum Teil durch
Thüröffnungen in Verbindung untereinander stehen. Die von außen
führenden niederen Thüröffnungen werden durch Matten, aus Rinde
oder Mtamastengel geflochten, und mittels eines vorgehängten Holzes
verschlossen. Schlösser kennt man dort nicht, ein Umstand, der aber
keineswegs auf große Ehrlichkeit der biederen Eingeborenen zu schließen
berechtigt. Sie leisten im Gegenteil an Diebereien ganz Erkleckliches.
Wer etwas besitzt, was mitgenommen werden kann, muß es eben ver=
stecken oder bewachen. Neben den menschlichen Bewohnern finden sich
eine Menge Ungeziefer aller Art und sehr viele Ratten in der
Tembe, die aber hier nicht wie in Usaramo und andern Küstenstrichen
Gefahr laufen, von ihren Wirten verspeist zu werden.

Die Eingeborenen sind in und um Mpapua keine Wagogo, wie
allgemein angenommen wird, sondern echte Wasagara, welche allerdings
in Gestalt und Charakter Ähnlichkeit mit diesem frechen Gesindel
haben. Sie haben nur Sitten, Gebräuche, Lebensweise, Beschäftigung
und sogar die Sprache ihrer Nachbarn angenommen, welche ihnen
durch ihre Macht und Anmaßung derart imponierten, daß sie ganz auf
ihre eigne Nationalität Verzicht leisteten, wie wir dies so oft in
Afrika wiederfinden.

Als Wißmann mit seiner großen Expedition in Mpapua an=
langte, nachdem man bei Madimola am Kingani das Dorf des
Pangiri zerstört hatte, machte der Häuptling Chipangilo sofort seine
Aufwartung unter Überreichung von Geschenken. Da jedoch sein Ver=
halten Buschiri gegenüber in recht zweifelhaftem Lichte erschien, so
ergriff er das Hasenpanier, als ihn andre Häuptlinge anklagten, mit
Buschiri Freundschaft geschlossen zu haben. Als sehr vorsichtiger Mann,
der auch in die Zukunft blickt, lieferte er jedoch vor seiner plötzlichen
Abreise alles ihm von Giese anvertraute Material und auch die
Kanone aus. Chipangilos Flucht mußte als Beweis seiner Schuld
angesehen werden, und so wurden die Truppen aus seinen umfang=
reichen Getreidevorräten verproviantiert; was umso zweckmäßiger erschien,
als sich die übrigen Wagogo sehr ablehnend verhielten und keine Lebens=
mittel zum Verkauf bringen wollten, wohl aus Angst, derselben einfach
beraubt zu werden. Vieh wurde requiriert, später aber vergütet.

Ankunft von Mpapua abgelöster Mannschaften in Bagamojo.   Nach einer Originalphotographie.

Am Tage nach der Ankunft in Mpapua wurde sogleich mit dem Bau eines neuen Forts begonnen. Die frühere Station, von der kaum noch die äußeren Umfassungsmauern erkennbar waren, lag derart ungünstig auf einem Hügel, daß es von einem höheren Berge aus vollkommen beherrscht wurde.

Zur Sühne für die Ermordung des Gesellschaftsbeamten Nielson, dessen Grab mit einem Kreuz versehen wurde, ließ Wißmann drei gefangene Araber und Belutschen wegen erwiesener Beteiligung an der Ermordung der Missionäre in Pugu und wegen Spionage an der Stelle, an welcher Nielson ermordet war, hängen.

Die Wanjamuesikarawane zog nach einigen Ruhetagen unter vielen Danksagungen und Freundschaftsbeteuerungen in die Heimat. Anfang Oktober wurde mit dem Bau des Forts begonnen, und schon am 19. war es, nachdem täglich sechshundert Mann daran gearbeitet hatten, soweit fertig, daß es im Notfall ganz gut verteidigt werden konnte. Wißmann trat sofort seinen Rückweg zur Küste an, nachdem eine hinreichende Besatzung unter einem deutschen Offizier zurückgelassen worden war, und erreichte dieselbe sehr bald nach forcierten Eil= märschen. Auf Buschiri war er während des ganzen Weges nicht gestoßen.

Die Mafiti.

Ehe noch Wißmann Anfang Oktober seine Operation nach Mpapua hin unternahm, hatte sich allmählich das Gerücht verbreitet, daß sich Buschiri von dort aus südwärts gewandt habe, um sich, mit den Wahähä verbündet, wieder der Küste zu nähern. Man schenkte derartigen Nachrichten anfangs keinen Glauben, in der Annahme, daß es Buschiri nach seinen wiederholten Niederlagen, abgeschnitten von aller Zufuhr an Kriegsmaterial, nicht wagen werde, derartige Pläne in Angriff zu nehmen. Die Meldungen mehrten sich jedoch, und bald trafen sogar aus den entlegenen Grenzen Usaramos Flüchtlinge ein, welche unter dem Eindruck großen Schreckens erzählten, daß sich Buschiri mit bedeutenden Streitkräften auf Bagamojo zu in Bewegung gesetzt habe. Alles geriet in unbeschreibliche Aufregung und machte sich fluchtbereit, und die Inder beratschlagten, ob es nicht angemessen sei, unter solchen Umständen die Küste zu verlassen. Für die an der Küste zurückgebliebenen wenigen Schutztruppen war für den Fall, daß sich die Nachricht bewahrheiten sollte, die Lage eine nicht unbedenkliche. Mitte Oktober zeigte sich Buschiri thatsächlich, er hatte mit seinen Horden den Kingani schon bei Madimalo überschritten und etwa sechs Stunden von Bagamojo entfernt ein festes Lager bezogen. Nach allen bisher erhaltenen Angaben schienen diese Horden eine Stärke von 5—6000 Mann zu haben. Es waren Mafiti. Dieser Name hatte in den südlichen Teilen des heutigen Deutsch=Ostafrika einen fast noch schrecklicheren Klang wie im Norden der Name Massai. Mafiti ist eigentlich eine Verstümmelung des Wortes Mafitu, der Name eines den Wajao sehr ähnlichen Kaffernstammes; die Wajao sind wahrschein=

lich ebenfalls Kaffern. Die echten Mafitu saßen als vereinter Stamm
noch bis vor 60—80 Jahren im Westen des Nyassa, als nördlichste
Ausläufer der südlichen Kaffernstämme. Da starb einer ihrer mächtigsten
Häuptlinge, und unter seinen zwei Söhnen und Erben brachen, wie
fast immer in Afrika, Streitigkeiten aus wegen der Häuptlingswürde,
der Rinder und wegen seiner Weiber. Zu einem eigentlichen Kriege
kam es jedoch nicht, da der eine seiner Söhne einsah, daß er mit
seinen geringen Mitteln und Anhängern werde unterliegen müssen, und
es vorzog, mit Hab und Gut, Rindern, Weibern und Genossen auszuwandern. Viele tausend Köpfe stark begann die Völkerwanderung.
Anfangs vereint drangen die kriegsgeübten Scharen vor, dann aber
gingen einige in der Höhe des Tanganika an dessen Westufer entlang,
fanden aber dort keine geeigneten Verhältnisse, besonders keine Rinder,
und gingen wieder zurück. Der Verfasser fand in dem von ihm er-
stürmten Dorf Kalimbas, im Gebirge von Marungu, zwei echte, allerdings sehr von Insekten zerstörte Kaffernschilde. Der größere Haufe
hatte unterdessen den Weg nach Urori und Mahenge eingeschlagen,
fand dort aber Widerstand, wendete sich weiter westwärts und ließ
einen Teil der Stammesgenossen dort zurück. Schon sehr vermindert,
zogen andre weiter nach Norden und gelangten durch Unjamuesi bis
nach Südusukuma, wo sie gegen Ende der sechziger Jahre eintrafen
und sich unter harten Kämpfen mit den dortigen Häuptlingen schließlich verteilt im Lande niederließen. Ein weiterer Teil war bis Ujiji
vorgedrungen und wollte auch in Urundi, am Nordende des Tanganika,
einfallen, fand aber derart hartnäckigen Widerstand, daß es die Mafitu
vorzogen, sich ihren Stammesgenossen in Usukuma und Uramba an-
zuschließen. Auf der langjährigen Wanderung hatten sie allmählich
andre Namen erhalten, so nannte man sie in Urori und Mahenge
Mafiti, was keineswegs, wie vielfach angenommen wird, mit „Kriegs-
leuten" zu übersetzen ist, denn das ähnlich klingende Wort in der
Suahelisprache heißt vita = Krieg, es müßte demnach Wavita
heißen, wenn das Wort die ihm untergeschobene Bedeutung hätte. Bei
den Mahenge und Warori sowie den Wanjamuesi heißt Krieg = urugu.
Außerdem erleiden in den Bantusprachen nicht die Vokale, sondern
die Konsonanten Umwandlungen. In Unjamuesi wurden die Mafiti,
welche dorthin noch unvermischt gelangten, Watuta und Wangoni genannt.

Es ist klar, daß sich derartige Völkerwanderungen nur auf gewaltsamem Wege vollziehen konnten. Unaufhaltsam, raubend, plündernd und mordend drangen die tapferen, kriegsgeübten Scharen vor, überall namenlosen Schrecken verbreitend. Ganze Völker und Stämme trieben sie vor sich her nordwärts, so die Wahähä. Wie wir schon erwähnt haben, eigneten sich andre Stämme die Sitten und Gebräuche der Masitu an, da sie bald an den Erfolgen merkten, wie praktisch es sich erwies, als Masitu aufzutreten. Die Erfolge gaben ihnen immer mehr Mut, so daß Stämme, welche früher schon kriegerisch geartet waren, wie die Wahähä und Mahenge, noch blutgieriger und beutelustiger wurden, andre friedliche Ackerbauer fortan zum Kriegsspeer und Schild griffen und ebenfalls Räuber wurden. Besonders paßten sie sich dem Kriegswesen der Masitu an, wie dies in hohem Maße bei den Wanjamuesi der Fall ist, deren ganze Kriegführung, Kriegstänze und zum Teil auch Kriegsgesänge den Kaffern nachgeahmt sind. Mit den Sitten nahmen die Nachahmer schließlich den Namen ihrer Vorbilder an, so daß man ohne genaue Untersuchung oft nicht unterscheiden kann, ob man echte oder nicht echte Masitu vor sich hat. Derartige Anpassungen vollziehen sich oft ungeheuer schnell. So hat der Verfasser noch im Jahre 1885 die früher so harmlosen Wakutu in ihrer alten Tracht, welche derjenigen der Wasaramo ähnelt, gesehen, und schon drei Jahre später galten sie als Masiti, mit gänzlich verändertem Wesen und Aussehen. Solche unechte Masiti waren es auch, welche nun Buschiri mit sich führte. Nur waren es die recht wenig harmlosen Wahähä, Mahenge und zum Teil auch Wajao, welche unter dieser Maske Buschiris Fahne folgten.

Die Bewaffnung der Masitu besteht aus einem spitzovalen Lederschild aus Rindshaut, durch welchen der Länge nach der Stab hindurchgesteckt ist, Wurfspeeren und Keule. Den ganzen Kopf umgibt ein Schmuck aus unzähligen, dicht zusammen auf ein tappenartiges Leder genähten Schwanzfedern vom Hahn, deren Fahne vom Schaft heruntergestreift ist. Außer diesem Kopfschmuck verachtet der echte Masitu jede Kleidung. Die Masitu oder Masiti, hatten nach ihrem Erscheinen dort schon sehr bald raubend, mordend und plündernd binnen kurzem einen Teil von Usaramo in eine Wüste verwandelt. Die Zahl der Flüchtlinge, welche von dorther in Bagamojo und Dar es Salaam eintrafen, wuchs von Tag zu Tag. Durch ihre Erzählungen verbreiteten sie panischen Schrecken, und wenn nicht Herr v. Gravenreuth energische Gegenmaß=regeln getroffen hätte, so würde alles in kopfloser Angst geflohen sein. Es wurde zunächst in Bagamojo ein Kordon gezogen, um das Ver=lassen der Stadt zu verhindern. Aus den Stationen des Nordens wurden alle disponiblen Truppen abgeholt und in Dar es Salaam ein Korps formiert. Die Besatzung von Bagamojo hatte die Marine übernommen. Von Bagamojo aus wurde die Dundafähre des Kingani besetzt. Herr v. Gravenreuth beabsichtigte, Buschiri im Rücken anzu=greifen, und marschierte in der Nacht des 14. Oktober bei Mondaufgang mit nur 120 Mann und 20 Trägern ab. Herr v. Bülow sollte von Mbumi aus Osten her mit ihm zusammenstoßen. Auf diese Weise wollte man ein Ausweichen Buschiris nach dem oberen Kingani ver=hindern. Die Abteilungen marschierten unter den größten Vorsichts=maßregeln. Unter Gewaltmärschen ging's vorwärts. Überall fand man Spuren der Banden Buschiris. Der Führer wurde beim Anblick der Zerstörungen, welche die Mafiti angerichtet hatten, ganz unzurechnungsfähig und mußte gebunden werden, damit er nicht in einem unbewachten Augenblicke verschwand. In Wisimbo sollten die Mafiti ihr Lager aufgeschlagen haben. v. Gravenreuth marschierte in der ersten Morgendämmerung, als der günstigsten Zeit zum Überfall, direkt auf Wisimbo los, fand aber das Nest schon verlassen. Von da an war die Spur leicht zu verfolgen, der nur fußbreite Pfad war auf eine Breite von drei Metern erweitert, alles Gras niedergetreten. Einzelne Gegenstände, wie abgenagte Maiskolben, leere Kokosnüsse, unbrauchbares Gerät bedeckten förmlich den Boden. Bald stieß man auch auf die ersten blutigen Opfer der Räuberbande. Auf die grau=samste Weise hingemordete Menschen, Weiber, Männer und Kinder lagen am Wege mit gespaltenem Schädel oder aufgeschlitztem Bauch, den Weibern hatten die Bestien die Brüste abgeschnitten, sie gepfählt oder in gräßlicher Weise verstümmelt. Kinder waren von Speeren durch=bohrt, deren Widerhaken die kleinen Körper ganz zerfleischt hatten. Säuglingen hatte man den Schädel an Bäumen zerschmettert, so daß noch das Hirn und das Blut an der Rinde klebte. Die an dem Wege sehr zahlreich liegenden Dörfer schienen die Zerstörungswut der

Horden immer mehr gesteigert zu haben, denn alles, was nicht des Mitschleppens wert war, wurde vollständig zertrümmert und zerschlagen mit Messer und Beil, die Hütten niedergebrannt, die Felder zerstampft, überall lagen Leichen umher. Über dem Ganzen wehte ein abscheulicher Moder=, Leichen= und Brandgeruch. „Der Ekel vor dem Leichengeruch, welcher uns fortwährend umgab, die Entrüstung über diese Greuelthaten, verübt an ganz unschuldigen Menschen, und der Wunsch nach Rache ließ uns den Weg so schnell wie irgend möglich fortsetzen“, schrieb v. Behr, der den denkwürdigen Zug mitmachte. Unterwegs stieß man auf einen erschöpft liegengebliebenen sudanesischen Offizier der v. Bülowschen Abteilung. Dieselbe hatte ebenfalls Wissimbo schon verlassen gefunden und war den Spuren der Mafiti gefolgt. Es wurde Halt gemacht, eine kleine Abteilung vorgeschickt und gleich darauf wurde heftiges Gewehrfeuer vernommen. Die Patrouille war auf eine kleine Abteilung Araber und Mafiti gestoßen und wurde langsam zurückgetrieben. Herr v. Gravenreuth, welcher mit seiner ganzen Abteilung vorging, verjagte nach kurzem Feuergefecht die feindliche Truppe, welche nur einige hundert Mann stark sein mochte.

Es hatte nun zunächst den Anschein, als sei es Buschiri abermals gelungen, auszuweichen. v. Gravenreuth und seine Offiziere hatten schon die Hoffnung aufgegeben, in nächster Zeit eine Entscheidung herbeizuführen. Es wurde Befehl erteilt, vorläufig Rast zu machen, man befand sich in der Nähe von Jomba, und dann beabsichtigt, nach Bagamojo zurückzukehren, von welchem Orte man nur noch vier Meilen entfernt war, v. Behr sollte mit seiner Kompanie zur Aufklärung des Terrains nach Süden, wo man die Rauchsäulen aus einem brennenden Dorfe aufsteigen sah, vorgehen. Nach ungefähr viertelstündigem Marsche mußte von dieser Abteilung eine niedere Hügelkette erstiegen werden. Kaum war man oben angelangt, als man aus dem jenseitigen Thalgrund ein brausendes Geräusch, wie das Stimmengewirr einer großen Volksversammlung vernahm. Zu sehen war vorläufig nichts, da dichter Busch und hohes Gras jede Aussicht sperrte. Es blieb aber kein Zweifel, es mußte ein Teil der Mafiti sein. v. Gravenreuth hatte zwar der Abteilung den Befehl erteilt, sich in keine ernsten Unternehmungen einzulassen, v. Behr aber konnte es nicht über das Herz bringen, die sich so selten bietende Gelegen=

heit zu ſelbſtändigem Handeln vorübergehen zu laſſen. Die Situation
war allen ſofort klar, froher Kampfesmut belebte die ermüdete Truppe,
alle Abſpannung und Erſchlaffung waren ſofort vergeſſen. Noch hatten
die Mafiti, denn dieſe hatte man in der That vor ſich, nichts bemerkt.
Die Kompanie marſchierte auf, das Zeichen zum Ausſchwärmen wurde
gegeben und langſam ging die ganze Linie auf das Lager zu und
durchſchritt in guter Ordnung den etwa hundert Meter breiten Buſch,
hinter welchem das Gras niedriger war. Eine ſchmale Thalſohle lag
den Angreifern zu Füßen, und auf der jenſeitigen Erhöhung lag, halb
zwiſchen Buſchwerk verſteckt, ein nach Negerart errichtetes Hüttenlager.
Nach der beträchtlichen Ausdehnung desſelben zu urteilen, mochte es
von einigen Tauſend Kriegern erfüllt ſein. Der Platz vor demſelben
wimmelte förmlich wie ein Ameiſenhaufen von ſchwarzen halb- und
ganz nackten Geſtalten, deren phantaſtiſcher Feder- und Fellaufputz
und deren Bewaffnung mit Speer und Schild ſofort Mafitikrieger erkennen ließ.

Als die hellen Uniformen der Schutztruppe drüben zwiſchen dem
Gras und Buſch bemerkt wurden, ſtimmte die Mafitibande ſofort ein
betäubendes Kriegsgeheul an, und wie ein aufgeſtörter Ameiſenhaufen
lief und wimmelte alles durcheinander. Aus den Hütten, den Büſchen,
dem Gras, von benachbarten Höhen ſtrömten Scharen hinzu. Die
ganze Umgebung ſchien lebendig zu ſein, die Erde ſchien ſchwarze Geſtalten auszuſpeien. Es mochten im ganzen wenigſtens zweitauſend
Menſchen ſein, welche nur durch eine Entfernung von ſieben- bis acht-
hundert Schritte von dem kleinen Haufen der Schutztruppe getrennt
war. Die Mafiti verkürzten die Entfernung in wütendem Anlaufe
ſo ſchnell, daß v. Behr nur noch Zeit hatte, die 400 m-Viſier
nehmen zu laſſen und Schnellfeuer zu kommandieren. Die Wirkung
auf die ganz ungedeckt in hellen Haufen daher raſende Schar war ver-
nichtend. Die Flut kam augenblicklich zum Stehen.

Nun gingen die Truppen einen Sprung vor, und wiederum
praſſelte das Schnellfeuer. Die Mafiti hatten ſich von ihrem erſten
Schrecken erholt und ſtürzten mit doppeltem Wutgeheul dem Feinde
entgegen. Die Lage war eine höchſt kritiſche, aber die braven Sudaneſen wichen nicht um Fußbreite zurück, alle ohne Ausnahme hatten
das Gefühl, daß der Augenblick der Entſcheidung gekommen war, daß

in wenigen Augenblicken die Mafiti nach allen Himmelsrichtungen aus=
einander gejagt, oder aber die Truppe selbst überrannt und bei der
großen Gewandtheit des Feindes im Einzelkampf vollständig vernichtet
und massakriert wurde.

Mit mörderischem Feuer wurden die Mafiti entschlossenen Mutes
empfangen, jeder einzelne war nun auf sich angewiesen. Ein be=
täubender Lärm erfüllte die Luft von Gewehrsalven, Wut= und
Schmerzensgeheul der Mafiti. Einem letzten Ansturm derselben sauste
Kugel auf Kugel entgegen, die Entfernung betrug nur mehr sechzig
Schritte, schon tauchten einige schwarze Gestalten in dem Pulverdampfe,
welcher wie eine dichte Mauer alle Aussicht benahm, auf. — Aber
die Verluste der Mafiti waren doch zu groß. Als ein leichter Wind
den Pulverdampf hinwegführte, sah man die Wilden in eilender
Flucht nach allen Seiten auseinander stieben. Mit aufgepflanztem
Seitengewehr ging's nun mit Hurra gegen das Lager vor, wo man
schon mit der zweiten Abteilung zusammentraf, welche die Anstürmenden
mit lauten Freudenrufen begrüßte.

Herr v. Gravenreuth hatte natürlich sofort die Einleitung des
Gefechtes gehört und griff dann ebenfalls ins Gefecht ein. Auf dessen
Seite wütete der Kampf sogar noch heftiger. Die Mafiti griffen dort
ungestüm an, einige derselben waren sogar in die Schützenlinien ein=
gedrungen und hatten dort inmitten des furchtbaren Feuers zwei Su=
danesen mit ihren Speeren verwundet.

Das Lager bestand aus kleinen Strohhütten, welche sämtlich mit
Beutestücken, fast nur wertlosen Gerätschaften, angefüllt waren. Ge=
fangene und nun wieder befreite Weiber kamen, ihr schrilles Schreien
ausstoßend, den Siegern entgegen. Einige der Weiber waren durch
verirrte Kugeln leicht verwundet, ein kleiner Knabe hatte eine ziemlich
erhebliche Wunde davongetragen. Von der Schutztruppe war mit Aus=
nahme der zwei durch Speerstiche verwundete Sudanesen keiner im
Gefecht verwundet worden.

Nun erst, nachdem sich die erste Aufregung etwas gelegt hatte,
machten sich die ausgestandenen Mühen und Anstrengungen nach dem
elfstündigen Marschieren bemerkbar. Seit dem vorhergehenden Tag
war die Truppe fast ohne Nahrung geblieben. Dazu gesellte sich
brennender Durst, denn Wasser war in der Nähe nicht zu finden.

Bana Heri und Söhne. Nach einer Originalphotographie.

Alles hatte sich durch das weite Lager zerstreut, mit Beutestücken bepackt und mit allem möglichen Plunder behängt, so daß eine momentane Wehrlosigkeit entstanden war, dadurch erhöht, daß v. Gravenreuth eine Abteilung zur Deckung des zurückgebliebenen Gepäckes abgeschickt hatte. Die Lage war recht bedenklich, denn auf dem jenseitigen Hügel hatten sich die Mafiti wieder gesammelt, und deutlich konnte man unter ihnen die weißen Hemden einiger Araber unterscheiden. Kleinere Haufen verwegener Mafiti umschwärmten schon das erstürmte Lager und tauchten, sich schlangenartig bewegend, hier und da im Grase auf. Auf Signale und Rufen liefen zwar die nächsten Soldaten herbei, doch war die Gefahr eines plötzlichen Angriffes zu groß, als daß man in Ruhe eine Abteilung hätte sammeln können. Mit einigen schnell herbeigelaufenen Soldaten ging v. Gravenreuth und v. Behr vor das Lager. Es schien, als habe Buschiri, welcher wirklich in der Nähe weilte, die Mafiti wieder gesammelt, um zu einem Angriff auf die verlorene Position zu drängen. Auf dem gegenüberliegenden Hügel wimmelte es schon wieder von schwarzen Gestalten, welche aber unentschlossen hin und her liefen. Jetzt war ein außerordentlich günstiger Moment gekommen. Einige Mafiti tauchten dicht im Grase auf, verschwanden aber sehr bald wieder, von den Kugeln aus den Büchsen der Europäer erreicht. Dicht neben v. Behr erhob sich plötzlich ein riesiger Mafiti, dem es gelungen war, durch einen Busch geschützt, sich bis auf 20 m anzuschleichen. Über und über mit Fellen, Federn und Affenschwänzen behängt, hatte der Kerl ein wirklich grimmiges, unheimliches Ansehen. Gerade erhob er seinen Speer, ließ ihn, wie es Brauch, einmal in der Hand vibrieren und wollte ihn nach den beiden dicht bei einander stehenden Offizieren schleudern, als ihn v. Behrs Kugel niederstreckte. v. Behr konnte es sich nicht versagen, später nochmals zu der Stelle zurückzukehren, wo der Gegner in ehrenvollem Zweikampf niedergefallen war. Er hatte einen Schuß durch die Brust, neben ihm lagen seine Waffen, Schild und Speer. Der Federschmuck war von seinem Haupte gefallen und lag zerdrückt im Grase, aus den noch jugendlichen Zügen war alle Wildheit gewichen. Ängstlichen Blickes folgte er den Bewegungen seines Überwinders, schwer ging sein röchelnder Atem, er rang mit dem Tode, seine Qualen konnten noch Stunden dauern. v. Behr bedeckte des sterbenden

Mannes Antlitz mit seinem Hut und gab ihm, von Mitleid erfüllt, mit dem Revolver den Gnadenschuß ins Herz. Nachdem noch einige acht bis zehn der Verwegensten, die sich in der Nähe umhertrieben, niedergestreckt waren, machten sich die übrigen aus dem Staube, so daß nun die nächste Umgebung von Feinden gesäubert war. Die Araber schienen indessen drüben die Oberhand zu haben, sie eröffneten ein lebhaftes Feuer aus ungefähr fünfzig Gewehren. Die Kugeln schlugen in der Nähe ein, und deutlich vernahm man das scharf zischende pßt' der Mauserkugeln, welche jedoch meist weit über ihr Ziel hinweg pfiffen, während die Vorderlader kraftlos in den Boden schlugen. Eine Sudanesenkompanie schwärmte aus, gab auf 300 m Salven, welche unter den feindlichen Haufen große Verwirrung an= richteten und sie auseinander stieben machten. Damit war der Sieg vollständig entschieden. An weitere Verfolgung konnte aus Mangel an Munition nicht mehr gedacht werden. Die Mafiti zählten etwa zwei= hundert Tote, die Zahl der Verwundeten war nicht festzustellen. Leider erreichte die Zahl der Verluste auf deutscher Seite die Höhe von 10 Prozent, ein Beweis für den Ernst der Situation und die Tapferkeit der Leute, welche einer mehr wie zehnfachen Übermacht nicht nur standgehalten, sondern sogar einen glänzenden Sieg er= fochten hatten. Am erbittertsten hatten die Sulu gefochten, welche in geradezu fanatische Wut geraten waren, beim Anblick ihrer alten Feinde, der Wahähä und Mahenge, denn solche hatte man vor sich. Angesichts der Erbfeinde ergriffen sie die Erinnerungen an die hei= matlich gewohnte Kriegführung mit außerordentlicher Macht. Das Vertrauen in die ihnen unbekannte und ungewohnte Waffe, die Mauser= büchse, war nicht sehr groß, da sie deren Wirkung nicht sehen konnten, und so ergriffen sie das Seitengewehr und Schilde gefallener Gegner, um sich damit auf den bittergehaßten Gegner zu stürzen. Die Offi= ziere konnten, da sie selbst gänzlich in Anspruch genommen waren, nicht verhindern, daß die Sulu ihre Wut in altgewohnter Weise an Toten und Verwundeten ausließen und dieselben verstümmelten. Die bestia= lische Lust am Mord und Töten kam hier völlig zum Durchbruch, denn ohne Ströme von Blut, Hals= und Kopfabschneiden oder Bauch= aufschlitzen ist diesen ein richtiger Kampf nicht denkbar.

Das eroberte Lager wurde niedergebrannt, und nachdem man die Nacht unter den Qualen des Durstes in der Nähe verbracht hatte, in der steten Erwartung eines Angriffes, wurde der Rückmarsch nach Bagamojo angetreten. Unter unbeschreiblichem Jubel zogen die Sieger am andern Tage dort ein und an demselben Nachmittag brachte der Dampfer „Max" die Nachricht nach Sansibar und der Telegraph die Siegesbotschaft nach Deutschland. Herr v. Gravenreuth berief eine große Volksversammlung in Bagamojo und und teilte der nach vielen Tausenden zählenden Menge durch einen Dolmetscher den glücklichen Erfolg der Expedition mit, welche mit der gänzlichen Vernichtung der Mafiti endete. Die Truppen präsentierten, v. Gravenreuth brachte ein Hoch auf Se. Majestät den Deutschen Kaiser aus, in welches die Menge mit tosendem Jubelgeschrei einfiel.

Die nach Bagamojo geflüchteten Wasaramo wurden nun wieder in ihre Heimat entlassen nnd ihnen die weitere Verfolgung der zer= sprengten Mafiti überlassen, wobei man ihnen nicht gerade Schonung der frechen Mordgesellen anempfahl. Mit Nachdruck setzten sie auch das Werk der Vernichtung fort, um Rache zu nehmen an der Ermordung der Ihrigen.

Die Vernichtung der Mafiti hatte sich mit Windeseile durch das ganze Land verbreitet und wurde überall mit lautem Jubel begrüßt. Die sonst so wenig kriegerischen Wasaramo schlugen die Kriegstrommel und machten auf die Mafiti Jagd, welche nunmehr keinen Widerstand leisteten und der Gegend unkundig, ihren Verfolgern scharenweise in die Hände fielen und erschlagen wurden. Man darf jedoch nicht glauben, daß damit den Einfällen der Mafiti für immer ein Ziel gesetzt ist, dieselben werden uns sicher noch viel zu schaffen und mehr wie einmal den Versuch machen, die erlittene Niederlage zu rächen. —

Bana Heri und Buschiris Ende.

Sadani bildet nächst Bagamojo den wichtigsten Endpunkt der
von Mpapua sich nordwärts abzweigenden Karawanenstraße, welche nach
dem Meere führt. Es ist eigentlich kaum zu erklären, wie gerade
dieser Ort zu solcher Bedeutung kommen konnte, denn nach keiner
Richtung hin ist er dazu geeignet. Der Strand zieht sich ganz gerade
von Norden nach Süden und ist nach keiner Seite gegen die Brandung
die Dünung und den Wind geschützt, selbst ganz flachgehende Dau
müssen $1\,^1/_2$ km vom Strand abbleiben, und Dampfer können sich nur
bis auf eine halbe deutsche Meile nähern. Ebenso ungünstig liegen
die Verhältnisse am Land. In reizloser, öder, trockener Gegend liegt
der Ort am Strand, selbst den allen andern Ortschaften am Meere
nicht fehlenden ausgedehnten Kokospalmenwald würde man hier ver=
gebens suchen. Nur einige wenige Steinhäuser, die Wohnungen be=
sitzender Inder, eine Moschee, in Ostafrika Msikiti genannt, erhebt sich
aus dem Gewirr der unscheinbaren Negerhütten, welche von nur wenigen
Kokospalmen beschattet sind.

Der Boden ist schlammig, Mangrovegebüsch wächst an einem im
Norden sich ausdehnenden Creek und gestattet von dort her keine An=
näherung. Eine aus Baumstämmen hergestellte Boma schützt gegen
Angriffe, und meerwärts sehen wir hohe Dünen.

Landeinwärts breitet sich zehn Meilen nach Westen eine trost=
lose Ebene aus, nur von Gras, Krüppelholz und Zwergpalmen be=
standen.

Die Einwohner, die Waseguha haben einen etwas kriegerischeren
Charakter wie andere Stämme. Sie lieben es sich noch mit Fell=

Saadani von der Station aus.

Nach einer von Major v. Wißmann zur Verfügung gestellten Originalphotographie.

schürzen oder gar Blättern zu kleiden und schlagen die einen Ecken
der oberen mittleren Schneidezähne aus, nicht aber werden sie ausge=
feilt, wie man immer wieder berichtet. Die Waseguha hatten sich vom
arabischen Einfluß fast ganz unabhängig gehalten, was sie besonders
ihrem jetzigen Häuptling oder „Sultan", Bana Heri zu verdanken
haben. Bana Heri ist ein schon älterer Mann, dessen häßliches aber
intelligentes Negergesicht von einem weißen Bart umrahmt ist. Seine
Hautfarbe ist sehr dunkel. Er kleidet sich immer in kostbare arabische
Gewänder und ahmt das Benehmen der Araber in allen Dingen nach.

Bana Heri hat es verstanden, sein Verhältnis zum Sultan von
Sansibar so zu gestalten, daß er nicht als dessen Unterthan, sondern
als sein Vasall gelten mußte. Er stand in nur sehr loser Abhängigkeit
von ihm und ließ dies auch nur dann gelten, soweit es seinen Inte=
ressen entsprach. Er führte mehrere glückliche Kriege gegen seine Nachbarn
und besiegte sogar im Jahre 1882 die Truppen des Sultans von
Sansibar, welche gegen ihn zu Felde gezogen waren, so daß fortan
dieser bemüht sein mußte, den Bana Heri durch Geschenke in guter
Laune zu erhalten. Wegen des geringen Handelsumsatzes hatte man
bei Übernahme der Küstenverwaltung durch die Ostafrikanische Gesell=
schaft Sadani zunächst unberücksichtigt gelassen. Der Zoll wurde nach
wie vor durch Inder erhoben und ohne Schwierigkeit an die Gesell=
schaft abgeliefert.

Als die Unruhen an der Küste begannen, beteiligte sich Bana
Heri sofort auf Buschiris Veranlassung an den Unternehmungen gegen
die Deutschen.

Im Januar 1889 kam der englische Missionär Brooks mit einer
Karawane aus dem Innern und wollte von Sadani aus nach Sansibar
hinüberfahren. Er wurde mit fünfzehn Begleitern von Waseguha in Sadani
ermordet, indem ihn die Leute bei lebendigem Leibe in Stücke schnitten.
Dieses Verbrechen sowie das sonstige Verhalten der Bevölkerung verlangte
eine strenge Bestrafung des Ortes. Sadani wurde von der Marine bom=
bardiert, allein ohne sonderlichen Erfolg, da die Bewohner sofort entflohen
und die leichten Hütten sehr schnell wieder aufgebaut werden konnten.

Wißmann beschloß nun, im Verein mit der Marine Sadani
gänzlich zu zerstören. Anfang Juni 1889 erschienen das Blockadege=
schwader unter Admiral Deinhard und sämtliche Wißmannschen Truppen

vor der Stadt und zerstörten Sadani und Uwindji vollständig. Bana
Heris konnte man aber nicht habhaft werden, ebensowenig bei einer
zweiten Expedition, welche nach Wißmanns Rückkehr von Mpapua nach
Useguha unternommen wurde. Man zerstörte bei dieser Gelegenheit
eine Menge Dörfer, erreichte aber sonst nichts weiter. Im Januar 1890
sandte Wißmann unter Chef Schmidt II eine Expedition von Bagamojo
über den Wami nach Useguha, um über Bana Heris Verbleib Nachrichten einzuziehen. In der Nähe von Sadani stieß die Abteilung unerwartet auf eine stark besetzte Boma, welche in dem dichten Busch
versteckt gelegen, von den heranrückenden Truppen gar nicht bemerkt worden war. Die Boma wurde so gut verteidigt, daß die Sulu
sich weigerten, fernerhin anzugreifen. Chef Schmidt mußte das Gefecht abbrechen und unter dem Hohngeschrei der Verteidiger den Rückzug antreten. Es war das erst Gefecht, welches zu ungunsten der
Schutztruppe ausfiel. Damit Bana Heri diesen Mißerfolg nicht zu
seinem Vorteil ausbeutete, und um die Rückwirkung des unglücklichen
Gefechtes nach Möglichkeit abzuschwächen, zog Major Wißmann sämtliche
disponiblen Truppen zusammen, um von dort aus einen Angriff zu
unternehmen.

Anfang Januar brach die Expedition nach Mlambula, Bana
Heris feste Boma, auf, die Marine besetzte wieder wie immer in
solchen Fällen die Küste.

Nach kurzem Marsch wurde ein kleines befestigtes Rebellenlager
genommen und bald kam Mlambula in Sicht, dessen Befestigung indessen weiter ausgebaut war. Schwarze Gestalten hielten die Feste
dicht besetzt und brachen bei dem Erscheinen der feindlichen Streitmacht in höhnisches Geschrei aus. Die einzige zugängliche Stelle war
ein 50 m breiter Palissadenzaun. Von allen andern Stellen war
es wegen des ausgedehnten Urwaldbusches unmöglich heranzukommen.

Die Artillerie begann nun mit Granaten in die Boma eine
Bresche zu legen. Einzelne ausbrechende Trupps wurden durch heftiges Gewehrfeuer zurückgetrieben, wobei Wißmann, um eine möglichst
gute Wirkung zu erzielen, die Europäer in erster Linie feuern ließ.
Es bedurfte eines mehrstündigen Feuergefechtes, um den Angriff wirksam vorzubereiten. Als das Feuer des Feindes schwächer und schwächer
geworden war, gab Wißmann den Befehl zum Sturm. Eine Kompanie

und die Artillerie blieben in der Front, um dort den Feind zu be=
ſchäftigen, die übrigen Abteilungen mußten ſich den Weg durch den
Buſch bahnen. Der Feind fühlte, daß ſich die Entſcheidung nahe und
in den kurzen Feuerpauſen hörte man ihn Allah anrufen.

Auf ein gegebenes Zeichen gingen ſämtliche Kompanieen mit lautem
Hurra zum Sturm gegen das Lager vor. Die Paliſſaden wurden
ſogleich erſtiegen, der Gegner, aus allen Stellungen getrieben, ſuchte
in wilder Flucht in den Buſchwald ſein Heil. Der Verluſt war auf
beiden Seiten unbedeutend. Der Feind war gegen die Geſchoſſe
und ſelbſt Granaten durch einen zweiten inneren Erdwall voll=
kommen gedeckt.

Bana Heri war wiederum entkommen. Bei der gänzlichen Auf=
löſung ſeiner Truppe aber ſtand mit Sicherheit zu erwarten, daß er bald
ſeine Unterwerfung anzeigen werde. Er verſchanzte ſich jedoch noch=
mals in einer ſchlecht gewählten Poſition.

Eine anfangs März mit großer Streitmacht von Wißmann unter=
nommenen Expedition gelang es, mehrere Boma ſchnell im Sturm zu
nehmen, wobei der Feind vierzig Tote auf dem Platze ließ, und da=
mit war Bana Heris Macht gebrochen. Er ſelbſt war abermals ent=
kommen, vollſtändig eingekeilt zwiſchen den deutſchfreundlichen Stämmen
von Nguru und Ukami und den Wißmannſchen Truppen an der Küſte,
in einer verödeten Gegend ſeines Landes, von aller Zufuhr an Lebens=
mitteln und Munition abgeſchnitten, geriet er in die Gefahr zu ver=
hungern. So kam es, daß ſchon wenige Tage ſpäter in Sadani Boten
Bana Heris eintrafen, um deſſen Unterwerfung anzuzeigen und für ihn
und ſeine Leute um Lebensmittel zu bitten, da das ganze Lager dem
Verhungern nahe ſei.

Der Reichskommiſſar ließ Bana Heri auffordern, nach Sadani
zu kommen, damit er perſönlich ſeine Unterwerfung anzeige, man werde
dann Frieden mit ihm ſchließen und ihm ſeine Länder zurückgeben.
Da Wißmanns Anweſenheit zu jener Zeit im Süden notwendig war,
ſo beauftragte er Herrn v. Gravenreuth, die Friedensverhandlungen
zu führen. Herr v. Gravenreuth begab ſich mit Soliman bin Naſr, dem
Wali von Pangani, dem Schwiegerſohn Bana Heris und dem Halb=
araber Omar nach Sadani, um Bana Heris Unterwerfung entgegen
zu nehmen.

Anfang April erschien der erste Rebellentrupp, etwa Hundert mit Bogen, Speeren und Keulen bewaffnete Waseguha, welche in ihren zerrissenen Kleidern sehr verhungert und heruntergekommen aussahen. Zwei Tage später folgte Bana Heri selbst mit seiner ganzen Macht. Schon von weitem war der Zug sichtbar. Voran sprang nach dem Takte einer Negertrommel der Zauberer, geschmückt mit einem Löwen= fell und zwei großen, zu beiden Seiten des Kopfes angebrachten Adler= schwingen; ihm folgten der Trommler, einige Diener und Weiber, dann Bana Heri selbst mit seinen Unterführern und einer großen Anzahl weißer Fahnen. Der Häuptling machte einen würdigen, selbst vor= nehmen Eindruck in seinem gelbseidenen arabischen Hemd, dem blauen Turban auf dem Haupte und dem wertvollen Maskatdolch im Gürtel. Ein buntes Gemisch aller jener Volksstämme, welche unter des Häupt= lings Fahne gegen die Deutschen gefochten und bei ihm ihre letzte Zuflucht gefunden hatten. Alle in der Absicht, sich nach dem ver= geblichen Kampf zu unterwerfen.

Nachdem Bana Heri geschworen, die Friedensbedingungen anzu= nehmen und getreulich zu halten, wurde er nebst seinen sämtlichen Anhängern begnadigt und ihm die Erlaubnis erteilt, Sadani und Uwindji minder aufzubauen und sich dort anzusiedeln. Der früher nie besiegte Häuptling, um dessen Gunst nicht nur die Araber von Pangani und Bagamojo sondern sogar der Sultan von Sansibar gebuhlt hatten, suchte demütig um Frieden nach und fügte sich ohne Widerrede allen Friedensbedingungen des Reichskommissars.

Bana Heri zog es vor, sich mehr in Mtembele bei Sadani aufzuhalten und kam auch von dort her, von seinen beiden Söhnen begleitet, um den neuen Gouverneur Herrn v. Soden in Sadani zu begrüßen. Große Feierlichkeiten fanden bei dieser Gelegenheit statt, Schwerttänze und andre Vergnügungen, Mtschesa genannt. Nach deren Beendigung ließ ihm der Gouverneur ein Geschenk von 300 Rupien machen, welches er mit Freuden entgegennahm.

Bei Bana Heri war die von Wißmann geübte Milde wohl an= gebracht, man hatte es hier mit einem Häuptling zu thun, welcher mehr um seine Unabhängigkeit kämpfte, als daß er gradezu ein Rebell war, wenn er auch mit Buschiri gewissermaßen gemeinsame Sache machte.

Anders war es mit Buſchiri, dieſer hatte den Aufruhr über weite Gebiete verpflanzt, war raubend, mordend und plündernd umher=
gezogen und hatte kein Mittel geſcheut, war es noch ſo verwerflich, in Anwendung zu bringen. Es mußte nun alles daran geſetzt werden, ſich dieſes Rebellen und Sklavenjägers zu bemächtigen. Ehe man ſeiner nicht habhaft geworden, war überhaupt nicht daran zu denken, Ruhe und Frieden in den weiten Gebieten zu ſtiften.

Nach dem für Buſchiri ſo unglücklichen Gefecht bei Jombo, hatte ſich dieſer anfangs den Mafiti auf der Flucht angeſchloſſen. Bald aber fühlte er ſich in der Geſellſchaft dieſer Wilden nicht mehr ſicher genug, da ſich der Groll derſelben gegen ihn, den Urheber des ver=
unglückten Raubverſuches, wendete. Buſchiri wendete ſich nordwärts gegen Uſagara und blieb faſt einen ganzen Monat verſchollen. Alle Nachforſchungen nach ihm blieben vergebens, und man fürchtete ſchon, daß es Buſchiri gelungen ſei, nach Tabora hin zu entkommen. Da verbreitete ſich Anfang November das Gerücht, daß der Rebellenführer ſich mit dem damals noch nicht beſiegten Bana Heri und ſeinem, Buſchiris, Schwiegervater, dem berüchtigten Simbodja von Maſſinda, zu einem Angriff auf Pangani zu verbinden gedenke. Er habe ſich zu dieſem Zweck an der Grenze von Nguru mit fünfzig Eingeborenen in einem Lager verſchanzt.

Mit einem ſchnell zuſammengezogenen Expeditionskorps brach Chef Dr. Schmidt am 2. Dezember 1889 von Pangani auf, um die Verfolgung Buſchiris aufzunehmen und ihm den Weg zu verlegen. Es gelang jedoch nicht, Buſchiris habhaft zu werden.

Dr. Schmidt ging nun nach Makororo zurück, um weitere Nach=
forſchungen anzuſtellen. Da trafen Anfang Dezember Boten vom Jumbe Magaya ein mit der Meldung, Buſchiri ſei in Quamkoro an der Grenze Ngurus gefangen genommen. Dr. Schmidt brach eiligſt dorthin auf. Während zwei Tagen je zehn deutſche Meilen zurück=
legend, erreichte er den betreffenden Ort. Der Jumbe kam der Expedition ſchon mehrere hundert Schritte entgegen und führte die aufs höchſte geſpannten Offiziere nach einer Hütte, in welcher ſich der Gefangene befand. In dem dunklen Raum lag eine halbnackte Geſtalt, nur mit einem Kikoi (weißes feines Baumwollhüftentuch mit rot und gelbem Rand) bekleidet, Hände und Füße mit ſchweren Eiſenketten gefeſſelt,

der Hals lag in einer schweren Holzgabel. Einige hinzugerufene Askari erkannten in dem Gefesselten sofort Buschiri und brachen unwillkürlich in ein Triumphgeschrei aus. Dr. Schmidt und Leutnant Johannes traten jetzt zu Buschiri in die Hütte und wünschten ihm guten Tag, was er ganz freundlich erwiderte. Auf alle Fragen gab er bereitwilligst Auskunft, schien aber über die Anwesenheit der Deutschen hier in Nguru, zwanzig Meilen von Muenda, aufs höchste erstaunt zu sein. Die Sudanesen straften ihn mit Verachtung oder warfen ihm seine Schand=
thaten vor.

Am nächsten Morgen schon trat Dr. Schmidt den Rückmarsch an. Unterwegs traf man die umfassendsten Vorsichtsmaßregeln, um die Beute auch sicher zur Küste zu bringen. An der Spitze der Kolonne marschierte Dr. Schmidt, dann folgte zwischen Leutnant Johannes und Herrn Jllich auf einem Esel Buschiri. Um seine Hüften war ein breiter Lederriemen geschlungen, welcher seine Arme zusammenschnürte und jede Bewegung unmöglich machte. Das Ende des Riemens hielt der Soldat in der Hand, welcher zugleich den Esel führte. Während der Nacht band man Buschiri an das Bett des Dr. Schmidt fest, dicht daneben waren Lagerwachen aufgestellt, bei welchen stets noch zwei Europäer wachten.

Geschlossen marschierte die Kolonne in Pangani ein, wo sich bereits die ganze Garnison am Strande versammelt hatte, da das Gerücht von Buschiris Gefangennahme der Truppe längst vorausgeeilt war. Der Panganifluß mußte überschritten werden und als das Boot mit dem Gefangenen landete, brach die ganze Besatzung in hellen Jubel aus. Europäer und Inder beglückwünschten Dr. Schmidt zu seinem Erfolg, die Weiber stimmten ihr Sieges= und Freudengeschrei an, sogar die Sudanesen sangen Schlachtenlieder. Am lautesten äußerte sich die Freude bei den Sulu. Dieselben baten um die Erlaubnis, einen Kriegstanz aufführen zu dürfen.

Wißmann befand sich gerade in Sansibar und erschien nach erhaltener Nachricht sofort am nächsten Tage mit seinem Stab in Pangani. Er begab sich sogleich nach seiner Ankunft ins Stations=
gefängnis, wo Buschiri auf einer Kitanda, einem Bettgestell, saß. Er erhob sich bei Wißmanns Eintritt und beantwortete alle Fragen höflich und bestimmt. Über seine Absichten und Pläne während des Aufstandes

Die erste Exekution in Bagamojo. Nach einer Originalphotographie.

entwickelte Buschiri ein klares Bild, welches erkennen ließ, daß er ziel=
bewußt mit vollem Verständnis der Lage vorgegangen war. Als Wiß=
mann die Frage stellte, ob er im Auftrage des Sultans von Sansibar
gehandelt habe, als er den Aufruhr begann, gab er zuerst ausweichende
Antwort, erwähnte aber später im Verlaufe des Gesprächs, daß der
Sultan ihm vor dem ersten unglücklichen Gefecht bei Bagamojo hätte
sagen lassen, er wolle ihn zum Wesir der ganzen Küste machen, wenn
er sich gegen die Deutschen halten werde. Beweise für die Richtigkeit
dieser Aussage sind niemals erbracht worden.

Über sein eignes Schicksal war Buschiri vollkommen im unklaren.
Er bat den Reichskommissar am Schluß der Unterredung, daß er ihn
als Offizier in der Schutztruppe einstellen solle, er werde ebenso tapfer
für ihn kämpfen, wie er früher gegen ihn gekämpft habe. Als sich
die Sonne zum Untergang neigte, bat er Wißmann, ihn allein zu
lassen, er müsse jetzt sein Gebet verrichten.

Schon am nächsten Tage teilte man ihm sein Todesurteil mit.
Anfangs schien er sehr erschrocken, behielt aber dann seine volle
Fassung. Für den 15. Dezember 1889 war die Hinrichtung auf
Nachmittag vier Uhr festgesetzt. Auf einem freien Platz hinter dem
Stationsgebäude wurde der Galgen errichtet. Die Truppen von
Pangani hatten in offenem Viereck Aufstellung genommen. Zu
festgesetzter Stunde erschien Major Wißmann mit seinem Stabe, und
einige Minuten später wurde Buschiri gefesselt auf den Richtplatz
gebracht, geführt von den türkischen Polizeisoldaten. Seine Ruhe und
vornehme Zurückhaltung, welche er auch noch im Gefängnis zur Schau
trug und die unwillkürlich sympathisch berührte, hatte ihn jetzt an=
gesichts des Todes vollständig verlassen. Seine Bewegungen waren
hastig und unsicher, mit angstvollem Ausdruck musterte er den Galgen
und die Vorbereitung zur Hinrichtung; dann schweiften seine Augen
suchend über die lange Reihe der Truppen, und als er Wißmann
erblickte, rief er: „Bana mkuba, Bana mkuba (wörtlich großer Herr,
d. h. Leiter, Höchstkommandierender) ich habe dir etwas mitzuteilen.“ Wiß=
mann trat einige Schritte vor und winkte dem Polizeioffizier, welcher
Buschiri zu ihm führte. Die Todesangst schien ihm alles Ehr= und
Schamgefühl geraubt zu haben, und um noch einen letzten Versuch zu
seiner Rettung zu machen, beschuldigte er im letzten Augenblick seinen

ihm treu ergebenen Begleiter Gehasi der Anstiftung zu dem Auf=
stande. Der Adjutant des Reichskommissars Dr. Bumiller trat jetzt vor
und verlas das Todesurteil: „Der Araber Buschiri bin Salem ist
der Rebellion, mehrfachen Menschenraubes und des Mordes überführt,
zum Tode durch den Strang verurteilt." Wenige Sekunden später
war Buschiri gerichtet. Die Araber Panganis hatten sich begreiflicher=
weise während der Hinrichtung ferngehalten. Sie baten nachträglich
um die Erlaubnis, den entseelten Körper nach mohammedanischer Sitte
bestatten zu dürfen. Der Reichskommissar erteilte ihnen hierzu die
Erlaubnis, ließ ihnen den Leichnam aushändigen, welcher noch in der=
selben Nacht von Anverwandten beerdigt wurde.

Mit Buschiris Tod war der letzte Widerstand der Araber ge=
brochen, denn nur bei seiner zähen Ausdauer, seinem Organisations=
talent und seinen militärischen Gaben war es möglich, die Ostküste fast
ein ganzes Jahr lang gegen die deutschen Truppen zu halten. Nur
unter seiner Leitung konnte das verrottete, niedergehende Arabertum
zu einem letzten Versuche aufgerüttelt werden, um das Vordringen der
Europäer zu verhindern und sie aus Ostafrika zu vertreiben. Daß
er den Versuch überhaupt wagte, lag zum Teil in dünkelhafter Selbst=
überschätzung, zum Teil in der Unkenntnis europäischer Kriegstüchtigkeit,
zum guten Teil aber auch, wie schon dargelegt, an unserm anfänglich
zu nachsichtigen Verhalten gegenüber den ersten Unruhen.

Die südlichen Distrikte der Nyassa- und Rickwaseen.

Wißmann hatte bisher den südlichen revoltierenden Teilen Deutsch=Ostafrikas keine Beachtung geschenkt. Er wollte seine Operationen nicht über ein zu großes Gebiet ausdehnen und begann seine Thätig= keit dort erst, nachdem der Aufstand im Norden mit Buschiris Hin= richtung gänzlich gedämpft war. Ende April 1889 verließ er mit seinen sämtlichen Dampfern Bagamojo, um mit Unterstützung der Marine auch dort Ordnung und Ruhe zu schaffen. Es gab leichte Arbeit, denn alle Plätze von Bedeutung, welche in den Händen der Aufständischen befindlich waren, lagen offen am Meere, schutzlos den Granaten der Kriegsschiffe preisgegeben. Am 10. Mai wurde Lindi, der nach Kiloa bedeutendste Sklavenhandelsplatz, nach wirksamer Be= schießung von den deutschen Schutztruppen gestürmt und besetzt. Man hatte anfangs Besorgnis gehegt, in den südlichen Plätzen ernsteren Widerstand zu finden, doch war dies unbegründet, auch für den Kenner nicht zu erwarten, denn die Kriegsmittel der dortigen feindlichen Partei waren nach jeder Richtung hin viel zu unzulänglich, als daß an ernsthafte Schwierigkeiten gedacht werden konnte.

Lindi, an einer malerisch wundervollen Bucht gelegen, bietet sonst wenig Reiz, und außer einem alten, portugiesischen Fort, hat es nichts Bemerkenswertes. Dasselbe wurde von einem uralten, halbblinden Wali, einem Vollblutaraber bewohnt, der dort in den gewölbten, halb= zerfallenen, burgartigen Hallen sein Heim aufgeschlagen hatte.

Bei Lindi mündet ein Fluß, der Ukawedi, welcher anscheinend sehr groß, nur etwa 20 km weit landeinwärts mit Schiffen von ge= ringem Tiefgang befahren werden kann.

Die Bevölkerung macht einen etwas trägen Eindruck und scheint unter dem schlechten Klima zu leiden, nichts deutet auf Betriebsamkeit oder nennenswerten Handel. In der Umgegend und dem Hinterland von Lindi, welches ziemlich bevölkert ist, wird nur wenig Handel betrieben, ist doch der Ort nach statistischen Ausweisen, wobei allerdings die unruhigen Zeitläufe in Rechnung zu ziehen sind, nach Mikindani in Handelsbeziehung der unbedeutendste an der Küste. So wurde innerhalb eines Jahres in Lindi, vom August 1888 bis August 1889 im ganzen für 63 766 Dollar, gegen 280 679 Dollar in Bagamojo eingeführt. Darunter sind alle nur denkbaren Waren einbegriffen. Nach Tanga wurde in demselben Zeitraum eingeführt für 53 555 Dollar, Pangani 58 222 Dollar, Dar es Salaam 156 095 Dollor, Kiloa Kiwindji 138 467 Dollar, und nach Mikindani nur für 28 896 Dollar. Im ganzen für 778 680 Dollar.

In der Umgegend von Lindi fanden sich nach einigen siegreichen Scharmützeln die sämtlichen Araberchefs ein, um ihre formelle und thatsächliche Unterwerfung anzuzeigen.

Vier Tage später wurde Mikindani ohne Kampf durch den Reichs= kommissar besetzt. Mikindani, der südlichste, zum 'deutschen Schutz= gebiete gehörige Ort, liegt in der Nähe von Lindi, auf dem halben Wege zum Kap Delgado und dem Grenzflusse Rowuma, in einer noch herrlicheren Lage wie Lindi.

Kiloa wurde von der „Schwalbe" und „Carola" aufs heftigste beschossen. Der Ort war nach der See hin durch starke Verschanzungen gedeckt. Während der Nacht brach infolge des Bombardements eine große Feuersbrunst aus, und als Major v. Wißmann von Süden her mit 1200 Sudanesen (die Schutztruppen waren inzwischen bedeutend verstärkt worden) gegen die Stadt anrückte, fand er dieselbe gänzlich geräumt. Die Aufrührer hatten sich zurückgezogen, nachdem sie die Läden der indischen Kaufleute zum Teil geplündert hatten. Die Inder waren mit Gewalt zurückgehalten worden und mußten eine schreckliche Nacht inmitten der platzenden Granaten, brennender Gebäude, bedroht von der erbitterten fanatischen Besatzung, zubringen. In allen diesen Kämpfen zeigte sich die merkwürdige Thatsache, daß Granaten eigentlich verhältnismäßig geringen Schaden anrichteten und Menschen nur sehr wenige durch die umhersausenden Splitter getötet wurden. Es war mehr die moralische Wirkung der Geschosse, welche dem Gegner Furcht und Schrecken einjagte. Mit der Eroberung des Ortes Kiloa war der Tod unsrer beiden Landsleute, Krieger und Hessel, gerächt.

Es sei gestattet, hier einige Streiflichter auf vergangene geschichtliche Ereignisse zu werfen, welche die Erinnerung auf dieselben in dem alten ehrwürdigen Kiloa mächtig wach rief. Wir gewinnen beim Durchblättern jener alten Chronik, welche ein glücklicher Zufall dem portugiesischen Vizekönig d'Almëida im Jahre 1505 bei der Einnahme von Kiloa in die Hände spielte, den Eindruck, daß zu jener Zeit das Arabertum seine höchste Kulturstufe in Ostafrika erklommen hatte. Kiloa hat früher eine große Bedeutung gehabt. Heute ist es nichts als eine öde, von einem Hochwald überragte, verlassene Trümmerstätte, von der Burton mit vollstem Rechte sagt, daß man statt des Lärms einer lebhaften Stadt nur noch hin und wieder den Schrei einer einsamen Möwe höre. Wenn man den Berichten jener alten Chronik und den Beschreibungen zweier deutscher Landsleute aus Nürnberg lauscht, welche im Jahre 1505 mit einem großen portugiesischen Geschwader Lissabon verließen, um als Handelsleute an der Expedition teilzunehmen, so klingen deren Aussagen fast unglaublich. Man empfängt überhaupt den Eindruck, als seien damals alle Verhältnisse, auch die klimatischen, besonders in bezug auf das Fieber, bessere gewesen. In den Berichten jener Leute, welche uns Beschreibungen von Ostafrika hinterlassen haben, hören wir nichts oder wenig von Klagen über Fieber. Unzählige portugiesische Bauten, in der ganzen Region der Küste, deuten auf ausgedehnte langjährige Besiedelung durch Europäer. Unter arabischer Herrschaft entfaltete sich sogar eine üppige Kultur. Hören wir von den genau verzeichneten Beutestücken, welche bei der Eroberung Kiloas im Jahre 1505 durch die Portugiesen den Soldaten derselben in die Hände fielen, im Werte von 60—80000 Mark, und vergleichen damit die Scherben, welche Wißmanns Truppen dort, beinahe vierhundert Jahre später, fanden, so zeigt sich, daß ein ungeheurer Rückgang stattgefunden hat.

Unwillkürlich wenden wir bei Betrachtung der Vorgänge an der Ostküste unsre Blicke noch weiter rückwärts. Manches Volk schon hat in Ostafrika um den Besitz des Landes gekämpft, dort geherrscht, und ist dann wieder vertrieben worden. Die allererste Erwähnung der Ostküste finden wir bei dem großen Geographen des Altertums, Claudius Ptolemäos, welcher dieselbe bis zum Vorgebirge „Prason" kennt. Es war damals vermutlich der südliche Grenzpunkt aller See= reisen. Die berühmte Geschichte von der Umsegelung Afrikas durch die Phöniker ist sicher, wie auch Ruge meint, ein Märchen. Schon die Angabe allein, daß die Phöniker unterwegs zweimal Feld bestellt haben sollen, ist genügend als Beweis gegen die Fahrt. Die erste Ernte soll an der Westseite des Kaplandes eingebracht worden sein. Als ob dieses Ernten unterwegs so leicht zu ermöglichen wäre. Ein= mal würden sicher die Eingeborenen Schwierigkeiten gemacht haben, und dann kann man, unbekannt mit Klima, Bodenverhältnissen und Behandlung der einheimischen Getreidearten, nicht ohne weiteres Acker= bau treiben, und günstige, genügende Ernte erzielen für solch große Menschenmengen, wie sie angeblich die phönikische Expedition mitführte, dann würde ja auch uns das Kolonisieren nicht so viel Schwierigkeiten bereiten. Der afrikanische Boden gibt zwar immer gleich Ernte, ver= langt aber dennoch Vertrautheit mit seinen Eigentümlichkeiten. Die Eingeborenen würden sich aber, so wie wir sie heute kennen, und ebenso waren sie bestimmt sechshundert Jahre v. Chr., nie dazu herbeigelassen haben, für Fremdlinge Felder zu bestellen. Wir wissen nicht, ob die bei den Phönikern gebräuchlichen Ackergerätschaften dort Verwendung finden konnten. Die Ackerbau und Viehzucht treibenden Phöniker würden wohl vergeblich den Versuch gemacht haben, den Pflug in Afrika anzuwenden, wegen des Mangels an Zugtieren, und die Ruderknechte würden sich bestimmt geweigert haben, den Pflug zu ziehen. Für mitgeführte Tauschwaren hätten die Phöniker ebensoviel Lebensmittel kaufen können, als sie für Hacken eventuell ausgeben mußten, welche zur Feldbestellung notwendig waren. Diese Ackergeräte waren sicher den damaligen Negern schon bekannt. Die ganze Ge= schichte hält Ruge, wenn auch zum großen Teil aus andern Gründen, für ein ägyptisches Pfaffenmärchen, und sicher ist es auch nichts andres.

Ptolemäos setzte seinem Vorgebirge Prason die Insel Menuthias gegenüber, in welcher man Sansibar erkennen will. Sansibar liegt aber gar keinem Vorgebirge gegenüber, und warum sollte er gerade die winzige Insel Sansibar hervorgehoben haben. Sollte er mit

Station Mikindani von der Stadt aus.

Nach einer von Major v. Wißmann zur Verfügung gestellten Originalphotographie.

Prason nicht die vorspringende Ausladung des Landes bei dem heutigen Mosambik, und mit der Insel Menuthias Madagaskar gemeint haben? Diese Annahme gewinnt einige Wahrscheinlichkeit, wenn wir dem griechischen Seefahrer Dioskuros Glauben schenken, welcher bis zum Vorgebirge Prason gelangte, und zwar von einem von ihm Rapta genannten Punkte an der Ostküste aus. Er berichtet, von Rapta nach Prason trete die Küste des Festlandes gegen Südosten vor, was ja hier der Fall ist.

In den ersten Jahrhunderten des Mittelalters gingen die während des Altertums gewonnenen Kenntnisse von Afrika fast ganz verloren. Unwissenheit in geographischen Dingen galt im Mittelalter sogar als verdienstlich und gottgefällig. Die Welt wurde zu jener Zeit auch von ganz andern Ideen bewegt. Die Entdeckung Amerikas und die Reformation lenkten alle Blicke auf sich. Die Erben des geographischen Wissens der Alten wurden die Araber. Auf Befehl des Kalifen Al Manum wurden die Werke des großen alexandrinischen Gelehrten Ptolemäos ins Arabische übersetzt.

Die Araber gelangten schon im 10. Jahrhundert bis zum Kap Corrientes, von ihnen Dschebel en Nadama, Vorgebirge der Reue genannt. Sie gründeten Malindi, Mombassa, Mosambik, Kilwa, Makdaschu (Makdischu), Maurka (Merka), Barawa und Sofala. Weiter südwärts wagten sie sich nicht, weil sie, an Ptolemäos Weltbau festhaltend, glaubten, die Sonne nähere sich zur Zeit des nördlichen Winters auf ihrer Bahn der Erde am meisten, aus diesem Grunde besitze die südliche Halbkugel zu jener Zeit enorme Hitzegrade, und deswegen seien die Länder dort unbewohnbar und die dortigen Meere nicht zu befahren. Sansibar war ihnen bekannt, aber unter anderm Namen. Sendsch (Sklave) bedeutete bei ihnen die ganze bekannte Ostküste, denn schon damals wurde lebhafter Sklavenhandel dort getrieben. Auch Madagaskar war ihnen unter dem Namen Quamarare bekannt.

Im Jahre 1403 faßte der Araber Bakui eine große Beschreibung des Kaffernlandes ab, mit ethnographischen Beschreibungen der Kaffern. Mit diesem Volk müssen die Araber schon sehr frühzeitig in engerer Berührung gestanden haben, derart, daß die Kaffernsprachen sogar noch heute eine Menge nachweislich arabischer Elemente in sich bewahrt haben. Wer weiß, ob nicht die jetzt wieder mehr beachteten uralten Ruinen von Simbaye von Arabern herrühren oder arabischem Einfluß ihre Entstehung zu verdanken haben. Zum Teil gleichzeitig, zum Teil nach der Periode der Araber, standen die italienischen Republiken Genua und Venedig in engster Beziehung zu Afrika. Ein eigentümlicher Umstand bildet zu jener eine starke Triebfeder zur Erforschung Afrikas, nämlich die Nachricht von der Existenz eines christlichen Negerfürsten in Abessinien, des sogenannten Erzpriesters Johannes. Man wußte schon im 11. Jahrhundert, daß dort ein christlicher Herrscher existierte, und interessierte sich schon wegen des im 13. Jahrhundert ausbrechenden Kampfes der Christenheit mit dem Islam ungemein für die abessinischen und Gallaländer, welche damals beide christlich waren. Allein der Erzpriester Johannes galt immer noch als eine halb mythenhafte Gestalt. Die Portugiesen bemächtigten sich dann auf ihren großen Entdeckungsfahrten der gebietenden Macht auf den Meeren. Ein Hauptmotiv ihrer Fahrten war neben der Erschließung neuer Handelswege die Auffindung des Erzpriesters Johannes, dessen Aufenthalt man noch immer nicht hatte mit Sicherheit ermitteln können. Es war nicht so sehr der Wunsch, auf dem Seeweg nach Indien, als zu Johannes zu gelangen. Nachdem aber einmal auf der Suche nach diesem im Jahre 1486 die erste Umschiffung Südafrikas durch Bartolomeo Diaz geglückt war und der Seeweg nach Indien gefunden, wurde auch die Ostküste regelmäßig besucht. Allmählich eroberten unter d'Almeida und Albuquerque die Portugiesen sämtliche früher arabischen Städte, so daß schließlich die portugiesische Herrschaft tiefe Wurzeln schlug. Der König Emanuel von Portugal hatte zu diesem Zwecke eine Flotte ausgerüstet, um den Handel der Araber, der Feinde des Christentums, zu vernichten und das Christentum dort auszubreiten. Vasco de Gama war der erste unter den portugiesischen Seefahrern, welcher die arabischen Städte besuchte. Sansibar war damals den Portugiesen gut gesinnt. Eine Menge andrer Städte aber, darunter Kiloa, stellte sich ihnen feindselig gegenüber. Vasco de Gama kehrte 1502 von Lissabon zum zweitenmal nach der Ostküste zurück und ging dann nach Indien. Unterwegs griff er ein großes Schiff des Sultans von Ägypten auf, plünderte dasselbe und tötete, mit Ausnahme der Kinder, alle darauf befindlichen

Personen. Mit dieser häßlichen That begann im Indischen Ozean der Kampf zwischen Kreuz und Halbmond.

Die Portugiesen hatten ganz allmählich gegen das zweite Drittel des 16. Jahrhunderts den Schwerpunkt ihrer Unternehmungen nach der Westküste von Afrika verlegt. Aus diesem Grunde mochte der zu jener Zeit beginnende Verfall der portugiesischen Herrschaft an der Ostküste in erster Linie herbeigeführt worden sein, neben dem Umstande, daß die Portugiesen in gewissenloser Weise durch ihre Raubwirtschaft das Land ausbeuteten und die Eingeborenen zu ihren bittersten Feinden machten. Doch nicht nur in Afrika, auch in Indien und dem ganzen Gebiete des Indischen Ozeans, wo sie überall wertvolle Besitzungen erworben hatten, verloren sie immer mehr Boden und wurden zuletzt überall vertrieben.

Zunächst wurden die nördlichen Küstenplätze durch den Türken Ali Bey beunruhigt, welcher sich bereits durch einen kühnen Handstreich in Maskat gefürchtet gemacht hatte. Allein es gelang, die Ruhe wieder herzustellen, indem Cutinho den Ali Bey vernichtete und dadurch den schon ins Schwanken geratenen portugiesischen Besitz in Ostafrika rettete. Zu derselben Zeit waren alle auf Pemba ansässigen Portugiesen von Arabern und Suaheli ermordet worden. Auch hier stellte Cutinho die Ordnung wieder her.

Im Jahre 1591 erschienen zum erstenmal Engländer vor Sansibar unter dem Kapitän Lancaster. Sie fanden dort ein kleines portugiesisches Kontor und einige Faktoreien. Allen Hetzereien der Portugiesen zum Trotz traten sie mit den Eingeborenen in Handelsbeziehungen. Gegen Ende des 16. Jahrhunderts erschienen auch noch die Holländer an der Ostküste. Sie griffen wiederholt das zum Hauptplatz gemachte Mosambik an, wenn auch vergebens. Nachdem auch noch einige englische Schiffe Unannehmlichkeiten ausgesetzt waren, hörten die Unternehmungen dieser beiden Nationen gegen das portugiesische Afrika wieder auf.

Der Scheik Achmed von Mombas, ein der Regierung treu ergebener Mann, wurde von portugiesischen Beamten in schmählicher Weise verfolgt und dann ermordet. Sein Sohn Jussuf wurde getauft und später zum Nachfolger seines Vaters gemacht. Als solcher rächte er sich, indem er alle auf Mombas anwesenden Portugiesen ermorden ließ. Später, im Jahre 1632, erschien eine portugiesische Flotte vor Mombas, welche aber unverrichteter Sache wieder abziehen mußte. Schließlich entfloh Juffuf, und die Stadt wurde zerstört, um nach und nach wieder von Portugiesen aufgebaut und besiedelt zu werden.

Die Macht Portugals an der Ostküste war nun rasch im Sinken begriffen. Den Beginn erfolgreicher Kriege eröffnete Sultan bin Sif von Oman. Es gelang ihm nach fünfjährigem Kampf, Mombas zu erobern, er mußte es aber bald wieder aufgeben. Erst sein Sohn Sif bin Sultan nahm im Jahre 1698 die Feste Mombas und hielt sie in Händen. Als die damalige Hauptstadt der Ostküste endgültig ge= fallen war, wurden alle Portugiesen nördlich von Kap Delgado er= mordet und vertrieben, so daß die ganze Küste in Abhängigkeit von Oman geriet. Die Araber befehdeten sich dann lange untereinander, die Portugiesen versuchten zwar ihre Herrschaft noch zu behaupten, aber im Jahre 1786 mußte die ganze Ostküste bis zum Kap Delgado herab die Herrschaft von Oman anerkennen und fiel damit wieder den Arabern zu, bis diese der deutschen Macht weichen mußten.

Wenn man sich die öde Wildnis vergegenwärtigt, welche jetzt allent= halben an der afrikanischen Ostküste herrscht, und die erbärmlichen Negerhütten dort ins Auge faßt, so erscheint es kaum faßbar, daß nach glaubwürdigen Angaben des Vasco de Gama unter andern Malindi aus nett aus Steinen gebauten Häusern bestand mit schönen Zim= mern und gemalten Decken. Auch Täfelungen und Wandmalereien waren allgemein gebräuchlich. Wie anders sieht es jetzt an der Küste aus. An uns ist es jetzt, alle jene zahlreichen Trümmerstätten wieder neu aufzubauen und die heruntergekommene Bevölkerung auf eine hohe Stufe der Gesittung zu führen.

Nachdem Wißmann auch im Süden schnell Ruhe geschaffen, kehrte er im Juni 1890 nach Deutschland zurück, um für einige Zeit ein andres Klima aufzusuchen, begleitet von seinem Freunde, dem Araber Soliman bin Nasr. Wißmann hatte sich dauernden Ruhm erworben. Aus dem unerschrockenen Forscher und Geographen, der als der erste Deutsche den Kontinent durchquerte, war ein Mann von politisch hoher Bedeutung für die Entwickelung unsrer afrikanischen Ostküste geworden. Sein Talent als Militär und Organisator machte es ihm möglich, in solch kurzer Zeit eine vollständige Umwandlung der ganzen

Küsten zu bewerkstelligen und die höhnenden Araber niederzuschlagen, seinen raschen Zug nach Mpapua zu unternehmen und dem Sklavenhandel einen töblichen Stoß zu versetzen.

Die Blockade hatte nur zum geringen Teil ihren Zweck und dies nur innerhalb einer sehr beschränkten Zone erreicht. Wißmann hatte es verstanden, sich bei den Eingeborenen beliebt, bei den Arabern, mit denen er in seinem diplomatischen Verständnis umzugehen wußte, geachtet zu machen. Der Kaiser verkannte denn auch die Verdienste seines ehemaligen einfachen Leutnants nicht. Nachdem er ihn schon während des Aufstandes, wie wir gehört haben, zum Major befördert hatte, erhob er ihn in den erblichen Adelstand. Bald darauf kehrte Wißmann abermals nach Ostafrika zurück. Ehe wir aber seine weitere Arbeit verfolgen, ist es notwendig, daß wir uns dem Innern zuwenden. Wir wollen zunächst die Hinterlande der südlichen Orte untersuchen, welche Wißmann zuletzt pacifiziert hatte. Diese Hinterländer sind bis heute noch die am wenigsten erforschten in unserm ganzen Gebiete, und zwar auf ihrer ganzen Ausdehnung bis zum Nyassasee. Wir finden einen anscheinend im großen und ganzen wenig fruchtbaren Boden, auf weite Strecken wasserloses Land und wilde unbändige Eingeborene, welche der Hauptsache nach vom Sklavenraub leben. Gesunde und friedliche Verhältnisse konnten sich dort nie entwickeln.

Wir haben gehört, daß durch Vertrag mit Portugal im Jahre 1887 die Südgrenze des deutschen Schutzgebietes durch den Lauf des Rowuma bis zu dessen Zusammenfluß mit dem Msinjebach und von da auf dem Breitengrade des Zusammenflusses bis zum Nyassa verläuft. Der Rowuma geriet, seitdem Livingstone den Sambesi, Schire und Nyassasee entdeckt hatte, ganz in Vergessenheit. Der Fluß ändert fortwährend seinen Lauf an der Mündung. Wo früher drei Faden tiefes Wasser zu finden war, entstand eine Barre, die unmöglich zu passieren ist, da, wo früher ruhiges Wasser sich ins Meer ergoß, steht jetzt tosende Brandung. Englische Missionäre waren die einzigen, welche die Gegend von Mikindani flußaufwärts betraten. Die äußerste Station, Masasi, der Universitätsmission gehörig, lag auf einem Viertel des Weges von der Küste zum Nyassa. Der Rowuma entspringt ungefähr 100 km vom Nyassa, wo er als winziges Bächlein den Ausfluß eines Sumpfes darstellt. Einen Bogen nach Westen beschreibend, nähert er sich dem

Nyassa bis auf eine Entfernung von 50 km und fließt dann seewärts. — Die in Afrika immer wiederkehrende Frage, ob gewisse Flüsse und Bäche nicht vielleicht mit irgend einem See, aus dessen Richtung sie herabkommen, in Verbindung gestanden haben könnten, ist auch hier aufgeworfen worden und gewiß ebenso müßig wie anderwärts, denn nichts spricht dafür. Die Gegend an den Ufern des Rowuma ist heute gänzlich entvölkert. Als Livingstone in den sechziger Jahren den Fluß befuhr, wurde er noch von den zahlreichen Uferbewohnern bedroht, heute könnte man die Reise machen, ohne einen Menschen zu treffen, wenn man sich nicht die Mühe nähme, die zahlreichen Schilfinseln ab= zusuchen, auf denen sich spärliche Reste der ehemaligen Bevölkerung der Wajao angesiedelt haben. Ihr kümmerliches Dasein fristen sie in steter Furcht vor den räuberischen Mafiti; denn diese waren es, welche die Wajao, die Makua und andre Stämme auf ihrem schon erwähnten Zuge fast ganz aufrieben.

Die ethnologischen Verhältnisse, sowie die sprachlichen der Mafiti sind im ganzen Rowuma= und Rufidjigebiete dieselben. Die Sulusprache wird nur noch von einigen wenigen und zwar meist den Häuptlingen gesprochen. Bei den Magwangwara findet sich noch eine kleine aber einflußreiche Schar echter Sulu, während es bei den Wahähä und Ma= henge kaum noch welche geben dürfte. Die Frauen der echten Wajao, welche noch dort sitzen, sind recht hübsch, weshalb sie allgemein von Magwangwara geheiratet werden, sogar von den Häuptlingen, daher kommt es wohl auch, daß die Wajaosprache die allgemeine ist. Man nennt die Magwangwara deswegen auch an der Küste allgemein Wajao. Es waren auch Magwangwara, welche unter dem Namen Wajao die Vertreibung der Beamten der Ostafrikanischen Gesellschaft in Kiloa und den andern Orten veranlaßt hatten.

Die weiter westwärts gegen das Nordende des Nyassa zu ge= legenene Gebiet stellen ein Hochplateau dar, dessen höchste Erhebung im jetzigen englischen Gebiet liegt. Das Land ist zum weitaus größten Teil mit Grasebene bedeckt, einer Art Parklandschaft. Es ist wasser= reich, so daß man selbst in der heißen Zeit eine Menge wasserführende Rinnen findet. Wißmann passierte während seiner zweiten Durch= querung des Kontinentes zwischen Tanganika und Nyassa eine Stelle, wo er während zehn Marschstunden die Zuflüsse dreier Seen, des

Tanganika, des Bangweolo und des Rikwa überschritt. Die Wasserscheide zwischen diesen drei Abflüssen bildet eine nur wenige Meter hohe Erhebung.

Die Bewohner dieses Landstriches, die Wamambue und Wanika oder Awanika, sind mager und schlank mit dicken Köpfen, immer ein Zeichen, daß sie im schlechten Nährzustande sind, und dies wiederum läßt auf wenig geordnete und unsichere Verhältnisse schließen. In der That sind die Eingeborenen gezwungen, ihre Dörfer alle mit fester Boma zu umhegen. Sie legen dieselben mit Vorliebe an Zusammen= flüssen von Bächen an und umziehen sie außerdem mit tiefen Gräben. In den südlicheren Teilen dieser Gebiete, welche im ganzen einen nur schmalen Streifen darstellen, treiben die Eingeborenen Viehzucht, leben aber mit ihren Rindern innerhalb der Umzäunung. Die Ausdünstungen der Tiere machen sich in der Regenzeit schon von weitem höchst un= angenehm bemerkbar. Die Dörfer liegen weit zerstreut umher, man findet oft auf viele Meilen nicht eines. Dieser Zustand verdankt seine Ursache der großen Unsicherheit im Lande, veranlaßt durch die Ein= fälle der räuberischen Wawemba, welche, Sklaven und Vieh raubend, die Gegend verwüsten, besonders das Thal des in den Nyassa strömen= den Songwe. Auch Wißmann fand die Spuren dieser Räuber. Täg= lich berührte er auf seinem Marsche niedergebrannte Dörfer, ver= wüstete Felder, am Wege liegende Schädel. Die eigentlichen Urheber dieser Greuel sind wie überall die Araber, die, am Nyassa sitzend, be= deutenden Sklavenhandel treiben. Selbst aber kommen sie nur selten, da ihnen die Sklaven von den Eingeborenen gebracht werden. Die Araber zogen mit ihren Sklavenwaren früher nach Kiloa, Lindi und Mikindani. Jetzt sind ihnen diese Plätze glücklicherweise gänzlich verschlossen, der Häuptling Kitete, dessen Dorf gleiches Namens am Songwe liegt, steht mit den Sklavenhändlern im Bunde und unter= nimmt von seiner Residenz aus fortwährend Raubzüge. Auch der Jagd wird gelegentlich obgelegen, da die Gegend sehr wildreich ist, besonders nach dem Rikwasee zu.

Hier existiert auch eine ziemlich verbreitete Eisenindustrie. Das Erz findet sich in ganz Afrika als Raseneisenstein mit sehr wenig oder gar keinem Phosphor, welcher bekanntlich das Eisen kaltbrüchig macht. Raseneisenerze sind sehr leichtflüssig und bedürfen wie der Roteisen=

stein keiner Reduktionsmittel, letzterer wegen seines, wenn auch geringen Kalkgehaltes, der gute Schlacken bildet. Roteisenstein kam am West= ufer des Tanganika vor. In den Gegenden zwischen dem Nyassa und Tanganika soll nach dem Missionär Croß Hämatit vorkommen.

Zum Ausschmelzen des Erzes bedienen sich die verschiedenen Stämme, welche sich damit abgeben, hier die Awanika, auch die Wassu= kuma am Viktoria Njansa, 2—3 m hoher Hochöfen, mit oder ohne Rast. Die meisten haben die Gestalt eines steilen, oben leicht gewölbten Kegels, welcher an der Basis 2—2½ m, an der Spitze 1½ m Durchmesser besitzt. Der Boden ist muldenförmig mit einem seichten Abflußkanal. 8—10 Düsen werden am Boden in eine ent= sprechende Anzahl Löcher eingesteckt. Die Düsen sind zwei Spannen lange Thonröhren von Faustdicke mit einer Öffnung von Flaschenhals= weite. Die Düsen öffnen sich da, wo das Gebläse eingeführt wird, kelchartig.

Das Gebläse ist entweder ein Sackgebläse, wahrscheinlich von Arabern entlehnt, oder ein hölzernes Schüsselgebläse, wie wir es nennen können. Ersteres besteht aus zwei weichgewalkten Ziegenfellen, welche in einem Holzrohre oder dem Abschnitt eines Gewehrlaufs enden und an dieser mit der Halsöffnung angebunden sind. In den Boden ge= schlagene Pflöcke halten beide Röhren zusammen und geben ihnen die entsprechende Richtung auf die Düse. Die andre Seite des beim Ab= häuten der Ziege nicht aufgeschnittenen Felles ist offen und mit je zwei geraden Leisten versehen, an welchen auf der Außenseite Riemen zum Einstecken der Finger auf der einen und zum Einstecken des Daumens auf der andern Seite angebracht sind. Beim Gebrauch drückt die Hand die Leisten, welche die Ventile darstellen, zusammen, womit die Öffnung geschlossen ist. Zugleich wird der Sack zusammengedrückt, die Luft durch die Röhre pressend. Die andre Hand öffnet gleich= zeitig die Leisten des zweiten Sackes, hebt denselben in die Höhe und füllt ihn so mit Luft. Durch abwechselndes Öffnen und Zusammen= drücken wird ein kontinuierlicher, ziemlich starker Luftstrom erzeugt. Der echte Negerblasebalg, dessen Form in ganz Afrika wiederkehrt, besteht aus zwei kleinen Schüsseln, von spannweiter Öffnung und einer Höhe von Handbreite, welche nebeneinander auf einem Brett stehend aus einem Stücke herausgearbeitet sind. Von denselben laufen zwei kon=

vergierende Röhren aus, welche von Unterarmlänge mittels eines dünnen Eisens hohl gebrannt sind. Auf die Schüsseln ist schlaff je ein weiches Ziegenfell gebunden, in deren Mitte, durch außen und innen angebrachte Scheibchen aus Flaschenkürbisschalen festgehalten, meterlange dünne Holzstäbchen oder Schilfröhren angebunden sind. Am Boden hockend, stößt der Arbeitende die Stäbe abwechselnd schnell auf und nieder. Ein Ventil ist nicht vorhanden, die Luft tritt durch die Röhren stoßweise aus und ein, mit flatterndem, puffendem Geräusch. Diese am meisten bei den Hochöfen zur Verwendung kommenden Blasebälge werden wie auch die andern in 8—10facher Zahl angewendet. Die Blasebälge müssen wegen ihrer Leichtigkeit immer mit Pflöcken an der Erde festgehalten werden und liegen in zweifingerbreiter Entfernung von den Düsenkelchen. Wenn der aus Termitenbautenthon über ein leichtes Stabgerüst sehr dickwandig hergestellte Hochofen in der Sonne gut ausgetrocknet ist und die Risse wiederholt zugeschmiert sind, so wird er mit Holz gefüllt und trocken gebrannt, worauf man die Asche entfernt. Sodann wird die Holzkohle eingefüllt. Diese wird immer nur aus dem harten Akazienholz hergestellt. Meiler sind gänzlich unbekannt. In meterlangen Scheiten stellt man das Akazienholz pyramidenartig zusammen in nicht allzugroßen Haufen und zündet diese mittels Reiser an. Wenn alles Holz in der freien Luft durchglüht ist, stößt man die Scheiterhaufen auseinander, worauf die glühenden Scheite schnell von selbst verlöschen. Die gewonnene Kohle ist dicht und hell metallisch klingend. Sie wird durch Schläge mit einem Holze zerkleinert. Die Erze, Raseneisenstein, Hämatit oder Roteisenstein werden auf einer Steinplatte mittels eines Hammers oder eines andern Steines zu Nußgröße zerschlagen, um dann abwechselnd mit Holzkohle geschichtet in den Ofen eingeführt zu werden. Die Gebläse werden Tag und Nacht in Gang erhalten von Leuten, welche sich abwechseln. Das zuersterhaltene Produkt ist eine dickflüssige Schlacke, welche aus dem Abzugskanal abfließt und nach dem Erkalten, wie früher das Erz, zerkleinert wird. Erst nach 5—6 maligem Umschmelzen kommt das Eisen zuletzt als dickflüssiges Schmiedeeisen aus dem Ofen, braucht nicht mehr gepuddelt zu werden und wird sofort zu Hacken, Speeren und Beilen verarbeitet. Alle Neger ziehen es dem importierten Eisen vor. Es ist zwar immer unrein, hier und da etwas blätterig aber höchst geschmeidig und läßt sich besser schmieden als unser gewöhnliches Stabeisen.

Hier in dem Gebiet der Awanika wurde auch die wild in ziem= licher Menge wachsende Baumwolle zu shawlartigen, grobgewebten Stoffen verarbeitet mit schwarzen, gelben und roten Streifen, Würfeln und Mustern, wie wir dies auch noch bei den Wanjamuesi finden. Die Stoffe werden auf einem höchst primitiven Webstuhl mit einfachem Geschirr gewoben. Die Kette ist demgemäß kreuzweise gespannt. Das Schiffchen wird hier durch einen flachen Stab dargestellt, der in seiner Länge die Breite des Stoffes um weniges überragt und nicht durchgeschleudert, sondern durchgesteckt wird. Der Faden wird mittels einer langstieligen Spindel gesponnen, welche auf dem nackten Ober= schenkel in Drehung versetzt wird. Die Arbeit ist sehr zeitraubend. Diese einheimischen Gewebe werden jedoch fast ganz durch eingeführte Ware verdrängt. Die Weber der Eingeborenen können mit den billigen europäischen Stoffen nicht konkurrieren.

Wenn wir das Hochplateau zwischen Tanganika verlassen und dabei ungefähr 400 m ziemlich schnell abwärts in südlicher Richtung steigen, so befinden wir uns bald an den Gestaden des großen Nyassa= sees. Der See wurde bekanntlich von Livingstone am Mittag des 16. September 1859 entdeckt, Livingstone ging den Sambesi und Schire hinauf und erreichte den See am Ausflusse des Schire. Da= mit stellte er zugleich das Vorhandensein einer Verbindung des Sees mit dem Meere fest, und später gelang es auch, einen Dampfer, den „Jlala“, nach dem Nyassa zu bringen, nach Überwindung der Strom= schnellen des Schire. Einen Monat später wie Livingstone erreichte der Hamburger Forscher Roscher den See, derselbe wurde aber dort schon sehr bald ermordet. Er hatte sich mit nur einigen wenigen Leuten ins Innere gewagt und fiel als Opfer der Habgier eines Schwarzen, der ihn in der Nacht durch zwei Pfeilschüsse tötete.

Livingstone muß man entschieden die Ehre der Entdeckung zu= sprechen, da er der erste war, welcher seine Entdeckung der wissenschaftlichen Welt zugängig machte. Die Portugiesen beanspruchten zwar, die ersten Entdecker des Sees zu sein, und der portugiesische Geograph Vandeira wies nach, daß der Schire thatsächlich schon im 16. und 17. Jahrhundert von Portugiesen und der große

See, der „Nhanja Mkuro", schon im 17. Jahrhundert von ihnen be=
fahren wurde, allein die Welt erfuhr nichts davon, ebensowenig wie
von dem Umstand, daß schon Normannen viele Jahrhunderte vor
Kolumbus Amerika entdeckt hatten. Letzterem wird der Ruhm der
Entdeckung jenes Erdteils dennoch bleiben, wie dies für Livingstone
mit dem Nyassasee der Fall ist.

Wenn wir dem Nyassasee weniger Aufmerksamkeit schenken, so
geschieht dies, weil nur ein kleiner Teil seiner Ufer in die deutsche
Interessensphäre einbezogen ist und leider nicht der beste.

Die Ostküste des Sees ist derart felsig; daß man fast nirgends
Sandstrand findet. Himmelragende Berge erheben sich steil in die
Wolken bis zu 3000 m, und kein einziger Hafen ist an der Ostküste
zu finden. Es ist unmöglich, die Küste entlang zu marschieren.
Auf der 200 km langen Strecke finden sich nur zwei bewohnte Punkte,
den See entlang muß man, wo es überhaupt möglich ist, streckenweise
im Wasser waten, an andern Stellen Boote, wie bei einer Überfahrt,
benutzen.

Erst im Norden, im Lande Konde, finden sich bewohnbare Ufer=
partieen, welche sich durch üppigste Fruchtbarkeit auszeichnen, zahlreiche
Dörfer, deren kleine, aber saubere Hütten sich unter durchaus
reinlich gehaltenen Bananenhainen stundenweit dahinziehen, werden
von den Wakonde, einem schönen Menschenschlage, bewohnt. Ein guter
Hafen scheint an dem deutschen Ufer des Nyassa nicht vorhanden zu
sein, ein großer Mangel, der um so empfindlicher ist, als der Nyassa,
ein äußerst stürmischer See, oft ganz unerwartet zu hohem Seegang
aufgewühlt wird, verderblich den Fischern in ihren winzigen Ein=
bäumen. Der Nyassa liegt 400 m über dem Meere, von den ihn
umgebenden Bergen kann man in bezug auf Fruchtbarkeit und Klima
dasselbe sagen, wie von allen Bergen in Deutsch = Ostafrika. Die
Sohlen der zahllosen Thäler und Thälchen sind mit einer äußerst
fruchtbaren Humusschichte belegt, Wasser ist in großer Menge, das
ganze Jahr über, vorhanden, und wo immer man sich befindet, hört
man es plätschern und rauschen. Die niedriggelegenen Abhänge sind
mit lichtem Wald bestanden, die Ufer der Wasserrinnen mit oft pracht=
vollem Urwald und Bambus, und weiter oben finden wir die feuch=
tigkeitsschwangeren Regenurwälder meist nur in kleineren Parzellen.

Je höher man steigt, um so üppiger ist die Vegetation, bis man plötzlich in 1800—2000 m die Waldgrenze erreicht, und nur der ganz dichte Urwald an Wasserläufen fortkommt. Die Höhen sind kahl, nur mit Gras und hier und da mit einem dichten Busch bestanden. Die Land=schaft nimmt entschieden alpinen Charakter und alpines Aussehen an, feierliche Stille herrscht in den weiten Hochthälern, die oft einen groß=artigen Eindruck machen, moorartige Thalsohlen, deren krüppelige Akazien an unsre Föhren erinnern. Die Flora zeigt fast nur Kräuter, Gräser und eine große Menge buntfarbiger Blumen und behaarte Blätter. Eiskaltes, kristallklares Wasser, von 3—5° C., rauscht und rieselt über ein steiniges Bett, und die Luft ist bei stets wehenden Winden so kalt, daß man dicke Kleider anzulegen genötigt ist. Nebel und Nebelregen stellen sich oft ein, Wolken umhüllen die Gipfel, und kaum begreift man, wie es die nackten Eingeborenen in diesen kalten Regionen aushalten, besonders da es ihnen meist schwer wird, Holz zu beschaffen, welches sie oft viele Stunden weit aus den Urwäldern, bergauf und =ab schleppen müssen. Sie schützen sich gegen die Kälte in ihren mit großer Sorgfalt und Reinlichkeit angelegten Hütten, in welchen das Feuer nie ausgeht. Länder der Zukunft sind diese Nyaffaberge, wie auch die an der Küste gelegenen Bergländer, denn so lange keine Eisenbahn dorthin führt, sind sie uns in fast unerreichbare Ferne gerückt. Das Klima ist in den Bergen des Nyaffa nicht besser und nicht schlimmer wie anderswo, und gesunde Punkte wechseln mit fieberschwangeren. — Nordwestlich vom Nyaffa und östlich am Süd=ende des Tanganika liegt der Rikwa= oder Hikwasee, wie er auch ge=nannt wird. Thomson hat ihn im Jahre 1879 zum erstenmal von den Höhen der Ufipaberge aus in der Ferne schimmern sehen. Der unglückliche Kollege des Verfassers, Dr. Kaiser, war der erste Europäer, der das Wasser des Sees trank, als er im Herbst 1882 von Igonda in Unjamuesi aus mit einer kleinen Karawane dorthin reiste. Unter=wegs erlag er mit seinen Leuten fast dem Durst in der wasserarmen Gegend, und als er Anfang Oktober den See erreichte, erkrankte er und ist wahrscheinlich zwischen dem 25. und 28. Oktober unter Läh=mungserscheinungen gestorben. Bei Kia, am Nordende des Sees, haben sie ihn begraben. Ein kleiner Hügel, eine niedere Boma darum, sind alles, was an den treuen Kameraden, den gewissenhaften, aus=

gezeichneten Forscher und Astronomen erinnert, und statt des fröh=
lichen, von ihm so heiß erwünschten Zusammentreffens am Tanganika
empfingen die Gefährten nur die Todesnachricht. Man weiß eben in
Afrika nie, ob man sich selbst nach kurzer Trennung wiedersehen wird.
Da, wo Kaiser den See an seinem Nordende erblickte, dehnte er sich
nach Süden und Osten in unabsehbare Weite aus. Von Westen her
schimmerten in der flimmernden zitternden Sonnenglut blaue Höhen=
züge herüber, die Ljamba la Ufipa. Der Strand ist durchaus flach
und sandig. Auch weithin kein Baum, kein Strauch, das warme
Wasser ganz süß und trinkbar. Landeinwärts finden sich ganze
Baobabwälder, als die am weitesten westwärts vorgeschobenen Re=
präsentanten dieser Baumart in Deutsch=Ostafrika, der See wimmelt
von Krokodilen und Nilpferden. Der englische Missionär Karr Croß
stieß bei Kitete am Songwebach 1889 mit dem englischen Konsul
H. H. Johnston zusammen, welcher von Nyassa nach Tanganika reisen
wollte. Beide marschierten vereint durch das Miwungugebiet. Der
Abstieg von dem Plateau bot viele Schwierigkeiten, die Eingeborenen
waren unfreundlich, das Wasser schlecht und das nur mit Akazien
bewachsene Land dürr und verbrannt. Ein Häuptling hielt die
Reisenden mit Tributforderungen auf, denn seine Leute waren wohl=
bewaffnet. Der Aufenthalt in der glühendheißen, ungesunden und an
Nahrungsmitteln armen Tiefebene war daher für die beiden Eng=
länder ein sehr unbehaglicher. Johnston sah dies sofort ein, konzen=
trierte sich infolgedessen nach einem ergebnislosen Schauri (Beratung)
mit seinen hundertfünfzig Leuten rückwärts und überließ in bescheidener
Weise dem Missionär die Ehre des Vordringens, indem er in der
Nacht spurlos verschwand und Karr Croß mit zehn Leuten zurückließ.
Später schien aber H. H. Johnston seine übergroße Bescheidenheit zu
bedauern, denn er erweckte in seinen Berichten an die Proceedings
den Glauben, als sei er bis zu dem See herangekommen, was keines=
wegs der Fall gewesen ist.

Karr Croß wußte sich mit dem Häuptling zu stellen und blieb
eine volle Woche in dessen Dorf. Von dort erreichte er, eine Anzahl
kleiner brackiger Bäche überschreitend, deren Umgebung von Wild
wimmelte, das kleine, auf einem Hügel am Südende des Rickwasees
liegende Dorf Kigindi. Die Ufer des Sees waren hier sumpfig, das

Waſſer ſalzig und ungenießbar. Ein Knabe, welcher für Karr Croß eine Flaſche mit Waſſer aus dem See füllen ſollte, mußte etwa 300 m weit durch knietiefen Schlamm waten, ehe er das Waſſer erreichen konnte. Der See iſt zweifellos in einer Periode des Austrocknens begriffen, was ſchon Kaiſer konſtatierte. Er ſcheint übrigens ſchon früher einmal von geringerem Umfange geweſen zu ſein, da Kaiſer im Waſſer Baumſtumpfe gefunden hat. Croß ging vom See aus zum Songwe zurück. Bei dem Dorfe Mireya hat ſich nach ſeinen Angaben der Fluß durch Kalkſteinfelſen hindurchgearbeitet, welche mehrere hundert Fuß hoch und reich an einer Menge Arten von Muſcheln ſein ſollen. Es wäre dies ein bemerkenswertes Vorkommen dieſer Geſteinsart im Innern, welche man bis dahin nirgends in jenen Gegenden gefunden hat. Croß hat über ſeine Reiſe eine Be= ſchreibung veröffentlicht, wobei er am Schluſſe auf die Verdienſte engliſcher Reiſenden um die Erforſchung der Nyaſſagegenden hinweiſt. Es hatte den für ihn und ſeine Landsleute erfreulichen Erfolg, daß man die engliſch=deutſche Grenze in jenem Gebiet ſtatt wie anfänglich beabſichtigt, an den weit ſüdlicher gelegenen Rikuro mehr nach Norden verlegte. Die Verdienſte deutſcher Forſcher haben leider in Afrika faſt nirgends derartige Folgen nach ſich gezogen.

Wenn wir die obenerwähnten Gebiete und diejenigen auf der ganzen Länge der ſüdlichen Grenze Deutſch=Oſtafrikas verlaſſen, und uns nordwärts wenden, ſo kommen wir in das Gebiet des Rufidji= fluſſes, der mit ſeinem ganzen Stromgebiet innerhalb unſrer Inter= eſſenſphäre liegt. Es iſt ein deutſcher Reiſender, dem wir die beſte Auskunft über dieſen Fluß verdanken, Graf Joachim Pfeil, welcher ſich große Verdienſte um die Erforſchung des Rufidji er= worben hat.

Graf Pfeil hat den Ulanga eine Strecke weit aufwärts befahren, von deſſen Zuſammenfluß mit dem aus dem Süden kommenden Luwenga der vereinigte Strom den Namen Rufidji führt. Der Rufidji iſt wegen ſeichter Stellen in kurzer Entfernung von der Küſte aus nicht gut befahrbar, von den Pangu= bis zu den Schugulifällen wahrſcheinlich überhaupt nicht. Von da an iſt, nach Graf Pfeil, der Ulanga bei der Breite des Rheins, an der ſchmalſten Stelle maß er trigonometriſch 68 m breit und war 3—6 m tief, alſo ſelbſt für große

Schiffe zu befahren, und zwar bis zu den ungeheuren Sümpfen an seinem Oberlauf, aus denen er wahrscheinlich entspringt. Zu beiden Seiten begleiten hohe Berge den Strom. In der Regenzeit werden streckenweise ungeheure Gebiete überschwemmt. Ein ungemein reiches Tier= und Wasserpflanzenleben entwickelt sich dort.

Graf Pfeil erwähnt in seinem Berichte, daß er in den Niederungen des Ulanga eine in ganz Afrika vorkommende schwarze Raubameise, die Treiberameise (Anomma arcens), in ungeheurer Menge angetroffen habe und er sowohl, wie seine Leute viel von diesen Siafu genannten Insekten geplagt worden sei. Auch der Verfasser weiß davon zu berichten. Die Siafu nehmen nur animalische Nahrung, entweder selbsterbeutete oder von kurz zuvor eingegangenen Tieren, sei es ein winziger Käfer, eine Larve oder ein toter Büffel. Die Siafu be= wohnen in ungeheuren Scharen alte Termitenbauten, da sie selbst sich nicht mit Bauen abgeben, sondern höchstens die viel von ihnen betretenen Wege in der Mitte glattarbeiten und an den Rändern erhöhen. Man kennt über ihr Geschlechtsleben noch sehr wenig, wahrscheinlich existieren auch bei ihnen sogenannte Königinnen. Ferner gibt es unter ihnen Arbeiter und Soldaten, welche beiden Kasten, wenn man so sagen darf, fast die ganze Summe des Volkes aus= machen, gegenüber einigen geschlechtlichen Männchen. Die Arbeiter sind klein, 6—8 mm lang; die Soldaten haben eine Länge von 8 bis selbst 11 mm und sind an ihrem großen Kopf mit außerordentlich starken Mandibeln bewehrt. Auch die Arbeiter besitzen deren sehr starke und scharfe. Wenn ein Zug der Ameisen auf Wanderung ist, so stellen sich die Soldaten seitwärts mit nach außen hoch empor ge= recktem Kopfe und weit aufgerissenen Mandibeln auf. Graf Pfeil hat beobachtet, daß sich manchmal einer der Soldaten auf irgend einen Arbeiter im Zuge stürzte, um ihn zu zwicken. Der Anlaß war nicht ersichtlich. Alles Lebende, was sich diesen Insekten nähert, überfallen sie, Arbeiter wie Soldaten mit unbeschreiblicher Wut. Mit ebensolcher Wut bohren sie ihre scharfen Zangen, womit sie einen heftigen Schmerz verursachen können, ins Fleisch, ohne daß dabei aber Säure oder sonst eine ätzende Flüssigkeit ausgeschieden würde. Sie bemühen sich dabei, ihrer Kraft und ihren Zangen entsprechend, große Stücke Fleisch durch Beißen und Hin= und Herzerren loszureißen. Niemals lassen sie aber los, sondern lassen sich jedesmal den Kopf abreißen, wenn man sie entfernen will. Die Züge dieser Ameisen bewegen sich in handbreitem Strome, am liebsten über feuchte Stellen im Grase, doch auch oft über trockenes Gelände. Die Wanderungen werden fast nur in der Regenzeit auf größere Entfernungen hin ausgeführt. Wenn ein solches Volk aus einem Bau auswandert, was häufig vorkommt, so erstreckt sich der Zug auf mehrere Kilometer weit. Häufig genug kommt es vor, daß ein Kara= wanenlager von einem Raubzuge der Ameisen überfallen wird, dann gibt es kein Mittel, als schleunigste Flucht, und selbst der König der Tiere ergreift, während des leckersten Mahles von ihnen überfallen, das Hasenpanier. Die Ameisen vermögen ganze Kadaver von großen Antilopen zu verzehren und da, wo sie sich eingestellt haben, wagt sich nicht einmal die gefräßige Hyäne an ein gefallenes Tier.

Im Gebiete des Rufidji zu beiden Seiten seines großen Neben= flusses, des Ruaha, sitzt ein eigenartiges Volk, die Wahähä, welches wir aus den verschiedenen Stämmen des südlichen Deutsch=Ostafrika allein herausgreifen wollen, als die wichtigste und bedeutendste jener Völkerschaften. Alle andern, wie die Mahenge, sind ihnen ähnlich, oder andre wie die Wabena und deren Nachbarn, die Wandandu, sind entweder, wie die letzteren, zum größten Teil aus= gewandert oder dem Untergang, der Aufsaugung verfallen. Sie haben für die Entwickelung der Verhältnisse wenig oder keine Bedeutung mehr. Das Land Uhähä ist ein weites, ziemlich ebenes Lateritmeer, das sich von Westen sehr sanft von den Rubäho= und Usagarabergen aus senkt. Dichter Dornbusch, Baobab, einige Palmen und Kron= leuchter=Euphorbien bilden die am meisten ins Auge fallenden Formen der Flora. Rot und grau sind die Farben des Landes, und das Grün, mit dem es sich in der Regenzeit überzieht, sieht mehr wie eine zufällige Erscheinung aus.

Die Bewohner dieses rauhen sechs Monate lang von heftigem Südostpassat überwehten Landes sind ebenso rauh, ebenso unangenehm von Charakter wie dieses selbst. Sie treiben hauptsächlich Viehzucht, Ackerbau nur so viel, um die Feldfrüchte für die Bereitung ihres Bieres zu gewinnen. Die Rinder sind Buckelrinder, die Tiere ge= deihen vortrefflich, doch scheinen die Wahähä ebensowenig einen Begriff von Zucht zu haben, wie alle andern viehzuchttreibenden Stämme

Leute von Rufidji. Nach einer Originalphotographie.

Deutsch-Ostafrikas. Die Rinder sind klein, unansehnlich und geben kaum den zehnten Teil der Milch unsrer Kühe. Die Milch wird in Flaschen=kürbisse gemolken und von den Wahähä roh oder sauer genossen, diese Flaschenkürbisse werden entweder durch scharf oder widerlich riechenden Rauch einer Holzart oder mit Rinderurin geräuchert und desinfiziert, daher kommt es auch, daß ihre Milch einen so unangenehmen Geschmack hat. übrigens hält es äußerst schwer, Milch von ihnen zu kaufen, da diese neben den vielfach gezogenen Gemüsen, wie Bataten, Wassermelonen, Gurken, Kürbisarten, selten etwas Mehl, die Hauptnahrung für sie selbst bildet, wenn wir von Pombe, dem einheimischen Biere, absehen, das in großer Menge genossen wird. Fleisch liebt der Mhähä sehr, entschließt sich aber ungern, seine Rinder zu schlachten und zieht es vor, geraubte zu verspeisen. Die Wahähä bewohnen große weitläufige Tembe, wie wir sie schon beschrieben haben. Sie bringen auch ihr Vieh darin unter.

Der Mann geht vollständig nackt, der echte Mhähä verschmäht sogar jeden Schmuck, nicht einmal die in ganz Afrika gebräuchlichen Amulette trägt er, deren verbreitetste Form, zwei kleine cylindrische Hölzchen nebeneinander an einer Schnur befestigt, am Arm, Hals oder den Knöcheln getragen wird. Ältere Leute tragen Felle und neuerdings vielfach importierte Stoffe, hauptsächlich weiß und blau. Weder Beschneidung, noch Tättowierung, noch Zahnverstümmelung kennt der Mhähä, so, wie ihn Gott geschaffen hat, läuft er umher. Manchmal kommt es vor, daß sich die Leute phantastische Frisuren dressieren, doch der echte Vollblut=Mhähä verschmäht auch dies, er läßt entweder die Haare einfach zu Pudellocken wachsen oder schneidet diese mittels eines scharfen Messers ab, so daß die Haare immer kurz bleiben. Wenn's hoch kommt, steckt er eine gefundene Feder hinein. Die übrigen Haare unter den Achselhöhlen und an den Schamteilen werden wie bei allen Afrikanern abrasiert, der Bart mit feinen Zangen ausgerissen. Vom Waschen hält der Mhähä ebensowenig etwas wie vom Einölen der Haut, und so kommt es, daß die Leute meist dunkelgrau aussehen, besonders da sie es lieben, in warmer Asche zu schlafen. An Komfort macht der Mhähä gar keinen An=spruch. Zu Hause schläft er allerdings auf einer Art von Bettgestell. Unterwegs aber legt er sich einfach auf die Erde und nimmt auf die Reise nichts wie seine Waffen mit, welche man fast seine Kleidung nennen könnte, da er sie nie ablegt. Der französische Reisende Giraud beobachtete in der Residenz des Häuptlings Muanika, daß dort die Wahähä in der Nähe ihrer Behausung unbewaffnet umhergingen, um zu vermeiden, daß sie sich bei ihrer ausgesprochenen Händelsucht untereinander bekämpften. Die Weiber tragen nur ein weich gewalktes Fell um die Hüften, sie sind sehr häßlich und wie alle Negerinnen mit dem zwanzigsten Jahr alte Weiber, während die Männer von recht negerhaftem Typus bei gutem, nicht allzuhohem Körperbau von schönem Wuchse und guter Gesichtsbildung sind. Die Waffe besteht in dem spitzovalen Schild aus Rinder=, Antilopen= oder Zebrahaut, durch die Mitte ist ein Stab gesteckt, um dem Schild Halt zu geben. Der Stab ist in der Mitte mit einer Biegung versehen, welche als Handhabe dient, und diese zeigt durch ihre Kleinheit, daß die Wahähä, wie fast alle Neger, kleine schmale Hände haben. Es ist notwendig, darauf hinzuweisen, daß alle Afrikaner, welche Schilde führen, diese mit nur einer Handhabe versehen, welche genau in der Mitte des Schildes angebracht ist, so daß der Schild nur mit der Faust, nicht aber etwa noch durch Riemen zum Durchstecken des Unter= arms gehalten wird. Der Schild der Wahähä ist höchstens brusthoch und am Rande nicht ausgenäht oder versteift, auch wird er nicht be= malt. Die Hauptwaffe der Wahähä sind die Mpalala, die Wurfspeere, deren jeder sieben bis acht mit sich führt, ferner der Ndula oder Stoßspeer. Die Mpalala werden meist mit dem Ndula zu einem Bündel zusammengefaßt getragen, doch befindet sich im Schild eine schmale Ledertasche zur Aufnahme der Spitze und oben ein Riemen zum Halten. Der Mpalala ist kaum über $1{,}_4$ m lang und hat eine sehr gefällige Form. Der Schaft ist aus einem dunklen, sehr zähen, festen Holze hergestellt, am oberen Ende, welches die Klinge aufnimmt, nicht dicker wie ein schwaches Schilfrohr und verjüngt sich nach unten allmählich ganz fein, so daß er nunmehr die Dicke einer Holzhäckel= nadel hat. Das dünne Ende ist immer von einem kugeligen oder dreikantigen Ring umfaßt, welcher mit großer Geschicklichkeit durch Hämmer ohne Schweißung der Naht hingestellt wird. Die Klinge ist fingerlang, myrtenblattförmig und daumenbreit, sie läuft in einen gut eineinhalbe Spanne langen Stiel aus von höchstens Bleistiftdicke, welcher in den Schaft eingebrannt und dann mittels eines naß über= gezogenen Hundeschwanzes festgehalten wird, der bis zum völligen

Eintrocknen mit einer Schnur umwickelt wird. Da der Bedarf an Hunde=
schwänzen in Uhähä ein außerordentlicher ist, so halten sich die Leute
eine Menge Hunde, hacken den Kötern die Schwänze aber nicht
etwa ab, sondern verbinden das Angenehme mit dem Nützlichen und
verspeisen diejenigen Hunde, deren Schwanz für die Lanze verwendet
werden soll. Der Schaft des Mpalala wird durch aufgewickelten feinen
Draht und durch aufgesteckte Posen von Straußfedern geziert. Der
Ndula ist etwas länger wie der Mpalala, hat einen überall gleich=
starken fingerdicken Schaft. Die Klinge ist spannenlang. Der Mpalala
ist, wie man schon der Form und Leichtigkeit nach schließen kann, ein
Wurfspeer, eine sehr gefährliche Waffe in den Händen des Mhähä.
Der Verfasser hat selbst gesehen, daß der Mpalala auf hundert Schritte
geschleudert eine festgewickelte Strohpuppe traf und gänzlich durchbohrte,
so daß die Waffe auf der andern Seite im Sande stak. Bei einem
Gefechte beobachtete er, wie ein Mhähä einen fliehenden Feind auf
vierzig Schritte mit einem Mpalala von hinten traf, so daß die Waffe
das linke Schulterblatt und das Brustbein durchbohrte. Mit einem
hohen Satz brach der Getroffene lautlos und blutüberströmt zusammen.
Der Ndula wird nicht geschleudert, sondern dient dazu, den Gnaden=
stoß zu versetzen, oder wird bei nahem Aufrücken als Stoßlanze ge=
braucht und dabei am äußersten Ende und nicht in der Mitte gefaßt,
ähnlich, wie die Somali ihre Speere handhaben. Die Wahähä lösen
erschlagenen Feinden die rechte Hand aus, dabei dient der Ndula als
Messer, ebenso wenn sie ein Stück Rind= oder Hundefleisch mit den
Zähnen fassen und mit der Lanzenklinge abschneiden. Aus dem Kampfe
heimkehrend legt der Mhähä den Schild auf den Kopf.

Trotz ihres händelsüchtigen Wesens muß gesagt werden, daß den
Wahähä ein gewisses ritterliches Wesen nicht abzusprechen ist, andern
Negern gegenüber eine auffallende Erscheinung. Doch ist damit nicht
gesagt, daß ihnen nicht auch alle Fehler der Schwarzen anhaften, be=
sonders Roheit, Brutalität und Raublust. Was ein Mhähä, der
irgend eine Würde bekleidet, verspricht, das hält er, wenn er irgend
wie dazu im stande ist. Ruhig, gemessen und würdevoll benehmen sich
die Leute, nie zeigen sie jenes freche, lärmende und unverschämte
Benehmen ihrer Nachbarn der Wagago. Nur in ihren Dörfern und
im Rausch sind sie zudringlich. Die Häuptlinge, welche den Titel

Mssangirra führen, gebieten über weite Strecken und führen ein straffes Regiment, dem sich ihre Leute willig beugen. Es herrscht ein kriegerischer Geist unter den Wahähä und entschieden eine Art Disziplin, welchen Zustand der Verfasser nicht allein dem Einfluß der Mafitu zuschreiben kann.

Die Häuptlinge vermögen ihre Macht jedoch nur nach der militärischen Seite hin, hier aber in fast absoluter Weise zur Geltung zu bringen. Willig folgen alle seinem Aufgebot, keiner weigert sich, dem Kriegsruf Folge zu leisten, und wenn der Häuptling die Kriegstrommel ertönen läßt, strömen seine Unterthanen aus allen Teilen des Reiches zusammen. Während des Feldzuges wird den Führern unbedingt Folge geleistet. Der Angriff erfolgt nach einem Plan und nach alterprobter Taktik. In Eilmärschen nähert man sich dem feindlichen Dorf oder Lager derart, daß die Umzingelung immer unbemerkt stattfindet. Dieselbe wird in der Nacht vollkommen und lautlos ausgeführt. Hierin unterscheidet sich die Taktik der Wahähä wesentlich von derjenigen aller andern Neger, auch von der der Kaffern und Mafiti, welche in der Nacht zwar marschieren, aber kein Manöver vor Tagesanbruch ausführen. Diese Taktik macht auch die Wahähä zu solch gefährlichen Gegnern. Sobald der erste lichte Schimmer des jungen Tages im Osten aufdämmert, ertönt von allen Seiten das unheimliche u — u — u — i! der Wahähä, die Umzingelten stürzen aus ihren Hütten, an deren Thür sie schon der nackte Feind mit seinen Speeren erwartet, um im nächsten Augenblick seine Waffen den Unglücklichen in den Körper zu schleudern oder sie zu durchbohren, und ehe die Überfallenen zur Besinnung gekommen sind, ist der größte Teil derselben getötet. Die Metzelei wird fortgesetzt, die gefangenen Weiber und Kinder werden als Sklaven weggeführt, die Rinder als willkommene Beute heimgetrieben. So ging es den Wagogo, als die Invasion ihres Landes durch die Wahähä begann, so geht es den überfallenen arabischen Karawanen und allen, die sich unvorsichtig oder ohne genügende Streitmacht in das Land Uhähä hineinwagen, wenn man es nicht versteht, sich auf guten Fuß mit den Leuten zu stellen, indem man Tribut zahlt. Was übrigens am meisten bei den Wahähä zu fürchten ist, das ist ihre zweifellose persönliche Tapferkeit, das einzige Negervolk außer den Massai und Kaffern, welche Anspruch auf dieses Prädikat haben.

Der Verfasser hatte unter anderm im Schlußabsatz des vor= liegenden Kapitels gesagt „— und es ist die Frage, ob sie (die Wahähä) sich die Schlappe, welche ihnen v. Gravenreuth beigebracht hat, ge= fallen lassen. Wir meinen, daß sie wiederkommen und uns noch manche Schwierigkeiten bereiten werden." —

Noch ehe die Korrektur des betreffenden Bogens bewerkstelligt worden war, sollten sich leider die angeführten Worte vollauf be= stätigen, denn der Telegraph brachte uns die Schreckensnachricht von dem Untergang der Expedition Zelewski.

Darauf werden wir am Schlusse des Buches zurückkommen.

Der Kilimandscharo und dessen Nachbargebiete.

Wir haben im vorhergehenden Kapitel in großen Zügen einiges über die südlichen Länder Deutsch-Ostafrikas erfahren und hätten unsre Wanderung eigentlich nordwärts durch Ugogo fortsetzen müssen. Wir wollen diesem Gebiete aber unsre Aufmerksamkeit erst schenken, wenn wir unsern Marsch westwärts lenken und zuerst eines der wichtigsten Gebiete unsrer Kolonie ins Auge fassen, den Kilimandscharo und seine Umgebung.

Kilimandscharo ist eine Kisuahelibezeichnung und bedeutet „Berg des Geistes Ndscharo". Der Geist Ndscharo ist eine Art afrikanischer Rübezahl. Die Wadschagga haben keinen zusammenfassenden Namen für den Gebirgsstock, sondern nennen den eisbedeckten Westgipfel „Kibo", d. h. der Helle, den felsigen, eislosen Ostgipfel „Mawensi", d. h. der Dunkle.

Wenn wir absehen von den mehr wie vagen Nachrichten aus dem grauen Altertum über den interessanten Berg und die einschlägigen Streitfragen auf sich beruhen lassen, so erfahren wir, daß die erste bestimmte Erwähnung des Kilimandscharo durch den spanischen Geographen Fernandez de Encisco geschieht. Derselbe war auf einer Küstenreise in dem damals seit 1507 portugiesischen Mombas gewesen und berichtete: „Westlich von Mombas liegt der äthiopische Olympos, der sehr hoch ist. . . ." Auf den späteren Karten sehen wir den Berg bald verzeichnet, bald verschwinden je nach der persönlichen Ansicht des Zeichners über das Vorhandensein dieses Riesen. Deutschen

Landsleuten sollte es vorbehalten bleiben, den äquatorialen Schnee=
berg als erste Weiße zu schauen. Die beiden Missionäre Krapf und
Rebmann hatten im Auftrag der Church Missionary society an der
Ostküste bei Mombas eine Station gegründet, und von dort aus unter=
nahm Rebmann im April 1848 seine erste größere Reise landeinwärts,
um dem vielgenannten Lande Dschagga das Evangelium zu predigen.
Am 11. Mai desselben Jahres erblickte er den Kilimandscharo mit
dem schneebedeckten Haupte zum erstenmal. Krapf sowohl wie Reb=
mann besuchten dann wiederholt die Gegend und stellten mit unum=
stößlicher Gewißheit das Vorhandensein eines Schneebergs fast unter
dem Äquator fest.

Nach den beiden ebengenannten Forschern erreichte v. d. Decken
im Jahre 1861 den Kilimandscharo und erklomm den Berg bis zu
einer Höhe von 8000 Fuß, im folgenden Jahre gelangte er mit
Dr. Otto Kersten bis zu einer Höhe von 13000 Fuß.

Viele haben es nach v. d. Decken versucht, den Berg zu er=
steigen. Charles New gelang es ebensowenig wie Joseph Thomson
und dem uns durch seinen etwas übereilten Rückzug vom Rikwasee be=
kannten H. H. Johnston, „dessen phantastischer Bericht über den Berg
geradezu eine Mystifikation wäre, wenn man nicht seine auf englische
Erwerbung hinzielenden Bemühungen durchschaute“, sagt Dr. Hans
Meyer von ihm.

Nach ihnen gelangten Graf Teleki und v. Höhnel bis zu 4800 m
Höhe am Kibogipfel des Berges. Erst Dr. Hans Meyer gelang es,
nach einem vergeblichen Versuch, die beiden äußersten Gipfel des
merkwürdigen Berges ganz zu erreichen, und wollen wir uns seiner
Führung anvertrauen, wenn wir im Geiste jene denkwürdige Reise
mitmachen.

Trefflich schildert uns Dr. Hans Meyer den Eindruck beim
ersten Anblick, als er sich von Mombas aus dem Berge näherte
und die Nacht hindurch wegen Wassermangels marschiert war: Als
aber die ersten Strahlen der Sonne aufglühten, teilte sich schnell
der kalte, auf der Gegend liegende Nebelschleier und aus Nord=
westen strahlte herrlich, groß und überirdisch das Schneehaupt des
Kilimandscharo zu uns herüber. Mag man tage= und wochenlang
das sichere Eintreten eines Ereignisses erwartet haben, und noch

so gefaßt dem Nahenden entgegensehen, es packt uns doch mit unwiderstehlicher Gewalt, wenn es mit einem Mal zur Thatsache wird. So ergriff mich hier die plötzliche Erscheinung des sehnlichst erstrebten Zieles, des Kilimandscharo. Das Auge war tagelang über die weiten graubraunen Ebenen der Steppen und Savannen geschweift, vergebens die ersehnte Gebirgslinie am Horizonte suchend, und hatte sich an der beständigen Einförmigkeit ermüdet. Da plötzlich öffnet sich vom Kamm eines Höhenzuges ein wundersames Panorama. Einige Meilen vor uns erstreckt sich der schmale, hell schimmernde Ipesee (oder Dschipe, wie Meyer schreibt) nach Süden, dahinter ragen die dunklen schroffen Mauern der Ungumoberge bis in die grauen Schicht=wolken empor. Rechts hin zieht sich im Mittelgrund der dunkle Streifen der Wälder, welche den Lumifluß umsäumen und Taweta ein=schließen. Hinter diesen Wäldern steigt die Steppe leicht an und ver=läuft in dunstiger Ferne zu dem unteren Teil des mächtigen Gebirgs=stockes, des Kilimandscharo, der nun mit einem Mal zu der Riesenhöhe von 6000 m ganz unvermittelt aus der Steppenebene emporwächst. Ziemlich deutlich lassen sich unterhalb der breiten Wolkenschichten, welche den mittleren Teil des Gebirges umhüllen, die waldigen Hügel der Dschaggalandschaft erkennen, und über den Wolken strahlt plötzlich aus dem Himmelsblau ein wunderbar erhabenes Bergbild in schnee=blendender Weiße hervor, wie eine Erscheinung aus einer andern Welt. Es ist der Kibo, der Hauptgipfel des Kilimandscharo. Sein kleinerer Zwillingsbruder, der Mawensi, ist durch einen langgeschweiften Sattel mit dem schöngewölbten Dom des Kibo verbunden, der Mawensi ist ein wild zerrissener, zackiger Gipfel.

In der Richtung von Osten nach Westen beträgt die Basis des Kilimandscharo 90 km, von Norden nach Süden 70 km. Im Profil hat der Berg, abgesehen von seinem Doppelgipfel, einige Ähnlichkeit mit dem Ätna. Aus der im Mittel nur 800 m über dem Meere liegende Ebene steigt er vom äußersten Umfange in schön geschwungenen Linien erst allmählich, dann etwas steiler an, um gegen den Gipfel zu steil emporzuwachsen. Die Böschung steigt dem entsprechend zuerst von dem 800 m hohen Fuß bis zu dem 1450 m hochliegenden Dschaggaland in 5—6°, von da bis zu der 4300 m hochgelegenen Basis des Kibokegels in 8°, weiterhin bis zu dem 6010 m hohen

Gipfel in 21° an. Nicht immer zeigt sich der Berg unverhüllt dem Beschauer. Gewöhnlich hüllt er sich schon einige Stunden nach Sonnenaufgang in einen dichten Nebelschleier, den er manchmal tage= lang nicht ablegt.

Die Entstehung des Kilimandscharo läßt sich leicht nach unsern jetzigen Kenntnissen seiner Verhältnisse erklären. Wie schon angedeutet, verdankt er dieselbe vulkanischen Kräften. Zweifellos ist der Mawensi bei einer Höhe von 5355 m der ältere der beiden Gipfel, seit vielen Jahrtausenden vor der Entstehung des Kibo haben die Naturkräfte an seiner Zerstörung gearbeitet und ihn zu einem wild und zackig zer= rissenen Skelett zerstört. Er entstand aus einer westöstlichen Quer= spalte des großen von Nord nach Süden verlaufenden Grabens. Aus= bruch auf Ausbruch baute den Berg immer höher, bis er eine Höhe erreichte, welcher die eruptiven Kräfte nicht mehr gewachsen waren. Sie mußten sich neuen Ausgang verschaffen, spalteten den Westabhang und schleuderten dort im Laufe der Jahrtausende die Massen des Kibo ans Licht. Die Ausbrüche scheinen aber nie von großer Heftigkeit gewesen zu sein. — Der Mawensi ist derart verwittert, daß er seine ehemalige Kratergestalt kaum noch erkennen läßt, der Kibo dagegen zeigt sie noch deutlich. Als Vulkan ist der Kilimandscharo erloschen. Nur hier und da erinnern noch einige Erdstöße an seine ehemalige Natur. In allerjüngster Zeit aber haben sich dieselben vermehrt, als Wißmann seinen Feldzug gegen den Häuptling Sina von Kibosa unternahm. Es wurden damals im Februar 1890 häufige, ziemlich heftige Stöße verspürt. Einige heiße Quellen sprudeln noch an seinen Abhängen.

Wenn wir die Ebene mit ihrer dürren Steppe, den Busch und die lichten Akazienbestände verlassen und den Berg emporsteigen, so kommen wir zuerst in die Region der Bananen. Am Rande von Schluchten entlang wandernd, hören wir in den Tiefen unzählige Berg= wasser rauschen. Das Wasser ist am Südostabhang in reichster Fülle vorhanden. Die Bananen des Kilimandscharo bilden hier große Wälder.

Steigen wir den schmalen Eingeborenenpfad höher hinan, so lassen wir in 17—1800 m die Bananen hinter uns, denn höher hinauf kommen sie nicht mehr fort. Die Busch= und Farnenzone beginnt nunmehr, welche aber das Ergebnis der periodischen Brände sein dürfte, durch die Dschagga angelegt, um Boden für ihre Kulturen zu gewinnen, denn da wo die Brände nicht angelegt werden, zieht sich der Urwald, der bald beginnt, weit abwärts, wird aber immer lichter und geht schließlich in die Steppenflora über. In der Farnenzone finden wir Urwald uud Steppenflora häufig noch vereint vor. Weiter oben, wo in der Region der mittleren Wolkenhöhe ewige Feuchtigkeit herrscht, entwickelt sich am Kilimandscharo wie allenthalben in der Welt innerhalb seiner Wärmegrenzen der tropische Urwald in üppig= ster Großartigkeit. Hier ist alles naß und feucht, und die stauden= artige Untervegetation schlägt dem Wanderer über dem Kopf zusammen, ihn bis auf die Haut durchnässend. Es bedarf dazu nicht der Tropfen aus den himmelanstrebenden Baumriesen, welche von Lianen umschlungen und durchzogen, mit langen Bartflechten an ihren Ästen bewachsen sind. Der schmale Pfad windet sich durch saftgrünes Polster niedlicher Farne. Die Stämme sind überzogen mit Schmarotzern aller Art, am meisten von einem gelbbraunen Hängemoos. Manchmal tritt man aus dem Waldesdunkel, in dem tiefes Schweigen herrscht, wenn nicht hier und da rauschende Wasserrinnen zu überschreiten sind, auf scharf abgegrenzte kleine Grasfluren, wo man, der drückenden feuchten Schwüle entrinnend, freier atmen kann. Rote und grüne Erdorchideen, rote Iris, rote und gelbe Strohblumen mischen sich ins Gras.

Überall zeigt der Wald die Spuren und Losung von Elefanten. Ihre Riesenstapfen hinterlassen fußtiefen Pfuhl, dem man vorsichtig ausweichen muß. Auch Büffelspuren sind zahlreich. Als einziges Geräusch erklingt manchmal der Ton eines Affen oder das klägliche Geschrei eines Buceros, gleich dem Schreien eines wimmernden Kindes. Die Ähnlichkeit ist derart groß, daß derjenige, welcher zum erstenmal den Vogel hört, nach dem vermeintlichen Kinde zu suchen beginnt. Sonst ist von Tierleben auffallend wenig in diesen Regenwäldern zu finden. Je näher wir uns der Grenze dieses Laubmeeres nach oben nähern, welches nun, weiten mächtigen Hallen ähnlich, etwas lichter wird, um so mehr dehnen sich die anfangs kleinen Grasfluren aus. Doch können wir mit unsern Trägern nicht weiter. Nebel umwallen die Höhe, und die Sonne neigt sich immer mehr dem westlichen Horizonte, wie wir an dem Eintreten der Dämmerung bemerken, denn zu sehen ist die

Sonne nicht. Der Negerpfad folgt oben dem Urwaldrand fast um den ganzen Berg herum, vom Useri bis zur Landschaft Madschame, er gilt als neutrale Straße, welche die Gebiete der immer in Feindschaft lebenden Stämme verbindet. Zwischen einer Anzahl Parasitkegel windet er sich hindurch, welche sich an der Südostflanke herunter an= einander reihen.

Nun muß sich die kleine Karawane durch dichtes Unterkraut hin= durch selbst den Weg bahnen, die Bäume stehen nicht mehr dicht, an ihre Stelle treten allmählich kolossale Rodobendren, palmenartige Dra= cenen, sowie Schilfgräser, denn in 2900 m Höhe ist die obere Urwald= grenze und Waldgrenze überhaupt erreicht. Hier beginnt die Region der baumartigen Heidekräuter, welche uns anfangs in ihren kolossalen Dimensionen, den Charakter des uns gewohnten Heidekrautes getreu= lich beibehaltend, geradezu unheimlich anmuten, als wandelten wir durch vorzeitliche Vegetation. Vom Wind zerzaust, vielfach geknickt, wehen die langen grauen Bartmoose, mit welchen sie bewachsen sind, gespenstisch im Wind. Niedere Sträucher, manchmal zur Undurchdringlichkeit ver= wachsen, müssen mühsam durchbrochen werden, wenn wir uns den Weg weiter bahnen. Dabei sind wir genötigt, eine Menge eiskalter Bäch= lein zu überschreiten, welche durch sumpfigen Grund oder über Lava= blöcke dahinrieseln und rauschen. Von den Höhen weht kalter Wind, uns unwillkürlich an die Heimat erinnernd. Bald umhüllen uns graue Nebel, die nicht mehr weichen wollen.

Dr. Hans Meyer schlug in diesen Regionen ein Lager auf, sein sogenanntes Mittellager, von dem aus er mit seinem Gefährten, dem Österreicher Purtscheller, und von nur einem Schwarzen begleitet weiter vordrang. In den Tiefen der Schluchten stehen an Wasserlachen einzelne Senecio Johnstoni, fremdartige Pflanzenformen, wie aus vergangenen Erdperioden. Aus einiger Entfernung glaubt man in den mannshohen, von einem grauen Mantel abgestorbener Blätter umgebenen Stämmen verhüllte menschliche Gestalten vor sich zu haben. Der Blick ist nun freier, und stundenweit ausgedehnte Grasfluren lassen sich überblicken. Manchmal zerreißt den Nebelschleier und vom Kibo sehen wir die Eishaube oder ein Stückchen der Zackenkrone des Mawensi. Ist man erst aus dem Grase heraus, welches immer niedriger und weniger dicht ist, so geht es schneller die sanft steigende

Fläche hinan, denn das blockige Lavageröll hindert weniger, da man sich leicht passierbare Stellen auswählen kann.

In der Regenzeit plätschern die Bäche lustig dahin, in der trockenen Periode enthalten sie in Lachen und Becken nur Sickerwasser. In einem breiten Bächthale mit sanftneigenden Hängen wurde das Mittellager aufgeschlagen. Eine melancholisch = ernste Landschaft umgibt uns hier. So weit der Blick reicht, lange Flächen mit großen schwarzgrauen Lavablöcken, mit sandigem und kiesigem Grund. Kein höheres Gras noch ein Strauch unterbrechen die Öde, keines Tieres Laut erreicht mehr das menschliche Ohr; die letzten munteren Vögelchen haben wir in der Buschregion zurückgelassen, wo sie zwitschernd von Blume zu Blume huschten, um Insekten zu suchen oder Körnchen aufzupicken. Nur ein von unten her streichender Wind flüstert in den Felsen und kleinen winzigen Stauden und zieht helle Nebel über die dunkelgraue Fläche. Nur 200 m tiefer unten sind die Gesteine noch von Grasteppich überzogen. Hier oben schlugen die drei Bergsteiger in schützenden Felsblöcken ihr Lager auf. Die fünf Träger, welche die Bagage hierher befördert hatten, wurden nach dem Mittellager entlassen.

Von dem Lager aus unternahmen Dr. Hans Meyer und Purtscheller als die ersten Europäer die so wohl geglückte Besteigung der beiden Gipfel.

Dr. Hans Meyer und Purtscheller brachen in finsterer Nacht um $^{1}/_{2}$3 Uhr auf, um zuerst den Kibo zu besteigen. Nach sehr mühsamem Klettern, anfangs im Finstern, trafen sie bei 5000 m Höhe unter dem Schutze von Felsen den ersten Schnee. Der Blick über die von mächtigen Blöcken übersäten Schuttkegel zur Eiswand hinauf und hinab ins Thal, das weit unten nach Süden abbiegt, ging es an den hoch sich hebenden Thalwänden entlang, an denen die Erosion wunderliche Lavawindungen und Höhlenformen hat zu Tage treten lassen und stellenweise Schrammen und Glätten auf Gletscherschliff hindeuten, während von Zeit zu Zeit das Rauschen des Windes und das Prasseln von rutschendem Schutt die nimmer rastende Thätigkeit der Naturkräfte verrät, ist von eigenartigem Reiz.

Man hatte schon über 5200 m erreicht und mußte während des Kletterns alle zehn Minuten stehen bleiben, um den Lungen und dem Herzschlag eine kurze Beruhigung zu gönnen, da sich die zunehmende

Luftdünne bemerkbar machte. Bei 5480 m fand man sich an der Grenze des geschlossenen Kiboeises. Der Aufstieg auf das 35° ansteigende Gletschereis mußte mittels eingehauener Stufen bewerkstelligt werden. Es gelang, den Gletscher zu überschreiten. Dr. H. Meyer nannte ihn Ratzelgletscher. Hier oben in 5800 m wurde die Atemnot so groß, daß die beiden alle fünfzig Schritte mit vorgebeugtem Oberkörper nach Luft geradezu röcheln mußten. Endlich gegen zwei Uhr näherten wir uns dem höchsten Rand, schreibt Dr. H. Meyer. Noch ein halbes Hundert mühevoller Schritte in äußerst gespannter Erwartung, da that sich vor uns die Erde auf, das Geheimnis des Kibo lag entschleiert vor uns: den ganzen oberen Kibo einnehmend, öffnete sich in jähen Abstürzen ein riesiger Krater. Diese längst erhoffte und mit allen Kräften erstrebte Entdeckung war mit so elementarer Plötzlichkeit eingetreten, daß sie tief erschütternd auf mich einwirkte. Der höchste Gipfel war jedoch noch nicht erreicht, das wurde wegen der abnehmenden Kräfte auf ein andres Mal verschoben, und unter unsäglichen Mühen gelangten die beiden todmüde abends gegen sieben Uhr im Lager an. Die Nacht war dort oben empfindlich kalt — 9° C. In einem näher zu der Spitze herangeschobenen Lager sank in der Nacht das Thermometer sogar bis zu — 12° C.

Am 6. Oktober wurde nach ungeheuren Anstrengungen der höchste Gipfel richtig genommen. Dr. H. Meyer betrat als erster diese Spitze. Er pflanzte auf dem verwetterten Lavagipfel mit dreimaligem Hurra eine kleine im Rucksack mitgenommene deutsche Fahne auf und rief frohlockend: „Mit dem Rechte des ersten Ersteigers taufe ich diese bisher unbekannte namenlose Spitze des Kibo, den höchsten Punkt afrikanischer und deutscher Erde: ‚Kaiser Wilhelm Spitze‘“. Es mußte ein ergreifender Anblick gewesen sein, der ungeheure von Gletschern erfüllte Krater. Dr. H. Meyer nahm noch ein Felsstück vom alleroberſten Gipfel mit und hat dasselbe später dem deutschen Kaiser überreicht. Späterhin gelang es auch noch, den zerklüfteten Mawensi zu besteigen. Dieser trägt keinen Gletscher mehr, sondern wird nur von Schnee bedeckt, welcher aber wieder in der Sonne zerschmilzt. Der Gipfel ist über alle Beschreibung zerrissen, und wundersam scheint es, wie das Gestein an den zerklüftetsten Stellen noch zu halten vermag. Die Wirkung der Sonnenwärme auf das-

selbe ist eine ganz enorme. So geschah es, daß während des Auf=
enthaltes oben, bei völliger Windstille, nach allen Seiten Steinschläge
hinabsausten. Der höchste Gipfel dieses Berges konnte jedoch nicht
genommen werden.

Dr. Hans Meyer konnte dennoch nach jeder Richtung hin aufs
höchste mit dem Ergebnis seiner Wanderung zufrieden sein. Er er=
reichte wohlbehalten wieder die Küste.

Es soll übrigens, wie uns v. d. Decken berichtet, auch durch
Neger einst eine Besteigung des Kilimandscharo bewerkstelligt worden
sei auf Geheiß des Häuptlings Runga von Madschame, um das Wesen
der weißen leuchtenden Masse auf dem Gipfel zu untersuchen. Nur
einer kehrte mit erfrorenen Händen und Füßen zurück. Er berichtete,
die andern seien oben vom bösen Geiste getötet worden und das
vermeintliche Silber sei ihm durch Teufelstrug in den Händen zerronnen.

Wenden wir uns nun zu den Bewohnern des Kilimandscharo.
Wir haben es hier mit einem ethnographisch höchst interessanten Gebiet
zu thun, indem am Kilimandscharo zwei verschiedene afrikanische Rassen
zusammenstoßen. Im Westen und Süden des Berges, dessen südliche
Abhänge bewohnend, sitzen Bantustämme. Wir führen, um den Leser
nicht mit Namenaufzählung zu ermüden, nur deren meistgenannte,
die Wadschagga und die Wapare im Paregebirge auf. Zu der
nilotischen Sprachgruppe gehören die Massai und Wakuafi, sowie die
Wanderobo.

Das Gebiet, von dem wir hier sprechen, gehört zu einem der
nach afrikanischen Verhältnissen bevölkertsten. Wenn wir das Gebiet
der Wadschagga genauer umziehen, so bewohnen sie den südöstlichen,
südlichen und südwestlichen Abhang des Berges, der Nordabhang ist
ganz trocken, wald= und wasserarm. Die Wadschagga wohnen von
1000—2000 m über dem Meere in einem etwa 800 qkm großen
Gebiete. Die Zahl der Bevölkerung schätzt man auf 30—40000 Seelen
was vierzig bis fünfzig auf den Quadratkilometer ausmacht.

Die ganze Bevölkerung ist in achtundzwanzig Staaten eingeteilt,
deren namentliche Aufführung wir dem Leser ersparen wollen. Der
mächtigste Häuptling war bisher Sina von Kiboso, mit dessen Herr=
lichkeit es aber in diesem Jahre zu Ende ging. Der kriegerischste
ist Mandara von Moschi, soweit diese Eigenschaft einem Neger inne=

wohnt. Er verfügt jedoch nicht über das größte Gebiet. Bei ihm wurde auch die erste Station der Ostafrikanischen Gesellschaft angelegt. Der an= ständigste und sympathischste aber ist unstreitig Mareale von Marangu.

Die Bodenverhältnisse sind in den einzelnen Gebieten sehr ver= schieden, was auf die Entwickelung der Bevölkerung naturgemäß zurückwirkt. So gibt es Staaten, welche infolge dieser Boden= verhältnisse von Händlern kaum jemals besucht wurden und sich noch auf recht niederer Kulturstufe befanden, während andre, wie die fort= während von Händlern, Reisenden und Missionären besuchten glück= lichen Unterthanen Mareales und Mandaras, schon derart von der Kultur beleckt worden sind, daß sie nach allen Regeln der Kunst, Männlein und Weiblein, an den Höfen der Häuptlinge Karten spielen, und keinem Zweifel dürfte es unterliegen, daß bei der jetzt immer weiter schreitenden deutschen Invasion demnächst Abgesandte solcher Wadschagga auf einem deutschen Skatkongreß erscheinen werden, um sich Rat über schwierige Fälle zu holen. Derartige Kulturfortschritte wären doch nur mit Freuden zu begrüßen. Die Wadschagga befassen sich mit Ackerbau und Viehzucht. Ihre Hauptnußpflanze ist die Banane. Die Banane, welche am Kilimandscharo die köstlichsten Früchte liefert, ist die Musa paradisica *L.* Sie entsprießt einem dicken Wurzel= knollen mit Pfahlwurzel. Nur durch Versetzen solcher Wurzelknollen oder dadurch, daß man absterbende Stämme abhackt und aus dem Wurzelstock neue Pflanzen sprossen, kann die Vermehrung bewerkstelligt werden, da die Samenkerne infolge der auf Fruchtfleisch gerichteten langen Kultur zu winzigen Körnchen verkümmert sind. Bei der wilden Banane finden sich dagegen bohnengroße schwarze Kerne, doch ist das Fleisch der wilden Banane nicht genießbar.

Zunächst entwickelt sich bei der Staude ein etwa handgroßes, zartes Blatt von hellmaigrüner Farbe. Die junge Pflanze muß sehr vor den Angriffen von Hühnern, Ziegen, Schafen und Rindern ge= schützt werden, welche alle gierig die jungen Schößlinge abfressen. Auflegen von Dornenzweigen schützt vollkommen. Allmählich schießt ein Blatt nach dem andern fest gerollt aus dem Herzen der Pflanze hervor, und wenn es etwa Meterlänge erreicht hat, beginnt es sich aufzurollen, um sich, wie am Kilimandscharo, bis zu 3 und 4 m Länge bei einer Breite von 60 cm zu entwickeln. Sobald ein Blatt auf=

gerollt ift, zeigt fich in deffen Scheide fchon ein neues und ift in der
Regel in acht bis zehn Tagen entwickelt. Die Blätter liegen wechfel=
ftändig, fich dabei in doppelter fteiler Windung übereinander ftellend.
Man kann jedes Blatt bis zur Wurzel zurück verfolgen. Am Grunde
find die Stiele fcheidenförmig und feft. Alle Teile der Bananen=
ftaude find fehr zart, fo daß man einen Stamm mit einem gewöhnlichen
Meffer abfchneiden kann. Von der ftarken Rippe, welche bei der
wilden Banane karmoifinrot ift, laufen die Nerven fenkrecht zum Stiel.
Die Blätter find ftumpf abgerundet, bei der wilden laufen fie fpitz
zu, und legen fich unten lanzenförmig an die Rippe. Die Blatt=
fcheiden bilden, ringsum übereinander gelegt, den doppelt fchenkeldicken
Stamm, in Dfchagga oft von Leibesumfang, der maffig und von
grüner Farbe mit rotbraunen und fchwarzen Streifen und Flecken
befetzt ift. Die unteren und äußeren Blätter werden nach und nach
gelb und dürr, hängen hernieder und fterben dann ab, während
die Scheide noch lange anliegt. Da die Blätter fehr zart find, fo
werden fie vom Winde in der Richtung der Blattnerven gänzlich
zerfchliffen.

Die ganze Staude zeigt lockeres grobes Zellengefüge, welches von
Saft ftrotzt, fo daß es erftaunlich ift, wie felbft auf trockenem Laterit=
boden wachfende Bananenpflanzen fo mit Waffer gefüllt find. Sie
verdanken dies ihrer Eigenfchaft und Fähigkeit, Waffer in großer
Menge aus der Atmofphäre aufzunehmen. Ihre großen, weitgefpannten
Blätter eignen fich ganz befonders dazu. In der Nacht kühlen fie
fich fehr ftark ab, da fie zur Ausftrahlung große Flächen bieten.
Bei Sonnenaufgang mit rafch zunehmender Wärme fchlägt fich dann
das in der Luft enthaltene Waffer als Tau an den Blättern nieder
und wird von der Pflanze an der Blattunterfeite aufgefogen. Bis
gegen zehn Uhr morgens triefen daher Bananenhaine vom Tau wie
nach einem Regenguß. Zum Teil rinnt noch das Waffer die Stengel
entlang in die Blattfcheiden und verfchwindet im Stamm. Die
Stauden erreichen eine Höhe von 4—10 m, am Kilimandfcharo bis zu
15 m. Sie wachfen nie einzeln, fondern immer als Bündel gruppen=
weife in einer Anzahl von zehn bis fünfzehn Stämmen auf einem
Wurzelkomplex. Schon nach drei bis vier Monaten beginnt die über=
aus fchnell wachfende Banane, aus der Mitte heraus einen 4—6 cm

langen Blütenstiel in 2—4 m Höhe im Bogen nach unten zu treiben. Schraubenförmig, in doppelten Gruppen sind die Blüten angeordnet. Die gelblichen und weichen Blütenscheiden sind an der Spitze rot und die Dachscheiden lang überhängend von lebhaft purpurbrauner und purpur= violetter Färbung. Diese letzteren fallen ab, sobald die Blüte Frucht angesetzt hat. Unten befinden sich die weiblichen Blüten, in der Mitte die unfruchtbaren Zwitterblüten, während die männlichen oben sitzen. Die Befruchtung übernehmen Bienen, welche in großer Menge die Blüten umschwärmen, und deren lautes, oft melodisches Summen zur Zeit der Blüte schon auf einige Entfernung vernehmbar ist. In Dschagga findet man während aller Jahreszeiten reife Bananen. Während die oberen weiblichen Blüten schon Früchte angesetzt haben, sprießen unten immer neue weiter, was einen eigentümlichen Anblick gewährt und den Eindruck strotzender Fruchtbarkeit hervorbringt. Die leicht nach oben gekrümmten, von Gestalt gurkenartigen Früchte mit rundlich quadratischem Querschnitt haben eine Länge von 20—30 cm im Durchschnitt, doch gibt es auch kleinere und bedeutend größere. Man zählt in den Tropengegenden vierzig bis fünfzig Varietäten. Die Fruchttraube der Banane enthält zwischen zwanzig bis einhundert Früchte und wird manchmal gegen einhundertfünfzig Pfund schwer, so daß sie oft am Stamm gestützt werden muß, um ein Umknicken der Staude zu verhindern. Die Schale ist 2—3 mm dick, lederartig, reißt in der Längsrichtung und läßt sich leicht ablösen, in unreifem Zustand ist die Farbe ein giftiges Grün, reif wird sie tief goldgelb und geht bald an der Spitze beim Eintrocknen in Schwarz über. Es gibt noch einige rotgelbe Varietäten. Die Frucht ist querbrüchig und besteht aus einem weichen, mehr oder weniger trockenen Fleisch, welches buchstäblich auf der Zunge vergeht. Der Geschmack der sehr aro= matischen Frucht erinnert an den einer sehr feinen Birne.

Der Anblick eines Bananenhaines hat etwas ungemein Anziehendes, Fremdartiges, die schöne Staude bildet auch wirklich eine Zierde der Vegetation. Der ganze Habitus des üppigen Gewächses mit den breiten Blättern, welche sich in elegantem Bogen wölben, im Winde spielen, leise rauschen, das schöne helle Maigrün bis dunkle Saftgrün bietet einen herrlichen Anblick. Stundenlang wandert man am Kilmandscharo in solchen Hainen, welche mit kleinen Rasenflächen, murmelnden Bächen

oder der dort von Eingeborenen aufgeführten künstlichen Bewässerungs=
werken unterbrochen sind.

In den andern Verbreitungsbezirken Deutsch=Ostafrikas ist der
Kontrast gegen die einförmige prosaische Umgebung der Felder oder
zerfallenen strohgedeckten Lehmhütten mit den Kegeldächern oder un=
schönen Dorfumfriedigungen ein angenehmer. Dort aber die Bananen=
haine, welche immer von geringer Ausdehnung sind, zu betreten, kann
man nur abraten. Die Bewohner des Flachlandes verunreinigen
die Bananenpflanzungen allgemein, dem Boden entströmt deswegen
ein beleidigender Geruch. Die Luft ist feucht, moderig von ab=
gefallenen Blättern und umgesunkenen Stammstrünken. Außerdem
wimmelt es dort stets von giftigen und ungiftigen Schlangen, doch
sind sie alle furchtsam und flüchten pfeilschnell vor dem Nahenden.
Unzählige Insekten streifen dort in tausenden von Arten, darunter
die giftigen Skolopender (Tausendfüße), Spinnen in allen Größen,
Ameisen und Moskitos sitzen in großen Schwärmen auf der Unter=
seite der Blätter, um den Tag dort, geschützt vor Sonnenglut, zu
verbringen. Aufgescheucht scheuen sie sich aber keineswegs, den Ein=
dringling anzuzapfen. Selbst Fledermäuse flattern auf, wenn der
glückliche Besitzer eine Traube kappt.

Kaum eine andre Nutzpflanze verlangt weniger Arbeit und über=
schüttet den Menschen mit reicherem Segen wie die Banane. Auf
gleicher Grundfläche liefert sie ungefähr vierzigmal so viel Nahrungs=
stoff wie die Kartoffel und einhundertzwanzigmal so viel wie unsre
Feldfrüchte. Die Frucht kann reif genossen werden, doch wird man
ihrer in rohem Zustande trotz des köstlichen Geschmackes bald über=
drüssig. Als Kompott, Gelee, in Butter gebacken, mit Eiern gedämpft,
mit Mehl zu herrlichen Brötchen gebacken, zu Pudding und sogenannter
Bomunda verarbeitet, mundet sie vorzüglich. In unreifem Zustande
kann sie, auf verschiedene Art wie diese zubereitet, die Kartoffel ersetzen.
Die Dschagga verstehen auch aus getrockneten Bananen ein wohlschmeckendes
Mehl zu bereiten, besonders aber wird aus der weißen Frucht ein
berauschendes Getränk, Pombe, bereitet, welches in großen Mengen
von den Leuten vertilgt wird. Die Blätter und der Schaft, grün
und getrocknet, bilden ein vom Vieh sehr gern genommenes und äußerst
nahrhaftes Futter.

Die trockenen Blätter dienen zum Eindecken der Hütten und die feinen zähen Fasern der Pflanze geben ein vorzügliches Material zu Tauwerk und selbst Geweben. Es sind die Herzfasern der stammbildenden Blätter, welche den sogenannten Manillahanf liefern.

Neben der Banane bauen die Wadschagga Mais und alle Gemüse, welche wir schon wiederholt aufgeführt haben. Ferner Zuckerrohr, wenn auch in geringer Menge, und rosablütigen Tabak, dessen Genuß sie sich mit Leidenschaft hingeben, ebenso wie dem des berauschenden Pombe. Die Häuptlinge, welche durch ihre besseren Vermögensverhältnisse in der Lage sind, sich größeren Luxus zu gestatten, zeigen alle eine bedenkliche Vorliebe für Kognak. Die Wadschagga haben in ihren Gebieten eine ausgezeichnete Berieselung durch systematische Anlage von Kanälen eingerichtet, dieselbe nützt die einzelnen fließenden Wasser oft derartig aus, daß die Bäche nicht einmal die Ebene erreichen. Anderseits können die Eingeborenen das Wasser ganz absperren, so daß tiefer gelegene Orte ganz ohne Wasser bleiben, welches Mittel der Häuptling Mandara einem englischen Missionär gegenüber anwandte, der einen unverschämten Burschen, einen Unterthanen Mandaras, durch eine Ohrfeige züchtigte. Die Wadschagga betreiben auch Bienenzucht. Auf hoher Stufe steht bei den Wadschagga die Eisenindustrie. Ihre langklingigen Speere, kurzen, vorn breiten, Schwerter und Schilde aus Büffelhaut sind jetzt auch in Deutschland allgemeiner bekannt. Die Wadschaggaschmiede arbeiten dieselben aus importiertem Eisendraht. Die Waffen der Massai stammen alle von den Wadschagga, bei denen sie dieselben gegen Rinder eintauschen. Besonders geschickt sind die Schmiede im Anfertigen eiserner Schmuckwaren, unter welchen ihre genau gearbeiteten Kettchen die erste Stelle einnehmen. Die Künstler sind mit der Technik, die man auch bei uns zum Herstellen einer gleichen Gliederlänge anwendet, wohl vertraut, indem sie den Draht auf einen gleichdicken Eisenstab dicht spiralig aufwinden und dann der Länge nach aufschneiden, wodurch ein Glied genau so lang wie das andre werden muß. Einer der in Berlin seiner Zeit anwesenden Wadschagga teilte dem Verfasser mit, daß das Biegen der Kettchenglieder und Ineinanderfügen ohne irgendwelches Werkzeug mit der Hand bewerkstelligt werde. Bei beiden Geschlechtern wird Beschneidung geübt. Da die heutige Generation Sitten und Kleidung der Massai angenommen hat, so wollen wir an dieser Stelle nicht darüber berichten. Wohl sei gestattet, zur Charakterisierung dieser Wilden und der Neger überhaupt das Folgende anzuführen.

Bekanntlich hat man seiner Zeit einige Verwandte des sklaven=raubenden Mandara als eine Art Gesandte dieses Häuptlings, Manki, wie der Titel dort lautet, nach Europa gebracht. Sie wurden dem deutschen Kaiser vorgestellt. Der Verfasser hat damals behauptet, daß ein derartiges Verfahren nicht geeignet sei, den Leuten einen Begriff von der Macht und Größe Deutschlands beizubringen. Die ganz urteilslosen Wilden wurden in Berlin umhergeführt, um ihnen einen Begriff unsrer Kultur beizubringen. Der Wilde faßt den Europäer, der seine, des Negers Heimat, aus irgend einem Grunde besucht, immer als eine Art Zauberer auf, und zwar als einen solchen, dem stark=wirkende Mittel zu Gebote stehen. Er findet es daher selbstverständlich, daß der Europäer alles zu leisten im stande ist. Besäße er, der Neger, jedoch alle diese Zaubermittel, so wäre er nach seiner Überzeugung annähernd ebenso in den Stand gesetzt, alle Leistungen der Europäer zuwege zu bringen. Symbolisch faßt er die Zaubermittel nicht auf, sondern er stellt sich irgend einen geheimnisvollen Gegenstand aus Metall, Holz oder Papier darunter vor, von dem die Kraft ausstrahlt. Er gesteht allerdings dabei zu, daß immerhin eine gewisse Dosis geistiger Gabe bei der Anwendung notwendig sei, und hält den Euro=päer für klug genug, niemand außer Angehörigen seiner eignen Rasse etwas davon mitzuteilen. Von diesem Standpunkte aus beurteilt er alle Werke des Europäers, und deswegen imponiert auch dem nach Europa gebrachten Neger nichts. Es interessiert ihn nichts, besonders wenn ihm der Zweck, die Entstehung, die Herkunft eines Gegenstandes nicht sogleich klar ist. Nur Dinge, welche an Gegenstände seiner Heimat erinnern, erregen sein Interesse. Sitten und Gebräuche bei uns nimmt er entweder gleichgültig als etwas Bestehendes hin, oder er lacht darüber. Dazu kommt noch, daß die Sprache aller Wilden derart arm an Begriffen ist, daß er in den überwiegend meisten Fällen gar nicht im stande ist, seinen Landsleuten eine Beschreibung von jenen bisher unbekannten Gegenständen zu geben; wenn er es versucht, vermag er das Interesse seiner Zuhörer nicht zu erregen. Da er das Charakteristische einer Sache nicht fassen kann, wo sein Geist

und Auge nicht einmal geübt sind, dieselbe vom Standpunkt der Zweck=
mäßigkeit aus zu sehen. Ganz anders verhält es sich, wenn ihm der
Mensch als solcher mit seinen Eigenschaften und Schwächen gegenüber=
tritt, da faßt sein Geist zu, da entgeht ihm nichts, da versteht er und
kann er Vergleiche und Resultate ziehen. Diejenigen Eigenschaften,
welche dem Wilden das geistige Übergewicht des Europäers doku=
mentieren, bringen ihm das Gefühl seiner eignen Unbedeutendheit zum
Bewußtsein und verursachen ihm ein gewisses Unbehagen. Er gleitet
daher am liebsten darüber hinweg. Alle diese Eigenschaften nennt er
summarisch Kraft, Stärke, Verstand. Da er längst von der Erkennt=
nis durchdrungen ist, daß der Weiße all diese besitzt, so flößen sie ihm
entweder Angst ein, oder sie lassen ihn gleichgültig. Alle Dinge und
Zustände, welche er als einen Ausfluß dieser Kraft, dieses Verstandes
erkannt hat, vergißt er bald wieder, wenn sie seinen Augen ent=
schwunden sind, und nur das dunkle Gefühl des geistigen Übergewichtes
der Weißen bleibt ihm ein für allemal. Nun aber die Schwächen,
die hat er auch und sucht im Weißen den Mann mit dem größeren
Buckel, um selbst weniger häßlich zu erscheinen. Er durchstöbert ge=
schäftig des Weißen Charakter nach seinen Schwächen und fühlt sehr schnell
das Schlechte und die Fehler, welche dem Weißen anhängen, heraus. Er
bemerkt, daß es auch hier Standesunterschiede gibt, daß auch hier der
Knecht dem Herrn gehorchen muß, und nimmt den Knecht für einen Sklaven,
dünkt sich dann diesem gegenüber auf höherer menschlicher Stufe stehend,
wenn er selbst „Freier“ ist. Auch hat er sofort herausgefunden, daß
es auch in Europa Reiche und Arme gibt. Die Schwäche für das
weibliche Geschlecht hängt dem Weißen ebenso gut an, wie ihm selbst,
und hatte er vielleicht schon in der afrikanischen Heimat Gelegenheit,
diesbezügliche Beobachtungen zu machen. Daß ihm aber, dem schwarzen
Manne, auch in Europa das weibliche Geschlecht zuweilen äußerst ent=
gegenkommend gegenübertritt, schmeichelt seiner Person in hohem Grade.
Er hält sich dann sofort für ebenbürtig, und von da zur Überhebung
und frechen Anmaßung ist für den Neger kaum ein halber Schritt.
Gefördert wird dies noch dadurch, daß man ihm entgegenjubelt, mit
ihm kneipt und ihn als Wundertier von hoher Stellung feiert,
wobei der eine oder andre Europäer sich unter Umständen sogar selbst
als eine untergeordnete Persönlichkeit fühlt. Und das merkt der Neger

ganz besonders schnell und gibt sich das Ansehen eines Fürsten. Viele mögen dies schon zu ihrer eignen Beschämung empfunden und sich eine Lehre daraus gezogen haben.

Der nach Europa geführte Neger sieht Dinge, welche er in seiner Heimat dem Europäer abkauft, in großer Menge angehäuft, als ziemlich wertlos und vielfach untergeordneten Zwecken dienend, ein Umstand, welcher ihm ganz besonders auffällt. Der Wert dieser Dinge erscheint ihm infolge dessen naturgemäß erheblich herabgemindert. Er bedenkt nicht, daß selbst auf Tauschwaren, welche in Europa billig sind, erhebliche Transportkosten kommen, sondern es schwebt ihm immer nur die Menge des Gesehenen vor. Zu Hause wieder angekommen, wird er von nun an einen andern Maßstab anlegen und höhere Ansprüche stellen, ohne entsprechende Gegenleistungen bieten zu können. Man reizt seine Begierde unnötigerweise, ohne die Absicht zu haben, sie zu befriedigen. Das einzige, wofür der Neger ein richtiges Verständnis entwickeln wird, was ihm imponiert, ist die militärische Streitmacht. Doch auch nicht ohne Vorbehalt. Er wird immer einwenden, daß dieselbe für Europa genüge, aber bezweifeln, ob man dieselbe auch in Afrika entfalten kann. Daß die sogenannten „Gesandten“ Mandaras oder eigentlich Makindaras die Dinge in Deutschland ebenso auffaßten, bestätigte später Dr. Hans Meyer, die Leute waren ausnehmend frech und unverschämt in der Heimat geworden, benahmen sich gegen Europäer familiär und wollten gar nicht mehr arbeiten.

Von den Massai hat sich der Dschagga auch die Geringschätzung und Verachtung für alle andern Menschen angewöhnt, nur im Europäer sieht er, bis jetzt wenigstens, einen mächtigen Zauberer, fürchtet ihn gewissermaßen als solchen. Fortwährende Kämpfe und Raubzüge verhindern allen Verkehr der dortigen Stämme untereinander, und so kommt der Dschagga nie über die Grenzen seiner Heimat hinaus, wenn nicht hier und da kleine Elfenbeinkarawanen nach Sansibar ziehen. Die Heimat der Dschagga, mit sehr gesundem Klima, Überfluß an Lebensmitteln und Rindern, erscheint ihnen als einzig schönes Land, mit dem kein andres einen Vergleich aushält. Die Dschagga wie die Massai sind von unbändigem Freiheitsdrang beseelt, der einzelne verschwindet bei dem hohen Maß persönlicher Freiheit, um welches wir jene Wilden beneiden könnten, vollständig in der Masse.

Niemand achtet seiner besonders, er ist Krieger oder Ackerbauer, dem Feinde gegenüber aber stehen die Dschagga wie ein Mann. Nur der Häuptling und einige wenige auserlesene alte Leute pflegen Beratung. Der Dschagga wächst auf ohne Erziehung, ohne Zwang, ohne Schule, als roher gewaltthätiger Wilder, der seinen Leidenschaften keinen Zügel anlegt und auch nicht anzulegen braucht; ohne Ehrgefühl stiehlt und lügt er, und ist feige, wo ihm entschiedener nachdrücklicher Widerstand entgegengesetzt wird. Und so sind sie alle, vom letzten Unterthanen bis zum Häuptling.

Es dürfte vielleicht interessieren, das Bemerkenswerteste einer Unterhaltung zwischen dem Verfasser mit den nach Europa gebrachten vier Dschagga des Mandara wiederzugeben, welche ersterer in Kisuaheli mit dem dieser Sprache ebenfalls mächtigen Sprecher der Leute gepflogen hat. Dieselbe dürfte am allerbesten ein Bild von der Sinnesart der Neger wiedergeben.

„Wie gefällt es euch in Deutschland?“

„Jedem gefällt sein eignes Vaterland am besten; es mag für euch hier ganz schön und angenehm sein, wenn ich einer der Euern wäre, gefiele es mir wahrscheinlich ganz gut. Bei uns aber ist es viel schöner.“

„Wie gefällt euch der Empfang, den man euch in Deutschland bereitet hat?“

„Wir sind eure Gäste, und den Gast empfängt man auch bei uns gut, wenn er nicht in schlimmer Absicht kommt.“

„Habt ihr keine Angst, getötet zu werden?“

„Wozu Angst, wenn ihr uns töten wollt, was sollen wir machen. Übrigens fürchte ich keine Gewehre, denn ich habe Zaubermittel.“

„Wie schmeckt euch das Essen?“

„Das Essen ist sehr gut, sehr gut, aber schwer zu essen.“ (Die Dschagga aßen im Anfang große Mengen, später weniger und gewöhnten sich bald an den Gebrauch von Messern und Gabeln. Ihre Augen leuchteten jedoch auf, als der Kellner eine Mahlzeit auftrug). Aber bei uns ist das Essen auch gut. Würden wir noch leben, wenn es bei uns zu Hause schlecht wäre?“

„Ihr seid bei unserm Kaiser gewesen. Ist das nicht ein mächtiger Herrscher?“

„Ja, der iſt ein großer, mächtiger Sultan, mit dem der unſre nicht verglichen werden kann. In Wahrheit ein großer Mann, mit un= geheurer Kraft.“

„Wie haben euch unſre Soldaten gefallen, ſind das nicht gefähr= liche Krieger?“

„Sie haben uns gut gefallen, es ſind ſehr viele, viel mehr wie bei uns und den Maſſai. Wir haben ſie zwar nicht im Kampfe ge= ſehen, aber dennoch könnten weder wir noch die Maſſai widerſtehen.“

„Sonſt habt ihr nichts an ihnen bemerkt?“

„Nein, wir haben nichts Beſonderes geſehen, außer den Reitern, welche gute Zaubermittel haben müſſen, um ihre Pferde ſo in der Gewalt zu haben. Soldaten, welche zu Fuß gehen, hat der Sultan von Sanſibar auch. Auch dort ſah ich viele, und die machten die= ſelben Spiele, wie eure Soldaten und eure Matroſen. Nur ſind jene Schwarze und anders angezogen.“

„Glaubt ihr nicht, daß unſer Kaiſer den Sultan von Sanſibar auch die Maſſai und alle ſchwarzen Männer beſiegen könnte und mit Leichtigkeit?“

„Wir wiſſen es nicht, das liegt bei Gott. (Was der Dſchagga oder Maſſai unter Gott verſteht, iſt nicht recht klar.) Wir ſagen aber daß eure Hauptkraft in Europa (Ulaia) iſt.“

„Bei euch gibt es keine Städte und keine ſo großen Häuſer?“

„In Sanſibar ſind auch ſolche Häuſer, und unſer Sultan hat auch ein großes Haus. (Es iſt ein einſtöckiges Gebäude, nach euro= päiſchem Muſter unter Hilfe von Miſſionären errichtet, doch war es damals nicht vollendet und ging ſchon ſeinem Ruin, durch Inſekten zerſtört, entgegen.) Unſer Sultan wird ſich auch viele große Häuſer bauen laſſen.“

Man hatte ihm Kleider herſtellen laſſen und dabei mit ſehr richtigem Verſtändnis den europäiſchen Schnitt vollſtändig vermieden und glücklich gewählte Formen geben laſſen, denn es ſieht nichts lächerlicher aus als ein Schwarzer in unſern Kleidern. Dieſe Kleider waren aus blauen und weißen, groben Wollſtoffen gefertigt. Mit denſelben waren die Dſchagga aber ſehr unzufrieden, verglichen höhniſch lachend ihre Kleider mit denen des Verfaſſers und ſagten:

„Wir möchten solche, wie du sie trägst, damit wir auch in der Heimat zeigen können, wie man in Deutschland gekleidet ist."

Das ganze von den Dschagga bewohnte Zimmer war angefüllt mit Geschenken, Gegenständen und Dingen, welche sie sich von geschenktem Gelde gekauft hatten, um sich später selbst darüber zu ärgern. Da waren Federwindräder, Streichholz= und Schnupftabaksdosen, Rasseln, Gummispielwaren, Blecheisenbahnen u. s. w.

„Man hat euch so viele Dinge geschenkt, wie gefallen euch die= selben?"

„Wozu all dies Zeug, alle haben uns nur schlechte, wertlose Dinge geschenkt. Alte Sachen, die wahrscheinlich niemand mehr haben will, Dinge für Narren und Kinder (wörtlich)."

Da nur einiges wenige eingepackt war, trotzdem am Nachmittage die Abreise erfolgen sollte, fragte der Verfasser:

„Werdet ihr diese Dinge nicht mitnehmen, um sie euren Lands= leuten zu zeigen?"

Auf eine gepackte Kiste deutend sagte der eine:

„Jene Dinge nehmen wir mit, werden sie aber ins Meer werfen, denn wir würden uns schämen, mit solchen Dingen zu Hause an= zukommen. Alle würden uns auslachen und sagen, dies hat man euch geschenkt, wo aber sind die Geschenke für Männer, welche ihr in Deutschland erhalten habt? Wir werden die Hände öffnen und nichts wird darauf sein!"

„Ist denn garnichts dabei, was einen Wert hat?" Hierauf knüpfte der Sprecher eine mit unzähligen Windungen mittels eines Strickes zugebundene Kiste auf, holte aus den Büchsen, Dosen, Ketten und Gummitieren, welche die Kiste füllten, fünf Feilen. Sie hatten die= selben beim Besuch der Waffenfabrik Löwe & Co. erhalten. Er sagte:

Dies ist das einzige, welches einen Wert hat, für diese Feilen können wir zu Hause eine einzige Ziege kaufen!"

Jeder von euch hat aber doch vom Kaiser eine schöne Büchse und in der Waffenfabrik einen Revolver bekommen!

„Wir haben alle zu Hause unsre Gewehre. Bei uns kommt es nicht darauf an, daß ein solches schön sei, sondern daß es gut schießt. Wenn die Munition für diese schönen Gewehre aber zu Ende ist, können wir keine mehr haben, und dann ist das Gewehr ein Stock."

(Dort eine gebräuchliche Redensart für solche Fälle. Thatsächlich haben sie die schönen Waffen abgelegt und tragen wieder Schild und Speer.)

In Hamburg sahen die Dschagga den Zoologischen Garten. Er erregte ihr Interesse im höchsten Grade, besonders die Tiere, welche sie wieder erkannten. Sie besuchten auch den Viehhof in Berlin, doch erregte derselbe wider Erwarten ihre Aufmerksamkeit in sehr geringem Maße. Sie wußten nur zu berichten, daß dort viele Rinder waren und daß man diese schnell töte. Der Zirkus in Hamburg erregte ihnen sogar Mißfallen.

„Ein solcher Tanz (so nannten sie die ganze Vorstellung) ist schlecht, böse Zauberei. Ein Weib (dies schien ihnen am meisten aufgefallen zu sein, von etwas anderm sprachen sie nicht), das solchen Tanz aufführt, ist eine Zauberin. Wenn sie auch schön ist, so geht ein vernünftiger Mann doch nicht zu ihr. Sie ist schlecht, Zauberei ist immer schlecht. Man sollte nicht zu ihr gehen, nur der Häuptling soll Zauberei machen. Bei uns tötet man die Zauberer!"

„Ihr habt die Werkstätten gesehen, wo man Gewehre macht!"

„Ja, das haben wir gesehen, aber wissen doch nicht, wie es gemacht wird, alles dreht sich. Der Schmied verstand seine Sache sehr gut, aber eine gute Dschaggalanze und ein Schwert (Simme genannt) könnte er nicht schmieden!"

„Wenn ihr ihm eine eurer Lanzen gebt, wird er sofort eine schmieden, schöner und aus besserem Eisen. Und das Schwert, welches er schmiedet, zerhaut eure Lanze und euer Schwert in zwei Teile."

„Wir glauben nicht, daß ihr so gute und schöne Lanzen und Schwerter machen könnt, wie unsre Schmiede!"

„Wie schmeckt euch unser Tabak?

„Schlecht, unsrer ist besser und stärker." (Trotzdem wagte er nicht, eine Zigarre durch die Lunge zu rauchen, wie es die Dschagga zu Hause stets thun.) Der Schnupftabak ist hier sehr schlecht und riecht nicht gut (ein Uneingeweihter würde das grünlichbraune feine Tabakpulver der Neger weder nach Aussehen noch nach Geruch als Tabak erkennen).

„Hättet ihr Lust, lange in Europa zu bleiben?"

„Nein, nein, wir wollen nach Hause, wir haben hier nicht viel Gutes und Schönes gesehen. Man hat uns wenig geschenkt. Nirgends

haben wir Perlen, welche bei uns Wert haben, kaufen können. Wahr=
scheinlich haben sie bei euch gar keinen Wert und bringt ihr sie des=
halb zu uns, da ihr in uns Dummköpfe seht. Euren großen Sultan
haben wir auch nur einmal gesehen. Wir sagten uns aber, daß wir
ihn alle Tage sehen werden. Jetzt wollen wir so schnell wie möglich
nach Hause zurück."

„Wie gefallen euch unsre Frauen?"

„Sehr, sehr, sehr gut, aber wir haben kein Geld!" (Andern
Negern gefallen unsre Frauen gar nicht.)

Zuletzt noch sprach der Wortführer der Dschagga den Verfasser an:

„Herr, wir haben in Deutschland viele Dinge gesehen, haben aber
schon jetzt eine Menge vergessen, aber eines haben wir gesehen, sehr
genau, das werden wir nicht vergessen und überall zu Hause erzählen.
Wenn ein weißer Mann zu uns kam, so hielten wir ihn immer für
einen großen einflußreichen Mann. Wir sagten, die Weißen sind alle
reich, sie stehen in der Nähe Gottes, jetzt, nachdem wir Deutschland
gesehen haben, wissen wir mehr. Wir haben gesehen, daß auch hier
Arme und Reiche sind, Herren und Sklaven, Gute und Böse, wie bei
uns, daß ihr nur Menschen seid wie wir, nur eine andre Hautfarbe
habt. Du bist ein Herr, jener (er deutete auf einen gerade anwesenden
Kellner des Hotels) ist ein Sklave (die Dschagga behandelten die Kellner
in der That sehr verächtlich). Wenn jetzt ein Weißer zu uns kommt,
werden wir ihn anders behandeln. Wir werden uns erst überzeugen,
ob er Herr oder ob er nur von seinem Herrn geschickt worden ist und
ihm danach Ehre zu teil werden lassen. Ein Sklave oder ein Mann,
der dem Befehl eines andern folgen muß, ohne in der Nähe eures
großen Sultans zu stehen, kann keine große Ehre beanspruchen. Wenn
er es dennoch thut, ist er ein Lügner. Ein freier Mann aber mit
eignem Willen wird auch für später Ehre genießen."

Solchergestalt waren in Wahrheit die Eindrücke, welche die Dschagga
in Deutschland empfangen hatten, nichts von jener grenzenlosen Bewun=
derung, im Gegenteil, dumme, anmaßende Selbstüberhebung und ein
Dünkel, der alles bei uns lächerlich fand. Alles vergleichen die Neger
naturgemäß mit Verhältnissen in ihrer Heimat, wobei jedoch in den
seltensten Fällen dieser Vergleich zu gunsten des zivilisierten Landes ausfällt.

v. Wißmanns Kriegszug nach dem Kilimandscharo.

Die Verhältnisse im Gebiet des Kilimandscharo waren im An=
fang wie immer die denkbar besten. Solches dauert aber bei
Schwarzen nie lange, wenn man ihnen nicht die Zähne zeigt. Diese
Erfahrung sollte sich auch dort sehr bald bestätigen. Alle möglichen
Unzuträglichkeiten und Unbotmäßigkeiten der Häuptlinge stellten sich ein.
Mandara schien nicht übel Lust zu haben, Abmachungen und Verträge
zu vergessen. Sina von Kibosa wollte die deutsche Flagge überhaupt
nicht mehr anerkennen. Ein Häuptling vom Paregebirge hatte Post=
boten erschlagen und in Gemeinschaft mit den Eingeborenen von
Aruscha altgewohnte Raubzüge unternommen. Das mußte ein Ende
nehmen, Ordnung geschafft werden, die Eingeborenen sollten sich von der
Größe deutscher Macht überzeugen.

v. Wißmann traf in Pangani seine letzten Vorbereitungen zu
einer Expedition nach dem Kilimandscharo. Dieselbe setzte sich zu=
sammen aus sechs weißen Offizieren, fünfhundert Sudanesen und Sulu,
ungefähr dreihundertundfünfzig Trägern, Geschützbedienung, Dienern,
Pferde= und Eseljungen 2c. An Geschützen wurde mitgeführt ein
Maximgeschütz und eine Gebirgskanone und natürlich eine Menge
Munition. Der Weg führte über Masinde, ein Ort, welcher auf einem
einige hundert Fuß hohen, isolierten Hügel liegt, im Hintergrund von
hohen, im Halbkreis steil abfallenden Felsen umrahmt. Hier ist eine
mit Soldaten belegte Station. Die Aussicht von dem hohen Berge
ins weite Land ist herrlich. Nach zwei Seiten hin sieht man auf das
Thal des Mkomasi, welches dicht mit Dörfern besäet ist. Unterhalb

der Station, welche aus Lehm erbaut ist und vier Bastionen aufweist, liegt die Residenz Simbodjas, des Häuptlings von Usambara.

Usambara ist jenes ostafrikanische Bergland, welches sich zwischen dem Mkomasi= und Panganifluß im Süden und dem Umbafluß im Norden ausdehnt. Es ist ein kristallinisches Schiefergebirge, welches inselartig und ohne festen Zusammenhang aus der Ebene aufragt. Usambara ist landschaftlich von hohem Reiz. Es läßt sich in drei ver= schiedene Regionen einteilen: die Waldregion, die Kampinen= und die Hochweidenregion. Die Waldregion nimmt den südöstlichen Teil ein. In dieser sind die Thäler und Bergabhänge vorzugsweise mit dichtem tropischen Wald bestanden, welcher in Höhen von 1000 m alpinen Charakter annimmt. Die hochstämmigen Bäume, deren Astkronen erst in mächtiger Höhe sich ausbreiten, stehen weit lichter, und das Unter= holz nimmt zu. In auffallendem Gegensatz hierzu steht die Kampinen= zone. Nur hohes starres Gras und verkrüppelte Bäumchen treten auf, und riesenhaft entwickelte Euphorbien geben der Landschaft ein eigen= artiges Gepräge. Die Wälder zeigen sich nur noch als Galeriewälder in den Thälern der Gewässer. Die größte Üppigkeit der Vegetation zeigt der nordwestliche Teil Usambaras dort, wo die Hochweiden aufzu= treten beginnen. Hier steigen auch die höchsten Gipfel bis zu 2000 m an. Die Weiden sind mit weichem, dem europäischen ähnlichem Gras überzogen. An den Bächen stehen Baumfarne zu prachtvollen Gruppen vereint.

Das Land heißt eigentlich Uschambá. Die Form Usambara ist durch die Wasuaheli eingeführt. Die Bewohner nennen sich selbst Waschambá, ein Bantustamm, der sich durch keine sehr auffallenden Merkmale von den andern Stämmen unterscheidet. Ihre Hütten zeigen die bekannte Cylinderkegelform und unterscheiden sich dadurch wesent= lich von andern Hüttenarten, daß das Dach in der Mitte durch einen hohen Pfosten gestützt ist, im Innern eine Wölbung angenommen hat und dort Vieh untergebracht wird.

Die Dörfer werden immer auf Hügeln angelegt, und besonders diejenigen der Hochregion liegen auf hohen Spitzen derart, daß sie sehr schwer zugänglich sind. Die Hütten des Hochlandes haben eine bienenkorbähnliche Gestalt. In die Hütten gelangt man durch eine Art Gang, der durch zwei in Angeln bewegliche Holzthüren geschlossen

wird. Im Innern sind sie stockfinster. Es brennt dort immer
Feuer, so daß alles glänzend schwarz geräuchert ist und eine warme
Luft herrscht, für die kalten Temperaturen, welche oft des Nachts
und bei Wind eintreten, eine unumgängliche Notwendigkeit. Alle Dörfer
sind wegen der ewigen Kriege, der Einfälle der Massai, gut befestigt.
Die Hauptbeschäftigungen der Eingeborenen sind Ackerbau und Viehzucht.

Alle Verhältnisse sind hierfür sehr günstig, wenn Ruhe und Sicher=
heit im Lande herrschte, würden die Eingeborenen ganz gute Produzenten
sein. Die Häuptlinge der Waschambá oder Wasambara entstammen
fast alle der Sippe der Wakilinde, diese sollen vor langer Zeit aus
Nguru oder Dschagga eingewandert sein. Sie zeichnen sich durch sehr
helle Hautfarbe und einen südeuropäischen Gesichtstypus aus. Jeden=
falls scheint arabisches Blut in ihren Adern zu fließen. Dieser Familie
gehört auch der berühmte Simbodja an, der sich zwar Wißmann
unterworfen hat, über den aber sicher noch einmal das Strafgericht
einbrechen wird, denn im Grunde seines Herzens ist er doch nur ein
Halunke, wie die meisten seiner Kollegen in Afrika.

Da ein von Massai verwüsteter Distrikt zu passieren war, so
mußte die Karawane in Masinde verproviantiert werden. Vom nächsten
Lagerplatze in Makumbara bis Kihungua ist unterwegs kein Wasser zu
finden. Es mußte mit sogenannter Talakasa marschiert werden. Eine
Talakasa wird immer gemacht, wenn auf dem Marsche auf Strecken, die
sonst in drei guten Tagemärschen zurückgelegt werden, kein Wasser zu
finden ist.

Die Wißmannsche Expedition traf schon am nächsten Tag in dem
bestimmten Lager Kifungue am Mkomasi ein und ging über den Fluß.
Der Marsch durch die glühende Steppe war sehr beschwerlich. Heiße
Winde wehten seinen Sandstaub in Augen, Nase und Mund, daß der
Sand auf den Zähnen knirschte und die Augen sich entzündeten. Wild
zeigte sich in großer Menge. Der Weg führte weiter am östlichen Fuß
der Pareberge entlang durch die öde, vollständig wasserarme Nyika=
ebene, welche sich nordöstlich an Usambara und Pare in scheinbar un=
endlicher Weite und Trostlosigkeit nach dem englischen Gebiet zu aus=
breitet, den Fuß des Kilimandscharo umgebend. Nur während der
Regenzeit findet sich dann Wasser in einigen seichten Regenbächen und
Tümpeln, der bei Wanga mündendo Umbá erhält von Norden, also

aus der Nyikaebene, nicht einen einzigen Zufluß. Gras und Krüppel= holz, rote Erde und Sonnenbrand, sind die Merkmale der Nyika= ebene. Die ganze weite Steppe ist eine von wenigen unbedeutenden Hügeln unterbrochene Ebene, deren Wasserarmut und Trostlosigkeit be= kannt ist. In der Umgebung der Wassertümpel beleben noch Gruppen von Dumpalmen, Tamarinden und Schirmmimosen die Landschaft, weiter draußen gewährt sie ein Bild ergreifender Öde, besonders in der trockenen Zeit, wenn das spärliche Steppengras völlig dürr und die stachligen Sträucher gänzlich unbelaubt sind. Stellenweise verschwindet jede Vegetation und der nackte, mit Quarzsplittern bestreute Laterit= boden tritt zu Tage. Eine unfreundlichere Gegend kann man sich kaum denken, dennoch ist die Ebene von vielem Wild belebt, welches wohl Wasserplätze kennt. Massaihorden machen auch hier das Land unsicher.

Bei Gondja, welches die Wißmannsche Expedition passierte, bildet der Mkomasi den prachtvollen Thorntonfall, so genannt von v. d. Decken zu Ehren seines Reisebegleiters Thornton. In breiten Wasser= massen stürzt der Fluß über einen 20—30 m hohen Felsen herab.

Um nicht englisches Gebiet zu berühren, mußte die gewöhnliche Karawanenstraße, welcher man bisher folgte und welche über Tawata, den bedeutendsten Ort am Kilimandscharo, führt, verlassen und eine mehr westliche Route eingeschlagen werden. Das Gebiet war sehr wasser= arm. Es erfolgte an einem Wassertümpel der erste Zusammenstoß mit Massai, welcher aber damit endete, daß die frechen Räuber klein beigaben.

Wißmann beschloß nun, den Weg quer über das Paregebirge in südwestlicher Richtung zu nehmen, um auch dort die deutsche Flagge zu zeigen. Die Leute an der Küste nennen den nördlichen Ausläufer des Paregebirges Uguenogebirge. Rechts kam der sumpfige, mit Palmen, Papyrus und Schilf bestandene, langgestreckte Jpesee in Sicht, welcher eine große Menge Nilpferde beherbergt. Wasservögel leben zu vielen Tausenden an den Ufern und auf seiner Oberfläche, der Fischreichtum scheint ziemlich groß zu sein, denn es fanden sich auch eine Menge Krokodile dort. Bekanntlich führt an dem Ostufer desselben die Grenze zwischen deutschem und englischem Gebiet entlang.

Der Marsch über den Höhenzug dauerte zwar nur zwei Tage, war aber recht beschwerlich. Da Karawanen dies Gebiet nie be=

rühren, führen die Pfade ohne alle Rücksicht auf Bequemlichkeit durch Urwald, Waldbäche, Felsgeklüfte, Sümpfe und umgestürzte Baumstämme. Auf einem 600 m hohen Kamm, welcher zugleich die Wasserscheide bildet, wurde das Lager aufgeschlagen. Ein herrlicher Fernanblick that sich hier auf über die Nyikaebene in englisches Gebiet, auf das südöstlich emporragende Gebirge von Usambara, und in der entgegengesetzten Richtung türmt sich der gewaltige Kilimandscharo auf.

Leider ist ein großer Teil der Berge hier ganz entvölkert durch Mandaras Raubkriege, die Wapare, welche hier wohnen, sind wie alle dort ansässigen Stämme Ackerbauer und Viehzüchter, welche weit mehr produzieren könnten, wenn nicht die ewige Besorgnis vor den Einfällen der Dschagga und Massai sie in die unzugänglichsten Verstecke getrieben hätte. Auch sie legen Wasserleitungen in großer Vollendung an, welche sie oft über weite Thäler, Schluchten und Einsenkungen hinwegführen.

Der Boden ist gut kultiviert und bringt bei der ausgezeichneten Bewässerung alle afrikanischen Feldfrüchte und Gemüse hervor. Besonders blühend ist Bananenzucht, auf welche große Sorgfalt gewandt wird.

Ein zweiter Marsch führte über Gestein, Moräste, durch Felder, Schluchten und Zuckerrohrplantagen aus dem Gebirge heraus und bald befand sich die Expedition am Ipefluß, welcher durch seine Vereinigung mit dem Weriweri den Pangani bildet. Der Pangani ist hier viel breiter und reißender wie an seiner Mündung, er verliert durch Verdunstung in Niederungen, Sümpfen und sandiger Steppe sehr viel Wasser. Eine Eigentümlichkeit afrikanischer Steppen und baumloser Gegenden zeigte sich hier ganz besonders, nämlich Sandhosen, deren manchmal hier zehn bis zwölf auf einmal entstehen. Drei bis fünf Fuß im Durchmesser haltend, steigen sie plötzlich kerzengerade in die Höhe, verlieren sich in großer Höhe und rasen dann vorwärts über die Ebene. Großen Schaden richten sie aber nie an.

Am nächsten Tag langte die Karawane iu Klein-Aruscha an, wo eine von Herrn v. Eltz errichtete Boma noch stand. Herr v. Eltz hatte die Station kurz zuvor verlassen, um wegen des dortigen Häuptlings Singele Beschwerde zu führen, derselbe unterwarf sich aber den gestellten Bedingungen.

Die Schauri endete mit einem friedlichen Schluß, indem Singele bat, mit Wißmann Blutsbrüderschaft machen zu dürfen. Chef Johannes als Distriktsvorsteher des Gebietes unterzog sich der Prozedur.

Weiterziehend wurde der Weriweri überschritten. Die Gegend blieb dieselbe, ungeheure Hitze, ungeheurer Staub und viel Wild. Strauße zeigten sich darunter, ein Büffel wurde zur Strecke ge= bracht. Es stellte sich aber heraus, daß unter diesen Tieren eine töd= liche Seuche ausgebrochen war. Hunderte von gefallenen Büffeln zeigten sich auf dem langen Wege, verendet oder schon in Verwesung übergegangen, so daß die Luft meilenweit durch den Gestank der Kadaver verpestet wurde. Wißmann verbot daher, Büffel zu jagen oder Büffelfleisch zu genießen. Der mitziehende Arzt fand weder in den inneren Organen, noch in Eingeweiden oder sonstigen Körperteilen irgend etwas, was Aufschluß über das Wesen der Seuche geben konnte. Dieselbe ergriff aber nur Büffel, alles andre Wild war munter und anscheinend gesund.

An dem kleinen Raubache, am Fuße des Kilimandscharo, finden sich schon Elefanten. Die Eingeborenen legen große Fallen an, um dieselben darin zu fangen. Nach unten verjüngen sich die 5—6 m tiefen Gruben, und am Boden sind öfters spitze Pfähle eingesteckt. Dr. Bumiller, Wißmanns Adjutant, stürzte in eine solche sehr gut unbemerkbar gemachte Grube, in der sich aber glücklicherweise keine spitzen Pfähle befanden, sonst wäre er verloren gewesen. Mit einigen Anstrengungen gelang es, ihn wieder unversehrt herauszuholen. Die letzte Marschstrecke führte ungefähr 500 m am Fuß des Berges auf= wärts nach Moschi, der Residenz des Dschaggahäuptlings Man= dara. Die Savannenvegetation macht hier im Gebiete größerer Regen= menge einer andern Platz, kräftig entwickelte Sträucher, einige hohe Bäume treten auf, und langsam keuchten die Leute die Höhe hinan. Hornsignale erweckten herrliches Echo in den Thälern und Halden. An Mandaras Wohnsitz ging es vorbei nach der Station Moschi, welche etwas weiter oberhalb liegt, und noch weiter war eine englische Mission. Aus allen dreien her dröhnten Böllerschüsse zur Begrüßung, donnerndes Echo wachrufend. Die Station, noch von Beamten der Ostafrikanischen Gesellschaft angelegt, liegt auf einem kleinen Plateau, welches, nach drei Seiten ziemlich steil abfallend, auf der vierten an einer Bergwand anlehnt. Die Gebäude sind aus Fachwerk und Lehm mit Bananenblättern eingedeckt. Palissaden und lebende Sträucher bilden die Schutzwehr. Das von den Beamten der Ostafrikanischen Gesellschaft früher aus Brettern errichtete Haus, welches, als Dr. Hans Meyer dort logierte, noch ganz wohnlich aussah und das nun bestimmt war, Wißmann aufzunehmen, war erst kürzlich bei einem ziemlich heftigen Erdstoß zerstört worden.

Mandaras Gehöft, anders kann man die sogenannte Residenz nicht nennen, ist von einer aus Steinen gefügten, teilweise zerfallenen Mauer umhegt. Im ersten Hof, in welchem einige der dort bienen= korbartigen Hütten stehen, wehte auf hohem Mast die deutsche Flagge. Weiber und Kinder bewohnen diese Hütten, und nachts findet dort das Vieh des Häuptlings Unterkunft. Ein zweiter Hof ist durch eine Boma abgetrennt, in welchen man durch eine sehr niedrige, enge Holzthür Einlaß findet. Dort hausen Mandaras Ratgeber und einige in rote Tücher gehüllte Krieger. Von diesem Hof aus durchschreitet man eine dritte Thür und gelangt nun erst in das Wohnhaus des Häuptlings, jenes Gebäude, von dem seine Gesandten in Berlin er= zählt hatten, es sei einem europäischen ähnlich. Aus behauenen Balken mit Bananenblättern eingedeckt, hat es eine Länge von 9 m und eine Breite von 6 m. Der Boden ist mit Häuten belegt. Einige niedere Negerschemel, zwei bis drei europäische Klappstühle bilden außer der Kitanda, dem an der Küste gebräuchlichen Bettgestell, die ganze Möbelie= rung. An den Wandpfosten hingen in Futteralen zwei Gewehre. Auf der Kitanda lag Mandara, angethan mit einer schmutzigen Flanell= jacke und um die Hüften eine ebenso schmutzige Flanelldecke, das Haupt mit einer unreinen Zipfelmütze bedeckt und neben ihm auf der Kitanda lag ein schmutziges Taschentuch. Der schäbig aussehende Häupt= ling, dessen Anblick durch nichts verschönt wurde, am wenigsten durch sein graubraunes Gesicht, dessen markierte Züge einen Mann ver= raten, der weit über dem Mittel seiner Landsleute steht, was seine Intelligenz angeht. Die starkgebogene Nase und das eine funkelnde Auge, das andre ist erblindet, geben ihm etwas Raubtierartiges.

Den Thronfolger, seinen ältesten, etwa Knachn Jahre alten Sohn, hält er in despotischer Knechtschaft, der Knabe macht den Ein= druck eines stumpfsinnigen Wesens und scheint sich für nichts zu

interessieren. Man merkt Mandara sofort an, daß er schon viel mit
Europäern verkehrt hat, er ist im Gespräch sehr gewandt und äußert
ganz vernünftige Ansichten. Die Zivilisation hat auf ihn insofern Ein=
fluß ausgeübt, als er sich angewöhnt hat, Zigarretten zu rauchen, und
Kognak sehr liebt.

Als man nach dem üblichen einleitenden Gespräch darauf zu
sprechen kam, ob er bereit sei, zu einem gegen Sina von Kiboso zu
eröffnenden Feldzug und die Leute von Groß = Aruscha Truppen zu
stellen, leuchtete sein Auge hell auf. Waren dies doch auch seit lange
seine Feinde. Er erklärte sich sofort bereit und machte recht ver=
lockende Versprechungen. Er sprach von etwa tausend Kriegern, von
denen vierhundert mit Gewehren bewaffnet sein sollten. Es müsse
jedoch zu diesem Zweck ein großes Schauri der Unterhäuptlinge und
seiner Gefolgschaft zusammenberufen werden. Die Leute erschienen
denn auch wirklich am nächsten Tage. Darunter auch der intelligente
Mareale von Marangu, Dr. Meyers Freund. Die Häuptlinge brachten
Wißmann fünfzehn fette Ochsen und drei Ziegen. Mandara sandte
vierzehn prachtvolle Lanzen, sowie einen ganz abnorm fetten Hammel
als Privatgeschenk für Wißmann, ferner einen Elefantenzahn von
drei Frasilah = 103—104 Pfund. Dieser Zahn hatte einen Wert
von wenigstens tausend Mark. — Ferner brachte man noch andre
Waffen und Schmuckgegenstände.

Von Groß = Aruscha war inzwischen auch eine Deputation er=
schienen, um die Friedensbedingungen zu erkunden. Dieselben erschienen
den Leuten jedoch zu hart, sie wollten sich deshalb erst Bescheid holen.

Am 11. Februar waren alle Vorbereitungen für den Feldzug
beendet. Der Abmarsch mußte aus strategischen Gründen nachmittags
zwei Uhr in glühendem Sonnenbrande erfolgen, da man in der Nacht
so nahe wie möglich und vielleicht auch unbemerkt an die feindliche
Boma herankommen wollte. Bei Mandaras Residenz waren seine
Krieger versammelt, aber statt der zugesagten Tausend waren es kaum
einige Hundert. Alle waren in vollem Kriegsschmuck erschienen.
Ein malerischer Kopfputz aus Kolobusfellen, mit Perlen benähte kleine
Lendenfelle, Schellenbänder an Arm und Beinen, die riesigen breiten
hellglänzenden Lanzen, bunt bemalte Schilde, andre mit Pfeil und
Bogen in rote Tücher gehüllt.

18*

Kiboſo liegt in Luftlinie genau weſtlich von Moſchi kaum zwei Stunden entfernt. Ein direkter Weg war aber nicht zu nehmen, und ſo mußte ein großer Umweg hinab zur Savanne und wieder den Berg hinan gemacht werden. Durch borniges Geſtrüpp, hohes ver= dorrtes Gras, ausgebrannte Waldungen, an Abgründen vorbei, durch Bäche zog ſich der Weg, den man manchmal ſelbſt bahnen mußte. Als es ſchon dunkel geworden war, wurde das Lager ſo ſchnell wie möglich aufgeſchlagen.

Noch in der Dunkelheit erfolgte der Aufbruch, in lautloſer Stille drängten die auf dem Kriegspfade Wandelnden vorwärts. Eine Stunde lang ging es durch ſchönen alten Urwald, nachdem ſchon die Sonne aufgegangen war. Hier und da unterbrachen Grasflächen die Waldes= hallen. Es wurden zwei Bäche durchwatet, welche Waſſer vom Kibo führten, Menſchen und Tiere drängen ſich lechzend nach dem eiskalten Waſſer. Das Terrain wurde immer ſchwieriger, hügelauf, hügel= ab, dabei immer höher hinan. In den nun beginnenden Bananen= wäldern zeigen ſich die erſten Waſſerleitungen. Man war in Sinas feindliches Gebiet eingedrungen. Ein wilder Schneebach war gerade von der ganzen Heeresſäule paſſiert, als der Vortrupp aus einem gegenüber auf der Anhöhe liegenden Bananenwald Feuer erhielt. Wißmann hatte abſichtlich die deutſche Flagge entfalten laſſen, damit der Feind ganz genau wiſſe, auf wen er ſchießt. Zunächſt bewegte ſich der erſte Zug vorwärts, ohne Feuer zu geben. Auf feindlicher Seite fällt Schuß auf Schuß. Die gegenüberliegende Höhe iſt höchſtens 200 m entfernt und deutlich ſieht man Hunderte mit Gewehren be= waffneter Geſtalten. Die Kugeln fliegen den Leuten pfeifend und und ziſchend um die Ohren. Endlich wird Befehl zum Feuern ge= geben, und wohlgezielte Salven donnern durch die Berge. Auf feind= licher Seite entſteht ein furchtbares Kriegsgeheul, und einige zum Tod Getroffene rollen den Abhang hinunter. Nun geht's im Sturmſchritt vorwärts, bergab über einen ſehr tiefen Schützengraben hinweg und dann wieder ſteilhinan gegen die Boma. Hier muß Schritt für Schritt erkämpft werden, denn hinter den Bananenſtämmen, aus Laufgräben, verdeckten Erdlöchern, von Bäumen herunter, von allen Seiten ſauſen die feindlichen Kugeln den Angreifern entgegen. Volle drei Stunden wird gekämpft, geſchoſſen und nur ſchrittweiſe Boden gewonnen.

Die Gräben, welche die Boma umgeben, sind 10—15 m tief und so breit, daß erst Brücken geschlagen werden müssen. Es wird weiter aus Höhlen, Laufgräben, hinter einzelnen Hecken hervor, selbst von dem hohen Flaggturm der Boma geschossen. Um Munition zu sparen, darf nur auf den einzelnen Mann geschossen werden. Im Feuer liegen aber nur die Schutztruppen, die Bundesgenossen, Mandaras Leute, sind nirgends zu sehen.

Sinas Boma war thatsächlich sehr stark befestigt. Hinter jeder Hecke ein breiter Graben, hinter jedem Graben eine starke Boma, und so fünf bis sechs solche Werke hintereinander, die sich nach innen hineinziehenden Eingänge sind 3—4 m tief, die Thüren und Verschlüsse der Eingänge aus so starkem Holz, daß die Mauserkugeln nicht durchdringen und die Granaten nur runde Löcher durchschlagen, ohne aber die Thür zu zertrümmern.

Eine große Höhle, deren Eingang 20 m tiefer in einem Graben zu sehen ist, bietet Weibern und Kindern Schutz. Auch von dort her wird geschossen, aber um unnützes Blutvergießen zu vermeiden, wird das Feuer dorthin nicht erwidert.

Als die Sonne im Zenith stand, zählte der Feind schon etwa hundert Tote und eine Menge Verwundete. Auf deutscher Seite war ein Sulu und ein Sudanese getötet, ein Europäer und ein Feldwebel hatten je einen Schuß durch den Oberschenkel erhalten, außerdem waren fünfzehn Schwarze, darunter fünf schwer verwundet. Ein Sulu hatte sogar durch eine Hecke hindurch einen Speerstich durch die Lungen erhalten. Die Eingeborenen waren zum Teil mit Henri-Martini bewaffnet, zum Teil mit Vorderladern, in welche sie gehacktes Blei oder aus Nägeln hergestellte Kugeln luden. Derartige Geschosse verursachten schwere Verwundungen.

Die Artillerie hatte auch hier, wie immer, sehr gute Dienste geleistet. Durch das Maximgeschütz waren einzelne Kibosoleute wie ein Sieb durchlöchert.

Die Truppen waren mittags um zwölf Uhr so weit eingedrungen, daß sie den großen, freien Platz vor der engen Boma in Händen hatten, also bis vor die Wohnung Sinas gelangt. Der gesamte Viehbestand Sinas war Wißmann in die Hände gefallen, an tausend Rinder und sechshundert Ziegen. Doch Sinas Flagge wehte lustig weiter ins Land und das Kriegsgeheul in der Boma wurde ogar immer herausfordernder, und das Schießen wollte kein Ende nehmen. Auf den unsichtbaren Feind konnte nicht geschossen werden. Die Munitionsvorräte hatten schon bedenklich abgenommen. Die Hitze war glühend, kein Tropfen Wasser für die Truppen aufzutreiben. Auf dem freien Platz waren die Angreifer den feindlichen Kugeln gänzlich schutzlos preisgegeben, und was das Schlimmste war, es war in der Nähe kein gesicherter Verbandplatz. Zu dem kam noch die Ungewißheit, ob nicht noch eine Menge Boma zu stürmen waren, ehe des Feindes Macht ganz gebrochen sein würde. Wißmann wollte nicht unnötig Leute opfern, und so wurde in Erwägung der Umstände die Rückkehr zum Lagerplatz beschlossen. Wer Ähnliches nicht selbst erlebt hat, vermag sich keinen Begriff zu bilden von dem lärmenden Hohn- und Triumphgeschrei, welches den Abziehenden nachklang. Doch das Frohlocken des Feindes sollte umsonst sein. Das alte Lager wurde nachmittags drei Uhr wieder bezogen, die Verwundeten wurden in einer Hütte untergebracht und dann ward abgekocht. Seit fünf Uhr in der Frühe hatten die Truppen nichts genossen. Nach vierstündigem Marsch hin und zurück und sechsstündigem Kampf in heißer afrikanischer Sonne ohne einen Tropfen Wasser, das war eine bedeutende Kraftleistung. Nun konnten sich die Leute erholen. Rindfleisch, mit unreifen Bananen zusammengekocht, ein Trunk frischen Wassers, das belebte die Truppe sofort wieder, und so ging das Schießen am Nachmittag weiter auf beiden Seiten, der Feind schoß aber so schlecht, daß die Deutschen keinen einzigen Verwundeten hatten. Zuletzt schossen nur noch Europäer, jeden sich zeigenden Feind gut aufs Korn nehmend. Das Maximgeschütz schoß auf 1200—1500 m mit gutem Erfolg zwischen feindliche Haufen, welche sich immer wieder gesammelt hatten. Erst mit einbrechender Dunkelheit stellte der Feind das Schießen ein.

In der Nacht hörte man das laute Klagegeheul der Wadschaggaweiber, welches sie um ihre Toten anstimmten. Bald darauf ertönte Kriegsgeschrei, und es wurde im Finstern herübergeschossen. Doch alles lag in den Laufgräben, vollständig gegen Kugeln geschützt. Wißmann steht jedoch in der Nacht auf, richtet selbst das Maximgeschütz in ungefährer Richtung, wo der Kriegstanz aufgeführt wird, und feuert einige Salven ab. Zufällig treffen die Kugeln, und man hört deutlich das Wehklagen der Getroffenen. In tiefdunkler Nacht auf solche Entfernung zu treffen, das war den Leuten unheimlich, und sie verstummten. Die Mandaraleute dagegen führen ihre wilden Kriegstänze auf, es scheint fast, als ob sie den großen Fleischrationen gälten, welche sie sich ebenfalls angeeignet haben, wenn schon ihre Beteiligung am Kampf eine sehr geringe war. Beute verstanden sie besser sich anzueignen, wie zu kämpfen.

Am frühen Morgen zeigte sich, daß der Feind die Nacht benützt hatte, um neue tiefe Gräben auszuheben. Es waren frische Fallen hergestellt und sämtliche Thüren des inneren Baues von neuem verrammelt. Der Rest des Viehes, der ihnen noch verblieben, war in die innere Boma getrieben worden. Offenbar schien der Feind auf keinen Angriff mehr gerechnet zu haben, sonst würde er das Vieh auf alle Fälle in den Bergen leicht in Sicherheit gebracht haben.

Bei Tagesgrauen wurde eine Patrouille zur Auskundschaftung herausgesandt. Sie schlich sich durch die Bananenwaldungen, und vor der Boma angelangt, konnte sie deutlich vernehmen, daß sich der Feind aufs neue sammelte und in großer Anzahl gefechtsbereit lag. Auf diese Meldung hin befahl Wißmann Sturm. Drei Züge wurden dazu kommandiert; der Feind verteidigte sich heldenmütig, mußte aber doch zuletzt weichen, die ersten in der inneren Boma waren Dr. Bumiller und Leutnant Prinz, vor ihnen fiel ein Unteroffizier. Mit dem Revolver in der Hand, bahnte sich Dr. Bumiller mit seinem Zug einen Weg und stürmte mit Hurra die innerste Boma, holte von dem 25 m hohen Flaggenturm die rote Fahne Sinas herunter und setzte sich in dessen Wohnhaus so lange fest, bis Unterstützung kam. Seine Leute zündeten dann das Wohnhaus an. Plötzlich erdröhnte ein furchtbarer Knall, und gen Himmel stieg eine hohe Feuergarbe. Das im Boden des Hauses verborgene Pulver Sinas war in die Luft geflogen. Zum Glück hatte Dr. Bumiller die Gefahr bemerkt, er konnte seine Leute zurückreißen, so daß alle unversehrt blieben.

Mit reicher Beute an weiterem im Lager gefundenen Pulver, Zeug, Elfenbein und Kriegsschmuck kehrte er mit seinen Tapferen zum Lager zurück. Die andern Züge waren kurz nach Bumiller in der feindlichen Boma eingetroffen und zündeten auch die übrigen Hütten an. Um neun Uhr schon war der Feind auf allen Punkten geschlagen.

Fünfzehn Weiber und zwanzig Kinder Sinas gerieten in Gefangenschaft. Sie sollten später wieder zurückgegeben werden. Auch an diesem Tage benahmen sich Mandaras Leute recht feige. Sie erschienen erst, als es galt, das Vieh zusammenzutreiben. 6000 Rinder und ungefähr 10000 Ziegen fielen in die Hände der Sieger. Hunderte von Tieren lagen angeschossen oder tot innerhalb der gestürmten Boma. Das Fleisch wurde den Trägern überlassen.

Sina war der bedeutendste und am meisten gefürchtete Häuptling des ganzen Gebietes. Bisher hatte niemand gewagt ihn anzugreifen. Seine Boma galt am ganzen Kilimandscharo als völlig uneinnehmbar.

Der Rückmarsch wurde sofort angetreten. Man sollte dies schnelle Verlassen des Kampfplatzes eigentlich vermeiden. Nach afrikanischen Erfahrungen gilt es nur als halber Sieg, wenn man sich nicht noch wenigstens einen oder zwei Tage am Schauplatz seines Sieges an den Vorräten des Feindes gütlich thut.

In Moschi angelangt, empfingen die Weiber die Sieger mit dem bekannten schrillen Geschrei, tanzten vor der Karawane und brachten den Leuten Pombe entgegen. Von den 6000 Rindern blieben übrigens sehr wenige übrig; denn es wurden nur noch 800 derselben zusammengetrieben, deren eine Hälfte Mandara bekam, die andern behielt die Expedition. Der Rest war von den Kriegern bereits heimgetrieben, verloren, am Wege verendet, entlaufen oder geraubt.

Mit diesem Kriegszug war ein entscheidender Schlag geführt worden, dessen Bedeutung noch besonders dadurch erhöht wurde, daß er gegen den mächtigsten und am besten verschanzten Häuptling des Kilimandscharo geführt worden war. Die Folgen machten sich sofort bemerkbar. Nach erfolgter Rückkehr aus Kiboso, traf in Moschi die Friedensdepution aus Groß-Aruscha ein. Es war den Leuten doch unheimlich zu Mute geworden, und so zogen sie vor, sich mit Wißmann im guten auseinanderzusetzen. Sie hatten am meisten Furcht vor der Maximkanone und wollten um jeden Preis Frieden machen.

Die Eingeborenen aus Groß-Aruscha wurden nach ihrer Heimat zurückgesandt. Sie sollten Wißmanns Friedensbedingungen dorthin berichten, denen zufolge der ganzen Landschaft eine Strafe an Abgaben auferlegt wurde, und zwar Elfenbein, Waffen und Lebensmittel. Rinder

Wißmann in der Schaurihütte von Mkwadja.

Nach einer von Major v. Wißmann zur Verfügung gestellten Originalphotographie.

von dort waren nicht zu gebrauchen, weil zu jener Zeit eine Vieh=
seuche grassierte. Vor allem andern aber mußte die deutsche Flagge
wieder in Groß=Aruscha gehißt werden. Wißmann setzte den Leuten
eine Frist von nur wenigen Tagen, nach deren Verlauf er das Elfen=
bein selbst zu holen drohte. Wißmann mußte übrigens selbst daran
gelegen sein, bei diesen Leuten in friedlicher Weise zum Ziel zu
gelangen, da seine Munitionsvorräte dermaßen knapp waren, daß er
sich in neue Kämpfe nicht einlassen durfte. Die Unterhandlungen
endeten schließlich mit einem befriedigenden Resultat, und dies war gut,
denn die Leute von Groß=Aruscha waren in einem völlig unzugäng=
lichen Urwalddickicht verschanzt, daß es selbst bei Aufopferung zahl=
reicher Menschenleben fraglich schien, ob die Einnahme der Boma
durch die zur Verfügung stehenden Mittel würde bewerkstelligt werden
können.

An Sina von Kiboso wurde ein Unterhändler mit einem der
gefangenen Weiber Sinas und zwei Kindern geschickt. Dieselbe erschien
auch thatsächlich am nächsten Tage mit der Nachricht, daß die deutsche
Flagge bereits in Kiboso gehißt sei und brachte einen Elefantenzahn
im Werte von tausend Mark. Sina selbst kam nicht, weil er krank
und zu dick und schwerfällig war, um sich so schnell nach Moschi zu
begeben.

Als Wißmanns Unterhändler bei ihm eingetroffen war, hatte
Sina ihm sofort als Zeichen seiner Unterwerfung Gesicht und Hände
gewaschen und das Wasser ausgetrunken, eine recht appetitliche Zere=
monie, die zweifellos als eine Demütigung aufgefaßt werden muß.
Sina schloß sodann mit dem Unterhändler Blutsbrüderschaft. Er
wurde von Wißmann noch bestimmt, daß zwei der zu Kiboso
gehörenden Landschaften an Mandara abgetreten werden sollten, während
eine dritte verwüstete von Sina wieder bestellt wurde. Der Frieden
wurde dann in Moschi abgeschlossen und zwar zwischen Mandara und
Sinas Bruder, in dessen Stellvertretung, so daß fortan die Unterthanen
beider Häuptlinge friedlich miteinander verkehren werden. Schwieriger
lagen die Verhältnisse bei Friedensverhandlungen zwischen Sina und dem
Häuptling von Uru. Letzteren hatte nämlich Sina gefangen genommen,
und er blieb in Sinas Gewalt, bis ihn der Abgesandte Wißmann erlöste
und nach Moschi gebracht hatte. Damals hatten sich aber viele Uru=

leute mit Weib und Kind zu Mandara geflüchtet, sich dort angesiedelt und Hütten gebaut; diese Leuten sollten nun mit dem nunmehr frei= gewordenen Uruhäuptling in ihre Heimat zurückkehren. Mandara willigte ein, verlangte aber, was recht und billig war, eine Ent= schädigung für während dreier Jahre geliefertes Vieh, Unterhalt und Baumaterial. Auch hier wurde schließlich ein Übereinkommen getroffen und zwar derart, daß die angesiedelten Leute erst nach allmählicher Abzahlung von zwanzig Rindern oder zwei Elefantenzähnen Mandaras Gebiet verlassen sollten.

Nach all den Aufregungen und Anstrengungen war in der Expe= dition eine große Reaktion eingetreten. Eine allgemeine Ermattung machte sich geltend und etwa fünfzig bis sechzig Kranke wurden ge= meldet. Zwei Sulu und ein Pagasi erlagen dem Fieber und Ent= kräftung und wurden begraben. Hyänen scharrten den Leichnam des Trägers wieder aus und fraßen ihn auf.

Die Station Moschi wurde sodann befestigt, trotzdem sie eigent= lich an einer sehr ungünstigen Stelle gelegen ist. Zu hoch oben in den Bergen und abseits von der Karawanenstraße.

Die Expedition rüstete sich nun zum Rückmarsch zur Küste. Mandara schickte nochmals einen Elefantenzahn im Werte von tausend Mark und bat um Erlaubnis, in der englischen Station Taveta gegen Elfenbein Stoffe zu kaufen. Ausnahmsweise wurde ihm dies bewilligt, da augenblicklich auf der deutschen Station keine Tauschwaren vor= handen waren. In Zukunft wird er sein Elfenbein nur an unsre Stationen verkaufen dürfen. Aus Kiboso wurde ebenfalls ein Abschieds= geschenk gebracht, ein Zahn im Werte von 350 Mark. Ferner kamen sogar aus dem westlich an den Abhängen des Kilimandscharo gelegenen Madschame Abgesandte mit zwei Hühnern als Zeichen der Freundschaft. Aus Kinoba in der Landschaft Kombo schickte der Häuptling, ein Freund Sinas, drei Rinder, Elfenbein besaß er angeblich nicht. Es war also ein völliger Umschwung eingetreten, alles suchte die Freundschaft zu erkaufen. Es kommt nur bei solchen Gelegenheiten hauptsächlich darauf an, derartige Gaben nicht etwa als Geschenke, sondern als Tribut, als Zeichen der Unterwerfung entgegenzunehmen und dem= entsprechend weit geringere Gaben zu verabreichen, sonst hielt sich der schwarze Häuptling sofort für eine ebenbürtige Macht und will von

Unterwerfung nichts gewußt haben. Vorläufig wird dort Ruhe herrschen, zu einem dauernden Zustand aber wird es erst kommen, wenn die Stationen militärisch genügend besetzt bleiben, um sowohl jeden Aufruhr im Keim zu unterdrücken als auch für Sicherheit nach außen zu sorgen.

Wißmann hat für Ostafrika Schußgebühren festgesetzt, da sich die Zahl der Jagdsportsleute in jenen wildreichen Gegenden immermehr vergrößert, die Gefahr einer gänzlichen Ausrottung des Wildes liegt schon jetzt nahe. Jeder Jäger darf demnach in Zukunft nur einen Elefanten schießen, wofür eine Gebühr von hundert Rupien zu ent= richten ist. Bei Erlegung eines zweiten Elefanten ist eine Strafe von 250 Rupien zu zahlen. Ein Rhinozeros kostet fünfzig Rupien Schuß= geld. Die Stempelung des Gewehrs beträgt fünfzig Rupien. Außer= dem ist für jedes mitgeführte Hinterladergewehr, welches ins Innere mitgenommen wird, eine hohe Kaution zu erlegen. Gefundenes Elfen= bein gehört dem Reichskommissariat.

Auf dem Rückwege zur Küste fiel den Europäern wieder der außer= ordentliche Wildreichtum der Gegend auf. Ein Unteroffizier kam zu= fällig einem Elefanten auf fünfzig Schritte nah und wurde von dem= selben sofort angegriffen. In wilder Flucht durch Dickicht und Dorn ging der Arme seiner sämtlichen Kleider dabei verlustig und hatte nicht wenig vom Spotte der Leute zu leiden.

In der Ebene herrschte unter den Rindern eine Seuche, welcher Tausende von Tieren zum Opfer fielen. Es konnte nach Beschreibung der Eingeborenen nur Milzbrand sein. So wie auf dem Hinmarsch durch eingegangene Büffel, wurde hier auf einer großen Strecke die Luft durch den Gestank der verwesenden Kadaver der Rinder verpestet, so zwar, daß man kaum mit vorgehaltenem Taschentuche zu atmen wagte.

Mitte März langte die Expedition wieder an der Küste an, nachdem zuvor Wißmann den Chef Johannes zum Kilimandscharo zurückgeschickt hatte. Dieser kam auf seinem Wege wiederholt mit Massai in Gefecht, jenem zweifellos interessantesten Volk des nördlichen Deutsch=Ostafrikas.

Die Maſſai.

Das Land der Maſſai, ſoweit es zu Deutſch=Oſtafrika gehört, iſt
in weitaus großer Ausdehnung faſt ganz eben. Nur in der Umgebung
des Kilimandſcharo finden ſich noch vulkaniſche Erhebungen, deren höchſter,
der faſt weſtlich davon gelegene Meruberg, ebenfalls ein erloſchener
Vulkan iſt. Seine Höhe beträgt 4400 m. Am Fuße desſelben liegt
die Landſchaft Groß=Aruſcha. Eine nordſüdlich verlaufende Erdſpalte hat
zur Bildung mehrerer Natronſeen Veranlaſſung gegeben, der ſüdlichſte
iſt der Manjaraſee, dann folgt ein verſumpfter kleiner See. Der nörd=
lichſte, noch auf deutſchem Gebiet gelegene, iſt der kleine Naiwaſchaſee,
welcher Süßwaſſer enthält, an deſſen Weſtufer der ungefähr 3000 m
hohe Gelaiberg, ebenfalls ein ehemaliger Vulkan. Der Blick über die
Landſchaft wird hier nirgends gehemmt, alles völlig flache Ebene, niederer
Graswuchs oder Mimoſen. Zwiſchen dem Natronſumpf und dem Nai=
waſchaſee zieht ſich eine breite, völlig ebene Senkung hin, welche ſich als
Salzſteppe gegen das übrige Hochplateau bis zu 650 m hinabſenkt. Der
Boden dieſer Steppe iſt zur trockenen Zeit völlig ausgedörrt und zum
Teil mit einer dünnen Salzkruſte überzogen, welche wie weißer Reif
ausſieht. Die ganze Ebene iſt in den ſüdlichen Teilen faſt vegetations=
los, nur ſpärliches Gras ſprießt auf inſelartig höher gelegenen Punkten.
Weſtlich von der Ebene zieht ſich in nordſüdlicher Richtung, hundert
Meilen vom Viktoria=Njanſa, ein im 1 ° Südbreite beginnender Bergzug
mit Parallelzügen bis zur Landſchaft Umbubuge, über 4 ° Südbreite,
hinaus.

Hier ſind es Wakuafi, welche, wie im ganzen Maſſailand ein=
geſtreut, etwas Feldbau treiben und ſo die ſpärlich zu erlangende vege=

tabilische Nahrung für die Träger und die Europäer liefern, ohne welche bei alleiniger Fleischnahrung Durchfall und Entkräftung eintritt.

Der Naiwaschasee, von der Größe des Züricher Sees, ist land=schaftlich recht anmutig. Zahlreiche Flußpferde beleben das Wasser und auch Krokodile, und da auch der Schreiadler dort in den Lüften kreist, so müssen auch viele Fische dort leben. Es ist übrigens merkwürdig, daß der abflußlose See Süßwasser enthält, da er nicht ausgesüßt werden kann, und die Umgebung Natronsalze enthält. Die Vegetation ist sehr spärlich, und allenthalben stößt man auf vulkanisches Gestein, Bimssstein=stücke, schwarze Schlacken und Laven. Südlich vom Naiwaschasee ent=deckte Dr. Fischer einige heiße Quellen. Die größere derselben lag 1750 m über dem Meere an einer Felswand.

Auch am westlichen Abhange des in die Salzsteppe abfallenden Gebirges, finden sich, gegenüber dem 4200 m hohen Gelaiberge, heiße Quellen als Spuren vulkanischer Thätigkeit.

Das ganze Massailand bildet in hydrographischer Beziehung ein in sich geschlossenes Gebiet, indem sich die wenig wasserführenden Rinnen alle nach der großen Längssenkung, welche das Land durchzieht, wenden, und keiner der Bäche, von Flüssen kann kaum gesprochen werden, irgend einem der Stromgebiete Deutsch = Ostafrikas angehört, wenn wir vom Panganifluß absehen, der, wie wir wissen, vom Kilimandscharo herunterkommt und ferner von zwei unbedeutenden Regenbächen, welche ihre Wasser dem Viktoria=Njansa zusenden.

Wie schon angedeutet worden ist, gehören die Massai zu der nilo=tischen Sprachengruppe und sind den Dinka und Schilluk, am Nil sitzende Stämme, nach Gestalt und Sprache nahe verwandt. Möglicher=weise haben sie sich von dort aus nach Ostafrika verbreitet. Die Wakuafi und Wandorobo sind den Massai so ähnlich, daß das meiste von diesen zu Berichtende auch auf jene paßt.

Die andern, derselben Sprachgruppe angehörenden und auch ver=wandten Stämme, welche außerhalb Deutsch=Ostafrikas liegen, interessieren uns hier nicht und lassen wir sie unbeachtet.

Die Massai bewohnen die Ost=, Nord= und Westabhänge des Kilimandscharo, ein ungeheures Gebiet, dessen Grenzen annähernd liegen zwischen dem 35 ° und 37 ° östlich von Greenwich und dem Äquator und dem 5 ° 30 Südbreite. Gerade dieses Gebiet ist noch am wenigsten

erforscht wegen der unbändigen Wildheit seiner Bewohner. Die Massai
sind reine Nomaden und treiben demgemäß nur Viehzucht. Jeder der
zahlreichen Unterstämme bewohnt ein bestimmtes Gebiet, welches er nie
verläßt, so daß von einem durch das ganze Volk sich erstreckenden Durch=
einanderwogen nicht gesprochen werden kann. Dabei ist aber nicht aus=
geschlossen, daß junge Leute das ganze von Massai bewohnte Gebiet
durchwandern und dabei überall Gastfreundschaft genießen. Die Wande=
rungen des Stammes werden durch die Grasverhältnisse verursacht.

Die Massai sind eines der wenigen Völker, welche noch fest und
unverbrüchlich an ihren altangestammten Sitten und Gebräuchen fest=
halten. Auch in ihrer Rasse haben sie sich sehr ursprünglich zu erhalten
gewußt. Niemals mischen sie sich mit andern Stämmen, welche sie
alle verachten. Ihre Sprache ist auf dem ganzen Gebiet dieselbe.

Sie haben wenig vom Negertypus. Ihre schlanke Gestalt ragt im
allgemeinen ziemlich über Mittelgröße. Die Muskeln sind wenig ent=
wickelt und liegen anscheinend unbeweglich und trocken auf dem Knochen=
gerüst. Die Hautfarbe ist ziemlich dunkel, das Kinn spitz und vorstehend,
die Lippen schmal, und häufig findet man Individuen, welche vorstehende
Oberzähne haben, eine an die Dinka und Schilluk erinnernde Erschei=
nung. Die Nase ist weit schmaler, wie beim echten Neger, und die
Augen auffallend langgeschlitzt und horizontal stehend. Doch findet man
auch Physiognomien, die recht sehr das Gemeine und Breite echter Neger
an sich haben. Die Haare sind spärlicher wie bei Negern, auch viel
feiner und nicht so stark gekräuselt, der Bart wird mit kleinen
Zangen sorgfältig ausgerissen. Der ganze Körper ist sehr ebenmäßig
entwickelt, Hand= und Fußgelenke von außerordentlicher Schmalheit.
Bei jungen Männern fanden wir oft geradezu frauenhaften Ausdruck.
Angenehme Züge zeigen sich überhaupt bei Männern häufiger wie bei
ihren Frauen, welche meist plumper und negerhafter aussehen. Die
Männer behalten ihre gute Gestalt auch bis ins Alter. Die Frauen
aber schrumpfen bald zusammen, werden sehr häßlich und unansehnlich.
Bei den Massai findet eine so strenge Scheidung in Verheiratete und
Unverheiratete statt, daß ihre Lebensgewohnheiten gesondert zu be=
trachten sind.

Als kleine Kinder heißen die Kinder beider Geschlechter „negerai“,
der noch kindlich angelegte Knabe heißt „lajón“. Die bereits mann=

baren Mädchen werden „doje“ genannt, die Knaben „barnoti“. Hat der Barnoti das zwölfte bis vierzehnte Jahr erreicht, so muß er sich einer schmerzhaften Beschneidung unterwerfen. Mit einer Anzahl Leidens= gefährten begibt er sich in den Busch, wo mittels Pfeilen kleine Vögel geschossen werden, deren Bälge, zu einem Kranz vereinigt, um den Kopf getragen werden. Ein abgeschlossenes Leben führen sie dabei jedoch nicht. Sie sind leicht erkenntlich an den langen, von den Schultern zu den Knöcheln herabwallenden weichen Ledermänteln. Die Doje muß sich einer ähnlichen Operation unterziehen. Nach Überstehung derselben tritt sie in die Welt hinaus, indem sie den väterlichen Kral verläßt, ins Kriegerdorf zieht und dort eine Reihe ideal schöner Jahre verlebt, wie Dr. Höhnel sagt, bis sie, nach afrikanischer Sitte gegen Erlegung eines Brautgeldes, geheiratet wird.

Aus dem Barnoti wird ein „Elmoran“ d. i. Krieger. Bis dahin ernährte sich der Knabe von Fleisch, Milch und Vegetabilien. Das hört nun auf. Der Moran oder Elmoran wird nun mit Waffen ausgerüstet, erhält den langen, breitklingigen Speer, dessen Spitze oft meterlang und handbreit ist. Der Schuh ist $1{,}_2$—$1{,}_3$ m lang, so daß oft nur ein kaum spannenlanger Schaft aus Holz zum Anfassen notwendig ist. Das $1/_2$—$3/_4$ m lange Schwert ist gegen die Spitze bedeutend verbreitert und läuft nach dem Griff zu ganz schmal aus. Dieser selbst ist ein dünnes, oft mit Leder überzogenes Heft ohne Parierstange. Die gleich= breite Scheide wird sehr schön aus rotem Leder gearbeitet und mittels eines Gurtes an der rechten Seite getragen. Der Schild, länglich oval mit abgerundeten Spitzen, ist aus Büffel= oder starker Rindshaut mit vernähtem Rand hergestellt, auf welches das Distriktswappen, weiß, rot und schwarz, in phantastischem Negerstil, in Linien= und Bogenmustern aufgemalt ist. Eine kleine faustgroße Wurfkeule an kaum finger= dickem Stiele, oder in einem Stück aus Rhinozeroshorn gearbeitet, vollendet die Ausrüstung. Als Schmuck kommt ein ums Gesicht ge= legter ovaler Streifen aus Haut, in welchem ringsum ganz dicht schwarze Straußfedern genäht sind. Weiße Federn desselben Vogels bilden oft noch sehr hohe Büsche. Um den Hals liegt ein dichter Kragen aus schwarzen Geierfedern. Unter den Knieen wird ein eigentümlich weit nach vorn abstehender Schmuck aus den weißen Schmuckhaaren des Kolobusaffen gelegt. Große eiserne Schellen um die Knöchel, sonder=

bare Armbänder: zwei stark geschwungene, mit den Spitzen aneinander in spitzem Winkel sich berührende Bogen aus Büffelhorn vollenden den Anzug und Schmuck des Dandys. Wenn das Verhältnis zwischen einem Moran und seinem Mädchen Folgen zeigt, so muß er sie heiraten. Der Moran darf nur Fleisch, Milch und Honig genießen, und zwar abwechselnd während zwölf bis fünfzehn Tagen immer nur Milch oder Fleisch, bei beiden aber Honig. Wenn er von dem einen zum andern übergeht, muß er eine Brech= und Purgierkur durchmachen, und um das zu erreichen, trinkt er mit Blut gemischte Milch, welche Erbrechen und Durchfall ver= ursacht. Das Fleisch wird roh, gekocht oder geröstet genossen. Tabak und berauschende Getränke sind ihm streng untersagt. Milch zu kochen, würde als Verbrechen gelten, auch darf Milch und Fleisch nie zusammen in einem Gefäß aufgenommen werden. Milch= und Fleischgefäße dürfen auch nur dem ihnen bestimmten Zweck dienen. Auch Fremde dürfen Milch nicht kochen. Vegetabilien würde ein Krieger nicht anrühren, wenn er verhungern sollte. Die Mahlzeiten nehmen sie abseits und möglichst unbeachtet ein. Die Maffai des Innern ihres Landes und gegen den Viktoria Njanfa zu, bis zu deffen Ufer sie heranreichen, leben übrigens alle so, da sie Feldfrüchte dort nicht erlangen können und auch nie solche bauen würden. An der öftlichen und füdlichen Grenze ge= nießen aber die Nichtkrieger auch vegetabilische Koft und zwar neuerdings in immer ausgedehnterem Maße. Der Moran hat die Pflicht, für die Sicherheit des Landes zu wachen. Deswegen findet man auch ihre Krale immer an den bedrohten Grenzorten. Die Raubzüge zur Erbeutung von Vieh unternehmen die Krieger gewissermaßen zum Zeit= vertreib, dieselben dauern oft sehr lange und werden auf sehr weite Strecken hin unternommen. Zum Teil ift die Veranlaffung, einen zum Heiraten notwendigen Beftand an Vieh zusammenzurauben. Die Moran sind es auch, welche den Schrecken der Elfenbeinkarawanen ausmachen. Singend und tanzend nähern sie sich dem Lager, deffen Platz ganz nach ihrer Willkür oft abfichtlich weit vom Waffer angewiesen wurde. Dort angelangt, kauern sie in einiger Entfernung nieder, mit vorgehaltenen Schilden und in die Erde gefteckten Speeren. Erft wenn durch Ver= mittelung eines älteren Mannes, des Sprechers, der Tribut entrichtet ift und oft unter Prügelei unter alle verteilt ift, betreten sie das Lager. Dem Moran felbft ift an Perlen und sonftigen Dingen nichts gelegen,

aber das Liebchen verlangt sie, und wenn er nichts bringt, gibt es böse
Szenen. Er ist deswegen ein unermüdlicher, meist sehr frecher und un=
verschämter Bettler. Im Lager verübt er allen möglichen Schabernack,
durchstößt die Kochtöpfe der Träger, hält seinen Speerschuh ins Feuer
und brennt damit die Leute, bringt unverschämt ins Zelt der Weißen,
wenn er überhaupt das Aufschlagen desselben gestattet, zupft den Fremdling
am Bart und dergleichen Dinge mehr. Ein Oberhaupt haben die Massai
nicht. Die Ordnung wird durch einen alten Moran aufrecht erhalten.
Er ist der Leigwonan, der Führer im Kampf. Ebenso gibt es einen
Leigwonan für alle Massai, wahrscheinlich der von Sigirari. Eine sehr
große Rolle spielen auch die Leibon (Medizinmänner). Der berühmteste
ist einer Namens Mbatián, es ist dies sein Name und nicht sein Titel,
wie viele annehmen. Bei ihm holen sich, namentlich die Moran, vor
Beginn eines Feldzuges Rat. Mbatian ist der vermögendste Mann
aller Massai, er soll an 6000 Rinder besitzen. Mbatian hat aber auch
die Verpflichtung, allen ihn um Rat in wichtigen Dingen Angehenden
Gastfreundschaft zu gewähren. Vor großen Raubzügen, an welchen oft
tausend Krieger teilnehmen, geht eine unglaubliche Völlerei an Fleisch,
Blut, Milch und Honig vorher, bis zu drei Monate dauernd, eine Art
Mast, um sich für die bevorstehenden Strapazen zu kräftigen und Mut
für das Unternehmen zu gewinnen. Eine Deputation befragt den
Mbatian wegen der Chancen des Zuges und als höchste Auszeichnung
gilt dann, wenn dieser den Ankommenden in die Hand speit. Auch
Fremde lassen sich dies bieten, sie sind dann für den Moran und jeden
andern Massai unverletzbar. Dieses Bespeien, in leichter Weise auf
Gesicht und Hände, gilt überhaupt als Akt großer Höflichkeit. Auch
wenn ein Geschäft zu rechtlichem Abschluß gelangen soll, werden die aus=
getauschten Objekte angespieen. Wenn die Moran sich in der Kriegsmast
befinden, welche sie „Ndorosi" nennen, so ziehen sie sich gänzlich, auch
vor den Weibern, in das Dickicht zurück und müssen mit allen jeden
Verkehr abbrechen. Sie tragen während der ganzen Zeit die von den
Schultern bis zum Boden herabreichenden Frauenfelle. Solche Ndorosi
macht ein Moran während seiner zehn bis zwölfjährigen aktiven Dienst=
zeit drei= bis viermal mit. Der Massai ist als Moran ein frecher, an=
maßender, übermütiger Kerl, aufgeblasen und sehr diebisch. Nur auf Mord
und Totschlag geht sein Sinnen, er will seine Waffen in Blut tauchen

und sei es auch nur in das eines das Lager verlassenden, vor Angst
zitternden Trägers oder eines Nachzüglers. Stellt ein solcher aber in
der Notwehr seinen Mann und schießt den Massai über den Haufen,
so entstehen dadurch ebensowenig Kämpfe, als Aufhebens gemacht wird,
wenn einer in der Nacht versucht, Tauschwaren zu stehlen, und dabei
niedergeschossen wird. Es muß alsdann nur nach tagelangen Beratungen
von der gesamten, dafür verantwortlichen fremden Karawane eine Ent=
schädigung gezahlt werden. Die Massai sind ungeheuer gefürchtet und
wo sie sich blicken lassen, entsteht panischer Schreck.

Solch große Raubzüge wie früher werden übrigens heutzutage
nicht mehr ausgeführt. Dieselben bedingen die Mitnahme großer
Herden eignen Viehes zur Beköstigung auf dem Marsch. Seit ungefähr
fünfzehn Jahren wütet aber unter ihren Rindern eine verderbliche
Seuche, welcher tausende zum Opfer fallen. Früher spielte Schafzucht
bei den Massai gar keine Rolle, jetzt aber wenden sie sich derselben in
immer mehr gesteigertem Maße zu, weil diese Tiere sich bis jetzt als
seuchenfrei erwiesen haben.

Die Blütezeit der Massai ist überhaupt vorüber, sie holen
sich immer mehr Niederlagen. Stämme, welche sie früher frech
beraubten, sind gewitzigt und verteidigen sich und sehen sich überhaupt
vor, oder sie wurden ausgeraubt und gingen zum Ackerbau über. An
andre, wie an die Kavirondo, Lango im Norden, wagen sie sich
überhaupt nicht heran, und die Galla und Somali flößen ihnen heillosen
Respekt ein.

Wenn der Moran des Kriegslebens überdrüssig ist, oder sein Vater
stirbt und ihm ein Erbe hinterläßt, so tritt er aus der Kriegerkaste aus,
heiratet und wird damit ein „Moruo“. Er nimmt sich Frauen, so viele
er für die Wartung seiner Herden notwendig hat, legt sein unangenehmes
Gebaren ab und wird ein verhältnismäßig liebenswürdiger Mensch, der
er im Grunde genommen eigentlich immer war, wie v. Höhnel meint.
Seine Kriegswaffen vertauscht er entweder gegen Vieh oder übergibt
sie einem jüngeren Bruder und begnügt sich mit einem minder guten
Speer, führt auch wohl Bogen und Pfeil. Es ist ihm nun auch wieder
gestattet, vegetabilische Nahrung zu genießen. Er darf Honigbier trinken
und Tabak schnupfen, eine Beschäftigung, welcher er sich mit großer Hin=
gabe widmet. Fleisch gibt es dagegen weniger.

Die Massai leben in Dörfern. Die Hütten sind sehr niedrige, 1½—2 m hohe Bauten von 3 m Durchmesser, bienenkorbartig gewölbt. Ein Gerippe aus Holz oder Bambusstangen, welche gegen die Mitte zusammengebogen werden, ist mit Reisig durchflochten und das Ganze mit einer Mischung aus Schlamm und Kuhmist beworfen und glattgestrichen. Die sehr dünnwandigen Wohnungen sehen wie aus dunkler Pappe hergestellt aus. Nur eine schmale Öffnung führt in die fensterlose Hütte. Im Kreise angeordnet, kleben sie wie Bienenwaben dicht aneinander.

Ein dichter Dornenhag, welcher den Kriegerkralen fehlt, umgibt diese Dörfer. Manchmal finden sich an tausend Seelen in denselben angesiedelt. Wenn Weidewechsel notwendig geworden, infolge von Dürren, Wassermangel oder weil die Umgebung abgegrast ist, so werden die Hütten abgebrochen, die Stäbe, das wenige Geräte, bestehend in Milchgefäßen, Strohmatten, Töpfen und rauchgaren Rinderhäuten, auf Esel, welche die Massai ebenfalls in Mengen besitzen, Tragochsen und die Schultern der Weiber verpackt, welche vorausziehen, von einigen Kriegern geschützt, und die Hütten an andrer Stelle errichten. Anfangs werden dieselben mit Häuten eingedeckt. Dann erst, wenn für genügende Bequemlichkeit gesorgt ist, folgen die Herren Ehemänner.

Die Kleidung entnehmen die Massai, trotzdem schon Jahrzehnte hindurch Karawanen das Land besuchen, doch nur den ihnen zu Gebote stehenden Hilfsmitteln. Die Krieger gehen alle ganz nackt, nur ein kleines Ziegenfell hängt über die linke Schulter auf der Hüfte oder den halben Unterleib. Verheiratete Leute haben ein ebensolches großes. Zauberer oder Medizinmänner, sowie reiche Leute hüllen sich oft in einen bis zu den Knieen reichenden Mantel von Rinderhaut. Die Weiber und Mädchen sind in einen weiten weichgewalkten Mantel aus ebensolcher Haut gekleidet, welcher mit Butter eingeschmiert und mit roter Erde eingerieben ist. Derselbe reicht fast bis zum Boden und läßt eine Brust frei, um die Hüften mittels eines Riemens festgehalten.

Schmucksachen spielen auch bei den Massai eine große Rolle. Die Krieger sind fast ausnahmslos geckenhafte Stutzer. Eine sonderbare Frisur ist ziemlich allgemein verbreitet. Die Haare, zu einer langen dünnen Schnur gedreht, werden hinten zu einem mit feinen Kettchen umwundenen Zopf vereinigt oder über der Stirn zu einem nach oben gerichteten leicht gekrümmten Horn, andre tragen eine bei uns früher „Kolbe“, jetzt Pagenfrisur genannte Haartracht.

Die Ohrläppchen werden durchbohrt und allmählich derart aus= geweitet, daß sie bis auf die Schultern herabhängen. Mit großer Mühe wird eine dicht aus starkem Draht gerollte, fingerlange Spirale hineinpraktiziert, an welcher außerdem eine Menge kleiner Kettchen hängen. Am meisten sind die Weiber mit Schmuck belastet. Um den Hals tragen sie dicht spiralig aufgewundenen Eisen= oder Messingdraht von Bleistiftdicke, welcher tellerförmig manchmal die Schultern über= ragt und noch einen Teil des Halses umfaßt. Die Unterarme und Waden stecken in ebensolchen dichten Drahtspiralen. In den Ohren tragen sie ebensolche 6 cm im Durchmesser haltende Spiralscheiben, welche bei ihrer Schwere von über den Kopf gelegten Riemchen gehalten werden müssen, wenn sie nicht die erweiterten Ohrläppchen ausreißen sollen. Die Riemen bringen oft mit der Zeit tiefe Einschnitte in der Kopfhaut hervor. Diesen Schmuck können sie trotz seines schweren Gewichtes nicht nach Belieben ablegen. Außerdem tragen sie noch unzählige Schnüre aus weißen, blauen und roten Perlen in dickem Wulst um den Hals, und auf die Brust herabfallend. Unbegreiflich erscheint es, wie sie mit solcher Belastung zu arbeiten vermögen.

Sklaven halten die Massai gar nicht, da sich fremde Stämme ihrer Lebensweise nicht anpassen können, und untereinander machen sie sich bei ihrem unbändigen Freiheitsdrang nicht zu Sklaven. Der unter ihnen hausende Stamm der Wanderobo dagegen läßt sich zuweilen zu Arbeiten bei ihnen herbei. Diese Wanderobo sind Fremdlinge im Massailand. Sie besitzen gar kein Vieh, sondern ernähren sich von der Jagd und sind, trotzdem sie auf Jagd angewiesen sind, schlechte Jäger. Wild erlegen sie mit vergifteten Pfeilen, Elefanten mit Lanzen, in welchen eine lockere, eingefügte, vergiftete Eisenspitze steckt. Sie sind es, welche das sogenannte Massaielfenbein liefern, denn die Massai geben sich mit Jagd niemals ab. Die Wanderobo sind in eine große Abhängigkeit von den Massai geraten, da sie sich von Jagd und Bienenzucht allein nicht ernähren können, in kargen Zeiten bei den Massai Vieh auf Kredit entnehmen müssen, welches sie später mit Elfenbein zahlen, und dieses Elfenbein verkaufen die Massai an Händler von der Küste. Wenn schon diese Händler namenlosen Schrecken vor den Massai haben, so überwiegt die

Habgier dennoch ihre Angst, und jährlich wagen sie sich in großen Ka=
rawanen in das so gefürchtete Land hinein.

Das erste, wonach die Massai eine anlangende Karawane fragen,
ist nach dem Leigwonan, wo sich der Leibón, der Zauberer, befinde.
Das erstere Wort bedeutet Dolmetscher. Ein der Massaisprache mächtiger
Mann sichert der Karawane schon von vorn herein einen guten Erfolg.
Dr. Fischer wurde auf seiner Reise ins Massailand als Leibón vor=
gestellt und dieser war für die Massai jedenfalls ein ganz besonders
auffallender Zauberer. Bald war die ganze Karawane, als man
den ersten Massai ansichtig wurde, von einem Schwarm Kindern,
Weibern und Kriegern umgeben und gefolgt, welche teils lachend, teils
mit Abscheu oder auch furchtsam auf den Weißen deuteten. In dem
schmalen Uferwäldchen eines vom Kilimandscharo herabkommenden Baches
wurde das Lager aufgeschlagen. Das erste, was eine Karawane aus=
zuführen hat, ist die Errichtung einer möglichst dichten Verschanzung
aus dornigen Akazien und Mimosen, welche gegen etwaige nächtliche An=
griffe einen ziemlich sicheren Schutz bieten. Nachdem der übliche Tribut
oder Hongo durch Vermittelung der Sprecher der Massai entrichtet
worden war, verkehrten die Massai nach Belieben innerhalb des Lagers,
bettelnd, stehlend und sich in verschiedenster Weise belustigend. Bald
war denn auch das Lager überfüllt. An dreihundert Krieger, Weiber,
Kinder und ältere Leute trieben sich auf dem schon an sich engen Lager=
platz wie auf einem Jahrmarkte umher, auf dem Dr. Fischers Zelt,
gleichsam eine Schaubude, den Hauptanziehungsplatz bildete. Es war
ein unbeschreibliches Getümmel, Schreien, Lachen, Singen und Brüllen.
Von fern her tönte der nicht unschöne Tributgesang der Moran, welche
aus abseits gelegenen Lagern herbeigeeilt waren. Das Zelt mußte mit
Bewaffneten umstellt werden; aber oft war kein Zurückhalten möglich,
lebhaft erregte Krieger wollten den weißen Leibón mit den vier Augen
und den sonderbaren Füßen sehen. Es half nichts, Dr. Fischer mußte
zur Schaustellung heraus, wenn das Zelt nicht umgerissen werden sollte.
In dichtgedrängten Haufen umstanden ihn die Krieger, Weiber und
Kinder, man erhob sich auf den Zehen, um hinter die Brille zu sehen.
Andre guckten von unten her. Sogar das den Leuten eigentümlich er=
scheinende Haar des Europäers wurde befühlt. Einige, welche aus
Furcht vor Zauberei nicht wagten, das blasse nie, gesehene Wesen mit

den Händen zu berühren, betasteten dasselbe mit ihren Keulen. Schließ=
lich kam man doch zur Überzeugung, daß Dr. Fischer Fleisch und Blut,
wie sie selbst waren. Eines aber blieb ihnen verdächtig und unbegreif=
lich, wie allen Wilden, das waren die Füße. „Hände hat er wie wir",
sagten sie zum Dolmetscher, einem geborenen Mkuafi, welcher immer an
des Doktors Seite bleiben mußte, aber seine Füße sind doch ganz
andre." Niemand wollte glauben, daß die Schuhe Kleidungsstücke wären.
Die Weiber riefen daher: „Er hat Eselsfüße". Nachdem Dr. Fischer
einige Ringe unter die Damen verteilt hatte, um welche man sich förm=
lich schlug, zog sich am Abend alles in heiterster Stimmung zurück.

Die deutsche Schutztruppe hatte schon wiederholt mit diesem Volk
Zusammenstöße, zuletzt als Wißmann, vom Kilimandscharo nach der
Küste zurückkehrend, Chef Johannes den Auftrag gegeben hatte, eine nach
dem Kilimandscharo ziehende Missionskarawane unter sicherer Bedeckung
zu leiten. Mit zwei Offizieren, dreiundsechzig Sudanesen, hundertund=
zwanzig Sulu und Trägern machte sich die Expedition von Masinde aus
auf. Auf dem Wege wurde in Erfahrung gebracht, daß kurz vor
Gondja ein Massaikral aufgeschlagen war. Obgleich die Meldung ein=
lief, daß die Massai keinen Krieg wünschten (sie hatten gehört, daß eine
militärisch starke Macht anrücke), so beschloß Chef Johannes dennoch, die
Massai gründlich zu bestrafen, waren sie es doch, welche eine Kriegs=
keule nach Masinde geschickt hatten zum Zeichen der Kriegserklärung,
zugleich mitteilen lassend, daß sie die Deutschen zum Kampfe erwarteten.
Dann auch hatten sie einer privaten Jagdexpedition den Durchzug ver=
weigert, einem Kommando zweimal Schwierigkeiten bereitet und von
dem aus Gondja zur Küste beorderten Pferdekommando Hongo abver=
langt. Dabei erschoß allerdings der Sudanese Farag einen Massai,
worauf die andern entflohen. Die Arbeit war leicht genug, das be=
treffende Lager wurde im ersten Anlauf mit Sturm genommen. Der
Feind hatte drei Tote, und da die Massai so schnell entflohen, konnten
nicht einmal Gefangene gemacht werden. Es wurden tausend Stück
Vieh erbeutet und ein Elfenbeinzahn vorgefunden. Drei Tage später
fand man am Nordostabhang der Pareberge gegen den Jpesee zu, im
Angesicht des Kilimandscharo, in der Nähe eines Wasserplatzes frische
Spuren von Massai, heiße Asche und zurückgelassenes frisches Fleisch,
und am Abend des nächsten Tages kam der erste Massaikral in Sicht.

Die Maſſai waren im Kriegsſchmuck und erwarteten die Truppen, Vieh hatten ſie keines im Lager, es ſchienen nur Moran zu ſein. Chef Johannes ging ſofort zum Angriff über, nach einer Salve riſſen die Maſſai aus und mit Hurra wurde das Lager geſtürmt.

Ein zweiter Kral wurde ebenfalls ſofort geſtürmt, wo man zwei= undſechzig Frauen und Kinder vorfand, welche die Maſſai in der Eile mitzunehmen vergeſſen hatten. Dieſelben wurden als Gefangene hin= weggeführt, um bei einem etwaigen Friedensſchluß zu dienen. Die Kinder übergab man den katholiſchen und proteſtantiſchen Miſſionen. Wir können uns aber damit nicht einverſtanden erklären und meinen, daß Deutſchland nicht das Recht hat, Kinder freier Neger den Miſſionen zu übergeben, auch wenn ſie im Krieg gefangen genommen wurden. Schon wegen des Scheines, in den Augen der Schwarzen ſelbſt als Sklavenjäger aufzutreten, denn anders faßt in ganz Afrika kein einziger Neger ein ſolches Vorgehen auf. Derartige Gebarung wird die Leute nur verwirrt machen und zur Folge haben, daß ſie Mißtrauen in unſre Handlungsweiſe ſetzen werden.

Am nächſtfolgenden Tag fielen in einem weiteren Kampf acht Maſſai, und am Morgen darauf wurde ein vierter Kral eingenommen und wie alle übrigen verbrannt. Auf dem Weitermarſch griffen fünfzig bis ſechzig Moran die letzten Leute der Karawane an. Es wurde Halt gemacht, der Feind ſogleich vertrieben und verfolgt und noch einige niedergeſchoſſen. Nach einigen Stunden Marſches fand man drei weitere Krals, welche aber bereits verlaſſen waren. Erwähnt zu werden verdient, daß einer andern Abteilung ein Dutzend Maſſaieſel auf höchſt ſonderbare Weiſe verloren gingen, dieſe Eſel hatten ſich näm= lich einer Herde vorbeigaloppierender Zebras angeſchloſſen.

Als Chef Johannes in Moſchi anlangte, erſchienen auch bald Maſſai, ebenſo einige Tage ſpäter, mit denen vereinbart wurde, daß die Kinder den Miſſionen übergeben wurden und die Weiber ſo lange auf der Station bleiben ſollten, bis das Elfenbein bezahlt und die Über= ſiedelung nach Songonoi ſtattgefunden haben würde. Am andern Tage hörte man ſchon, daß die Maſſai über den Pangani hinüber gegangen ſeien. Der Häuptling Simbodja von Uſambara war übrigens ſehr un= zufrieden mit der Austreibung der Maſſai, da er ſtets auf gutem Fuß mit ihnen ſtand. Er hatte früher durch ſie oder durch ſeinen Sohn

Hongo erheben laſſen, doch konnte man ihm dies nicht nachweiſen. Sim=
bodja ſcheint übrigens ein Mann zu ſein, der wenig Vertrauen er=
wecken kann und der doppeltes Spiel treibt. Man rühmt ihm zwar
große Schlauheit nach, allein auch er nimmt Nachſicht für Schwäche, bis
auch ſein Stünblein geſchlagen hat, wo er den ſchweren Fuß der
deutſchen Regierung auf ſeinem Nacken fühlen und ſich dann jämmerlich
im Staube winden wird. Man glaubte nach dieſer ſo ſchnell geglückten
Vertreibung der Maſſai die Verhältniſſe auf dem Wege zum Pangani
geordnet. Das iſt ein gewaltiger Irrtum, die nicht ſelbſt betroffenen
Maſſai ſtören ſich an derlei Abmachungen keineswegs. Wir werden
noch manchen Strauß mit dieſen Räubern zu beſtehen haben. Der
Kampf kann nur mit einer gänzlichen Vernichtung oder Vertreibung
dieſer Wilden enden. Zu bedauern wäre keines von beiden, dieſe un=
ruhigen Nomaden ſtehen auf einer ſehr niederen Kulturſtufe und werden
ſich nie an ein ſeßhaftes Leben gewöhnen. Für die Zuſtände im nördlichen
Deutſch=Oſtafrika wäre es im Gegenteil nur zu wünſchen, wenn dieſe
Menſchen verſchwänden, die Welt verlöre nichts als einen ethnographiſch
intereſſanten Stamm. Arbeitſameren Negern wäre ein ungeheures
Beſiedelungsgebiet erſchloſſen, und Ruhe und Ordnung hielten da ihren
Einzug, wo bisher der Ruf „Maſſai“ ſofort allgemeine Flucht ver=
anlaßte.

Die Karawane.

———

Ehe wir den Leser bitten, uns von Mpapua aus jener alten nach Tabora und dem Tanganika führenden Straße nach dem Innern zu folgen, sei es uns gestattet, über die Zusammenstellung einer Karawane Aufschluß zu geben und einen Marschtag zu schildern, wie er unter günstigen Verhältnissen verläuft.

Der Apparat einer Expedition, sei sie zu Handels= oder wissenschaftlichen Zwecken ausgerüstet, ist immer ein sehr großer, so lange wir in Deutsch=Ostafrika noch keine Eisenbahnen haben.

Geld kann im Innern nicht verwendet werden, an seine Stelle treten die Tauschwaren, welche ausschließlich auf den Schultern von Menschen, von Trägern oder Pagasi geschleppt werden. Weder Pferde noch Kamele gibt es in Ostafrika, da sie dem Klima, dem Fieber erliegen und wegen Mangel an guten, geeigneten Futterkräutern zu Grunde gehen. Rinder, welche in Uhähä, Ugogo und Massai gezüchtet wurden, hat man bisher zu Transportzwecken noch nicht verwendet. — Die oben erwähnten Tauschwaren bestehen hauptsächlich aus Baumwollstoffen. Am meisten kommen zur Verwendung: Satini, weiß, zwei Yard Breite, dreißig bis sechsunddreißig Yard Länge, in einer Breite von einem Yard gefaltet, nicht gerollt, und dreifach zu 30 cm breiten Stücken gelegt, sieben bis zehn engl. Pfund schwer, und an der Küste zwei bis zweieinhalb Dollar wert, ein solches Stück wird, aus welcher Art Stoff es bestehen mag, Gora oder Jora genannt; Merikani, weiß, schwerer und dauerhafter, ebensobreit, dreißig bis vierzig Yard lang, zehn bis zwölf Pfund per Gora schwer und drei bis dreieinhalb Dollar wert; Kaniki, indigoblaugefärbte Baumwolle von verschiedener Qualität,

ebensobreit wie die obengenannten Stoffe, in Stücken von nur acht
Yard Länge, welche aber ebenfalls Gora genannt werden. Neun Stück
stehen im Werte von zwei Gora Satini. Ferner Leso, d. h. Stücke von
je sechs zusammenhängenden, grell buntbedruckten Taschentüchern, welche
in der Mitte zerschnitten und von denen je drei zusammenhängenbe mit
den langen Seiten zusammengenäht werden und hauptsächlich, wie wir
es bei der Beschreibung von Sansibar gesehen haben, von Frauen ge=
tragen werden, Witambi (Sing. Kitambi), bunte nach arabischem Muster
gewebte Stoffe mit feinkarriertem einfarbigen Grund und bunten Borten.
Echte arabische, mit Seide gewirkte sind teuer und werden als Geschenke
für Häuplinge verwendet. Weiter sind notwendig Perlen, deren ver=
schiedene Farbe und Größe in Rücksicht auf die einzelnen Stämme aus=
zuwählen sind. Am meisten sind weiße und rote gangbar. Ferner ist
für die mittleren Gebiete Deutsch=Ostafrikas Draht notwendig, in
Bleistiftdicke aus Messing, Kupfer oder Eisen, zu Rollen gewunden.
Pulver und Gewehre sind am meisten begehrt. Leider werden alle
diese Waren nicht aus Deutschland eingeführt. Bei unsern hohen
Arbeitslöhnen können wir mit Indien, wo die meisten Stoffe, und
Venedig, wo die Perlen herkommen, nicht konkurrieren. Pulver dagegen und
Draht werden aus Deutschland eingeführt. Die oben angeführten Stoffe
werden zu Ballen derart zusammengebunden, daß sie ein längliches
fest geschnürtes Paket bilden. In jedem solcher Pakete befinden sich
bunte und weiße Stoffe. Mit einem Umschlagtuche versehen, werden
sie mit Kokosstricken ziemlich dicht umwickelt und durch Schlagen und
fünf= bis sechsmaliges Zusammenziehen so fest geschnürt, daß sie fast
steinhart anzufühlen sind. Der Ballen wird dann in eine Bastmatte
eingeschlagen und an den schmalen Seiten an drei Hölzern befestigt,
daß auf der einen zwei derselben dicht zusammen, auf der andern eines
liegt und die unteren Enden zusammengebunden sind. Lehnt man die
Last auf diesen Hölzern stehend an, so befindet sie sich gerade in solcher
Höhe, daß sie bequem auf die Schulter oder den Kopf genommen werden
kann, ohne daß sie der Pagasi jedesmal vom Boden aufzuheben braucht.
Die Lasten werden Msigo (Plur. Misigo) genannt. Die ebenbeschriebene
Art heißt Mtumba. Eine andre Art ist der Mdala, hierbei wird die
Last, in zwei gleiche Teile geschnürt, an beiden Enden einer breiten
Tragstange nur auf den Schultern getragen. Wenn zwei zusammen

Seva Hadji.

Nach einer Originalphotographie.

eine Last tragen, was nie gern übernommen wird, besonders bei um=
fangreichen Gegenständen, so heißen diese Mtau. Die Lasten haben ein
Gewicht von fünfzig bis sechzig engl. Pfund, in Ausnahmefällen sogar
bis einhundert und selbst einhundertzwanzig engl. Pfund. Für ein Kambi
oder eine Kameradschaft von zwei bis drei Leuten kommt das Kochgeschirr
dazu, für jeden eine Matte und dann unter Umständen Lebensmittel
für acht bis zehn Tage im Gewicht von acht bis zwölf Pfund.

Die Zusammenstellung einer Karawane und das schwierige An=
werben von Trägern überläßt man, selbst reiseerfahrene Araber, an der
Küste immer einem Inder. Der beste, geschäftsgewandteste und zu=
verlässigste ist der Inder Seba Hadji. Mag man gegen diesen Mann
einwenden, was man wolle, er ist der zuverlässigste und erfüllt seine
Verträge immer, wenn nicht außergewöhnliche Umstände hinzutreten.

Seba Hadji ist einer der reichsten Großkaufleute der Ostküste.
Man kann ihn nur zu Karawanenunternehmungen empfehlen. Daß er
Geld verdienen will, kann ihm niemand übelnehmen, und da er stets
bei solch gewagten Unternehmungen, wie es Karawanen nach dem
Innern sind, viel riskiert, so muß er hohe Prozente nehmen. Seba
Hadji garantiert für das richtige Eintreffen der Lasten. Dabei ist in=
begriffen die Rückerstattung gestohlenen, verlorenen oder durch Wasser
beschädigten Gutes. Gegen Krieg und Feuer übernimmt er keine
Garantie.

Im Jahre 1880—1885 kostete ein Träger von der Küste bis
Tabora bei ihm fünfunddreißig Dollar, wobei noch der Hongo in Ugogo
und der Unterhalt einbegriffen ist. Jetzt ist auch ein gewisser Stokes,
ein Irländer von Geburt, damit beschäftigt, Karawanen nach dem Innern
zu bringen. Da er mit einer Tochter eines schwarzen Wanjamuesihäuptlings
verheiratet ist, so hat er eine große Menge Träger an der Hand, immer
mehrere tausend Mann aus Usukuma. Es sei hier nebenbei bemerkt,
daß es nie ein gutes Licht auf einen Europäer werfen kann, wenn er
sich dazu herabwürdigt, eine Negerin geradezu zu heiraten.

Der Aufbruch einer europäischen Karawane von der Küste ist für
den Neuling immer ein aufregendes Ereignis, und doppelt zweckmäßig
ist es, wenn er möglichst wenig mit den Leuten zu thun hat, da er der
Sprache und Verhältnisse noch unkundig, mehr Verwirrung anrichten
würde, als er gut zu machen im stande wäre. Früh um fünf Uhr ist

schon alles auf den Beinen. Die Diener packen die noch übrig ge=
bliebenen Utensilien zusammen, welche in täglicher Benutzung sind.
Man muß natürlich lange warten, ehe die Burschen zu erscheinen
belieben.

Die Träger werden mit Stoffen und Gewehren vom Inder aus=
gezahlt und mieten sich immer zu je zweien oder dreien einen eignen
Träger, einen Landsmann, den sie aber regelmäßig teurer bezahlen
müssen wie der Inder. Die Träger, deren Lasten derart sind, daß sie,
als zum persönlichen Gebrauch dienend, erst während des Aufbruches
zusammengeschnürt werden können, wie Feldbetten, Tische, Stühle, Küchen=
geschirr und Kleiderkoffer, stürzen beim Aufbruch zankend und schreiend
herbei, denn jeder will die kleinste oder wenigstens bequemste Last tragen.
Endlich ist alles fertig. Die deutsche Fahne wird einem kräftigen Askari
übergeben, und dann zieht alles unter furchtbarem Flintengeknall der
mit guten Vorderladern oder Hinterladern bewaffneten Askari hinaus,
natürlich ist dafür zu sorgen, daß nur blind geschossen wird, wenn man
vermeiden will, daß den Leuten und den Reisenden selbst die Kugeln
um die Ohren sausen. Trommel= und Trompetenschall und die munteren
Reisegesänge der Wanjamuesi, denn solche bilden die Mehrzahl der
Träger, erhöhen das Feierliche des Abzuges, und es geht hinaus in den
schönen, kühlen, taufrischen Morgen, gen Westen, einem ungewissen Schick=
sal entgegen, weiß doch keiner, ob er wiederkehren wird. Die Pfade sind
nur fußbreit und durch den Verkehr von selbst entstanden. Es geschieht
ebensowenig etwas für ihre Herstellung wie für die Unterhaltung. Die
Schmalheit derselben gestattet nur Platz für eine Person, deswegen ziehen
auch die Karawanen im Gänsemarsch.

Die ersten Tage wird die Marschordnung noch nicht eingehalten.
Jeder entfernt sich, sobald er seiner Last habhaft geworden ist, um dem
oft stundenweit entfernten Versammlungsplatz zuzueilen. Man sieht,
mit einigen Askari des Weges ziehend, überall Gruppen von Trägern
von einem unserm Auge so ungewohnten Aussehen. Nach wochenlangem
Aufenthalt an der Küste noch nicht an die Last gewöhnt, müssen die
Leute dieselbe alle Augenblicke niederlegen, um auszuruhen. Da finden
wir Wanguana, d. h. Leute aus Sansibar und von der Küste in ihren
langen weißen Hemden und weißen Mützen, die Wanjamuesi, meist nur
mit einem Lendentuch bekleidet, dem sonderbar strähnigen Lockenwuste,

der ihnen oft bis zur Schulter herabfällt; auf dem Haupte eigenartigen Kopfputz aus Federn, Strohhalmen oder Antilopenmähnen tragend. Sie sind zum Teil mit Pfeil, Bogen und Lanzen bewaffnet, zum Teil mit ihren neuen Gewehren ausgerüstet. Einige tragen über die Schultern wallende Tücher, welche einen Teil ihres Lohnes ausmachten. Eine Menge Weiber und Kinder begleiten die Karawane. Sie bilden aber nicht etwa ein Hindernis, im Gegenteil, sie sind von Nutzen, indem sie im Lager das Essen kochen, Holz und Wasser holen, die Kinder brauchen, sobald sie fünf bis sechs Jahre alt sind, nicht mehr geschleppt zu werden. Sie machen alle Märsche zu Fuß mit und eignen sich so schon in der Jugend eine große Übung im Gehen an. Im Anfang hat das Safari= leben (Safari heißt die Karawane im Suaheli, von dem arabischen Safar = Reise, die Wanjamuesi nennen es Lugendo = Schritte) etwas un= gemein Ungemütliches, Aufreibendes. Später übt es einen großen Reiz und Zauber auf den Europäer. Schließen wir uns daher im Geist einer solchen Karawane an. Es ist noch Nacht und sehr kühl, da ertönt gegen drei Uhr morgens der erste Hahnenschrei über das totenstille Lager. Ein Hahn wird zu diesem Zwecke stets mitgeführt, und sein Platz ist während des Marsches auf einem der Mdalla. — Einige Leute erwachen und schüren die Feuer an, daß die Funken hochauf knistern und flackernde Streif= lichter auf die feuchten Zeltwände gleiten lassen. Ein Ruga=Ruga (Wan= jamuesikrieger) füllt seine Wasserpfeife, aus einem Flaschenkürbis herge= stellt, mit Wasser, stopft dieselbe mit Hanf, und bald hört man die unangenehm gurgelnden Töne beim Einziehen des Dampfes in die Lunge, wenn derselbe durch das Wasser hindurchgeht. Nach einigen Zügen läßt sich ein rohes gewaltsames Husten hören, dem ein abscheulicher in Fistel= tönen erklingender Gesang folgt, wie es die Gewohnheit der Hanfraucher ist. Von Schlaf ist dann natürlich gar keine Rede mehr, da der Lärm immer größer wird. Bald greifen die Trommler zur Safaritrommel. Es ist das Zeichen, daß sich die Leute fertig zu machen haben, und all= gemeines freudiges „evollah, evollah" ertönt (eigentlich arabische Be= jahung, von Sklaven gebraucht, aber von den Wanjamuesi angenommen). Die Europäer erheben sich, waschen sich eilends Gesicht und Hände, während schon die Träger ins Zelt dringen, um sich ihrer darin befind= lichen Lasten zu bemächtigen. Hier sei eingeschaltet, daß sich der Europäer für weite Reisen ins Innere jeden möglichen Komfort gestatten muß.

Er muß ein zusammenlegbares Feldbett, Tisch, Stuhl, Lehnstuhl mit=
führen, Kochgeschirr und gute angemessene Kleidung, sowie ein Zelt und
Moskitonetz, wenn er sich nicht unnötigerweise gar zu großen Ent=
behrungen aussetzen will. Während man stehend seinen Kaffee mit
schlechten Brötchen aus Sorghum und etwas Honig zu sich nimmt, ist
es schon hell geworden. Die Askari haben das Zelt zusammengelegt, und
außerhalb des Lagers stehen und sitzen die Leute abseits vom Wege, den
Aufbruch erwartend. Die letzte Last ist endlich geschnürt und der Chef
gibt das Zeichen zum Aufbruch, der Bargumubläser (Bargumu = Trompete
aus Antilopenhorn) stößt ins Horn, und mit lautem Jubel setzt sich alles
in Bewegung, unter Trommelschlag und Trompetengeschmetter. Voraus
ungefähr zehn bis zwölf Bewaffnete, dann der tapfere Fahnenträger mit
der Fahne, hinter diesem wieder ein Trupp Soldaten, alle in bunten
flatternden Mänteln, mit Karabinern und Lanzen bewaffnet, dann folgen
die Europäer und dann wieder Askari, hinter diesen in langer Reihe,
von Ruga=Ruga und Askari regelmäßig durchsetzt, zuerst die Mdalla=
träger mit Pulver und Munition, allen voran der wildaufgeputzte
Kirangosi (Führer), ganz hinten Weiber und Kinder, und als Nachhut
die Wanjampara (Hauptleute, Ratgeber) mit wieder einigen Askari. In
ganz langsamem Tempo schreitet die Karawane, um die lange Reihe
nicht zerreißen zu lassen, denn sonst werden die Hintersten bei dem Be=
streben aufzurücken, zum Laufen gezwungen, vorzeitig müde. Während
des Marsches behält jeder genau seinen Platz, wie am ersten Tage, und
dauere die Reise jahrelang.

Unterwegs ertönt hier und da ein Zuruf: „Mgogoro" (Hindernis), ein
ausgetrocknes Bachbett oder eine Rinne ist zu überschreiten, oder ein
Ast hängt in den Weg. Es muß solange gewartet werden, bis alle
hinüber sind, oder der Ast beseitigt wurde. Zuweilen hört man von
vorn nach hinten weitergerufen die Worte: „Jaru" (Wurzelknollen), „Mti"
(Holz), oder „Schimo" (Grube, Loch), oder „Miba" (Dorn). Der Vorder=
mann macht nämlich den folgenden auf derartige Hindernisse aufmerksam,
um ihn zum Niederblicken zu veranlassen, damit er nicht den nackten
Fuß verletze. Das anfangs sehr lebhafte Geplauder wird immer stiller
und droht bald ganz zu verstummen. Ein Spaßmacher fehlt jedoch
auch hier nicht und ruft einigemal: „Mwame wame" (meine Kinder),
der Chor antwortet unisono: „Njoko" (Schimpfwort), und nach mehr=

maligem gleichen Ruf und Antwort ist alles wieder in heiterster Stim=
mung, lacht und scherzt, und so werden die Mühseligkeiten des Tragens
auf kurze Zeit vergessen. Zuletzt helfen jedoch selbst die schönen Reise=
gesänge nichts mehr, und da es drei Stunden ohne Rast vorwärts ging,
werden die Trommeln gerührt, allgemeines freudiges Geschrei erschallt,
und unter dem Schatten eines Baumes setzen sich die Weißen nieder,
um auszuruhen. Die Fahne wird in den Boden gestoßen, die Mdalla=
träger legen ihre Lasten quer über den Pfad und die andern lehnen die
Msingo an Bäume.

Nach einigen Stunden weiteren Marsches ist das Safari an der
zum Lagerplatz auserkorenen Stelle im Walde angelangt. Es sind noch
viele alte Lagerstellen vorhanden. Doch aus Reinlichkeitsrücksichten ziehen
die Weißen zum großen Ärger der Leute etwas weiter. Nun entsteht
allgemeines Durcheinander. Die Träger setzen ihre Lasten nieder und
binden ihr persönliches Eigentum ab. Ihre Arbeit ist für heute gethan.
Es liegt nun den Askari und Rugaruga ob, die Lasten geordnet auf=
zuschichten, nachdem in kürzester Zeit mit Beilen schenkeldicke Stämme
abgeschlagen sind, um als Unterlage für die Lasten im Zelt zu dienen.
Ohne diese Vorsichtsmaßregel würden die Waren über Nacht unbarm=
herzig von den allgegenwärtigen Termiten zerfressen werden. Über die Lasten
werden die dachförmigen, nach arabischem Muster geschnittenen Zelte auf
lange Bambusstangen gespannt. Ein andrer Trupp hat inzwischen die
Schlafzelte der Europäer aufgerichtet, welche sich bequem auf die leicht
zerlegbaren Sessel gestreckt haben und behaglich auf das bunte Treiben
und Gewimmel blicken. Die Hauptleute haben vor allen Dingen dafür
zu sorgen, daß die Hütten der Träger und Soldaten in weitem Kreise
ums Lager errichtet werden. Ließe man die Leute gewähren, so bauten
sie alle Hütten auf einem Haufen, möglichst fern von den Zelten. Der
Koch lärmt unterdessen umher und hat längst Wasser zum Kochen gebracht
welches ihm die ihm unterstellten Dienerinnen, Weiber der Askari oder der
Diener aus den metertiefen, zahllos in den gelblichen Sand gegrabenen
kleinen Löchern geschöpft haben. Es ist von leicht milchiger Farbe und schmeckt
sehr gut, hat aber eine Temperatur von 20—21° C. Die Zelte der Haupt=
leute sind ebenfalls aufgeschlagen, und im Walde ringsum ertönt der Schlag
der Axt, um das Material zu den leichten, kleinen, konischen Hütten in
Gestalt dünner Stäbe zu beschaffen oder trockenes Holz zum Brennen ab=

zuspalten. Jeder Träger ist verpflichtet, einen Span in die Küche ab=
zuliefern, welcher Tribut oft zum Nachteil für den Säumigen durch einen
der Küchenjungen eingetrieben werden muß. Ein Ausrufer fordert die=
jenige Abteilung der Träger, welche an dem Tage verpflichtet ist, die
Hütte für die Küche zu errichten, ihre Pflicht, auf, zu thun. Schäkernd ziehen
die Weiber mit ihren Kalabassen und Thongefäßen zu den Wasserlöchern,
und vielfache ungeduldige Rufe der betreffenden Ehemänner lassen er=
kennen, daß auch wie bei uns der Aufenthalt am Brunnen oft über Ge=
bühr ausgedehnt wird. Von allen Seiten kehren bald Leute mit Ma=
terial zurück und in nicht ganz einer Stunde erheben, sich in weitem
Kreise achtzig bis neunzig leichte Strohhütten, vor denen lustige Feuer
prasseln, leichte Rauchwölkchen gegen die flachen und wenig belaubten
Baumkronen sendend. Die Schwarzen haben ihre karge Mahlzeit, Mehl
oder Hülsenfrüchte, bald gekocht und noch schneller verzehrt, und laute
Fröhlichkeit, der Grundzug im Wesen des Negers, herrscht allseitig. Die
Europäer haben ihren Thee mit kaltem Huhn, das von gestern übrig
geblieben und vom Koch trefflich bereitet worden war. Der Astronom der
Expedition macht dann Beobachtungen, ein andrer geht auf die Vogeljagd
und zum Sammeln aus, und bald tönen in der Ferne Schüsse, welche
anzeigen, daß der Eifrige nicht umsonst auszog. Ein dritter hat frische
Spuren von Wild gesehen. Er ist denselben nachgegangen, und schon
nach einer Stunde kommt die Nachricht ins Lager, daß ein kolossaler
Büffel geschossen worden ist. Dreißig Mann sind notwendig, das Wild=
bret ins Lager zu schaffen. Auch der sich nach und nach wieder zu=
sammenfindenden Europäer bemächtigt sich eine höchst angenehme heitere
Stimmung, man erzählt sich seine Erlebnisse vom heutigen Tage, und bald
steht ein herrliches Mahl auf dem im Schatten eines Baumes gedeckten
Tische, wobei Büffelfleisch in verschiedener europäischer Zubereitung die
Hauptrolle spielt. Als Getränk ist nur sehr gutes Wasser und dann
eine Tasse Kaffee oder Thee zur Verfügung. Das übrige Fleisch des
Büffels ist unter die Leute verteilt, denen es eine hochwillkommene Ab=
wechselung in ihrer einförmigen vegetabilischen Kost bietet. Nicht die ein=
zige, denn weiter im Innern wird noch manches Stück Wild zur Strecke
gebracht.

Nach Beendigung der Mahlzeit trägt jeder seine Notizen ins Tage=
buch, eine Verpflichtung, welcher man zuletzt mit einer Art Krampfhaftig=

Lager am Wami (Mkata). Nach einer Originalphotographie.

keit nachzukommen pflegt. Dann erscheinen die Honoratioren der Ex=
pedition, die Wanjampara, um zunächst Befehle entgegen zu nehmen
oder wegen der morgigen Route zu beratschlagen, oder es werden
Streitigkeiten geschlichtet, da man sich, um Einfluß auf die Leute zu ge=
winnen, angelegen sein lassen muß, um alle ihre, selbst die kleinsten An=
gelegenheiten zu bekümmern. Auf mitgebrachten Matten nehmen die
Wanjampara rings im Kreise Platz, auch andre Leute, denn jeder kann
sich an der Barasa beteiligen. Barasa ist eigentlich die Veranda eines
Hauses; da dort immer Besuche empfangen und abgestattet werden, sowie
die Unterhaltungen geführt, so hat sich das Wort auf alle Zusammen=
künfte zum Zwecke der Unterhaltung übertragen. Der Europäer ver=
gibt sich bei solchen Unterhaltungen nichts, denn die Leute bleiben in
respektvoller Entfernung auf dem Boden kauernd und benehmen sich
durchaus anständig. Sie wollen meist belehrt werden über das Wunder=
land Ulaia (Europa). Sie selbst erzählen unaufgefordert niemals. Nur
hüte man sich, vertrauliche Scherze zu machen. Man reicht damit dem
Teufel den kleinen Finger, und bald hat er die ganze Hand. Die
Schwarzen wissen bei ihrem außerordentlichen Gedächtnis gar manches
Abenteuer zu berichten, auch von fremden Völkern und deren Thun und
Treiben, doch sichte man sorgfältig das Gehörte. Man darf nicht alles
als bare Münze nehmen und erst nach vielen Querfragen, Anhören
andrer, und nachdem man einige Zeit später von verschiedener Seite über=
einstimmend wieder dasselbe gehört, notiere man das Wissenswerte —
dennoch mit Vorbehalt, denn die Neger lügen schrecklich und wissen oft
selbst nicht mehr, was wirklich geschah und was ihre Phantasie hinzu=
gethan, abgesehen von absichtlichen Entstellungen. Bei Sonnenuntergang
wird die Trommel gerührt zum Zeichen, daß am andern Morgen weiter
gewandert wird. Allgemeine Zustimmung gibt sich kund, wenn nicht
ganz besondere Umstände vorliegen, und das kommt im afrikanischen
Safarileben oft genug vor.

Um sechs Uhr ist die rotglühende Sonnenscheibe hinter dem indigo=
blauen Waldstreifen jenseit der weiten Grasebene untergetaucht. Der
westliche Himmel strahlt in blutrotem Schimmer. Allmählich durchziehen
stahlblaue, breite Dämmerungsstrahlen den Himmel, aus einem Punkte
in Westen aufschießend und sich im rosagelblichen Zenith verlierend,
während im Osten der Himmel nochmals im milden Rosa erglimmt.

Allmälich verblassen die Farben, die herrlichen Strahlen verschwinden und nach vierzig Minuten berührt der Erdschatten im Westen den Horizont. Die Nacht ist nun eingetreten und das herrliche Sternbild des südlichen Kreuzes mit seinen zahllosen Sternen blitzt und flimmert am Himmel. Im Osten schimmert bald auch die riesige runde Scheibe des Vollmondes durch die Baumgipfel und zaubert mit seinem Silberlicht in die sonst unschöne Waldgegend paradiesische Gebilde und Durchblicke. Die Ferne verschimmert in leichtem Duft. Weither brüllen abwechselnd zwei Löwen, deren ergreifenden Tönen wir andächtig lauschen, während kleine Eulen, Pulupulu genannt, sich gegenseitig, auch während der ganzen Nacht, ihr melancholisches uuh! zurufen. Auch Tauben lassen ihr Gurren bei Tag und Nacht vernehmen. Fledermäuse huschen durch die Blätter, scharf pfeifende Laute ausstoßend, und leisen Fluges haschen Nachtschwalben nach Insekten. Zahlreiche Lagerfeuer werfen flackerndes Licht auf die Umgebung und die Bäume lassen den dunklen Hintergrund um so schwärzer erscheinen, gleich Schatten huschen die Leute umher. Ein leichter kühler Wind streicht über das Lager, dem Europäer beißenden Rauch in die Augen treibend und zugleich den angenehmen Geruch der auf kleinen Holzrosten über dem Feuer schmorenden Fleisches verbreitend. Das Vorhandensein desselben ist auch der Grund der allgemein gehobenen Stimmung, welche sich in dem fröhlichen Geplauder und Scherzen des um die Feuer hockenden und liegenden Gruppen kund thut. Man erzählt sich seine Erlebnisse, spricht von der Reise und hauptsächlich vom Essen und von den Weibern. Dort stimmt ein Ugamuesi eines jener schönen, melodischen und melancholisch klingenden Lieder seiner Heimat an, in welches der Chor einstimmig einfällt. Hier klimpert ein Mguana, auf einem zweisaitigen Instrument, Säsä genannt, eine unschöne Melodie, welche er in genau demselben Tonfall mit näselnder Stimme begleitet. Eine Gruppe Weiber, Sklavinnen aus dem fernen Uemba, südlich vom Tanganika und Merusee, hat sich zu einem Tanz zusammengethan und begleiten denselben mit dem abscheulichen Gesang ihrer Heimat und mit Händeklatschen. Durch alles tönen die wüsten Husten- und Fistellaute der Raucher und fröhliche Unterhaltung.

Plötzlich ertönt in unmittelbarer Nähe das äußerst komisch u-u-u-u-i einer Hyäne, welche durch den Fleischgeruch angelockt, auf Beute hofft. Dem Heulen folgt das wirklich gräßliche, durch Mark und Bein schneidende

Lachen, das wie kä=kä=kä klingt und an das heisere Lachen eines Wahn=
sinnigen erinnert. Dies Lachen zeigt uns an, daß sich zwei der häßlichen
Tiere um einen Knochen streiten.

Im Lager antwortet allgemeines Gelächter den Tönen, wie denn
überhaupt die Hyäne trotz ihres greulichen Leichenfressens etwas ent=
schieden Komisches hat und immer den Hohn der Leute herausfordert.
Einige nach den draußen sich Balgenden geworfene Holzstücke genügen,
um die Feigen zu vertreiben und kurz danach hört man sie in der Ferne
ihr langgezogenes und kurz abgebrochenes u=u=u=u=i! ausstoßen.

Der Mond steigt langsam höher, die Nacht fast taghell erleuchtend,
weithin sind die Gegenstände erkennbar. Der Lärm im Lager wird
immer stiller und zuletzt herrscht Schweigen, aber erst gegen zwei Uhr
sind alle eingeschlummert. Am nächsten Morgen geht es weiter. Doch
nicht alle Tage verlaufen in Afrika schön. Manches ist zu ertragen,
mancher Ärger, viele Enttäuschungen setzen die Geduld des Reisenden
auf die härtesten Proben, Entbehrungen und Krankheit greifen den Körper
an, und der Geist wird durch die außerordentlichen Ansprüche, welche
das Durchführen einer Expedition stellt, in derartiger Weise angegriffen,
ermüdet und apathisch, daß nur die größte Energie und höchste Begeiste=
rung und tiefstes Interesse für die Sache alle Schwierigkeiten über=
winden lassen, wenn nicht das mörderische Klima oder Feindseligkeiten
der Eingeborenen dem Leben des Reisenden ein trauriges, vorzeitiges
Ende bereiten.

Die Lebensmittel.

Der Reisende, welcher den afrikanischen Kontinent betritt, sieht sich sofort einer ihm anfangs recht großen Unannehmlichkeit gegenüber, das ist die eigenartige Beschaffenheit der Lebensmittel und zum zweiten die Gewöhnung an die eigenartige Nahrung.

Deutsch=Ostafrika bietet dem Reisenden an Lebensmitteln mehr, als es auf den ersten Anblick erscheinen mag, wenn wir von dem ungast= lichen Gebiet der Massai absehen und vielleicht auch von Uhähä, wo wenig Ackerbau getrieben wird. Wie oft nicht werden Afrikareisende gefragt, was sie gegessen nnd wovon sie gelebt haben. Der eine meint, man habe enorme Quantitäten von Konserven mitgeführt, der andre glaubt, daß der Reisende oft Hunger gelitten habe oder im günstigsten Falle von geröstetem Fleisch erlegten Wildes à la Lederstrumpf gelebt und die Nahrung obendrein wie die Wilden, nur mit Hilfe der ihm von der Natur gütigst verliehenen Gabel zu Munde geführt habe. In mageren Zeiten stellen sich andre vor, sei der Hungerriemen fester zu= geschnürt worden. Wollte man auf Reisen im Innern oder selbst an der Küste nur von Konserven leben, so wären dazu bedeutende Mittel notwendig, welche aber bekanntlich nicht jedem zur Verfügung stehen.

Zum Glück ist aber der Reisende und auch der Kolonist weder auf die Konserven angewiesen, durch deren alleinigen Genuß er bald krank werden würde, noch auf das Wild Afrikas. Auf das Wild beschränkt, würde er bald am Hungertuche nagen müssen. Man kann sogar, auf Reisen und auch in der Kolonie angesiedelt, ausschließlich von Landes= produkten leben, und zwar recht gut und mit vieler Abwechselung, in allen Teilen Deutsch=Ostafrikas mit Ausnahme des Massailandes.

Als Koch verwende man einen anstelligen Schwarzen, welcher sehr bald das Kochen erlernt.

Schon der Ofen ist der denkbar primitivste und er wird in derselben Form in Sansibar, wie im Innern, von Schwarzen, Arabern und portugiesischen Köchen angewendet. Auf der offenen Feuerstelle dienen drei Steine oder Lehmkegel von höchstens Spannhöhe dem Kochgeschirr als Stütze. Im Innern treten ebenso hohe Termitenbauten oder drei in die Erde geschlagene Pflöcke grünen Holzes an ihre Stelle. Auf diesem Herde wird gebraten, gebacken und gekocht. Als Heizmaterial dient natürlich immer nur trockenes Holz, das in dünnen Ästen oder kleinen Scheiten an den von drei Seiten nach der Mitte gerichteten Enden angezündet und langsam nachgeschoben wird. Auf diese Weise wird ein minimaler Verbrauch erzielt. Beim Braten werden nur glühende Kohlen verwendet und der Backofen dadurch ersetzt, daß man unter dem geschlossenen Gefäß und auf dessen Deckel glühende Kohlen häuft.

Als Kochgeschirr benützt man am besten emailliertes. Die Küche ist auf dem Marsch unter dem höchst zweifelhaften Schatten eines der dünn belaubten Bäume aufgeschlagen, indem dort einige Feuerstellen errichtet und das ausgepackte Küchengeschirr auf der Erde umhersteht.

Nicht ganz eine halbe Stunde nach dem Einrücken ins Lager dampft die Theekanne auf dem Tisch, und mit gutem Appetit wird kaltes Fleisch dazu genommen, das vom vorhergehenden Tag übrig geblieben. Die Sorghumbrötchen zählen gerade nicht zu den Leckerbissen. Sie sind aus gekochtem dicken Teig hergestellt, ungesäuert und nur geröstet. Die afrikanischen Getreidearten werden zu Mehl gerieben oder zerstampft, und dienen Sorghum-, Mais- und Reismehl ebenso wie solches aus Eleusine und Panikum dem Europäer als Nahrung. Die letzteren Arten sind von herbem, manchmal bitterem Geschmack. Auch die getrockneten Wurzelknollen des Maniok liefern Mehl. Die Neger bereiten aus diesen Mehlen ihre Hauptnahrung, das Ugalli. Der Europäer läßt sich alles mögliche daraus bereiten, Suppe aus Sorghummehl, die ohne Zusatz von Salz und Gewürzen am besten schmeckt. Hat man sich an diese einmal gewöhnt, so entbehrt man ungern die kräftige Speise. Von allen afrikanischen Getreidearten ist das weiße Sorghum das nahrhafteste, leicht verdaulichste und wohlschmeckendste.

Aus dem teigartigen Ugalli bereitet der Koch die Brötchen, kleine glatte Scheiben, ungesäuert auf einer Pfanne geröstet. Aus dem groben Mehl der Neger läßt sich kein gesäuertes, aufgehendes Brot backen, alle Versuche scheitern, man erhält nur ein schweres, greulich schmeckendes Gebäck. Wenn der Koch gut gelaunt ist, und Bananen zur Hand hat, so bereitet er aus einem Gemisch ganz reifer süßer Bananen und Reismehl zu gleichen Teilen kleine Kuchen, welche, in dem geschmacklosen Erdnuß= öl gebacken, delikat munden. Zum Frühstück kann man bei dem ge= segneten Appetit, dessen man sich in Afrika erfreut, ganze Teller davon leer essen.

Eier kann man sich auf Stationen und selbst auf dem Marsche im Überflusse beschaffen, da es in ganz Afrika Hühner gibt. Dieselben gedeihen vortrefflich und bedürfen keiner Extrafütterung, da beim Mehl= bereiten durch die Weiber so viel Korn für sie abfällt und sie besonders während der Regenzeit eine Menge Insekten finden, daß sie sich geradezu mästen und fleißig Eier legen.

Reis wird nur an der Küste angebaut und einiger weniger von den fest angesiedelten Wanjamuesi. Wo Reis zu kaufen ist, kommt er natürlich häufig auf den Tisch in trockengekochter Form.

Ein wohlschmeckendes Gericht ist Bomunda. Reismehl und reife Bananen werden zu gleichen Teilen in einem Holzmörser mittels des Mehlstampfers vermischt durchgearbeitet. Zu faustgroßen Klößen ge= formt, umwickelt sie der Koch mit frischen Bananenblättern und kocht sie einige Stunden. Diese Bomunda schmecken ausgezeichnet erfrischend, halten sich fünf bis sechs Tage und sind besonders für den Marsch ge= eignet.

Doch sehen wir, was uns Afrika bei einem besonders üppigen Mahl zu spenden vermag. Laden wir den Leser bei uns zu Tisch. Im Schatten einer mächtigen Akazie ist ein Sonnendach aus Laub und Stroh errichtet. Der zusammenklappbare Tisch ist zu Ehren der Gäste mit einem ganz neuen Stück weißen Baumwollenstoffes als Tischtuch belegt und mit blau und weiß emailliertem Tischgeschirr gedeckt. Wir sitzen in unsern Lehnstühlen und halten behaglich die Füße auf den Feldstühlen ausgestreckt. Hinter uns das Zelt zum Schlafen, die Waren= zelte und diejenigen der Hauptleute, ringsum buntes, belebtes Lager= treiben. Über uns spannt sich ein Himmel, der nicht blauer wie unser

Sommerhimmel ist. Zuweilen ziehen leichte Wolken eilend dahin, vom Südostpassat getrieben, der Südwestmonsun reicht nicht weit ins Innere.

Vor uns liegt eine weite baumlose Ebene, die wir bis zum jenseitigen Hügelzug übersehen können, da das Lager etwas erhöht aufgeschlagen ist. Hier und da läßt sich in dem hohen Grase ein Antilopenkopf erblicken. Das klare Wasser schöpfen die Weiber am Rande der Ebene aus einer weiten Lache, die aber von Kaulquabben, Wasserinsekten und deren Larven wimmelt. Die größeren Lebewesen werden herausgefischt, die winzigen sind zu zahlreich, wir trinken sie mit, da sich auch ein Teil beim Durchseihen ins Glas hineingeschmuggelt hat. Parasitkrebse in einer dem Menschen gefährlichen Art kommen glücklicherweise in Ostafrika nirgends vor.

Seitlich hantiert der Koch Almasi und ruft endlich mit lärmender Stimme „Watoto, mpelekeni chakula“ (Kinder, tragt das Essen auf). Mabruki, der eitle Mganda, Kipanja, der kleine intelligente Mjao, und Sadi, von einem menschenfressenden Stamme aus Manjuema am Kongo, der selbst schon Menschenfleisch genossen und grinsend erzählt, daß es sehr wohlschmeckend, „tamu“, (süß, salzig, also pikant), alle drei eilen, in tadellos weiß gewaschene Hemden gekleidet, mit dem weißen Kopftuch, der Kilemba, in die Küche und beginnen geschickt zu servieren, eine Fähigkeit, welche sie sich erst nach mancher erhaltenen Ohrfeige angeeignet haben.

Der Leser wird über das Menu erstaunt sein, wobei wir noch ganz besonders darauf aufmerksam machen, daß mit Ausnahme der Gewürze, Pfeffer, Nelken, Muskatnuß, Lorbeerblätter, alles aus Afrika und zwar aus der nächsten Umgebung kommt, trotzdem wir uns vielleicht in der Nähe des Tanganika befinden. Selbst das Salz ist afrikanischen Ursprungs. Es muß auch gesagt werden, daß es nicht immer möglich und leicht ist, alle Nahrungsmittel in solcher Mannigfaltigkeit aufzutreiben. Heute aber ist es den Bemühungen des Koches und unsern Anstrengungen gelungen.

Zunächt Suppe: eine sehr kräftige Fleischbrühe mit Leberklößchen und Büffelmark (es wurde am Tage vorher ein junger Büffel zur Strecke gebracht).

Dann folgt gekochtes Büffelfleisch mit Gurkensalat. Vielleicht finden unsre Gäste, daß das Öl einen etwas eigentümlichen Geschmack hat, es ist frisches Erdnußöl. In Europa ißt man es mehr wie einmal als Provenceröl. Am meisten werden sich die fremden Gäste über die Gurken wundern. Der Koch hat dieselben vor zwei Tagen im letzten Dorf gekauft. Im Geschmack sind sie von den unsern durchaus nicht zu unterscheiden. Die Gestalt ist eine andre. Sie haben die Form eines kleinen Gänseeies und sind mit nicht zu zahlreichen, ganz weichen Stacheln besetzt.

Nun folgt ein zweiter Gang: Büffelsteak, ausgezeichnet saftig, aber gut durchgebraten, denn das Fleisch hier englisch zu genießen, dürfte sich keineswegs empfehlen, da man zu leicht Parasiten einführen würde. Da wir gerade essen, sei nicht näher darauf eingegangen.

Unsre Gäste sind außerordentlich erstaunt über all dieses und sehen sich um, ob sie wirklich in Afrika sind, besonders, da Mabruki soeben frischen Spinat mit Setzeiern präsentiert. Dieser Spinat ist zwar kein Spinat, wie der eine Gast glaubt beschwören zu können, aber es sind frische junge Gurkenblätter. Es ist zu verwundern, daß man diese delikaten Blätter bei uns nicht genießt.

Am meisten Bewunderung erregen die kleinen fingerdicken, herrlich zubereiteten Bratkartoffeln. Zerkleinert man dieselben, so wird man jedoch darin einige feine harte Fasern finden und so erkennen, daß es ein andres Knollengewächs wie das vermutete ist. Die Neger nennen es Njumbu, es ist eine Konvolvulusart. Diese Wurzeln müssen zwei bis dreimal in stets frischem Wasser abgekocht werden, worauf sie ihren unangenehmen Terpentingeschmack ganz verlieren.

Das Getränk, welches wir vorzusetzen im stande sind, mundet aus= gezeichnet. Es ist von süßsäuerlichem Geschmack und starkem, prickelndem Mousseux. Die trübe Farbe muß man übersehen. Es ist Met, den schon unsre trinksamen Vorfahren bereitet haben, ebenso wie man ihn auch heute noch in den deutschen und russischen Ostseeprovinzen und an der Nordsee zu bereiten versteht. Ein Teil Honig und sieben Teile Wasser werden mit Zusatz von etwas rotem Sorghum die Nacht über ans Feuer gestellt.

Als dritter Gang wird junges, sehr schön gebratenes Geflügel ge= bracht. Der Koch hat sich selbst übertroffen. Die Gäste nehmen das zarte Fleisch, das einen feinen Wildgeschmack zeigt und auf der Zunge zergeht, für Feldhuhn. Es sind Frankoline, dem Feldhuhn ähnliche

wilde Hühnervögel, welche Deutsch‑Ostafrika in großer Menge be=
herbergt. Mit Salat können wir leider nicht dienen, dagegen mit vor=
züglichen süßen Kartoffeln, welche ihre Güte dem Umstande verdanken,
daß sie auf leichtem Sandboden gewachsen sind.

Das Kompott mundet ausgezeichnet. Die Gäste brauchen aber
nicht zu erschrecken, wenn sie hören, daß es aus Tamarinden hergestellt
ist, welche, wie wir schon hörten, durchaus nicht die Wirkung jener in
Europa gebräuchlichen Präparate haben.

Als süße Schüssel folgt Omelette, mit Bananenkompott gefüllt,
jedoch ohne Schnee, da merkwürdigerweise das Eiweiß der Hühnereier in
Afrika sich nicht zu Schnee schlagen läßt. Es mag von der warmen
Luft kommen. Zum Schluß gibt es kleine selbstbereitete Käse, die auch
nicht verabscheut werden, der Kaffee stammt allerdings aus Arabien,
daher, wo er am besten gedeiht, aus Mokka. Die Zigarretten dagegen
kommen aus Ägypten, also auch aus Afrika.

Derartige lukullische Mahlzeiten stehen aber leider dem Reisenden
selten genug zur Verfügung, und wollen wir dagegen berichten, wie es
mit dem Essen unter den allerungünstigsten Verhältnissen bestellt ist.
Morgens um sechs Uhr beim Aufbruch drei bis vier Sorghumbrötchen
und ein Becher entsetzlicher brauner Brühe aus geröstetem Sorghum,
Kaffee ist längst keiner mehr vorhanden. Nach einem Marsch von acht
Stunden zwei Teller Suppe aus Sorghummehl, das ist alles, wenn's
hoch kommt, noch ein paar wilde Früchte. Die Leute leben dann von
gegrabenen Wurzeln, die sie kochen, und unreifen Früchten.

Für gewöhnlich besteht die Mahlzeit aus Hühnersuppe mit
Sorghumgraupen, dann gebratenes Huhn mit Reis und süßen Kar=
toffeln, Bananenkompott, wo es Bananen gibt, gekocht aus reifen Ba=
nanen, Mehl und Eiern mit Zusatz von Zimt, ausgezeichnet schmeckend.
Bananen erinnern auch unreif gekocht etwas an Kartoffeln und können
wie diese in verschiedener bei uns gebräuchlicher Weise zubereitet werden.
An Gemüsen herrscht fast allenthalben, wo viel Feldbau getrieben wird,
Überfluß. Da sind verschiedene Hülsenfrüchte, die Njugu=maue (Voandzeida
subterranea), eine Hülsenfrucht von doppelter Erbsengröße und ähn=
lichem Geschmack, Strauchbohnen, dieselbe Art wie die bei uns vor=
kommende, Schirokko (Phaseolus Mungo), in der Form grün ge=
trockneten Erbsen ähnlich. Mit Essig gedämpft schmecken sie etwa wie

unsre Linsen. Verschiedene sehr wohlschmeckende Kürbisarten mit mehligem gelben Fleisch, welches in nichts an unsre übelriechenden und übelschmeckenden Kürbisse erinnert. Deren junge Blätter und auch die Blüten liefern feine Gemüse. An den Geschmack der süßen Kartoffel muß man sich erst gewöhnen. Auch verträgt sie der Europäer nicht bei ununterbrochenem Genuß. Man muß zuweilen damit aussetzen. Maniok kommt in Deutsch-Ostafrika überall in der nicht giftigen Art vor, indem er keinen bitteren Milchsaft enthält. Durch Auslaugen in Wasser läßt sich derselbe übrigens entfernen. Roh genossen erinnert der ostafrikanische Maniok an Haselnüsse ohne Fettgeschmack. Der Maniok kann in denselben Formen wie unreife Bananen genossen werden. Brötchen aus dem Mehl bereitet sind sehr zäh und nicht jedem angenehm, ebenso auch der dicke Ugallibrei, welcher durchscheinend ist. Aus Maniok wird das bei uns jetzt so beliebte Tapioka gewonnen.

In Afrika findet man überall an schattigen Stellen ein Knollengewächs, welches an der Ostküste Uanga genannt wird. Es ist Pfeilwurz-arrowroot (Maranta arundenacea). Die Wurzeln liefern das bekannte wohlschmeckende Stärkemehl, welches bei uns ziemlich teuer ist. Die Kultivierung dürfte besonders leicht und ergiebig sein, da die Pflanze wild in ganz Afrika verbreitet ist und häufig vorkommt. Die Gewinnung der Arrowroot ist sehr einfach. Die Wurzelknollen, welche rund, auf einer Seite abgeplattet sind, werden abgewaschen und auf einem Reibeisen, die Schwarzen nehmen rauhe Baumrinde, gerieben. Die breiige Masse wird durch ein feines Mulltuch unter oftmaligem Nachschütten von Wasser durchgeseiht. Das Stärkemehl läuft mit dem Wasser ab und setzt sich sofort zu Boden. Um den sehr giftigen bitteren Milchsaft, welcher im Wasser leicht löslich ist, zu entfernen, bedarf es nur fünf- bis sechsmaligen Schwemmens, um den bitteren Geschmack ganz verschwinden zu lassen. Hat man das Mehl in der Sonne getrocknet, so ist das Arrowroot fertig. Das zu Brei gekochte Mehl ist außerordentlich nahrhaft und für Dysenteriekranke und für Rekonvaleszenten mit verdorbenem geschwächten Magen von unschätzbarem Wert.

An Fleischnahrung ist in Deutsch-Ostafrika ebenfalls kein Mangel. Neben Hühnern findet man fast überall Ziegen und Fettschwanzschafe, Rinder bei den viehzuchttreibenden Stämmen, den Massai, Dschagga und ähnlichen Stämmen, bei den Wagogo, Wahähä, Mahenge und den

Wakonde am Nordende des Nyassasees und den Wassukuma am Viktoria=
Njansa, sowie den übrigen Stämmen an diesem See bis zu den Warundi
nördlich vom Tanganika, deren Land jedoch noch gar nicht erforscht ist.
Die Stämme an der ganzen Küste entlang, ebenso die echten Wanja=
muesi treiben nirgends Viehzucht. Unter ihnen sind es eingewanderte
Wahuma oder Watusi, wie sie dort genannt werden, welche Rinder
züchten. Die Rinder gedeihen nicht überall, da sie leicht zu Malaria=
fieber geneigt sind. Man sei deshalb auch sehr vorsichtig mit dem
Genuß der rohen Milch oder nehme sie am besten nur gekocht, denn
dieselbe ist unzweifelhaft Träger des Fiebers. Die Kühe geben nirgends
viel Milch, ein bis höchstens drei Liter, was schon als außerordentlich
viel angesehen wird. Es liegt dies an der ungeeigneten Behandlung
und schlechten Fütterung. Die Milch enthält nur sehr wenig Fett, so
daß man von einem Liter kaum einen halben Theelöffel voll gewinnt.
Dasselbe wird durch Schütteln in Flaschenkürbissen aus saurer Milch
gewonnen. Man verkauft sie in kleinen Schachteln aus Rinde, sehr
fest genäht, im Gewicht von fünf bis zehn Pfund. Der Geschmack der
Butter ist immer ranzig, sehr schlecht, kann daher zur Bereitung der
Speisen nur nach sehr starkem Abkochen verwendet werden. Die
Schwarzen im Innern verwenden sie merkwürdigerweise nie zum Essen,
sondern nur zum Salben des Körpers und der Haare, sowie zum Ein=
reiben der als Kleider dienenden Häute. Das fast geschmack= und geruch=
lose Öl der Arachis ersetzt sehr gut die mangelnde Butter.

Wild ist in manchen Gegenden im Überfluß und bildet bei Reisen
oder auf Stationen einen wesentlichen Bestandteil der Nahrung und ist
äußerst wichtig als Fleischzukost für die Leute von Expeditionen. Auf
Stationen wird es nur kurze Zeit in Betracht kommen, da es dort
immer bald abgeschossen sein wird. Dagegen ist wildes Geflügel allent=
halben in großer Menge vorhanden. Wir sehen, Afrika bietet selbst
schon genug des Guten nach dieser Richtung, daß es nur Zeitverschwen=
dung wäre, sich mit Versuchen zum Anbau europäischer Gemüse, welche
nur gelegentlich als Delikatesse angebaut werden sollten, zu befassen.

Von Mpapua durch Ugogo zur Mgunda Mkali.

Zwischen dem Gebiete der Maſſai im Norden und Uhähä im Süden liegt das Land Ugogo. Öſtlich begrenzt von Uſagara, weſtlich von der ſogenannten Mgunda Mkali. In einer Meereshöhe von 900—1000 m im Oſten ſteigt es allmählich bis zu 1500 m im Weſten an, indem ſich dort an der Grenze der Mgunda Mkali eine Terraſſenerhebung von 2—300 m aufbaut. Auf ſeiner ganzen Aus= dehnung iſt das Land flach.

Verlaſſen wir Mpapua auf dem alten Karawanenwege, ſo führt der ſchmale Saumpfad bald in die hohen Granitberge von Tſchunio, deren Hauptmaſſe rechts am Wege liegt. Kahle, oft grotesk geformte Kuppen, mit dürftiger Buſch= und Baumvegetation, unter denen haupt= ſächlich Dorngewächſe vorkommen, ſind durchaus nicht geeignet, das Bild der Landſchaft reizvoller zu machen, und wenn auch in der Regenzeit alles grünt und ſproßt, ſo gewinnt man doch nicht den Eindruck von üppiger Vegetation. Die Karawanen verlaſſen meiſt im Juni und Juli die Küſte und paſſieren Ugogo während der trockenſten Zeit. Glühend brennt die Sonne dann auf die Felſen des Tſchuniopaſſes, und wie aus einem Backofen ſtrahlt die Hitze von den kahlen, hellgrau=, roſa= und hellvioletten Steinen zurück. Kein Bach, kein Rinnſal, das auch nur einen Tropfen Waſſers zum Löſchen des ſchrecklichen Durſtes darböte. Müde und keuchend ſteigen die Träger langſam bergan, bis ein an= ſtrengender Marſch von ſieben bis acht Stunden die Paßhöhe erreichen läßt, Tſchunio. An einem trockenen, von Felsgeröll und Treibſand er= füllten Bachbett, deſſen Ufer ſtachliger Buſch und krüppelige Bäume einſäumen, wird das Lager aufgeſchlagen. Die meiſten Träger

Feste Mpapua. Nach einer Originalphotographie.

beginnen, von brennendem Durst gequält, in dem mit Kies untermischten Sand nach Wasser zu graben, mit einem Holze die Erde auflockernd, wie beim Kopalsuchen. Langsam, viel zu langsam, auch für unsern Durst, sickert das begehrte Naß durch, gierig setzen wir den Becher an die Lippen und trinken in vollen Zügen das rötlich und trübe gefärbte warme Wasser. Leider löscht es den Durst nur schlecht, es ist bitter, salzig und enthält Natron. Und mit dieser greulichen Brühe müssen wir uns für die ganzen nächsten Tage versehen, denn es geht nun durch die Marenga Makali (Marenga heißt in Ugogo = Wasser, Kali bedeutet scharf, bitter, auch böse, tapfer, wütend), das „bittere Wasser". Auch hier finden wir während der Regenzeit natronhaltiges Wasser, daher die Bezeichnung, in der trockenen Zeit aber gar keines, was um so schlimmer ist, als wir durch das ganze Gebiet einen Marsch von zehn bis dreizehn Stunden vor uns haben. In der Nacht um drei Uhr bricht die Karawane auf, alle disponiblen Gefäße, Kochtöpfe, Flaschenkürbisse, leere Weinflaschen, Konservenbüchsen werden mit Bitterwasser gefüllt, und vorwärts geht es. Die Träger leisten Unglaubliches, sie legen den ganzen Weg, oft ohne unterwegs zu lagern, mit sechzig bis achtzig Pfund auf den Schultern oder dem Kopfe zurück. Wenn man gesund und bei Kräften ist, so kann es der Europäer ganz gut aushalten, es ist eine tüchtige Marschleistung durch trostlosen Busch, lichten Wald ohne alles Laub, am roten Boden gelbes Gras, darüber ein blauer, fast wolkenloser Himmel und eine Sonne, welche die Absicht zu haben scheint, alle Lebewesen zu schmoren. Wenn man aber krank ist, wie es dem Verfasser beim Durchwandern dieser Einöde passierte, so steht man Höllenqualen aus. Vom Fieber, welches ihn in Mpapua zwei Tage fast besinnungslos ans Lager gefesselt hatte, geschüttelt, durch Dysenterie aller Kraft beraubt, schon beim nächtlichen Marsch vom Durst geplagt, welcher durch die Natronlauge nicht gestillt werden konnte, mußte er den Martergang antreten. Unter schrecklicher Anstrengung, Abmattung und Durst erreichte er Ugogo.

Die Marenga Makali wird, trotzdem sie keine Wüste ist, von den Karawanen als eine der schlimmsten Passagen auf der ganzen Strecke bis zur Küste betrachtet. Die ganze Strecke ist mit Busch und lichtem Wald bestanden, abwechselnd mit Savannen= und Grasflächen, kleine Hügelrücken und Granitkuppen tauchen hier und da auf, und manchmal fehlt es der Gegend sogar nicht an einer gewissen Anmut. Selbst üppigen Uferwald finden wir an einigen staubtrockenen, versandeten Regenbächen, aber eines fehlt, das Wasser. Es hält sich nirgends, wenn auch nach der Regenzeit einzelne Strecken sogar unter Wasser stehen und die Regenbäche während fünf bis sechs Tagen gelbe und rotgefärbte trübe Fluten durch ihr Bett dahinwälzen. Nirgends findet man beim Nachgraben Wasser und so verbieten sich Ansiedelungen ganz von selbst. Nur Wild aller Art und Strauße beleben die öde Wildnis. Der Mensch eilt möglichst schnell hindurch, auch wenn in der Überschwem= mungsperiode Wasser genügend vorhanden ist, den Durst zu stillen, denn dieser ist es nicht allein, welcher zu fürchten ist. Eine Menge Raubgesindel macht die Wege unsicher, von Süden kommen die Wahähä, wenn sie hören, daß große Karawanen durchzuziehen beabsichtigen. Um= herschweifende Massaibanden, welche auf Viehraub in Ugogo ausgezogen sind, lassen die Gelegenheit nicht vorüber gehen, und die Wagogo sind immer unterwegs, um zu stehlen und zu morden. Sogar die sonst so harmlosen Wasagara wagen es zuweilen, in der Maske von Wagogo, sich an den fremden Wanderern zu vergreifen. Sehr selten kommt es übrigens vor, daß ganze Karawanen angefallen werden, immer nur ermattete Nachzügler, oder wenn die Karawane allzuweit auseinander= gezogen ist, kleinere Abteilungen aus der Mitte. Wenn dann auf das Angstgeschrei der Überfallenen, Niedergestoßenen und Beraubten Hilfe herbeieilt, dann haben die Räuber mit ihrer Beute längst das Weite gesucht. Auch Weiber und Kinder werden häufig geraubt. Diese Un= sicherheit wird noch mehr wie der Durst gefürchtet.

Als die Karawane des Verfassers in Loato angekommen war, ging es erst nach zwei Ruhetagen weiter, da der Marsch durch die Mgunda Mkali natürlich auch für die Träger sehr anstrengend ist. Hier wurde noch kein Hongo gezahlt und so ging es nach zwei Ruhetagen weiter, zunächst durch einförmig sich hinziehende Stoppelfelder von unendlicher Ausdehnung. Zuweilen ein einsamer Baobab, der in seiner Kahlheit den trostlosen Eindruck der Gegend nur noch erhöhte. Große Herden weidender Rinder naschen gierig die nahrhaften trockenen Sorghum= stengel. Hier und da einige Tembe, die einzige Hüttenform Ugogos. Der Blick schweift in weite Ferne bis zum Horizont, über Gelände, flach wie eine Tischplatte. Nur am Horizont erheben sich einige kobalt=

blaue Berge, die sich aber später als kaum 50 m hohe Hügel erweisen. Wenn man nicht von den nackten Gestalten der Schwarzen umgeben wäre, könnte man sich in dem eisig kühlen Morgen, es war bei Sonnen= aufgang nur 9° C, bei dem scharfen Südostwinde einbilden, durch eine froststarre Winterlandschaft zu ziehen. Auch die vor Kälte starren Finger, welche kaum die Büchse umklammern können, erinnern keines= wegs daran, daß man sich in den Tropen befindet. Die rote Erde, der Laterit, ist steinhart, wie gefroren. Dürre spärliche Halme schwanken vom Wind getrieben hin und her. Staub und trockene Blätter wirbeln auf. Hier und da eine kahle Mimose, einige graue Büsche, gegen welche der Wind Halme andrückt, kein grünes Blättchen, auf dem das Auge ausruhen könnte, alles grau und rot und darüber ein blendend leuch= tender, man möchte fast sagen, Winterhimmel. Wir kommen bald an grotesken Granithügeln und =Felsen vorüber, die wie erratische Blöcke aussehen. Es sind die Trümmer jenes uralten Gebirgsstockes, der zweifellos einst Ostafrika durchzogen hat. Sandführende Winde haben den Fels angegriffen, daß es den Eindruck macht, als sei er vom Wasser ausgewaschen. Wenn wir nach kurzer Rast weiterziehen und die höher steigende Sonne mit ihrer Hitze den winterlichen Eindruck, wenn auch nicht ganz, verwischt, so treten wir bald in jenen für Ugogo und Uhähä so charakteristischen Dornbusch, der durch sein graues Einerlei zur Ver= zweiflung treiben kann. Nur 3—4 m hoch, stellenweise von einigen hohen Bäumen und vielen Baobab überragt, stellt dieser Busch ein gleichförmiges, undurchdringliches Dickicht dar aus grauen, mastigen Dorngewächsen und Euphorbienarten. Grau das Holz, rot der Boden, im afrikanischen Sommer dagegen alles eine grüne feste Mauer. Nur das Rhinozeros bahnt sich Wege hindurch, und der Karawanenpfad, gerade breit genug, um einen belasteten Träger durchzulassen, der alle Augenblicke mit seiner Last hängen bleibt, folgt teils den Wild= pfaden, teils ist er durchgehauen. Nur der ununterbrochene Karawanen= verkehr macht, daß der Pfad nicht wieder verwächst. Kein Lufthauch ist zu spüren, die Hitze ist eingeschlossen und liegt brütend auf dem Wege. Erleichtert atmet alles auf, wenn man wieder freie Fläche vor sich hat, auf welcher die Luft zwar auch vor Hitze zittert, aber man spürt wieder den kühlenden Südostpassat. Weiterhin wandern wir durch eine Mbuga von Flötenakazien, über ausgetrockneten Schlammgrund und holprigen

Weg, dann kommt vielleicht lichtes Gehölz und die immer wieder=
kehrenden Granitkuppen und Felstrümmer, in der Ferne zeigen sich
flach am Boden ausgebreitete Tembe inmitten weiter Felder, und wir
müssen hier wieder nach kaum zweistündigem Marsche lagern, um
Hongo zu zahlen. Wenn wir durch die nördlichen Gebiete Ugogos
wandern, so finden wir dort unendlich weitgedehnte Salzsteppen, wie
z. B. bei Djanguira und Kunduku. Nur niederes Gras, nicht ein
einziger Strauch bis zum fernsten Horizont. Dort in der Ferne einige
Höhenzüge. Kleine Wasserlachen sind mit Salz= und Natronlösung ge=
sättigt und Salzkrusten setzen sich, wie Eis, an den Rändern an. Der
Rand solcher Steppen, etwas erhöht, zeigt immer eine üppigere Vege=
tation, stark entwickelte Baobab und Sykomoren an den Regenbächen,
welche zum Teil geradezu prachtvollen und großartigen Uferwald bilden,
mit wunderbaren Baumformen und prächtigen Durchblicken. Doch dies
findet sich nur vereinzelt. Auch die großen, sehr lichten Hyphaene=
palmenhaine am Rande jener Steppen dürfen nicht als charakteristisch
für Ugogo genommen werden. So wie wir es auf dem kurzen Marsche
kennen lernten, ist das Land durchschnittlich beschaffen. Es macht einen
rauhen, höchst unangenehmen Eindruck. Die Luft ist immer von Staub
erfüllt. Die Sandhosen des Massailandes fegen auch hier über die
Erde, und auf dem ganzen Lande liegt jahraus jahrein jener unan=
genehme Brandgeruch, hervorgebracht durch brennenden Rindermist,
welcher, innerhalb der Tembehöfe angezündet, durch seinen stinkenden
Qualm den Rindern am Abend und in der Nacht einigen Schutz gegen
die Moskitos gewährt. Man sieht die Tiere dann immer den dicksten
Qualm aufsuchen. Die Nächte sind kalt und immer windig. Wenn
man den unteren Zeltrand nicht ganz dicht mit Haufen von Gras belegt
und diese mit Steinen oder Erdschollen beschwert, so weht der oft
stürmische Wind das ganze Bett fingerdick voll Sand und Staub, reißt
auch wohl manchmal das ganze Zelt um. „Pole pole moto" (Achtung
auf das Feuer) ist in den Lagern Ugogos ein immer wieder gehörter
Ruf, denn allzuleicht geraten die Strohhütten der Träger in der Nacht
bei dem starken Wind in Brand. So unangenehm das Land, so unan=
genehm sind seine Bewohner, die Wagogo. Dieser Stamm ist zweifellos
mit den Wasagara und den Wasukuma am Viktoria=Njansa verwandt.
Es sind ziemlich hellfarbige Neger, mit rundlichen Köpfen und leicht

Wagogo. Nach einer Originalphotographie.

geschlitzten Augen und sehr negerhaften, unsympathischen und geradezu frechen Zügen, von mitteler Gestalt und muskulöser, wie die Wahähä, mit denen sie keine Ähnlichkeit zeigen. Sie haben äußerlich wenig Ursprüngliches behalten und ahmen die Massai in ihrer Tracht nach. Wie diese, gehen die Männer nackt, nur mit einem kleinen Ziegenfelle, von der Größe eines Bogens Schreibpapier, um die Hüften, welches nicht nur die Blößen nicht verdeckt, sondern durch die Art, wie es getragen wird, dazu beiträgt, den Eindruck der Nacktheit zu erhöhen. Sehr sonderbar sehen die dreieckigen Lederstückchen aus, welche sie hinten tragen, nicht als Bekleidung, sondern um sie beim Niedersetzen unterzuschieben. Die Waffen sind diejenigen der Massai, doch haben die Speere eine etwas andre Form, wie sie bei den südlichen Massai, Wahumpa genannt, gebräuchlich sind. Die Klinge ist nur anderthalb bis zwei Spann lang und stark handbreit. Der Schaft erreicht die Länge eines Meters und der Speerschuh ist nie länger wie zwei Spann. Der Schild ist ebenso wie der der Massai geformt und bemalt. Der echte alte Ugogoschild ist in den Umrissen dem der Massai zwar ähnlich, aber bedeutend schmaler und niedriger und nie bemalt. Die echte Ugogolanze dagegen ist kaum noch zu finden, ein $1{,}_{25}$ m langer Schaft, welcher unten, abgesetzt in Spannlänge, verdickt, ebenso aber etwas dicker da, wo die Spitze befestigt ist. Diese hat eine myrtenblattförmige kurze Klinge an oft $1/_2$ m langem Eisenstiel. Dieser Speer wurde von den alten Wagogo geschleudert. Pfeil und Bogen waren allgemein gebräuchlich, jetzt sieht man diese Waffe nur bei den alten Leuten.

Die Weiber hüllen sich, wie die Küstennegerinnen, in Tücher bis unter die Achsel oder lassen den Oberkörper nackt. Die dazu verwendeten Stoffe sind immer sehr gut, manchmal sogar kostbar und werden durch den Hongo in Ugogo eingeführt. Die Männer tragen solche Stoffe ebenfalls, aber nur im Kampf, von den Schultern herabwallend, oft drei bis vier aneinander gebunden, meterlang auf der Erde nachschleifend. Das erste, was ein Mgogo thut, sei es Männlein oder Weiblein, der solchen Stoff erhält — und sei er noch so kostbar, aus Seide, mit Gold und Silber durchwoben, schimmere er in den schönsten harmonischsten Farben — besteht darin, denselben in Erdnußöl zu tauchen und mit roter Erde einzureiben. Ein schmieriger, unangenehm

duftender Fetzen wird daraus gemacht. Die Wagogo haben sonderbare
Gewohnheiten bei ihrer Toilette, indem sie sich mit menschlichem Urin ein=
reiben und dann mit warmem Wasser abwaschen. Es erzeuge eine schöne
Haut, sagen sie, und thatsächlich ist die Haut der Wagogo von einer
samtartigen Zartheit. Nach der Behandlung mit Urin wird der ganze
Körper mit Erdnuß= oder Rizinusöl gesalbt und dann mit roter Erde
eingerieben, wodurch eine Hautfarbe entsteht, welche an diejenige der amerika=
nischen Rothäute erinnert. Dies Einreiben mit roter Erde ist es aber
nicht, was eigens betont werden muß, das die frühere erwähnte, hellere
Hautfarbe bedingt. Die Wagogo haben infolge dieser eigenartigen
Hautbehandlung einen sonderbar muffigen Geruch, der sich schon von
weitem bemerkbar machen kann, noch ehe der Mann sichtbar wird, selbst
auf 300—400 m, wenn der Wind gut steht. Man kann diesen Geruch
jedoch durchaus nicht als Gestank bezeichnen. Er ist genau derselbe,
welcher alten, lang eingepackten ethnographischen Gegenständen anhaftet.

Den Charakter der Wagogo können wir am besten erkennen, wenn
wir ihn in seinem Benehmen Karawanen gegenüber beobachten. In
einer der zahlreichen Niederlassungen des Landes erscheint in der Ferne
ein Handelszug arabischer Kaufleute. Die Händler pflegen sich in
Mpapua zu vereinigen, um in möglichst großer Anzahl das unan=
genehme Land zu passieren. Sobald sie von den Wagogo des betreffenden
Gebietes bemerkt werden, strömen die nichtswürdigen Tagediebe herzu,
von allen Seiten, die meisten ostentativ ohne Waffen, nur mit einem
ihrer Spazierstöcke versehen, nur einige tragen ihren Speer, andre wenige
sind in voller Kriegsausrüstung. Schreiend, lärmend und ein rohes
gemeines Lachen ausstoßend, stürmen sie herbei, der eine oder der andre
läuft durch die Reihen der Karawane, es kommt ihm gar nicht darauf
an, einen der müden Träger umzurennen, daß polternd dessen Last zur
Erde stürzt, und wenn der Kochtopf des Armen dabei in Scherben geht,
so freut sich der Missethäter. Seitwärts stehen einige und machen die
denkbar unanständigsten Gebärden, treten auch wohl unmittelbar an
einen der Araber heran, drehen sich um und betrachten ihn, sich vor=
beugend, zwischen ihren gespreizten Beinen hindurch. Vor die Spitze
der Karawane treten ein paar junge Bengel in den Weg und gehen
so langsam, daß der Zug stockt und kaum von der Stelle kommt. Ein
andrer bearbeitet gleichzeitig mit dem Trommler, mittels seiner kleinen

Keule, dessen Trommel. Von einer andern Seite nähert sich ein Wagogo langsam einem Träger und entreißt ihm plötzlich sein neues Kopftuch, für welches sich der Arme vielleicht ein Huhn hat kaufen wollen. Ein paar kleinen Jungen kommt es nicht darauf an, mit dem Bogen, auf welchem sie einen stumpfen Vogelpfeil gelegt, zu schießen, wenn die Sehne auch nur ganz wenig gespannt wird, so schmerzt es doch.

Einige junge Krieger, welche, wie es noch häufig Sitte ist, ein großes mit Öl und roter Erde gefülltes Tuch auf einer Schulter zu= sammengeknotet haben, führen die Karawane nunmehr querfeldein, eine halbe Stunde weit über die hohen Reihenfelder dahin, wo die Sonne am heißesten brennt und das Wasser am weitesten entfernt ist, kein Baum, kein Strauch bietet Schatten, aber den Wagogo gefällt's so, dort müssen alle Karawanen lagern und den Tribut, den Hongo, „Mahongo", wie die Wagogo sagen, entrichten.

Die Wagogojugend, die bald überdrüssig geworden ist, die Fremden zu quälen, zieht sich zurück. Der Karawanenführer muß nun eine Abordnung zum Häuptling senden, mit einigen Geschenken, bunte Stoffe von gutem Wert, um die Erlaubnis zu erwirken, daß die Unterthanen Lebensmittel verkaufen, und daß Wasser geschöpft werden darf. Wasser ist in Ugogo sehr wenig in der trockenen Zeit vorhanden, kaum so viel, daß es für die Wagogo und ihre großen Herden ausreicht. Sie geben es daher nicht umsonst, es muß jeder Tropfen gekauft werden, mit weißen Perlen oder weißen Stoffen. Eifersüchtig werden die Brunnen bewacht. Wehe dem Mjamuesiträger, der es wagen wollte, ehe der Häuptling die Erlaubnis erteilt hat, oder ohne Bezahlung zu schöpfen. Erbarmungslos wird der Arme niedergestoßen. Ob ihn der Durst plagt, ob er Zahlung leisten will, gleichviel, er wird nieder= geschlagen.

Kommen mehrere bewaffnet und wollen, von schrecklichem Durst getrieben, Gewalt anwenden, um zum Wasser zu gelangen, ertönt sofort der Kriegsschrei „u—u—u—i!" so wie die Hyäne heult. Von allen Seiten eilt Hilfe herbei, ein Gefecht entspinnt sich, die Träger werden ins Lager gejagt, ein Grund, um den Hongo zu erhöhen, ist gegeben. Meist ist der Häuptling von Mittag ab betrunken, und so wird es gewöhnlich Abend, ehe er bei Besinnung die Erlaubnis zum Verkauf und Wasser= holen erteilt.

Das Wasser wird in Brunnen geschöpft, Löcher, welche oft 10 m tief in Trichterform ausgegraben sind, oft in Gestalt weiter Schächte, und hier und da findet man es in unterirdischen Felsspalten, dann in großer Menge. In den gegrabenen Löchern sickert es als Grundwasser oft recht langsam nach. Ist die Erlaubnis zum Wasserverkauf freigegeben, so lassen es sich die liebenswürdigen Herren Viehtreiber, die Wagogo, oft nicht nehmen, ehe sie die Fremden herzulassen, ihre großen Herden zu tränken, stundenlang kann das dauern.

Im Lager herrscht äußerst reges Leben. Die Wagogoweiber erscheinen mit allen möglichen Lebensmitteln im Überfluß, Sorghum, Eleusine, Honig, Milch, Pombe, Gemüse, Gurken, Hülsenfrüchte und Hühner. Nur Bananen, Mais und Reis gibt es nicht in Ugogo. Die Männer bringen Ziegen, Schafe, ein Unternehmer schlachtet ein Rind, meist ein altes oder ein krankes Tier, oder eine Kuh, welche nicht kalben will. Er findet reißenden Absatz, innerhalb einer halben Stunde ist nichts mehr von dem Schlachtvieh übrig, die Haut trägt der Mann nach Hause.

Das Benehmen der Wagogo im Lager ist empörend. Sie stehen zu Dutzenden um die Zelte, schauen indiskret hinein, reißen womöglich ein paar Pflöcke aus, um die Leinwand in die Höhe zu heben und hineinzusehen, über die Zeltstricke europäischer Reisenden stolpern sie absichtlich, ganze Banden, einer nach dem andern, zehn, zwanzig Laffen. Ins Zelt treten sie ein, setzen sich auf Stühle und Feldbetten, d. h. wenn sie nicht hinausgeworfen werden, zwischen zwei miteinander Sprechenden gehen sie patzig hindurch, stoßen auch den einen oder den andern. Sie bieten Lebensmittel an, nach unendlich langem Handeln ist man einig, da erklärt der Unverschämte einfach, er habe bloß ein Spiel treiben wollen. Alle Augenblicke erhebt sich ein Tumult, einer der Wagogo hat etwas gestohlen, und bei Dunkelwerden heißt es auf der Hut sein, fast, allnächtlich kommen sie angeschlichen zum Stehlen, manchmal gelingt es ihnen, dann schleppen sie ganze Ballen mitten aus dem Lager. „Uganga" sagen die Wanjamuesi, welches die Diebe unsichtbar macht, Unachtsamkeit der Wachen nennen wir es. Wird aber einer der Diebe ertappt und niedergeschossen, so ist's auch gut, Zwistigkeiten gibt es deswegen niemals. Wohl aber kann es kommen, daß die Häuptlinge dem Europäer verboten haben, Vögel und Wild zu schießen, das sei wegen

Zauber und brächte Unglück. Schießt man dennoch, so muß gleich mehr Hongo gezahlt werden. Die Wagogo sind ein gemeines Gesindel, die Galle läuft dem Weißen jedesmal über, wenn er sich auch nicht alles gefallen läßt.

Am nächsten Tag nach dem Eintreffen beginnen die Verhandlungen wegen des Tributes. Endloses Gerede, hundertmaliges Hin= und Her=laufen, aus dem Lager zum Häuptling, vom Häuptling ins Lager, Ärger, Chikanen, Aufenthalt, bis der Hongo erpreßt ist. Ganze Zeugballen, Gewehre, Pulver, Zündhütchen und Messingdraht werden dem Häupt=ling übergeben, bis er und seine Berater zufriedengestellt sind. Das absichtliche Hinhalten lohnt sich, die Händler werden mürbe. Auch das Gute hat es, daß die Unterthanen viel Produkte verkaufen können. So kommt es, daß der Durchzug durch Ugogo einen, selbst zwei Monate dauert, denn ein Häuptling macht es wie der andre. Anders könnte man in acht bis zehn Tagen ganz gemächlich hindurch wandern.

Die Häuptlinge haben übrigens fast immer die Macht und auf die eventuelle Unterstützung ihrer liebenswürdigen Kollegen zu rechnen. Die ganze Gesellschaft ist solidarisch, so daß es nichts helfen würde, dem einen zu entrinnen. Um so sicherer läuft man den andern in die Hände. Die Wagogo haben auch auf anderer Seite, von der man es nicht vermuten sollte, Bundesgenossen, nämlich bei den Wanja=muesiträgern. Die weltbewegende Macht des Magens kommt hier zu vollster Geltung, hier bewältigt dieselbe sogar das Entsetzen, denn Furcht kann man's nicht mehr nennen, was den zitternden Mjamuesi durchzuckt, wenn er nach Ugogo kommt. Aber sein Magen ist stärker wie die blasse Furcht. Der Überfluß nämlich des Landes, der „Uhondo“, welcher fast jahraus jahrein vorhanden ist, bietet dem gierigen Mjamuesi so viele gastronomische Genüsse, daß diejenigen der Heimat kaum in Be=tracht kommen. Er würde daher sehr ungehalten sein, wollte man ihm nicht Zeit lassen, davon zu profitieren, und oft genug sind es die eignen Träger, welche den Weitermarsch weigern, wenn der Hongo zu schnell geregelt ist. Die Trauben hängen für den Träger zudem hier sehr niedrig, er braucht nur den Mund zu öffnen, d. h. die Last, in welche er gemeinsam mit den Kameraden seinen Lohn eingepackt hat. Da wird nicht gespart, alles wird verzehrt, nichts bleibt übrig. Wenn ein Mjamuesi in der Heimat anlangt mit seinem Gewehr und mit 4—5 m Stoffen oder gar noch mit einem bunten Tuch, dann gilt er als ein „Mlumme“, als ein Mann, der seine Leidenschaften zu bezwingen weiß. Die meisten sind aber kein Mlumme, sie kommen, wenn nicht etwa mitgezogene Weiber den Lohn zusammenhalten, genau so arm in der Heimat an, wie sie ausgezogen sind, mit Bogen und Pfeil, oft nur noch mit einer Lanze und mit einem ebenso schmutzigen Hüftentuch, wie sie es beim Ausziehen besaßen. Aber was thut's, den „Uhondo" hat man gegessen, wenn man nicht daran gestorben ist. „Kuwimba", schwellen, nennt man es, diese gemeinste Todes= art, die sich ein Mensch anthun kann. „Totfressen" muß man das Wort in diesem Sinne übersetzen. Wer es nicht selbst gesehen hat, hält es nicht für möglich, daß sich ein Mensch totfressen kann. Man denke sich einen Menschen, der so lange und so viel ißt, bis er kr —, stirbt, oft schon nach vierundzwanzig Stunden. Sogar die Schweine thun sich so etwas nicht an. Sie hören auf zu fressen, wenn sie satt sind. Doch halt — ein Analogon finden wir auch bei uns. Auf welchem Standpunkt stehen jene Menschen, welche eine Eß= oder Trinkwette eingehen und auch daran zu Grunde gehen. Der Mjamuesi wettet aber nicht einmal, die reine Gierde veranlaßt ihn zu jenen ungeheuren Mahlzeiten.

Da wird zuerst Ugalli gekocht, dazu Milch literweise getrunken, Honig genossen, alles verschwindet im Handumdrehen, dann wird ein Huhn gekocht und mit Bohnen verzehrt. Gemüse, Rind=, Ziegen= und Schaffleisch werden bereitet, wenn ein Topf geleert ist, kommt der andre aufs Feuer, vom Morgen bis zum Abend wird ununterbrochen ge — fressen und Pombe dazu getrunken. Die Folgen stellen sich bald ein, Leibschmerzen und Übelkeit, vergebens sucht sich der Mann Luft zu schaffen. Er trinkt, von Durstgefühl geplagt, Wasser und macht es dadurch noch schlimmer. Er kann weder brechen, trotz aller Reizmittel und Übel= keit, noch purgieren. Nun stellen sich Schmerzen ein, die immer schreck= licher werden, der Bauch bläht sich auf, daher die Bezeichnung „Kuwimba", schwellen. Nun beginnt das Geschrei und Gejammer „Maijo, Maijo, nafimbiwoa nafua, nafua", Mutter, Mutter, ich schwelle an (passiv), ich sterbe, ich sterbe. Und er stirbt wirklich. Da hilft kein Brechmittel, kein Rizinusöl mehr, der Leib schwillt immer höher an, Atemnot tritt ein, die Schmerzen werden immer rasender und nach vierundzwanzig bis dreißig Stunden ist der tierische Fresser tot, unter schrecklichen Qualen verendet. Aus Mund, Nase und dem After treten breiige Speisemassen noch ganz unverdaut heraus. Unter den Wanjamuesi geht die Sage,

daß diese Leute unter den Achseln platzten. Der Verfasser hat selbst
wiederholt auf diese Weise zu Grunde gegangene Neger gesehen. Un=
geheurer Ekel ist der Eindruck vor dem menschenunwürdigen Thun.
Derartiges kommt aber nicht etwa selten vor, etwa zwei vom Tausend
sterben regelmäßig auf dem Marsche durch Ugogo am „Kuwimba".

Dezimiert aber werden die Karawanen von den schwarzen Blattern,
welche fast regelmäßig in den großen nach dem Innern reisenden Zügen
auftreten. Schutzmaßregeln werden nur insofern getroffen, als die
Kranken abseits lagern müssen. Auf dem Marsche sieht man sie immer
mitten unter den Gesunden. Sie sind schon von weitem daran kenntlich, daß
sie sich in ein großes Baumwollentuch vom Kopf bis zu den Füßen einhüllen.

Dem Verfasser war dieser Umstand nicht bekannt, als er nach dem
Innern wanderte; er sah auf dem Marsche durch Ugogo, wo sich eine
große Karawane vereinigt hatte, wiederholt solche Gestalten vor sich
herschwanken. Eine derselben brach plötzlich so unvermittelt vor ihm
zusammen, daß er, um nicht zu stolpern, darüber hinwegschreiten mußte.
Ärgerlich wandte er sich um und blickte — in das Antlitz eines Sterbenden,
der über und über mit schwarzen Blattern bedeckt war. In Afrika wird
man abgestumpft. — Keiner nahm sich seiner an, die Nachfolgenden
wichen einfach aus und in der Nacht haben ihn die Hyänen gefressen,
welche in Ugogo außerordentlich häufig sind und nicht geschossen werden
dürfen wegen eines Aberglaubens der Wagogo; sie nehmen an, daß die
Seelen Verstorbener in Hyänen einwandern, weil diese den Körper fressen.
Die Wagogo begraben ihre Toten nicht, sondern werfen sie in den Busch
oder Wald, wie die Wanjamuesi, den Hyänen zum Fraß. Nur Häuptlinge
der Wagogo werden in hohlen Baobab bestattet. Eine andre Krankheit
fordert in den Karawanen jährlich ebenso viele Opfer, wie die schwarzen
Blattern, die Dysenterie oder Blutruhr. Die Schwarzen sterben meist
sehr schnell daran, besonders auf dem Marsch, weil sie durchaus keine
Diät halten und körperliche Anstrengung dabei sehr gefährlich ist.

Langsam ziehen die Karawanen ihres Weges durch Ugogo dahin, oft
zur Stärke von 2000—3000 Mann vereint, alle finden Sättigung und auch
die Vorhergehenden und die Nachfolgenden. Wenn man die jährlich auf
sechs bis sieben verschiedenen, ziemlich nahe bei einander liegenden Wegen
durch Ugogo ziehenden Menschen auf 400 000 — 500 000 Köpfe schätzt,
so dürfte diese Ziffer nicht zu hoch gegriffen sein, eingerechnet natürlich

den Hin= und Rückweg. Welche ungeheure Produktionsfähigkeit muß demnach das Land haben, zumal wenn man bedenkt, daß auch die Ein= geborenen von ihren Erzeugnissen leben. Dabei kommt es noch oft genug vor, daß die Häuptlinge riesige Vorräte aufspeichern. Als der Verfasser im Jahre 1880 bei der Einnahme von Mbaburu in Ugogo teilnahm, konnte er sich selbst davon überzeugen, wie viel Getreide dort aufgestapelt in der Tembe lag. Das Tembe Mbaburu hatte eine große Ausdeh= nung. Das Umfassungstembe maß 200—300 m im Geviert und inner= halb desselben waren eine Menge andrer errichtet. Der Karawane, in welcher der Verfasser marschierte, hatten sich eine Menge andre an= geschlossen, so daß sie im ganzen 2500 Köpfe zählen mochte. Diese Leute lebten während acht Tagen von den Vorräten des eroberten Mbaburu und verproviantierten sich dort für weitere zehn Tage durch die Mgunda Mkali. Von allen Seiten strömten Wagogo, Männer und Weiber, oft viele hundert Köpfe stark, zehn bis vierzehn Marschtage lang hinzu, zu vielen Tausenden, und holten Korn. Ein arabischer Gouverneur, welcher sich in der Nähe Mbaburus nach der Eroberung dieses Ortes festsetzte, schöpfte für seine dreihundert Leute einen Getreidevorrat für ein ganzes Jahr und konnte noch die Aussaat damit bestreiten. Wie unrichtig ist daher die Behauptung, der Neger könne keine Vorräte aufspeichern, da er nicht genügend arbeite oder weil die Vorräte durch Insekten zerstört würden. Letzteres trifft allerdings manchmal zu, indem ein winziger Käfer die Körner zerfrißt. Wir haben in Ugogo einen glänzenden Be= weis dafür, daß der Neger in großem Maßstab arbeiten und produzieren kann, wenn er geschützt wird und seine Produkte verwerten kann, wie dies in Ugogo der Fall ist.

Es wird dem Leser schon aufgefallen sein, daß wir von sehr großen Karawanen gesprochen haben, welche alljährlich das Land durchwandern, und wenn wir nun noch mitteilen, daß diese Karawanen meist mit ziemlich vieler Munition versehen sind, so muß es merkwürdig erscheinen, daß sich dieselben derartige Mißhandlungen ihrer Leute, wie die geschilderten, und enorme Tributerpressungen gefallen lassen. Das hatte seine guten Gründe. Wenn wir von der orientalischen Unentschlossenheit absehen, welche alles gehen läßt, wie es will, so lagen die Verhältnisse folgender= maßen: In den Küstengebieten forderten einzelne Häuptlinge früher auch Wegezoll oder Hongo, dieses konnten die Araber aber sehr bald abstellen. Es standen ihnen zu viele Wege offen, welche durch Gebiete führten, deren Häuptlinge völlig machtlos waren, und Wasser und Nahrungsmittel fanden sich überall. Die Häuptlinge waren uneinig und spielten die arabischen Karawanen sogar mehr wie einmal gegeneinander aus. In Ugogo lagen die Dinge anders, dort war der Wassermangel allein schon ein derartiges Machtmittel, daß die Eingeborenen im Besitze der Brunnen die Fremden zu jedem beliebigen Tribut zwingen konnten. Der Durst ist ein schlimmer Feind, dem man sofort unterliegt, ein Tag genügt, um den grimmigsten Wüterich zum gefügigen Lamm zu machen. Die Wagogo waren sich dieses Vorteils wohl bewußt, und da sie auch wußten, daß die Hinterländer nur durch ihr Gebiet zu erreichen waren, so entstand durch die Interessengemeinschaft bald eine Art stillschweigende Solidarität; niemand ließ man durchziehen, ohne daß Tribut entrichtet war. Die Araber mußten zahlen, und da ihre Träger eine traditionelle Furcht vor den Wagogo haben, so konnten sie ihretwegen nicht Gewalt anwenden, sämtliche Träger würden entlaufen sein und sie ganz der Willkür der Wagogo preisgegeben haben. Mittel zu eigner Streitmacht standen den meist kleinen Händlern nicht zu Gebote. Der Sultan von Sansibar wollte ebenfalls nichts dagegen thun, denn die Araber sagten mit Recht, wenn wir die Wagogo besiegen, was uns nicht schwer werden würde, so wäre das Land entweder in eine Einöde verwandelt, die zwar in höchstens zehn Tagen passiert werden könnte, aber dahinter liegt die Mgunda Mkali, eine ebenfalls zehntagelange Wildnis, das macht zwanzig Tage durch menschenleere Gegend, für Trägerkarawanen aber unmöglich zu durchwandern. Sollten aber in die verwüsteten Distrikte Wahähä aus dem Süden oder Massai aus dem Norden einwandern, so wäre die Sache noch schlimmer. Die Wahähä wären mit Tributforderungen noch unverschämter, und die Massai ließen uns gar nicht hindurch. Ertragen wir daher das kleinere Übel, um unsern Handel aufrecht zu erhalten und lassen alles beim alten, „Inschallah!"

Und so blieb es beim alten, bis endlich die Tributforderungen doch gar zu hoch wurden, fünfzehn bis selbst zwanzig Prozent, das konnte der Handel nicht mehr vertragen, und so entschloß sich Said Bargasch, einen Mann mit der Aufgabe zu betrauen, die Wagogo allmählich zu zwingen, ihre Ansprüche etwas herabzumindern. In Uko=

nongo in Unjamuesi saß schon seit vielen Jahren ein Schwarzer aus dem Mrima, Namens Muini Mtuana. In ewigen Kämpfen mit den Wanjamuesi hatte er sich einen gewissen Namen gemacht, durfte es übrigens seiner Schulden halber nicht wagen, zur Küste zu ziehen. Muini Mtuana hatte aus Mangel an Bargeld in der letzten Zeit keine Munition mehr kaufen können und sich aus Ukonongo zurückziehen müssen. Er siedelte sich an der äußersten Westgrenze Ugogos an und erlangte schließlich von Said Bargasch eine jährliche Unterstützung zur Bekämpfung der Wagogo. Er fiel zunächst über Mdaburu her, östlich von seiner Ansiedelung gelegen. Er zerstörte die Tembe der Wagogo von Mdaburu, vermochte aber dessen Quikum, d. i. die Residenz, nicht einzunehmen. Der Verfasser befand sich damals gerade in Konko in Ugogo, sieben Stunden östlich von Mdaburu mit der großen vereinigten deutschen, belgischen und arabischen Expedition. Muini Mtuana bat um Hilfe, die nicht verweigert werden konnte, weil die Lage zu jener Zeit eine derartige war, daß sonst die ganze Karawane der Gefahr aus= gesetzt gewesen wäre, monatelang liegen zu bleiben und sich dann durch Massendesertion der Träger aufzulösen. Mit Unterstützung der deutschen und belgischen Expedition gelang es, den Häuptling Mdaburu zu ver= treiben. Später vermochte Muini Mtuana auch noch den Häuptliug von Konko zu verjagen, aber damit war auch alles geschehen. Muini Mtuanas Energie reichte nicht weiter und an Stelle der Wagogo erhob er nun Tribut, was ihm zwar unter der Bedingung, daß derselbe nur ganz mäßig bleiben sollte, gestattet worden war. Über die Grenzen der Mäßigkeit hatte aber Muini Mtuana Begriffe, welche sogar noch über diejenigen der Wagogo hinausgingen, und so mieden die arabischen Händler ihren Glaubensgenossen ängstlicher wie die Wagogo und um= gingen sein Gebiet in weitem Bogen.

Im Jahre 1883 begannen für die Wagogo schwere Zeiten, indem die südlich wohnenden Wahähä zum Teil aus eignem Antrieb, zum Teil durch die Mafiti gedrängt, allmählich nach Norden zogen und in Ugogo ein= drangen, eine Menge Ansiedelungen zerstörten und die Häuptlinge zur Tributzahlung zwangen. Sie umstellten in der Dunkelheit die einzelnen Tembe und stießen dann den Kriegsruf u—u—i aus. An den Thüren postiert, stachen sie dann die herausstürmenden Wagogo nieder, zündeten die Tembe an und trieben die Rinder als Beute fort und schleppten die

Weiber und Kinder als Sklaven mit. Diese Invasion scheint aber Ende 1886 gänzlich zum Stillstand gekommen zu sein, denn es ist nichts mehr von einem weiteren Vordringen der Wahähä bekannt geworden. Von wesentlichem Einfluß mögen unsre siegreichen Kämpfe an der Ostküste gewesen sein.

Eine unsrer nächsten und Hauptaufgaben wird sein, in Ugogo militärische Stationen anzulegen und jede, auch die geringste Ausschreitung dieser unleidigen Wagogo mit eiserner Strenge niederzuschlagen, überhaupt ganz schonungslos gegen die Frechen vorzugehen. Wie notwendig dies ist, zeigen nicht nur die übereinstimmenden Klagen aller europäischen Reisenden, arabischen Händler und der Wanjamuesi, sondern auch die Schwierigkeiten, welche jenes anmaßende Volk in unberechtigter Weise dem Handel bereitet. Wir müssen in kurzer Zeit dahin kommen, von den Wagogo Tribut und Steuern zu erheben, anstatt wie bisher immer selbst Durchgangszoll oder Hongo zu zahlen. Das entschiedene Vorgehen des Dr. Peters gegen die Wagogo kann daher gar nicht genug anerkannt werden.

Die Mgunda Mkali.

Die Mgunda Mkali ist ein Gebiet, welches alle Karawanen zwischen dem Tanganika und den mittleren Häfen der Ostküste durchwandern müssen. Es ist eine Busch= und Waldeinöde, ohne Wasser in der trockenen Zeit, aber zuviel in der Überschwemmungsperiode. Doch dies Zuviel dauert nur wenige Tage. Es fließt sehr schnell ab, wird vom Boden aufgesogen und verdunstet. Die Grenzen der Mgunda Mkali sind schwer zu bestimmen. Man kann nur sagen, sie liegen zwischen Ugogo und Unjamuesi. Nordwärts verliert sie sich in Utaturu und Ukimbu, südwärts in Uhähä und Ukonongo. Die längste Richtung verläuft nord= südlich. Die Breite ist ebenso schwer wie die Länge genau zu bestimmen. Als der Verfasser im Jahre 1880 durch das Gebiet hindurchwanderte, brauchte die Karawane volle neun Tage, um von der letzten menschlichen Ansiedelung in Ugogo die erste westwärts wieder zu erreichen. Auf dem Rückwege lagen zwischen den entferntesten Ansiedelungen auf fast genau demselben Wege nur fünf Tagemärsche. Es hatte eine teilweise Neu= besiedelung stattgefunden. Täglich marschiert man wenigstens acht bis zehn Stunden, um die Mgunda Mkali schnell zu passieren und die weit auseinander liegenden Wasserplätze zu erreichen. Die Mgunda Mkali war früher auf ihrer ganzen Ausdehnung bevölkert. Überall findet man Spuren alter Ansiedelungen, die Reihenfelder, welche noch viele Jahrzehnte sichtbar bleiben und große Granit= und Gneisreibsteine, die untrüglichen Zeichen alter Besiedelung. Die meisten Dörfer mußten nach Aussage der Eingeborenen wegen eintretenden Wassermangels aufgegeben werden. Die Ursache dieser Erscheinung können wir uns heute noch nicht erklären. Weite Strecken dagegen wurden durch Kriege der Eingeborenen unter sich entvölkert und diese werden, sobald sich die Verhältnisse ändern und die Wasserverhältnisse es gestatten, immer wieder besiedelt. Daher auch die wachsende Ausdehnung der Mgunda Mkali. Für den Pagasi (Träger) ist die Mgunda Mkali eine Gegend, an die sich nur unangenehme Erinnerungen knüpfen. In Gewaltmärschen geht es hindurch. Vom Sonnenaufgang bis zum Abend wird marschiert, todmüde, halb verschmachtet kommt man im Lager an, das Wasser muß erst gegraben werden aus sandigen Fluß- oder Bachbetten. Langsam sickert es zu, und jeder bewacht es eifersüchtig in der Nacht mit geladenem Gewehr, damit es niemand stiehlt. Ein andermal wird in der Nacht aufgebrochen. Im Dunkeln geht es den schmalen Pfad entlang, alle Augenblicke stoßen die Leute mit dem nackten Fuß an Steine, Wurzelstücke oder fallen über querliegende Äste und Stämme. Am Tage die glühende Sonne, am Nachmittag die Mattigkeit, der Träger kann seine Last kaum noch schleppen, er möchte am liebsten liegen bleiben, um zu schlafen, aber das geht nicht, er muß vorwärts, er muß ins Lager. Wehe ihm, wenn er zu weit zurückbleibt, er fällt umstreifendem Raubgesindel, welches in der sicheren Voraussetzung, ermüdet Zurückgebliebene zu finden, am Wege lauert und ihnen die Last abnimmt, sie auch wohl totschlägt, zum Opfer. Dann kommt gegen Ende des Marsches durch die Mgunda Mkali der Hunger. Die Pagasi erhalten Lebensmittel für zehn Tage, mehr kann der Mann neben der Last für den eignen Bedarf nicht schleppen. Die meisten haben die Ration schon am fünften, spätestens sechsten Tage aufgezehrt. Die übrige Zeit müssen sie hungern, wenn sie nicht von einem sparsam mit Lebensmitteln umgehenden Kameraden gegen Tauschwaren zu teuren Preisen etwas davon erstehen können. Da sie selbst Schuld an solchem Hunger tragen, so murren sie nicht. —

Von Ugogo aus steigen wir zur Mgunda Mkali eine Terrasse hinan, von welcher wir schon im vorhergehenden Kapitel gehört haben. Sie ist aber nicht überall steil, wie von Mdaburnu aus, wo wir westwärts allmählich hinansteigen, so daß wir uns dessen kaum bewußt werden. Die Träger dagegen mögen es an der für den betreffenden Tag schwereren Last wohl merken.

Wir treten von nun an in eine wesentlich andre Vegetation ein, indem der häßliche Dornbusch Ugogos plötzlich, nachdem wir die Terrasse erstiegen haben, verschwunden ist. Wir sind in dem weit verbreiteten „Pori“, dem lichten Wald, dessen Gebiet in Deutsch=Ost= afrika ganz Unjamuesi, die Länder um den südwestlichen Viktoria= Njansa und im Süden bis herunter zum Nyassa. Zum Teil sind auch die Abhänge der Küstengebirge mit Pori bestanden. Der Pori bedeckt ungefähr 60% der Oberfläche in seinem Verbreitungsgebiet und bietet eines der langweiligsten Vegetationsbilder, die man sich denken kann. So weit das Auge reicht, so lange der Marsch dauert, immer das= selbe lichte Gehölz. Die Bäume, deren Stämme selten Leibesumfang erreichen, stehen weitschichtig, ihre flachen schirmartigen Kronen bieten mit der dünnen Belaubung keinen Schatten, das meist niedere Unter= holz ist spärlich verteilt. Nur an feuchteren Orten, da, wo der Boden etwas locker ist, steht es dichter. Der Baobab wird immer seltener und haben wir die Mgunda Mkali zu zwei Drittel durchwandert, so ist er ganz verschwunden. In Unjamuesi finden wir ihn nicht mehr. Eschen= artige Baumformen herrschen vor. Mimosen und Akazien stehen an Depressionen des Bodens, da, wo nach der Regenzeit am längsten Wasser stehen bleibt. Nur die zahllosen Termitenhügel, oft 5—6 m hoch bei einem Umfang von 20 m, sind mit einer dichteren Vegetation bestanden, sie haben eine eigne Flora, Pflanzen, die man nur auf ihnen findet. Wenn wir im August hindurchziehen, der Zeit, während welcher die meisten Karawanen passieren, so ist der ganze Himmel mit einem lichten Grau überzogen, vom Höhenrauch der Brände her= rührend. Die Sonne schimmert als schwach blendend weiße Scheibe durch und die ganze Luft ist mit leichtem Brandgeruch erfüllt, während der ziemlich heftige Südostpassat hier und da Asche und Kohlenteilchen von Gras und Laub in Augen und Nase treibt.

Der ganze Wald hat sich in Grau gehüllt, die Stämme der weitstehenden Bäume sind grau und graue Äste strecken sie gen Himmel, grau ist auch der Boden, oder wo Laterit ansteht, von einem unan= genehmen toten Rot, das Gras niedergebrannt und kein einziger grüner Fleck bietet dem Auge einen Ruhepunkt. Sonst zeigen auf stunden= weite Strecken halbverkohlte umgesunkene Baumstämme und schwarz=

gebrannte Grasſtrünke, die einzige Farbenabſtufung. Der Boden iſt
auffallend rein und nur ſelten Aſtwerk und Stämme darauf zu finden.
Im dürren Wald herrſcht Totenſtille, kein Vogel, kein Inſekt gibt
einen Laut von ſich, auch ihnen iſt es zu warm, denn trotz des
bedeckten Himmels herrſcht eine ungeheure Hitze, welche aber wegen
ihrer Trockenheit durchaus nicht ſchwül und drückend iſt. Iſt der
Reiſende, durch Fieber nervös gemacht, lange Zeit durch ſolchen Be=
ſtand marſchiert, ſo kann er geradezu melancholiſch werden.

Wenn wir auf dem ſchmalen Pfad ſtundenlang dahingegangen
ſind, ſo müſſen wir uns eine Raſt gönnen und lagern uns auf die
Erde im Schatten eines Termitenhügels. Jetzt bemerken wir erſt,
daß es im Pori der Mgunda Mkali doch mehr Leben gibt, wie wir
auf den erſten Blick vermuteten. Denn am Boden bewegt ſich etwas,
was mit einem Male ſpurlos verſchwunden iſt, ſo ſehr wir unſer
Auge anſtrengen, auf dem ganz glatten und riſſeloſen Boden etwas
zu entdecken, es iſt unmöglich Wir verhalten uns wieder ruhig
und blicken, an ganz andre Dinge denkend, immer noch auf jene Stelle,
da bewegt ſich's wieder, wie aus Erde entſtanden, und nun haben wir
ihn auch, den Erzſchwindler, einen kleinen Käfer. Er ſieht zum Tot=
lachen aus, wie ein Lumpenſammler hat er ſich behängt mit winzigen
Holz=, Stroh= und Laubſtückchen, einigen Lehmkrümchen. Über und
über iſt er damit bedeckt, mit ſeinen Fäden hat er den Plunder an
ſeinem Leib befeſtigt. Er thut es zu ſeinem Schutz und erreicht auch
vollkommen, was er beabſichtigt, denn wir haben vorhin ſelbſt geſehen,
daß er ſich unſichtbar machen kann. In ſeiner närriſchen Maskerade
iſt er vom Erdboden nicht zu unterſcheiden. Wir ſtreifen ihm ſein
lumpiges Röcklein ab, es geht gar nicht einmal ſo leicht, ſo loſe die
Fetzen auch zu haften ſcheinen, und laſſen ihn laufen. Höchſt indigniert
macht er ſich eilig in ſeiner ſchwarzen Nacktheit aus dem Staube und
ſchlüpft unter einiges Laub. Binnen kurzem wird er ſich mit einem
neuen Anzug verſehen haben. Dort humpelt mit ſchwerfälligem Gang
ein ſchwarzer rundlicher Käfer heran, deſſen Oberfläche mit kleinen
ringförmigen, wenig erhabenen Zeichnungen verſehen iſt. Er kann
in ſeiner Unbeholfenheit leicht gefangen werden. Wir finden, daß der
Hinterleib, Flügel und der Torax zu einem einzigen, faſt ſteinharten

Panzer verwachſen ſind, an dem auch die erſten Anſätze der Beine wie angelötet erſcheinen. Der Kopf allein iſt beweglich. Dieſer harte Panzer iſt ſein Schutz, Vögel vermögen ihn nicht zu zerbeißen und für kleine Säugetiere ſcheint der Käfer nicht appetitreizend zu ſein, ſonſt liefe er nicht ſo ungeniert umher. Daß ihn der Neger zu Schmuckſachen verwendet, zu vielen Exemplaren an einer Schnur auf= gereiht, ſcheint ſeiner Sippe noch nicht zum Bewußtſein gekommen zu ſein, ſonſt würde er ſich etwas vorſichtiger benehmen und nicht mit Vorliebe die Pfade als Landſtraße benutzen. Wenn wir noch einen andern ſchwarzen kleinen Rüſſelkäfer ins Auge faſſen von ebenſo rund= licher Geſtalt, ſo haben wir außer den Ameiſen eigentlich alles, was dem Reiſenden während der trockenen heißen Zeit ins Auge fällt. Die andern Inſekten leben zu verborgen, als daß ſie den flüchtig Durch= eilenden zu Geſicht kämen. Wer ſich dafür intereſſiert, muß ſich ganz ſpeziell damit abgeben. Anders aber verhält es ſich mit den Ameiſen, welche uns überall begegnen. Und gerade während wir noch an unſerm Termitenhügel Raſt gehalten, erblicken wir drei große 12—13 mm lange Ameiſen von kräftigem, gedrungenem Bau. Ihre Farbe iſt ein glänzendes Schwarz, wie von Brombeeren. Es iſt eine Patrouille von Raubameiſen, welche aus einer kleinen Öffnung her= vorgekrochen ſind. Wanatafuta Wita (ſie ſuchen Krieg) erklärt einer unſrer ſchwarzen Begleiter. Und in der That, das kleine Geſindel befand ſich auf dem Kriegszuge. Emſig laufen die drei Ameiſen, ſich zu weilen betaſtend, umher, als ſuchten ſie etwas, und ziehen dann, über Äſtchen, Grashalme und Bodenunebenheiten kletternd, in der Richtung nach einer etwas tiefer gelegenen Stelle. Es dauert ziem= lich lange, ehe ſie eine etwa 60 m weite Strecke zurücklegen. End= lich ſcheinen ſie gefunden zu haben, was ſie geſucht. Bei noch ziemlich feuchten, ſtreichholz= bis bleiſtiftdicken friſchen Röhren weißer Ameiſen oder Termiten blieben ſie ſtehen. Die weißen Termiten, welche in Afrika alles zerſtören, ſind überall zu finden. Sie haben die Röhren gebaut, um im Schutze derſelben ihr Zerſtörungswerk an trockenem Holz, ihrer Nahrung, zu vollenden. Unſre drei Späher betaſten vor= ſichtig die Röhren, ſtecken dann die Köpfe zuſammen, ſich mit den Fühlern verſtändigend, worauf ſie eilig im Laufſchritt den Rückzug antreten. Dann verschwinden sie in einem kleinen Loch. „Warte nur ein wenig, Herr", und du wirst sonderbare Dinge sehen, sagte einer der Leute. Nach etwa fünfzehn Minuten ergießt sich ein Strom von vier- bis fünfhundert der schwarzen kleinen Räuber aus einer fingerdicken Öffnung. In fünf Zentimeter breitem Zuge geordnet, folgen sie einem Führer auf demselben Wege, den vorher die Patrouille genommen hatte. Als die Schar etwa eine 15 m lange Strecke zurückgelegt, nahm einer der uns begleitenden Neger behutsam den Führer weg. Eine ungeheure Erregung bemächtigte sich der Ameisen, indem sie ein leises zirpendes Quietschen ertönen lassen, dem man deutlich die Erregung anmerkt. Wahrscheinlich bringen es die Insekten durch Aneinanderreiben ihrer Mandibeln hervor. Auf weiter wie einen Schritt Entfernung ist es jedoch nicht mehr vernehmbar. Alles läuft durch- und übereinander, der ganze Boden in der Nähe wurde abgesucht von ausschwärmenden Ameisen, man betastet sich gegenseitig und das Gezirpe will kein Ende nehmen. Alle sind offenbar sehr erzürnt. Endlich kommt etwas Ruhe in den Haufen, es wird still, die Suchenden kehren zurück, nach allgemeiner Beratung ordnet sich die Kolonne zum Rückzug in der Richtung nach dem Bau.

Als der Zug der Ameisen eine kurze Strecke auf dem Rückwege gelaufen war, setzte der Schwarze den Führer wieder mitten unter die Ameisen. Sofort entsteht wieder eine womöglich noch stärkere Erregung und das schwache Gequietsche ertönt lauter und lebhafter noch als zuvor. Wieder läuft und wimmelt alles drunter und drüber, der Zurückgekehrte wird von allen Seiten betastet und im Nu hat sich die Nachricht dem ganzen Haufen mitgeteilt. Jeder will den Führer betasten und sich selbst von der Wahrhaftigkeit des Vernommenen überzeugen. Es dauert eine ganze Weile, ehe sich die Unruhe legt. Nun ordnet sich der Zug wieder und setzt sich zu unserm Erstaunen wieder in der frühern Richtung hin in Bewegung. Der Führer mußte also einer der Späher gewesen sein. Da die andern sämtliche den Weg nicht kannten, so hätten sie ohne Führer nichts ausrichten können. In der Nähe der ausgekundschafteten Röhren angelangt, stockt der Zug, und die Räuber erheben ohne ersichtliche Veranlassung das schon mehrmals vernommene Gequietsche und Gezirpe. Die Hinteren drängen eilig nach vorn, so daß auf einige Augenblicke eine Phalanx entsteht, und zuletzt stürzt der Kriegshaufe in breiter Front auf die Röhren, reißt dieselben mit scharfen Bissen auf, und jeder bemächtigt sich so schnell wie möglich dreier bis vier Termiten, dieselben wie ein Bündel in den Zangen haltend. Die hastige Eile ist übrigens notwendig, denn die entkommenen Termiten sind sehr schnell in unzähligen kleinen Löchern in der Erde verschwunden. Der Überfall dauert nur wenige Minuten, und siebzig bis hundert der Räuber sind leer ausgegangen. Ganz widerstandslos haben sich übrigens die Termiten nicht in ihr Schicksal ergeben. Ihre Soldaten, 9—10 mm große Exemplare mit mächtigem braunen Kopf, weißen Hinterleibern und unverhältnismäßig großen Zangen, setzen sich zur Wehr. Manche der schwarzen Ameisen lag mit abgebissenem Kopf oder Hinterleib auf der Walstatt oder hatte den Verlust eines oder mehrerer Beine zu beklagen. Hier und da zerrt noch ein Soldat der Termiten an einer verwundeten Ameise, bekommt jedoch den Garaus gemacht von beispringenden Kameraden der Ameisen. Da keine Termiten mehr zu sehen sind, ordnet sich der Zug wieder, und nachdem der Bau erreicht ist, verschwinden alle im Innern des Hügels. Hinter den Beutebeladenen schleppen sich müh= sam die Verwundeten, von den Leerausgegangenen eskortiert, welche geduldig stehen bleiben oder antreiben, wenn's gar nicht mehr gehen will. Manchmal schleppen sie sogar einen Schwerverwundeten. Die Getöteten werden alle, ob ganz oder in Stücken, mitgenommen. Nimmt man den vordersten, der auf dem Rückzuge sehr oft wechselt, weg, so wird derselbe nach einiger unbedeutenden Unruhe dennoch weiter fortgesetzt.

Diese schwarzen Ameisen finden sich übrigens in ganz Deutsch= Ostafrika, nicht nur in der Mgunda Mkali verbreitet. Doch wenden wir uns wieder andern Dingen zu.

Die Lagerplätze in der Mgunda Mkali liegen sehr weit ausein= ander, und es werden für den Marsch ins Innere wegen des Wassers immer dieselben Stellen eingehalten. Auf weitem Umkreis sieht man dann Hütten oder deren verbrannte Überreste. Auch bleichende Gebeine findet man hier und da, aber nie viele. Wenn man in Berichten liest, daß ganze Haufen derselben zu sehen sein sollen, welche den Weg

einfassen, so ist dies eine starke Übertreibung schon deswegen, weil die
Hyänen die Leichname verschleppen und mit Ausnahme der Schädel=
decke und der Backenknochen alle andern Knochen menschlicher Leich=
name auffressen. Die vorgefundenen Gebeine rühren nicht etwa von
getöteten Sklaven her, wie man manchmal in Schauergeschichten be=
richtet, sondern es sind fast ausnahmslos solche von Schwarzen, welche
den Blattern oder der Dysenterie erlegen sind.

Es ist eigentlich zu verwundern, daß nicht mehr Raubanfälle
in der Mgunda Mkali vorkommen, denn es ist nichts leichter, als die
ganz unbeschützten Leute, welche oft so weit voneinander entfernt sind,
daß zwanzig bis dreißig Minuten vergehen können, ehe andre zu Gesicht
kommen, zu überfallen. Ganze Karawanen sind nur sehr selten überfallen
worden, darunter auch eine europäische. Dieser Überfall hat eine
höchst merkwürdige Vorgeschichte, welche erwähnt zu werden verdient.
Im Jahre 1878 machte sich der französische Missionär Abbé Debaize
auf, reich mit Mitteln von der französischen Regierung ausgerüstet.
Er sollte eine Reise quer durch den ganzen Kontinent zur Kongo=
mündung unternehmen behufs Studien zu Missionszwecken. Leider
starb Debaize in Ujiji, nachdem er geisteskrank geworden war. An=
zeichen seiner geistigen Störung machten sich schon bald nach Antritt
der Reise bemerkbar. Debaize gab in diesem Zustande leider Ver=
anlassung zur Ermordung des englischen Missionärs Pennrose in der
Mgunda Mkali. Als nämlich Debaize auf seinem Marsche die Mgunda
Mkali passierte, begegnete ihm in der Nähe des sogenannten Tschaia=
sees, eines Wassertümpels, der allerdings während der Regenzeit
größere Wassermengen in jedoch sehr seichtem Bette aufweist,
der Unjamuesi Ruga = Ruga Maganga als Abgesandter seines
Häuptlings Njungu, mit einer Botschaft an einen andern Häupt=
ling. Maganga war wegen seiner tollkühnen Tapferkeit weit und
breit berühmt und eine populäre Persönlichkeit. Debaize hatte
schon Wunderdinge von der Grausamkeit, Raub = und Mordlust
solcher Ruga-Ruga (Krieger, Räuber, Schnapphähne, Wegelagerer)
gehört. Als er des Maganga und seiner sechs Gefährten ansichtig
wurde und man ihm mitteilte, daß dies Ruga-Ruga seien, geriet er
in die höchste Aufregung, und trotzdem die Ruga=Ruga auch nicht die

leisesten Anzeichen von feindseligen Absichten kundgaben, sondern eiligst ihres Weges ziehen wollten, befahl Debaize seinen Leuten, sich ihrer Waffen zu entledigen und nur mit Stöcken ausgerüstet die Ruga=Ruga gefangen zu nehmen. Diese faßten die Sache nicht ernst auf, als sie sich von einer Bande unbewaffneter Leute umzingelt sahen, und fanden es nicht der Mühe wert sich zu verteidigen. Sie wurden jedoch ent= waffnet und mit auf den Rücken gebundenen Armen ins Lager ge= schleppt. Debaize wollte seine Gefangenen nach Unjanjembe bringen, um sie dem arabischen Gouverneur zur Bestrafung zu übergeben. Maganga und seine Genossen, welche manches in Unjanjembe auf dem Kerbholze hatten, erklärten aufs bestimmteste, unter keinen Umständen sich bewegen zu lassen dorthin zu gehen, da sie sicher seien, in Unjan= jembe eines qualvollen Martertodes sterben zu müssen. Man möge sie lieber an Ort und Stelle erschießen, wenn man sie nicht freigeben wolle. Sie seien Ruga=Ruga und bereit zu sterben. Es muß nun allerdings zugegeben werden, daß zu jener Zeit das Ruga=Ruga= Unwesen in höchster Blüte stand und die Ruga=Ruga sich die un= erhörtesten Schandthaten zu schulden kommen ließen. Debaize mochte daher in seinem Wahne glauben, nur einen Akt der Vergeltung zu üben, wenn er die Ruga=Ruga hinrichten ließe, und verurteilte sie zum Tod. Seinen Leuten erteilte er den Befehl, die Hinrichtung zu vollziehen. Einmütige Weigerung derselben war die Antwort. Nun geschah das Unglaubliche, daß Debaize eigenhändig mit seinem Revolver die Gefangenen einen nach dem andern niederschoß. Eine derartige That konnte nur im Wahnwitz begangen worden sein. Der Wahn= sinn kam späterhin auch immer mehr zum Ausbruch, bis der Arme in Ujiji am Fieber starb. Die Folgen sollten für den englischen Missionär Pennrose verhängnisvoll werden.

Njungu, der Häuptling des ermordeten Maganga, schwor nun, daß der erste Europäer, welcher die Mgunda Mkali durchwanderte, von ihm getötet werden solle. Dieser erste war der Engländer Pennrose, welcher zufällig in der Nähe derselben Stelle, wo die Ruga Ruga von Debaize erschossen worden waren, ermordet wurde. Er hatte es übrigens seinem eignen Dünkel zu verdanken, daß man ihn totschlug, er meinte, mit einem Winchester bewaffnet, könne er ein ganzes Heer von Ruga Ruga in Schach halten, und wollte seine Leute nicht bewaffnen. Die Bande, die ihn überfiel, bestand nur aus etwa zwanzig halbwüchsigen Jungen. Noch heute kann man Spuren des Kampfplatzes sehen, feuerfeste Ziegelsteine, welche der Engländer zur Errichtung eines Backofens viele Tagereisen weit ins Innere schleppen wollte. Die Bekehrung der Heiden kostet eben viel Geld. —

Jetzt scheinen für die Mgunda Mkali bessere Tage angebrochen zu sein, denn wie schon erwähnt, findet von Westen her eine allmäh= iche Neubesiedelung statt. Zweifellos wird dieselbe größere Dimen= sionen annehmen, wenn durch die deutsche Invasion sichere Zustände geschaffen sein werden und unter deutschem Schutz die Eingeborenen in Ruhe und Frieden ihr Feld bestellen werden können, soweit dies die ungünstigen Klima= und Bodenverhältnisse dieses öden Gebietes zulassen.

Tabora.

Schon beim Betreten der Mgunda Mkali rufen sich die Träger auf dem Marsch zur Aufmunterung die Namen des Reiseziels Tabora gegenseitig zu, und in dem Maße wie man sich demselben nähert, wiederholt sich der Ruf immer häufiger. Wenn der Ruf Tabora den ermüdeten Träger anfeuert, so erscheint auch dem Europäer Tabora als das Gelobte Land, wo es endlich Ruhe, zu essen und vor allem viel zu trinken gibt, wo man sich nach wochenlangem Staub und Schmutz endlich wieder einmal ordentlich waschen kann, denn auf dem Marsch durch die berüchtigte Gegend ist jeder froh, wenn er genügend Wasser zum Trinken hat, und verzichtet für zehn bis zwölf Tage gern auf die süße Gewohnheit der täglichen Reinigung, auch wenn er in der Farbe durch Schmutz und Sonnenbrand seinen schwarzen Begleitern immer ähnlicher zu werden droht.

Mit Freuden begrüßen die Wanderer den Anblick der ersten Dörfer, welche bis auf drei Tagereisen Entfernung östlich von Tabora übrigens erst in den letzten Jahren errichtet worden sind, seitdem das Ruga-Ruga-Unwesen einiger berüchtigter Häuptlinge eingeschränkt worden ist. Eilig durchziehen die Karawanen diese Dörfer, die Träger beseelt freudige Zuversicht, denn in Tabora ist das Ende der Reise erreicht. Für den ermüdeten europäischen Wanderer hält Tabora auf den ersten Anblick und nach dem ersten Eindruck, was ihm oft von dem Gelobten Land der Wanjamuesi vorgesungen wurde. Um so eher, als nach den letzten Wochen die Ansprüche des Reisenden sehr bedeutend herab= gestimmt sind. Schon der Anblick des weiten, sehr flachgedehnten Thales, der mit jungem Laub bedeckten, wenn auch spärlich vorhandenen Bäume und Büsche ist ein erquickender. Der herrliche Duft, den

rhododendronartige weiße Blüten ausströmen, thut wohl, nachdem man
so viele Tage nichts als das ewige Grau des verdorrten Buschwaldes,
gelbe versengte oder vom Feuer ganz schwarz gebrannte Grasstrünke
und den Staub der Karawanenstraße gesehen hat. Auch das Ver=
halten der Bevölkerung steht in angenehmem Gegensatz zu dem der
wilden Wagogo, welche den Fremdling ununterbrochen in ihrer dreist=
frechen Weise anstarren, während hier überall wenigstens die Form
gewahrt bleibt und die Eingeborenen ein sogar unterwürfiges Be=
nehmen an den Tag legen. Dieser günstige Eindruck wird aber bald
einem entgegengesetzten Platz machen, wenn wir zu längerem Weilen
genötigt sind und die Herrlichkeiten des Ortes durchgekostet haben. Wir
würden dann immer mehr auszusetzen finden.

Tabora, welches unter 3° südlicher Breite und 33° östlich von Green=
wich liegt, ist keineswegs eine Stadt nach unsern Begriffen. Sie bildet
einen Komplex zahlreicher kleinerer oder größerer Gehöfte mit arabischen
Tembe, Negerhütten und Häusern mit Giebeldächern dort angesiedelter
Küstenleute, alle ganz unregelmäßig durcheinander gewürfelt. Nur
ein geringer Teil der arabischen Gehöfte ist das ganze Jahr über be=
wohnt. Ebenso ist die übrige Bevölkerung in ununterbrochenem Ab=
und Zuströmen begriffen. Es wäre daher ein ganz vergeblicher Ver=
such die Einwohnerzahl Taboras auch nur annähernd feststellen zu
wollen.

Tabora liegt in einer ganz flachen sehr weiten Mulde, umsäumt
von niederen Hügeln, welche bei einer Höhe von höchstens 50—80 m,
das Gebiet von Unjanjembe zum größten Teil durchsetzen. Tabora
ist nicht befestigt, was schon bei seiner Bauart, den weit umher zer=
streutliegenden Gehöften, nicht der Fall sein könnte. Der größte
Häuser= und Hüttenkomplex, an der tiefsten Stelle der großen, unregel=
mäßigen und flachen Senkung gelegen, führt speziell den Namen Tabora.
Dort findet sich auch der Brunnen Dschembschem, wo ein ganz klares,
aber sehr ungesundes Wasser geschöpft wird.

Es ist eine kleine Bodensenkung, wo in eine Art bröckeligen Kalk=
steines kleine, wenig tiefe Löcher herausgearbeitet sind, dort sickert
fortwährend auch während der trockensten Zeiten Wasser zu und die
Stelle ist den ganzen Tag über belagert von wasserschöpfenden Weibern.
Alle größeren arabischen Gehöfte und Negerdörfer, welche in der Um=

gebung ziemlich zahlreich angebaut sind, führen Namen, so z. B. das
südwärts in einem ganz anmutigen Thal gelegene Quihara. Am
Abhang einer und ebenfalls südlich von Tabora gelegenen sehr sanft
ansteigenden Hügelkette liegt die französische Missionsstation Kipalapala.
Das Gebäude bildet ein Quadrat von 70 m Seitenlänge, ist an den
Ecken von Türmen mit Schießscharten flankiert, mit nur einem Ein=
gang. Der Brunnen ist im Innern. In der Mitte befinden sich die
Kapelle, Magazine und mehrere Zimmer in einem Gebäude. Die
Gebäude, welche zugleich die Umfassung des Ganzen bilden, schließen
Kirche, Barasa (Empfangszimmer), Fruchtspeicher, Refektorium und
Schlafsäle für Kinder in sich. Alle Bauten sind mit Lehm gedeckt
wegen der Feuersgefahr, welche besonders bei einem etwaigen Angriff
sehr groß wird. Dadurch wird aber wie bei allen Tembe, denn als
solches sind alle Bauten aufgeführt, eine gänzliche Schutzlosigkeit gegen
Regen herbeigeführt, welcher den Lehm aufweicht, überall eindringt,
und dadurch einen äußerst ungemütlichen Zustand erzeugt. Der
Gesundheit sind solche durchfeuchteten Wohnungen gerade nicht sehr
zuträglich.

In der Nähe von Kipalapala war einst der schon erwähnte
Schiache bin Nasib angesiedelt in einem reizenden Tembe mit schöner
Schnitzarbeit an den hohen Verandapfosten und schweren arabischen
Holzthüren, unter schattigen Bäumen.

In den feuchten Niederungen wird Reis gebaut. Dort wird
auch auf dem besten Boden in arabischer Weise Gerste bestellt. Das
Feld teilt man zu diesem Zweck in Quadrate von einem Meter Seiten=
länge, welche durch kleine Kanäle und Rinnen alle bewässert werden
können. Das Wasser wird täglich aus dem Tümpel von den Sklaven
mit Kalabassen geschöpft, welche an langen, um eine Achse auf hohem
Gestell drehbaren Stangen befestigt sind und welche an Brunnen
in der ungarischen Pußta erinnern. Große Sorgfalt verwenden die
Araber auf diesen Anbau, denn die Gerste bildet neben Reis ihr
Hauptnahrungsmittel. Auch sehr viele Zwiebeln werden in Tabora
und Umgegend gebaut.

Weiterhin erblicken wir in einer sich ostwärts ziehende Ebene,
von Tabora durch einen niederen Höhenzug getrennt, unter riesigen
Fikus= und Mangobäumen, aus dichtem Busch hervor schimmernd,

das Quikuru, die Residenz des Sike, Häuptling von Unjanjembe, um=
hegt von einem ringsumlaufenden Festungstembe, von Palissaden und
niederen Wällen, deren Krone von dichter Eurphorbienhecke gekrönt ist.
Im Innern läuft ringsum ein zweites Tembe und die Thore sind durch
besonders hohe Palissaden flankiert, auf denen eine Menge gebleichter
Schädel im Kampf gefallener Feinde stecken. Das Innere zeigt dicht
zusammengewürfelte Tembe und Kegeldachhütten. Ein großes wohl 15 m
hohes Giebelhaus mit breiter schattiger Veranda und großem freien Platz
davor ist Sikes Residenz; nicht weit davon, das ehemalige Regierungs=
tembe des arabischen Gouverneurs, groß und stattlich gegen die übrigen
Wohnungen, dort war auch das Gefängnis. Wollte man von der
Veranda nach dem Innern des Hauses, so mußte man den schmalen
luftigen Raum passieren, in dem die Gefangenen untergebracht waren,
an Ketten geschlossen oder Hände und Füße, manchmal beide, im Stock.
Eine alte portugiesische Messingkanone hatte dort ebenfalls Aufstellung.
Vor dem Regierungsgebäude stand ein hoher Flaggenmast, auf dem
früher die blutrote Fahne Said Bargaschs lustig im Winde flatterte.

Wenn wir von einem Orte zum andern wandern, um Araber
zu besuchen, so fallen uns eine Menge kleiner mit Dorn umhegter Ansiede=
lungen auf, mit je zwei bis drei bienenkorbartigen, hohen, umfangreichen
Hütten. Sie gehören in Unjanjembe angesiedelten Watusi, die wir
durch Emin, Casati und Stanley als Wahuma kennen gelernt haben.
Die Wahuma stechen ganz bedeutend durch ihren hohen schönen Wuchs,
edlere Gesichtsform, deren Frauen durch ihre Schönheit von den Landes=
eingeborenen ab. Sie sind es, welche in Unjanjembe Viehzucht treiben,
nie aber die eingeborenen Wanjamuesi, wie man so oft berichten hört.
In der ganzen Umgegend sind eine Menge solcher Watusi angesiedelt, welche
aber nicht mehr in ihre Heimat Urundi zurückkehren, da sie dort als
unrein gelten würden, weil sie in der Fremde gelebt und unreine Dinge
gegessen haben.

Ganz Unjanjembe ist sehr stark bevölkert. Die arabische Nieder=
lassung in Unjanjembe wurde vor etwa siebzig bis achtzig Jahren
gegründet, der erste Araber, welcher dorthin kam, war Said bin
Salem. Der Ort war früher durch Burton und Speke unter dem
Unjamuesinamen Kaseh oder Jkaseh bekannt. Das „J" scheint früher
einem Ortsnamen zur Bezeichnung des Häuptlingssitzes vorgesetzt worden

zu sein. Ikaseh ist jetzt vom Erdboden verschwunden. Es lag ganz
in der Nähe, nur eine halbe Stunde südöstlich von dem heutigen
Tabora.

Die Wahl des Ortes Tabora für die Niederlassung von seiten der
Araber hing wohl mehr von einem Zufall, als von seiner Lage ab, auch
von dem vorgefundenen, reichlich in den Muldensohlen vorhandenen und
angesammelten Wasser, da der vielfach leicht sumpfige Boden zum Reis
und Gerstenbau lockte. Andre Gründe haben kaum mitgewirkt, und
der damals lebende Häuptling Fundikira würde ebenso gern die Er=
laubnis zum Ansiedeln an andern in der Nähe befindlichen Orten
gegeben haben. Der Umstand aber, daß sich die Araber gerade im
Lande Unjanjembe, wo Tabora liegt, ansiedelten, war kein Zufall.
Der Weg dorthin war ihnen längst geebnet durch die Wanjamuesi, das
Volk, welches neben andern weitgedehnten Gebieten auch Unjanjembe
bewohnt und schon seit lange, wenigstens hundert Jahren, alljährlich zur
Küste gezogen war, um Elfenbein und Sklaven an die Araber zu ver=
kaufen. Die Verhältnisse gestalteten sich jedoch später so, daß eine
völlige Umkehr eintrat, als die Araber begannen, ins Innere zu vor=
zudringen. Wir haben schon gehört, daß, nach Einführung der
Gewürznelkenkultur in Sansibar die Küstengegenden nicht genug Sklaven
mehr zu liefern im stande waren. Damit war der erste Anstoß zum
Zug nach Tabora gegeben. Der um jene Zeit immer mehr auf=
blühende Elfenbeinhandel veranlaßte das wirtschaftliche Emporblühen
von Tabora, welches seinen Höhepunkt erreichte, als 1863 die Eng=
länder bei dem Sultan die Beschränkung der Sklaveneinfuhr, und was
damit zusammenhing, durchgesetzt hatten.

Die guten Geschäfte in Tabora veranlaßten immer mehr Araber
dorthin zu ziehen, so daß Elfenbein= und Sklavenhandel den Ein=
geborenen ganz entrissen wurde und diese nur noch als Träger zur
Küste kamen.

Es war jene Zeit der Glanzpunkt Taboras und damals war es
ein Haupthandelsplatz, während es jetzt nur noch ein Stapelplatz ist,
aber von nicht weniger hoher Bedeutung. Die Araber mußten all=
mählich weitere Gebiete aufsuchen, da die Elefanten dort immer seltener
wurden. Die Macht der Araber hatte in Tabora von etwa 1860 an
immer mehr an Bedeutung gewonnen. Damals war Tabora ein

Hauptstützpunkt der Regierung des Sultans von Sansibar. Es be=
fand sich dort stets ein arabischer Gouverneur. Die arabische Flagge
wehte im Lande und das ganze Land befand sich thatsächlich bis in
die jüngste Zeit in seiner Gewalt. Die Bedeutung Taboras für die
Araber war immer eine ganz unberechenbare. Es war die Basis für
sämtliche Unternehmungen im Innern. Von dort aus wurden die
weiter landeinwärtssitzenden Landsleute mit allem versehen, was ihre
Lebensbedingungen ausmachte, was die Ausbreitung ihrer Macht er=
möglichte, nämlich mit Tauschwaren, Waffen und Munition. Dazu
kommt noch ein Umstand von ganz besonderer Wichtigkeit, daß die
Träger, welche den ganzen Handel ermöglichten, aus Unjamuesi stammten.
Nach ihnen richten sich die Handelszüge. Die Händler sind unter allen
Umständen angewiesen, in Tabora neue Träger anzuwerben, sei es,
daß sie von der Küste kommend weiter wollen, sei es, daß sie vom Innern
aus zur Küste marschieren wollen. Wir müssen daher dem Elfenbeinhandel
ein besonders Kapitel widmen, da es für das Verständnis der Verhältnisse
unbedingt notwendig ist. Alle Beziehungen des Innern unsres Deutsch=
Ostafrikas mit Ausnahme des Nyassagebietes, der Küsten und Massai=
länder weisen auf Tabora hin. Wenn nun Emin Pascha auch gegen
Wißmanns Wunsch Tabora besetzt hat und Verträge abgeschlossen, so
beweist dies nur, daß auch er sofort die Bedeutung des Ortes er=
kannte. Es ist ein Gebot der Notwendigkeit für die Weiterent=
wickelung unsrer Kolonie, daß wir Tabora in Händen haben, denn
von dort aus können wir auch viel mehr gegen den Sklavenhandel thun
wie an der Küste, wir können ihn dort bei der Wurzel fassen. —

Der jetzige Häuptling des Landes Sike kam schon als Knabe
zur Regierung. Anfangs machte er Miene, sich gegen die Araber
feindlich zu stellen. Geschenke derselben zogen ihn bald auf deren
Seite, und die immer mehr zunehmende Macht der Araber brachte,
ihm auch bald die innere Überzeugung bei, daß er nicht im stande
sein würde, ihnen Widerstand zu leisten, und er sich nur gut dabei stehen
würde, wenn er gemeinsame Sache mit ihnen machte. Allmählich
geriet er ganz in ihre Abhängigkeit und mußte unter Abdalla und
Schiache bin Nasib unbedingte Folgschaft leisten. Nach beider Tod,
als kein offizieller arabischer Gouverneur mehr bestellt wurde, fühlte
er sich wieder freier und bot den Arabern sogar Trotz. Allein seine

geistigen Fähigkeiten, deren er zweifellos welche besessen hatte, waren
durch seine Trunksucht gänzlich herabgemindert, so daß es zu ver=
wundern ist, wenn er überhaupt noch regiert. Er macht den Ein=
druck eines Blödsinnigen, äußert aber im Gespräch recht vernünftige
Ansichten und ist über politische Verhältnisse gut unterrichtet. Sonst ist er
ein Ignorant und spielt gern den Stockwajamuesi, einesteils um sich
beliebt zu machen, andernteils um seine Unwissenheit zu verbergen.
Sehr bald lenkt er das Gespräch auf Kognak, den er über alles liebt,
und fragt dann jeden Europäer um Mittel zur Wiedergewinnung
seiner männlichen Kraft. Im allgemeinen ist er ein ziemlich milder
Herrscher, wennschon er öfters Todesurteile vollziehen läßt. Europäern
gegenüber benimmt er sich äußerst habgierig und macht Erpressungen,
wo es immer angängig, besonders Missionären gegenüber, welche in
dieser Richtung sehr von ihm zu leiden haben.

Es kommt mehr darauf an, den Häuptling Sike zu Ordnung
und Unterwerfung zu zwingen wie die Araber, deren Macht und
Einfluß im großen und ganzen gebrochen ist.

Emin Pascha hat, nachdem er in deutsche Dienste getreten war
und seinen Zug über Mpapua unternommen, statt direkt nach dem
Viktoria=Njansa zu gehen, den Weg über Tabora eingeschlagen. Er
erkannte, wie schon gesagt, sehr wohl die Wichtigkeit dieses Punktes.
Er setzte dort, mit Zustimmung aller Araber einen Wali, Sef bin
Said, ein und hißte die deutsche Flagge. Die Araber lieferten ihm
jenes alte portugiesische Bronzegeschütz aus, welches der Verfasser seiner
Zeit in dem Gefängnisraum des Abdalla bin Nasib gesehen hat, ferner
eine neunzehnläufige belgische Mitrailleuse nebst Munition und außer=
dem fünfhundert Pfund Elfenbein, welches dem Hamburger Elfenbein=
haus H. A. Meyer gehört. Ende August 1890 verließ Emin Tabora
und wandte sich nordwärts, wo er dann schwere Kämpfe mit den Ein=
geborenen zu bestehen hatte.

Taboras heutige Bedeutung liegt darin, daß alle Karawanen, ob
sie aus dem Innern kommen, um zur Küste zu wandern, oder von
der Küste nach dem Innern wollen, alle über Tabora müssen, um sich
dort neue Träger anzuwerben. Die Karawanen sind alle zu längerem
Aufenthalt in Tabora gezwungen, und alle Verhältnisse haben sich
danach umgebildet. Die Träger strömen von ganz Unjamuesi in

Tabora zusammen. Lebensmittel sind dort fast immer zu haben, die Waſſukuma bringen ihre eiſernen Hacken nach Tabora, um ſie dort ab=zuſetzen, als einen höchſt begehrten Handelsartikel, ſowohl zum Ge=brauch für den Feldbau als auch zur Tributentrichtung in Ugogo. Dort werden nämlich von allen Karawanen auf dem Wege zur Küſte keine Tauſchwaren, ſondern nur eiſerne Hacken als Tribut gegeben und genommen. Auch ihr Vieh ſetzen die Waſſukuma in Tabora ab. Alle europäiſchen Expeditionen haben von jeher Tabora berührt, von Burton und Speke, als den beiden erſten vor Livingſtone, Cameron und Stanley bis in die jüngſte Zeit, alle ohne Ausnahme. Tabora liegt eben im Mittelpunkte des Hinterlandes, alle Verkehrswege vereinigen ſich dort, und Verſuche, mit einer Umgehung Taboras ins Innere einzudringen, ſind alle geſcheitert. Darum müſſen wir auch das wichtige Tabora militäriſch beſetzen und von dort aus deutſcher Macht allmählich Verbreitung im Innern verſchaffen. Wer Tabora feſt in Händen hat, der beſitzt das ganze Innere, und der Einfluß von Tabora iſt ſowohl am Tanganika, als am Viktoria=Njanſa, ſogar am Nyaſſa zu verſpüren.

Doch nicht allein ſeiner geographiſch günſtigen Lage verdankt Tabora ſein Übergewicht, auch das Volk, in deſſen Land Tabora liegt, iſt zum guten Teil als ein mitwirkender Faktor zu betrachten, die Wanjamueſi.

Die Wanjamuesi und ihr Land.

Wir wollen den Wanjamuesi eine ganz besondere Aufmerksamkeit schenken, da sie sicher einmal berufen sein werden, eine große Rolle in unsrer Kolonie zu spielen. Auch läßt sich manches, was von ihnen gesagt werden kann, auf andre Stämme anwenden, besonders was den Negercharakter überhaupt angeht.

Die Wanjamuesi (Sing. Mjamuesi) bilden in Ostafrika einen großen Stamm, welcher sich östlich vom Tanganika über ein weites Ländergebiet von der ungefähren Größe des Königreichs Bayern ausbreitet. Der Tanganika bildet die Westgrenze. Nach Osten dehnt er sich bis zur Westgrenze Uhähäs und Ugogos aus. Nach Norden reicht er bis zu den Stämmen der Wawinsa und Wassukuma. Man zählt die letzteren allgemein auch zu den Wanjamuesi, allein mit Unrecht. Auf den ersten Blick, oder wenn man nicht darauf achtet, hat es allerdings den Anschein, als habe man Wanjamuesi vor sich, besonders da sie sprachlich zu ihnen gehören, indem auch sie das Kiunjamuesi sprechen, wenn auch mit einigen, wie die Wanjamuesi sagen, wesentlichen Unterschieden, so daß sich nicht alle Wanjamuesi und Wassukuma ohne weiteres verständlich machen können. Ihrem Körperbau, Gesichtsform und -Ausdruck, der Hautfarbe, ihrem Charakter und ihrer Staatsverfassung nach sind sie zweifellos den Wagogo- und Wasagaravölkern zuzurechnen. Auch der Umstand, daß sie Viehzucht treiben, spricht hierfür. Im Süden schließen sich an die Wanjamuesi die Wafipa. Diese Wafipa sind wahrscheinlich mit den Watusi oder Wahuma verwandt.

Die Wanjamuesi zerfallen in eine Menge Unterstämme und nennen sich auch oft alle zusammen, und dann immer mit einem gewissen Stolz, Wagallagansa. Ein Stamm, welcher diesen Namen führt, existiert nicht mehr, wenn dies überhaupt jemals der Fall gewesen ist. Es ist möglich, daß früher ein solcher an der Spitze eines großen längst in Trümmer zerfallenen Reiches gestanden hat.

Die Sprache der Wanjamuesi ist das Kiunjamuesi oder richtiger Kinjamuesi. Es ist wie das Kisuaheli eine Bantusprache. Sie ist aber viel begriffs- und wortärmer als jene und zeichnet sich durch den Mangel der Formen für die dritte Person aus, indem für die zweite und dritte Person dieselben Bezeichnungen gebraucht werden. Die Ortsbezeichnung in der Konjugation ist im Kinjamuesi sehr genau präzisiert und die Sprache sogar für die Küstenneger schwer zu erlernen. Die Wanjamuesi sind der Begriffsarmut ihrer Sprache wegen ganz besonders gezwungen, um genau verständlich zu werden, alles drei- bis viermal in verschiedener Form zu wiederholen. In fließender Sprache, mit großem Pathos und lebhaften Gesten kann ein Wanjamuesi stundenlang sprechen über Dinge, welche sich in europäischen Sprachen in wenigen Sätzen wiedergeben lassen. In der Aussprache zeichnet sich das Kinjamuesi durch ein eigenartiges Singen aus.

Die Wanjamuesi sind echte Bantuneger. Der reine typische Mjamuesi läßt sich trotz der vielfachen Vermischung mit andern Stämmen durch importierte Sklaven noch ziemlich scharf unterscheiden. Die Gestalt ist schlank, eher groß als klein und mit feinem Knochenbau und feinen Gelenken. Sehr selten ist das Vorkommen von Krüppeln. Dieselben werden nicht etwa getötet, sondern bemitleidet, indem man annimmt, daß der Betreffende durch Zauberer verunstaltet worden sei.

Das Gesicht ist verhältnismäßig schmal, ebenso Nase und Lippen. Die Muskulatur ist nicht so stark entwickelt wie bei den Wagogo und Wassukuma, sie ist sehr trocken und macht den Eindruck von großer Zähigkeit und Ausdauer. Die Muskelkraft ist dagegen wenig entwickelt. Der Neger ist überhaupt nicht im stande, seine Kräfte in einem gegebenen Moment plötzlich zu konzentrieren. Daher mag es auch kommen, daß ein selbst verhältnismäßig schwächerer Europäer leicht einen sehr muskulös aussehenden Neger überwältigt. Der Europäer ist im allgemeinen weit kräftiger als der Neger. Handelt

es ſich aber um andauernde Kraftleiſtungen, wie Laſttragen und Feld=
arbeit, ſo iſt der Mjamueſi unübertrefflich in Leiſtungen und Aus=
dauer, und es erſcheint oft unbegreiflich, wie eine ſo ſchmächtige Ge=
ſtalt, welche ſcheinbar nur aus Knochen und Haut mit einigen unter=
gelegten Muskelpolſtern beſteht, ſolch ſchwere Laſten andauernd zu
ſchleppen vermag, meiſt in großer Sonnenhitze, oder den ganzen Tag
über, während zwölf Stunden mit nur kleinen Ruhepauſen, das
Feld durch Handarbeit zu beſtellen im ſtande iſt. Dieſe Eigenſchaft
iſt auch vor allem andern, welche den Mjamueſi ſo wertvoll für unſre
Kulturbeſtrebungen in Oſtafrika macht. Man kann ſich übrigens die
außergewöhnliche Ausdauer nach dieſer Richtung bei den obengenannten
Beſchäftigungen nur dadurch erklären, daß neben der Muskelzähigkeit
eine Art Geiſtesabweſenheit die Leiſtung ermöglicht, denn die geleiſtete
Arbeit ſteht eigentlich in gar keinem Verhältnis zur Kraft und zum Aus=
ſehen des Mjamueſi. Auch die Leiſtungen andrer Neger ſind auf dieſen
Umſtand zurückzuführen. Nimmt man aber dem Neger dieſe ſonderbare
Eigenſchaft, bei der Arbeit geiſtesabweſend zu ſein, ſo iſt er zur Arbeit
untauglich, wenigſtens zu ſolcher, welche man ohne Zwang dauernd
von ihm verlangt. Dem mag auch die merkwürdige Thatſache ent=
ſpringen, daß Miſſionskinder, ſobald ſie aus der Anſtalt entlaſſen
ſind, wenig mehr zur Arbeit taugen. Neger von der Küſte, welche
ſchon geiſtesgeweckter ſind, vermögen Arbeiten, wie Laſttragen und
Feldbau, viel weniger ausdauernd zu verrichten.

Die Hautfarbe der Wanjamueſi iſt im allgemeinen dunkelbraun,
doch kommen Abſtufungen bis zu hellem Kaffeebraun vor, jedoch ſelten
und dann meiſt bei Weibern. Anderſeits findet man ein tiefes Dunkel=
braun, nie aber ſchwarz, wie überhaupt dieſe Farbe bei Negern nie
zu finden iſt. Der bläuliche Ton, von dem man oft ſprechen hört, rührt
vom Reflex des blauen Himmels her.

Was wir hier über die Wanjamueſi berichteten, gilt übrigens
mit geringen Abſtufungen auch für alle andern Neger Deutſch=Oſtafrikas,
nur daß in Geſichtsbildung und Geſtalt oft ziemliche Unterſchiede be=
ſtehen und die Hautfarbe vielleicht bei einzelnen Stämmen im Durch=
ſchnitt heller oder dunkler, gelblicher oder rötlicher iſt, womit ſelbſt=
redend nicht etwa ein Einreiben mit Farben verſtanden wird. Die
Lippen der Neger ſind nie, wie man es ſo häufig abgebildet findet,

Wanjamuesi-Ruga-Ruga um einen Mdäwa (Karawanenführer) geschart.

Nach einer Originalphotographie.

rot, sondern ebenso dunkel wie die übrige Hautfarbe, höchstens um ein geringes heller. Die Haut ist, trotzdem sie völlig der Luft preis= gegeben ist, sehr zart, samtartig und nimmt in der Kälte eine gräu= lich fahle Farbe an, ebenso im Tode, sodaß die Haut alsdann wie mit Asche fein gepudert erscheint, ohne aber den braunen Grundton zu verlieren. Ein Negerleichnam hat lange nicht das Abschreckende, Grauenhafte des weißen Leichnams.

Die Wanjamuesi sind im allgemeinen sehr reinlich und versäumen keine Gelegenheit, sich zu waschen und zu baden.

Das Haar ist das bekannte dichtkrause, wie bei allen Negern.

Das Weib ist bei den Wanjamuesi etwas kleiner als der Mann und hat denselben feinen Knochenbau wie dieser, was nicht bei allen Stämmen der Fall ist. Die Wanjamuesiweiber zeigen oft sogar elegante Formen, haben aber immer ein breites Gesicht und sehr selten scharf gebogene Nasen, wie man sie zuweilen bei den Männern findet. Als sehr unschön gilt eine eingeschnürte Taille, das Ideal unsrer Damen. Der Hals muß lang, die Ohren sollen groß sein und weit abstehen, wenn diese Körperteile als schön gelten sollen. Hände und Füße sind bei den Wanjamuesi beiderlei Geschlechts sehr schmal, lang und wohlgeformt. Der Verfasser besitzt Elfenbeinarmbänder, welche vom Mjamuesi Ruga getragen wurden. In die Öffnung dieser Armbänder vermögen sogar viele europäische Damen, welche sich schmaler Hände rühmen, nicht mit diesen hineinzufahren. Eines der= selben hat bei einer Länge von $8\frac{1}{2}$ cm im inneren großen Durch= messer $5{,}2$ cm, und im kleinen $4{,}7$ cm an der engsten Stelle.

Die Stammesabzeichen der Wanjamuesi werden eintättowiert, die Zähne verstümmelt. Mittels eines kleinen Bündels Nadeln oder Dornen wird ein Streifen, bei den Stirnhaaren beginnend, über die Stirn bis zur Nasenspitze und zwei oder auch nur ein Streifen senkrecht über die Schläfe bis zur Höhe des Gehörganges gestochen. Die Wunde wurde früher mit einem Kräuterabsud, jetzt meist mit Schieß= pulver eingerieben, so daß dort schwarze oder vielmehr tiefblaue, zwei bis drei Millimeter breite Streifen entstehen. Die Zahnverstümmelung besteht darin, daß von den oberen mittleren Schneidezähnen die inneren Ecken abgeschlagen werden, nicht aber, wie man überall angegeben findet, abgefeilt. Kein Negerstamm feilt die Zähne in irgend eine Form.

Es geschieht die Zahnverstümmelung immer in der folgenden Weise. Man setzt bei der Operation einen kleinen fingerlangen Eisenmeißel, eine Miniaturform des Wanjamuesibeiles an und sprengt durch Schläge mit einem kleinen Holz nach und nach Splitter ab. Die Prozedur soll insofern sehr schmerzhaft sein, als äußerst heftige Schmerzen am Hinterkopf hervorgerufen werden. Die Zähne werden übrigens später niemals dadurch kariös, wie denn die Zähne aller Schwarzen meist aus= gezeichnete sind, was seinen Grund in der sorgfältigen Pflege derselben hat.

Der echte Mjamuesi macht, was sein Äußeres angeht, d. h. seine Kleidung, entschieden den Eindruck eines „Wilden“. Diese echte ur= sprüngliche Kleidung besteht beim Mann aus zwei kleinen Fellen wilder Katzen oder Antilopen= und Ziegenfellen, welche nur notdürftig zur Deckung der Blößen hinten und vorn über einem dünnen Riemen aus Haut oder Bast hängen.

Zur Erlangung von Fellen bedarf es aber schon fast zu vieler Arbeit für den faulen Mjamuesi. Er zieht es daher bei weitem vor, Baumbaststoffe, Sahni genannt, zu tragen, welche aus der Rinde ver= schiedener Waldbäume und von Ficus indicus hergestellt werden. Sie werden als Hüftentuch getragen und dienen während der Nacht als Decken. Bei Männern reicht das Hüftentuch vom Gürtel bis zum Knie, bei den Weibern etwas weiter hinab. Der Oberkörper bleibt bei beiden Geschlechtern von der Hüfte aufwärts nackt. Auch einen groben Wollstoff verstehen die Wanjamuesi zu weben, Mseketo genannt.

Zur weiblichen Toilette gehört noch ein höchst sonderbares Mieder, welches durch ganz Afrika getragen wird. Es besteht aus einer ein= fachen Schnur, welche unter den Armen hindurch, etwas oberhalb der ursprünglichen Lage der Brustwarzen fest um den Körper gelegt wird. Auf den ersten Anblick verkennt man immer den Zweck dieses primitiven Korsetts, indem man glaubt, es habe die Bestimmung, die Brüste nach unten zu drücken, während es im Gegenteil dazu dient, dieselben zu heben.

In den letzten fünfundzwanzig Jahren haben die durch den Handel eingeführten Stoffe eine sehr große Verbreitung gefunden und die einheimischen Gewebe fast ganz verdrängt, während die Rinden= stoffe noch nach wie vor getragen werden, besonders in abseits der Karawanenstraße liegenden Orten.

Es gibt kein Volk der Erde, das nicht Schmuck anlegte, sonach besitzen auch die Wanjamuesi solchen. Derselbe steht geradeso unter dem Zwange der Mode, wie der raffinierteste Kulturmensch, ja, er leidet noch mehr wie dieser unter den unerbittlichen Gesetzen derselben und steht Qualen um ihrerwillen aus, gegen welche die zu engen Lackstiefeln eines Modegecken oder das Schnürleibchen eitler Weiber angenehme Empfindungen erzeugen mögen. So beobachtete der Verfasser einst, wie sich ein Mädchen von etwa sechzehn Jahren Samboringe anlegen ließ und dabei geradezu Marterqualen ausstand. Samboringe sind aus Büffelschwanzhaaren mit feinem Draht übersponnene, darmsaitendicke Ringe. Dieselben werden zu zwei- bis dreihundert Stück von Männern und Weibern über dem Knöchel getragen. Um ein Abgleiten derselben vom Fuße zu verhindern, werden sie so eng hergestellt, daß sie nur schwer über den Spann zu bringen sind. Das Mädchen, welches gesonnen war, ihrer Eitelkeit ein Opfer zu bringen, und den Neid ihrer Genossinnen erregen wollte, unterzog sich nun einer Prozedur, welche man füglich eine Operation nennen konnte. Ein Mann, welcher mit derselben betraut war, begann gewaltsam einen der weichen Ringe nach dem andern über den Fuß zu streifen, wobei mehrere aufrissen. Nach dem fünfzehnten Ring etwa fing der Fuß an zu schmerzen. Derselbe mußte nun bei jedem folgenden Ring mit Wasser genetzt werden. Bei dem fünfzigsten war der Fuß derart angeschwollen, die Schmerzen so heftig, daß auf Bitten der eitlen Modenärrin von weiterem Aufziehen vorläufig Abstand genommen werden mußte. Am nächsten Tage zog man weitere fünfzig Ringe auf, unter dem Schmerzensgejammer des Mädchens. Die nächsten acht Tage wurden der Heilung der entstandenen Blasen, welche aufgeplatzt waren, gewidmet, und dann wurden innerhalb weiterer acht Tage mit einigen Pausen im ganzen dreihundert Ringe auf dem einen Fuß zu dickem Wulst vereint. — Der Jäger trägt Ringe aus Elefanten- und Giraffenschwanzhaaren, mit sehr künstlichen Knoten, um Knöchel, Hals und Arme. Das Weib schmückt sich den Arm mit Eisen-, Kupfer- oder Messingringen, welche, immer offen bleibend, ganz flach den Arm umspannen, und mit geraden Linien- und Dreieckornamenten geziert sind. Die Ohrläppchen werden bei den Weibern alle beide durchbohrt und durch allmähliches Ausweiten, indem man immer dickere Gegenstände hineinzwängt, allmählich derart gedehnt, daß manchmal 5 cm im Durchmesser haltende Scheiben darin Platz finden. Dieses Ausweiten der Ohrläppchen ist auch bei den Wagogo und Massai sehr beliebt.

Die Wanjamuesi treiben, wie alle Neger, Vielweiberei aus Zweckmäßigkeitsrücksichten, um dadurch mehr Arbeitskräfte zu gewinnen. Die meisten haben aber, da ihre Mittel unzulänglich sind, nur ein Weib. Der Bräutigam zahlt dem Vater der Braut oder deren Verwandten eine vereinbarte Summe, welche entweder in gangbaren Tauschwaren oder Rindern, Kleinvieh und eisernen Hacken besteht. Die Braut wird jedoch nicht Eigentum des Mannes. Es kann immer, wenn genügende Gründe vorhanden sind, Scheidung ausgesprochen werden, z. B. wenn die Frau keine Kinder bekommt, wegen Ehebruchs, wegen unheilbarer Krankheiten, oder wenn beide gar nicht miteinander auskommen können.

Die Neugeborenen sind nicht schwarz, sondern rot, wie ein Neugeborenes weißer Rasse, welches in einem zu warmen Bade rot geworden ist. Dazu kommt aber bei dem Negerkind ein leicht bräunlicher Hauch, bräunlichrosa oder gelblichrosa. Die Sohle und innere Handfläche ist immer ganz weiß, wie bei uns, die Geschlechtsteile eines männlichen Neugeborenen, die Lippen, der Nabel und die Brustwarzen beider Geschlechter sind braun. Die Haut beginnt nach einigen Tagen schon fleckenweise dunkler zu werden, und erst nach sechs bis acht Wochen ist das Kind ganz gebräunt. Kinder, welche mit Zähnen zur Welt kommen, werden, wie bei fast allen Stämmen Deutsch-Ostafrikas, sofort getötet, da sie nach dem Aberglauben der Neger Unheil und Unglück bringen sollen. Zwei bis drei Tage nach der Geburt, um welche Zeit die Mutter sich wieder erhebt — manchmal liegt sie überhaupt nicht — beginnt sie schon den Säugling mit dünnem Mehlbrei zu füttern. Sie legt dabei das Kind auf den Schoß, hält die linke hohle Hand an den Mund des Kindes und gießt mit der andern mittels eines aus Flaschenkürbis hergestellten Schöpfers ganz voll Brei, so daß Mund und Nasenlöcher ganz überschwemmt sind. Wenn das Kind nicht ersticken will, muß es schlucken. Es gibt fast keine Mutter, welche ihr Kind nicht selbst säugt und zwar sogar oft drei Jahre lang, so daß manchmal das ältere Kind noch mit dem jüngsten säugt und die Mutter inzwischen fortwährend Milch hatte.

Die Erziehung der Kinder ist die geringste Sorge des Mjamuesi. Der Vater kümmert sich gar nicht darum und die Mutter nur soweit, als die Natur erfordert, d. h. bis das Kind laufen kann und nicht mehr der Brust bedarf. Die Kinder erfreuen sich in der Jugend einer beneidenswerten Freiheit, indem sie, sich ganz überlassen, thun und treiben können, was ihnen beliebt. Die Kinder zeichnen sich daher auch, wie alle Negerkinder, durch eine erstaunliche Frühreife und lächerliche Blasiertheit aus. Auch v. Behr berichtet einen merkwürdigen Fall von Selbständigkeit kleiner schwarzer Kinder. Es war unmittelbar nach den Kämpfen mit den Mafiti an der Küste, in einem Teile von Usaramo. Weit von allen Dörfern entfernt, stießen mehrere deutsche Offiziere der Schutztruppen in vollständig wüster, unbewohnter Gegend auf eine ganze Anzahl kleiner Kinder, welche fast verhungert am Wege lagen oder sich mühsam fortschleppten. Viele von ihnen waren auf die roheste Weise mißhandelt und durch Speerstiche verwundet. Den Offizieren fiel sofort die Ruhe und das Verständnis der Kinder auf, nicht eines weinte oder war traurig. Sie erzählten, daß ihre Eltern von den Mafiti erschlagen worden seien und sie nichts zu essen hätten und zum Bana mkuba (Wißmann) wollten. Über das Wie und Wo waren sie sich allerdings nicht klar, aber dennoch war die Geistesgegenwart dieser Würmer, deren manches kaum das vierte Jahr erreicht hatte, ganz erstaunlich. Wie würden sich in solcher Lage unsre Kinder benommen haben? Doch das ist ja gerade ein hochwichtiges Moment für das Vorhandensein der hohen Kultur der weißen Rasse, daß sich die geistigen Fähigkeiten so langsam entwickeln. Die Negerkinder haben, sobald sie über das früheste Kindesalter hinaus sind, nichts mehr von der anmutenden schönen Kindlichkeit. Sie wissen alles, was Erwachsene wissen, nur besitzen sie deren Erfahrungen nicht, auch nach unsern Begriffen gar keine Naivität. Dagegen bleibt der Neger bis in sein spätestes Alter kindisch. Man könnte glauben, daß bei dem gänzlichen Mangel an Erziehung und Beaufsichtigung seitens der Eltern die Kinder sehr unartig werden müßten. Das ist aber keineswegs der Fall. Der Verfasser hat nie Handlungen bei Negerkindern bemerkt, welche besonders strafwürdig erschienen. Die Freiheit, welche sie in so ausgedehntem Maße genießen, scheint geradezu beruhigend auf das Gemüt zu wirken.

Nicht einmal das bei uns so beliebte Necken kennen sie. Sie sind schon mit den siebenten und achten Jahr geistig fast ganz reif. Diese Frühreife ist es auch, welche bei der Zivilisierung des Negers so große Schwierigkeit bereitet, ein Moment, dem noch gar keine Beachtung geschenkt wurde. Sie ist erblich ge= worden, weil der Neger schon seit vielen Jahrtausenden in dieser selben Weise aufgewachsen ist. Es wird vieler Generationen bedürfen, bis das Negerhirn auf so lange Zeit hin, wie bei uns, während der Jugend bildsam bleibt. Die Negerkinder spielen auch nie so, wie unsre Kinder, sie sind nicht im stande, sich derart ins Spiel zu ver= tiefen, daß für sie viele Stunden lang die Außenwelt nicht für sie existiert, dazu ist ihr Geist viel zu fahrig und unruhig, und dies er= schwert ebenfalls ihre Erziehung, dann fehlt ihnen auch jede Anregung zum Spielen.

Die Wanjamuesi wohnen in sogenannten Msongä, d. h. Hütten von kreisrundem Grundriß. Auf einem $1\frac{1}{2}$—$2\frac{1}{2}$ m hohen Cylinder wird ein konisches Dach aufgesetzt, welches weit überragt. Der Durch= messer der Hütten variiert zwischen 4 und selbst 10 m. Selbst in diesen großen ist dann keine Stütze. Die Höhe des Konusdaches er= reicht 5—10 m. Die einzige Öffnung des Msongä ist die Thür, welche entweder aus einer drei= bis vierfachen Lage von Sorghumstroh oder aus Rindenstücken hergestellt ist.

In neuerer Zeit findet das schon beschriebene Tembe immer mehr Eingang bei den Wanjamuesi, trotzdem es ein außerordentlich un= praktisches Wohnhaus ist, indem es gegen schwere Regengüsse absolut keinen Schutz bietet und ganz besonders für Ratten ausgezeichnete Schlupfwinkel in dem Sparrenwerk unter dem Erdbewurf bietet. Die Vorteile, welche es hat, bestehen in der guten Verteidigungs= fähigkeit und der bedeutend verringerten Feuersgefahr. Viele Häupt= linge verbieten jetzt das Errichten von Msongä. Im Verhältnis kommen eigentlich in den Dörfern wenig Feuersbrünste vor, trotz= dem die Msongä Strohdächer haben, welche auch von innen nicht gegen einspringende Funken geschützt sind.

Ein Tag in einem Negerdorf.

Im allgemeinen verfließt das Leben der Neger recht einförmig. Es beginnt schon recht früh am Tage. Eben steigt im Osten des sternenklaren Himmels langsam das milde Tierkreislicht empor und kündet das Nahen der Sonne. Fern im Wald tönt noch einmal der heulende Ruf der Hyäne. Im Dorf kräht der Hahn zum zweitenmal. Fledermäuse flattern hastig umher, um noch möglichst viele Insekten zu haschen, und stoßen zuweilen ihren leisen, aber scharfen Pfiff aus. Sonst herrscht allenthalben sanfte Stille. Auch der Wind scheint zu schlafen.

Bald fliegen fahle Schimmer über den östlichen Himmel, kleine aufziehende Wölkchen erglühen tief kupferrot. Die Dämmerung hat begonnen. In vierzig Minuten wird der Sonnenrand über dem Wald auftauchen.

Die Gegend ist auf viele Tagereisen ganz und gar flach. Inmitten einer weiten Rodung liegt ein kleines Dorf von dreißig bis vierzig strohgedeckten Hütten, von einer hohen Boma umgeben. Ein einziges Thor gestattet den Eingang. Regellos, ohne Symmetrie sind die Hütten errichtet. Hier und da, wo ein kleiner Platz geblieben, erheben sich sonderbare, zweimannshohe Gerüste: auf vier krummen, 3—4 m hohen Stangen eine gedeckte, aus Baumrinde hergestellte Schlafstelle. Unter derselben glimmt am Boden Feuer und hüllt das Ganze in leichte Dampfwölkchen. Die Wanjamuesi sagen, daß sie dort oben wenig von Moskitos geplagt werden.

Beim ersten lichten Schein kräht der Hahn zum drittenmal, und im Dorfe wird es lebendig. Hier und da wird mit schnarrendem Ton eine der Hüttenthüren zur Seite geschoben. Schwarze Gestalten huschen aus der niederen Öffnung, unter welcher man nur tief gebückt hindurchgehen kann. Von den Gerüsten steigen die Schläfer hernieder, und alle eilen fröstelnd im Dämmerlicht nach dem Thor. Wenn der kühle Morgenwind leise durch die Bäume des Dorfes fährt und die breiten Bananenblätter des kleinen Haines draußen rauschen 'macht, schlagen sich die Schwarzen ihre Tuch= und Rindenfetzen fester um die Schultern. Männlein und Weiblein haben noch nicht Toilette gemacht und lassen den Körper von den Hüften abwärts nackt. Bei den Weibern präsentieren sich so die Unterkleider in Gestalt von gestickten, spannenlangen Perlenschürzen hinten und vorne. — Der zuerst ans Thor gelangte, nimmt den Pflock, der die Pforte verschlossen hält, heraus und öffnet dieselbe mit einigen Schwierigkeiten, denn sie ist sehr schwer und bewegt sich nur mit äußerstem Widerstreben in ihren Angeln. Die kniehohe Schwelle zwingt den Hinaustretenden, die Beine hoch aufzuheben, und die nur bis zur Schulter reichende Öffnung zum Bücken. Da dieselbe knapp $\frac{1}{2}$ m breit ist, muß man sich auch noch seitwärts hindurchdrängen. Dieses Schlupfloch müssen alle, welche ein= und ausgehen, täglich passieren, oft viele Male, und die Weiber vor allen, welche auch draußen Wasser holen. Niemand fällt es ein, auf den Gedanken zu kommen, daß eine große Thüröffnung besser wäre und ebenso leicht zu verteidigen. Jetzt im Morgengrauen entsteht wegen der Enge ein kleiner Aufenthalt, währenddessen sich die nach und nach Ansammelnden mit einem mürrischen: Wangaluka! — Wangaluka duhu, wangaluka ning—we! — Wangaluka! — begrüßen (wörtlich: „Morgen — Morgen, euer Morgen? — Morgen). Draußen verteilen sich alle in möglichster Entfernung voneinander in den Euphorbienhecken und der Bananenpflanzung des Dorfes, um die dort herrschende Unreinlichkeit noch mehr zu erhöhen. Bald ist es nach der kurzen Dämmerung ganz hell geworden. Die Weiber ziehen mit ihren großen runden Thongefäßen zum Wasserschöpfen nach dem gegrabenen Brunnen. Ihre erste Sorge ist, Wasser zum Waschen zu wärmen. Da sich die Neger nie mit Seife waschen, so muß die Wärme des Wassers diesen nützlichen Kulturgegenstand ersetzen. Schnell kocht das Wasser auf dem offenen Feuer, welches im Innern der Hütte die ganze Nacht hindurch unterhalten wurde. Die Weiber und Mädchen

und die kleinen Kinder waschen sich in den Hütten, die Männer meist
im Freien. Nacheinander werden Hände, Gesicht, der Körper und die
Füße sorgfältig gereinigt. Das Trocknen bleibt der Luft überlassen.
Wenn genügend Erdnuß oder Rizinusöl vorhanden ist, wird der ganze
Körper damit eingefettet und dann das Hüftentuch umgeschlungen derart,
daß es sich selbst, ohne Gürtel oder Riemen, hält. Bei Männern
und Weibern bleibt der Oberkörper nackt. Bei den ersteren reicht das
Hüftentuch bis zum Knie, bei den letzteren bis zum halben Unter=
schenkel. In abseits gelegenen Weilern werden noch allgemein die
rauhen, steifen Baststoffe getragen, welche sich infolge ihrer geringen
Geschmeidigkeit plump und unschön um den Körper legen. Ist der
Körper gereinigt, so beginnt die wichtige Prozedur des Zähneputzens.
Zuerst wird der Mund mit warmem Wasser ausgespült und mit dem
Zeigefinger über die Zähne gefahren; dann werden die Zähne min=
destens eine halbe Stunde gebürstet, gerieben und gereinigt, jedoch
ohne weitere Zuhilfenahme von Wasser und zwar mit einem finger=
dicken Holz, dessen zähe Fasern an einem Ende pinselartig zerkaut
werden und so die Bürste ersetzen. Alle Neger durch ganz Afrika
bedienen sich dieser Art von Zahnbürsten. Den Wanjamuesistämmen
ist Reinlichkeit nicht abzusprechen. Sie benützen außer der Reinigung
am Morgen, die sie sich auf dem Marsche oder während der Ernte
nicht täglich gestatten können, sonst jede Gelegenheit, sich ganz zu
waschen und zu baden. Sie sind sogar, wie auch besonders die Küsten=
neger, viel reinlicher wie der Durchschnitt der deutschen Bevölkerung.
Wie wenig Menschen gibt es in Deutschland, die sich täglich ganz ab=
waschen, und selbst in den besseren Ständen ist das bekannte Bad am
Samstag Abend allgemein beliebt.

Solange die Sonne noch nicht erwärmt, wird wenig gesprochen.
Die Kälte macht den Schwarzen geistesträge. Erst mit zunehmender
Wärme wird er munter und gibt sich dann seinem Hang zum Schwatzen
und Lachen hin.

Ist der Pflege des äußeren Körpers Genüge gethan, so müssen
die Weiber an die Bereitung des Essens denken. Bald ertönt dann
auch ihr eintöniger abscheulicher Gesang beim Mehlbereiten. Entweder
reiben sie es knieend auf Reibsteinen oder sie stampfen es zu zwei
bnu drei in munterem Takt im Holzmörser. Ist das nötige Quantum

bereitet, so kochen sie rasch einen dünnen Brei aus Mehlwasser, Uji genannt, als Morgensuppe. wovon jedoch nur wenig genossen wird. Dann schreiten sie zur Herstellung des Mahles. Die Hauptnahrung bildet immer, wie bei allen Negern Deutsch=Ostafrikas, das Ugalli. In einem Topf wird Wasser zum Sieden gebracht und gerade so viel Mehl wie Wasser zugeschüttet, nachdem etwas von dem kochenden Wasser abgeschöpft wurde. Der Teig wird so dick, daß beim Um= rühren eine zweite Person das Gefäß mittels eines Holzes halten muß, oder aber die Betreffende drückt es mit den Füßen mittels eines Holzes fest an. Das abgenommene Wasser wird wieder hinzugeschüttet und wenn das Gericht ein durchscheinendes Ansehen hat, so ist es gar. Salz oder Gewürze werden nicht zugesetzt. In den kleinen Gärten, im Feld oder im Wald wurde vorher etwas Gemüse gesammelt, ebenfalls zerstampft und unter Zusatz von einigen zerdrückten Erdnüssen gedämpft, auch unreife Bananen gekocht oder in Asche geröstet, süße Kartoffeln oder Jamwurzeln werden abgesotten. Etwa vorhandenes Fleisch gilt als Zuspeise. Entweder ist es frisch, gedörrt oder auf dem Feuer geröstet und getrocknet, auch Hühner werden gekocht gegessen oder gespalten am Feuer geröstet. Fische werden merkwürdigerweise nie gekocht, sondern immer geräuchert gegessen. Den Wanjamuesiweibern ist der Genuß von Hühnerfleisch untersagt. Braten und Schmoren ist den Wanjamuesi und allen Negern unbekannt.

Das Ugalli wird kegelförmig auf einem Strohteller aufgehäuft, Gemüse und Fleisch in dem Gefäß, in welchem es gekocht, belassen und alles zusammen auf einem hohlgeschnitzten Brett aufgetragen. Respekt= voll, mit gebeugtem Knie, reichen die Weiber die Platte den Männern dar, indem sie es mit einem Knix vor dieselben auf den Boden setzen. An der Mahlzeit der Männer und Knaben dürfen die Weiber nicht teilnehmen. Sie essen, wenn diese fertig sind, abseits mit den Mädchen im Schatten der Hütte oder im Innern derselben. —

Mit dem Mahl bringen die Weiber auch eine mit Wasser ge= füllte Kalabasse zum Reinigen der Hände und zum Ausspülen des Mundes, welches vor jeder Mahlzeit vorgenommen wird, ohne diese Reinigung würde kein Mjamuesi etwas genießen. An der Erde kauernd greifen die Essenden mit der rechten Hand zu. Gabel, Messer und Löffel kennen sie nicht. Mit der Hand formen sie, alle aus einer

Schüssel essend, kleine walnußgroße Klöße und führen sie mehr
schleudernd zum Mund. Wollen sie Gemüse nehmen, so drücken sie
mit dem Daumen ein Loch hinein und schöpfen dasselbe damit.
Brühen werden aus dem herumgereichten Topf getrunken. Das
Fleisch wird ebenso mit den Händen gefaßt. In vier bis fünf
Minuten ist das Mahl beendet und Hände und Mund werden wieder
gereinigt und dann erst ein Schluck Wasser genommen. Der volle,
angeschwollene Magen läßt deutlich erkennen, daß er gefüllt ist, und
wiederholtes kräftiges Aufstoßen gilt, wie auch bei den Arabern,
sowohl als Zeichen der Sättigung, wie als Höflichkeit gegen den Wirt
oder die Hausfrau. Als merkwürdig verdient noch erwähnt zu
werden, daß den Wanjamuesi Eier, als etwas Unappetitliches, ekel=
haft sind und nicht von ihnen genossen werden. Unterdessen ist es
elf Uhr geworden, und die Weiber haben jetzt Zeit, sich ihrer
Toilette, speziell Frisur zu widmen. Die Schöne oder meist sehr
Häßliche hat schon am Tage zuvor ihre Freundin gebeten, dabei be=
hilflich zu sein, und geht dieselbe abzuholen. Watschelnden, absichtlich
nachlässigen Ganges zieht sie dahin. Die Freundin hat sich gerade
eine Pfeife Tabak angezündet, indem sie mit einer feinen langen Zange
vorsichtig eine glühende Kohle aufgelegt. Nun sitzt sie auf dem niederen
Schemel, den Kopf auf die Arme gelegt, deren Ellbogen auf die
Kniee gestützt sind, und mit ihren kräftigen Zähnen hält sie die lange,
gerade hinausstehende, manchmal ganz aus Eisen geschmiedete Pfeife in
einem Mundwinkel, für den Europäer eine höchst gemeine Haltung, in
den Augen ihrer Landsleute gilt dieselbe aber als sehr chic. Zuweilen
läßt die vorsorgliche Mutter ihr kleines Töchterchen, das kaum sieben
oder acht Jahre alt ist, ebenfalls einen kräftigen Zug thun.

Ohne ein Wort zu sagen, läßt sich die Ankommende halb in die
Kniee sinken, streckt die Arme aus und klatscht leise in die Hände,
worauf die andere dasselbe thut. Die erstere dreht sich dann sofort
um, und die Freundin folgt ihr. Im Schatten ihrer Hütte läßt sich
die erstere nieder auf einem niederen aus einem Stück geschnitzten
Holzschemel. Sie läßt sich die Pfeife, welche der türkischen ähnlich
geformt ist, reichen, raucht weiter, und das Frisieren beginnt. Zunächst
werden mittels einer scharfen Pfeilspitze die Haare von einem Ohr zum
andern über die Mitte des Scheitels in gerader Linie abrasiert. Das

stehen gebliebene Haar, welches als etwa drei Finger dicker, dichter
Wulst auf dem Kopfe liegt und nach den Seiten und dem Nacken
verläuft und ebenfalls mit der Pfeilspitze abgeschnitten ist, Scheren
kennt man dort nicht, und mit einem sechszinkigen Kamm, dessen Zähne
große Ähnlichkeit mit denen eines Pferdekammes haben, nur noch
dicker wie diese sind, aufgelockert, nicht durchgekämmt. Hierauf wird
derart reichlich Öl aufgegossen, daß es über Stirn, Hals und Nacken
herabfließt, aber beileibe nicht weggewischt wird. Derselbe Holzkamm
wird dann kokett irgendwo am Hinterkopf oder auch so eingesteckt, daß
er über der Stirn schräg nach vorn und unten heraussteht, eine
recht hübsche kleidsame Frisur. Nun werden die Plätze gewechselt.
Die Freundin, mit dem schönen Namen Mgumba — die andre heißt
Djäla — trägt Masinsi, die echte Unjamuesifrisur, die Haare läßt man
einfach wachsen, so daß sie zu langen Pudellocken verfilzen, oft bis
zu den Schultern herabhängen. Diese Frisur wird mit ganz be=
sonderer Vorliebe von den Ruga Ruga getragen. Die Aufgabe der
Freundin ist es nun, diese Pudellocken mit Erde einzureiben und
dann ein Gemisch von Fett und Ruß hinzuzufügen. Im allgemeinen
wird aber von den Wanjamuesi, wie von allen östlich von Tanganika
wohnenden Stämmen, die Frisur gegenüber den westlichen Völkern ver=
nachlässigt. Die vielgestaltigen Formen, deren hauptsächlichste wir eben
kennen lernten und deren erstere nur von Weibern getragen wird,
wechseln seit uralten Zeiten, wie es scheint, in denselben Grenzen, so daß
eine Zeitlang nur allgemeine gewisse Formen bevorzugt werden.
Manchmal sieht man recht absonderliche, so z. B. fünf bis sechs stern=
förmig vom Kopf kerzengerade abstehende, mit Palmblattstreifen um=
wickelte Zöpfe oder einen ringsum vom Wirbel aus in Spiralen um
den Kopf laufenden Zopf, der dicht auf die Haut aufgeflochten ist, oder
von der Stirn steht ein Horn nach vorn ab. Es sind besonders die
Wagalla, welche sich in solchen Exzentrizitäten gefallen. Sehr oft
wird der ganze Schädel glatt rasiert, wenn nach zu langem Stehen=
lassen, manchmal fünf bis sechs Jahren, die Haare zu sehr verfilzt
sind, so daß die zur Vertilgung des darin lebenden Ungeziefers an=
gewandte Reinigungsprozedur nicht mehr wirksam ist. Dieselbe besteht
darin, daß die Haare mit Lehm und Wasser vollständig eingerieben
werden und man alsdann den getrockneten, puderartig zerteilten Lehm

zwei bis drei Tage darin läßt. Alles lebende Ungeziefer wird da=
durch getötet und die aus den Eiern geschlüpften Jungen gehen eben=
falls zu Grunde. Die Eier selbst aber werden nicht zerstört, so daß
sofort für Nachwuchs gesorgt ist und trotz der momentan erfolg=
reichen Vernichtung der lebenden Insekten stets wieder eine Neube=
siedelung des Kopfes eintritt. Vorläufigem Überhandnehmen derselben
beugt man im Anfange dadurch vor, daß man sich gegenseitig ganz
ungeniert die Liebesdienste erweist, welche Affen mit so großer Vorliebe
und Geschick an jedem sich darbietenden Haarwuchs vornehmen. Auch
unsre Djolä mußte diese Prozedur bei Mgumba ebenfalls verrichten.
Während der ganzen Zeit wurde von den beiden gekichert und ge=
schwatzt. Das Thema dreht sich um häusliche Angelegenheiten, Klatsch
und frivole Dinge. Gelegentlich wird mit einem Vorübergehenden
kokettiert, welcher sich ganz ungeniert nach den intimsten ehelichen An=
gelegenheiten erkundigt und kichernd wird bereitwilligst Auskunft erteilt.
Geheimnisse existieren in Afrika nur, wenn sie von niemand ge=
kannt sind, mit Ausnahme eines einzigen: an welchem Ort der Häupt=
ling sein Elfenbein verborgen hält.

Dort in der Sonne ruht sich ein Weib, an der Erde hockend,
aus. Sie säugt ihr einige Monate altes Kind zugleich mit dem älteren
dreijährigen und raucht selbstverständlich dazu. Die Wanjamuesiweiber
rauchen leidenschaftlicher wie die Männer, wenn schon auch diese Erkleck=
liches darin leisten.

Einige kleine Mädchen spielen im Sande, die Beschäftigung ihrer
Mutter nachahmend, und ein paar Jungen nehmen verschiedene Male
Anlauf zu einem Kriegsspiel, ohne jedoch jemals über die Anfänge
hinauszukommen, und zerstreuen sich dann, wie immer in solchen Fällen
gelangweilt, sehr bald wieder.

Die Männer haben jetzt, Ende September, wo alle Erntearbeiten
vollendet sind, gar nichts zu thun und lungern den ganzen Tag um=
her. Langeweile kennen die Glücklichen gar nicht.

Am Feuer sitzen trotz der Hitze ein paar gebrechliche weißköpfige
Greise, der eine schnupft, der andere raucht Hanf. Die liebe Jugend
macht sich lustig über die gebeugten Gestalten, und auch Erwachsene
stimmen in das Gelächter der Rangen ein, denn Achtung vor dem
Alter ist den Wanjamuesi fremd. Die Alten erzählen sich, unbe=

kümmert um das Gespött in abgebrochenen Sätzen mit hohltönender Stimme und langsamen wichtigen Gesten schon hundertmal gehörte Geschichten aus alten Zeiten, vielleicht über Dinge, die vor zweihundert Jahren passierten, und nun bilden sie sich selbst ein, dabeigewesen zu sein, eine gute Manier, recht alt zu werden. Den Begriff der Zeit kennen übrigens alle Neger nicht und ebensowenig können sie manch= mal unterscheiden, was sie selbst erlebt haben oder erzählen hörten.

Unter einem in der Nähe des Thors aus Stroh hergestellten Sonnendach sitzen und liegen junge Männer als Thorwachen, solange es ihnen beliebt. Sie lassen die Hanfpfeife kreisen und stoßen jenes rohe, tierische Husten aus. Vom Felde kommen ein paar Freunde, welche sich liebevoll die Arme um den Nacken geschlungen haben, und unter= halten sich lebhaft mit einem jungen Krieger, welcher vor einigen Tagen von der Küste zurückgekehrt ist. Auf einem primitiven In= strument, bestehend aus einem kleinen Bogen mit einem Flaschenkürbis als Resonanz, spielt er schon seit einer Stunde immer denselben Takt, aus vier Tönen bestehend, denn mehr kann man dem Instrument nicht entlocken, welches mit einem starken Grashalm bearbeitet wird. Auf dem linken Mittelfinger hat der Künstler die Spitze eines Flaschen= kürbishalses, wie einen Fingerhut, gesteckt und läßt ihn in lieblichem Takt auf den kleinen Resonanzboden fallen: eine Musik, die den ruhigsten Menschen rasend machen kann, sogar Araber und, was noch mehr sagen will, selbst Negerhäuptlinge. Das Ngubu, so heißt das schöne Instrument, ist denn auch in Unjanjembe und seiner Zeit in Mgunda verboten gewesen. Andre Männer im Dorfe schnitzen Lanzen= oder Pfeilschafte, auch wohl einen Bogen. Aus einer entfernten Ecke des Dorfes ertönen helle Hammerschläge. Ein Fundi ist mit dem Be= reiten von Sahni, dem Baststoff, beschäftigt. Hühner laufen umher und picken beim Mehlstampfen zu Boden gefallene Körner. Einige der ledergelben Köter mit den Fuchsgesichtern fressen gierig die überaus nahrhaften feinen Häutchen der Durrahkörner, welche die Weiber nach dem Enthülsen derselben auf den Kehrichthaufen geworfen haben.

Unterdessen steigt die Sonne höher, und stiller wird es im Dorf. Die Luft liegt zitternd vor Hitze auf der Lichtung, und die meisten halten jetzt Siesta, um sich vom Faulenzen auszuruhen. Plötzlich wird die gemütliche Stille durch gellendes Geschrei und die schimpfende

Stimme eines Mannes unterbrochen. Kibulu, der Sohn des Sarago, des Dorfältesten, hat am hellen lichten Tage, von einer kleinen Reise unvermutet früher zurückgekehrt, sein ungetreues Weib Kasinde mit Paramoto in ein sehr angelegentliches Gespräch vertieft in seiner Hütte angetroffen, diesen aber als den Stärkeren wohlweislich laufen gelassen, wenn schon er das Recht gehabt hätte, den Eindringling in diesem Augenblicke zu töten. Sein Weib hatte er durch ein paar schallende Ohrfeigen zu dem gellen Schreien veranlaßt. Jetzt läuft er, mit Gewehr und Lanze bewaffnet, im Dorfe umher und schlägt wütend mit einem Stock auf die Erde, die Pfosten, die weit herabreichenden Strohdächer der Hütten, bis ihn einige Freunde festhalten. „Ich werde ihn erschießen und aufspießen, den Hund, den Zauberer!" und ein Schwall von nicht wiederzugebenden Schimpfworten ergießt sich über seine Lippen, „Tungula näne (haltet mich), sonst töte ich mein Weib", schreit er beim Anblick desselben. Seine Freunde thun ihm den Gefallen. Doch Kasinde kennt ihren Kibulu, und von herbeieilenden Genossinnen umringt, entschuldigt sie sich, verlegen lächelnd: „I—i—sch, Kibulu Msähäwo'" (I—sch, Kibulu ist ein alter Mann), was ein ungeheures Hallo hervorruft, denn Kibulu ist höchstens dreißig Jahre alt. Da Kasinde die Lacher auf ihrer Seite hat, zieht sich Kibulu grollend zurück, ohne jedoch seine Hütte zu betreten. Erst nach monatelangen Unterhandlungen ist der Streit geschlichtet worden, indem Paramoto eine hohe Summe an Stoffen und eisernen Hacken zahlt und zur Sühne eine Ziege liefern muß, mit deren Blut die entweihte Schwelle besprengt wurde. Nun erst bezog Kibulu seine Hütte wieder.

Nachdem etwas mehr Ruhe in die Gemüter gekommen ist, müssen die Weiber wieder mit dem Bereiten von Mehl zur Abendmahlzeit beginnen. Mit einem gewissen Behagen gehen sie auseinander, haben sie doch neuen Stoff zum Klatschen für wenigstens ein halbes Jahr. Die Männer ziehen nach dem Wald, um Brennholz zu holen, denn ohne Feuer kann der Neger keine Nacht zubringen. Es ist ihm eben solches Bedürfnis wie die Nahrung. Gegen fünf Uhr entsteht neuer Zusammenlauf. Aus einem benachbarten Dorf ist ein Trupp Tänzerinnen gekommen, welche als berühmte Fundi (Meister) einen guten Ruf haben. Für gewöhnlich merkt man ihnen nicht an, daß sie von Beruf Tänzerinnen sind. Sie leben ebenso wie alle andern Weiber und sind nicht mehr und nicht weniger angesehen wie die andern. Nur von Zeit zu Zeit machen sie Kunstreisen, so auch heute. Ihre Toilette haben sie schon zu Hause gemacht und den stundenweiten Weg im Ballett= kostüm zurückgelegt. Mit einem großem Troß Müßiger, Neugieriger aus den in Sehweite liegenden Dörfern kommen die Künstlerinnen an. Eine zivilisierte Tänzerin würde einen solchen Weg schon allein wegen ihres Alters nicht wagen, denn das hat sie in hohem Grade mit ihren afrikanischen Kolleginnen gemein, nur daß es jene nicht geniert, vor so langer Zeit schon geboren worden zu sein. Das Kostüm ist übrigens wesentlich von dem unsrer Balletttänzerinnen verschieden. Der Ober= körper zeichnet sich zwar ebenso wie bei jener durch die mangelhafte Kleidung aus, nur daß sich diese Mangelhaftigkeit bis zum Gürtel erstreckt und wie bei allen ihren Landsmänninnen. Um die Hüften hat sie aber bis zu den Knöcheln ihr Tuch geschlungen, verhüllt also, was jene am meisten zu zeigen bemüht ist, denn sie tanzt eigentlich nicht mit den Beinen, sondern mit dem Oberkörper. Doch zuerst sei das Kostüm ganz beschrieben. Die Tänzerin trägt über die Brust gekreuzt langhaarige Streifen aus Ziegenfell, ebensolche um Oberarm, Handgelenke, Knöchel und einen um den Kopf, an den Füßen hat sie Rasseln aus hartschaligen eiergroßen Früchten gebunden. Geschminkt ist sie nicht, die Schminke würde ihr durch den beim Tanz entwickelten Schweiß von der Haut herunterlaufen.

Neben der Geschicklichkeit der Bewegung wird auch die Aus= dauer bewundert. Manchmal läßt die Tänzerin ihre eignen Instru= mente, ihr ganzes Orchester mitziehen, bestehend aus zwei bis drei Trommeln, oft auch muß beides von der Bevölkerung geliefert werden. In unserm Dorf sind gute Trommeln, dieselben werden von irgend welchen musikalischen Leuten in rasendem Takte gerührt, und die Künstlerin beginnt auf dem freien Platz sofort ihre Produktion. Da ist es eigentümlich zu beobachten, in welchem Verhältnis die Schau= stellende zum Publikum steht. Da ist nichts zu merken von der Feind= seligkeit, welches unser gewöhnliches Publikum fahrenden Leuten gegenüber unwillkürlich an den Tag legt. Nicht jene Verachtung, mit der die Leute auf die armen Menschen herabblicken, und nichts von den Ansprüchen, welche das Volk an die Fahrenden macht. Die Schwarzen sind alle seelen= vergnügt, wenn sie solchen Genuß haben können, und helle Freude

Mtscheso in Saadani. Frauen Bana Heris, Schwerttänzer. Nach einer Originalphotographie.

leuchtet ihnen aus den Augen, und die Tänzerin ist selbst bei den be=
scheidensten Leistungen großer Bewunderung sicher und mit Eifer und
Liebe widmet sie sich ihrer Kunst. Schenkt man ihr viel, so ist sie
vergnügt, erhält sie wenig, so ist's ebenfalls gut, denn sie ist nicht darauf
angewiesen. Und so zeigt sie denn, was sie kann, sie stampft schnell
und immer schneller mit den Füßen zum Takte der Trommeln, sich lang=
sam im Kreise umherbewegend. Den Unterleib, das Gesäß, die Brust
und die Schulterblätter beginnt sie in ganz sonderbarer Weise zu
drehen, schütteln, wenden, daß man derartige Verrenkungen gar nicht
für möglich halten sollte. Zuweilen tanzt sie auf jemand zu, setzt sich
auf dessen Schoß, bis er sich durch eine Kleinigkeit ausgelöst hat. Die
Weiber schenken Perlen, Armbänder, Samboringe, auch Feldfrüchte.
Stundenlang geht es so, immer in derselben Wiederholung oft bis tief
in die Nacht, bis alle ermüdet zur Ruhe gehen. Für den Europäer
ist nichts Langweiligeres denkbar wie eine solche Produktion, und bald
zieht er sich zurück.

In unsrer Ansiedelung strömt gegen Sonnenuntergang alles wieder
nach dem Dorf zurück, welches in friedlicher Abendbeleuchtung daliegt.
Vom Walde her kommen die Männer und auch einzelne Weiber mit
schweren Holzlasten, Frauen und Mädchen tragen ihre Thonkrüge auf
dem Kopf, um Wasser zu schöpfen. Ein kleiner Junge treibt die
meckernden Ziegen des Dorfältesten zurück.

Schnell senkt sich die Dunkelheit auf die Landschaft, im Dorf
sieht man wieder die einzelnen Familien ihre Mahlzeiten ein=
nehmen, wobei ein zufällig Vorübergehender zum Zugreifen eingeladen
wird und sich auch nicht lange nötigen läßt. Ist die Dunkelheit ein=
gebrochen, so versammeln sich, wenn nicht gerade unsre Tänzerin da ist,
sämtliche Dorfbewohner auf dem kleinen Platz, der mit Fikusbäumen
bestanden ist, zu den im August und September nach eingebrachter
Ernte alljährlich durch Wochen bis zu Regenzeit hin stattfindenden Chor=
gesängen, den Uimbisi. Um glimmende Kohlenfeuer sitzen sie an der
Erde. Ein Vorsänger gibt, wenn man so sagen darf, in Fistelstimme
das Leitmotiv, uralte, meist nur aus wenigen Takten bestehende Lieder,
der Chor fällt vierstimmig ein, und jetzt erst kommt die Melodie zur
Geltung. Oft geradezu schöne Gesänge hört man in richtigem
vierstimmigen Chor vorgetragen, das hallt, wogt auf und ab und

setzt jubelnd ein und dann zieht es wieder in schönem reinen Drei= und Vierklang dahin, daß man stundenlang zuhören kann. Allerdings darf man an die Stimmen keine Ansprüche erheben, sie sind rauh, durch= aus ungeschult und nur auf den Chorgesang eingeübt. Der einzelne singt niemals mit Bruststimme, sondern immer in der Fistel. Die Wanjamuesi haben entschieden ein natürliches Gefühl für den Generalbaß, denn sonst könnten sie derartige Motive nicht ohne weiteres richtig begleiten. Die Gesänge klingen vielfach melancholisch, aber durchaus nicht alle. Manche, wie die Schlachtgesänge, haben etwas Kriegerisches Begeisterndes, aber fast alle brechen unvermittelt ab. Es bedarf zum Erfassen der Schönheiten ihrer Musik immer erst eines gewissen Studiums und Gewöhnung an die Eigenart derselben. Außer den Wanjamuesi gibt es in Afrika keinen Stamm, welcher derart musikalisch wäre, abgesehen von den Warua im Kongoquellgebiet, welche jedoch nicht so Gutes leisten. Alle andern Stämme haben recht häßliche Melodien, besonders die um den Märusee herum. Der Text behandelt die sonder= barsten gleichgültigsten Dinge, die in gar keinem Zusammenhang mit der Melodie stehen. So rufen sie z. B. den Häuptling an und ver= sichern, dessen Kinder zu sein, oder irgend ein unbedeutendes Ereignis wird in kindischer Weise erzählt. Der Gesang dauert zwei bis drei Stunden, bis die meisten ihr Lager aufgesucht haben. An andern Abenden führen die Wanjamuesi Tänze auf, Weiber oder Männer allein, auch wohl zusammen, unter Händeklatschen und Gesang, Reigen oder Reigentänze, immer sehr obscöner Natur. Oder die Ruga Ruga treten zum wilden Kriegstanz an. Zuletzt versuchen wohl auch noch einige mutwillige Jungen und Mädchen einen Tanz zu ordnen, doch zerstreuen sie sich bald, alles wird ruhig, heller Mondschein ergießt sich über das Dorf. Die Nachttiere sind längst auf der Suche nach Nahrung, und einige Nachtschwalben flattern lautlos durch die laue Luft.

Feld- und Gartenbau der Wanjamuesi.

Das ganze Land Unjamuesi, von der Mgunda Mkali bis zum Tanganika, von Usukuma am Viktoria-Njansa im Norden bis Ufipa im Süden ist, wie wir schon hörten, im großen und ganzen fast eben, nur hier und da von Hügelreihen oder einzelnen Granit- oder Gneiskuppen durchsetzt. Der Boden des ganzen Landes besteht im hervorragend größten Teil aus Laterit. In den seichten Bodendepressionen und im Inundationsgebiet der Regenbäche und -Flüsse — immer fließende Gewässer existieren im ganzen großen Unjamuesi nicht — liegt auf dem Laterit zuweilen in einer mehr oder weniger mächtigen Schicht Schieferthon mit oft in großer Menge beigemischtem Glimmer. Dieser Thon ist hell ockerfarben, schmutzig grau bis graublau. Er hat immer einen weißlichen Strich und nimmt bei allen eben aufgeführten Farbenabstufungen an viel mit nackten Füßen betretenen Stellen eine blauschwärzliche fettglänzende Farbe an. Da dieser Thon überall Savannen, oder wie sie dort genannt werden, Mbuga, bildet, so soll im folgenden für diese Erde der Ausdruck Mbugaerde gebraucht werden. Schwarzer, fetter Humus, mit verwesenden Pflanzenresten, ist selten zu finden. In den schmalen Flußurwäldern kommt er nur da vor, wo eine größere Parzelle so liegt, daß das Wasser der austretenden Bäche und Flüsse nie fließend darüber gleiten kann und es so den Boden nicht hinwegzuschwemmen vermag. Das eben Gesagte gilt auch für den größten Teil des übrigen Deutsch-Ostafrikas, wo nicht Gebirge gen Himmel ragen.

Von Kies, Geröll und Trümmergestein ist der Boden nirgends nennenswert durchsetzt, und da die oben angeführten Bodenarten alle

24*

an und für sich sehr fruchtbar sind, so müßte Afrika in allen Teilen, wo der Boden aus diesem besteht, ein sehr ergiebiges Land sein, wenn nicht die sechsmonatliche Trockenheit den Anbau von Nutz= und Nährpflanzen sehr begrenzte oder auf der andern Seite die 1—1 $\frac{1}{2}$ Monate lang dauernden Überschwemmungen der seichten De= pressionen die Saat ersaufen ließen.

Der Laterit wird durch Austrocknen fast steinhart und ist dann mit der Hacke nicht umzuarbeiten. Er ist allenthalben mit dem Pori oder lichtem Wald überzogen. Die Mbugaerde wird in der trockenen Zeit um vieles härter und zäher wie Laterit. Sie vermag trotz ihrer Undurchlässigkeit das aufgenommene Wasser nicht zu halten, da sich die Oberfläche durch zahllose Risse derart vergrößert, daß sie bald gänzlich ausgetrocknet ist. In größerer Tiefe, welche den Pflanzenwurzeln nicht mehr zugänglich ist, bleibt das Wasser natürlich in dem Thonboden. Da, wo Sand auf undurchlässigem Boden liegt, sammelt sich das Wasser. Diese Stellen, meist von kleinem Umfang, machen sich durch immergrünen Graswuchs und etwas üppigere Vegetation bemerkbar. Sie liegen meist mitten im Walde, und legen die Wanjamuesi ihre Niederlassungen dort an, um in den Sand die Brunnen zu graben, welche selten tiefer wie 1—1 $\frac{1}{2}$ m sind. Der schwarze Ansiedler muß bei der Auswahl des Platzes vor allem darauf Bedacht nehmen, die Felder nicht in der Savanne anzulegen, da diese in der Über= schwemmungsperiode (Mafika) zu lange unter Wasser steht. Wo der Boden nicht zu sandig ist, ist er überall fruchtbar. Trotzdem ver= fahren die Wanjamuesi, welche von alters her Ackerbauer sind, zu= weilen mit so wenig Sachkenntnis bei Auswahl des Platzes, daß sie schon nach der ersten Ernte gezwungen sein können, einen andern zu wählen. Auf der andern Seite aber können Ansiedelungen siebzig bis achtzig Jahre und länger bestehen.

Verfolgen wir die Anlage der Felder (Kisuaheli: mda, Kiunja= muesi: mlala) von Beginn an. Mit Vorliebe wählt man wegen der Rodungsarbeiten bei einem geeigneten Wasserplatze solche Stellen des Waldes, welche mit wenig dichtem Holz und möglichst wenig Unterholz bestanden sind, trotzdem derartige Stellen weniger ertragsfähig sind. Nachdem man die Hütten errichtet und Feldfrüchte als Unterhalt bis zur nächsten Ernte untergebracht hat, beginnt man, alles Holz,

Bäume und Sträucher umzuschlagen. Stämme werden ringsum auf etwa Zweispannbreite von Rinde entblößt, um so zum Aussterben gebracht zu werden, weil sie entweder zu schwer umzuhauen sind, oder zu hartes Holz haben. Wenn sie später ausgetrocknet sind, werden sie durch Feuer gefällt. Stangenholz, Sträucher und schwache Bäume haut man mit wenigen Hieben dicht über der Erde ab, während man die stärkeren Bäume aus Bequemlichkeit in Unterleibshöhe abhaut und den Stumpf stehen läßt. Später entfernt man ihn gelegentlich, indem man, wie an die großen stehengebliebenen Stämme, Feuer anlegt oder sie nach und nach zu Brennholz verwendet.

Die Wanjamuesi haben eine sehr große Geschicklichkeit im Holzfällen und vermögen mit ihren kleinen meißelartigen Beilen in kürzester Zeit große Flächen abzuholzen, wobei aber nicht zu vergessen ist, daß der Pori sehr licht im Bestand ist.

Das umgeschlagene Holz bleibt liegen und ist vor dem Eintritt der Regenzeit so trocken, daß alsdann Ast- und Blattwerk, sowie dünne Stämme durch angelegtes Feuer zerstört werden. Die nicht verbrannten läßt man liegen, um sie im nächsten Jahre zu verbrennen oder allmählich als Brennholz aufzubrauchen.

Die ersten Regen nach der trockenen Zeit fallen Ende Oktober, und wenn der Boden Mitte November derart durchfeuchtet ist, daß er mit der Hacke aufgebrochen werden kann, beginnt die Feldarbeit. Das einzige gebräuchliche Ackergerät ist die eiserne Hacke (Kisuaheli: jembe, Kiunjamuesi: igembe). Das herzförmige Blatt der Hacke ist etwa 5 mm stark und von der Oberfläche zweier nebeneinander gelegter großer Hände.

Aus der Einbuchtung der zwei Lappen ragt der 20—23 cm lange, sich allmählich zur Spitze verjüngende Eisenstiel hervor. Der Holzstiel ist etwa meterlang, aus leichtem, zähen Holz und so dick, daß er bequem in der Hand liegt. Gegen das Handende verdickt er sich etwas, um beim Arbeiten nicht aus der Hand gleiten zu können. Am entgegengesetzten Ende ist ein eiartig verdickter Kopf, welcher leicht umgebogen, und in diesen ist der spitz zulaufende, eiserne Hackenstiel eingebrannt, mit leichter Neigung gegen den Holzstiel und zwar an der entgegenstehenden Seite der Neigungsrichtung des umgebogenen verdickten Kopfes. Da die Hacke so in spitzem Winkel im Holzkopfe steckt, wird sie von einer größeren Holzfläche gefaßt, ohne daß der Holzstiel schwerer zu sein brauchte. Diese Befestigungsweise ist über= aus praktisch, indem sich die Hacke bei der Arbeit von selbst immer fester einkeilt und dabei doch mit einem einzigen Schlage ausgelöst werden kann, geführt gegen den Holzstiel auf derjenigen Seite, wo die Hacke ausragt. Die Hacke ist bei der Weichheit des Eisens im dritten Jahre vollständig aufgebraucht, so daß nur ein höchstens hand= tellergroßes Eisen übrig geblieben ist. Der Preis der Hacken, welche zugleich als Zahlungsmittel dienen, stellt sich in Unjamuesi drei bis vier Hacken 1 Doti, 1 Doti = 1½—2 Mark, zur Regen= zeit, wo starke Nachfrage ist, sogar eine Hacke = 2 Doti = 3—4 Mark per Stück. Die meisten kaufen ihre Hacken erst kurz vor Beginn der Regenzeit, oder gar erst, wenn schon Regen gefallen ist, statt vorher daran zu denken. Manchmal kommt es sogar vor, daß überhaupt keine Hacke mehr aufzutreiben ist.

Sind mehrere heftigere Regen gefallen, so bemächtigt sich der Wanjamuesi große Aufregung, und mit einer Art Passion gehen sie an die Bestellung ihrer Felder. Bei Sonnenaufgang ist die ganze Familie schon auf dem Acker, und sind die Dörfer zu jener Zeit derart entvölkert, daß man nur Greise und Kranke darin findet. Da nun eine günstige Gelegenheit für Raubgesindel gekommen ist, Menschen zu rauben, indem es der auf den Feldern weit umher zerstreuten Arbeiter sehr leicht habhaft werden kann, so ziehen die Männer nach uraltem Gebrauch in vollem Waffenschmuck auf den Acker, das Haupt mit Federn, Antilopenmähnen oder aus Stroh hergestelltem Kopfputz geschmückt, an Armen, Beinen und der Brust Fellstreifen und eiserne Schellen und Rasseln. Der mit eingebrannten, geradlinigen Orna= menten gezierte Hackenstiel ist ebenfalls mit Schellen versehen, auf der Schulter ruht das Beil mit nach rückwärts hängendem Stiel und über derselben Schulter die Hacke, in der Hand Pfeil, Bogen und Lanze oder Flinte, hier und da einer mit einem Köcher unter dem Arm oder Patronentasche und Pulverhorn um die Lenden und am Ober= arm das kleine Messer, angethan mit nur zwei kleinen Fellen zur Bedeckung der Blöße hinten und vorn. Das Weib trägt den Säugling in einem Fell oder einem Bastsetzen auf dem Rücken, der Säugling bleibt während des ganzen Tages dort, schlafend, trotz der heftigen

Bewegungen der arbeitenden Mutter, trotz der Sonnenglut, trotz der zahllosen kleinen Fliegen. Die Mutter trägt auch das Kochgeschirr und Mehl, selbst Wasser, denn man bleibt bis Sonnenuntergang auf dem Feld, wenn nicht Regen die Arbeiter vertreibt. Die Kinder sind, sobald sie kräftig genug, ebenfalls mit Hacken ausgerüstet. Emsig und angestrengt, fast ohne auszuruhen, wird gearbeitet. Die einzigen Ruhe=pausen gönnt man sich während des hastig verzehrten Mahles. Für das Weib bildet die Bereitung desselben eine Extraarbeit. Hier erst kann man beobachten, welche Arbeitskraft im Neger steckt. Wochen=lang wird geackert, bis die Aussaat vollendet ist. Die Männer müssen noch einige Tage, etwa sechs bis zehn Tage, im Frondienst die Felder der Häuptlinge bestellen.

Bei dem alten, vollständig gerodeten Boden geht die Arbeit schnell von statten. Anders bei frischem Waldboden. Zwischen den stehengebliebenen Stümpfen werden lange Reihen aufgeworfen und dabei zunächst die kleineren und schwächeren Wurzeln ausgegraben. Stärkere Wurzeln, Baumstümpfe und liegende Stämme verschwinden erst nach drei bis vier Jahren ganz und werden durch Feuer, Hacke und Beil entfernt.

Der Mann, als der Stärkere, nimmt den Boden zuerst in An=griff, indem er, seitwärts schreitend, eine Reihe nach der andern aus=hebt. Nun folgt die Frau, mit dem Gesicht in entgegengesetzter Richtung arbeitend, so daß ihre Hacke leichtere Arbeit hat, indem sie senkrecht in die Böschung des vom Manne ausgehobenen Grabens eingreift und dann die Erde an die Reihe des Mannes wirft, so daß sie die ent=gegengesetzte Böschung der Reihe herstellt. Der Boden bleibt an der Basis der Reihe ungelockert, dieser Nachteil wird jedoch im zweiten Jahre vollständig aufgehoben, indem die Reihen umgeworfen werden, wobei wiederum der Mann die alte Reihe zuerst in Angriff nimmt. Er spaltet sie und wirft die Erde in den Graben und zwar derart, daß er diesmal die bis dahin ungelockerte Basis in der Hälfte trifft.

Die Reihen haben von der Sohle des Grabens bis zum Reihen=scheitel eine Höhe von 40—50 cm, von der Mitte eines Reihen=scheitels zum andern 1 m und mehr. Die Ausdehnung des Feldes richtet sich nach dem Belieben des Ansiedlers. Bei jungen Rodungen steht ihm so viel Boden zur Verfügung, als er bearbeiten will.

Die fruchtbarsten Stellen sind immer Termitenhügel mit ihrer fetten Erde.

Das hohe Aufwerfen der Reihen hat den Zweck, dem Regenwasser während heftiger Güsse im Februar und März einen Abfluß zu schaffen und ein Ertrinken der Pflanzen zu verhindern. Häufig stehen die Gräben nach starken Regengüssen ganz unter Wasser. — Das Aufwerfen der Reihen wird zuerst vollendet und nimmt die Zeit bis Mitte Dezember in Anspruch, worauf mit Säen begonnen wird. Der Säende scharrt mit dem Fuß oder der Hand kleine Löcher in den Scheitel der Reihe. Es werden die Körner dann so wie etwa Salz gestreut, nicht aber im Bogenwurf, wie bei uns die Aussaat. Die Erde wird sodann mit der Hand oder dem Fuße darüber gescharrt und die Aussaat ist vollendet. Sehr bemerkenswert ist, daß mit dem Beginn des Feldbaues, also von dem Moment an, wo der Boden umgewühlt wird, auch die arbeitenden Neger zuweilen vom Fieber ergriffen werden.

Das Saatkorn (Kif. und Kiun. mbägu, wörtlich: Art) aller Getreidearten wird auf das sorgfältigste vor der Ernte unter den schönsten Körnern, Ähren und Kolben ausgewählt. Die Leute verschaffen es sich nach einigen Jahren immer von weit her, z. B. Mais aus Umeba im Südwest des Tanganika, Sorghum aus Ugogo. Sonst aber pflegt man öfter von entfernter liegenden Ortschaften und Nachbarn schönes Saatkorn auszutauschen. Die Neger wissen sehr gut, daß sonst die Feldfrüchte sehr leicht degenerieren.

Die Nährpflanzen der Wanjamuesi sind vor allem die Negerhirse sorghum vulgare, Kif. mtama, Kiu. ussigga), Mais (Kif. mhindi, Kiu. mtama) und Panikum (Kiu. uläsi), dann Reis (Kif. und Kiu. mpunga), ferner Maniok (Jatropha manihot, Kif. und Kiu. mhogo), Bataten (Convolvulus batatas Kif. wiasi Kiu. nkufu), Erdnüsse (Arachis hypogaea Kif. kalanga, Kiu. majoa), Bohnen und erbsenartige Früchte, Kürbis, Bananen und Zuckerrohr und als Narkotika Tabak und Hanf.

Die Aussaat von Sorghum und Mais geschieht meist gleichzeitig auf demselben Acker, indem man zuerst Sorghum und dann etwas weiterstehend Maiskörner einlegt. Sorghum gedeiht am besten im roten, fetten Laterit, verlangt aber während drei bis dreieinhalb Monat regelmäßige Regengüsse, auch im Glimmerthon, wenn dieser nicht zu lange unter Wasser steht. Mais verlangt schweren fetten Boden und viel Feuchtigkeit. Derselbe bedarf zweieinhalb, höchstens drei Monate zur Reife und wird Ende März bis Anfang April ge=erntet, wobei eine Pflanze oft drei bis vier Kolben zur Reife bringt. Am besten gedeiht er in dem wasserreichen Kawende. Die Kolben werden übrigens schon vor der vollständigen Reife vielfach genossen und gelten gekocht oder geröstet als Leckerbissen.

Die Männer beteiligen sich, nachdem die Aussaat gemacht ist, nicht mehr an der Arbeit, wenn sie nicht die Felder zum Schutze gegen Wild, wie Schweine und Büffel, mit einem $1/2$ m tiefen, jedoch nur spannbreiten Graben umziehen, dessen ausgehobene Erde nach der Seite des Feldes geworfen wird in $1/2$ m Höhe. Gegen Schweine genügt auch das Aufstecken von Dornen. Die Feldfrüchte sind dann vollkommen gegen diese Tiere geschützt. In weiten Zwischenräumen werden besonders da, wo Fußpfade entlang führen, Fallgruben mit eingesenkten spitzen Pfählen angebracht. In Gegenden wo große Büffelherden existieren, muß der Wall noch etwas erhöht und eine sehr starke, brusthohe Palissadenzäumung errichtet werden. Die weiteren Arbeiten überläßt der Wanjamuesi ganz und gar der Frau, wie z. B. Ausjäten von Unkraut. Wenn der Mann nicht zur Küste zieht, um sich dort als Träger anwerben zu lassen, kann auch der Fall eintreten, daß die ganze Familie auf weit entlegenen Feldern eine provisorische Hütte bezieht, welche gerade so gebaut ist wie die im Dorfe, um gemeinsam die Felder zu hüten. Im allgemeinen über=nimmt auch diese Arbeit die Frau mit den Kindern. Besonders die Knaben haben die Aufgabe, von hohen Gestellen, welche später die 4 m hohen Sorghumhalme überragen müssen, allerhand Eindringlinge abzuhalten. Von den Gestellen aus werden, durch Schreien und Würfe mit Erde oder kleinen Steinen, einfallende Vögel, hauptsächlich Finken=arten, Tauben, Papageien, sowie die sehr zahlreichen und diebischen Affenbanden fernzuhalten gesucht. Selbst die Nacht hindurch wird manchmal Wache gehalten, wenn der Besitzer des Feldes zu faul war, Schutzgraben und Wall anzulegen. Als Vogelscheuche für die Saat und keimende Frucht werden an schräg in die Erde gesteckten Stöcken Palmenblätter und Strohbündel befestigt und letzteren oft die Form einbeiniger, langgeschwänzter Ungeheuer gegeben, an deren Kopf weiß=

gebleichte Achatinagehäuse als Glasaugen angebracht sind. Zum Schutze gegen Diebe gräbt man an Kreuzwegen zersprungene Thongefäße mit dem Boden nach oben zur Hälfte ein oder bringt hier und da kleine Ruten mit wunderkräftigen Zaubermitteln an. Mitte April ist die Maisernte vorüber, die Kolben werden abgebrochen und dann die ganzen Stauden ausgerissen, wobei der Boden durch das Ausreißen etwas aufgelockert wird. Die Kolben werden in großen Rinden= schachteln ins Dorf getragen und dort in der Hütte belassen, um ent= weder an hohen Stangen gebunden oder in sehr großen 1—1$^1/_2$ m hohen und ebensolchen Durchmesser haltenden Rindenschachteln (Kiu.; Lindo)· ohne Deckel offen aufbewahrt zu werden, bis sie während etwa zwei oder drei Monaten steinhart ausgetrocknete, goldgelbe Körner zeigen. Hierauf schichtet man sie möglichst dicht in Schachteln, steckt die obersten Maiskolben kuppelartig mit den Spitzen nach unten dicht zusammen und überstreicht die Kuppel und die Nähte der Rindenschachtel mit Lehm, welchem Asche beigemischt ist, um die Maisernte gegen Termiten und die sehr zahlreichen Ratten zu schützen, was man damit auch vollkommen erreicht. Derartige Lindo stellt man auf einen kniehohen Pfahlrost entweder im Innern der Hütte oder unter der Veranda auf. Die schönsten Kolben mit den großen Körnern sucht man in genügender Anzahl aus und bindet sie in Bündeln in der Hülle als Saatkorn in der Hütte an einen Sparren des Kegeldaches.

Die Sorghumhalme haben mit dem Mais dieselbe Höhe erreicht und können sich nun, nachdem der Mais entfernt ist, freier entwickeln. Ganz ungestörten Besitzes des Bodens darf sich jedoch der Sorghum nicht allenthalben erfreuen, denn je nach Bedarf werden in den besseren Boden, auf größerer oder kleinerer Fläche zwischen die Halme in die noch feuchte Erde Gurken=, Kürbis=, Melonenkerne und Strauch= bohnen gesteckt, deren Ranken schließlich den Boden ganz überwuchern.

Die Mais= und Sorghumkultur ist in Afrika sicher schon uralt und jedenfalls nicht in geschichtlicher Zeit dort eingeführt. Den Reis= bau hingegen haben die Wanjamuesi von den Arabern übernommen, derselbe beginnt erst jetzt allgemein eingeführt zu werden; doch zieht der Neger mit Recht immer den viel kräftigeren Sorghum vor.

Der Reis verlangt bekanntlich sumpfigen nassen Boden, welcher sich in Unjamuesi vielfach in einer für den Reisbau vorzüglichen

Güte findet. In dem humusartigen Schlamm seichter Depressionen werden, ebenfalls vor Eintritt der Regenzeit, Reihen in derselben Weise und in denselben Größenverhältnissen aufgeworfen wie oben beschrieben, und zwar an Stellen, wo das Wasser lange stehen bleibt. Schollenreihen, wie sie unser Pflug aufwirft, werden da mit der Hacke hergestellt, wo schnelleres Verlaufen oder Verdunsten des Wassers zu befürchten ist. Die Reisfelder müssen ganz besonders gegen die Zebras geschützt werden, welche oft in Herden von dreißig bis vierzig Stück in der Nacht einfallen und ganze Felder verwüsten können. Die einzelnen Ähren werden mit Messern abgeschnitten und im Dorfe ausgedroschen, indem man sie in der Hand mit Ruten ausklopft.

Anfang Mai beginnt der Sorghum zu blühen und zugleich der Südostpassat einzusetzen. Die Wanjamuesi, wie die meisten Negerstämme, schreiben die Ursachen des Windes dem Blühen des Sorghums zu, und die dann stets zunehmende Heftigkeit dieses Windes der Körnerbildung der Ähren. Der Feldbau (Kis. und Kiu.: Kulima) ist ihnen so wichtig, daß sie sogar die Zeit danach rechnen und z. B. sagen: wir haben so und sovielmal Feld gebaut, seit dies oder jenes Ereignis stattfand. Die Ernteerträge sind natürlich von allen möglichen Dingen, besonders dem Klima abhängig. Zu große anhaltende Trockenheit oder zu viele Regen können dieselbe ebenso gut zerstören wie Vögel und ein winziger Rüsselkäfer, welcher zu hunderttausenden auftritt und die einzelnen Sorghumkörner durchbohrt. Der Verfasser sah in Katango, im Jahre 1884, den Boden der Sorghumfelder ganz und gar mit einer feinen Mehlschicht überzogen, welche von den bohrenden Käfern umhergestreut war. Wenn in solchen Fällen nicht noch Vorräte von früher vorhanden sind, tritt regelmäßig Hungersnot ein. Um so größer ist die Freude, wenn dann eine so reiche Ernte, wie im Jahre 1881, eingebracht werden kann. Dieselbe begann zufällig in dem genannten Jahre an demselben Datum wie im vorhergehenden, am 4. Juli. Der Beginn der Ernte wird vom Häuptling bestimmt. Der Termin wird auch in den der Hauptstadt nahe gelegenen Feldern gut eingehalten, weiter entfernt weniger.

Vor Einbringung der Ernte wird allgemein auf das strengste darauf gehalten, daß in weitem Umkreis um die Felder keine der jährlich angelegten Grasbrände erregt werden. Auch hierbei bestimmt

der Häuptling den Termin, und wehe demjenigen, der es wagt, vor=
her in der Nähe von Feldern das Gras anzuzünden, er riskiert, ge=
lyncht zu werden. Die lockeren Ährenrispen waren 1881 in Unja=
muesi so schwer und groß geraten, daß sich die Halme unter der Last
beugten, und trotzdem dieselben unten bei einer Länge von 4 m fast
zweifingerdick geraten waren, wurde mehr wie einer derselben abgeknickt.
Weiber und Sklaven waren aufs emsigste beschäftigt, einen Halm nach
dem andern umzuknicken und die Ähre mit einem Messer abzuschneiden.
In Körben, aus Palmenblättern geflochten, und Schachteln und Deckeln
werden dieselben in großen Haufen auf die in der Nähe im Felde
geglättete Tenne gebracht. Die Tenne wird unter freiem Himmel
durch Abtragen eines Termitenhügels hergestellt, dessen harten zähen
Thon man mittels der Hacke und Beile zerschlägt und die Erdknollen
auf einer etwa 5—6 m im Durchmesser haltenden Fläche ausbreitet,
wobei meist ein Teil des Termitenbaues stehen bleibt. Mit Wasser
gemengt, wird die Erde festgetreten und dann mit der Hand glatt ge=
rieben. Die Tenne hat keinen hochstehenden Rand. Die Ähren werden
auf der Tenne spannhoch so geschichtet, daß ein ungefähr schrittbreiter
Rand frei bleibt. Mit 2 m langen, dünnen Stangen, ohne Flegel,
wird die Negerhirse unter munteren, sehr häßlich klingenden Gesängen
merkwürdigerweise in gleichzeitigem Schlag ausgedroschen, wobei die
Ähren oftmals gewendet werden. Da von Mitte Mai gar keine
Regen mehr auftreten, so ist die Frucht sehr trocken und drischt sich
leicht aus, wobei sie aus den hornartigen harten Kelchspelzen aus=
springt. Gereinigt werden die Körner, indem man das Korn in
flachen Strohtellern oder Rindenschachteldeckeln mit beiden Armen mög=
lichst hoch hebt und im Winde langsam auf ein großes flaches Rinden=
stück fallen läßt, so daß die Luftströmung die Spreu wegweht.

Das gereinigte Sorghumkorn wird in Körben und Rindenschachteln
nach dem Dorfe geschleppt, um entweder in ebensolchen großen Lindo,
wie beim Mais beschrieben oder in großen Getreideschobern aufbewahrt
zu werden. Diese Schober haben dieselbe Gestalt wie Hütten, ein
Cylinder mit aufgestülptem, weit vorragendem Kegelstrohdach, sind
jedoch auf einem kniehohen Pfahlrost erbaut, um das Getreide vor
Feuchtigkeit oder Termiten zu schützen. Da dem Neger das Umwerfen
des Kornes unbekannt ist, so nistet sich häufig der schon erwähnte

Rüsselkäfer darin fest, scheint aber in aufgespeichertem Korne niemals die Verheerung anrichten zu können, welche der Verfasser in Katanga beobachtete an Korn, welches noch am Halme stand, und ein Glück ist es, daß dieses gefährliche Insekt sehr selten in großer Menge auftritt.

Sorghum= und Maisfelder werden drei Jahre hintereinander bestellt, um dann entweder nach drei= und mehrjährigem Brachliegen wieder in Angriff genommen zu werden, oder man rodet, wo Platz genug vorhanden ist, andre Waldstrecken.

Nach Einbringung der Mtamaernte beginnt die Zeit der Ruhe und des Pombe (Bier) trinkens, und allabendlich versammeln sich die Dorfbewohner zu dem schon geschilderten Chorgesang oder Uimbisi.

Künstliche Düngung wird bei den drei erwähnten Getreidearten, wenn man von der unwillkürlichen Aschendüngung bei der Rodung absieht, nirgends angewendet. Nur die Wadschagga kennen Rinder= mistdüngung.

Neben Sorghum und Mais nimmt die wichtigste Stelle die zur Fett= und Ölbereitung angepflanzte Erdnuß ein. Der Mjamuesi kul= tiviert dieselbe in großen Mengen. Sie gedeiht vorzüglich im Laterit und wird auf Reihenbeeten von 30 cm Höhe und $^1/_2$—$^3/_4$ m Scheitel= weite, an etwas höher gelegenen Stellen, angebaut. In zwei= bis dreifachen unregelmäßigen Reihen werden auf dem Reihenbeete in handbreiten Abständen je 3—4 Erdnüsse in ein Loch gelegt, ebenso wie Sorghum und Mais. Die Erdnuß braucht zur Reife vier bis fünf Monate. Die Pflanzen stehen buschweise beisammen. Sie haben ein kleeartiges Aussehen und werden nur zweihandhoch. Nach dem Abblühen der gelben Blume senkt sich der Fruchtstiel in die Erde, wo der Samen reift. Eine einzelne Pflanze zeitigt in guten Jahrgängen fünfzehn bis zwanzig Nüsse. Die Nüsse lassen sich drei bis vier Jahre aufheben, ohne ranzig zu werden, und liefern 40—50 % Öl. Die Erdnuß (arachis hypogaea) ist dazu berufen, eine wichtige Rolle in unsern Kolonien zu spielen, als vorläufig einziges Produkt, welches in Mengen angebaut und einen bedeutenden Ausfuhrartikel bilden wird.

Sehr eifrig baut auch der Mjamuesi Hülsenfrüchte. Obenan steht eine kleeartige Hülsenfrucht Njugu maue (Voandzeia subterranea), dieselbe wird ebenso wie die Erdnuß gepflanzt. Die Pflanze hat ein dieser sehr ähnliches Aussehen, so daß man beide, bei oberflächlicher Betrachtung, leicht verwechseln kann. Auch hier senkt die gelbe Blüte, wie der lateinische Namen andeutet, den Fruchtstiel in die Erde, wo ein kugelrunder 11 mm Durchmesser haltender, sehr stärkemehlhaltiger Samen reift. In Geschmack und Farbe erinnert sie sehr an unsre Erbsen.

Neben den Getreidearten bilden Bataten und Maniok die Hauptnährpflanzen. Die Batate liebt einen schweren, mit etwas Sand untermischten Boden. In fettem Laterit ohne Sand wird sie sehr üppig und groß, sehr zuckerhaltig, aber für den Europäer wie selbst den Neger nicht sehr zuträglich. Die Batate erreicht die Größe unsrer sogenannten langen Salat= kartoffel bis selbst Kinderkopfgröße. Die Farbe der ziemlich glatten Schale, welche vollkommen der unsrer Kartoffeln entspricht, variiert zwischen dem gewöhnlichen erdfarbenen Graubraun, Rot und Dunkelviolett.

Die Batate wird von den Wanjamuesi durch abgerissene Stecklinge fortgepflanzt, welche man in zwei handbreiten Abständen gleichmäßig in das Beet einsteckt, nachdem man mit dem Finger ein Loch hinein= gestochen hat. Die Beete werden mit der Hacke gut umgearbeitet, $\frac{1}{2}-\frac{3}{4}$ m hoch, oben $\frac{1}{2}-\frac{3}{4}$ m breit und von beliebiger Länge aufgehäuft und meist in der Nähe der Dörfer und an etwas feuchten Stellen. Die Pflanze wuchert üppig und überzieht das ganze Beet mit ihrem Schlingkraut, sich so selbst gegen Unkraut schützend. Die Batate setzt sehr bald ihre Wurzelknollen an und ist nach drei bis vier Monaten reif. Da, wo dieselben immer begossen werden, kann man das ganze Jahr hindurch frische haben. Der Mjamuesi ist aber dazu viel zu faul und begnügt sich, das Gedeihen von den Regenfällen abhängen zu lassen. Sind die Knollen reif, so werden sie mit der Hacke sorgfältig ausgehoben. Zur Aufbewahrung werden sie zubereitet, indem man sie mit Messern der Länge nach in Stücke schneidet und in der Sonne trocknet.

Auch die Blätter der Batate werden als Gemüse in frischem Zustande sowohl wie getrocknet genossen.

Maniok gedeiht am besten auf leichtem Boden und erfordert am wenigsten Arbeit. Der Boden wird wie früher in Beete aufgelockert und ein dünnes Astreis in Zweispannenlänge hineingesteckt, in denselben Zwischenräumen auf allen Seiten. Maniok läßt man meist zwei Jahre wachsen. Die holzartigen Strünke werden 3—4 m hoch. Während des Wachstums geben die Blätter das ganze Jahr über ein ganz angenehm schmeckendes Gemüse. Der Maniok ist in Unjamuesi süß, erinnert im Geschmack entfernt an Haselnüsse. Da, wo die Wurzel bitter ist, was in Deutsch-Ostafrika sehr selten vorkommt, muß der giftige Milchsaft erst ausgelaugt werden. Die bis zu Armdicke anwachsenden langen Knollen werden ebenfalls der Länge nach in starke Scheiben geschnitten und in der Sonne getrocknet und können jahrelang aufbewahrt werden. Sie werden zu Mehl zerstampft.

Njumbu ist ein Knollengewächs mit niederem Kraut. Es bildet fingerdicke lange Wurzelknollen, welche mehrfach abgeschnürt sind, jedoch wegen des starken Terpentingeschmacks öfters abgekocht werden müssen. Der Anbau der wie unsre Kartoffeln schmeckenden mehligen Wurzeln wird weniger betrieben. Außerdem baut man in Unjamuesi noch eine Hülsenfrucht, Schiroko genannt, welche unsern Erbsen ähnelt. Auf den Gemüsebau wendet man in Unjamuesi große Sorgfalt, und kann man in der Umgebung der Dörfer nach Einbringung der Ernte eine Menge kleiner Gärten entstehen sehen, angelegt im schwarzen Humus und eingehegt mit kleinen Dornenhecken. Dort werden Bohnen, wahrscheinlich dieselbe Art wie unsre Strauchbohnen, neben einer Menge sehr wohlschmeckender Kürbisvarietäten und Gurkenarten gepflanzt. Letztere sind nur in der Gestalt der Frucht von den unsern verschieden. Die Blätter und Blüten der Kürbis- und Gurkenarten werden zu wohlschmeckenden Gemüsen verwendet. Tomaten (Kis. und Kiu: njanjia) sind sehr verbreitet und werden gern gegessen. Sie sind entschieden erst durch Araber von der Küste her eingeführt worden. Der rote kleine Pfeffer, der bei seiner ungeheuren Schärfe sehr beliebt ist, wird in Gärten angepflanzt, er ist wahrscheinlich auch von Arabern eingeführt.

Der Banane haben wir schon an andrer Stelle gedacht. Sie wird in Unjamuesi sehr wenig angepflanzt, was um so mehr zu verwundern ist, als die Wanjamuesi Ackerbau in solch ausgiebiger Weise betreiben. In ganz Unjamuesi und in allen Ländern, in denen Ackerbau intensiv in Deutsch-Ostafrika betrieben wird, dürfte höchstens ein bis drei Prozent der Bodenoberfläche angebaut sein. Nach ungefährer Schätzung des Verfassers stellt sich das Verhältnis der verschiedenen Nährpflanzen nach der Menge ihres Anbaues in größter Berück= sichtigung des Landes Unjamuefi wie folgt:

Sorghum	60 %
Mais (wo er nicht ausschließlich gebaut wird, wie in Kawende)	18 „
Erdnüsse	8 „
Reis	2 „
Ulefi (nicht nennenswert)	— „
Bataten	5 „
Hülsenfrüchte	7 „
	100 %.

Sorghum hat von allen den größten Nährwert, ist am wohl= schmeckendsten und gedeiht überall, wo der Boden nicht zu sandig oder zu feucht ist.

Zum Schluß sei noch des Zuckerrohrs, der Baumwolle, des Tabaks, des Hanfs und Sesams gedacht. Das Zuckerrohr ist durch die Araber eingeführt und wird wenig gepflanzt, mehr zur Näscherei. Baumwolle findet man bei jedem Dorfe in einigen Sträuchern, meist von selbst aus durch Zufall in die Erde geratenem Samen entstanden. Regelmäßig angebaut wird sie nirgends, trotzdem die Wanjamuefi die= selbe sehr zu schätzen wissen und vier bis fünf Pfund roher, dort gewonnener Baumwolle (Kif. und Kiu: pamba) einen Wert von drei bis vier Mark hat. Tabak (Kif. tumbako, Kiu: funko) wird, ungeachtet er so sehr begehrt wird, nur aus Faulheit wenig gebaut. Unter flachen, kniehohen Strohschutzdächern, von einem Meter im Geviert, sät man den Samen ganz dicht und verpflanzt die finger= langen Pflänzchen irgendwo in aufgelockerter Erde in der Nähe der Hütte oder als einreihige Einfassung von Gartenbeeten, merkwürdiger= weise nie auf größeren Flächen. Der Tabak ist weiß= und rotblütig, sehr stark, die Blätter nicht sehr groß und von starken Rippen durch= zogen, jedenfalls keine edle Art. Man läßt aus Unkenntnis die Pflanzen alle ausblühen und verhindert so die Bildung großer Blätter. Der Tabak wird, wenn kein Vorrat vorhanden ist, oft grün abgerissen,

Kikogwa bei Pangani.
Baumwollplantage der Deutsch-Ostafrikanischen Gesellschaft.

über glühenden Kohlen gedörrt und so geraucht oder geschnupft, nach=
dem man ihn zu letzterem Zweck in einer Gefäßscherbe mittels eines
Beilstieles zerrieben hat. Andre flechten lange Zöpfe, wie bei uns
Kautabak geflochten wird, rollen sie zu Scheiben auf und stecken sechs
dünne Stäbe sternförmig durch, um der Rolle Halt zu geben. Er
wird der Sonne ausgesetzt und trocknet sehr schwach, dabei fermen=
tierend. Meistens pflegen die Wanjamuesi die grünen Blätter in
einem Holzmörser einzustampfen und daraus kegelförmige Brote von
$\frac{1}{4}$—1 Kilo zu formen und diese ebenfalls wochenlang der Sonne
auszusetzen. Diese Brote fermentieren etwas stärker, doch schmeckt der
so zubereitete Tabak ebenso schlecht wie der andre.

Es dürfte eine offene Frage sein, ob der Tabak eine einheimische
afrikanische Pflanze ist. Dafür spricht, daß das Rauchen derart ver=
breitet und so sehr bei den Schwarzen eingewurzelt ist, daß sie
schwerlich erst nach der Entdeckung Amerikas damit vertraut geworden
sind. Ihre Rauchinstrumente sind so mannigfacher Art, daß eine Ein=
führung von außen nicht anzunehmen ist. Dazu kommt noch, daß
die meisten Stämme einen eignen Namen für Tabak haben, der meist
in gar nichts an das Wort Tabak erinnert. Besonders originell und
anderswo nicht wieder zu finden ist neben dem oben beschriebenen
Verfahren zur Bereitung des Tabaks das Einkochen desselben in
Katanga, wodurch der Tabak überaus stark und wachsartig knetbar
wird.

Gegen die Annahme, daß Tabak eine afrikanische Pflanze ist,
spricht, daß man noch nirgends wilde Tabakpflanzen gefunden hat,
und man die Mannigfaltigkeit der Rauchgeräte auch von dem alten
Brauch des Hanfrauchens ableiten könnte. Da dieser aber nur aus
einer ganz bestimmten Art Pfeife geraucht wird, so ist dieser Einwurf
wohl auch nicht stichhaltig.

Hanf (Kis. und Kiu: bangi) wird nur zum Zweck des Rauchens
gesäet und zwar in einzelnen Exemplaren innerhalb der Dörfer. Man
läßt eine Pflanze oft jahrelang stehen.

Die Sesampflanze wird von den Wanjamuesi, trotzdem das Öl
zum Einreiben wie Kochen Verwendung findet, ebenfalls nicht an=
gepflanzt. Die Mühe, welche bei etwaigem Anbau aufgewendet werden
müßte, ist fast gleich Null, man brauchte nur irgendwo in der Regen=

zeit einen Kern in die Erde zu stecken. Wo zufällig eine Pflanze wächst, läßt man sie stehen, um den bohnenartigen Samen einzuheimsen. Die meisten Pflanzen findet man innerhalb verlassener Ortschaften.

Man sieht, daß die Hilfsquellen des Negers, welche ihm allein aus dem Pflanzenreiche zu Gebote stehen, sehr mannigfaltige sind. Dieselben könnten ganz gewiß noch viel mehr ergiebig sein, wenn der Schwarze mehr Sorgfalt auf deren Kultivierung legte. Für uns haben aber alle oben angeführten Produkte, so wie sie jetzt Afrika produziert, wenig Wert mit alleiniger Ausnahme der Erdnuß, welche bekanntlich schon zur Gewinnung von Öl in großen Mengen von der Westküste exportiert wird. Doch dürfte es keinem Zweifel unterliegen, daß Afrikas Lateritboden, richtig bewirtschaftet, auch Zinsen tragen würde, wenn man nicht zu hohe Ansprüche an den Prozentsatz der Rentabilität macht und sich entschließt, größere Kapitalien als à fonds perdu zu opfern.

Der Tanganika.

Ein Zufall hat es gewollt, daß derjenige der innerafrikanischen
Seen, der Tanganika, welcher am weitesten von der Küste entfernt ist,
zuerst entdeckt wurde. Den Anstoß zu seiner Entdeckung haben Krapfs
und Rebmanns Forschungen und Erkundigungen über die großen Seen
des Innern gegeben. Sie veranlaßten die beiden englischen Kapitäne
der ostindischen Armee Burton und Speke, unterstützt von der Regierung in Bombay, sich auf den Weg zu machen, um sich von dem
Vorhandensein dieser großen Binnengewässer zu überzeugen. Schon
in den Jahren 1854—55 hatten die beiden den allerdings vergeblichen Versuch gemacht, von Norden her in Ostafrika einzudringen.
Erst als sie 1857 zum zweitenmal das Vorhaben in Angriff nahmen,
sollte es ihnen glücken. In dem genannten Jahr, Mitte Juli, brachen
Burton und Speke von Bagamojo auf und erreichten den See zuerst
am 12. Februar eine kurze Strecke nordwärts von der Mündung
des Malagarasi, des einzigen größeren Flusses, den der Tanganika
aufnimmt. Zwei Tage später befanden sie sich in Ujiji. Damit war
eines der größten geographischen Probleme zum Teil wenigstens gelöst.

In langgestreckter Form, einen Teil jener schon öfter erwähnten
afrikanischen Erdspalte ausfüllend, verläuft die Hauptrichtung des
Tanganika dementsprechend annähernd nordsüdlich. Die ganze Länge
des Sees beträgt 630—650 km. Die Breite wechselt zwischen
30—80 km. Die Tiefe ist sehr beträchtlich und erreicht, so weit
jetzt bekannt ist, 200—300 m.

Der Tanganika zeigt ein eigentümliches Phänomen, sein Steigen
und Fallen. Es ist nicht ausgeschlossen, daß diese Erscheinung in

mehr oder minder auffälliger Weise auch den andern afrikanischen Seen eigen ist, da die Ursachen für alle dieselben sind.

Man hat für dies Steigen und Fallen des Tanganika die mannigfachsten Erklärungen versucht, deren sonderbarste und unhaltbarste diejenige von Stanley ist. Er nimmt in sehr gezwungener Weise an, daß früher zwei zusammenhanglose Seen bestanden haben sollen von verschiedener Meereshöhe. Vulkanische Kräfte hätten dann nach Stanleys Vorstellung den Zusammenbruch der Scheidewand und ein Ineinanderfließen der Seen und dabei ein Steigen des einen Teils und ein Sinken des andern veranlaßt. Durch nichts aber läßt sich diese Annahme thatsächlich begründen, sie ist ein reines Phantasiegebilde, wie so manches, was Stanley gesagt hat.

Ohne uns auf die verschiedenen andern Theorien einzulassen, wollen wir nur diejenige Erklärung der angeregten Erscheinung geben, welche die einfachste und wahrscheinlichste ist. Der Verfasser war mit einer der ersten, welcher dieselbe gegeben hat.

Wenn wir uns auf der Karte den Tanganika und das ganze Gebiet seiner Zuflüsse ansehen, so finden wir, daß dieses unverhältnismäßig klein ist. Der größte Zufluß ist der schon oben genannte Malagarasi, welcher ungefähr in 5° 30, Südbreite in den See fällt. Die entferntesten Ursprungsrinnen dieses Flusses befinden sich kaum 400 km von seiner Mündung. Dieselben führen aber nur während Regen= und Überschwemmungszeit auf höchstens acht bis vierzehn Tage Wasser und trocknen in den höheren Lagen alsbald vollständig aus. Sie bilden weiter abwärts in vorgeschrittener Jahreszeit Ketten zusammenhangloser Wasserbecken. Es sind ohne Ausnahme Regenflüsse und =Bäche. So auch die andern Zuflüsse des Tanganika. Der Malagarasi ist der einzige, welcher auch in der trockenen Zeit, jedoch auf kaum 100 km Entfernung von der Mündung stromaufwärts zusammenhängendes Wasser aufweist. Nur von den Bergen, welche oft die beträchtliche Höhe von 3000 m erreichen, wie in Marugu am Westufer des Tanganika, stürzen und rauschen unzählige Bäche in den See, welche das ganze Jahr über Wasser führen.

Es hat sich gezeigt, daß der See bei dem Besuche Burtons und Spekes noch im Steigen begriffen war, daß aber sein Sinken vom Jahre 1873 an datiert und daß man jetzt an Stellen, welche von Wasser bedeckt waren, Baumstümpfe findet. Dieses läßt darauf schließen, daß der See in früheren Perioden schon einmal niedrigeren Stand hatte. Der Tanganika ist gegenwärtig noch immer im Fallen begriffen und hat sich seit 1873 einen Abfluß durch den Lukuga gewühlt. Sein Wasserspiegel ist bis jetzt um 3 oder 4 m gefallen. Das Flußgebiet des Tanganika bildet an seiner Westseite einen Streifen von kaum 50 km Breite, indem die Gebirge dort die schmale Wasser= scheide zwischen Kongo=Luapula und Tanganika bilden. Nord= und südwärts fallen die Wasser aus schmalen Gebieten von höchstens 100 km Breite in den See. Am Südostende des Tanganika fließen aus nur 20—30 km weit her die Bäche von den Bergen Ufipas herunter. Die Ostabhänge derselben gehören schon dem Strom= gebiet des Rikwasees an. Dagegen gehören sämtliche Wasser des Landes Unjamuesi, Uha, eines Teiles von Urundi und Ussukuma dem Tan= ganika an.

Ein weiter ganz flacher Kessel, Unjamuesi und die Mgunda Mkali umfassend, senkt sich von 1500 m Meereshöhe im Osten und 1200 m im Norden sanft zu dem nach des Verfassers 780 m, nach Wißmanns Messung 814 m über dem Meere liegenden Tanganika hinab. Alles Wasser der Regenzeit läuft in diesem Gebiet nach dem See zu ab. In den Gebirgen läuft es langsamer ab, weil es dort zurückgehalten wird, so daß der Vorrat bis zur nächsten Regenzeit anhält. In flachem Land ist es schneller verschwunden. Es wird vom Boden aufgesogen, ein Teil fließt ab, aber das meiste verwandelt sich in Dampf, da die Verdunstung in der trockenen Zeit eine ganz enorme ist. Das Niveau des Sees steigt alljährlich nach der Regenzeit um wenigstens einen halben Meter, um dann wieder zu fallen. Bei der ungeheuren Ober= flächenausbreitung wird diese kolossale Wassermenge, um welche der See neben seinem steten Sinken abnimmt, von dem trockenen Südost= passat hinweggeführt. Nehmen wir nun an, der See hätte keinen Abfluß, so kann sich Jahre hindurch der Zufluß und die Verdunstung das Gleichgewicht halten. Es kann sogar die Verdunstung eine größere wie der Zufluß werden, der See beginnt zu sinken, ohne daß ein Abfluß stattfindet. Derartiges tritt ein, wenn sich eine Periode trockener Jahre mit wenig Regen eingestellt hat, wie man solche Perioden auf der ganzen Erde beobachtet hat. Nun folgt eine Periode sehr regenreicher Jahre, die Verdunstung vermag mit dem Zufluß nicht mehr gleichen Schritt zu halten, umsoweniger, als der Südostpassat, welcher während sechs Monaten weht, schon mehr Feuchtigkeit auf= genommen hat, infolgedessen auch die Verdunstung von der Seeober= fläche eine geringere sein muß. Der See beginnt zu steigen und wird nun nach jeder Trockenzeit einen höheren Spiegel zeigen. Im Laufe mehrerer Jahre hatte der Tanganika eine solche Höhe erreicht, daß er durch die tiefste Stelle seiner Ufer im Lukugathal abzufließen begann. Dies fand gerade statt, als Livingstone und Stanley den Tanganika besuchten. Sie konnten einen Abfluß jedoch mit Gewißheit nicht kon= statieren. Noch war der Abfluß des Lukuga zu schwach und seicht, bald aber hatte sich das Wasser eine tiefere Rinne gewühlt und nun raste ein reißender Strom an der Stelle, wo früher trockenes Land war. Am Tanganika mag in früheren Epochen, nachdem ein Sinken stattgefunden hatte, der Spiegel soweit gesunken sein, daß Felsen im Bett des Abflusses einem weiteren schnellen Auswühlen ein Ziel setzten. Nur das jährlich zufließende Regenwasser strömte ferner ab, bis schließlich eine längere trockene Periode eintrat, bei welcher die Ver= dunstung wieder derart überwog, daß der See zu sinken begann. Nun trat eine allmähliche Eintrocknung des früheren Lukugabettes ein, das= selbe versandete, wurde schlammig, Wasserpflanzen siedelten sich an, Binsen und Schilf. Die Erosion des Regens führte von den Thal= hängen Erde hinab, Gras begann zu sprießen, Sträucher und zuletzt Bäume. Sand und Geröll des Abflußthales bauten einen immer stärkeren Wall, der, wenn auch vielleicht nur meterhoch, eine Miniatur= wasserscheide darstellte, quer im Thal des Lukuga. Die eine Seite dieser winzigen Wasserscheide ließ das Regenwasser in den Tanganika laufen. Die andere Seite führte das Regenwasser in der Richtung des alten Lukuga weiter. Da immer mehr Schutt und Geröll von den Abhängen des Thales herabgeführt wurde, eine immer dichtere Vege= tation die Erde zusammenhielt, so konnte es kommen, daß selbst normale Regenzeiten den See nicht mehr derart anwachsen machen konnten, um den immer höher und breiter werdenden Damm zu durch= brechen. Endlich trat wieder ein Steigen, durch starke Regenperioden veranlaßt, ein. Das Hindernis wurde zuerst durchfeuchtet, in den folgenden Jahren immer sumpfiger, endlich leckte das Wasser darüber

hinweg, und im folgenden Jahre war der Abfluß wieder ent=
standen. Das Spiel beginnt von neuem. So erklärt sich das periodische
Fallen und Steigen wohl am besten.

Daß der Tanganika von andern Seen her jemals Zuflüsse gehabt
haben soll, seit er in seiner heutigen Gestalt besteht, ist als vollkommen
ausgeschlossen zu betrachten. Das Wasser des Tanganika hat einen
gerade noch für die Geschmacksempfindung bemerkbaren Salzgehalt, doch
ist es sehr gut trinkbar. Dieser Salzgehalt wird wahrscheinlich noch
lange Perioden dem Wasser eigen bleiben, da ihm durch den Mala=
garasi aus Uha und Uwinsa, zwei salzreichen Gebieten, fortwährend
Salz zugeführt wird, wenn auch in sehr geringer Menge. Als merk=
würdig verdient noch erwähnt zu werden, daß der Verfasser und sein
Begleiter D. Böhme im Jahre 1883 im Tanganika eine große neue
Quallenart entdeckten, der einzigen bis jetzt bekannten Süßwasserqualle.

Da der Tanganika durch den englisch=deutschen Vertrag nur mit
seiner Ostküste dem deutschen Gebiet zugefallen ist, so wollen wir uns
auch nur mit dieser beschäftigen.

Die ganze Küste des Sees ist wenig gegliedert. Einen wirklich
guten Hafen hat man bis jetzt noch nirgends gefunden. Alle Buchten
und Flußmündungen sind dem Wellenschlag und Wind ausgesetzt und
da, wo Inseln im See liegen mit hinreichend tiefem Wasser, geschützt
gegen Seegang und Sturm, wie z. B. bei Kirandu in Ufipa, liegen
dieselben zu weit vom Lande ab und dorthin ist das Ufer flach oder
die Küste hoch und steil.

Der Tanganika ist von zu großer Ausdehnung, als daß man ihn
landschaftlich im ganzen aufzufassen vermöchte. Er macht im all=
gemeinen den Eindruck eines Meeres, besonders da, wo die gegenüber=
liegende Küste nicht zu sehen ist, und erinnert vielfach in der Küsten=
ansicht an die Ostsee, ist aber bedeutend schöner wie diese. Bei klarem
Himmel ist das Wasser von wunderbar tiefblauer Farbe. Es ist ein
intensives, tiefes Azurblau, wie es selbst der Indische Ozean nicht zeigt.
Wenn der heftige Südostpassat vom Mai bis Ende Oktober über die
Riesenwasserfläche mit großer Stärke und konstanter Kraft dahinweht,
so wird der ganze See aufgewühlt und mächtige Wogen von 2 m Höhe,
was auch für das Meer schon eine ganz bedeutende Dünung ist, rollen
in majestätischer Gleichmäßigkeit dahin, brechen sich brüllend und

dröhnend an den hohen Felsgestaden, werfen haushoch weißen Gischt an scharfen Felsen in die Höhe, daß die Wassermassen prasselnd und plätschernd niedersausen oder in Regenbogenfarben in der Sonne zerstäuben. Oder sie rollen in mächtigem Schwall rauschend den flachen Sandstrand hinauf, um sich donnernd zu überschlagen, eine weit hinter der andern in 30—40 m Entfernung sich folgend. Da, wo heftige Brandung steht, ist es in dem Gebrause der stürzenden Wasser unmöglich, die menschliche Stimme zu vernehmen und nur der schrille Pfiff der Möwe übertönt das Geräusch, ein Vogel, der dem Nyassa fehlt, welcher See überhaupt lange nicht den meerartigen Eindruck des Tanganika macht. Wehe dem Schiffer, der jetzt in den gebrechlichen Fahrzeugen der Eingeborenen sich hinauswagen wollte in den brandenden, weißschäumenden See, oder wenn er zur Regenzeit in einen Sturm gerät und heulende Böen über den See dahinfliegen, Welle auf Welle auftürmend, und ein furchtbarer Regen im Gewitter niederprasselt. Blitz auf Blitz fährt hernieder und die Stimme des Donners rollt drohend in den tiefschwebenden Wolken. Dann nimmt das Wasser eine unheimlich dunkle Farbe an, und die weißen Wellenkämme leuchten gespenstisch, doch nicht so wie auf dem Meere, denn Meeresleuchten gibt es auf dem Tanganika nicht. Eigentümlich melancholisch sieht der See aus bei trübem Wetter zur Zeit der Regen. Tief hängen die regenschwangeren Wolken auf dem Wasser, das wie Öl ruhig liegt oder nur von leichtem Seegang bewegt ist. Die Bergesgipfel sind verhüllt, der Wald sieht fast schwarz aus, und in trübem Licht erscheint der Strand oder die Landschaft, bis der Regen niederplätschert und nur kleine Stücke des Sees noch sichtbar bleiben. Die Ferne verschwindet in grauen Wolken, Nebel und Regen.

Dann sieht man auch wohl hier und da in der Ferne eine Wasserhose oder mehrere hintereinander über den See hinsausen, entstehen und wieder zusammensinken. Von unbeschreiblicher Schönheit sind oft Sonnenaufgang und -Untergang am Tanganika, der Himmel in allen Regenbogenfarben spielend, deren Reflex im Wasser. Eine Mondnacht auf dem Tanganika sucht an Romantik ihresgleichen. Die Küste ist von denkbarster Verschiedenheit. Flacher Sandstrand, mit Schlinggewächs überwuchert, Lagunen, Hinterwasser und Tümpel, Gras und Binsen, im Hintergrund Borassus- und Hyphänepalmenbestände, unburchdringliche Schilfbidichte 6—7 m hoch, Ambatschwälder mit Schlingpflanzen durchwuchert. Die Stämme dieses sonderbaren Ge= wächses erreichen eine Höhe von 10—12 m, haben am Boden manchmal fast Leibesumfang und laufen sich schnell verjüngend spitz zu. Das schwammige Holz ist so leicht, daß man einen solchen Stamm wie eine Feder, ohne Anstrengung mit gestrecktem Arm, in der Mitte gefaßt, hinaushalten kann, ein höchst drolliger Anblick. Die Neger= stämme am Nil fertigen sich Flöße daraus. Am Tanganika, wo es übrigens nicht überall vorkommt, wird Ambatsch nicht dazu verwendet, sondern nur an den Seiten des Kahnes angebracht, um das Spritzwasser abzuhalten.

Der flache Strand ist der Tummelplatz unzähliger Wasservögel. Reiher, Störche, Nimmersatts, Ibisse, Mygtheria senegalensis, Enten in fünf bis sechs Arten, Strandläufer, Flamingo und Pelikane. Der Schreiadler fehlt ebensowenig wie Eisvögel, darunter einer an der Westküste des Sees von der Größe einer Taube. An Stellen, wo Bäche in den See fließen, wo algenartige Wasserpflanzen in Menge vorhanden sind, da herrscht auch ein enormer Fischreichtum, an steilen Felsenküsten sind fast gar keine Fische zu finden. Dort, wo es Fische gibt, findet man auch eine Menge greulicher Krokodile in oft ungeheuren Exemplaren von 4 selbst 5 m Länge. Daß diese scheußlichen Tiere nicht nur von Fischen leben, beweisen sie, wenn sie hier und da einen Menschen wegschnappen, wie es einem Diener des Verfassers passierte. Sogar an ihrem eignen Fleisch und Blut finden sie Geschmack. Der Verfasser schoß am Tanganika ein Krokodil von 3 m Länge, welches ein andres Krokodil von 1,7 m Länge zusammengerollt in seinem Magen hatte, denselben vollständig ausfüllend.

Der Behemot, das Nilpferd, fehlt natürlich auch nicht, ist aber verhältnismäßig wenig zahlreich. Es wird wahrscheinlich zu viel ge= jagt, liebt vielleicht auch im allgemeinen nicht das bewegte Wasser. Die Nilpferde des Tanganika sind sehr gefährlich und greifen gern Boote an, besonders die Weibchen, wenn sie Junge haben.

Im ganzen empfängt man an der Küste wenig den Eindruck eines tropischen Gewässers. Überall finden wir dieselbe Vegetation wie landeinwärts, der Pori reicht bis zum Wasser heran und Palmen finden sich nur an vereinzelten Stellen. Nirgends ist eine größere

Üppigkeit zu bemerken. Auch die Sumpfniederungen und Ufer der Bäche zeigen kein andres Bild wie das im Land gewohnte. Dennoch ist es ein schöner, großartiger See, und mancher herrliche Blick thut sich auf, wo groteske Berge ihr Haupt erheben, wie bei dem stürmischen Kap Kabogo in der Mitte der Ostküste. Dort wohnt auch ein mächtiger Msimu oder Geist des Sees Kabogo. In dieser Gegend hört man fast das ganze Jahr über zuweilen donnerartiges, dumpfes Rollen, ohne daß Gewitterwolken zu sehen wären. Es ist dies nur damit zu erklären, daß bei dem dortigen 1500 m hohen Tongwaberge fast immer Gewitterbildungen stattfinden mögen.

Wenden wir uns nun den Ländern am Ostufer der Tanganika zu, im Norden beginnend. An der Nordspitze des Sees, nach Westen durch den Russisifluß begrenzt, der zugleich die Grenze nach dem Kongostaat hin bildet, zieht sich bis herunter nach dem Gebiete Ujijis (nicht Udschidschi) das Land Urundi, ein noch gar nicht erforschtes Gebiet. Diesem Land schließt sich nordwärts das ebensowenig bekannte Ruanda an. Urundi scheint der Hauptausdehnung nach ein Hochplateau zu sein, dessen durchschnittliche Höhe 1500 m erreichen dürfte.

Die Bergabhänge sind mit lichtem Wald bestanden, das ganze ist ein Weideland mit tiefeingeschnittenen Thälern, in denen Bambus und Urwald vorkommen. Die Höhen sind mit Gras bewachsen. Ein schöner Rinderschlag ohne Buckel wird auf den Höhen gezüchtet. Oben auf dem Plateau macht das Land den Eindruck einer Ebene, von niederen Höhenzügen durchsetzt, mit einzelnen hohen Gipfeln. Die tiefen Thaleinschnitte sind nicht zu bemerken, wenn man nicht unmittelbar davor steht. Ähnliches finden wir in dem südlich gelegenen Ufipa. Die Bewohner sind die Warundi und die Watusi oder Wahuma, die in Unjanjembe ansässigen Watusi stammen alle aus Urundi und nennen sich auch manchmal Warundi. Die echten Warundi treiben Ackerbau und wahrscheinlich auch Viehzucht, wie die Watusi. Meist jedoch findet man, daß die eingesessene Bevölkerung als Ackerbauer sich Vieh erwirbt und die Behandlung und Aufzucht den Watusi überläßt. Warundi und Watusi sind gute Bogenschützen und in Deutsch-Ostafrika die einzigen Stämme, welche sich ihre Bogensehnen aus zerzupften Tiersehnen herstellen, alle andern fertigen dieselben aus Hautstreifen. Es scheinen im großen und ganzen in Urundi dieselben

Verhältnisse obzuwalten, wie nach Stanley bei den Walagga oder Baregga, im Westen des Albert=Njansa. Die Warundi und Watusi sind ein kriegerisches Volk, welches bis jetzt alle Eindringlinge fern zu halten verstanden hat. Selbst Tipo Tip ist es nie gelungen, sich dort festzusetzen. Eine von Ujiji aus auf dem See unternommene Expedition Tipo Tips holte sich in Urundi blutige Köpfe. Selbst der Mission gelang es noch nicht, dort einzudringen. Im Jahre 1881 oder 1882 hatten zwei französische Missionäre nördlich von Ujiji in Urundi eine Station angelegt. Nach nur kurzer Dauer wurden die beiden dort ermordet. In Ujiji benutzten die Araber diesen Umstand als Vorwand um gegen die Warundi einen Rachezug zu unternehmen damals noch als angebliche Freunde und Beschützer der Europäer. Hätten die Araber nicht gewußt, daß Rinder bei dieser Gelegenheit zu erbeuten seien, so würden derartige Freundschaftsbeweise niemals erbracht worden sein. Die Expedition erschien unvermutet in Urundi, trieb zweitausend Stück Rindvieh weg und verschwand wieder. Nach Ujiji wagten sich die Warundi nicht, um Rache zu nehmen.

Südlich von Urundi liegt Ujiji, wie das ganze Land und auch der Hafenplatz am Tanganika heißt bekannt geworden dadurch, daß im Jahre 1873 Stanley Livingstone dort aufgefunden hat.

Ujiji ist ein sehr ungesunder Ort, voll übler Gerüche und Schmutz. Jährlich sterben dort eine Menge Menschen am Fieber, Araber wie auch Eingeborene, besonders aber Manjuema aus dem Westen vom Kongo. Eine Menge arabischer Häuser, meist halb zerfallen, werden von Sklavenhändlern bewohnt, Araber und Wasuaheli von der Küste, welche sich ihrer Schulden wegen weder nach Tabora noch nach der Küste wagen dürfen. Der Ort liegt inmitten ausgedehnter Ölpalmen= haine, aus deren Vorhandensein schon ein Schluß auf das Klima ge= zogen werden kann, denn die Ölpalme gedeiht nur in sumpfigen Gegenden. Trotzdem der See hier am breitesten ist, etwa 80 km, und die Über= fahrt fünfundzwanzig bis dreißig Stunden dauert, führt dennoch die arabische Karawanenstraße hinüber nach der Westküste. Als Hafenplatz ist Ujiji sehr ungeschickt gewählt. Das Gestade ist ganz offen und dem Seegang und Wind völlig preisgegeben, so daß alle Fahrzeuge auf den Strand gezogen werden müssen. Die Araber besitzen eine Flotte von vierzig bis fünfzig Daus, von denen wenigstens fünfzehn unbrauchbar sind. Nur wenige derselben sind aus Planken gefügt, alle andern sind nur ausgehöhlte Baumstämme, welche allerdings oft metertief, 1—1 ½ m breit und 8 m, selbst 10 m lang sind. Die Riesen=bäume, welche zu diesen Fahrzeugen verwendet werden, stammen zum größten Teil aus dem Urwald auf dem Berg Saua, in Marungu an der Westküste, unweit der Lufukomündung. Selbst in den kleinsten dieser Boote werden außer einer Bemannung von acht bis zehn Mann fünfundzwanzig Sklaven oder Träger verstaut. Die größeren, welche das bekannte arabische Segel führen, vermögen bis zu sechzig Menschen zu fassen, die natürlich wie Heringe aufeinander gepreßt die Fahrt mit=machen müssen. Zur Größe dieser Schiffe steht eine solche Anzahl Passagiere in gar keinem Verhältnis, es kommen dennoch verhältnis=mäßig wenig Unglücksfälle vor, da die Wajiji sehr geschickte Schiffer sind. Wenn man zum erstenmal ein solch muldenartig und unschön geformtes Fahrzeug daher steuern sieht, so wundert man sich über die Schnelligkeit des tiefliegenden Schiffes ebenso wie über den Mut der Schiffer mit dem zwar festen aber immerhin schwanken Mtumbi, wie die Boote genannt werden, über den breiten See, durch die hohen Wogen zu steuern, welche denselben leicht vollschlagen können, da der Bordrand oft nur spannbreit über das Wasser ragt. Unter oft sehr originellen Gesängen wird bei Windstille mit Paddelrudern gerudert. Haben diese Mtumbi den Strand erreicht, die Ruderknechte dasselbe ins Wasser springend verlassen, um es näher an Land zu ziehen, so traut man seinen Augen oft kaum wegen der daraus hervorquellenden Menschenmenge. Es sieht aus wie der bekannte Hut des Zauber=künstlers, aus dem in unendlicher Menge immer mehr Gegenstände herauskommen. Ujiji ist schon seit lange der Hauptstützpunkt der arabischen Sklavenhändler. Fast täglich langen dort Sklavenkarawanen auf der Überfahrt an der Westküste heran, um in Ujiji auf dem Markt verkauft zu werden. Auf diesem Markt werden übrigens auch täglich alle nur denkbaren Waren des Landes verhandelt, Getreide, Gemüse, Fleisch, Rinder, Ziegen, Schafe und Fische. Die Rinder Ujijis sind keine Buckelrinder und zeichnen sich durch ihre enormen Hörner aus, unter deren Last sie sichtlich zu leiden haben und manche derselben sogar ihretwegen abmagern. Fische werden in großen Mengen dort gefangen in vielen Arten, darunter auch sogenannte Dagaa, d. i. Fisch=

brut, welche aber der eingeschlossenen Galle wegen bitter schmecken.
Für bitteren Geschmack haben die Neger übrigens große Vorliebe. Auch
Tauschwaren, Pulver und Gewehre, manchmal Elfenbein wird dort
feil gehalten, am meisten aber das Fett der Ölpalme in hohen Thon-
krügen von ganz hübscher Form.

Es sei hier auch gleich des Landes Uha und Uwinsa östlich Ujiji
gedacht, das erstere nördlich, das zuletzt genannte südlich vom Malagarasi. In beiden Länder wird Salz in sehr guter Qualität durch
Eindampfen und Filtrieren gewonnen, es ist weißgrau und von gutem
reinen Geschmack. In Uha wird es in zuckerhutförmige niedere Kegel
geformt und getrocknet. In Uwinsa füllt man es in Säcke aus Baum-
bast. Mit diesem Salz wird weithin nach Westen über den Tanganika,
zum Viktoria-Njansa hin und durch ganz Unjamuesi Handel getrieben.
Selbst in Ugogo findet man häufig Salz aus Uwinsa.

Südlich von Ujiji liegt das Land Kawende, nicht Ukawendi, wie
man es häufig geschrieben findet. Die Wawende gehören den Wanjamuesi an, ein wilder kriegerischer Stamm, der in zahllose kleine
Häuptlingsdistrikte geteilt ist, welche alle voneinander unabhängig sind.
In ihren kleinen Dörfern haben sie sich in sumpfigen schwer zugäng-
lichen Stellen, meist am Zusammenfluß zweier Bäche, gut in ihren
Boma verschanzt. Sie treiben wenig Ackerbau und bestellen ihre Äcker
nur mit Mais, leben von Jagd und nebenbei von Raub. Sie jagen
hauptsächlich mit dem Speer und beweisen ihren Mut auf der Büffel-
jagd. Diesem grimmen edlen Wild rücken sie zu sechs bis acht Mann
mit breitklingigen Wurfspeeren bis auf zehn bis fünfzehn Schritte auf den
Leib und lenken die Aufmerksamkeit des wütenden Tieres immer auf einen
andern, bis es zu Tode gehetzt und verblutend zusammenbricht. Kawende
ist ein von Hügeln durchsetztes, landschaftlich anmutiges Land, welches
sehr fruchtbar ist. Vieh hält sich jedoch gar nicht dort, sondern geht
immer sehr bald zu Grund, nach Ansicht des Verfassers wegen des
schlechten Futters und des Fiebers. Um den Fuß des schon erwähnten
Tongwagebirges herum wohnen die als Räuber berüchtigten Watongue.
Diese Leute, gute Schiffer, gehören nicht den Wangamuesi an, sondern
sind zweifellos vor noch nicht zu langer Zeit von der Westküste des
Tanganika herüber gewanderte Warua.

Die Watongue sind verwegene Sklavenräuber. Sie führen ihre

Raubzüge häufig nach dem andern Seeufer hinaus. Im Jahre 1884 wurde in der Nähe der Station Mpala während der Anwesenheit des Ver= fassers in der Nacht ein Dorf von Watongue überfallen, alle Weiber und Kinder weggeführt und die Hütten im Brand gesteckt. Am Morgen waren die Räuber längst außer Sehweite über das Wasser hinüber.

Im Lande Kawende liegt auch die Station Karema, im Jahre 1879 von Kapitän Cambier im Auftrage des Königs der Belgier für die damals noch bestehende Association Internationale Africaine gegründet. Die Wahl des Ortes muß als eine äußerst ungünstige bezeichnet werden, da hier in keiner Weise die Bedingungen erfüllt sind, welche einer derartigen Station zu gedeihlicher Entwickelung verhelfen.

Das Stationsgebäude liegt auf einem 10—12 m hohen Hügel, dessen Fuß bei der Gründung der Station vom Wasser des Tanga= nika umspült wurde. Ein südwärts vorspringendes Felsenkap gewährte einigen Schutz gegen die von Süden hervorrollenden Wogen und gegen den Südostpassat. Allein seit dem Sinken des Wasserspiegels ist der See bis auf beinahe 3 km von dem Hügel zurückgewichen und hat einen weiten Sandstrand trocken gelegt, welcher sich innerhalb zweier Jahre mit einer fast undurchdringlichen Vegetationsdecke von Ambatsch, Schlingpflanzen und stachligem Schilfrohr, Matete genannt, überzog. Diese Vegetation folgte in breitem Streifen dem See, land= einwärts wieder absterbend, und hat einen gut gedüngten Boden zurück= gelassen. Jetzt ist das Wasser in weiter Umgebung der Station derart flach, daß Schiffe von nur $^1/_2$ m Tiefgang fast 700—800 m vom Strand liegen bleiben müssen und Wind und Wellen schutzlos preisgegeben sind. Die Umgebung Karemas bilden niedere Hügel= züge, welche dem Blick in die sumpfigen, ostwärts dahinter liegenden Niederungen vollständig wehren, echte Fieberherde, welche Karema zu einem der ungesundesten Punkte am ganzen Tanganika machen. Alle Europäer, selbst die Neger sind heftigen Fieberanfällen ausgesetzt. Im Jahre 1882 starb in Karema der belgische Offizier Kapitän Ramaekers, welcher auch dort begraben liegt. Auch der Verfasser und seine beiden Kollegen, welche die Station besuchten, erkrankten in Karema an sehr heftigen Fiebern.

Karemas Lage ist auch schon deshalb eine so ungünstige, weil es weit abseits von Karawanenwegen liegt und die Umgebung auf mehrere Tagereisen hin nach allen Seiten sehr schwach bevölkert ist. Als Station ist es ohne alle Bedeutung und dürfte späterhin überhaupt nicht mehr in Frage kommen. Nur dem Umstand, daß ein hübsches Gebäude vorhanden ist, ist es zu verdanken, daß der ungesunde Ort noch nicht verlassen wurde. Im Jahre 1886 wurde Karema von den Belgiern aufgegeben, und da es innerhalb der deutschen Interessensphäre liegt, von algerischen Missionären des Kardinals Lavigerie besetzt, welche auch an der Westküste des Tanganika die Station Mpala übernommen haben.

Das Stationsgebäude macht auf den Reisenden, der dort angelangt, des Anblickes jedes größeren Bauwerkes längst entwöhnt ist, einen geradezu imposanten Eindruck. Es ist in Gestalt eines unregelmäßigen Sechseckes, mit einer Seitenlänge von etwa 25—30 m erbaut. Drei Ecken sind von Schießtürmen flankiert. Die Höhe der Umfassungsmauer beträgt 3—5 m, die der Türme 6—8 m. Die Mauer ist nach innen doppelt und ringsum überdacht, so daß man auf diese Weise die Wohnungen für die Soldaten und Diener geschaffen hat, während die Arbeiter in einem von Palissaden umzäunten Dorf in der Nähe wohnen. In der Mitte des umschlossenen Raumes erhebt sich ein quadratischer Bau, in dessen unterem Geschoß die Waren und in dessen oberem die Europäer wohnen. Als Baumaterial sind ungebrannte Luftziegel verwendet. Die flachen Dächer bestehen aus starken Stämmen, welche in kurzen Zwischenräumen auf einem Längsbalken und die Mauern aufgelegt sind, darüber liegt auf einer dicken Schilfschicht lehmige Erde. Auch hier dringen, wie bei allen Tembe, Regengüsse ein und bei jedem heftigen Gewitter hat man das Vergnügen, sein Bett mehrmals in der Nacht nach trockenen Stellen zu rücken. Als der Verfasser auf der Station weilte, wurden die oberen Wohnräume von zahllosen Fledermäusen sehr gemütlich gefunden, welche man erst vertreiben mußte, ehe man Thür und Fenster schloß, wollte man nicht im Schlafe durch ihr fortwährendes Ab- und Zufliegen und Pfeifen gestört werden.

Der einzige Umstand, welcher zu gunsten von Karema spricht, ist die außerordentliche Fruchtbarkeit des ringsumliegenden Schwemmlandes, Schiefer und Thon mit Sand gemischt. Wir finden hier Glimmerschiefer zu Tage treten, wie denn auch der Hügel, auf dem die Station liegt, aus Glimmerschiefer besteht, eine Gesteinsart, welche auch weiter nach Norden zu sich fortsetzt, während im Süden nur Granit und Gneis auftritt.

Eine Tagereise südlich von Karema, die Granitsteinküste entlang, über Höhen durch Thäler und Wälder marschierend, erreichen wir das Land Ufipa, dessen Häuptling Kapufi hoch oben in den Bergen von Ufipa residiert. Ufipa besitzt ein ziemlich geordnetes Staatswesen, in dessen Grenzen Ruhe, Friede und Ordnung herrscht. Sobald man die Grenze des Landes überschritten hat, muß man einen kleinen Tribut zahlen und ist dann Kapufis Gast. Die Lasten werden von den Dorfbewohnern zum nächsten Ort umsonst befördert und Lebens= mittel für den Karawaneneigentümer und ebenso Hütten für ihn zur Verfügung gestellt. Postrelais sind überall eingerichtet und in höchstens zwei Tagen gelangen sehr wichtige Nachrichten aus acht Tagereisen entfernten Grenzorten etwa in das Quikuru. Alles ist genau geregelt, alle Abgaben der Eingeborenen, die Fuhrangelegenheiten bei Kirandu, wo die zweite Übergangsstelle über den See liegt, werden von Kapufi insofern geregelt, als die Fährleute ihm einen kleinen Teil abgeben müssen. Kapufi sorgt dafür, daß die Preise nicht allzu hoch für die Überfahrt gerechnet werden. Er führt überhaupt ein energisches, aber dennoch mildes Regiment. In seiner Residenz wird, sobald er sich zur Ruhe begeben will, auf kleinen Holzpfeifen Signal gegeben, und kein ruhestörender Laut ist mehr vernehmbar. Sogar eine Art Forst= gesetz existiert für eine Baumart, in deren hohen Kronen graugrüne, pflaumengroße Früchte in sehr großer Menge reifen, dieselben ent= halten einen pfirsichkerngroßen Stein. Das etwa 8 mm starke, mehlig gelbliche Fleisch hat einen äußerst angenehmen Geschmack. Die Wafipa dürfen bei hoher Strafe diese Früchte nicht mit geworfenen Steinen oder Stöcken herunterschlagen, ein Verbot, welches zum Schutz der Bäume erlassen worden ist. Die Eingeborenen müssen sich mit den reif von selbst herabfallenden Früchten begnügen, das Fällen eines solchen Baumes soll angeblich mit dem Tod bestraft werden.

Kapufi darf auf Grund eines kindischen Aberglaubens weder den Tanganika=, noch den Rickwasee, welche die westliche, resp. östliche

Grenze seines ziemlich großen Reiches bilden, sehen, ebensowenig einen Baobab oder eine Afzelia, ein Baum, dessen unterarmlange und über= fauststarke Früchte an langen Schnüren, wie Würste im Fleischerladen, herabhängen. Er fürchtet, sonst zu erkranken und sterben zu müssen. Wenn Kapufi eine Reise macht, so geht er mit seinem Gefolge diesen Bäumen vorsichtig aus dem Weg.

Die Wafipa stammen, nach der Ansicht des Verfassers, von Wahuma ab. Ihre Sprache ist vollständig von derjenigen der andern Stämme verschieden, und die Wafipa sagen selbst, sie seien vor langen Zeiten aus Urundi gekommen. Sie haben zur Hacke gegriffen und treiben ausschließlich Ackerbau. Nur Kapufi hält sich eine Rinder= herde. Ebenso haben sie den Bogen als Hauptwaffe abgelegt und führen als solche zwei starke Wurfspeere.

Als Beweis dafür, wie wenig seßhaft alle Negerstämme sind, kann gelten, daß kein einziger der am Tanganika wohnenden sich zu Schiffern ausgebildet hat, mit alleiniger Ausnahme der Wajiji, und diese auch nur der Araber wegen und weil dieser Stamm viele fremde Elemente in sich aufgenommen hat, aus Schiffahrt treibenden Stämmen des Kongos, deren Angehörige in großer Menge als Sklaven nach Ujiji kommen. Weder die Warundi, noch die Wanjamuesi, noch die Wafipa verstehen das Geringste von Schiffahrt. Die Wawende besitzen nicht ein einziges Kanoe, trotzdem sie einen ziemlich langen Küsten= streifen inne haben. Nur die Wafipa besitzen bei Kirandu, einer land= schaftlich herrlichen Bucht an der Küste, etwa zehn bis fünfzehn Boote. Der Bucht sind neun reizende Inseln vorgelagert. Eine derselben ist die Msimuinsel, welche in nur einer halben Stunde Fahrt vom Ufer aus zu erreichen ist. Alle Boote, welche über den Tanganika nach Marungu fahren, opfern zuerst hier, um den Geist des Sees·zu be= sänftigen. Die dort wohnenden Wafipa haben von den Wajiji gelernt, Boote herzustellen, und begannen ihre Fahrten erst, seitdem die Araber ihre Handelszüge vor vierzig bis fünfzig Jahren über den See hinüber ausdehnten. Die andern am Ufer sitzenden Wafipa treiben wohl Fischfang, aber nur in winzigen Kanoes.

Wenn man von dem Verkehr der Wajiji auf dem Tanganika absieht, welche ihre Fahrten über den ganzen See hinaus dehnen, mit Vermeidung der Kawende= und Tongweküste, so ist der See wenig belebt. Der Verfasser hielt sich zweimal längere Zeit in Karema auf, während der ganzen Zeit hat er außer einigen, sich dicht am Ufer haltenden Booten der Wafipafischer und den beiden Dau und einem kleinen Dampfer der Station nicht ein einziges Fahrzeug auf dem See gesehen. An der Westküste ist ein etwas lebhafterer Verkehr durch die Sklaven= und Elfenbeinhandel treibenden Araber und Wajiji.

Die Bedeutung des Tanganika als Verkehrsweg soll an andrer Stelle erörtert werden. Es sei hier nur noch erwähnt, daß derselbe eine scharfe zoologische Grenze zwischen der Fauna des Ostens und Westens bildet. So findet man westlich vom Tanganika weder Giraffe noch Rhinozeros. Nur drei Arten von Affen kommen östlich des Sees in Deutsch=Ostafrika vor, zwei Pavians= und eine Meerkatzenart. Westlich finden wir eine vom Verfasser neu entdeckte Varietät des Schimpanse, Troglodytes niger var. marungensis N., ferner mehrere Meerkatzen= und Nachtaffenarten, welche Ostafrika nicht aufweist, ebenso eine Menge kleiner Säuger und Vögel. Das westliche Ufer und unmittelbare Hinterland des Tanganika ist arm an Wild, welches jedoch weiter in den südwestlichen Ländern wieder in größerer Menge auftritt, besonders aber in den südlichen Gebieten. Östlich vom See finden wir bis zu diesem heranreichend die herrlichsten Jagdgründe. — Es sei der Jagd das nächste Kapitel gewidmet.

Afrikanische Jagd.

Bis in die neueste Zeit hinein wirken die Nachklänge jener
Jagdberichterstattung, deren Autoren es als eine Pflicht betrachteten,
dem Leser die unwahrscheinlichsten Jagdgeschichten aus fremden Ländern
aufzutischen, Geschichten, welche keineswegs mit unserm harmlosen
Jägerlatein vergleichbar, meist sogar den Stempel einer großen Frech=
heit in bezug auf Entstellung und Übertreibung an der Stirn
tragen, aber dennoch ein begieriges und gläubiges Publikum fanden.
Wie wenig aber ist es notwendig, Jagdgeschichten, welcher Art sie immer
seien, in solch phantastischer Weise auszuschmücken. Wie interessant ist
schon die einfache wahrheitsgetreue Darstellung guter Beobachtungen,
selbst der einfachsten Thatsachen, uns so fremdartiger Tiere und deren
Wohnplätze, wie wir sie unter anderm in Afrika finden. Wir wollen
es versuchen, den Leser mit den Verhältnissen der afrikanischen Jagd
bekannt zu machen, und bitten ihn, uns zunächst dahin zu folgen, wo=
hin man bei einem ersten Jagdausfluge in Afrika zuerst seine Schritte
zu lenken pflegt, eingedenk jener traditionellen Jagdgeschichten, näm=
lich nach dem afrikanischen Urwalde. — Treten wir in eine jener
kleinen Urwaldparzellen Ostafrikas ein, welche in bergigen Gegenden
Bachquellen oder sumpfige Stellen umschließen. Riesenhohe Stämme
von gewaltigem Umfange streben nach oben. Ein Schrotschuß erreicht die
Krone nicht, welche dem Auge überhaupt nur vom Rande des Waldes
aus sichtbar wird. Im Innern des Urwaldes ist der Blick seitwärts
nach allen Richtungen und nach oben gehemmt durch Laubwerk, dichtes
Unterholz und Lianengehänge. Das klettert auf= und abwärts, schenkel=
dick gewundenen Tauen gleich bis zu den feinsten Fäden, den Schritt
26*

ebenso hemmend wie die Dornen, welche sich in die Kleider haken. Umgefallene vermoderte Stämme, von Farnkraut überwuchert, Dracänen, Rotange mit prächtigen Palmenblättern blicken durchs Laub. Wunderbare, seltsam gestaltete, weiße und gelbe Orchideen hängen von den Bäumen herab. Bartartige Flechten und Moos überziehen das Holz, am Boden schneidende Gräser, alles in blaues, braunes und grünes Dämmerlicht gehüllt. Der Fuß sinkt in übelriechenden gelben und roten, eisen= haltigen Schlamm. Auf kleinen Lachen und Pfützen schimmern opali= sierende Flecken. Totenstille in der feuchten drückenden Luft. Nur wenn ein heftiger Passatstoß durch die Gipfel fährt und das Ast= und Blätterwerk auseinanderbiegt, huscht zitternd ein Sonnenstrahl über Boden und Blätter.

Mühsam nur vermag sich der Jäger zu einer lichten Stelle hin= durchzuarbeiten. Die Kleider von Dornen zerrissen, Gesicht und Hände von scharfen Gräsern zerschnitten, langt er endlich, über Äste und ge= stürzte Stämme kletternd oder unter dichtem Laubwerk und Gezweige durchkriechend, dort an. Ein Urwaldriese hat im Sturz eine Menge minder starker Genossen mitgerissen und so eine Lücke im Blättermeer geschaffen. Das Alter hatte ihn gebeugt, und Schmarotzer und Schling= pflanzen, welche auf ihn hinaufgekrochen oder oben gewachsen waren, hatten seinen Sturz mit Hilfe von Käferlarven und Termiten, welche sein Holz zerstörten, herbeigeführt. Ein Stückchen leuchtend blauen Himmels wölbt sich über der Öffnung, und ein frischer Windstoß fährt durch die Bäume. Erleichtert atmet der Jäger auf, froh, der drückend schwülen Luft entronnen zu sein, welche ihn bisher umfangen. Da fällt sein Blick auf eine dichte Blätterwand, aus welcher purpur= braune Schoten hervorleuchten. Er kann nicht widerstehen, eine der schönen Früchte abzureißen. Doch kaum ist dies geschehen, wirft er sie mit lautem Fluche weg, in seiner Hand aber bleibt der samtartige Überzug der Schote und verursacht ein furchtbar brennendes Jucken. Es sind die Brennhaare, die teuflische Verteidigungswaffe der tückischen Pflanze. Während der Jäger bemüht ist, durch Abschaben, Waschen in dem stinkenden Wasser, Eintauchen in den Schlamm sich von dem peinigenden Brennen zu befreien, beginnt plötzlich die Haut des ganzen Körpers rasend zu jucken. Beim Herunterreißen der Schote hat die boshafte Schlingpflanze eine Menge feiner Brennhaare abgeschüttelt, welche die Blattunterseite bekleiden und nun, durch die dünnen Kleider eingedrungen, den Wanderer peinigen. Nur ein Gedanke beherrscht ihn fortan, hinaus aus dem Urwald, hinaus ins Freie. — So erging es dem Verfasser das erste Mal. Stolpernd tritt man den Rückzug an. Der Neuling fällt über verborgene Äste, sinkt bauchtief in brodelnden Schlamm, zerreißt die Kleider und die Haut, tausende von Moskitos umsummen den Armen und zerstechen ihn. Zuletzt noch stößt er an einen schenkeldicken Stamm, an dessen Ästen ein aus feinen seidenartigen Fäden und Blättern hergestelltes Nest jener roten Ameisen hängt, welche die Schwarzen Maji moto (heißes Wasser) nennen. Wie richtig die Bezeichnung ist, beweisen sofort einige der wütenden Insekten, welche sich in Folge des Stoßes an den Stamm auf den Jäger hatten fallen lassen und ihm dann mit ihren Mandibeln ihren scharfen Saft unter die Haut spritzen, ein Gefühl verursachend, als sei man wirklich mit heißem Wasser übergossen. Endlich erreicht man schweißtriefend, zerschunden und beschmutzt wieder den Rand des geheimnisvollen Urwaldes. Außer einem schon zwei bis drei Jahre alten Elefantenpfade, auf welchem die Fährte eines einzelnen Büffels eingedrückt sein mag, findet man keine Spur von Wild, und es ist klar, daß dieses im Urwalde nicht zu finden ist.

Wäre auch eines dieser Tiere auf selbst nur zwanzig Schritte Entfernung an uns vorbeigezogen, man würde es nicht haben sehen können wegen des dichten Laubes. Im feuchten Urwald ist also für den Jäger nichts zu suchen. Eher schon im trockenen Urwald; dort eingetreten, glaubt man in einen trocken gelegten Pfahlrost eines alten Pfahldorfes unendlicher Ausdehnung geraten zu sein. Tausende und tausende von dicht- oder weitstehenden Stangen nnd Stämmen in jeder Dicke, alles unten glatt, fast kein Ast, ziemlich gerade nach oben strebend, sich dort in unentwirrbares Geäste verlierend, die Stämme vom hellsten bis dunkelsten Braun. Der glatte trockene Boden, selbst der hier und da einfallende Sonnenstrahl scheint hellbraun zu sein, kein grüner Grashalm, kein grünes Blättchen am Boden, alles Grün hoch oben, eines der eigentümlichsten Vegetationsbilder, welche man in Afrika zu schauen bekommen kann. Aber nur im fernen Katanga finden sich jene sonderbaren Urwälder in kleinen Parzellen. Der Boden derselben ist durchzogen von Wildfährten, kein Fleckchen, wo nicht schon der Huf eines Wildes hingetreten wäre. Von diesem selbst aber ist nichts zu sehen, weil die Tiere durch diese Wälder nur durchziehen, sich aber nie dort aufhalten. Im trockenen wie im nassen Urwald, Msito ge= nannt, findet sich also ebenfalls kein Wild. Im Pori, wie der Neger sagt, müßte das Wild zu finden sein, glaubte im Anfang jeder. Un= endliches Einerlei empfängt uns hier in dem lichten Wald, den wir schon kennen gelernt haben. Im heißen Sonnenschein flattern einige prächtige Frisoren mit lautem, schnarrendem, schwätzendem Gezänke durch die Gipfel. Ein Specht hackt in der Ferne, und ein grauer Pisangfresser läuft, gurrend sein kullu kullu ausstoßend, in den Ästen eines Miombobaumes auf und nieder. Eine Bande Meerkatzen springt von Gipfel zu Gipfel, schreit, zankt und lärmt. Einzelne haben den Jäger entdeckt und nicken ihm, grimmige Fratzen schneidend, zu. Lärmend und rauschend von Ast zu Ast im Blattwerk springend, ziehen sie einer nahen Schamba, einem Maisfelde zu, um dasselbe zu plündern. Läßt sich der Jäger, vom Glück be= günstigt, dazu verleiten, einen der lustigen Gesellen mit der Kugel herunter zu holen, so büßt er mit bitterer Reue seinen Frevel. Wie ein Mörder kommt er sich vor, wenn ihn der arme Affe mit brechen= dem Auge vorwurfsvoll anblickt. Nicht leicht entschließt er sich, zum zweitenmal einen Affen zu schießen. — Trotz der Hitze, welche uns wegen ihrer großen Trockenheit nicht im mindesten erschlafft, ziehen wir, ohne sonderlich zu ermüden, stundenlang umher, leider auch hier ohne Erfolg. Außer einigen wenigen Fährten, welche nur schwach in den harten Lateritlehmboden während der Regenzeit eingedrückt worden sind, ist nichts zu finden, Einsamkeit und Eintönigkeit ringsum und wenn man nicht bestimmt wüßte, daß man schon stundenlang gegangen ist, so könnte man glauben, immer an derselben Stelle zu bleiben, so einförmig ist der Wald. Ohne Eingeborene, welche sich trotz ihrer großen Orientierungsfähigkeit selbst öfters verlaufen, sollte man sich daher nie weit in den Pori wagen, besonders auch, da Wild dort nirgends zu finden ist.

Wir haben jetzt den Urwald durchstreift und den Pori, ohne auch nur ein Stück Wild gesehen zu haben. Es bleibt uns jetzt nur noch die Mbuga übrig.

Die Mbuga ist aber so öde, so heiß und langweilig, daß wir uns nur schwer entschließen können, aus dem schon wenig schattenreichen

Wald in die brennende Sonnenglut zu treten. Vor uns thut sich eine weite, weite Fläche auf, eben wie eine Tischplatte. Die Luft zittert vor Hitze, und in der Ferne zieht dunkelblau der Wald hin. Das Gras, welches meist nur bis zum Unterleib reicht, fängt schon an, hier und da trocken und gelb zu werden. Den Übergang aus dem Pori in die Mbuga bildet ein Bestand niederen Knüppelholzes und spärlich belaubter kleiner Bäumchen. Allmählich beginnen Flötenakazien vorzuherrschen. Haben wir diese durchschritten, so erreichen wir die ganz offene Mbuga. Hier in diesen lichten Buschbeständen, kleinen, sich in die Savanne hineinziehenden Waldpartien in der offenen Mbuga finden wir gegen alles Erwarten Wild. Wir befinden uns an seinem Lieblingsaufenthalt. Hier findet man es regelmäßig, aber nicht zu allen Jahreszeiten in derselben Menge.

Wenn im Oktober, also vor Eintritt der Regenzeit, der Wald sich in Grün zu kleiden beginnt und das Gras hochschießt und immer dichter wird, so daß das Umherstreifen noch mehr erschwert wird, als es schon wegen der Graswurzelstrünke der Fall ist, so thut sich das Wild während der ganzen Regenzeit bis zum März und dann noch während der Überschwemmungsperiode bis Ende Mai paarweise ab und zerstreut sich über sehr weite Gebiete. Zu dieser Zeit trifft man selten Wild in der Mbuga. Haben sich die Wasser im Mai verlaufen oder sind sie verdunstet, ist das Gras dürrer und gelb geworden, so zünden es die Eingeborenen allenthalben an. Tag und Nacht sieht man Rauchwolken und Feuerschein am Himmel. Ist das Gras auf größeren Flächen niedergebrannt und breiten die sogleich hervorsprießenden Grashalme über die Mbuga einen zarten grünen Schimmer, so ist endlich auch die Zeit für den Weidmann gekommen. Jetzt kann er dem edlen Gejaid obliegen.

Alles Wild thut sich fortan wieder in Herden zusammen, Antilopen und Zebras treten auf die Mbuga hinaus, Büffel ziehen äsend über die weiten Flächen. Am Waldrand naschen Giraffen mit den langen Hälsen an den stachligen Akazienzweigen, ihrer Lieblingsnahrung. Sogar die vorsichtigen Sauen brechen auf der kahlen Fläche. Der Ruf der feldhuhnartigen Frankoline tönt aus dem Wald, das metallische Rasseln und Schnarren der Perlhühner, welches an das Aufwinden einer Ankerkette erinnert, wird abends vom Wasser oder Fluß her vernehmbar.

Das Wild kommt stellenweise in sehr großen Herden und in allen Arten vor, um anderwärts so gut wie gar nicht zu erscheinen, trotzdem scheinbar alle Bedingungen für dessen Existenz erfüllt sind. Der Verfasser hatte sich schließlich eine derartige Übung im Erkennen wildreicher oder =armer Gegenden angeeignet, daß er ganz sicher mit dem ersten Blick auf die Häufigkeit des Vorkommens desselben zu schließen vermochte.

Da, wo sich viel Wild aufhält, findet sich naturgemäß auch viel Raubzeug. Vor allen ist der König der Tiere, der Löwe, überall äußerst häufig. Oft hört man des Abends das majestätische Konzert, welches in wildreichen Gegenden drei bis vier, selbst fünf und sechs Löwen geben. Weit umher zerstreut brüllen sie sich mit der donnernden Stimme Antwort zu, vielleicht auf der Suche nach einem Weibchen. Der Panther streift lautlos umher und läßt selten sein Knurren vernehmen. Er ist es auch, welcher die meisten Opfer an Menschenleben fordert. Der Löwe zerreißt selten Menschen, es sei denn, er wäre zu alt geworden und nicht mehr im stande, Wild zu jagen, dann erst wird er zum gefährlichen Menschenfresser.

Die Hyäne streift heulend, ihr langgezogenes uuu—i ausstoßend, durchs Land. Ihr Geheul klingt mehr höhnisch und ärgerlich wie gräßlich. Das unschuldigste Raubtier ist der Schakal. In Gestalt und Benehmen genau unserm Fuchse gleichend, ist er nur etwas kleiner als dieser. Wenn er nachts das Dorf oder ein Lager umschleicht und sein laut hallendes buä' buä' ausstößt, um nach bescheidener Beute zu suchen, so gilt dies als ein sehr böses Zeichen, und niemand wird ein neues Unternehmen am andern Tage beginnen oder seinen Marsch fortsetzen.

Die Geier, Adler und Marabu gehören auch zum Raubzeug, sind aber ebenfalls unschädlich, wenn sie nicht Gelegenheit haben sich einem zur Strecke gebrachte Wilde zu nähern, welches ihnen dann in kurzer Zeit ganz zur Beute fällt, und sei es selbst ein toter Büffel.

Das Wild ist in ganz Afrika nirgends Standwild, sondern zieht immer große Gebiete durchstreifend umher. Der Jäger wird durch die zahllosen Wildpfade im Anfang immer irre geleitet und glaubt daher, allein ausziehen zu müssen, um Wild auf dem Anstand zu erlegen. Er begreift dann gar nicht, daß er nur höchst selten auf den stark betretenen Wechseln Wild zu sehen bekommt. Dies hat seinen guten Grund darin, daß das Wild wegen der Löwen und Panther gar keinen Wechsel einhalten kann. Es würde dann leichte Beute dieser mächtigen Raubtiere, und so verbietet sich für das Wild der regelmäßige Wechsel ganz von selbst. Auch die schöne Geschichte vom Auflauern an der Tränke, wo von allen Seiten mit Anbruch der Nacht zahllose Antilopen=, Zebra=, Büffel= und Giraffenherden fried= lich mit dem Elefanten und Rhinozeros erscheinen sollen, um sich an dem Naß zu laben, sind weiter nichts als Phantasien von Leuten, welche nie Beobachtungen darüber gemacht haben. Löwe und Panther sorgen schon dafür, daß solche idyllische Zusammenkünfte nicht statt= finden. Der Verfasser hat immer die Beobachtung gemacht, daß alle Tiere, d. h. Giraffen, Antilopen und Zebras ängstlich fliehen, wenn eine Büffelherde irgendwo erscheint. Dasselbe geschieht bei dem Nahen vom Elefanten und Nashorn. Alle Tiere ziehen wegen Raubzeuges höchst unregelmäßig zur Tränke, und einige Antilopenarten trinken über= haupt nie Wasser, wie z. B. die Konsi (Alcelaphus caama *Gray*) nnd die Djä= mäla (Damalis senegalensis *Gray*). Das am Morgen in den Gräsern hängende Wasser des Taues genügt fast allen Antilopen. Nur Zebras und Büffel ziehen täglich zur Tränke. Es soll hier auch gleich einer allgemein verbreiteten Unwahrheit gedacht werden, nämlich der Erzäh= lungen über das Schießen bei Nacht: „ich sah zwei leuchtende Punkte, wie feurige Kohlen, und zielte mit meiner guten Kugelbüchse dazwischen. Mein Schuß donnerte in die Nacht, und zu Tode getroffen wälzte sich das Raubtier am Boden." Man sollte fast glauben, daß die Verleger von Reise= werken diesen Satz stereotypiert besitzen. Nun aber leuchten Raubtierlichter ebensowenig von selbst, wie die andrer Tiere. Man nehme doch einmal eine Katze mit in einen ganz dunklen Raum, man wird nichts von jenem Leuchten der Augen merken, nur wo ein Lichtschimmer hinein= fällt, erglänzen die Augen im Phosphorschimmer. Dann nehme man bei recht hellem Mondschein eine Büchse zur Hand und versuche zu zielen. Es wird nicht einmal das Visier, geschweige das Korn zu sehen sein. Höchstens, wenn es glänzend poliert ist und der Mond im Rücken steht, wird das Visier sichtbar sein. Dann versuche man im Mondlicht Entfernungen zu taxieren, um bald genau zu wissen, was es mit den nächtlichen Jagden für eine Bewandtnis hat. Der eine

Fall nur sichert einigen Erfolg, wo das Schießen aus einer Schrot=
flinte mit starkem Schrot, sogenannten Posten, einer ganzen Kappe
(Mütze) voll, wie man in Süddeutschland sagt, zur Anwendung auf
ganz kurze Distanzen bei Mondschein kommen kann, um ein Raubtier
zur Strecke zu bringen. Das Verhalten das Wildes bestimmt natür=
lich auch die Methode des Jagens, und diese kann in Afrika, wie aus
obigem hervorgeht, nur die des Birschganges sein. Hunde stehen dem
Jäger auch nicht zur Verfügung. Die kleinen rothaarigen Köter der
Eingeborenen haben gar keine Nase, wie der Jägerausdruck heißt,
werden aber von den Schwarzen zum Hetzen von Hasen und Affen,
besonders aber einer großen Springratte verwendet. Wiederholte
Versuche, afrikanische Hunde zum Jagen zu verwenden, erwiesen sich
immer als erfolglos. Europäische Hunde verlieren sofort den Ge=
ruch, würden aber bei der großen Trockenheit der Tropen, selbst mit
diesem ausgestattet, wenig nützlich sein. Um mit Erfolg zu jagen,
ist es notwendig, mit drei schwarzen Begleitern auszuziehen. So viele
sind deshalb notwendig, weil man oft fünf bis sechs Stück schwere
Tiere schießt. Um das so nützliche Fleisch nicht verloren gehen zu
lassen, ist es notwendig, das zur Strecke gebrachte Wild mit Dornen
und Zweigen dicht einzudecken wegen der Geier, welche sonst inner=
halb einer halben Stunde zu Hunderten erscheinen', und wegen des
kleinen Raubzeuges, wie Schakal und Hyäne. Hat man ein Stück zur
Strecke gebracht, so muß einer der Leute nach dem Lager zurückeilen,
um Träger für den Fleischtransport zu holen. Besonders aber bedarf
man der Begleiter zum Verfolgen des angeschossenen Tieres. Trotz=
dem der Schwarze einen ziemlich guten Spürsinn hat, wird sehr vieles
Wild zu Holz geschossen, da man es nicht auffinden kann, und oft
zeigt erst eine Schar von Geiern, in den Lüften schwebend, die Stelle an,
wo das Wild verendet ist. Diese Vögel im Verein mit dem Mara=
but sind derart gefräßig, daß sie innerhalb fünf bis sechs Stunden
ein großes Wild bis auf Haut und Knochen auffressen, kröpfen, wie
der Jäger sagt.

Der Birschgang ist nicht so leicht, besonders wenn die Tiere auf
der kahlgebrannten Steppe äsen. Es gehört ein erdfarbener leichter
Anzug und ebenso gefärbter Filzhut dazu und eine gute, weittragende
Büchse von kleinem Kaliber. Der Verfasser führte mit ausgezeichnetem

Erfolg eine leichte Mauserbüchse mit gewöhnlicher Militärmunition. Ein kleines Kaliber ist entschieden vorzuziehen, wegen der größeren Durchschlagkraft bei dem großen, schweren Wild und wegen der größeren Tragweite. Man ist oft genötigt, auf große Entfernungen bis zu zwei- und dreihundert Schritten zu schießen, da man manchmal absolut nicht näher herankommen kann. Besonders ist bei dem kleinen Kaliber von Wichtigkeit, daß der Einschuß und selbst der Ausschuß sehr klein bleiben, so daß alles Wild bei guten Schüssen sehr bald an innerer Verblutung eingehen muß und schnell aufzufinden ist. Dieser Umstand ist in Afrika sehr wichtig, denn anders ist das Wild immer verloren. Mit großem Kaliber, welches bekanntlich nicht weit trägt, sind Ein- und Ausschuß derart groß, daß zu reichlicher Schweiß austreten kann, das Tier behält immer Luft, d. h. die Atmung wird nicht beengt, und es geht ab. Selbst mit guten Lungen- und Knochenschüssen kommt dies bei dem sehr harten afrikanischen Wild häufig genug vor.

Im Anfang hält es dem Europäer ungemein schwer, Wild im Holz zu unterscheiden. Er wird wegen seinen schlechten Augen bemitleidet, später aber bei einiger Gewöhnung kommt es vor, daß er den Neger übertrifft. Die verschiedenen Fährten genau kennen zu lernen, anzusprechen, wie der Weidmann sagt, ist ganz unnötig. In den seltensten Fällen birscht man der Fährte folgend. Das Wild ist immer so zahlreich, daß man nur auf schon sichtbares Wild birscht. Auf Fährte zu birschen, ist schwer wegen der vielen Warner, welche das Wild des durchzogenen Reviers aufmerksam machen. Da gibt es eine Menge Vögel, welche schreckdlichen Lärm beim Nahen des Menschen machen, und auch Antilopen übernehmen das Amt des Warners. Die Zwergantilopen werden besonders lästig durch Pfeifen. Man hat fast immer halbverlorenes Spiel, wenn man das Wild nicht zuerst entdeckt. Dennoch treibt nur der Warnungston gewisser großer Antilopen, ein lautes, merkwürdiges Prusten, alles Wild außer Schußweite, während es auf die andern Warner weniger reagiert und sich häufig wieder ganz beruhigt. Sehr häufig sieht man verschiedene Antilopenarten zusammen äsen, besonders Zebra, Konsi und Djämäla, von denen dann abwechselnd ein Zebra und eine Antilope den äußerst aufmerksamen, scharfen Ausguck halten. Die Djämäla ist die scheueste Antilope. Wer sie beim Birschgang regelmäßig zur Strecke bringt, der hat das

Birschen gelernt. Stundenlanges Kriechen auf dem Bauch, durch schwarzgebrannte Grasstoppeln, als Deckung hier und da ein Stämmchen oder ein nicht verbrannter Grasbusch, glühender Sonnenbrand. Stech=fliegen, Dornen, scharfkantige Steinchen, brennender Durst, dabei fortgesetztes scharfes Beobachten ist notwendig, um zum Schuß zu kommen.

Das wird aber den passionierten Jäger nicht abschrecken, und um so größer sind Freude und Stolz, wenn der aufgebotene Scharfsinn und die mühsam erlangte Geschicklichkeit belohnt wird und der träumerisch wiederkäuende Djämälabock, welcher sich scharf in seiner häßlichen Ge=stalt vom Horizonte für den auf dem Bauche Liegenden abzeichnete, mit gutem Blattschusse im Feuer stürzt, um mit zitternden Läufen zu ver=enden. Doch nun heißt es, wie ein Holz liegen bleiben. Die zwei Gefährten des Djämäla sind in eigenartig tollen, linkischen Sprüngen, bockend oder wie hinkend, in auffallend plumpem Galopp abgegangen. Als sie aber ihren Gefährten so ruhig am Boden liegen sehen, kommen sie neugierig zuerst zögernd, dann immer dreister, fortwährend laut prustend zurück. Den Jäger halten sie für einen Stein oder Holz, und der Pulverdampf macht auf kein Wild einen Eindruck, selbst der Knall nicht, wie der Verfasser unzählige Male beobachten konnte. Haben die Djämäla den Jäger aber einmal erkannt, so ist alle fernere Mühe umsonst. Die Tiere flüchten immer auf Schußweite und äugen dann, um bei Annäherung wieder abzugehen. Es ist dem Verfasser bei Djämäla und auch Konsi wiederholt gelungen, von drei Tieren eins nach dem andern zu schießen, ohne daß sie die Flucht ergriffen hätten. Ratlos blieben zuerst die zwei, dann das dritte allein stehen, bis sie alle zur Strecke gebracht waren.

Giraffen kann man nur in der Halbmbuga beikommen, wo dichtes Unterholz dem Jäger gute Deckung bietet. Die hohen scharfäugenden Tiere sind zwar äußerst neugierig und folgen oft einer Karawane eine bis zwei Stunden seitwärts vom Pfade. Immer aber halten sie sich außer Schußweite. Es gewährt einen prächtigen Anblick, die riesigen Tiere, die große Schwanzquaste auf den Rücken gelegt, in graziös wiegendem Paßgalopp davon eilen zu sehen, wobei die ganze Herde von zehn bis zwanzig Stück, immer in langer Front aus=gerichtet, dahinstürmt, eine Art zu flüchten, welche höchst befremdlichen

Eindruck macht. Gegen die Riesengiraffen in der Freiheit sind unsre gefangenen Giraffen nur verkümmerte schwache Tiere.

Die Palla = Pallaantilope (Hippotragus niger *Harris*) hat die Eigentümlichkeit, auf der Wanderung eine hinter der andern im Gänsemarsch zu ziehen. Auf der Flucht ziehen sie immer ins Holz. Alte Böcke haben die Gewohnheit, sich so hinter Stämme zu postieren, daß man selbst aus der Nähe keinen Schuß abgeben kann.

Einen sehr schönen Doppelschuß aufs Blatt machte der Verfasser auf zwei riesige Nimba (Oreas). Jedes der Tiere wog zwanzig Trägerlasten, Wildbret à siebzig Pfund, also eintausend vierhundert Pfund. Der Neger erzählt von der Nimba sonderbare Geschichten. Wenn jemand eine Nimba geschossen hat, sagt er, müsse man sofort, wenn man schon Jagdzaubermittel in Arm und Kopf eingeimpft be= kommen hat, zu dem betreffenden Medizinmanne eilen, welcher die Impfung vorgenommen hat, und sich aufs neue für die Jagd weihen lassen. Eher wird man nicht wieder ein Wild schießen können, und wenn es jahrelang dauern sollte. Hat aber der Jäger noch keine Jagdmedizin eingeimpft, so sei es geradezu gefährlich, eine Nimba zu erlegen, da man alsdann vom nächsten Wild, auf welches man schießt, und sei es eine winzige Zwergantilope, getötet würde. Das Schicksal kann man nur abwenden, wenn man den Jagdgefährten oder sonst jemand nach Hause sendet mit der Meldung, daß man auf der Jagd umgekommen sei. Wenn dann die Angehörigen Trauer angelegt haben, indem sie die Haare abscheren, Klagelieder anstimmen und Opfer bringen, sowie die Bestattung vorbereiten und hinausziehen, um den angeblichen Toten zu holen, welchen sie natürlich lebend und gesund finden, so ist der Zauber gebrochen. Der Schwanzquaste der Nimba wohnen zauberkräftige Eigenschaften für Jagd und Krieg inne.

Die interessanteste Jagd ist die auf Büffel (Bos caffer). In Herden von zwanzig bis einhundert, selbst sechshundert Stück unternehmen die mächtigen Tiere weite Wanderungen. Dem Wasser folgend, hinterlassen sie dreißig bis vierzig Meter breite, zerstampfte und zerwühlte Wege. Seinen ersten Büffel erlegte der Verfasser in der wildreichen Kataui Mbuga in Kawende, östlich vom Tanganika. Im lichten Niederwald, mit drei seiner Jäger umherschweifend, entdeckte man bald eine breite frische

Büffelfährte. Fünf Minuten später fanden sich in niederem lichten Knüppelbuschwald die weitumher zerstreuten Büffel, deren schwarze Leiber aus der Entfernung wie dunkle Steine aussahen.

Langsam gegen den Wind, auf allen Vieren kriechend, schlichen sich die Jäger heran. Das Gesicht des Büffels ist schlecht, um so feiner aber die Nase und das Gehör. Als Deckung wurde ein starker, aber leicht erklimmbarer Baum gewählt, denn mit dem angeschossenen Büffel ist nicht zu spaßen. Ist der getroffene Büffel nicht sehr krank, so nimmt er fast immer den Jäger an, und dann wehe demselben, wenn es ihm nicht gelingt, einen sehr starken Baum zu ersteigen. Der Büffel ist trotz seiner plumpen Gestalt äußerst gelenkig, gewandt und von unbändiger Kraft, so daß es vergeblich wäre, einfach Deckung hinter Stämmen zu nehmen. Wütend schüttelt er den Jäger von dem erklommenen Baum, indem er wie ein Widder rückwärts tritt, um dann in einem kurzen Anlauf mit aller Wucht in hohem Sprung mit den gewaltigen Hörnern den Baum anzurennen, so daß es aller Kraft bedarf, um nicht herabgeschleudert zu werden. Hat er den fliehenden Jäger erreicht, so ist dieser immer verloren, er spießt ihn auf die Hörner und zerstampft ihn mit den Läufen. Mit Recht ist der Büffel mehr wie der Löwe gefürchtet. Werden doch die meisten Jagdunglücksfälle durch angeschossene Büffel verursacht, und schon viele Europäer sind durch Büffel getötet worden, noch häufiger natürlich Schwarze; oft hat man Gelegenheit, von Büffeln verwundete Neger zu sehen.

Um sich einigermaßen gegen die durch angeschossene Büffel drohende Gefahr zu schützen, ist es notwendig, nach dem Schusse ganz besonders auf den Wind zu achten und sich vor allem vollkommen regungslos zu verhalten.

In der Kataui Mbuga sah sich der Verfasser zum erstenmal Büffeln, obendrein einer besonders großen Herde, gegenüber. Es mochten sechs= bis siebenhundert Stück der mächtigen Tiere sein.

Da es gegen Mittag war, so hatte sich ein Teil niedergethan, um unter dem breiten Schirmdach einer gewissen niederen Baumart wiederzukäuen, deren dichtes Laubwerk immer kühlen Schatten spendet und mit Vorliebe von den Büffeln aufgesucht wird. Zuweilen ertönte das dumpf abgestoßene Gebrüll der plumpen Wiederkäuer.

Es gelang, ziemlich nahe und unbemerkt an die Büffel heran=
zukommen. Man konnte deutlich die Madenhacker (Buphaga), die zu
den Weberbögeln gehören, auf denselben bemerken. Es sind dies
Vögel in der Größe zwischen Drossel und Sperling, von gedrungener
Gestalt und unscheinbarem Gefieder. Der kräftige Schnabel ist rot=
gefärbt. Emsig laufen sie, paarweise oder selbst zu sechs bis sieben
Stück, auf dem Büffel umher, klettern an den Seiten und dem Bauche
auf und ab und statten selbst dem Kopfe zuweilen Besuche ab, indem
sie sich mit ihren scharfen Krallen festhalten. Sie suchen die dicke
Haut der Büffel nach Insekten ab, Fliegen, sowie Zecken und Maden,
welche sich eingebohrt haben. Ob sie den Büffeln damit eine Wohl=
that erweisen, ist zweifelhaft, denn recht oft schütteln diese unmutig
die lästigen Freunde ab, deren sie sich nicht erwehren können. Neben
Insekten reißen sie dem Büffel mit dem scharfen Schnabel Haare und
Hautstückchen ab. Auch ein kleiner weißer Reiher, der Kuhreiher
(Ardea bubulcus), ist ein steter treuer Begleiter der Büffel. Die
Reiher stehen auf dem Rücken derselben oder laufen ihnen zwischen
den Beinen umher, um ebenso wie der Madenhacker den vielgeplagten
Wiederkäuer von seinen Peinigern zu befreien. Einen äußerst komischen
Anblick gewährt es, wenn ein von den silberweißen Reihern allzusehr
gequälter Büffel eine schnellere Gangart einschlägt, die Reiher auf
seinem Rücken ins Wanken kommen und auffliegen oder auf dem Boden
in weitausgreifenden Schritten und aufgespannten Flügeln nebenher
laufen. Unzählige große und kleine Stechfliegen begleiten in Schwärmen
die Büffel. Sie senken ihren nadelgroßen Rüssel mehr wie einmal
in die Haut des Jägers, daß dieser erschreckt, wie von einer Nadel
gestochen, auffährt.

Die Madenhacker erweisen sich in gewissen Momenten als wirk=
liche Freunde der Büffel und vergelten die Gastfreundschaft, welche
ihnen auf dem mächtigen Leibe gewährt wird, dadurch, daß sie, wenn
Gefahr durch einen Jäger oder Löwen im Verzug ist, einen schnarren=
den Ton mit dem harten Schnabel hervorbringen. Der Verfasser
hatte von seinem beobachtenden Posten hinter dem Baum schon mehr=
mals jenen Ton vernommen. Einige Büffel stießen ein dumpfes
Brüllen aus und mehrere der zunächst stehenden Tiere erhoben schon
sichernd die Köpfe, da erdröhnte der Schuß, rollenden Widerhall in

den Berghalden weckend. Brüllend stürzte ein mächtiger Bulle im Feuer zusammen. Sein stöhnendes, lautes Brüllen zeigte an, daß er zu Tode getroffen war. Donnernd brach die kolossale Herde durch das Holz, daß knackend Äste und Bäumchen brachen und der Boden dröhnend erzitterte. Eine hohe Staubwolke wirbelte auf. Madenhacker und Reiher schwebten darüber, und den Berg hinanstürmend, war die Herde bald darauf den Blicken entschwunden. —

Ein Fangschuß in den Kopf machte den Qualen des erlegten Tieres ein Ende, welches stöhnend mit rollenden Augen vergebliche Versuche machte, sich zu erheben. Der Verfasser aber konnte sich nicht enthalten, einen lauten Juchzer auszustoßen, hatte er doch seinen ersten Büffel erlegt.

Damit Fleisch auch für die Muselmanen der Karawane genießbar wurde, mußte jedes Tier nach mohammedanischem Ritus geschlachtet werden. Der Koran schreibt vor, daß die Kehle des lebenden Tieres mit einigen kräftigen, schnellen Bewegungen mittels eines sehr scharfen Messers durchschnitten wird, und zwar muß die Prozedur beendet sein, bis der Betreffende die Formel: „Bismilla him rachmân wa rahîm" ausgesprochen hat. Das bedeutet: im Namen des großen verehrungswürdigen Gottes. Um nun den eben erlegten Büffel ebenfalls für die Islamiten der Karawane genießbar zu machen, durchschnitt der erst kürzlich zum mohammedanischen Glauben bekehrte Maganga, der Hauptjagdbegleiter, dem toten Büffel die Kehle durch; denn einen Büffel, welcher auch nur einen Funken von Leben im Leibe hätte, würde sich niemand anzurühren wagen. Es ist dies für den deutschen Weidmann ein höchst unweidmännisches und für den Islamiten ein unreines (harâm) Beginnen. Allein in der Wildnis nimmt's man mit den Koranvorschriften nicht so genau. Das Schlachten des toten Büffels hatte wegen der daumendicken Haut desselben übrigens wenigstens fünfzehn Minuten gedauert, während welcher Zeit man fast eine ganze Sure des Korans hätte beten können.

Bei den afrikanischen Jägern herrscht der Brauch, die Schwanzwedel des erlegten Wildes abzuschneiden, um die Trophäe als Beleg für die Wahrheit der Aussage der Boten ins Lager zu senden. In der Kataui Mbuga muß nach alter Sitte das Wild mbufi d. i. Ziege genannt werden. Dort herrscht nämlich der Geist eines alten afrika=

nischen Nimrod, Namens Kataui, der ein großer Jäger vor dem Herrn
war. Als eine Art afrikanischer St. Hubertus führt er das Regiment
über das Wild jenes Jägerdorados. Wollte der Jäger in Katauis
Gebiet das Wild anders als mit Mbusi bezeichnen, so wäre er
sicher, nichts zu erlegen. Ehe man in der Kataui Mbuga jagt, muß
man dem Kataui ein kleines Opfer bringen. Dieser sichert als Gegen=
leistung gute Jagd und nimmt alsbald den Jäger und die Karawanen
in seinen Schutz, dabei volles Vertrauen beanspruchend. Man darf,
wenn man Katauis Geist nicht erzürnen und beleidigen will, dort
keinen Dornenhag zum Schutz gegen Löwen, Panther und die diebischen
Hyänen ums Lager errichten, selbst nicht gegen räuberische Überfälle.
Thatsächlich hört man nie von Belästigungen irgend welcher Art
in jenen Gebieten. Einer der schwarzen Begleiter ging ins Lager
zurück, um Leute zum Wegschleppen des Fleisches zu holen. Trotzdem
der Verfasser über die vor ihm liegende ganz baumlose Ebene hinweg
deutlich die weißen Wände seines Zeltes unterscheiden konnte, dauerte
es $1\frac{1}{2}$ Stunden, ehe die Leute zur Stelle waren. Der Verfasser
nahm in der Zwischenzeit seine Beute in Augenschein. Es war ein
ganz ausnahmsweise starker Bulle, dessen mächtige Hörner heute das
Zimmer schmücken und dessen Schwanzquaste dort ebenfalls an einer
ehemaligen Kriegstrommel hängt. Es währte nicht lange, so erschienen
summend und brummend große und kleine Mistkäfer, Skarabäen, welche
sich mit hastiger Eile auf die Exkremente des toten Büffels stürzten und
sofort begannen mit ihrem schaufelförmig verbreiterten ersten Beinpaar
Stücke auszulösen, welche sie zu Kugeln formten von der Größe
sogenannter Murmeln, mit denen die Knaben bei uns spielen. Die
Käfer entwickelten bei ihrer Arbeit großes Geschick, indem sie die
Stücke nach allen Richtungen drehten und rollten. Meist paarweise
lief der eine der Käfer vorwärts, der andre rückwärts, indem er mit
dem ersten Beinpaar die immer runder werdenden Kugeln dirigierte und
sich mit ihrem letzten sehr langen Beinpaar vor= respektive rückwärts
schob. Nach allen Seiten konnte man bald einige dieser Mistkäfer
paarweise ihre Kugeln transportieren sehen. In die Mistkugeln legt
das Weibchen die Eier und vergräbt dieselben alsdann. — Da erregte
klatschender Flügelschlag die Aufmerksamkeit. Auch die Geier waren,
erschienen, um ihren Anteil an der Beute zu verlangen. In den

Lüften schwebten, majestätische Kreise ziehend, ganze Scharen der ge=
fräßigen Raubvögel. Die am höchsten fliegenden verloren sich als
verschwindende Pünktchen im blauen Äther. Um das nun in Aussicht
stehende Schauspiel genießen zu können, zog sich der Verfasser mit den
beiden Schwarzen unter einen dichten Busch zurück, welcher alle den
Blicken der Geier nach oben vollkommen verbarg. Diese Vögel
finden übrigens ihre Beute nur mit Hilfe ihrer unvergleichlich guten
Augen. Zuerst erschienen die kleinen Mönchsgeier, welche sich sogleich
auf den Kadaver stürzten und die Augen auszuhacken begannen.
Bald fielen die großen Geierarten und vor diesen mußten die armen
Mönchsgeier nun das Feld räumen und in respektvoller Entfernung
sich mit einem manchmal fortgeschleuderten Bissen begnügen. Nun
entstand ein wütender Kampf, balgend, flügelschlagend und fauchend
stritten sich die mächtigen Vögel, den ganzen großen Büffel be=
deckend. Manchmal hatten sich zwei derart ineinander verbissen und
mit den Fängen gefaßt, daß sie von dem Büffel herab auf die Erde
kollerten. Als aber die Geier schon begannen, das Gescheide auf=
zureißen und vom Halse Stücke gekröpft hatten, mußte eingeschritten
werden. Unwillig erhoben sich die Vögel schwerfälligen Flügelschlages,
nachdem sie erst nach einigen hüpfenden Sprüngen genügend Luft
mit den weiten Flügeln fassen konnten. Rauschenden Fluges zogen
einige wieder ihre Kreise in der Luft, andre fielen in die Baum=
wipfel ein und äugten gierig nach der entgangenen Beute.

Endlich nach langem Warten erst erschienen aus dem Lager
dreißig bis vierzig Träger und nun wurde in höchst unweidmännischer
Weise der Büffel ausgeschlachtet. Die Haut oder Decke, welche auf
dem Rücken und am Halse daumendick war, wurde nicht abgestreift,
dazu war weder Zeit, noch wäre es ohne die allergrößte Anstrengung
möglich gewesen. Mit Beil, Lanze und Messer wurden Stücke von
50—60 Pfund abgelöst, doch muß bei solchen Gelegenheiten der
Europäer stets dabei bleiben, mit einem kräftigen Stocke sorgfältig
Wache haltend, damit keiner etwas stiehlt oder nicht etwa Streit aus=
bricht. Mehr wie einmal mußte der Stock herabsausen, wenn sich
zwei mit dem Messer bedrohten. Endlich war der Büffel zerlegt
und die Stücke an Stangen gebunden, um von je zwei und zwei ge=
tragen zu werden. Der Kopf mit den mächtigen Hörnern und der

Hals waren so schwer, daß von vier Mann immer zwei bei einem der Stücke abwechselten. Dreißig Trägerlasten Fleisch zu je 60 bis 70 Pfund, also ungefähr 2000 Pfund hatte der Büffel gewogen. An demselben Tage wurde von einem schwarzen Jäger aus einer kleinen arabischen Handelskarawane ein Rhinozeros und ein Büffel geschossen. Der Kollege des Verfassers, Dr. Böhm, erlegte eine Antilope und er selbst hatte am Morgen zwei Djämäla zur Strecke gebracht.

Auf dem Heimwege bemerkte man Giraffen, Zebras eine Menge Antilopen und in weiter Ferne eine zweite große Büffelherde. 2½ Jahre später schoß der Verfasser während der Regenzeit in der Kataui=Mbuga innerhalb neun Tagen zwölf Zebras, eine riesengroße Giraffe, drei große Antilopen und ein Nilpferd in der überschwemmten Ebene. Im Lande Marungu westlich von Tanganika gelang es dem Verfasser, in der von Büffeln ziemlich armen Gegend eines dieser Tiere zu erlegen, welches merkwürdig unvorsichtig schien. Als der Büffel, ein außerordentlich großer Bulle, zur Strecke gebracht war, und man denselben untersucht, fand sich, daß seine Haut über und über mit zum Teil schon vernarbten, zum Teil noch eiternden langgerissenen Wunden bedeckt war und im Nacken sich tiefe Bißwunden zeigten. Es that dem Verfasser nun leid, den tapferen Bullen erlegt zu haben, da er nach den zahlreichen Spuren an seinem Körper zu schließen, Sieger in einem Kampfe mit einem Löwen geblieben war. Der Verfasser hatte öfter Gelegenheit, Plätze aufzufinden, wo ein derartiger, gewiß mit äußerster Erbitterung von beiden Seiten geführter Kampf zwischen Büffel und Löwen stattgefunden hatte. Immer fand sich die in einem Kreise von fünfzehn bis zwanzig Schritten ganz und gar zerstampfte und aufgewühlte Erde eines solchen Kampfplatzes in der Nähe einiger Bäume und Büsche, unter deren Schutz sich der König der Tiere an den Büffel herangeschlichen hatte. Auf mehreren derartigen Stellen sah man neben Büffelhufen= und Löwentatzenspuren den Körper der beiden Tiere im Erdreich eingedrückt, als Beweis, daß sich der Büffel des Löwen zu entledigen gesucht hatte, indem er sich auf die Erde warf, um ihn mit seinem Körpergewicht zu erdrücken. Doch dürfte er diese Taktik nur dann zur Anwendung bringen, wenn er sich einem einzelnen Löwen gegenüber sieht, und wie das Beispiel oben zeigt, mit gutem Erfolg. Fallen den Büffel aber, wie es häufig vorkommt, mehrere Löwen an, ſo iſt er immer verloren.

Wie faſt jeder Reiſender, welcher ſich längere Zeit in Afrika auf= hält, ſo wurden auch der Verfaſſer und ſein Kollege Böhm einſt von einem Löwen angefallen. Es war der erſte größere Jagdausflug im Innern. Beide kannten noch nicht die anzuwendende Jagdmethode und zogen in Begleitung von etwa ſechs Negern durch eine Mbuga. Vor uns marſchierte einer der Schwarzen. Nach vierſtündigem Wandern in glühender Sonne gingen mit einem Male hinter einem Buſche klatſchenden Fluges ein Pärchen der prächtigen ſchwarzweißen Gauklerabler mit den roten Fängen und ebenſo gefärbtem Schnabel auf. Die Kugel des Verfaſſers traf eine der bald ruhige Kreiſe ziehenden Vögel, Federn flogen und ſich überſchlagend kam der Adler herunter, faßte aber in etwa 10 m Höhe vom Boden wieder Luft und war dann bald den verblüfften Blicken entſchwunden. Jetzt erſt gewahrten wir, daß die Vögel von einem üppigen Mahle aufgeſcheucht worden waren. Am Boden lag, halb von Löwen aufgefreſſen, eine große Antilope. Dicht dabei hatten die Löwen die Gedärme und Loſung der Antilope ſorgfältig mittels ihrer Pranken von allen Seiten mit Erde zugeſcharrt, ſo daß es ausſah, als ob die Arbeit mit einer eiſernen Harke verrichtet worden ſei.

„Simbaſilliho" (der Löwe iſt in der Nähe) ſagten die Wanja= mueſibegleiter. Als man etwa zweihundert Schritte weitergegangen waren, wurde plötzlich hinter einem hohen Termitenhügel ein brummen= des Grunzen vernehmbar. Der Verfaſſer machte ſich ſchußfertig in der Meinung, ein Schwein hervorbrechen zu ſehen, als ſtatt deſſen zwei ganz junge, noch äußerſt täppiſche Löwen erſchienen, welche höchſtens vierzehn Tage alt ſein mochten. Sie liefen nach links um den Termitenbau herum, ihnen folgten zwei andre, welche nach rechts verſchwanden, und hinter ihnen erſchien in einer leichten Staubwolke wütend brüllend, mit aufgeriſſenem Rachen in zwei bis drei mächtigen Sätzen auf die Jagdgeſellſchaft losſtürzend, eine prächtige Löwin.

Der vorderſte war einer der Neger, welcher zwar etwas erſchrocken ſtutzte, dann aber, als die raſende Beſtie auf nur fünf Schritte Ent= fernung herangekommen war, ſeine dem Tiere gegenüber wie ein Zahn= ſtocher erſcheinende Lanze ſchwang, einigemal laut „ka! ka!" ausrief und

ehe man sich recht besinnen konnte, ehe es möglich war, das Gewehr anzu=
schlagen, war die Löwin und ihre Jungen mit einigen Sätzen spurlos
verschwunden. Als der Verfasser nachsetzen wollte, hielten ihn die
Schwarzen zurück, welche alle bis auf den Vordermann zum Tode
erschrocken waren. Leider hieß es nun, heimwärts zur Station Kakoma
pilgern, denn vor Schrecken hatte der Diener das in Flaschenkürbissen
mitgeschleppte Wasser fallen lassen, so daß es aus den zerbrochenen Be=
hältern auslaufend, bald von dem glühend heißen und gerissenen Boden
aufgesogen war. Später war es dem Verfasser nie mehr vergönnt,
einen Löwen von Angesicht zu Angesicht zu sehen, trotzdem er in der
Nähe eines Jagddorfes Weidmannsheil am Ugallafluß wochenlang nur
auf Löwen ging, von denen jenes wildreiche Revier wimmelte.

Das Elfenbein.

Wir haben schon wiederholt angedeutet, welche große Rolle das Elfenbein in Afrika nach jeder Richtung hin spielt. Es ist der treibende Faktor aller großen Unternehmungen dort, seien es solche von Europäern, Arabern oder Eingeborenen ausgeführte.

Das Elfenbein bildet bekanntlich die großen Stoßzähne des Elefanten (Elefas afrik. *L.*) Da diese Zähne ihren Sitz in dem Zwischenkieferknochen haben, so entsprechen sie den Schneidezähnen, nicht Eckzähnen, der Säugetiere. Sehr häufig hört man, so unglaublich es auch klingen mag, die Ansicht aussprechen, daß der Elefant seine Stoß= zähne öfters abwerfe, etwa so wie der Hirsch jährlich sein Geweih. Das ist keineswegs der Fall, sondern der wurzellose Zahn wächst un= unterbrochen, so lange das Tier lebt, und wird von einer sehr großen Pulpa aus ernährt. Von der Alveola ausgehend, füllt sie die spitz zulaufende Zahnhöhlung in drittel bis halber, selbst dreiviertel Länge aus. Es kommen außer den nur nach Gramm abzuwiegenden kleinen Milchzähnen, welche gewechselt werden, Zähne in jedem Ge= wicht bis zu 50, 60, selbst 80 und 90 kg vor.

Der europäische Elfenbeinhändler unterscheidet nach Aussehen und Eigenschaften drei Arten von Elfenbein: das weiche, das harte oder transparente und das halbweiche Elfenbein, während der afrika= nische diese Unterscheidung nicht kennt.

In Deutsch=Ostafrika ist der Elefant leider auf dem weitaus größten Gebiet so gut wie ausgerottet. Wir finden ihn nur am Kilimandscharo, im nördlichen Massailand, weniger im Norden und Nordosten des Nyassa und am meisten noch in den Ländern

westlich vom Viktoria = Njansa. Sonst ist er nirgends mehr Stand=
wild, sondern zieht höchstens einzeln oder in kleinen Herden durch.

Den Hauptelfenbeinhafen ganz Afrikas bildet Sansibar. Das
Handelsgebiet Sansibars erstreckt sich weit nach allen Seiten über
sämtliche innerafrikanischen Seen, den Viktoria = Njansa, Mutansige,
Tanganika, Meru und Bangueolosee, sowie die nördliche Hälfte des
Nyassasees; ferner zieht es sich über das Kongoquellgebiet und den
mittleren Kongo. Im Norden greift es zum Teil zwischen Viktoria=
Njansa und Mutansige in das Gebiet der ägyptischen Händler, im
Süden in das von Mosambik und Kilimani, sowie in das Sambesi=
gebiet, selbst in die Kapregionen. Alles Elfenbein des Sansibar=
gebietes kommt im Innern in Tabora zusammen. Die am meisten
begangenen Karawanenwege führen von Niangue über Ujiji nach
Tabora und aus Uganda ebendahin. Dort müssen nämlich neue
Träger angeworben werden, um das Elfenbein zur Küste zu bringen,
und zwar nach Mombas, Pangani, Bagamojo und Dar es Salaam.
Nur das von Nyassa kommende wird direkt nach der Küste bei Mo=
sambik transportiert.

Sehr viel Elfenbein geht jetzt den Kongo hinunter, auf den
Markt nach Antwerpen, der dort überhaupt erst in jüngster Zeit
für Elfenbein entstanden ist. Sonst waren nur London in erster und
Hamburg in zweiter Linie als Elfenbeinmärkte für die ganze Welt
bekannt. In Amsterdam wurde nur wenig gehandelt, dann kam noch
für den Osten Bombay in Betracht.

Von allen den großen Quantitäten Elfenbein, welche aus Afrika
ausgeführt werden, ist der verbreiteten Ansicht entgegen nur ein ganz
verschwindend kleiner Prozentsatz gefundenes, und dies erklärt sich sehr
leicht. Ist ein Elefant verendet, so werden die Fleischteile in der
kürzesten Zeit durch Raubtiere und Raubvögel verzehrt sein. Die
Knochen und Zähne werden dann vom Grase überwuchert. Dieses
trocknet im Mai und Juni vollständig aus und dann ziehen, Ende
Juli bis August, durch ganz Afrika die durch die Schwarzen ange=
legten Grasbrände hindurch, natürlich auch über die Knochenreste des
Elefanten. Ein einziger solcher Brand des nicht allzu mäßigen Grases
genügt vollkommen, die sehr leicht zerstörbare Masse des Elfenbeins
bis auf einen schwachen Kern zu kalcinieren und der im nächsten Jahr

sich wiederholende Grasbrand zerstört den Zahn vollständig, so daß er nach einigen Regengüssen total zerfällt und vielleicht nur ein weißer Streifen die Stelle bezeichnet, wo das Werk der Vernichtung vor sich gegangen ist. Das dritte Jahr hat dann alle Spuren verwischt.

Dabei kann es nun vorkommen, daß der eine Zahn des stürzenden Tieres unter Umständen in regendurchweichten Boden eingedrückt oder durch Regengüsse in Erde und Sand eingebettet wurde. Diesem können die Grasbrände vorläufig nichts anhaben und erst, wenn der Schädel durch Feuer und Witterungseinflüsse zerstört wurde, wird der nun bloßgelegte Teil des Zahnes ebenfalls zerstört. Die geschützten Teile dagegen bleiben wohl erhalten, und derartig halb eingebettete, halb verbrannte Zähne sind es auch, welche in der That gefunden werden.

Wird ein solcher Zahn aber durch Wasser mit Erde und Sand ganz verschüttet oder zufällig vielleicht beim Kampf der Raubtiere um den Kadaver aus der Kinnlade gelöst und verschleppt und ebenfalls verschüttet, so bleibt der Zahn, in letzterem Fall vollständig, erhalten, ist aber ganz und gar verloren, da er, dem menschlichen Auge unsichtbar, nicht gefunden werden kann und nur durch Erosion, die Hacke eines Eingeborenen und in späteren Zeiten vielleicht durch den Pflug eines Kolonisten wieder zu Tage gefördert werden könnte.

Ist ein Elefant im feuchten Urwald eingegangen, wo Grasbrände niemals durchziehen, so werden die Überreste bald von abfallenden Blättern begraben sein oder dieselben versinken allmählich im Schlamm, und selten nur werden solch versunkene Zähne durch Zufall ans Licht kommen.

Nur in einem Falle bleiben die Zähne sicher an der Erdoberfläche erhalten; wenn nämlich das Tier in einem trockenen Urwaldstreifen der Flußuferwälder lichter Waldregionen verendet. Dorthin bringen weder Grasbrände, noch vermag der Schädel mit den Zähnen zu versinken.

Die Neger, welche jetzt in allen Teilen Afrikas, wo Elfenbeinhändler hinkommen, die Wälder fortwährend nach allen Seiten durchstreifen, lassen übrigens kaum jemals einen kranken Elefanten dazu kommen, eines natürlichen Todes zu sterben, und aus diesem Grunde allein kommt es jetzt selten vor, daß Elfenbein gefunden wird.

Wanjamueſi-Träger mit Elfenbeinlaſten. Nach einer Originalphotographie.

Als der Wilde den Elefanten nur um seines Fleisches willen jagte, ließ er die Zähne meist liegen, da er keine Verwendung dafür kannte. Höchstens verarbeitete er kleinere Zähne zu Trompeten oder Mehlstampfern. Mit dem Eindringen der das Elfenbein begehrenden Händler dagegen erinnerte man sich, früher da und dort einen Elefanten getötet zu haben und holte die Zähne, um sie zu verkaufen, soweit sie noch aufzufinden waren. So kam es auch, daß, als vor zehn bis fünfzehn Jahren die mittleren Kongogebiete dem Elfenbeinhandel erschlossen wurden, noch vielfach gefundenes Elfenbein auf den Markt kam. Dies dürfte jetzt aber fast ganz aufgehört haben.

Heutzutage wird der Elefant wohl nur noch in den unerforschten Ländern im Norden des großen Kongogebietes ausschließlich um seines Fleisches willen gejagt, während man im ganzen übrigen Afrika eifrigst bemüht ist, das edle Wild um seiner Zähne willen auszurotten.

Vor Einführung der Feuerwaffen wurde der Elefant allgemein mit dem Speere oder vergifteten Pfeilen gejagt. Livingstone war noch Zeuge solcher mit Speeren ausgeführten Jagden im südlichen Seengebiete, wo jetzt nur noch mit dem Gewehr durch die Eingeborenen gejagt wird. Mit vergifteten Pfeilen jagen die Warua, die Neger der Kongowälder und an der Ostküste der Jägerstamm der Wandorobo.

Die Somali, Galla und Abessinier jagen zu Pferd und durchhauen mit einem Hieb mittels breiter arabischer Schwerter die Achillessehne des Tieres, welches sich auf drei Beinen nicht bewegen kann. Die Haussa jagen den Elefanten mit vergifteten Pfeilen, welche sie aus Gewehren schießen. Einige Nyassastämme jagen den Elefanten mit großen Hundemeuten, welche die Tiere einzeln stellen, und werden sie dann von den Jägern mit Lanzen und Pfeilen getötet.

In sehr alten Zeiten sollen sie auch in Fallgruben gefangen worden sein. Doch scheint dies mit Ausnahme der Gebiete an den Kilimandscharoabhängen nirgends mehr gebräuchlich und wird der vorsichtige Elefant sich schwer so fangen lassen.

Für den afrikanischen Jäger erfordert die Jagd auf Elefanten eine Menge Vorbereitungen. Er betreibt übrigens diese wie alle Jagden durchaus nicht als Sport, sondern als eine Arbeit, und nur um der Beute willen. Wie sollte auch der fortwährend mit der Natur in engster Berührung stehende und mit ihr im Kampfe liegende

Wilde gerade in einer dieser Kampfarten ein Vergnügen finden und als Erholung betrachten, was ihm anderweitig überall als eine Widerwärtigkeit erscheint!

Die Hauptvorbereitungen für die Jagd beziehen sich auf Amulette und Fetische. Alle alten erfahrenen Elefantenjäger verstehen sich auf Herstellung derselben. Es wird unter anderm ein Absud von Kräutern mit geheimnisvollen Zaubermitteln gemischt und diese in Hauteinschnitte des Körpers hineingerieben, also eingeimpft, und zwar an Körperteilen, welche beim Gebrauch der Waffen am meisten in Mitleidenschaft gezogen werden: der Fundi (Meister) ritzt vier- bis fünfmal dem betreffenden Jäger die Haut der Schläfe in der Nähe der Augen und bringt die Uganga (Kiunjamuesi) oder Daua (Kisuaheli) in die Wunde, um dem Auge Schärfe zu geben. Dann werden eben solche Impfungen an der Außenseite des Unterarms und besonders in die Haut, welche sich auf der äußeren Hand über das dritte Daumen= und Zeigefingerglied spannt und zwar an beiden Händen vorgenommen, um diesen möglichste Sicherheit bei Handhabung der Waffen zu geben. Auf diese Impfungen wird bei Elefantenjagden ein großer Wert gelegt, und niemand würde es wagen, ohne solche Vorbereitungen einen Jagdzug zu unternehmen, zumal diese Uganga (Zaubermittel) nicht nur Erfolge sichert, sondern auch den Jäger vor den Gefahren der Elefantenjagd schützt.

Der Verfasser hat in allen von ihm bis zu dem Kongoquellgebiet durchreisten Ländern dieselbe Sitte gefunden. Über diesbezügliche Gebräuche andrer Stämme ist noch nichts bekannt gegeben worden. Die auf Jagd bezüglichen Sitten entstammen wahrscheinlich meist den Makoa von Lufidji, welche mit Ausnahme der Wandorobo als die besten Elefantenjäger gelten können und welche allenthalben bis über die Seen nach Westen hinaus diesem Handwerk obliegen, so daß Makoa und Elefantenjäger in Ostafrika synonyme Worte geworden sind. Nur der Elefantenjäger als solcher besitzt die Mittel zur Herstellung dieser angeblich wirksamen Zaubermedizin.

Der Jägermeister verkauft nun das eben angeführte Impfmittel entweder, oder aber er impft es seinen Gehilfen und Gefährten ein.

Um den Hals auf der Brust trägt der Jäger ein Amulett, welches in ein Stückchen dünnen Felles oder in ein Baumwollstoffpäckchen eingenäht ist, an welchem seitwärts halbmondartig nach unten

gekrümmt zwei Löwen= oder Pantherklauen befestigt sind. Als kost=
barstes Jagdamulett für den Jäger gilt ein vom Löwen herstammendes.
Es geht nämlich die Sage, daß sich der Löwe auf seinen Streifzügen
ebenfalls der Amulette bedienen müsse und er infolge seines Lebens=
wandels eine große Praxis in der Herstellung wirksamer Zaubermittel
erlangt habe. Merkwürdigerweise muß er aber, ehe er ein Wild an=
nimmt, gerade dieses sein Jagdamulett irgendwo ablegen, da ihn mit
dem Amulett am Körper selbst die kleinste Zwergantilope bewältigen
könnte. Wohl dem nun, der ein solches auf kurze Zeit abgelegtes
Amulett findet, er wird damit auf der Jagd ein eminentes Glück haben.
Ein solches kostbares Löwenamulett fand einst einer der schwarzen
Begleiter des Verfassers. Es war weiter nichts als ein abgefallener
verfilzter Haarklumpen aus der Mähne des Königs der Tiere.

Einige Tage vor Antritt des Jagdzuges muß sich der Krieger
allen geschlechtlichen Umganges mit Weibern enthalten, welche auch
auch hierbei, wie überall im Leben, eine wichtige Rolle spielen. Sie
dürfen übrigens den Jäger nicht auf seinem Jagdzug begleiten.
Untreue des Weibes während der Dauer des Jagdzuges gibt dem
angeschossenen Elefanten Gewalt über seinen Verfolger, und dieser
wird entweder getötet oder schwer verwundet. Sobald daher der
Elefantenjäger Kunde von der Untreue seines Weibes erhält, zieht er
heimwärts, selbst die vielversprechendsten Jagdgründe verlassend. Der
Verfasser lernte im Lande Ugunda in Unjamuesi einen Elefantenjäger
vom Stamme der Makoa kennen, welcher sich während des Aufent=
haltes des Verfassers auf einen Jagdzug auf Elefanten begeben hatte
und nicht zum Schuß kommen konnte. Als ihm ein Sklave die Nach=
richt von der Untreue seiner im Heimatsdorfe zurückgelassenen Weiber
hinterbrachte, trat er sofort den Rückweg an. Während desselben
wollte er sein Gewehr durch Ausbrennen mit Pulver reinigen. Durch
eine übermäßige Pulvermenge brachte er dabei die Waffe zum Springen
und zerschmetterte sich den Daumen. Auch dieses Unglück setzte er
auf Rechnung seiner untreuen Weiber und verstümmelte, zu Hause
angelangt, zwei derselben auf solch bestialische Weise, daß sie kurz
danach den Geist aufgaben.

Die Ausrüstung des Jägers besteht neben den Waffen aus
Lebensmitteln in Gestalt von Mehl, so viel jeder zu tragen vermag,

einem Kochtopfe, einer Matte zum Schlafen und einigen eisernen Hacken zum Einkauf von Lebensmitteln. Bekleidet ist er mit zwei kleinen Wildkatzenfellen zur Bedeckung der Blößen und höchstens noch mit einem großen weichen Baumwollstoff zum Schutze gegen nächtliche Kälte.

Die Waffen bestehen in langen Feuersteingewehren, andrer bedient sich der Jäger nicht, da er bei dem großen Kaliber derselben sehr starke Pulverladung verwenden kann. Als Geschoß verwendet er eiserne selbstgeschmiedete Kugeln.

Zur Jagd mit Bogen und Pfeil bedient man sich der in dem betreffenden Stamme allgemein gebräuchlichen. Die Lanzen für Elefanten= jagd sind abweichend von den Kriegswaffen gestaltet. Die $2^{1}/_{2}$ Finger breite, myrtenblattförmige Klinge ist in ein $^{1}/_{2}$ bis $^{3}/_{4}$ m langes und rundes Eisen von Kleinfingerdicke ausgeschmiedet und steckt in einem $1^{1}/_{2}$ m langen Schaft aus zähem Holz von über Daumendicke. Das untere Ende ist in etwa 30 cm Länge faustdick verstärkt, als Gegen= gewicht der schweren Klinge. Als Zwinge für diese dient ein Stück Büffel= oder Antilopenschwanzhaut, welches ohne Naht aufgezogen, getrocknet, das Aufreißen des Schaftes verhindert. Die Lanze hat eine ziemliche Schwere, acht bis zehn Pfund.

Wenn alle Vorbereitungen getroffen sind, wird ein Medizinmann befragt wegen eines günstigen Tages, denn nicht jeder ist glückbringend. Ist ein solcher mit Sicherheit ermittelt, durch ganz kindische Mani= pulationen, so muß dem Jagdmsimu (Fetisch) ein Opfer gebracht werden in Gestalt von einigen Prisen Mehl und Pombe, das ist Bier, welch letzteres die Weiber in großen Quantitäten zu diesem Zwecke brauen müssen. Das Bieropfer besteht jedoch darin, daß dem armen Msimu eine ganz winzige Kalabasse voll Bieres, vom Inhalte etwa eines Weinglases, vorgesetzt wird, während das übrige Bier in großen Quantitäten in den durstigen Kehlen und weiten Mägen der Jäger, deren Genossen, Anverwandten und Weiber verschwindet.

Als die Elefanten noch zahlreicher in den Wäldern hausten, brauchte man nur wenige Tagereisen vom Dorfe aus zu marschieren, um gute Jagd= gründe zu erreichen, tötete zuweilen sogar Elefanten in den Feldern der Dörfer, wo sie eingebrochen waren. Damals war es noch möglich, die Jagd mit dem Speer zu betreiben, und lagen besonders die Wagalla dieser Jagd ob, und zwar noch vor etwa zwanzig bis dreißig Jahren.

Der Jagdzug, aus zwanzig bis dreißig Mann bestehend, von denen etwa zehn bis fünfzehn mit je zwei oder drei der schweren Jagdspeere ausgerüstet waren, folgte einer frischen Elefantenfährte; die mächtigen Tiere pflegen im Gänsemarsch ziemlich dicht hintereinander zu marschieren, und so entsteht, wenn nur drei bis vier Elefanten einander folgen, ein etwa 3—4 m breiter Pfad, auf dem, wenn die Herde groß war, noch nach Jahrzehnten kein Gras sprießt.

Leise, mit schnurrendem Geräusch, wie auf Zehen schleichend, ziehen die Tiere durch den lichten Wald, hier und da einen Ast ab= reißend oder mit den Stoßzähnen die Bastrinde eines Baumes ab= lösend, um diese zu verzehren. Meist sind sie während der Nacht unterwegs und ruhen am Tage im Schatten vom Uferurwald oder in Urwaldregionen an einer beliebigen Stelle. Es ist anzunehmen, daß die Elefanten meist im Stehen schlafen, denn nur sehr selten findet man eine Stelle, wo ein liegender Elefant einen Abdruck hinterlassen hat. Der Verfasser fand auf seinen zahlreichen Jagdstreifereien immer nur Ruheplätze, nach welchen man hätte annehmen müssen, daß die Tiere während des Schlafes teilweise im Wasser gelegen haben. An trockenen Stellen fanden sich niemals Anzeichen, daß ein Elefant auf der Erde liegend geruht hätte, während solche vom Rhinozeros sehr zahlreich zu finden sind und diese Tiere oft im Schlaf liegend getötet werden. Selbst die Eingeborenen wissen nichts von liegend schlafenden Elefanten zu berichten und nur höchst selten soll man solche gesehen haben. Der Betreffende, welcher einen schlafenden Elefanten gesehen hat, muß dann ungesäumt die Hilfe eines Fetischmanns in Anspruch nehmen, wenn er nicht nach dem Aberglauben eines elenden Todes sterben will. Ist eine Jagdgesellschaft in die Nähe einer Herde ge= langt, so postiert sich ein Teil mit den Lanzen auf Bäumen in 10—14 m Höhe, während die andern die Tiere durch kaum hörbares Anklopfen an Bäume und leises Astknicken auf die auf den Bäumen Lauernden zutreiben, ohne daß die Tiere merken dürfen, daß man sie treibt. Von den hohen Sitzen herab schleudern dann die Jäger dem unten vorbeiziehenden Tiere die haarscharfe Lanze in den Körper, so daß oft schon ein Stich genügt, eine tödliche Verletzung herbeizuführen. Zuletzt verblutet der Riese, von allen Seiten mit leichteren Speeren beworfen.

Wird der Elefant mit vergifteten Pfeilen beschossen, so genügt ein einziger gut sitzender Schuß, um bald den Tod eintreten zu lassen, und warten die Jäger einfach die Wirkung ab.

Bei der Jagd mit Feuerwaffen folgen die Jäger in geringer Anzahl, oft nur zu drei oder vier, manchmal tagelang den immer seltener werdenden Elefantenherden unter unsäglichen Anstrengungen im Eilmarsche, denn die Tiere marschieren ohne die geringste Anstrengung sehr schnell.

Auf höchstens zehn bis zwanzig Schritte schleicht sich der Schütze an das Tier und gibt mit festangelegtem Gewehr, dabei den linken Arm gewaltsam nach vorn streckend, den mit ungeheurer Pulver=ladung versehenen Schuß ab. Man zielt dabei entweder auf das Blatt, die Ohren oder ein Bein, die Knochen sind sehr spröde und daher der letztere Schuß ein ziemlich guter. Wie schon früher erwähnt, vermag das schwere Tier nicht auf drei Beinen zu marschieren. Der Schuß ins Auge wird ungern angebracht, weil dadurch leicht der bis in die Nähe desselben reichende Zahn beschädigt und aufgerissen werden kann, ebenso vermeidet man den Schuß spitz von vorn, die Kugel ricochettiert meist am zurücktretenden Schädel oder verliert ihre Kraft, wenn sie den Rüssel passieren muß. Ist das Tier nicht im Feuer gestürzt, so muß es oft auf große Strecken hin verfolgt werden. Mit weiteren Kugeln wird es dann abgefangen. Die Jagd ist immer sehr gefährlich, da der Elefant, wenn er nicht sehr krank geschossen oder mit Speeren schwer verwundet ist, fast immer den Jäger annimmt und ihn zu töten sucht, sich dabei aber nie seiner Stoßzähne bedient, sondern ihm einen Rüsselhieb versetzt und dann zertritt. Diejenigen, welche noch keinen toten Elefanten oder überhaupt noch keinen gesehen haben, dürfen sich bei den Elefantenjägern Ostafrikas nur mit einem grünen Zweig in der Hand dem toten Tiere nähern, weil, wie sie sagen, „der Elefant ein großes Tier ist". Es dürfte die Sitte also als eine Ehrfurchtsbezeigung aufzufassen sein. Derjenige, welcher zum erstenmal einen Elefanten erlegt hat, wird von den andern feierlich auf den Kadaver hinauf gehoben (Kisuaheli: kupandischa temboni) und muß dort einen Kriegstanz aufführen (Kutammba). Die Erlaubnis, wieder herabsteigen zu dürfen, erkauft er sich mit einem Geschenk oder dem Versprechen, Bier für die Jagdgenossen zu kaufen. Die Jagd=

genossen, welche zur Stelle sind, besteigen dann ebenfalls den Kadaver, wie auch nochmals der Jäger, und machen sich dann jeder einige kleine Einschnitte in die Zehen, um die Wunde dann mit Pulver einzureiben. Die Bedeutung dieser Zeremonie ist, etwaigen bösen Zauber, der vom Elefanten ausgeht, zu paralysieren, und dann auch, um dieselbe Fähigkeit im Laufen wie der Elefant zu erlangen. Man nimmt an, daß derselbe im Besitze starker Zaubermittel ist und auch eine Art bösen Blickes habe, denn es ist miko (schlecht mit mysteriöser Nebenbedeutung), wenn man von einem Elefanten, der die Front zu= kehrt, angeblickt wird. Die Erklärung dafür dürfte einfach die sein, daß dann fast immer Lebensgefahr vorhanden ist, weil der Elefant bei seinem schlechten Gesicht schon ziemlich nahe sein muß, um jemand zu erblicken.

Der glückliche Schütze schneidet die Schwanzquaste ab, als Beleg, daß das Tier wirklich erlegt ist, und um zugleich einen Ausweis über die Anzahl der erlegten Elefanten zu haben. Aus einigen der stricknadeldicken Schwanzhaare legt er sich einige Ringe um den Hals, um dieselben später im Lager zu vermehren und dort mit kunstgerechten Knoten zu schließen, auch um die Knöchel werden ebenfalls einige Ringe gelegt.

Nun geht es an das Ausbrechen der Zähne, welcher Prozedur nur zünftige Jäger zuschauen dürfen. Diese Arbeit erfordert große Vorsicht und Geschick. Zunächst wird das den Zugang zur Kinnlade versperrende Muskelfleisch weggeschnitten und dann mit Beilen die Knochen sorgfältig und behutsam weggehauen, damit der Zahn nicht verletzt wird. Die Pulpa wird sodann herausgenommen und ver= graben, und duldet besonders hierbei der Elefantenjäger keinen un= berufenen Zuschauer. Den Grund des Geheimhaltens der Pulpa konnte der Verfasser nicht ausfindig machen.

Die Zahnhöhlung wird mit frischem Mist des Tieres ausgefüllt, um ein langsames Trocknen herbeizuführen und ein Einreißen des Zahnes an den Höhlungsrändern und im Innern zu verhindern. Sonst werden keine Vorsichtsmaßregeln getroffen, und nur die Haussa der Westküste nähen die Zähne zum Schutze gegen Witterungseinflüsse in Häute.

Der Rüssel mit dem besten Fleisch gehört dem Jäger, und dörrt sich die Jagdgesellschaft so viel Fleisch wie möglich, um es zu ver=

kaufen und selbst zu verzehren. Den Rest des Kadavers verkauft man an Eingeborene und schenkt dem Häuptling des Landes einen Teil des gerösteten Fleisches.

Die Haut der riesigen Ohren wird sorgfältig abpräpariert und werden damit Trommeln überzogen, die einen sehr lauten und hellen Klang geben. Aus dem Zwergfell bereitet sich der Jäger einen Mantel und aus der Harnblase mehr des Spaßes halber eine Mütze. Die Warua schneiden aus der oft dreifingerdicken ovalen Fußsohle feine flache Riemen, die sie, zu vier bis sechs nebeneinandergesetzt, zu Gürteln verwenden. Es bleibt also vom Elefanten außer den Knochen und Kauzähnen nichts unbenutzt.

Es gilt nun der Grundsatz, daß die Zähne demjenigen gehören, der Pulver und Gewehr geliefert hat. Als die Elefanten noch zahl= reich waren und gemeinsam Jagd gemacht wurde, gehörten sie dem Stammes= und Ortshäuptling. Ferner, daß demjenigen Häuptling, auf dessen Gebiet der Elefant verendet, der Zahn gehört, welcher die Erde berührt, der andre dem Jäger. Dasjenige Gebiet, in welchem er nur angeschossen wurde, kommt nicht in Betracht.

Die Häuptlinge haben das Monopol des Elfenbeinhandels ziem= lich an sich gerissen, seitdem es von Händlern so sehr begehrt wurde und seitdem ein lebhafter Waffen= und Munitionsimport begonnen hat. Es bedarf für einen Freien oder emporgekommenen Sklaven schon eines sehr bedeutenden Einflusses und geradezu einer Machtstellung, um es wagen zu können, selbst Elfenbein zu erwerben, zu jagen und dann zu verkaufen. Der in Afrika allenthalben herrschenden Unsicher= heit wegen wird das Elfenbein, welches dort die Rolle des Goldes spielt, aus Furcht vor der Habgier des lieben Nächsten und aus Furcht vor Diebstahl aufs sorgfältigste versteckt.

Das im Kriege erbeutete Elfenbein gehört immer und unter allen Umständen dem kriegführenden Häuptling und wird mit seltener Ge= wissenhaftigkeit abgeliefert und zwar deshalb mit so großer Gewissen= haftigkeit, weil auf Veruntreuung derselben Todesstrafe steht, und man es anderseits nicht zu verkaufen möchte, ohne daß es sofort allgemein bekannt würde.

Als im Jahre 1882 der berüchtigte Räuberhäuptling Simba in Ukonongo, wie wir gehört haben, von dem ebenso berüchtigten Mirambo geschlagen wurde, gelang es ihm, mit Hilfe seines Hauptweibes und einiger Sklaven seine Elfenbeinvorräte zu retten und im Wald zu vergraben. Um außer dem Weib keine Mitwisser zu haben, tötete er einen Sklaven nach dem andern in einer für dortige Verhältnisse unauffälligen Weise.

Die Raubkriege, welche in Afrika immer wüten, seien sie unter den Eingeborenen oder durch Araber unternommen, werden immer in allererster Linie wegen des Elfenbeins ausgeführt, und erst in zweiter Linie kommt die Absicht auf Sklaven. Mancher Tropfen Menschenblut klebt so an dem Elfenbein.

Wir werden hiervon noch in dem Kapitel über Sklaverei hören.

Ist die Unsicherheit in den Ländern, welche man mit dem Elfenbein zu durchziehen hat, zu groß, so vergräbt man es im Walde und überbringt vorläufig nur die Schwänze als Beleg dem Eigentümer. Ist dieser ein Häuptling, so wird er zuerst begrüßt, im andern Falle der Jagdfetisch, vor welchem man einige Fleischstückchen opfert. Zuweilen auch hängt man dort die Schwanzquasten auf und hier und da die mächtige Kniescheibe eines Elefanten. Mit Freudenschüssen und unter Trommelklang rücken die Jäger ein, und wenn die Weiber das Bier in den nächsten Tagen gebraut haben, beginnt ein großes Trinkgelage, welches wiederum mit einem minimalen Opfer für den Msimu eingeleitet wird. Die Elefantenjäger sind bei einiger Übung sehr leicht aus der Masse des Volkes herauszufinden, da sie ein sehr charakteristisches Aussehen haben. Es widmen sich dem gefährlichen, mühevollen Handwerk nur energische willenskräftige Männer, und diese Eigenschaften prägen sich dem Gesichte auf. Die blitzenden Augen entsprechen gut den ernsten Zügen und die scharf vortretende Muskulatur der meist schlanken Gestalt machen den Eindruck von Kraft und Ausdauer. Es ist eine bis zum Kongoquellgebiet ziemlich allgemein verbreitete Sitte, daß die Elefantenjäger ihre Haare zu beiden Seiten des Schädels wegrasieren und nur einen dreifingerbreiten Streifen Haare stehen lassen, der, von der Stirn nach dem Nacken ziehend, allmählich schmäler wird und so genau wie die Helmraupe des alten bayrischen Helms aussieht. Um den Hals und die Knöchel einen dicken Wulst jener aus Elefantenschwanzhaaren hergestellten Ringe, um die Lenden den zweimal den Leib umziehenden Gürtel mit Patronentaschen und dem hinten befestigten Pulverhorn, vorn und hinten ein kleines Fell irgend einer wilden Katzenart, das lange Feuersteingewehr in der Hand, erscheint, frisch am ganzen Körper geölt, die dunkelbraune Gestalt des Jägers beim Zechgelage, welches schon am Morgen beginnt. Am Nachmittage werden dann ganz eigne Elefantenjägertänze ausgeführt, zu Ehren des Fetisch, zum Schalle kleiner Trommeln, die aus zwei Kegeln mit einander zugekehrter Spitze bestehen und aus einem Holze gehöhlt sind.

Die Erfolge der Elefantenjagden hängen selbstverständlich von der Geschicklichkeit des Jägers und vom Elefantenreichtum ab, der bei dem allgemein geführten Vernichtungskrieg immer geringer wird. Als in Ostafrika vor etwa zwanzig bis fünfundzwanzig Jahren noch zahlreiche Elefantenherden die lichten Wälder durchzogen und bewohnten, waren es vor allem die Makoa von Lufidji, welche der edlen Jagd in großem Maßstabe oblagen. Drei und vier, selbst zehn und zwölf Elefanten fielen an einem Tage den Jägern zur Beute. Unter diesen war es besonders einer, Namens Matumera, der so reich geworden war, daß er ein Gefolge von etwa tausend Gewehren hatte. Wenn er nicht selbst dem Weidwerk oblag, so thronte er in seiner ambulanten Lagerresidenz wie ein König, angethan mit den kostbarsten golddurchwirkten arabischen Seidenstoffen und reichgesticktem Tuchkaftan. Er trug nur Hemden von feinstem Batist. Die arabischen Händler versorgten ihn mit den auserlesensten Leckerbissen ihrer Heimat, und fortwährend hielt er öffentliche Gastmahle, bei denen jeder willkommen war. Kaffee und Datteln waren auf der Veranda stets für den Fremdling bereit.

Seine Heeresmacht ließ ihn Krieg und Frieden diktieren und da, wo er erschien, war er unumschränkter Herr und Gebieter, der nicht nach Häuptling und landläufigem Gesetz fragte.

Als aber die Elefanten immer seltener wurden, besonders in Uhähä, wo er die Tiere fast ausrottete, sank sein Ansehen und seine Macht, da er alles, was er eingenommen, sofort wieder verpraßt hatte. Als ihn der Verfasser im Jahre 1882 kennen lernte, war der einst so reiche Jäger ganz in Schulden geraten und als alter Mann lebte er von der Gastfreundschaft der Araber mit seinem kleinen Gefolge.

Die arabischen Händler kamen zu diesen Makoajägern und jetzt noch zu den Elfenbein besitzenden Häuptlingen, um dort die Zähne aufzukaufen, und so wären wir bei dem Elfenbeinhandel selbst. Es wäre wohl nicht uninteressant, mit dem Beginn desselben anzufangen.

An der Ostküste Afrikas trieben die Araber schon seit den aller= ältesten Zeiten Handel.

Der Handel an der Ostküste in den Händen der Inder und Araber hatte in früheren Jahrhunderten ein Hauptaugenmerk auf das Gold der Ostküste gerichtet, und hatten arabische Invasionen auch viel= fach aus politischen Gründen stattgefunden. Elfenbein wurde natür= lich ebenfalls gekauft, doch war der Verbrauch wohl nicht nennenswert und beschränkte sich in Europa auf die Elfenbeinschnitzwaren, Pulver= hörner und Waffengriffe. Indien und China konsumierten schon von altersher Elfenbein, Indien hauptsächlich für Armringe und China für seine tausenderlei Schnitzwaren. Der Handel wurde durch Araber über Bombay von der afrikanischen Ostküste aus vermittelt. Der Elfenbeinbedarf wurde für Europa erst erheblich, als das im sech= zehnten Jahrhundert in Italien erfundene Billard zu Ende des sieb= zehnten Jahrhunderts und nach den französischen Kriegen zu Anfang unsres Jahrhunderts von Frankreich aus allgemeinere Verbreitung fand. Besonders noch steigerte sich der Elfenbeinbedarf, als an Stelle des im siebzehnten Jahrhundert erfundenen Klaviers das im Anfang des achtzehnten Jahrhunderts erfundene Fortepiano mit seiner großen Klaviatur trat.

Die immer allgemeiner werdende Verbreitung von Billard und Fortepiano verlangte immer mehr Elfenbein für die Billardbälle und die Tastenbeläge.

Die Ostküste war und blieb bis heute für den Elfenbeinhandel am bedeutendsten und liefert doppelt so viel Elfenbein wie die Westküste

Über die Art des Betriebes des Elfenbeinhandels in Afrika und die dabei vorkommenden Manipulation ist noch nirgends Eingehenderes berichtet, sind noch keine Details bekannt gegeben worden und soll daher gerade über dieses gesprochen werden. Der Verfasser hat eigne Beobachtungen in dieser Beziehung vielfach gemacht und ist mit Elfenbeinhändlern der Ostküste und im Zentrum Afrikas mit Westküst= händlern in Berührung gekommen. Bei allen fand er die fast genau

gleiche Geschäftsgebarung, und diese Gleichmäßigkeit entspringt der Gleich=
mäßigkeit des Negercharakters. Was in ziemlich ausführlicher Weise
über die Geschäftsmanipulationen der Händler der Ostküste in folgendem
gesagt werden soll, dürfte daher ein anschauliches Bild geben, welches
sich in großen allgemeinen Zügen allenthalben wieder so zeigen dürfte.

Vor achtzig bis neunzig Jahren bewohnte der Elefant noch die
Küstengebiete bis fast zum Meere, und fanden Elefantenjagden noch
allenthalben dort statt. Besonders jagte man den Elefanten an der
Ostküste Afrikas. Die Araber unternahmen Reisen von nur wenigen
Tagen in den Küstenländern, um Zähne einzuhandeln. Das meiste
damals in dem Handel vorkommende Elfenbein brachten jedoch die
Eingeborenen selbst aus dem Innern, die Wagogo, Wahähä und ganz
besonders die Wanjamuesi. Besonders waren es Angehörige des letzt=
genannten Stammes, welche alljährlich noch bis vor fünfzig bis vierzig
Jahren in großen Karawanen das Elfenbein zur Küste brachten.
Inder und Araber zahlten es schlecht, und dies hatte zur Folge,
daß es im Innern für den Besitzer nicht den hohen Wert besaß wie
jetzt allenthalben. Es konnte damals noch der freie unabhängige
Mann Elfenbein im Innern erwerben und verkaufen, ohne vom
Häuptling gleich das Schlimmste befürchten zu müssen.

Die Elfenbeinbesitzer, Häuptlinge oder Freie, zogen damals
entweder selbst zur Küste, die Zähne von ihren Sklaven tragen lassend,
oder sie vertrauten sie einem sogenannten Mdäwa an. Der Mdäwa
war ebenfalls ein Freier, welcher oft mehrere Dörfer besaß. Er mußte
sich als Karawanenführer durch große Ehrlichkeit auszeichnen, und da
er als Besitzender stets Garantien bot, so bedurfte es bei ihm nur
der Kaltblütigkeit, Besonnenheit und diplomatischer Gabe, um zu dem
schwierigen Amt eines Mdäwa befähigt zu sein. Seinen Mitbürgern,
wie auch dem Häuptling gegenüber, besaß er Einfluß, und ein gutes
Gedächtnis ermöglichte ihm, sich all der zahlreichen Aufträge zu ent=
ledigen, welche man ihm gegeben hatte und die er neben dem Verkauf
seines eignen Elfenbeins besorgte.

Die Zeit der Wanderung zur Küste war abhängig vom Feldbau.
Waren die Feldarbeiten Anfang April beendet und die Maisernte
eingebracht, so daß die Instandhaltung der Durrafelder den Weibern
überlassen werden konnte, so war der Zeitpunkt der Abreise gekommen.

Zunächst mußten Träger angeworben werden, welche alle, selbst im Falle sie Sklaven waren, bezahlt sein wollten. Die ungeheure Wander=luft der Wanjamuesi erleichterte diese Arbeit sehr, und nachdem man sich mit Mehlvorräten für etwa zehn bis zwölf Tage, ebenso mit eisernen Hacken, welche zum Eintausch von Lebensmitteln unterwegs sowohl als zu Tributentrichtungen an die Wagogo dienten, versehen hatte, wurde das Abschiedspombe (Bier) gebraut und eine winzig kleine Quantität dem Msimu (Fetisch) des Hauses geopfert, nebst etwas Mehl. Zuletzt befragte man den Mganga (Zauberer) wegen eines günstigen Tages und zog dann die Karawane, im Falle alle Leute glücklich beisammen waren, ab.

Der Führer der Karawane mußte ein wegekundiger Mann sein, der genau den Verlauf der nur fußbreiten Pfade kannte. Er war immer ein kräftiger Mann, der eine sehr schwere Last zu tragen ver=mochte, neunzig bis einhundert, selbst einhundertzwanzig Pfund; er erhielt dann doppelte Ration und doppelten Lohn. Oft waren es drei bis vier solcher Führer, Kirangosi genannt.

Dem Führer voraus gingen einige Leute mit eisernen, im Lande selbst gefertigten Doppelglocken, Kigerengere, die ein ähnliches Geläute wie Schweizer Kuhglocken ertönen ließen. Später wurden diese ganz und gar durch die aus Uganda kommenden Trommeln, Mganda ge=nannt, verdrängt und sind die jetzt allgemein gebräuchlichen Fahnen an der Ostküste durch Araber eingeführt. Neben Glocken sorgten Trompeten aus Antilopen=Hörnern für Hervorbringung möglichst großen Lärms.

Der Mdäwa sowohl wie die Führer mußten außer dem Verlauf der Pfade noch genau die Wasserplätze kennen, unterrichtet sein über die Sicherheit des zu durchziehenden Gebietes und ob auf der ge=wählten Route genügende Lebensmittel vorhanden waren. In langen Reihen zogen die Träger, einer hinter dem andern, belastet mit Elfen=bein von zwanzig bis achtzig Pfund einher. Große Zähne wurden einzeln, kleine zu Bündeln mittels Häuten zusammengeschnürt. Zuletzt marschierten Weiber, welche stets zahlreich die Karawanen begleiteten, und den Schluß bildete der Mdäwa mit seinem Gefolge, würdevoll einherschreitend.

Bewaffnete begleiteten die Züge zum Schutz der sehr wertvollen Karawane nie, sondern die Träger waren dem größten Teil nach mit

Lanze, Bogen und Pfeil, einige wenige mit Feuersteingewehren be=
waffnet. Streitigkeiten mit den Eingeborenen vermied man aufs
sorgfältigste aus Rücksicht auf den Zweck der Reise und erkaufte sich
den Frieden mehr wie einmal durch Abgaben, wobei anderseits die
Eingeborenen, welche an der regelmäßigen Karawanenroute wohnten,
ebenfalls klug genug waren, die Vorteile, welche ihnen die alljähr=
lich auf dem Hin= und Rückwege begriffenen Handelszüge brachten,
zu wahren.

Bei Überfällen, welche meist an denselben Orten stattfanden,
z. B. der Marenga makali, einer unbewohnten Wildnis, warf man
die Lasten zusammen und verteidigte sich, so gut es ging. Oder
die Träger entflohen, wenn sie sich einer Übermacht gegenüber sahen,
ihre Lasten preisgebend. Es kamen übrigens verhältnismäßig
selten Überfälle vor, bei denen ganze Karawanen verloren gingen.
Meist begnügten sich die Räuber damit, ermüdete Nachzügler aus=
zurauben.

In Ugogo mußte an die einzelnen Häuptlinge Tribut bezahlt
werden und zwar auf dem Wege zur Küste in Gestalt von eisernen
Hacken, welche hauptsächlich in Usukuma, im Süden des Viktoria,
von den Eingeborenen aus Raseneisenstein hergestellt wurden und
noch werden.

Hatte die Karawane Ugogo durchschritten, so harrten derselben in
Usagara am Wege Abgesandte von Indern mit Geschenken. Auf dem
Arm ausgebreitet trugen sie bunte Stoffe in grellen Farben, Schirme,
Messer, Mützen, Zucker und versuchten den Mdäwa oder kleinere
Elfenbeinbesitzer zur Annahme dieser Geschenke zu verleiten, sie zu
überreden, als Gast bei ihrem Herrn einzukehren. Er werde sie gut
aufnehmen und für ihren Unterhalt in dem betreffendem Küstenplatze
sorgen, welcher das Ziel der Karawanen war, damals meist Saadani
oder Dar es Salaam. Bagamojo, welches heute noch der Haupt=
karawanenort ist, war früher noch ein unbedeutender Ort. Der Mdäwa
hatte nun schon meist seinen Gastgeber, bei dem er einkehrte, aber
trotzdem versuchte es jedesmal die Konkurrenz, den Mdäwa zu sich
hinüberzuziehen, was ihr auch hier und da gelang.

Das Verabreichen von Geschenken und Anbieten der Gast=
freundschaft an Leute, welche man meist nicht kannte und denen man

zehn bis vierzehn Tagereiſen entgegenzog, entſprang jedoch nicht etwa
den idealen Beſtrebungen, den Schwarzen ein gutes, angenehmes Unter=
kommen zu ſchaffen, ſondern dem reinſten Geſchäftsintereſſe. Hatte
ein Elfenbeinbeſitzer oder Mdäwa nämlich das ſogenannte Geſchenk
angenommen, ſo war er dem Geber verpflichtet, d. h. geradezu ver=
kauft, indem der Nehmer damit eine Schuld kontrahiert hatte. Wollte
ſich der „Hereingefallene“ den unangenehmen Konſequenzen entziehen,
welche die Annahme des Geſchenkes nach ſich zog, ſo konnte er dies
unter keinen Umſtänden, ſelbſt nicht durch Zurückgabe des Geſchenkes,
deſſen Wiederannahme man unter den nichtigſten Vorwänden ver=
weigerte. Man wies z. B. irgend einen Fehler oder Flecken nach,
der dem Stoff oder einer ſonſtigen Gabe ſchon immer angehaftet
haben mochte, und behauptete, daß es nun nicht mehr derſelbe Gegen=
ſtand ſei, welchen man gegeben. — Hatte der Nehmer ſchon etwas
verbraucht, z. B. Zucker, ſo konnte von Rückgabe überhaupt nicht die
Rede ſein, ſelbſt wenn das Doppelte des Wertes geboten wurde. Bei
Streitfällen aus ſolchem Anlaß waren alle Inder ſolidariſch und die
arabiſchen Gouverneure beſtochen, ſo daß demjenigen, der unterwegs Ge=
ſchenke angenommen hatte, nichts übrig blieb, als ſich dem edlen Gaſt=
freund auf Gnade oder Ungnade zu ergeben. Der Zweck dieſer
ſonderbaren Geſchäftsmanipulation war der, den Elfenbeinbeſitzer dazu
zu beſtimmen, als Gaſt bei dem Geber einzukehren, d. h. ſein Elfen=
bein in ſeinem Hauſe bis zum Verkauf aufzuheben und ihn dann
noch neben der Annahme der Geſchenke dadurch ganz und gar haftbar
zu machen, daß man ihm und ſeinem Gefolge täglich einige Kupfer=
münzen zum Unterhalte auszahlte. Die Leute kamen immer hungrig
an der Küſte an und waren daher leicht zur Annahme des Geldes
zu bewegen.

Dem Mdäwa, der mit großen Vorräten an Elfenbein kam, wurde
ein ſcheunenartiges Haus für ſich und ſeine Weiber angewieſen, ihm
eine Mahlzeit aus Reis und Ziegenfleiſch bereitet und das Elfenbein
ſicher unter Verſchluß gebracht.

Die Elfenbeinkarawanen wurden jedoch nicht ohne weiteres in
die Orte an der Küſte eingelaſſen, wo ſie ihr Elfenbein zu verkaufen
beabſichtigten. Die Anſprüche der zahlreichen „Jumbe“, wie die
Häuptlinge dort genannt werden, mußten vorher befriedigt werden.

Der Karawanenführer mußte eine Abgabe an diese Jumbe entrichten und zwar zunächst für die Erlaubnis, das Land überhaupt betreten zu dürfen, dann dafür, Holz zu sammeln und Feuer anzuzünden. Ferner mußte die Erlaubnis erkauft werden, Bedürfnisse auf dem betreffenden Grund und Boden zu verrichten. Allen diesen Anforderungen vermochte aber der Neger, aus dem Innern kommend, nicht zu genügen, der sich lieber eine Hand würde haben abhacken lassen, als von seinem Elfenbein für solche Abgaben auch nur den kleinsten Zahn zu geben und wie auch sollte er den Tribut bezahlen, wenn er z. B. nur einen großen Zahn besaß. Wer von der großen Karawane sollte die Zahlung leisten, die Jumbe verlangten nur die besten Stoffe und rote Perlen, welche letzteren noch heute in Sansibar selbst auf dem Markte als Zahlung genommen werden; das alles besaß der Schwarze aus dem Innern nicht, und so mußte der Inder, der edle Gastfreund, für ihn einspringen. Die Karawanen mußten daher so lange an der Grenze der betreffenden Orte lagern, bis die Jumbe, deren stets mehrere in einem Orte wohnten, befriedigt waren. Dem Eingeborenen aus dem Innern war also von vorn herein die Möglichkeit genommen, selbständig und unabhängig seine Geschäfte abzuwickeln. Den Klauen der sanften Inder konnte er niemals entkommen, mochte er sich drehen und wenden, wie er wollte.

Der Inder beeilte sich keineswegs, die Geschäfte schnell abzuwickeln, und ließ seinen Gast acht bis zehn Tage warten, ehe er sich auch nur in ein Gespräch wegen des Elfenbeins einließ. Jeder Versuch des Besitzers, das Thema darauf hinzuleiten, wurde mit einem kurzen „kescho", morgen, abgebrochen. Merkte man, daß der Mann etwas mürbe geworden war, so fragte man den Eingeborenen, was er für sein Elfenbein verlangte, nachdem es der Inder zuvor genau angesehen hatte. Der Besitzer nannte dann immer einen ungeheuerlichen Preis, indem er sich einbildete, mit seinem Elfenbein die Welt kaufen zu können.

Der Handel mit dem schwarzen Elfenbeinbesitzer aus dem Innern, an und für sich sehr schwer wegen des Charakters der Schwarzen, wurde nun dadurch ganz besonders erschwert, daß er sich oft monate=, selbst jahrelang vorher alles ausgedacht, wie viel und welche Arten von Tauschwaren er für sein Elfenbein, welches er so hoch überschätzte, verlangen sollte. Für eine Warengattung allein konnte man ihm nie etwas abkaufen. Vor allem stand sein Sinn nach Gewehr und Pulver. Dann kamen weiße und blaue Baumwollstoffe, Perlen, Messingdraht, bunte Taschentücher und buntgewobene arabische und indische Tücher oder Imitationen derselben.

Jeder verlangte andre Muster, immer aber mußte von allem etwas dabei sein, und dies komplizierte den Handel sehr. Gegenstände jedoch, wie falschen Schmuck, Spielzeug, nicht gangbare Perlen oder Dinge, welche der Eingeborene nicht wieder als Zahlung geben konnte, nahm er nur als Geschenk.

Alle obengenannten Tauschwaren wurden und werden auch heute zum großen Teil aus England importiert. Aus Deutschland kommt nur Pulver, jetzt einige Steingutwaren und in letzter Zeit leider auch Branntwein aus Hamburg. Dieser bisherigen Nichteinfuhr von Schnaps an der Ostküste hatte man zum guten Teil die erträglichen Zustände zu danken, welche Mißstände, wie sie an der Westküste vielfach auf= treten, nicht einreißen ließen.

Aus Deutschland kommen noch Perlen aus Nürnberg hinzu. Imitationen von arabischen und indischen Stoffen werden in der Schweiz und in letzter Zeit auch in Fürth in Bayern fabriziert.

Es beginnt nun ein Feilschen und Schachern, von dem sich der europäische Kaufmann gar keinen Begriff zu machen im stande ist. Der Inder betrügt dabei den Schwarzen am Gewicht, und dieser hat in die Höhlung des Zahnes Erde, Baumrinde oder Eisenstücke fest= gekeilt oder Kupfer und Blei hineingegossen, um das Gewicht zu er= höhen. Der Inder findet Risse im Innern, und will der Neger die für das Elfenbein dadurch herbeigeführte Wertherabminderung nicht anerkennen. Der Schwarze verlangt das Zwanzigfache vom Werte des Elfenbeins in Europa. Die Qualität des vorgezeigten Stoffes sagt ihm nicht zu oder er wünscht ein Muster, welches schon seit Jahren nicht mehr fabriziert wird. Die Verhandlungen sind schon dem Abschlusse nahe, als plötzlich der Neger mehr verlangt wie zuvor. Nun geht der Inder seinerseits unter sein erstes Gebot. Der Neger droht, es wieder mit ins Innere zu nehmen, worauf der Inder seine Auslagen zurückfordert.

Der Eingeborene versucht nun, sein Elfenbein bei einem andern Inder zu verkaufen, indem er das Maß der Zähne, Länge und Um=

fang, mit zwei Strohhalmen mißt und das angebliche Gewicht vom
Gastfreunde erfahren hatte. Da aber das Elfenbein in sicherem Ge=
wahrsam des edlen Gastgebers ist, so läßt sich niemand auf den
Handel ein oder jeder Versuch wird dadurch einfach abgewiesen, daß
jener unter allen Umständen mehr bieten würde wie ein etwaiger
andrer Liebhaber.

Endlich ist man handelseinig geworden, was die Quantität der
zu gebenden Tauschwaren betrifft. Aber es entstehen bezüglich der
Qualität neue Schwierigkeiten. Alles ist zu schlecht, die Muster ge=
fallen nicht, das taugt nichts, das Gewehr ist zu alt, die Pulver=
fäßchen sind zu leicht. So geht es tage= und wochenlang. Ist ein
Zahn klein, unter einem Frassila = 35 Pfund englisch, so geht es
schneller, ist der Zahn 70 bis 80 und mehr Pfunde schwer, so kann
der Handel monatelang dauern. Es kam sogar vor, daß ausnehmend
große Zähne, welche von zwei Leuten geschleppt werden müssen, 160
bis 180 Pfund englisch, bei einem Inder deponiert wurden und der
Handel erst im folgenden Jahre perfekt gemacht wurde. Jedenfalls
aber könnte ein Europäer krank durch die Aufregung und den Ärger werden.
Läuft doch selbst dem geduldigen Inder die Galle manchmal über.

Endlich glaubt der Inder sein Ziel erreicht zu haben und er
beginnt dem Verkäufer seine Tauschwaren zu übergeben, als dieser
plötzlich erklärt, vielleicht aufgestachelt durch einen andern, mehr
haben zu wollen, und verweigert den Handschlag, welcher den Kauf
besiegeln soll. Neues Schachern beginnt, neues Streiten, Trotzen,
Schmollen, neuer unsäglicher Ärger auf beiden Seiten, neue Beratung
der Schwarzen unter sich. Alles hilft nichts, keiner will nachgeben,
das Geschäft droht ganz in die Brüche zu gehen, bis zuletzt der
Inder mehr bewilligt, was er ganz gut kann, da er so wie so keinen
zu hohen Preis bezahlte.

Ist jetzt alles geordnet, so wird der Kauf unwiderruflich abge=
schlossen. Der Inder hat das Elfenbein definitiv an sich genommen.
Schreckliche Abrechnung wird nun gehalten. Der Inder erklärt: „Ich
habe dir Geschenke bei deiner Ankunft übergeben, macht so und so
viel, nicht zu vergessen des Tributs, den ich für euch an den Jumbe
bezahlte, und du verfluchter Heide wirst doch nicht glauben, daß ich
dich mit deiner ganzen Gesellschaft während mehrerer Monate um=

sonst beköstige." Dies alles geht vom Kaufpreis ab, und erstaunt, enttäuscht, wütend sieht der nunmehrige Tauschwarenbesitzer ein Stück nach dem andern verschwinden von dem nicht allzugroßen Tausch= warenhaufen, der den Kaufpreis seines Elfenbeins ausmachte, so daß er bedeutend kleiner wird. Doch der gewandte Inder weiß schließlich alles plausibel zu machen und versüßt die Bitterkeit und Enttäuschung dadurch, daß er die geforderten Geschenke für den Verkäufer und dessen Weiber in Gestalt eines Kastens, einiger bunter Perlen und Stoffe bewilligt.

Der Inder hatte es so ganz in der Hand, innerhalb gewisser Grenzen den Preis für das Elfenbein selbst zu bestimmen. Außer= gewöhnlich billige Preise ließen sich aber dennoch nicht erzielen, da man sich trotz aller Solidarität dem Schwarzen gegenüber dennoch gegen= seitig kontrollierte und allzu großen Gewinn nicht gegönnt hätte.

War alles Elfenbein verkauft, so brachen die Karawanen späte= stens Ende August nach dem Innern auf, um zu Beginn der Regen= zeit, Ende Oktober und Anfang November, das Feld wieder zu bestellen.

Mit den neuen bunten Fetzen behangen, knallend und singend, zogen sie nach der Heimat. Der Mdäwa lieferte zu Hause die ein= getauschten Waren, soweit sie nicht ihm gehörten, an die respektiven Besitzer ab. Bei einem großen Pombegelage feiert man alsdann fröhliche Rückkehr.'

Während noch die Eingeborenen selbst das Elfenbein zur Küste brachten, waren die Elefanten an den Küstenregionen immer seltener geworden. Die Araber hatten ihre Züge immer weiter ausdehnen müssen, und aus Unjamuesi floß immer weniger Elfenbein zur Küste. Bis dahin waren es meist Inder, welche sich mit Elfenbeinhandel abgaben, da sie die kapitalkräftigen waren. Im ungastlichen Ugogo mit seinem rauhen Klima und räuberischen Bewohnern waren die Elefanten auch fast ausgerottet, und so fand man erst in Unjanjembe einen geeigneten Platz, eine dauernde Niederlassung zu gründen, zu= mal dort auch Sklaven in großer Menge sich vorfanden. Die ersten Araber erschienen in Unjanjembe von sechzig bis siebzig Jahren und gründeten Kaseh, in dessen Nähe Tabora angelegt wurde. Besonders kam dieser Gegend zu gute, daß sie von einem eifrig ackerbautreibenden

Volksstamm bewohnt wurde, der bei großer Reise= und Wanderlust den beschwerlichen Trägerberuf mit einer Art Passion betrieb. Den Arabern gelang es bald, mit dem ihnen eignen Geschick eine derartig einflußreiche Stellung einzunehmen, daß die einheimischen Häuptlinge von Unjanjembe sich dem arabischen Gouverneur unterordneten.

Die Eingeborenen gewöhnten sich allmählich daran, ihre Elfenbein= vorräte in Unjanjembe zu verkaufen, so daß der Handel mit diesem Artikel in den Händen einiger großer Araber bald solchen Aufschwung nahm, daß der reiche Gewinn immer mehr Araber nach Unjanjembe lockte.

Nun spielte sich der schon geschilderte Vorgang ab, wobei die Araber von Indern Kapital entliehen und diese ihre hohen Prozente verdienten.

Die Handelsabschlüsse mit den Eingeborenen im Innern verlaufen ähnlich wie früher an der Küste. In Tabora angekommen, muß der Händler neue Träger anwerben, da diese niemals weiter wie bis Un= jamuesi von der Küste aus ziehen. In der Regenzeit während des Feldbaues hält dies natürlich schwerer, als während der Trockenperiode. Sind die Träger angeworben, so zieht man, wie auch an der Küste, von einem Rendezvousplatze zuerst langsam und dann in großen Märschen dem Ziele zu. Bei dem elfenbeinbesitzenden Häuptling wird Standquartier aufgeschlagen und erhält der Araber, wenn die Kara= wane nicht allzu groß, d. h. etwa vierzig bis fünfzig Mann stark ist, bereitwilligst Unterkunft in den Hütten des Dorfes. Der Handel wickelt sich niemals sofort ab. Der Häuptling betrachtet den Araber als seinen Gast, doch muß er dem Gastgeber zuerst ein Geschenk verabfolgen, um diesen zu veranlassen, daß er seinen Unterthanen die Erlaubnis erteilt, Lebensmittel an die Karawane zu verkaufen. Ein weiteres Geschenk erwidert der Häuptling mit einem Huhn, einer Ziege, oder auch nur Mehl. Unter allerlei Ausflüchten, daß z. B. der Araber erst aus= ruhen müsse, oder er, der Häuptling, dringende Regierungsgeschäfte zu erledigen habe, wird der Händler hingehalten, bis der Häuptling seine Habgier doch nicht mehr zu zügeln im stande ist. Der Häuptling ver= kauft sein Elfenbein nie öffentlich aus Furcht vor mächtigen Nachbarn und auch um seine Leute nicht zu Betteleien nach abgeschlossenem Kauf zu reizen. Geheimnisvoll kommt ein Abgesandter des Häuptlings des Nachts in das Zelt des Arabers und überbringt diesem zwei Stroh=

halme, deren einer die Länge und deren andrer den Umfang des
Zahnes an der dicksten Stelle bedeuten. Man versucht, den Araber
nach diesen Maßen zum Kauf zu bewegen. Der Zahn sei zu weit
vom Ort vergraben, und da man nicht wisse, ob der Kauf zum Ab=
schluß komme, wolle man sich der mühsamen Arbeit des Ausgrabens
nicht unterziehen. Der Araber kann auf solches Ansinnen nicht ein=
gehen, und in der nächsten Nacht entbietet der Häuptling den Händler
in seine Hütte, wo man ihm den zu verkaufenden Zahn zeigt. Der
Araber unterwirft ihn genauer Prüfung. Er ist übrigens ein schlechter
Elfenbeinkenner und taxiert den Wert nach sehr allgemein gehaltenen
Wertbemessungen. Nach der Besichtigung wird das Elfenbein wieder
sorgfältig verborgen, und bringt der Häuptling alsdann ein Bündel
kurzer Strohhalme von verschiedener Länge in den schwachen Schimmer
des glimmenden Feuers und legt sie nebeneinander auf den Boden.
Diese etwa fingerlangen Halme repräsentieren gewissermaßen die Buch=
führung des Häuptlings oder das Inventar seines Elfenbeinreichtums,
wobei er aber immer den Fehler begeht, sein Besitztum zu hoch auf=
zunehmen. Im Laufe der Zeit bindet der Elfenbeinbesitzer immer
mehr Strohhälmchen zusammen und vermehrt in solcher imaginären
Weise seinen Reichtum. Jeder der abgeschnittenen Halme hat nach
verschiedener Länge verschiedene Bedeutung. Die kürzesten bedeuten
weiße und blaue Baumwollstoffe. Als Einheit wird dabei im Innern
die „Armlänge" vom Ellbogengelenk bis zur Spitze des ausgestreckten
Mittelfingers angenommen. Andre längere Stücke bedeuten bunte
Taschentücher, einige Perlen, die größeren bunt gewebte Stoffe, die
noch größeren Gewehr, Pulver, Feuerstein und jetzt Zündhütchen. Die
große Anzahl der Strohhalme, d. h. des eingebildeten Reichtums, bleibt
aber immer nur ein frommer Wunsch, welcher meist nur zum dritten
Teil erfüllt wird. Die Forderungen sind oft von solch unverschämter
Höhe, daß selbst dem in. Geschäftssachen sehr geduldigen Araber die
Galle überläuft und er für den Moment allen Ernstes an den Ab=
bruch der Unterhandlungen denkt. Andernfalls beginnt dasselbe Manöver,
wie es früher schon bei dem Elfenbeinverkauf an der Küste geschildert
wurde, und dauert der Handel hier ebenso lang, oft länger, da der
Häuptling gar keinen Grund zur Eile hat, es sei denn, er benötige
Pulver für Krieg. Der Abschluß wird überhaupt nur dadurch herbei=

geführt, daß es dem Araber gelingt, dem Häuptling andre Begriffe vom Werte der Tauschwaren geläufig zu machen. Er wird schneller zum Ziel gelangen, wenn er die Hauptbetonung auf den hohen Wert seiner Artikel legt und nicht den Wert des Elfenbeins herabzusetzen versucht.

Eine ausschlaggebende Rolle beim Handel spielen hierbei die Weiber, deren unabwendbare Einmischung den Abschluß des Geschäfts sehr in die Länge zieht und deren Begierde mit jedem Zugeständnis nur noch mehr gereizt wird. Der Häuptling wagt erst durch Handschlag den Kauf zum Abschluß zu bringen, wenn er der Zustimmung seines Lieblingsweibes sicher ist. Wie denn überhaupt der Neger der denkbar größte Pantoffelheld ist.

Sind bei einem Häuptling die Geschäfte abgeschlossen, so werden noch einige Geschenke für diesen und dessen Weiber verabreicht. Der Häuptling erwidert dieselben natürlich minderwertig in Naturalien, Geflügel, Kleinvieh oder eisernen Hacken. Ebenso werden die beiderseitigen Wanjampara (Hauptleute, Ratgeber) beschenkt, und nachdem sich der Händler mit Lebensmitteln versehen hat, zieht die arabische Karawane weiter, um anderweitig Elfenbein zu kaufen, für den Fall, daß die Tauschwaren noch in genügender Menge vorhanden sind. Zuweilen schließen der Händler und der Häuptling Blutsbrüderschaft, jeder in der stillen Hoffnung, dadurch größere Vorteile vom andern zu erlangen. Da aber diese Hoffnungen wegen der falschen Voraussetzung nie verwirklicht werden, so hat man schließlich nur den auch nicht immer zweifellosen Vorteil, von seinem Blutsbruder Feindseligkeiten nicht befürchten zu brauchen.

Hat der arabische Händler auf seinem Zuge die Tauschwarenvorräte gegen Elfenbein eingehandelt, so zieht er mit einem kleinen Rest derselben, welcher zum Einkauf des Unterhalts auf dem Rückwege dienen muß, heimwärts. Oft hat er noch einige Sklaven eingehandelt, welche an der Stelle entlaufener Träger Lasten schleppen müssen. Häufig kommt es vor, daß die ganze Karawane, selbst der Händler inbegriffen, auf dem Rückwege Hunger leiden muß.

Zuweilen ist der Araber genötigt, unterwegs Zähne mit Verlust zu verkaufen, um Lebensmittel einzutauschen.

Die Händler, welche von Unjanjembe nach Uganda am Viktoria Njansa ziehen, müssen dort oft lange warten, manchmal fünfzig bis einhundert an der Zahl, bis dem Häuptling von Uganda Lust und Laune anwandelt, Geschäfte abzuschließen.

In Tabora kaufen es zuweilen andre Araber auf, oder der Araber zieht selbst zur Küste, um es seinen Gläubigern auszuliefern. Der Durchgangszoll in Ugogo wird für Elfenbeinkarawanen in eisernen Hacken erlegt, welche in Tabora von Wasukuma verkauft werden.

Von Kiloa aus ziehen alljährlich ebenfalls viele arabische Händler nach dem Nyassa, um westlich desselben Elfenbein zu kaufen. Diese kehren, ohne Unjanjembe zu berühren, nach der Küste zurück. Sie treiben Elfenbeinhandel mehr als Nebenzweig des Sklavenhandels.

Den Elfenbeinhandel mit den Massailändern vermitteln ausschließlich Wasuaheli von Pangani.

Das Elfenbein hält alljährlich hundert- und aber hunderttausend Menschen in Atem, es werden Kriege um seinetwillen geführt, Menschen getötet, gefahrvolle mühsame Reisen zur Erlangung desselben unternommen, Geld aufs Spiel gesetzt, Schiffe befrachtet, Existenzen hängen davon ab, so daß man glauben könnte, es handle sich dabei um ungeheure Werte, und doch beträgt nach Westendarp die jährliche Ausfuhr aus ganz Afrika mit seinem unermeßlichen von Elefanten bewohnten Gebiete nur 848 000 kg im Werte von 15—17 000 000 Mark, ein jedenfalls verschwindend kleines Quantum von verschwindendem Werte im Vergleich zu dem unendlichen Aufwand an Arbeit und Mühe. Es wäre lächerlich, im Hinblick auf jene Werte das Elfenbein als treibenden Faktor bei kolonialen Unternehmungen in Rechnung zu ziehen. Zu bedauern ist nur das nicht aufzuhaltende Aussterben der Elefanten. Westendarp nimmt das durchschnittliche Gewicht eines Zahnes zu 13 kg an und würden darnach jährlich 65 000 der edlen Tiere hingeschlachtet. Die jährlich getöteten Elefanten repräsentieren, nutzbar gemacht, eine ganz ungeheure Arbeitskraft und einen ungleich höheren Wert wie das gewonnene Elfenbein, bei welchem die zu seiner Erlangung aufgewendete Mühe in gar keinem Verhältnis zu dem gewonnenen Resultate steht.

Die Elfenbeinausfuhr wird sich vielleicht innerhalb der nächsten vierzig bis fünfzig Jahren stetig langsam steigern, um dann immer mehr zu sinken, und die Zeit, wo in Afrika der letzte Elefant niedergeschossen wird oder elend in einem zoologischen Garten zu Grunde geht, dürfte nicht weiter wie einhundertfünfzig bis zweihundert Jahre vor uns liegen, wenn es nicht möglich gemacht wird, durch Jagd= gesetze sein Aussterben hinzuziehen oder den Elefanten nutzbar zu machen. Doch sind dazu leider sehr wenig Aussichten.

Wißmann hat jetzt die früher erwähnten Jagdgesetze erlassen, es wäre zu wünschen, daß dieselben noch mehr verschärft und, was die Hauptsache ist, auch durchgeführt werden.

Der Elfenbeinhandel ist die Triebfeder für das Eindringen der Araber geworden und damit zum Fluch für den ganzen Kontinent, denn es war bei weitem mehr der Elfenbeinhandel, welcher dazu bei= trug, den Sklavenhandel zu solcher Höhe hinaufzubringen, als daß letzterer um seiner selbst willen betrieben wurde.

Der Viktoria Njansa.

Wir setzen unsre Wanderung fort in fast östlicher Richtung
von der Nordspitze des Tanganika aus, um zum Viktoria Njansa zu
gelangen, jenem Wasserbecken, welches trotz seiner ungeheuren Aus=
dehnung und verhältnismäßigen Küstennähe erst in der Mitte unsres
Jahrhunderts entdeckt werden sollte. Vielleicht kann man sagen wieder=
entdeckt, denn es ist fast so gut wie sicher, daß die Alten diesen und
vielleicht auch die andern beiden südlichen Quellseen des Nils, außer
dem Tanasee in Abessinien, gekannt haben. Sagt doch Aristoteles in
seiner Historia animalium VIII 2 ganz lakonisch: „Die Kraniche ziehen
bis an die Seen oberhalb Ägypten, woselbst der Nil entspringt. Dort
herum wohnen die Pygmäen (von Schweinfurt entdeckte Zwergvölker
der Akka), und zwar ist das keine Fabel, sondern reine Wahrheit,
Menschen und Pferde sind von kleiner Art und wohnen in Höhlen.“
Aristoteles nimmt die Wissenschaft von dem Ursprung des Nils als
etwas ganz Bekanntes an, und die Alten hatten zweifellos eine weit
bessere Kenntnis vom Innern Afrikas, wie wir bis in unser Jahr=
hundert hinein, eine einigermaßen beschämende Thatsache, die nur da=
durch entschuldbar ist, daß die europäischen Nationen bis in die neueste
Zeit von andern weltbewegenden Fragen derart in Anspruch genommen
worden sind, daß Afrika das Interesse der Kulturnationen bislang
nicht auf sich zu lenken vermochte.

Es ist anzunehmen, daß damals ein verhältnismäßig starker Ver=
kehr nach den Seenregionen stattgefunden haben mußte, und dieses
Faktum so allgemein bekannt war, daß die alten Schriftsteller, deren
Werke auf uns überkommen sind, es gar nicht für notwendig hielten

darüber eingehend zu berichten. Schon die ornithologische Notiz von den Kranichen gibt uns einen Maßstab für den Wert jener Angaben, fand doch die Expedition, welcher der Verfasser angehörte, bis zum 7° Südbreite herunter unsre Störche, Schwalben und den Kuckuck, wie auch andre europäische Wandervögel. Aus der Luft gegriffen kann daher die Bemerkung des Aristoteles bezüglich der Kraniche nicht sein.

Die Nilquellenfrage, welche als solche für die Alten gar nicht existiert zu haben scheint, ist erst für die späteren Kulturvölker auf= getaucht, da die Kenntnis den einschlägigen Thatsachen im Laufe der Jahrhunderte ganz verloren gegangen ist. Eine endgültige Entscheidung führte erst der Entdecker des Tanganikasees, Speke, herbei. Derselbe war, von dort auf der Rückreise nach der Ostküste begriffen, in dem damaligen Kaseh, dem heutigen Tabora, wegen Erkrankung seines Ge= fährten Burton zu längerem Aufenthalt gezwungen. Schon bei dem erstmaligen Berühren dieses Ortes hatte ihm der Schiach Snai, ein Araber in Tabora, geraten, da sie, die Europäer, ja doch einmal so weit ins Innere gekommen seien, um Seen zu Gesicht zu bekommen, so sollten sie doch lieber statt zum Tanganika zu dem bei weitem größeren See nordwärts gehen, wohin auch viel leichter zu gelangen sei, nach dem Ukerewe. Da sich auf dem Rückweg vom Tanganika die Gelegenheit dazu bot, ließ sie Speke nicht unbenützt. Er verließ Unjanjembe im Juli 1853. Anfang August erreichte er die süd= lichsten creekartigen Ausläufer des Sees und am 3. August sah er die unendliche Wasserfläche des ungeheuren Wasserbeckens vor sich liegen. Er taufte den neu entdeckten See zu Ehren der Königin von England Viktoria Njansa. Die Araber nennen ihn Ukerewe, nach der großen Insel im Südosten des Sees. Speke vermutete sogleich einen Quellsee des Nils in dem großen Wasserbecken. Er erfuhr jedoch, wie so häufig bei derartigen großartigen Entdeckungen, heftige Anfechtungen, oft lächerlichster Art. Seine Entdeckung war eine der bedeutendsten geographischen, welche jemals gemacht worden waren, daß er Neider hatte, war nicht zu verwundern, sogar sein eigner Gefährte Burton griff ihn mit der Feder heftig an.

Schon am 25. August erreichte Speke Kaseh wieder und ging dann mit Burton nach Europa zurück. Es sollte ihm aber beschieden sein, selbst den Beweis für die Richtigkeit seiner Annahme zu erbringen, indem er vom Präsidenten der Königlichen Geographischen Gesellschaft zu London, Sir Roderik Murchison, aufgefordert wurde, jene so inter= essante Gegend nochmals zu besuchen. Diesmal in Begleitung des Kapitäns Grant, langte er im August 1860 in Sansibar an. Im Januar des folgenden Jahres erreichte er auf derselben von ihm früher benutzten, heute allgemein bekannten Karawanenstraße wiederum Kaseh=Tabora.

Grant hatte sehr viel vom Klima zu leiden und bereitete dadurch erhebliche Schwierigkeiten und vielen Aufenthalt, dennoch gelang es den beiden Reisenden, den See im Westen zu umgehen und Gondo= koro am Nil zu erreichen. Die Reise führten beide Forscher zum Teil wegen Grants wiederholter Erkrankung getrennt aus: von Kaseh durch Unjamuesi, Ufinpa und Karague, wo der Häuptling Rumanika herrschte, dann durch Uganda, dessen späterhin berühmt und berüchtigt gewordener König Mtesa zu jener Zeit erst fünfundzwanzig Jahr alt war. Schon damals zeigte er sich als ein grausamer blutgieriger Henker. Speke und Grant haben ihn schon damals erkannt, und es ist nicht anzunehmen, daß Stanley nicht dieselben Beobachtungen ge= macht haben sollte. Um so unverantwortlicher ist es von ihm, daß er geflissentlich dazu beigetragen hat, eine falsche Meinung über diesen Schurken zu verbreiten und den Anschein zu erwecken, als sei dieser Neger wirklich geneigt, dem Christentum aus freien Stücken Zuge= ständnisse zu machen. Mtesas Thaten haben ihn selbst gerichtet. Er hat nach keiner Richtung Anspruch auf unsre Sympathie. Speke wurde n Uganda aufgehalten, zog dann aber endlich in östlicher Richtung, in einiger Entfernung, um den See herum. Am Morgen des 21. Juli stand er am Ufer eines etwa 250 m breiten Stromes, der durch eine schmale Bucht aus einem See zu entströmen schien. Durch die Halsstarrigkeit seines Ugandaführers wurde ihm nicht erlaubt, einen Höhenrücken zu ersteigen, von dem aus er mit Sicherheit hätte fest= stellen können, daß er in der That den Ausfluß des Viktoria Njansa vor sich hatte. Speke nahm jedoch, überzeugt von der Richtigkeit seiner Ansicht, an, den Weißen Nil vor sich zu haben, iund mit vollstem Recht konnte er sein Telegramm nach Europa senden: „The Nil is settled." Das übrige blieb, abgesehen von der Entdeckung der weiter im Südosten liegenden Seen, der Detailforschung vorbehalten.

Speke zog mit Grant weiter nach Norden und erreichte bald Gondokoro am Nil. Beide hatten jedoch nicht den Nil auf seiner ganzen Länge verfolgt, sondern waren da, wo er westwärts zum Albert Njansa ausbiegt, geradeaus nach Norden gezogen, sonst hätten sie auch noch diesen See entdeckt.

Der Wasserspiegel hat eine Meereshöhe von 1200 m. Makay, der englische Missionär, bestimmt ihn auf nur 1005 m.

Der einheimische Name ist Njansa, was einfach See bedeutet und auch den Eingeborenen für See überhaupt als Bezeichnung dient. Emin Pascha hat in jüngster Zeit auf seinem Zug durch Karague im Westen des Njansa noch eine Menge kleiner Seen entdeckt außer dem schon von Speke und Grant besuchten und von ihnen Windermere getauften Becken. Hoffentlich verschwinden diese so uncharakteristischen Namengebungen nach und nach wieder von den Karten, welche nur da Berechtigung haben, wo für wichtige Punkte keine Eingeborenennamen vorhanden sind.

Der erste Entdeckungsreisende, welcher den großen blauen See ganz umsegelt hat, war Stanley. Er ist auch bis heute der einzige geblieben. Das Stanleysche Projekt, auf den Viktoria Njansa einen Dampfer zu bringen, scheint gänzlich gescheitert zu sein, da ein Hauptgeldzeichner seinen Anteil zurückgezogen hat.

Die Größe des Sees ist noch nicht genau festgestellt. Stanleys Aufnahmen haben sich auch hier wieder als sehr unzuverlässig erwiesen. Man berechnet den See nach dem Stand der jetzigen Kenntnisse auf 1365,8 Quadratmeilen. Er kommt dem Königreich Bayern ziemlich an Oberfläche gleich, welches 1378 Quadratmeilen groß ist. Er wird aber von dem Oberen See in Nordamerika noch um ein beträchtliches übertroffen. Derselbe ist 1520 Quadratmeilen groß. Bekanntlich gehört Deutschland nur die südliche Hälfte dieses größten afrikanischen Sees. Die Tiefe des Sees scheint stellenweise beträchtlich zu sein. Makay, der denselben am meisten befahren hat, fand an der Südwestküste bei zwanzig Klafter keinen Boden. Im allgemeinen dürfte er jedoch der seichteste der afrikanischen Seen sein, dessen Ufer auf ihrer größten Ausdehnung den andern afrikanischen Seen gegen-

über die charakteristische Eigenschaft haben, allmählich zu größeren
Tiefen überzugehen. Es mögen daher viele Teile der Küste für tief=
gehende Fahrzeuge nicht anzulaufen sein. Sicher aber finden wir an
felsigen Gestaden und der überaus reichen Gliederung der Küste,
welche der Viktoria Njansa allen andern afrikanischen Seen gegenüber
voraus hat, so viele Punkte für gute tiefe Häfen, daß es keinem Zweifel
unterliegen dürfte, mit großen, selbst tiefgehenden Dampfern gute Er=
folge dort zu erzielen. Makay sagte, daß die größten Seedampfer
auf dem Njansa fahren könnten. Man hat in letzter Zeit von ver=
schiedenen Seiten das Gegenteil behauptet, ohne aber eine Begründung
beizubringen. Wenn aber Dr. Peters meint, der See werde so leicht
durch Stürme zu hohen Wellen aufgeregt, weil er seicht sei, so ist
dies ganz falsch, da im Gegenteil die Höhe und Länge der Wellen
mit der Tiefe des Wassers zunimmt. Die Araber benutzen schon
lange die nach arabischer Art erbauten Dau statt der aus schlechten
Planken zusammengenähten Wagandaboote. Die Waganda haben sich
allmählich die Herrschaft über fast die ganze Küste und die zahl=
reichen Inseln angeeignet durch ihre Geschicklichkeit, große bis zu
hundert und mehr Mann fassende Boote zu bauen und Seeschiffahrt
zu betreiben.

Stanley schlug im Jahr 1875 sein Lager in Kagehi an der
Südküste des dortigen großen Spekegolfs auf. Das ganz unbedeutende,
armselige Dorf ist in den letzten Jahren dadurch zu Bedeutung ge=
kommen, daß es als Sitz einer arabischen Kolonie zum Ausgangs=
punkt der nach Uganda ziehenden Elfenbeinkarawanen geworden ist.
Es ist ein sehr ungesunder Ort mit viel Malariafiebern und gehört
zu Usukuma. Dem langgestreckten im Norden und Süden von Hügeln
und Bergzügen eingesäumten Spekegolf lagert nordwärts die große
Ukereweinsel mit einem ganzen Archipel vor. Dieselbe ist ebenso stark
bevölkert wie das ganze umliegende Festland. Dort hat die Ackerbau
und Viehzucht treibende Bevölkerung sehr von den Einfällen der Massai
zu leiden, welche sich aber nie auf das Wasser wagen. Ukerewe ist
eigentlich als eine Halbinsel zu betrachten, da der Kanal, welcher die=
selbe vom Lande trennt, bei niederem Wasserstand des Sees manchmal
nur 2 m breit ist. Die Landschaft an der hier nördöstlich verlaufen=
den gegliederten Küste heißt Ururi. Der mächtige Tafelberg Meb=

schita ragt 600 m über den See empor. Die ganze Küste ist hier steil, hügelig oder von Bergen eingefaßt. Das Land östlich vom Spekegolf, das Schaschiland, ist zum Teil eben, zum Teil bergig. Verlassen wir dasselbe in nördlicher Richtung, so überschreiten wir den von Dr. Fischer besuchten Maroa, der in tiefem breiten Bett nur wenig Wasser führt, und gelangen in das Land Ukira. Dort fand Fischer eine Mischbevölkerung von Bantu und Wakuafi, mit fast reiner Bantusprache und Wakuafisitten und =Gebräuchen. Hier hebt sich das Terrain unvermittelt zu 1700 m Höhe, um in eine wellenförmige Hochebene überzugehen, auf welcher Dr. Fischer die Flüsse Mori und Iguscha kreuzte. Hier sind nur an der Grenze von Kavirondo und damit auch an der Grenze der deutschen Interessensphäre angelangt und wenden uns daher von Kagehi aus nach Westen.

Die sich dort halbinselartig in den See erstreckende Landzunge wurde an ihrer Westseite zur Anlage der französischen Missionsstation Bukumbi verwendet. Dort waren Stanley und Emin und auch Dr. Peters zu Gast, alle rühmen die Liebenswürdigkeit ihrer Wirte. In eine ganz schmale Bucht, welche sich in zwei Arme teilt, münden zwei Regenströme, welche wie alle Regenströme Ostafrikas nur nach der Regenzeit Wasser führen, beide kommen, in fast rechtem Winkel auf= einander stoßend, aus Usukuma, der südöstliche heißt Wami, der süd= westliche Isange. Speke hat den Zusammenfluß Jordan nulla ge= nannt. Letzteres ist die indische Bezeichnung für Regenströme.

Das Land westwärts vom See an der Südküste entlang heißt Usinja, dem sich an der scharf nach Norden umbiegenden Westküste das Land Usui anschließt. Die Küste und die Länder sind hier noch sehr wenig bekannt und erst Emin wird uns besseren Aufschluß darüber geben. Nördlich bis zur Grenze der deutschen Interessensphäre finden wir das Land Karague, das ein weites, sehr bergiges und von zahllosen Hügeln durchsetztes Weideland darstellt. Nach Emins neuesten Forschungen ist es von einer Menge kleiner, zum Teil sehr schöner Seen durchsetzt und soll sehr fruchtbar sein. Westlich von Karague liegt Ruanda, das wir schon beim Tanganika erwähnten. Dies Land liegt um den Akenjara= oder Alexandrasee her, den man als einen der kleinen Quellseen des Nils aufzufassen hat. Seine Wasser strömen in reißendem Lauf dem Njansa zu und bilden den ziemlich beträchtlichen Kagera. Stanley nannte den Fluß den Alexandranil. Derselbe ist der bedeutendste Zufluß des Njansa und mündet in kurzer Entfernung nördlich von der Grenze unsres Gebietes.

Der ganze See ist an seinen Ufern von zahlreichen Inseln be= setzt, deren sich manche zu großen Archipelen vereinen. Der größte ist der zu Uganda gehörige Sessearchipel mit der großen Hauptinsel gleichen Namens. Die Inseln waren früher alle sehr stark bevölkert, wurden aber in dem gleichen Maße von den Bewohnern ver= lassen, als die Belästigungen durch die Waganda zunahmen. Sobald aber die deutsche Herrschaft sich in Zukunft Ansehen verschafft haben wird und Dampfer den See befahren, werden sich die unsicheren Ver= hältnisse gerade dort am schnellsten ändern.

Es vollziehen sich augenblicklich ganz gewaltige Veränderungen im Völkerleben Afrikas, am meisten aber am Viktoria Njansa. Dort lebt in Uganda, welches leider den Engländern anheimgefallen ist, ein verhältnis= mäßig hoch intelligentes Volk, welches, unter mächtigen Königen stehend, deren berühmtester Mtesa war, seit Generationen ein mächtiges Reich bildete. Wenn auch andre Reiche, wie das nordwärts gelegene Unjoro oder das südliche Karague dem Vordringen der Waganda Hindernisse be= reiteten, so war doch Uganda der mächtigste Staat. Die Waganda haben sich längst von der niederen Kulturstufe andrer Bantustämme emporgearbeitet, wie ihre Industrieerzeugnisse beweisen. Nach geistiger Richtung beginnt sich das Leben dort zu regen, die Araber fanden schon einen ihren Bestrebungen günstigen Boden, vermochten aber nirgends dort Wurzel zu fassen, wie in andern Teilen Ostafrikas. Sie waren immer nur geduldete Händler. Wenn nicht sobald nach ihnen Europäer erschienen wären und an der Ostküste so entscheidende Erfolge errungen hätten, so würde es ihnen zweifellos bald gelungen sein, in Uganda eine solch lebhafte Propaganda für den Islam zu machen, daß das Land in kurzer Zeit zu diesem Glauben bekehrt worden wäre. Ebenso aber wie der Islam, fand das Christentum unter der intelligenten Bevölkerung Verständnis, welches bald eine Menge Proselyten diesem zuführte. Nicht wenig haben dazu allerdings neben dem Bekehrungseifer der Missionäre die Erfolge der Europäer an der Küste beigetragen. Die Waganda und ihr König hatten ein offenes Auge für die politischen Vorgänge dort und fühlten sehr bald, daß die Araber im Niedergehen begriffen seien. Sonst hätte man ihnen doch den Sklavenhandel nicht unterbinden und gar ganz verbieten können, ohne daß diese auch nur den Mut hatten, Einspruch gegen diese Schädigung ihrer Interessen zu erheben. So sagten sich die Waganda.

Mtesa hatte auch dafür gesorgt, dem neuen Glauben Anhänger zuzuführen, denn sein und auch seiner Vorgänger Despotismus über= schritt das Maß des Erträglichen. Menschenleben galten dort gar nichts, zu Hunderten, ja Tausenden wurden die Opfer thörichten Aber= glaubens und wahnsinnigen Despotismus, hingeschlachtet, oft nur zum Vergnügen des bestialischen Häuptlings. Den Ehrentitel König, welchen ihm die Engländer beilegten, hat dieser Schurke nie verdient. Da kam die Mission mit dem Christentum, es verabscheute und verdammte solches Treiben. Es erkannte doch wenigstens den Wert des Lebens eines Nebenmenschen an, es schützte Leben und Eigentum und verlangte nicht nur die Anerkennung der obrigkeitlichen Autorität, sondern ver= langte auch von der machthabenden Gewalt die Anerkennung der Rechte des Individuums. Rechte und Pflichten waren gleich verteilt, der eine Teil für den andern und nicht die Masse allein für den einen, den Häuptling. Ein Staatswesen, nach solch neuen Grundsätzen regiert, mußte ein gutes sein, weil die Grundsätze gute waren. — Und weil die Wagondo so weit waren, dies zu begreifen, deswegen konnte das Christentum Eingang in der breiten Masse finden. Dies waren die Gründe für die Erfolge der Mission, nicht die Verheißung auf ein besseres Leben im Jenseits.

Leider kamen bald die zwei Konfessionen in Streit, und zu dem Hader mit den Arabern kam der zwischen Protestanten und Katholiken. Nach Mtesas Tod brachen Unruhen aus, veranlaßt durch die Araber. Ein Gegenhäuptling wurde aufgestellt in Karema, der bald Mwanga, den niederträchtigen schwachköpfigen Nachfolger Mtesas vertrieb, bis ihn selbst dies Schicksal ereilte. Mwanga kam mit Hilfe der Missionäre und der christlichen Waganda wieder auf den Thron, und Dr. Peters trug dazu bei, dessen Macht zu befestigen, als er auf seinem Zuge Uganda be= rührte.

Uganda wird von allen Reisenden als das zentralafrikanische Paradies gepriesen. Dies liegt sicher nicht allein am Land und

seinem Klima, daran haben auch seine Bewohner teil, welche in em=
siger Rührigkeit die gebotenen Hilfsmittel ausnützen und es verstanden
haben, einen lebhaften Handel in den Grenzen ihres Reiches entstehen
zu lassen. Ähnlich wie Uganda ist Karague und sicher auch das
noch unbekannte Ruanda und Urundi beschaffen, warum sollten sich
dort nicht ähnliche Verhältnisse herausbilden können, wenn die poli=
tischen Zustände die Grundbedingungen zu gedeihlicher Entwickelung
bieten. Karague liegt ebenso am See wie Uganda, wir finden dort
gute Häfen, und schon hat Emin bei Bukowa, am Westufer auf Ver=
anlassung des Dr. Peters eine Station angelegt, nachdem er sich unter
vielen Kämpfen mit den Wangoni, in denen er sich siegreich behauptete,
durchgeschlagen hat.

Der Viktoria Njansa ist sicher berufen, eine große Rolle in der
Kulturentwickelung unsrer Kolonie zu spielen, es kann dies aber nie
geschehen, so lange er wie auch die andern Seen in sich abgeschlossene
Kulturzentren bleiben, da muß die weltvereinende Eisenbahn hinzu=
kommen, um jene Gebiete zu erschließen. Alles, was wir jetzt im
Innern unternehmen, kann nur als vorbereitender Schritt aufgefaßt
werden, um dem nachrückenden Kaufmann die Wege zu ebenen, der
seine Unternehmungen im Innern hoffentlich mit gutem Erfolg ge=
krönt sieht.

Sklaverei und Sklavenhandel.

Ein gewissenhafter Arzt ist immer darauf bedacht, die Ursache einer Krankheit zu erforschen und diese zu bekämpfen, nicht aber deren äußere Erscheinungen. Diese werden von selbst verschwinden, sobald die Ursache, die Krankheit, gehoben ist. In der Lage eines solchen Arztes befinden sich die Kulturvölker, denen aus sittlichen und materiellen Gründen die Rolle eines Arztes zugefallen ist, gegenüber dem an der Sklaverei und ihren Folgen leidenden Afrika.

Es ist kein leichtes Werk, welches zu vollenden wir als eine heilige Pflicht ansehen, die Bekämpfung des Sklavenhandels und in letzter Linie die Aufhebung der Sklaverei. Mit Erfolg werden wir unsre Mühe nur dann gekrönt sehen, wenn wir das Wesen jenes Übels zu ergründen suchen, welches wir zu heilen bestrebt sind.

Es ist schon eine ganze Litteratur über Sklaverei und Sklaven=jagd und =Handel entstanden. Dennoch ist es schwer für den Un=eingeweihten, ein richtiges unbefangenes Urteil zu bilden. Die meisten, welche mit der Feder zur Lösung der großen Frage beizutragen ver=sucht haben, sind mit einer gewissen Voreingenommenheit an die Sache herangetreten, wenn sie Aufklärung zu geben vermeinten. Andre, welche Kämpfer zum Streit oder Mittel zum Kampf gegen die Sklaverei werben und sammeln wollen, haben absichtlich die düstersten Seiten der Sklaverei hervorgekehrt und damit an der Sache großes Unrecht gethan, die Streiter entmutigt, die Begeisterten enttäuscht. Sie haben den Schein erweckt, als habe man von seiten der am meisten Be=troffenen, der Sklaven, die meiste Unterstützung zu erhoffen, während gerade das Gegenteil der Fall ist. Wir wollen uns daher im folgenden bemühen, in großen Umrissen zunächst eine Skizze der Sklaverei zu geben, wie sie in Afrika, also auch speziell in Deutsch-Ostafrika gehandhabt wird, und dann auf den Sklavenraub und den Sklavenhandel eingehen.

Die Sklaverei ist uralt, so alt wohl wie die Menschheit, und wurde überall und zu allen Zeiten geübt. Eigentümlich ist dieser Institution, daß sie um so milder geübt wurde, je tiefer die Kulturstufe war, auf der sich ein Volk befand, um so drückender, je höher dieses kulturell emporgeklommen war. Als Beispiel für die erstere mildeste Art zeigen sich uns die ganz wilden, noch von aller Kultur unberührt gebliebenen Völker, darunter die Afrikaner. Als Beleg für unsre letztaufgestellte Behauptung verweisen wir auf die Sklaverei in Nord-amerika, wie sie von unsern weißen Brüdern an den Negern ausgeübt wurde, wenn schon gesagt werden muß, daß die Sklaverei auch dort nicht in solch himmelschreiender Weise gehandhabt wurde, wie sie uns unter anderm in lächerlich übertriebener Weise in Romanen und Er-zählungen geschildert wurde. Als deren tendenziöseste Übertreibung ist „Onkel Toms Hütte" anzusehen. Die Sklaverei verschwindet überall von selbst, wo geistiger Fortschritt vermocht hat, in die breiten Massen des Volkes menschenfreundlicheren Ideen allgemeinen Eingang und Verbreitung zu verschaffen, wo das Selbstbewußtsein des einzelnen und damit auch der Masse gehoben wurde. Das Christentum als solches und allein hat dies nicht zuwege gebracht. Wenn uns auch heute Sklaverei und Christentum unvereinbar erscheinen, so haben doch die alten Christen, sogar die ersten Kirchenväter Sklaverei und Sklaven-handel nicht für ein Unrecht gehalten. Wie kann man es da merk-würdig finden, daß da, wo noch tiefste Geistesnacht auf den Völkern dunkelt, wie in Afrika, die Sklaverei tief in der Lebensanschauung der Neger liegt, auf der Basis uralter Überlieferung wurzelt, vergleichbar dem Steinkoloß einer ägyptischen Pyramide, eingebettet im Sand der Wüste. Emsiger, langer Ameisenarbeit der Kultur wird es bedürfen, diesen Koloß abzutragen, um sein Material zu nutzbringenden Werken zu verwenden. Fanatischer Eifer aber, wenn auch von bester Absicht geleitet, der Humanität zum Sieg zu verhelfen, wird nimmermehr in wenigen Jahren vernichten, was Jahrhunderte, selbst Jahrtausende aufgebaut haben, ebensowenig als es möglich ist, mit einem Hammerschlag eine Pyramide zu zertrümmern.

Die Sklaverei hat ihre größte Ausdehnung in Afrika gefunden. Man nimmt an, daß Afrika von zweihundert Millionen Menschen bewohnt wird. Nehmen wir niedrig gegriffen die Hälfte davon für die Sklavenhaltenden, nichtsemitische dunkle Bevölkerung, so glauben wir nicht zu hoch zu greifen, wenn wir annehmen, daß von hundert Millionen dieser dunklen Bevölkerung siebzig Millionen Sklaven sind.

Die äußeren Verhältnisse des Landes, in erster Linie seine Gleich= artigkeit, haben die Sklaverei in Afrika ungemein begünstigt. Sie ist als eine natürliche Folge bestehender Zustände aufzufassen, entsprungen aus dem Schutzbedürfnis des Schwachen, der sich dem Starken unterordnen muß, sei es, daß dieser sein Übergewicht durch rohe Gewalt oder höhere Intelligenz erworben habe. Der Schutzsuchende verlor als Gegenleistung für die gewährleistete Sicherheit die freie Verfügung über seine Person als erste früheste Form der Sklaverei, und dann wurde er als Eigentum, als Wertsache betrachtet. In dieser Form finden wir die Sklaverei heutzutage in ganz Afrika, so auch in Deutsch= Ostafrika. Das einzige Volk, welches dort keine Sklaven hält, sind die Massai, die sich bei ihrem unbändigen Freiheitsdrang einander nicht unterordnen wollen und bei ihren eigenartigen Sitten und ihrer Lebensweise weder fremde Elemente als Sklaven verwenden können, noch solcher bedürfen. Wir sind gewöhnt, uns unter Sklaverei den Inbegriff alles Schrecklichen vorzustellen. Ein Bild grausiger Miß= handlungen, körperlicher Züchtigungen, Verstümmelungen, rollt sich vor unserm geistigen Auge auf. Wir sehen im Geist jammernde, blut= triefende Gestalten, welche, der Last der Arbeit erliegend, in Hunger und Elend verkommen. Wir glauben in den Sklaven Verachtete be= dauern zu müssen, welche aus dem Kreise der Ihrigen gerissen, in tiefer Empfindung für ihr Unglück das eigne Schicksal beweinen. Dies würde zutreffend sein, wenn ein Europäer als Sklave eines Schwarzen dienen müßte. Wie anders aber zeigt sich uns die Wirklichkeit; denn der Neger muß von ganz andern Gesichtspunkten betrachtet werden wie der Kulturmensch. Wenn ihm auch niemand Intelligenz absprechen wird, so ist sein Gemüts= und Gefühlsleben doch anders wie das zivilisierter Völker entwickelt. Der Neger mit seiner ausgeprägt realiſtiſchen und ſinnlich materialiſtiſchen Lebensanſchauung hat als ausgeſprochener Egoiſt ganz andre Begriffe von Glück und Freiheit wie wir, er macht ganz andre Anſprüche an das Leben und beurteilt dementſprechend auch alles anders wie wir. Zuſtände, die uns das Leben zur Hölle machen könnten, erſcheinen ihm als ganz natürlich, ſo daß er über deren Erträglichkeit gar nicht nachdenkt, ſondern ſie einfach als beſtehend hinnimmt. Dahin gehört aber in erſter Linie die Sklaverei. Dieſelbe iſt ſeinem Bewußtſein derart tief eingewurzelt, daß er ſich ein andres Volk ohne dieſe gar nicht vorſtellen kann und ſie auch bei uns als etwas Natürliches, Selbſtverſtändliches vorausſetzt.

In ganz Afrika wird die Sklaverei in außerordentlich milder Form geübt, derart, daß ſie mehr Leibeigenſchaft genannt zu werden verdient. Wäre dem anders, ſo könnte ſie längſt nicht mehr beſtehen, denn eine geſellſchaftliche Einrichtung, die ſieben Zehntel der Bevölkerung eines ganzen Kontinentes zu derartiger perſönlicher Unfreiheit ver= urteilt, kann unmöglich ein großes Übel für die Betroffenen in ſich ſchließen. Wie leicht könnte ſich die Mehrzahl der Einwohner einer herrſchenden und gewalthabenden Minderheit gegenüberſtellen und eine Änderung herbeiführen, wo den Herren ſo wenig Machtmittel zur Verfügung ſtehen, wie dies thatſächlich in Afrika der Fall iſt.

Nach der Überlieferung ſteht dem Herrn des Sklaven das Recht zu, ſeinen Sklaven beliebig zu kaufen und zu verkaufen wie eine Sache, ein Tier. Von dieſem Recht wird auch am ausgiebigſten, wenn ſchon mit vielen Einſchränkungen, Gebrauch gemacht. Ferner ſteht dem Herrn das Recht der Züchtigung ſeines Sklaven in jeder Form zu, ein Recht, das ſogar über Leben und Tod des Sklaven zu verfügen geſtattet. Nirgendwo ſtehen aber Theorie und Praxis in ſolchem Gegenſatz wie in dieſem Falle.

Es macht auf den Europäer einen tiefen Eindruck, wenn er zum erſtenmal im Leben, wie es der Verfaſſer aus eigner Anſchauung berichten kann, einen Menſchen als eine verkäufliche Sache behandelt ſieht. Bald aber ſchwindet dies Gefühl des Abſcheus, des Bedauerns und der Entrüſtung, wenn ihn die Erfahrung lehrt, daß das Ver= hältnis der Sklaven zum Herrn, ſo wie es thatſächlich beſteht, ziemlich genau demjenigen unſrer dienenden und arbeitenden Klaſſe zum Brot= herrn entſpricht. Bei genauerem Eingehen in die Sache ſtellt ſich sogar heraus, daß der Negersklave sich einer viel weitgehenderen persönlichen, thatsächlichen Freiheit und Sorgenlosigkeit erfreut, als ein beliebiger zivilisierten Mensch, der aus irgend welchem Grund zu arbeiten gezwungen ist, und befände er sich in den angenehmsten Verhältnissen. Wir werden sogar die unerwartete Entdeckung machen, daß alle Arbeitsleistungen des Sklaven, befinde er sich in den Händen eines Schwarzen oder selbst eines Arabers, mehr oder weniger freiwillige sind.

Ebensowenig wie einem Häuptling irgend welche Zwangsmittel zur Verfügung stehen, stehen den Sklavenbesitzern solche zu Gebote. Der Sklave verlangt die mildeste Behandlung, da er sich allen Unannehmlichkeiten sehr leicht durch die Flucht entziehen kann, allerdings ohne dadurch die Freiheit zu erlangen. Als Sklave aber ist er überall willkommen.

Es ist sogar nirgends gebräuchlich, den Sklaven als solchen, als „Mtuma", wie es im Kisuaheli heißt, anzureden. Nur wenn der Herr sehr unzufrieden ist und sich einer gewissen Macht und Ansehens erfreut, kann er solches wagen; anders wird es ihm der Sklave gewaltig übel nehmen, wie jener Sklave, den sein Herr im Beisein des Verfassers aus Prahlerei also titulierte. Beleidigt, aber ruhig erwiderte der so Angesprochene: „Wenn du mich in Gegenwart andrer nochmals daran erinnerst, daß ich dein Eigentum bin, so verkaufe mich, oder ich werde dir entfliehen!" Der Herr glaubte es seiner Würde schuldig zu sein, den rebellischen Sklaven in das sogenannte Makongoa, die Sklavengabel, zu legen und promenierte mit dem solchergestalt bestraften Missethäter vor der Veranda des Verfassers vorüber. Der Sklave entblödete sich nicht, in Gegenwart seines Herrn laut zu rufen: „Wenn ich aus dem Makongoa befreit bin, werde ich sofort entfliehen." Als dies nach einigen Wochen geschah, führte er wirklich seinen Vorsatz aus. Der Herr hat seinen Sklaven nie wieder gesehen.

Die Sklavengabel ist das einzige Mittel, welches dem Schwarzen, Häuptling oder gemeinem Mann, zur Verfügung steht, um eine Strafe und zugleich eine gewisse Art von Haft auszuüben. Sie besteht aus einem $1\frac{1}{2}$—2 m langen, arm- bis unterschenkeldicken Holz, dessen eines Ende in eine natürliche Astgabel ausläuft. Die Rinde ist entfernt. Die Astgabel wird dem Betreffenden auf die Schulter um den Hals gelegt, derart, daß die Gabelschenkel hinten etwa spannlang über den Kopf hinausragen. Dicht hinter dem Genick wird durch eingebrannte Löcher in das harte zähe Holz ein starker, überbleistiftdicker Eisenstab gesteckt und die beiden Enden umgebogen. Der Kopf kann nun nicht mehr aus der Gabel entfernt werden. Will sich der also Gefangene fortbewegen, so muß er mühsam das schwere, mit dem andern Ende auf dem Boden liegende Holz mit dem Arm nach oben halten, oder wenn es allzu schwer dazu ist, seitwärts nach sich ziehen. Dies vermag er natürlich nur auf kurze Strecken. Bei Märschen oder größerer Entfernung muß stets eine zweite Person das Makongoa tragen helfen, indem diese das freie Ende auf die Schultern nimmt oder es werden die freien Enden zweier im Makongoa befindlichen aneinander gebunden, so daß es bei dem einen nach vorn, bei dem andern nach hinten hinausragt. Diesem Umstand ist es zu danken, daß das Makongoa nur beschränkte Anwendung findet, denn hat der Herr nur einen Sklaven, so hat er sich mit der Bestrafung desselben durch das Makongoa selbst eine Rute auf den Rücken gebunden, indem er seinen Sklaven überall, besonders auch beim Verrichten seiner Bedürfnisse begleiten muß. Der Zorn des Herrn ist deshalb meist sehr bald verraucht, er nimmt dem Sklaven das ihm selbst lästige Makongoa ab. Hat er einen zweiten Sklaven, so muß er diesen mit der Aufgabe des Voraustragens des Makongoa betrauen und beide können nicht arbeiten.

Selten dauert die Gefangenschaft länger wie vierzehn bis zwanzig Tage, hierauf befreit man den Sträfling wieder, der übrigens dann wieder zufrieden ist und durchaus nicht jedesmal entflieht, trotzdem ihn nichts davon zurückhalten könnte.

Die Furcht vor der Flucht des Sklaven ist es, welche wie ein Damoklesschwert ewig über dem Haupt des Sklavenbesitzers schwebt und dieser Umstand ist es, welcher der Sklaverei ihren Stachel für den Neger nimmt. Diese Furcht vor der Flucht, welche für den gemeinen Mann wie für den Häuptling und auch für den Araber besteht, gewährleistet dem Sklaven auch eine größere Sicherheit für Leben und sogar Eigentum wie dem Freien. Der Negersklave in Afrika ist eigentlich nach gewisser Richtung freier wie sein Herr, aller Sorge und Verantwortung bar, und seine Leistungen werden bei weitem von den gebotenen Vorteilen überwogen. Nahrung und Kleidung muß der Herr liefern. Die soziale Stellung des Sklaven ist, wenn er es selbst versteht, sich Geltung zu verschaffen, thatsächlich derjenigen des Freien gleich. Er kann es sogar zu Wohlhabenheit, Einfluß und hoher Stellung bringen. Kein äußeres Zeichen deutet seine abhängige Lage an. Es ist daher auch ganz falsch, wenn man die Lage der afrikanischen Sklaven als eine durchaus bedauernswerte schildert. Es soll jedoch keineswegs gesagt sein, daß der Verfasser die Sklaverei als solche verteidigt, sondern es soll nur zur Aufklärung über die thatsächlich vorhandenen Zustände beigetragen werden.

Der Sklave wird vom Afrikaner allgemein mit „mein Kind" angeredet und genießt in der Familie die Stellung eines Mitgliedes derselben. Der männliche Sklave speist mit seinem Herrn aus derselben Schüssel, die Sklavin mit den weiblichen Familienmitgliedern. Das Pombe verhilft Herrn und Sklaven aus demselben Topf gemeinsam zum Rausch und die Tabak- und Hanfpfeife wandert vom Herrn zum Sklaven und zurück. Der Sklave würde es als eine große Beleidigung empfinden, wollte ihn der Herr von diesen Genüssen und Vorteilen ausschließen. Nur wenn der Herr sehr viele Sklaven besitzt, wird von solchen Gepflogenheiten ganz abgesehen, und nur die ältesten, treuesten und einflußreichsten derselben werden als ganz zur Familie gehörig betrachtet. Dasselbe gilt für die Sklaven des Häuptlings. Der Sklave hat im allgemeinen, wenn er schon längere Zeit und besonders, wenn er von Kindheit an im Besitz eines Herrn ist, großen Einfluß auf alle Familienangelegenheiten, und selten wird man etwas unternehmen, ohne seinen Rat gehört zu haben.

Im Rate der Großen hat ein Sklave ebensowohl Stimme wie ein Freier, wenn er sich durch seine Intelligenz Einfluß zu verschaffen gewußt hat, ein Einfluß, der oft denjenigen der freien Würdenträger bei weitem überwiegen kann, und jeder wird sich hüten, ihm alsdann seine Unfreiheit vorzuwerfen. Von einer demütigen Unterwerfung des Sklaven ist im allgemeinen sehr wenig zu bemerken, und wenn derartiges hier und da zu Tage tritt, so folgt der Sklave immer nur einer augenblicklichen Eingebung, indem er sich für solche Momente darin gefällt, den Sklaven zu spielen. Anders kann es aber vorkommen, daß er seinem Herrn geradezu Widerstand leistet, wie ein

Gefangene Wasuaheli-Sklavenhändler. Nach einer Originalphotographie.

Sklave, der in Igonda, der Hauptstadt von Ugunda, mit seinem Herrn wohnend, sich in den Kopf gesetzt hatte, das Feld nicht bestellen zu wollen, sondern als Träger zur Küste zu ziehen. Der Herr hatte ihm die Erlaubnis verweigert. Als aber die Zeit der Abreise heran= rückte, bestand der Sklave auf seinem Willen, der Herr seinerseits beharrte auf seinem Entschluß, es entstand zwischen den beiden ein heftiger Wortwechsel, der mit einer Prügelei endete, in welcher der Sklave der Sieger blieb. Der Verfasser war Zeuge des Vor= falles und erst vor kurzem im Innern angelangt. Er glaubte daher, in den alten bei uns verbreiteten Ansichten befangen, die letzte Stunde des Sünders habe geschlagen, indem er annahm, daß sich ein Herr derartiges vom Sklaven nicht bieten lassen werde. Aber was geschah — statt der vom Verfasser vermuteten exemplarischen Strafe söhnten sich die beiden in einem Rausche aus. Seine Ursache verdankte er dem Inhalt eines dickbauchigen Pombetopfes, den der Sklave gekauft hatte und dessen Inhalt Herr und Sklave in größter Seelenruhe zu= sammen vertilgten. Das Allermerkwürdigste aber blieb, daß der Sklave seinen Willen durchsetzte und zur Küste ging. Es kommt überhaupt außerordentlich häufig vor, daß die Sklaven der Wanjamuesi gegen den Willen ihrer Herren sich als Träger verdingen und diese nicht nur von jeder Bestrafung absehen, sondern froh sind, wenn der Sklave überhaupt zurückkehrt.

Bei den meisten ostafrikanischen Stämmen kommen Ehen zwischen Sklaven und freien Weibern vor, wenn auch nicht gerade häufig. Intime Liebesverhältnisse freier Mädchen mit Sklaven sind dagegen an der Tagesordnung. Am häufigsten aber werden Sklavinnen zu Konkubinen gemacht, wohl auch geheiratet und nehmen dann ganz die Stellung eines freien Weibes ein. Der Sklave kann sich nach der Rechtsanschauung der Neger kein Eigentum erwerben. Aber auch hier widersprechen die Thatsachen dem theoretischen Recht, indem sich der Herr meist mit einer Abgabe begnügt. Fälle, in denen der Sklave wohlhabender und damit einflußreicher ist, wie der Herr, sogar wie der Häuptling, selbst wie der arabische Gebieter, gehören nicht gerade zu den Seltenheiten.

Immer jedoch betrachtet der Herr sein Verhältnis zum Sklaven vom Standpunkt des Besitzes aus, und die Besorgnis, diesen Besitz durch schlechte Behandlung zu vermindern, macht, daß Ausschreitungen gegen den ihm schutzlos Preisgegebenen zu den größten Seltenheiten gehören. Als einst in Unjanjembe während der Anwesenheit des Verfassers ein Mjamuesi seinen Sklaven im Zustand der Notwehr tötete, weil dieser nach einem kleinen Wortwechsel in aufbrausendem Jähzorn dem Herrn mit seinem Beil einen schweren Hieb am Kopf versetzte, rief die Kunde von dem Vorfall im ganzen Land allgemeines Erstaunen hervor. Daß der Herr nach vollbrachter That fast sein ganzes Besitztum dem Häuptling überantworten mußte, weil er dessen „Land mit Blut besudelt" hatte, fand man als etwas Selbstverständliches nicht weiter merkwürdig, wohl aber, daß ein Freier seinen Sklaven getötet hatte. Wir sehen also auch hier, wie überall, daß sich alle Zustände das Gleichgewicht halten und Ausschreitungen sich auch hier von selbst verbieten, indem für Fälle, wie der eben erwähnte, der Habsucht des Häuptlings ein willkommener Vorwand gegeben ist, sich des Eigentums seiner Unterthanen unter einem gesetzlich anerkannten Vorwand zu bemächtigen. Niemand setzt sich aber gern solchen Anlässen aus, und daher kommt es, daß es zu den größten Seltenheiten gehört, wenn ein Sklave von seinem Herrn, dem Neger, getötet wird.

Der Häuptling beschränkt sich in der Anwendung drastischer Mittel seinen Sklaven gegenüber schon deshalb, um deren Vertrauen zu erwerben, und läßt denselben noch weit größere Freiheiten, wie seine Unterthanen ihren Sklaven. Wollte er mit Strenge jeden Ungehorsam, oder gar Faulheit seiner Sklaven ahnden, so würde er bald zu seinem Schrecken erfahren, daß er alle durch die Flucht verlieren würde.

Der Sklave kann entweder als solcher geboren werden oder als Kriegsgefangener seiner Freiheit verlustig gegangen sein, oder eine Schuld kann ihm die Freiheit geraubt haben. Sogar im Hasardspiel, welches bei den Wanjamuesi vielfach beliebt ist, setzt der Schwarze seine Freiheit aufs Spiel, wie wir ja bei unsern eignen Vorfahren Beispiele solchen Leichtsinns haben. Recht sonderbar hört es sich an, wenn man erfährt, daß sich Schwarze freiwillig ihrer Freiheit begeben, um unangenehmen Verhältnissen aus dem Weg zu gehen. Sie brauchen dann nur irgend jemand einen Gegenstand zu zerschlagen, sei es ein Gefäß, einen Haushaltungsgegenstand, oder einen Stoff zu zerreißen.

Mit besonderer Vorliebe werden in solchen Fällen Waffen, vor allem Gewehre, unbrauchbar gemacht. Der Betreffende geht nach der Zertrümmerung fremden Eigentums in den Besitz desjenigen über, dessen Eigentum er in der ausgesprochenen Absicht geschädigt hat, der Sklave jenes werden zu wollen. Am häufigsten wird hiervon von seiten unzufriedener Eheweiber Gebrauch gemacht. Auch Sklaven können dadurch ihren Herrn auf leichte Weise wechseln. Der Geschädigte darf nach dem traditionellen Recht den nunmehrigen Sklaven behalten, von Rechts wegen kann er zur Auslieferung desselben nicht gezwungen werden. Meist aber einigen sich die beiden in Frage kommenden Parteien, so daß der frühere Besitzer des Sklaven dem an seinem Eigentum Geschädigten eine Entschädigung zahlt, welche den zer= trümmerten Gegenstand an Wert bei weitem übersteigt. Oft aber tritt auch der Fall ein, daß der Sklave im Besitz seines neuen Herrn verbleibt.

Der Verfasser war selbst öfters in der Lage, Gegenstände auf die obengeschilderte Weise einzubüßen. Da er aber die betreffenden Sklaven immer wieder ohne alle Entschädigung ihren Herren über= lieferte, so wurde er nicht weiter belästigt. Nur in einem Falle machte er von dem ihm zustehenden Recht, den Betreffenden als Eigentum zu behalten, Gebrauch. Ein ihm treu ergebener Msukuma= sklave, Namens Kapaia, hatte den Verfasser als Träger oder Askari schon auf mancher Reise im Innern begleitet. Da Kapaia ein brauch= barer Mensch war, wollte ihn der Verfasser loskaufen. Der Besitzer aber verkaufte Kapaia aus Böswilligkeit an den Häuptling, welcher ihn nicht losgeben wollte. Kapaia entfloh seinem neuen Herrn, zerbrach ein Gewehr des Verfassers, und letzterer behielt den Mann, um ihm dann die Freiheit zu schenken.

Der Vorfall hatte die unangenehme Folge, daß Sklaven und sogar Freie scharenweise erschienen, alle in der Absicht, auf die oben geschilderte Weise Watuma (Sklaven) des Verfassers zu werden und als solche ein angenehmes Leben zu führen. Das gesamte Mobiliar, Waffen, Kleider standen in Gefahr, der Vernichtung anheim zu fallen. Ein drastisches Mittel schaffte aber augenblicklich Abhilfe, indem man dem ersten, der nach Landesbrauch einen Gegenstand zertrümmert hatte, auf einen gewissen Körperteil eine gehörige Tracht Prügel ver=

abreichte und seinem Herrn zurücksandte. Keiner machte daraufhin mehr den Versuch, Sklave eines solch grausamen Herrn zu werden.

Die Häuptlinge sind in ähnlichen Fällen weniger selbstlos. Sie benutzen im Gegenteil die Sitte, ihren Bestand an Sklaven zu ver= mehren, und haben zu diesem Zweck merkwürdige Einrichtungen und sonderbare Bestimmungen getroffen. Jeder Häuptling besitzt neben einer Anzahl gewöhnlicher Trommeln eine sogenannte Ng=oma=kuh, d. h. eine heilige, ehrwürdige, unverletzliche Trommel. Dieselbe läßt nur dann ihre dumpfen, weithallenden Töne vernehmen, wenn der Häuptling seine Ratgeber um sich zu sammeln wünscht, oder im Kriegsfall. Wer diese Trommel, ohne dazu ermächtigt zu sein, berührt, sei es aus Absicht oder Versehen, ist in demselben Augenblick der Sklave des Häuptlings. Ebenso derjenige, welcher eines der Abzeichen der Häuptlingswürde berührt, ohne das Recht dazu zu haben. Dahin gehört die vom Häuptling auf der Stirn getragene Muschelplatte, Löwen= und Pantherfelle. Der Häuptling Sike von Unjanjembe pflegte die Löwen= und Pantherfelle, auf welchen er zu sitzen oder zu schlafen geruhte, mit einer Schutzdecke aus getrockneten Rindshäuten zu belegen, in der versteckten Absicht, diejenigen Personen zu Sklaven zu machen, welche sich, in allzu vertraulicher Nähe dieser Häute niederließen, da sie die andern Felle nicht sehen konnten. Den Sklaven kennzeichnet übrigens kein äußeres Zeichen als solchen, und oft weiß seine ganze Umgebung nicht, daß er ein Unfreier ist. Dem Verfasser ist sogar ein Fall bekannt, wo der Betreffende selbst im unklaren darüber war. Jedenfalls steht fest, daß die Sklaverei für den Neger, welcher der Sklave seiner eignen Landsleute ist, nichts Drückendes hat.

Der Sklave im Besitz derjenigen Araber, welche sich im Innern aufhalten, erfreut sich einer ebenso milden Behandlung, wenn er auch nie als Familienmitglied angesehen wird. Der arabische Sklaven= besitzer muß die Flucht seines Sklaven ebenso befürchten wie der Eingeborene. Die zu leistende Arbeit ist eine fast ebenso geringe wie beim Eingeborenen.

Dem Araber stehen bedeutend mehr und nachdrücklichere Zwangs= mittel zu Gebote, wie dem Neger, um widerspenstige Sklaven zum Gehorsam zu zwingen. Dennoch entschließt er sich nicht ohne weiteres zur Anwendung von Strafen, sondern versucht es langmütig mit Ermahnungen und Drohungen, ehe er dazu schreitet, den Ungehorsamen in die Sklavengabel, welche an der Küste nicht gebräuchlich ist, oder in die Kette zu legen. In der Kette kann sich der Sträfling ungehindert bewegen, muß aber die schwere Last überall mit hinschleppen, wenn ihm nicht Leidens= gefährten, oft zehn bis zwanzig an der Zahl, dabei helfen. Die Last ist dann zwar leichter, aber der Umstand, daß die Leute bei allen Verrichtungen der Arbeit und ihrer Bedürfnisse aneinander gefesselt sind, ist höchst peinlich für die Bestraften. Auch Haftstrafen vermag der arabische Hausbesitzer zu verhängen, indem er den Missethäter in den Stock legt, der hier und da innerhalb eines Raumes im Hause angebracht ist. Stockschläge wendet man auch an. Im allgemeinen aber sind Strafen ziemlich selten, da die Ansprüche an die Leistungen des ein= zelnen geringe sind und sie deswegen wenig Veranlassung zur Un= zufriedenheit geben. Natürlich gibt es auch hier, wie überall, Aus= schreitungen von seiten grausamer Herren, Vollblutaraber sind unter diesen recht selten. Dagegen findet man unter Mischlingen manchmal wahre Bestien, wie jener Halb= oder Viertelaraber in Tabora, ein Mann, der in Mrima geboren war, sich Schulden halber nicht mehr nach Sansibar wagen durfte. Muini, so hieß der Edle, verdiente durch Elfenbeinhandel und intensiv betriebenen Ackerbau eine Menge Geld in Tabora, gab sich aber merkwürdigerweise gar nicht mit Sklavenhandel ab. Er war der einzige Sklavenbesitzer, von dem der Verfasser hörte, daß er seine Sklaven bis aufs äußerste ausnützte. Es gelang ihm, seinen Sklaven derartige Furcht einzujagen, daß sie sogar nicht einmal zu fliehen wagten, denn Muini ruhte nicht eher, bis er des Flüchtlings wieder habhaft geworden war, und sollte es jahrelang dauern. Den Hauptraum seines großen Tembe in Tabora hatte er zum Gefängnis umgestaltet. Dort waren Gefangene beiderlei Geschlechts zu finden. Zu Dutzenden waren sie in den Stock geschlossen, an den Beinen oder Armen, oder an allen vier Gliedern zugleich in qualvollster Lage. Die Bedürfnisse wurden an Ort und Stelle verrichtet, ohne daß es erlaubt war, Reinigung vorzunehmen. Andre waren an den Händen aufgehängt, so daß nur die Zehenspitzen den Boden berührten. Den bei uns im Dreißigjährigen Krieg angewandten berüchtigten Schwedentrunk, bestehend in Wasser aus Senkgruben,

flößte Muini seinen ihm besonders strafwürdig erscheinenden Sklaven
ein. Andre wurden mit heißem Eisen und kochendem Öl gebrannt.
Wenn aber ein Sklave mit einem seiner zahlreichen, frei umher=
laufenden Weiber sich eingelassen hatte, so brannte der edle Menschen=
freund den beiden die Geschlechtsteile mit glühendem Draht aus.
Derartige Bestialitäten verübte der Unmensch aus reinem Vergnügen
an Schindereien. Späterhin nahm er gegen eine geringfügige Ver=
gütung auch faule und widerspenstige Sklaven andrer Araber in Haft,
um sie ebenso zu quälen. Starb irgend einer an den Mißhandlungen,
so krähte kein Hahn danach. Der Wüterich starb 1884. Glücklicher=
weise gehören solche Ausschreitungen zu den größten Seltenheiten.
Im allgemeinen ist der Sklave des Arabers nicht schlimmer daran,
wie bei uns der Arbeiter, und hat vor diesem voraus, daß er weniger
zu arbeiten braucht und weder Not noch Sorgen kennt. Kleidung
und Nahrung werden ihm geliefert, doch muß gesagt werden, daß es
an der Küste und im Innern Araber gibt, welche ihre Sklaven
geradezu zum Diebstahl veranlassen, indem sie vorgeben, die Mittel
zu ihrem Unterhalt nicht zu besitzen, und die Leute veranlassen, sich
das Notwendige zu beschaffen, wo sie es finden.

Wir kommen nun zum Sklavenhandel. Die Eingeborenen ganz
Afrikas, mit Ausnahme verschiedener Stämme Südwestafrikas und der
Massai, treiben seit undenklichen Zeiten Sklavenhandel. In normalen
friedlichen Zeiten ist für den Neger der Kauf und Verkauf eine
höchst wichtige Angelegenheit. Langer Überlegung, vielfacher Beratungen
bedarf es, vor allem mit der Frau oder mit den Angehörigen und
Freunden, ehe man sich entschließt, ein solches Geschäft abzuschließen,
wenn man nach langem Suchen das Richtige gefunden zu haben glaubt.

Das Verfahren beim Verkauf ist insofern eigentümlich, als man
vor dem betreffenden Sklaven geheim hält, daß er verkauft werden
soll, wenn er nicht etwa ein Kind ist. Einesteils, weil man nicht
wissen kann, ob das Geschäft zum Abschluß kommt, und man dann
den Sklaven unnötig besorgt gemacht hätte, andernteils, um ihn nicht
durch die Furcht, einem bösen Herrn in die Hände zu geraten, zur
Flucht zu veranlassen.

Unter dem Vorwand irgend einer Dienstleistung wird er herbei=
gerufen, damit der Käufer Gelegenheit hat, ihn in Augenschein zu

nehmen. Eine genaue Besichtigung des nackten Körpers, sei es bei einem Mann oder einer Frau, wird nie vorgenommen. Der Geschäfts=abschluß findet unter denselben langwierigen, umständlichen Umständen statt, wie beim Elfenbeinhandel. Jeder sucht seinen Vorteil möglichst zu wahren, und Tage, selbst Wochen können vergehen, ehe beide Par=teien einig sind. Der Preis ist nach Alter, Geschlecht und Aussehen des Sklaven sehr verschieden. Westlich vom Tanganika kann man in Ländern, wo wenig Karawanen hingelangen, für sechzehn bis achtzehn Unterarmlängen weißen Baumwollstoffes einen kräftigen Knaben von fünfzehn bis sechzehn Jahren kaufen. Ein Mädchen in demselben Alter kostet das Doppelte und Dreifache. Im ersten Fall würde das zehn bis zwölf Mark im Werte ausmachen. Eine erwachsene Frau kostet zehn bis fünfzehn Unterarmlängen, eine alte gar nur fünf, wie sich der Verfasser selbst zu überzeugen Gelegenheit hatte. In Tabora sind die Preise natürlich höhere, dort kostet ein Knabe ungefähr sechzig bis siebzig Mark, eine schöne Sklavin, die uns aber nicht gefallen würde, hundert bis dreihundert Mark. In Sansibar beträgt der Preis für einen Knaben etwa hundert bis zweihundert Mark, und für eine junge, schöne Sklavin werden Phantasiepreise gezahlt. Man sieht, daß der Sklavenhandel ein recht einträgliches Geschäft ist.

Wir zivilisierten Menschen stellen uns diesen Handel als eine große Grausamkeit für die Betroffenen vor. Den besten Einblick in diese Verhältnisse erhalten wir, wenn wir an einigen Beispielen zeigen, wie die sogenannten „armen Sklaven" die Sache in Wirklichkeit auf=fassen. Der Verfasser war selbst Zeuge der zu schildernden Vorgänge. Eine große Karawane reiste durch das Land Marungu, welches am westlichen Gestade des Tanganika liegt. Zahlreiche Eingeborene er=schienen im Lager, um Lebensmittel zu verkaufen. Unter den Leuten befand sich auch ein Elternpaar, welches mit einem vierzehnjährigen Knaben erschienen war. Dasselbe schloß sofort mit einem der Träger Freundschaft, wie sie es nannten, indem sie einige Geschenke aus=tauschten und verabredeten, daß der Knabe den mit der Karawane weiter westwärts ziehenden Träger begleiten sollte, der ihn dann später mit nach Unjamuesi und vielleicht sogar zur Ostküste nehmen sollte. Von einer Rückkehr wurde nicht gesprochen. Man hätte nun erwarten sollen, daß die Eltern dem Träger eine kleine Vergütung zahlen würden für die immerhin lästige Beaufsichtigung ihres Kindes. Es fand aber gerade das Umgekehrte statt. Der Träger zahlte den Eltern drei Doti weißen Baumwollstoffes, das sind zwölf Unterarmlängen, mit andern Worten, die Eltern hatten ihr eignes Kind an den Träger verkauft. Der Knabe, bis dahin ein Freier, mußte sofort seine Dienste bei dem Träger, einem Mjamuesi, antreten und Wasser und Holz schleppen. Damit ist Livingstones Ansicht widerlegt, daß es eine Unmöglichkeit sei für fühlende Menschen, ihre eignen Kinder zu verkaufen. Der Verfasser war selbst noch mehrmals Zeuge ähnlicher Vorgänge. — Und was sagte der Knabe dazu? — Gar nichts, er lachte und begleitete freiwillig seinen Herrn, einen Teil von dessen Last schleppend. Nichts leichter wäre ihm gewesen, wie zu entfliehen. Ein Jahr später kam die Karawane auf dem Rückweg an demselben Dorf vorüber. Der Verfasser fragte den Knaben, ob er nicht Lust habe, seine Eltern zu besuchen, welche noch in der alten Heimat lebten. Mit überlegenem Lächeln antwortete der Sklave: „Jene sind Waschensi (Wilde), ich aber bin jetzt ein Mguana (in diesem Sinn Gebildeter), ich will von jenen Leuten nichts mehr wissen." Es war also nicht seine verletzte Kindesliebe, welche ihn davon abhielt, die Eltern wiederzusehen. Ein andrer Fall. Eine Mutter war mit ihrem Kinde, einem dreijährigen Knaben, aus Uemba geraubt und beide getrennt verkauft worden. Später entdeckte die Mutter, welche im Besitz der deutschen Expedition einen von deren Askari geheiratet hatte, das Kind zufällig in den Händen eines Mjamuesi. Der Stiefvater, nicht die Mutter, welche ein höchst gleichgültiges Benehmen zeigte, schlug vor, den Knaben mit beider Ersparnisse loszukaufen. Der Eigentümer desselben zeigte sich bereit, der Handel wurde abgeschlossen. Da aber ein bestimmter bunter Stoff, welcher nicht zur Stelle war, beim Kaufpreis verlangt wurde, so traf man die Verabredung, daß der Eigentümer den Knaben nach der Station Uganda bringen sollte, wo man das Geschäft zu erledigen gedachte. Der Verfasser hatte zwei Drittel des Kaufschillings aus seinen eignen Tauschwarenvorräten beigesteuert. Vierzehn Tage später erschien der Mjamuesi pünktlich mit dem Kinde, zog aber zum großen Erstaunen des Verfassers wieder damit ab. Nun stellte sich heraus, daß die Mutter mit dem Gatten die vom Verfasser geschenkten Stoffe, welche zum

Ankauf ihres eignen Kindes bestimmt waren, verjubelt hatten. Erst ein volles Jahr später hatte die liebevolle Mutter wieder so viel gespart und zum Teil bei andern entliehen, daß sie das Kind aus= lösen konnte.

Almasi, einer der schwarzen Köche des Verfassers, hatte die Sklavin eines Arabers aus Tabora geheiratet und mit dieser während der Reise zwei Kinder gezeugt. Auf dem Rückweg über Tabora re= klamierte der Araber seine Sklavin und die beiden, nach dortigem Recht ihm gehörigen Kinder. Der Verfasser kam aber mit dem Araber überein, daß die Sklavin nebst den Kindern gegen eine von ersterem gezahlte Vergütung für immer Almasi als dessen Weib be= gleiten solle. Auf dem Wege von Tabora zur Küste stellte sich aber heraus, daß die Mutter mit ihren Kindern nicht in der Karawane befindlich war, Almasi hatte sie in Tabora gelassen und erklärte auf Vorhaltungen wegen dieses liebelosen Verfahrens lächelnd: „Wenn ich will, kann ich jeden Augenblick andre Frauen und andre Kinder haben." Der Verfasser kaufte in Igonda, wo damals eine deutsche Station befindlich war, einen kleinen Jungen, einen Mtaturu, von 13 Jahren, der ebenfalls mit seiner Mutter geraubt worden war. Die Mutter lebte im Besitz eines Mjamuesi in einem Dorf, welches eine halbe Stunde von Igonda entfernt lag. Dies erfuhr der Verfasser erst in einer Unterhaltung mit dem Knaben, nachdem derselbe fast ein Jahr in des ersteren Besitz war. Auf die Frage, ob er denn nicht ein= mal seine Mutter besuchen wollte und ob er kein Verlangen nach ihr habe, antwortete das zärtliche Kind halb erstaunt: „Warum denn, meine Mutter hat mir nie etwas geschenkt, zudem kommt sie alle Monate zehn= bis zwölfmal nach Igonda, ohne sich je um mich zu kümmern." Die liebevolle Mutter hatte es nie der Mühe wert gefunden, ihr Kind zu besuchen, trotzdem sie in nächster Nähe desselben lebte. Wir könnten noch hunderte von Beispielen ähnlicher Art erzählen, aber sehr wenige, welche als Zeugnis für Mutter= oder Kindesliebe gelten könnten. Derartige Gemütsregungen sind immer auf augen= blickliche Eingebungen zurückzuführen.

Menschen mit so wenig entwickeltem Gefühls= und Gemüts= leben kann eine gesellschaftliche Einrichtung wie die Sklaverei unmöglich als eine allzu drückende Last, oder gar als ein großes Unglück erscheinen.

Um auf die Ausführung des Sklavenhandels zurückzukommen, müssen wir die Art der Übergabe des Verkauften schildern. Derselbe wird, im Falle er auf seinen eignen Wunsch an einen womöglich selbstgewählten neuen Herrn verkauft wurde, diesem einfach folgen. Wenn man aber seine Flucht zu besorgen hat, und der verkaufte Sklave oder die Sklavin selbst noch nicht wissen, daß man sie verschachert hat, so legt der Käufer den Betreffenden, falls er in demselben Ort wohnt, einige Wochen in eine Sklavengabel. Der Sklave gewöhnt sich während dieser Zeit an seinen neuen Herrn, man möchte fast sagen wie ein Hund, und bleibt, sobald man ihn aus dem Marterholz befreit, bei dem nunmehrigen Gebieter. Ein eigentümlicher physiologischer Vorgang, der auf eine niedere geistige Stufe schließen läßt.

Wenn der Käufer in einer andern Ortschaft wohnt, so wird dem Sklaven, dem von seinem eignen Verkauf aus den angeführten Gründen nichts bekannt gegeben wurde, befohlen, den ersteren gegen eine kleine Vergütung auf eine kurze Strecke zu begleiten, um z. B. etwas zu tragen. Unterwegs wird er unvermutet in die Sklavengabel gelegt; um erst dann zu erfahren, daß man ihn verschachert hat.

Die Eingeborenen und besonders die Häuptlinge verkaufen nur äußerst ungern ihre Sklaven, da sie sonst in schlimmen Ruf kommen und Gefahr laufen, ihre andern Sklaven zu verlieren. Einen freien Unterthanen oder den Sklaven eines solchen, selbst den Sklaven eines Sklaven zu verkaufen, würde der Häuptling nie wagen. Es kommt nämlich sehr oft vor, daß Sklaven selbst Sklaven halten und alle Arbeit durch diese verrichten lassen.

Die Araber im Innern Deutsch-Ostafrikas sind beim Sklavenhandel genötigt, ebenso zu verfahren wie die Eingeborenen. Der Sklavenhandel wird im großen und ganzen nur mit frisch geraubten Menschen betrieben, da andre viel zu teuer bezahlt werden müssen und zu schwer zu erlangen sind. Nur in den Küstenplätzen wurde der schändliche Handel, besonders aber in den südlichen Distrikten öffentlich, auch für den betreffenden Sklaven, betrieben, auch in Sansibar bis in die jüngste Zeit, trotz der Anwesenheit der Engländer, nachgewiesenermaßen sogar unter deren Augen. An der Küste wurde der Körper der Sklaven ganz genau untersucht, besonders bei Sklavinnen, welche man in den Harem aufzunehmen wünschte. An der

Küste lag der Sklavenhandel in den Händen einzelner großer Händler, meist waren es Mischlinge, welche sich damit abgaben, denn auch der anständige Araber aus Maskat hält den Menschenhandel für ein immerhin anrüchiges Geschäft. Als geradezu unehrenhaft gilt es aber, schon lange im Besitz befindliche Sklaven um des Vorteils willen zu verkaufen, wenn nicht die höchste Not oder gänzliche Unbrauchbar= keit eines erst kürzlich gekauften Sklaven dazu zwingt. Wenn eine Negersklavin ihrem arabischen Herrn als dessen Konkubine ein Kind geboren hat, so hat sie damit als selbstverständlich die Freiheit erlangt.

Im allgemeinen pflegt man alten Sklaven die Freiheit zu schenken, auch andern, die sich große Verdienste um ihren Herrn erworben haben. Der Sultan Said Bargasch pflegte alljährlich einer, wenn auch beschränkten Anzahl Sklaven die Freiheit zu schenken, einzelnen solcher auf besonderen Wunsch von Europäern. Der Araber befolgt in diesen Dingen ebenfalls nur die Vorschriften des Korans, welcher als verdienstlich bezeichnet, seinen Sklaven die Freiheit zu schenken, und eine milde Behandlung derselben geradezu gebietet. Daß aber ein Neger seinem Sklaven jemals die Freiheit geschenkt hätte, ist noch nie dagewesen, es sei denn der Neger wäre ein Mohammedaner. Dem heidnischen Neger erschiene ein solche Handlungsweise ebenso thöricht, als es uns thöricht erschiene, wenn man etwa einem Pferd oder einem Rind die Freiheit schenken wollte. Dem Neger kann man von seinem Standpunkt aus nur Recht geben, denn ein be= freiter Sklave würde sofort in die Hände eines andern Herrn fallen, er wäre als Freier für dortige Verhältnisse gar nicht denk= bar, da der Sklave nach den Begriffen von Schwarzen nie die Freiheit mehr erlangen kann und als Fremdling in einem Lande ganz rechtlos wäre.

Der Sklave, welcher vom Araber die Freiheit geschenkt erhält, heißt „Huru“. Der frühere Herr desselben ist sonderbarerweise noch für „seinen Huru“ verantwortlich, kann sogar zu Schadenersatz herangezogen werden, wenn durch den Huru Sachbeschädigung ver= anlaßt wurde.

Wenn der Neger des Innern seinem eignen, zu Ansehen gelangten Sklaven gegenüber machtlos ist und von dem ihn theoretisch zu= stehenden Recht, sich das ganze Besitztum desselben anzueignen, keinen

Gebrauch machen kann, so befindet sich der Araber im gleichen Fall in ganz andrer Lage. Er nimmt alles, was sich sein Sklave erarbeitet hat, an sich, sei es, daß der Sklave sich in Sansibar Geld verdient hat, sei es, daß derselbe im Dienste eines andern Arabers oder eines Europäers als Träger oder Askari Lohn ausgezahlt erhielt. Will der Sklave in den Genuß seines Verdienstes gelangen, so bleiben ihm nur zwei Wege offen, sich denselben im Innern auszahlen zu lassen, und nicht mehr nach der Küste zurückzukehren, oder das ganze Geld in möglichst kurzer Zeit in Sansibar zu verjubeln. Meist findet das letztere statt. Da kommen denn die sonderbarsten Dinge vor.

Sansibariten, welche die großen Reisen eines Burton, Speke, Livingstone, Cameron, Stanley, Wißmann oder des Verfassers während vieler Jahre mitgemacht haben, welche bei ihrer Rückkehr zuweilen ein= bis zweitausend Mark und mehr ausgezahlt erhielten, gaben sich die größte Mühe, das schwer erworbene Geld so schnell wie irgend möglich los zu werden. So z. B. Rehani, einer derjenigen Sansibariten welche Stanley den Kongo hinab begleitet hatten. Rehani mietete sich in Sansibar ein steinernes Haus, warb zwanzig Askari und Diener an, welche er ebenso wie sich selbst in kostbare arabische Kleider steckte und mit seinem Gefolge durch die Straßen der Stadt promenierte. Jeder dieser Diener hatte eine andre Beschäftigung, so z. B. die Waffen nachzutragen, die Füße ihres Herrn zu waschen, einer mußte dabei das Handtuch halten, ein andrer die Schüssel, wieder andre mußten kochen, Kaffee servieren, das Haus reinigen, die Kleider ordnen. Selbstverständlich heiratete Rehani sofort eine schöne Negerin, richtete sein Haus nach dortigen Begriffen fürstlich ein, mit einem geschnitzten Bett, seidenen Kissen und persischen Teppichen. Tagelang wurden Gelage gehalten, jeder Gast war willkommen. Auf Branntwein wurde ein großer Teil des Geldes ausgegeben, und nach vier Wochen hatte Rahani keinen roten Pesa mehr. Er ließ sich sofort wieder bei einem Europäer anwerben und machte auch als Träger die Reise des Verfassers ins Kongoquellgebiet mit. — Hier und da denkt einer an die Zukunft und kauft sich eine kleine Schamba. Erfährt davon der Herr, so nimmt er dieselbe sofort an sich. Im günstigsten Fall läßt er den Sklaven solange im Besitz seines kleinen Anwesens, als er selbst in günstigen Verhältnissen lebt. Das ist aber bei einem Araber selten von langer Dauer. Stirbt der Herr, ehe er sich in Besitz des Eigentums seines Sklaven gesetzt hat, so teilen sich gewiß dessen Erben in dasselbe. Der in den Plantagen arbeitende Sklave kann überhaupt nie zu etwas gelangen, da er keinen Lohn erhält.

Ehe die Kulturnationen zu maßgebendem Einfluß an der Küste Ostafrikas gelangten, war das Los der arabischen Negersklaven an der Küste zweifellos ein härteres wie jetzt. Die Araber zwangen dieselben zu angestrengter Arbeit, einer Arbeit, die aber dennoch nie eine schwerere war wie diejenige eines europäischen Arbeiters. Lohn erhielt der Sklave allerdings nicht, hatte aber auch dafür gar keine Sorge, denn Nahrung und Kleidung, deren letzterer er in dem heißen Klima nur wenig bedarf, gab ihm der Herr, wenn es dieser nicht etwa vorzog, dem ziemlich allgemein gepflogenen Gebrauch folgend, von sieben Tagen zwei freizugeben, welche dem Sklaven zur Bestellung des eignen Feldes zur Verfügung standen.

Doch auch das Los dieser Sklaven war nicht zu vergleichen mit dem der amerikanischen Sklaven, welche bis aufs äußerste ausgenutzt wurden. Heutzutage, wo die Sklaven immer wertvoller werden und immer weniger leisten wollen, sind sie keineswegs zu beklagen, wenn sie sich nicht zufällig im Besitz eines der wenigen grausamen Araber befinden. Der Negersklave im Besitz des Arabers fühlt sich dementsprechend auch ganz wohl und blickt mit einer Empfindung auf den europäischen Arbeiter herab, welche ein Gemisch von Mitleid und Verachtung ist. Ganz außerordentlich bezeichnend für diese Auffassung sind die Äußerungen eines Negersklaven über diesen Punkt, sie charakterisiert in wenigen Sätzen die ganze Lage der sogenannten armen Sklaven. Der Betreffende hatte seiner Zeit die Reisen des Verfassers mitgemacht und erwiderte demselben auf die Mitteilung, daß es in Europa keine Sklaven gebe, wörtlich folgendes: „Du sagst, in Europa gebe es keine Sklaven, ich sage dir aber nur das eine, sind eure Matrosen etwa keine Sklaven, können sie doch nichts verrichten, ohne den Befehl ihrer Vorgesetzten. Sie schlafen, erheben sich, wachen, essen, trinken auf Befehl, sie müssen exerzieren, arbeiten oder ruhen auf den Wunsch dieser Herren, sie müssen auf dem Schiff bleiben oder an Land gehen, ohne eignen Willen, und solche Menschen sollen keine Sklaven sein? — Wer könnte uns, die ihr uns Sklaven nennt, zu solchen Dingen zwingen? Niemand auf der ganzen Erde. Eure Matrosen und Arbeiter sind wirkliche Sklaven, ich habe es in London gesehen, wir aber sind Freie. Mein Herr, ein Verwandter Said Bargaschs, hat nicht erlauben wollen, daß ich dich begleite, habe ich nicht trotzdem deine Reise mitgemacht? Meinen Lohn mußt du mir, wie ausbedungen, in Bagamojo auszahlen, wer kann mich daran hindern, denselben selbst aufzuessen?" — Und hatte der Mann nicht in seiner Weise Recht? — Wenn sich auch jetzt mit der deutschen Invasion ein allmählicher Umschwung in diesen Anschauungen vollzieht, so wird es doch sehr langer Zeit bedürfen, ehe der Neger die Beweggründe unsrer Handlungsweise verstehen lernt und ehe wir auf die Hilfe der Neger bei unsern menschenfreundlichen Bestrebungen werden rechnen können. Jetzt sehen sie in uns immer noch ihre Gegner auf allen Gebieten des Lebens. Am allerwenigsten verstehen sie unsre gegen den Sklavenhandel und die Sklavenjagden gerichteten Bestrebungen. —

Wenn wir bisher bemüht waren, über die Sklaverei eine der Wahrheit möglichst entsprechende objektive Schilderung zu geben, und dabei gezeigt haben, daß die Sklaverei für die Betreffenden keine allzudrückende Last ist, so dürfen wir nicht unterlassen, die verderblichen Folgen derselben zu beleuchten, nämlich den Sklavenraub.

Es ist eine merkwürdige Erscheinung, daß der Sklavenraub gerade in den letzten Jahrzehnten einen so hohen Aufschwung genommen hat, gerade zu einer Zeit, während welcher sich die Hauptkulturnationen mit solch großem Nachdruck gegen diese Mißstände auflehnen und alle Kräfte einsetzen, dieselben in ihrem Machtbereich nach Möglichkeit zu unterdrücken. Innerhalb ihres Machtbereiches ist ihre Absicht so ziemlich erreicht, außerhalb desselben aber das Gegenteil. Die Ursachen dieser Erscheinung haben wir im Aufblühen des Elfenbeinhandels und in dem Widerwillen der Negerbevölkerung gegen regelmäßige Arbeit zu suchen.

In dem Kapitel über das Elfenbein haben wir gehört, daß der Elfenbeinhandel die Araber und Mischlinge immer weiter nach dem Innern führte, und daß der in seinen ersten Anfängen legitime Handel in demselben Maß, wie die Elfenbeinvorräte abnahmen, zu einem allgemeinen Elfenbeinraub ausartete.

Man bedurfte zur Durchführung der Raubkriege immer mehr Leute, also Sklaven, und ebenso brauchten die sich immer zahlreicher ansiedelnden Araber, welche die Aufhebung des Sklavenhandels an der Küste aller Arbeitskräfte beraubt hatte, solche im Innern in größerer Zahl zur Bestellung ihrer Felder. Man hatte die Sklaven verbrauchenden Araber und mithin den Sklavenhandel nur von den Küsten nach dem Innern vertrieben. Die im Innern herrschenden unsicheren Verhältnisse bedingten aber, daß man neben Arbeitssklaven noch solche für Krieg und Verteidigung notwendig hatte, und der immer größere Dimensionen aunehmende Elfenbeinraub ist die Ursache, daß zur Ermöglichuug desselben der Sklavenverbrauch ein bedeutend größerer wurde. Statt die Sklaverei, den Sklavenhandel und -Raub zu unterdrücken, haben wir gerade das Gegenteil erreicht. Sklavenraub übten die Eingeborenen schon lange vor dem Erscheinen der Araber, aber in nur unbedeutendem Umfang, fast immer nur bei Gelegenheit ihrer Kriege. Als aber die Araber erschienen und der Absatz des Sklaven ein immer bedeutenderer wurde, der Wert derselben stieg, da begannen auch sie sich mehr auf die Erbeutung von Menschen zu verlegen. Der seiner Zeit so berüchtigte Mirambo oder die Häuptlinge Simba und Njungu hätten niemals zu solcher eminenten Macht gelangen können, wie sie dieselbe in Ostafrika ausübten, wenn sie nicht die erbeuteten Sklaven von deren Kriegern an die Araber und an Eingeborene hätten absetzen können. Denn nur dadurch strömten jenen Räuberhäuptlingen so zahlreiche Krieger zu.

Die afrikanischen Häuptlinge bedienten sich in immer größerem Umfang der Araber, um mit deren Hilfe ihre Kriege zu führen, indem sie mit diesen ihren Bundesgenossen den Feind überfielen, dessen Dorf stürmten, seine wehrhaften Männer niedermachten, Weiber und Kinder als Gefangene fortführten und die Beute an Elfenbein und Sklaven teilten.

Diese Raubzüge waren da um so leichter auszuführen, wo die Eingeborenen noch nicht in Besitz von Feuerwaffen gelangt waren.

In den Ländern östlich vom Tanganika wurden diese Räubereien in verhältnismäßig geringem Umfang ausgeübt, da die Araber dorthin durch ihren Handel schon längst Feuerwaffen verbreitet hatten, und als sie in größerer Anzahl erschienen, fanden sie schon eine widerstands=

kräftige Bevölkerung, welche zu größeren Staatswesen geeint mit roher Gewalt nicht leicht zu besiegen war; dort konnten die Araber nur mit List die Unterwerfung einzelner Stämme oder Häuptlinge bewirken, wobei die Eingeborenen ihre Selbständigkeit eigentlich gar nicht einbüßten. Wir sehen daher auch in Ostafrika nirgends, mit Ausnahme der Gegenden um den Nyassa, durch Araber Sklavenraub ausüben. Die Araber sehen sogar darauf, daß sich keiner der Ihrigen dort mit den Eingeborenen in Streitigkeiten einläßt, sie kontrollieren sich gegenseitig, um sich die Wege nach weiter gelegenen Ländern offen zu halten, an ihren Hauptstützpunkten Tabora und Ujiji nicht von Eingeborenen belästigt zu werden.

Anders westlich vom Tanganika. Dorthin zogen die Araber, wie immer, anfangs nur als harmlose Händler, mit geringen Streitkräften, welche nur zur Bedeckung und zum Schutz ausreichend waren, erhandelten Elfenbein und auch einige Sklaven und zogen wieder nach Tabora, von wo aus sie alle kamen. Der Elfenbeinreichtum jener Länder war aber so bedeutend, daß er immer mehr Händler anlockte, darunter auch den schon früh zu großer Macht gelangten Tippo Tip, welcher über den See hinüber gegangen war, sich dann nach Süden wandte und als erster großartige Raubzüge dort unternahm, indem er die Länder zwischen dem oberen Kongo und dem Tanganika gänzlich verwüstete. Es war zu der Zeit, da Livingstone jene Gebiete bereiste. Tippo Tip drang bis Katanga vor, folgte dann dem Kongo eine Strecke abwärts und ging in östlichem Bogen nach Niangue. Nun war der Weg geöffnet, insofern als man Kenntnis von jenen Ländern erhalten hatte. Man wußte nun ganz genau, daß dort eine große Bevölkerung und viel Elfenbein vorhanden und daß diese Bevölkerung, schlecht bewaffnet, nur wenig Widerstandsfähigkeit besaß, sei es, daß die Eingeborenen in zahllose winzige Häuptlingsreiche zersplittert oder zu größeren Staatsverbänden geeint waren. Von Ujiji zogen zu Wasser eine Menge kleiner englischer Händler nach Marungu, Itaua und Urungu an der Südwest- und Südküste des Sees und verwüsteten jene unglücklichen Gebiete in der Nähe des Tanganika fast vollständig. Von Tabora aus zog der früher in Tippo Tips Begleitung reisende Belutsche, Hassan bin Schelum, genannt Kabunda nach Itaua und verwandelte im Bunde mit einem Mjamuesi-Mgaue

(Abliger) aus Igonda das ganze Land Itaua, Kaubire, Norduemba zwischen dem Tanganika und dem Luapula in eine menschenleere Wildnis. Zu Hunderten wurden aus den früher zahlreichen Dörfern die Eingeborenen fortgeschleppt.

Der Verfasser fand dort nur wenige elende Weiler und eine am Hungertuch nagende Bevölkerung.

Die größten Verheerungen aber richteten die Araber am Kongo an, wo sie unendlich weite Gebiete verwüsteten.

Die Art ihres Vorgehens war immer dieselbe. Zuerst erschienen kleine Händler, welche Elfenbein kauften. Jahrelang konnten zwischen diesen und den Eingeborenen ganz leidliche Beziehungen bestehen, die Händler machten gute Geschäfte, der Elfenbeinreichtum lockte dann immer jene mächtigen Araber an, die nicht kauften, sondern einfach raubten. Planmäßig gingen die Leute niemals vor, also nicht etwa so, daß man zuerst Händler vorausschickte, um die Eingeborenen in Sicherheit zu wiegen, wie manche Reisende meinten.

Vergleicht man die geringe Zahl der Vollblutaraber, die sich in den von ihnen besetzten Ländern am Kongo etwa so verteilen, daß auf ein Gebiet von der Ausdehnung des Königreichs Sachsen zwei bis höchstens drei, Mischlinge ungefähr zwei- bis dreihundert kommen, also verschwindend wenig Leute, so muß man sich wundern, daß ein solches Häuflein Menschen derartige Verwüstungen anzurichten im stande war, im Kongogebiet Länder von einer Ausdehnung, welche beinahe derjenigen Deutschlands gleichkommt, zu ruinieren und zu entvölkern. Besonders merkwürdig erscheint dies, wenn man erwägt, daß die Hauptabsicht dieser Biedermänner auf den Erwerb von Elfenbein gerichtet ist. Dies alles erklärt sich folgendermaßen. Die Voll- oder Halbblutaraber, welche über die Grenzen des heutigen Deutsch-Ostafrikas hinaus nach Westen zogen, führten zur eignen Sicherheit außer den Trägern zahlreiche Bedeckungsmannschaften mit sich. Diese Mannschaften bezogen keine Löhnung, denn die Kosten der Unternehmungen würden zu hohe geworden sein. Der Unterhalt der Karawanen wurde nur bis nach Niangue oder andern neu entstandenen arabischen Kolonien gegen Tauschwaren eingekauft, so lange man allgemein benutzte Handelsstraßen berührte. Hatte man diese aber verlassen, so versah man die Askari und die bewaffneten Träger mit Munition, die ganze Karawane lebte fortan vom Raub. Die Löhnung der Askari bestand in einem Anteil der Beute, d. h. die Araber überwiesen ihren Kriegern die erbeuteten Gefangenen als Sklaven. Sie konnten dieselben nach Belieben behalten und verkaufen, hatten nur die Verpflichtung, für den Fall es ihnen gelang, vier oder fünf Sklaven zu erbeuten, einen oder zwei davon an den Herrn abzuliefern. Waren unter den Gefangenen kräftige Knaben im Alter von zwölf bis vierzehn Jahren, welche für Kriegsdienste geeignet erschienen, so behielten die Araber dieselben, um sie als Askari zu verwenden, nachdem sie zu Islamiten gemacht worden waren. Diese Leute waren es, welche bald mit unsäglicher Verachtung auf ihre Landsleute herabblickten und welche mit weit größerer Bereitwilligkeit wie die Fremden auf ihre eignen Stammesgenossen feuerten und Jagd auf dieselben machten. — Das erbeutete Elfenbein wurde immer an den Araber und den unter Umständen mit diesem verbündeten Häuptling abgeliefert, da man es ja doch nie hätte veruntreuen können, ohne daß das Vergehen sehr bald ans Tageslicht gekommen wäre. — Die Bereitwilligkeit der Neger, auf die eignen Landsleute zu schießen, war hauptsächlich verursacht durch die Habgier, indem sie dann ebenfalls an der Beute teilhaben und mit bunten Fetzen behangen umherstolzieren konnten, sie sicherte den Arabern den Erfolg und verursachte, daß dieselben mit solch beispielloser Schnelligkeit die ungeheuren Gebiete zu erobern vermochten, welche noch heute in ihren Händen sind.

Nach und nach bildete sich ein gewisses System bei dem Raub heraus. Die mächtigen Araber, welche, wie z. B. Tippo Tib und andre über tausend und mehr Flinten geboten, schickten an diejenigen Häuptlinge, von welchen sie wußten, daß dieselben viel Elfenbein besaßen, Boten und verlangten Tribut an Elfenbein für sich und Sklaven für ihre Leute. Zahlten die Häuptlinge denselben nicht, so fiel man über die Unglücklichen her und ihr Untergang war besiegelt. Die Dörfer wurden überfallen, wehrhafte Männer erschlagen, Weiber und Kinder fortgeführt, das Elfenbein mitgenommen und die Hütten in Brand gesteckt.

Oft erschienen die Räuber mehrmals wieder, wenn die dem Überfall Entronnenen sich immer wieder anbauten, bis endlich alle vernichtet und zerstreut waren, die Wildnis wieder Besitz ergriff von den einst blühenden Anwesen und nur spärliche Hüttentrümmer und einige

Reibsteine als einzige Zeugen ehemaliger Ansiedelungen zurückblieben. Unsägliches Elend brachten diese Araber und ihre Bastarde über Afrika, denn in ihrem Gefolge marschierten Tod und Verderben. Die Haupttriebfeder ist das Elfenbein, der Sklavenraub kam erst in zweiter Linie. Leider hat es den Anschein, als ob dieser Sklaven= raub zu immer größerer Bedeutung anschwellen sollte, wenn nicht alle Anzeichen trügen, so beginnen sich Araber des Kongos mit denen des Sudans die Hände zu reichen, und das bedeutet ein neues, unab= sehbares Emporblühen jenes schmählichen Menschenhandels, denn nach dem Sudan eröffnen sich ganz neue Absatzgebiete, weit bessere wie die an der Ostküste. Für den Verfasser unterliegt es zwar keinem Zweifel, daß die Kongo= und die Sudanaraber nicht lange mitein= ander in Frieden leben werden, allein der Sklavenraub wird trotz= dem immer größere Dimensionen annehmen.

Versuchen wir nun in kurzen Umrissen die Behandlung zu schildern, welche den geraubten, zu Sklaven gewordenen Menschen zu teil wird.

Man schildert dieselbe allgemein in übertriebener Weise als äußerst grausam, das ist durchaus nicht die Regel. Wenn der Sieger nach dem Kampf sich an den vorgefundenen Lebensmitteln gütlich thut und zu diesem Zweck noch einen oder zwei Tage an dem Ort des Schreckens ver= weilt, so werden die Gefangenen sofort gezwungen, Holz und Wasser zu holen, Mehl zu reiben, Speisen zu bereiten, selbstredend unter Aufsicht. Anfangs sind diese Unglücklichen begreiflicherweise sehr ver= stimmt, bald aber gewinnt, selbst in dieser Lage, der dem Neger an= geborene Zug zu Heiterkeit und Scherz die Oberhand, und man sieht fast nur lachende Gesichter. Kein Zeichen untröstlichen Schmerzes, keine Thränen. Sah der Verfasser doch selbst nach der Eroberung von Mdaburu in Ugogo eben erst als Sklaven erbeutete Weiber ganz vergnügt Tänze aufführen. Die Fluchtverdächtigen werden in die Sklavengabel gelegt oder in die mitgeführten Ketten. Auf dem Rückweg vom Raubzug beeilt man sich nach Möglichkeit, den Aus= gangspunkt der Expedition wieder zu erreichen, meist aus Besorgnis, die Leute wieder abgejagt zu bekommen, denn die mitgeführte Munition wird fast immer verknallt sein. Auf die Gefangenen nimmt man auf dem Rückwege wenig Rücksicht, unterzieht sich aber auch der lästigen Be= aufsichtigung in nur geringem Maße, so daß während des Marsches schon die Hälfte entflieht. Im Lager oder im Dorf entflieht ein weiteres Viertel, so daß überhaupt nur ein Viertel der Gefangenen in den Händen der Sieger bleibt, in Dienst genommen oder verkauft wird. Wenn auch auf dem Transport zweifellos grausame Behandlung der Gefangenen stattfindet, so überstehen ihn dennoch 95 Prozent ganz gut. Wir sprechen hier selbstverständlich nicht von dem Transport durch die Wüste, ein Gebiet, welches in unserm Buche nicht erwähnt werden soll. Die Sklavenräuber können über ein gewisses Maß an Marschleistung nicht hinausgehen, und dieses vertragen die Gefangenen alle sehr gut, selbst kleine Kinder, welche, wie der Verfasser selbst unzählige Male gesehen hat, im Falle der Ermüdung von ihren Räubern aus Mitleid getragen werden. Nur wenn man durch Gegenden kommt, wo es wenig zu essen gibt, da füllen die Araber und ihr Gefolge selbstverständlich mit dem Vorgefundenen den eignen Magen und lassen die Gefangenen hungern. Bald aber werden alle, auch die Sklavenjäger, vom Hunger geplagt werden, und auch dann, wenn an bekannten Wegen, welche von allen Karawanen betreten werden, wieder Überfluß herrscht, der Karawanenführer aber keine Tausch= waren mehr besitzt, um Lebensmittel zu kaufen; dann sieht man jene Mitleid erregenden Jammergestalten dahinschleichen, welche, zu Skeletten abgemagert, nur noch aus Haut und Knochen bestehen.

So sehen dann aber nicht nur die geraubten oder auch gekauften, in Ketten und Sklavengabeln gefesselten Sklaven aus, sondern auch ihre Peiniger und Schacherer. Der Verfasser war öfter in der Lage, solchen halbverhungerten Karawanen mit Stoffen zum Einkauf von Lebensmitteln auszuhelfen. Wenn auf solchen Märschen die unglück= lichen Gefangenen nicht mehr weiter können, so versucht man diesem Mangel durch Prügel nachzuhelfen; hilft dies nichts mehr und bricht der Arme kraftlos zusammen, so wird er kalten Blutes ermordet. Man will ihn nicht in die Hände andrer fallen lassen, da man jenen den Gewinn mißgönnt. Hauptsächlich begeht man den Mord deshalb, weil man andre von Simulation der Müdigkeit abhalten will. Solche Mordthaten kommen aber bei Arabern und Mischlingen recht selten vor. Die Neger selbst aber, von denen die Araber wahr= scheinlich diese schöne Sitte angenommen haben, lassen ihre Bestialität in unerhörter Grausamkeit an solchen unglücklichen Opfern aus, meist durch Pfählen, eine bei dieser Gelegenheit sehr beliebte Todesstrafe. Es wird hierbei ein zwei Meter langer, armdicker Pfahl allmählich verlaufend fein zugespitzt und dreiviertel Meter tief senkrecht eingegraben. Darauf setzen die Bestien ihr Opfer und lassen es langsam am Pfahl abwärts gleiten. Gegen diese Bestien sind die Araber die reinen Engel, da sie diejenigen, welche nicht weiter können, erschießen oder ihnen den Kopf abschlagen. Wenn unter tausend erbeuteten oder eingehandelten Sklaven einer, höchstens zwei auf diese Weise getötet werden, so ist dies eine hoch gegriffene Ziffer.

Es muß hier auch ein allgemein verbreiteter Irrtum berichtigt werden. Man hört immer wieder in Berichten von Reisenden, daß die Araber Sklaven auch zu dem Zweck raubten, um sie als Träger für ihre Elfenbeinvorräte zu verwenden. Das ist ganz unrichtig. Zunächst gilt als Norm, daß die Anzahl der Trägerlasten von mitgeführten Tauschwaren im allergünstigsten Fall die Hälfte bis höchstens zwei Drittel der Anzahl von Trägerlasten an eingehandeltem Elfenbein ergeben, und zwar derart, daß 300 von der Küste mitgeführte Tauschwarenlasten zu 70—80 Pfd. engl. höchstens 150—200 Lasten Elfenbein zu 40—50 Pfd. engl. ergeben.

Ein Händler, der z. B. von Tabora weiter zieht, um Elfenbein zu kaufen, muß vertragsmäßig die Träger wieder dorthin zurückbringen. Er hat also unter keinen Umständen eine größere Anzahl von Trägern notwendig. Man bedenke auch, daß ein Händler Sklaven überhaupt erst dann einhandelt, wenn er kein Elfenbein bekommen kann. Um Träger zu gewinnen, kauft er nie Sklaven, schon deshalb nicht, weil niemand erwachsene Männer als Sklaven ersteht. Dieselben fügen sich niemals und sind immer auf Flucht bedacht. Weiber sind nur ausnahmsweise dazu fähig oder bereit, schwere Lasten, um die es sich allein handeln kann, zu tragen. Von Tabora aus nach der Küste ist der Trägerlohn nebst der Beköstigung aber ein solch geradezu lächerlich geringer, er beträgt höchstens 8—9 Mark inklusive Ernährung, daß es sich niemals lohnen würde, an Stelle gemieteter Träger zehn- bis fünfzehnmal so teure Sklaven zu kaufen. Hat aber ein Händler Sklaven gekauft oder geraubt, so wird er dieselben, im Falle er sie als Träger verwenden will, im eignen Interesse nie mehr belasten, als sie gewohntermaßen tragen können. —

Wenn wir die geraubten oder gekauften Sklaven auf dem Marsch und im Lager beobachten, so fällt uns bald auf, daß dieselben durch= aus nicht den Eindruck machen, als ob sie so unglücklich wären, wie wir von unserm Standpunkt aus annehmen. Wenn nicht gerade Hunger oder Krankheit grassieren, so lachen und scherzen sie den ganzen Tag, denken kaum jemals an ihr Los, und in jeder solchen Karawane kann man sehen, daß sogar in Ketten gelegte oder mit dem Makongra be= lastete Sklaven ganz vergnügt die abendlichen Tänze mitmachen.

Wenn wir unsres Weges die Karawanenstraßen entlang ziehen, so kommt es häufig vor, daß wir auf menschliche Gebeine stoßen und Totenschädel uns angrinsen. Die meisten Reisenden sind schnell mit ihrem Urteil über den schaurigen Fund fertig: „heute Gebeine ermordeter Sklaven am Wege gesehen" wird ins Tagebuch eingetragen. Der gewissenhafte Beobachter erfährt aber immer, daß es entweder Knochen von Schwarzen sind, welche bei einem Überfall getötet wur= den, oder, was der großen Mehrzahl nach der Fall ist, von solchen, welche an Blattern oder Dysenterie starben. Solche Gebeine hat der Verfasser übrigens nur an starkbetretenen Karawanenpfaden gefunden, und dann immer nur in sehr geringer Zahl. Jedesmal aber mußten die Träger genau anzugeben, um wessen Gebeine es sich handelte, und auf welche Art die Toten zu Grunde gegangen waren. Wäre auch nur ein einziges Opfer der Araber darunter gewesen, die Neger würden nicht verfehlt haben, dies zu erwähnen.

Ist der Sklaventransport, der oft wochenlang dauern kann, an einem Marktplatz, Niangue, Ujiji oder Tabora, angelangt, so werden die Sklaven herausgefüttert, gut gekleidet und verkauft, und sind dann in feste Hände gelangt. Nun ist die Behandlung die früher geschilderte gute. Der Sklave gewöhnt sich sehr bald an die neuen Verhältnisse, besonders wenn er sich überzeugt hat, daß man ihn weder verspeisen noch Medizin aus seinem Körper bereiten wird. Er hat nämlich beides allen Ernstes geglaubt, indem in den Gegenden westlich vom Tanganika die Meinung verbreitet ist, die Araber oder Neger in den östlichen Ländern verspeisen Menschen oder bereiten Zaubermittel aus besonders dazu geeigneten Individuen. Wenn man den Sklaven gut ernährt, gut kleidet und den beiden Geschlechtern Gelegenheit zum Hei= raten gibt, so fühlen sich die Leute bald wohler wie daheim und ver=

geſſen ſchnell, daß ſie Vater, Mutter, Kinder oder Geſchwiſter haben. Durchziehen ſie ſpäter gelegentlich ihre alte Heimat, ſo ſehen ſie ſich erſtaunt um und wundern ſich, daß ſie früher dort unter ſo traurigen Umſtänden leben konnten, bleiben will aber keiner, es ſei denn, er fände ein Weib, oder das Weib einen Mann, aber die in der Heimat Fremdgewordenen werden nur für kurze Zeit gefeſſelt, dann aber erfaßt alle die Sehnſucht nach der Stätte, wo es ihnen bei vollen Fleiſchtöpfen ſo gut gefallen hat, ubi bene ibi patria iſt der Wahlſpruch der Schwarzen. Ausgeſtandenes Elend vergißt der Schwarze ſehr ſchnell, zur Rachſucht beſitzt er nicht genug Charakterfeſtigkeit, er nimmt das Leben, wie es iſt, und nicht, wie wir ſo gern dazu neigen, wie es ſein ſollte, er hängt nie ſentimentalen Gedanken nach und tröſtet ſich damit, daß er ſich ſagt, heute bin ich in den Staub gedrückt, morgen ſetze ich vielleicht dem Gegner den Fuß auf den Nacken, am beſten iſt es, ich bin luſtig, und das führt er aus, ſo gut er kann.

Wir ſehen, es iſt im großen und ganzen nicht ſo ſchlimm mit der Sklaverei, der Schwarze empfindet dieſelbe nicht als Laſt, ſondern als einen Zuſtand, der eben exiſtiert und gegen den anzukämpfen Thorheit wäre. Unſre Beſtrebungen verſteht er ganz falſch und hält, ſelbſt wo er an der Küſte ſich doch leicht eines Beſſeren belehren könnte, die Engländer von jeher für noch größere Sklavenräuber wie die Araber. „Die Araber“, ſagt der Neger, „erwerben ſich ihre Sklaven entweder durch den Handel oder ſie erbeuten dieſelben mit Gefahr ihres Lebens. Die Engländer aber lauern in ihren uneinnehmbaren Schiffen den Arabern auf dem Meere auf und erbeuten leichten Kaufes deren Sklaven, um ſie dann ſelbſt zu behalten und in ihren Kolonien zu verwenden oder um ſie den Miſſionen als Sklaven zu überweiſen.“ Die Neger betrachten eben jeden Zwang, und werde er auch aus ſittlichen Gründen zur Erreichung ſittlicher Zwecke angewandt als Sklaverei, als eine viel härtere wie die ihre, da der Zwang mit ſolchem Nachdruck ausgeübt wird. Wenn wir nach dieſer Richtung Gutes ſtiften wollen, ſo müſſen wir vor allen Dingen alles vermeiden, was eine mißverſtändliche Auffaſſung unſrer Abſichten zuläßt, dahin gehört vor allem, daß man nicht Kinder unter irgend einem Druck Miſſionen überweiſt, wie man es mit den ſeiner Zeit von Wißmanns Truppe erbeuteten Maſſaikindern gemacht hat.

Wir werden überhaupt einen sehr harten Stand in der Sklaverei=
sache und von den Schwarzen keinerlei freiwillige Unterstützung zu
erwarten haben.

Wir rechnen dabei umsomehr auf die Unterstützung der Mission,
welche in den letzten Jahren schon ganz bedeutendes geleistet hat. Es
hat sich daran die protestantische wie die katholische Mission gleich=
mäßig beteiligt, deutsche, englische und französische Missionäre. In
Dar es Salaam hat die Berliner evangelische Missionsgesellschaft für
Deutsch=Ostafrika durch den Missionär Greiner eine schöne Station er=
richtet, welcher er den Namen „Imanuelberg" gegeben hat. Die Zahl
der Schüler, nach dem Aufstand auf 22 vermindert, hat sich in=
zwischen wieder bedeutend gehoben. Die Nichte des Missionärs ist
ebenso eifrig wie dieser beschäftigt, Schulunterricht zu erteilen. Später
trafen noch mehrere weibliche Anverwandte Greiners ein, um ihre
Kräfte dem schönen Beruf zu widmen. Der Missionär Krämer,
welcher ebenfalls eine Zeitlang in Dar es Salaam thätig war, hat
in Tanga eine neue Station errichtet. Das mit der ostafrikanischen
Mission verbundene Krankenhaus oder „Deutsche Hospital" in Sansibar
wurde nach dem Abgang mehrerer Schwestern von der Gräfin Asta
Blücher zuletzt allein verwaltet. Seine Majestät der deutsche Kaiser
hat zum Bau eines neuen Krankenhauses 20 000 Mark aus seiner
Privatschatulle geschenkt.

Es wäre sehr zu wünschen, daß es der evangelischen deutschen
Mission ebenso gelänge wie der katholischen Mission, zahlreiche Sta=
tionen zu gründen, um in ausgedehnterem Maße ihre segensreiche
Thätigkeit auszuüben.

Von deutschen katholischen Missionen haben die Benediktiner ihre
zerstörte Station in Pugu wieder aufgebaut. Das Interesse für die
Mission ist unter der katholischen Bevölkerung Deutschlands ein ganz
besonders reges und hat sogar Veranlassung gegeben zur Gründung
einer eignen Zeitung unter dem Titel „Gott will es". Recht nam=
hafte Beiträge liefern die Katholiken Deutschlands zur Errichtung von
Missionsstationen.

Bekannt sind die schönen Stationen der französischen katholischen
Missionen vom heiligen Geist, deren bedeutendste in Bagamojo in
diesem Buche schon öfter genannt wurde und die eine wahre Muster=

Missionsstation Mhonda. Nach einer Originalphotographie.

anstalt ist. Die Missionäre haben eine Station bei Simbamene und in den Ngurubergen und bei Mwumi und in Mhonda. Die algieri= schen „weißen Väter" haben als Domäne das Innere für sich in An= spruch genommen und Stationen in Kipalapala bei Tabora und in Karema am Tanganika und in Urundi am Nordufer desselben Sees. Diese Station mußte von Ujiji dorthin verlegt werden wegen des dort herrschenden ungesunden Klimas. Auch am Südufer des Viktoria Njansa besitzen sie eine Station bei Bukowa. Am zahlreichsten sind die Engländer vertreten. Die englische Universitätsmission besitzt in Usambara verschiedene Plätze. Die Londoner Mission hat in Urambo eine Station. In Mtinginja wirkte die englisch=kirchliche Gesellschaft, ebenso in Usambiro am Viktoria Njansa.

Am Nyassa finden wir an der deutsch=portugiesischen Grenze Mbanga der englischen Universitätsmission und am Nordostufer die Station Malindu, der Livingstone der Freischotten. Also schon jetzt eine Menge Pflegestätten des Christentums. Leider muß gesagt werden, daß schon viele der Missionäre im Dienst der schönen Sache ihr Leben lassen mußten, in den Kämpfen des Aufstandes, wie durch Krankheiten dahingerafft. Jedenfalls bedarf es bedeutender Mittel, um die Arbeit unsrer christlichen Sendboten nachdrücklich zu unter= stützen. Zu diesem Zweck wird eine Antisklaverei=Lotterie veranstaltet, welche hoffentlich reichliche Erträgnisse liefern wird.

Noch sei hier eines ganz besonderen Verdienstes der Missionäre gedacht, das sind die umfassenden Sprachstudien und die Verdienste um die Übersetzung der Bibel in verschiedene Negersprachen. Damit ist ein sehr geeignetes Mittel geschaffen zur sittlichen Erziehung des Negers.

Vor allem sollte man von der veralteten Methode abkommen, Missionäre in Länder zu senden, wo wir keine Macht ausüben können; der Einfluß derselben wird immer fast null bleiben und nur zu Ver= wickelungen Anlaß geben. Die Nachsicht und Geduld dieser eifrigen Streiter für die gute Sache schaden uns weit mehr, als sie nützen.

Die Thätigkeit der Mission sollte erst da beginnen, wo wir that= sächlich gebieten, und wo der Kaufmann schon Wurzel gefaßt hat. Da sind Missionsstationen am Platz, nicht aber im Innern. Jetzt, da unser Interessengebiet politisch abgegrenzt ist, ist es nur eine Frage der Zeit, daß wir thatsächlich Besitz von all den weiten Terri=

torien ergreifen, dann soll die Mission dort erst ihre Aufgabe in Angriff nehmen, und dann erst wird sie auch segensreich zu wirken beginnen, wie wir dies jetzt mit Genugthuung an der Küste von der Missionsthätigkeit feststellen können. Wenn das Antisklavereikomitee jetzt aber schon wirken will, so soll es nicht nur auf rein missionarem Gebiete wirken, sondern auch seine ziemlich reichen Mittel etwa dazu verwenden, Verkehrseinrichtungen zu treffen, Postdienst errichten, Mittel zu Versuchen mit Ochsenwagen bewilligen, ebenso wie für den Bau von Schiffen auf unsern großen innerafrikanischen Seen. Es soll Versuche machen mit Zähmung von Elefanten und Zebras, denn der größte Feind der Sklaverei ist und bleibt der erleichterte Verkehr und in letzter Linie die Eisenbahn.

Um aber den Arabern und Negern klar zu machen, wie ernst es uns ist um die Förderung des Wohles der Schwarzen, müssen wir zu gewaltsamen drastischen Mitteln greifen, deren eines die Blockade war. Wenn auch der thatsächliche Erfolg derselben ein recht geringer war, so unterschätze man nicht den moralischen. Wir müssen ferner die Einfuhr von Waffen und Munition verbieten und das Verbot, um Wirkung zu erzielen, gemeinsam mit andern beteiligten Nationen durchführen, damit wir den Menschenraub im tiefen Innern erschweren und zuletzt ganz unmöglich machen. Vor allem aber müssen wir in größter Strenge mit denen zu Gericht gehen, welche den schmählichen Menschenhandel betreiben, jene gemeinen Araber, Mischlinge und Belutschen. Wir müssen sie, wie dies Wißmann gethan, aufhängen, zum wirksamen, abschreckenden Exempel. Die Aufhebung des Sklaven= handels ist übrigens nur eine Frage der Zeit, er wird da, wo wir der herrschende Teil werden, allmählich ganz von selbst verschwinden. Mit der gänzlichen Aufhebung der Sklaverei müssen wir aber sehr vorsichtig sein, da würde Übereilung nur unberechenbaren Schaden anrichten. Eine plötzliche Aufhebung der Sklaverei würde eine gänz= liche Demoralisierung der Schwarzen herbeiführen, sie zur Arbeit gänzlich untauglich machen. Werfen wir dem Neger die Freiheit als ein Geschenk in den Schoß, so wird er ihren Wert nicht zu schätzen wissen und nur Mißbrauch damit treiben. Der Neger muß sich die Freiheit erst verdienen, erarbeiten, körperlich sowohl wie geistig.

Der Untergang der Expedition Zelewski.

Wir haben schon in dem Kapitel über die Wahähä angedeutet, daß während des Druckes des vorliegenden Werkes über die Expedition Zelewski ein schreckliches Unglück hereingebrochen ist. Ziemlich lange hat es gedauert, ehe uns der amtliche Bericht die näheren Umstände mitteilen konnte. Derselbe rührte von einem der überlebenden deutschen Offiziere, Leutnant von Tettenborn, her, welchem es gelang, sich und etwa sechzig Soldaten und Träger der unglücklichen Expedition zu retten.

Nach der Niederschlagung des Aufstandes 1887/89 wurden von unsern Schutztruppen zwei kleinere Expeditionen gegen die fortwährend die Grenze beunruhigenden Mafiti-Wahähä unternommen, welche ohne große Kämpfe verliefen, aber ihren Zweck nur unvollkommen erreichten, indem der Friede mit jenen wilden Stämmen nur kurze Zeit währte. Im Juli 1890 zog Dr. Schmidt gegen die Mafiti-Wahähä und zwar auf Ersuchen der zu Tunungu wohnenden französischen katholischen Missionäre. Von Bagamojo aus bis zur Grenze von Mahenge folgte er auf dem Rückwege bis nach Kiloa dem Lauf des Rufidji. Zu Kämpfen kam es damals ebenfalls nicht, wohl aber wurden einige Dörfer niedergebrannt. Anfang Oktober brach Dr. Schmidt abermals auf, diesmal, um gegen den Häuptling Machinga zu Felde zu ziehen. Machinga fing während dieses kleinen Krieges zwanzig von Dr. Schmidts Trägern ab, griff sogar die Karawane zweimal an, wurde aber mit Nachdruck zurückgeschlagen. Eines seiner befestigten Hügeldörfer wurde erstürmt. Am 21. Dezember 1890 wurde nochmals eine Expedition gegen Machinga unter Chef Ramsay unternommen, ohne daß es auch diesmal gelang, den hartnäckigen Häuptling zu vertreiben. Man fand sogar derartigen Widerstand, daß die Expedition sieben Tote und achtzehn Verwundete aufwies. Es mochte indessen dem Häuptling doch etwas unheimlich zu Mute geworden sein, denn er sandte im März dieses Jahres zwei seiner Söhne mit siebzig Leuten nach Mikindani, um Friedensunterhandlungen anzuknüpfen. Im Anfang des Sommers zog Ramsay wiederum mit nur einer Kompanie gegen die Wahähä, welche fortgesetzt die südlichen Gegenden von Usagara beunruhigten. Nach kurzen Verhandlungen mit denselben in Kondoa unterwarf sich der Wahähähäuptling Taramakengue. Derselbe hatte Menschen geraubt und gab dieselben nunmehr nebst einer Entschädigung von sechzig Stück Rindern wieder heraus. Außerdem gab er die Versicherung, fernerhin keine Raubzüge unternehmen zu wollen, und sandte eine kleine Karawane zur Küste. Taramakengue vergaß aber sehr schnell seine Versprechungen, denn er hatte die deutsche Macht nicht mehr unmittelbar vor sich und drückte ein Auge zu, als seine Leute bald wieder mit ihren altgewohnten Räubereien begannen, was übrigens mit Sicherheit vorauszusehen war. Dies gab den Anlaß zu dem nun folgenden unglücklichen Ereignis.

v. Wißmann hatte seinen Posten verlassen, ehe er ein gegen den Häuptling Machinga geplantes kriegerisches Unternehmen hatte ausführen können. An seiner Stelle wollte der zum Befehlshaber der deutschen Schutztruppen ernannte Leutnant v. Zelewski die Bestrafung der räuberischen Wahähä unternehmen. Schon Mitte Juni hatte v. Zelewski mit einer großen Expedition, bestehend aus tausend Mann inklusive Träger, die Küste bei Kiloa verlassen. Die Expedition war aufs sorgfältigste ausgewählt und ausgerüstet. Die Absicht war, auf bisher noch nicht von Karawanen betretenen Wegen Mpapua zu erreichen, wo man sich mit einer Karawane, welche Lebensmittel und Munition zuführen sollte, vereinigen wollte. Man hatte die geplanten Zwecke möglichst geheim gehalten, um die Mafiti-Wahähä zu überraschen, auf welche man in der Nähe der Küste zu stoßen hoffte. Einige Tagemärsche weit im Innern fand man schon Lagerstellen der Mafiti-Wahähä, erst kürzlich verlassen. Nach dem Umfang derselben zu urteilen, konnte man die Anzahl der Mafiti auf drei- bis viertausend

Mann schätzen. Leutnant v. Zelewski sandte nunmehr den Leutnant Prinß nach Dar es Salaam, um den Ort zu schützen. Mitte Juli traf die Kompanie gerade zu rechter Zeit dort ein, denn es hatten sich thatsächlich Feinde in der Nähe gezeigt.

v. Zelewski war inzwischen nordwärts zum Rufidji gegangen, indem er den Fluß auf bisher noch nicht betretenen Wegen bei Korogero (Ton auf dem e) erreichte und dort überschritt. Dann wendete sich der Weg nordwestlich nach den Orten Rubäho und Hongo in Kutu, hatte dann in Mbamba gelagert, welches Graf Pfeil als eines der größten afrikanischen Dörfer in jenen Gegenden beschreibt, mit über zweihundert Hütten. Mbamba liegt inmitten unabsehbarer Gärten und Felder. Während der zwei Tage, welche Graf Pfeil dort zubrachte, sah er neun große Karawanen Eingeborener, welche dorthin gekommen waren, um Lebensmittel einzukaufen, wie Reis, Mais und Mtama oder Sorghum. Mbamba liegt in Usagara. Dort und am Miombobach südlich von Kondoa wurde sechstägige Rast gehalten, um die von der Küste zu erwartende Karawane mit der Expedition zu vereinigen.

Schon in Mbamba war es zu Feindseligkeiten mit dem Wahähä= häuptling Taramakengue gekommen. Derselbe hatte Tribut zu zahlen versprochen, kam aber seinen Versprechungen nicht nach, so daß man in die Lage gedrängt wurde, seine Boma mit Sturm zu nehmen. Aus dem Lager am Miombobach brach die Expedition nach dem amtlichen Bericht des Leutnants v. Tettenborn am 30. Juli auf, direkt nach Marore, welches schon in Uhähä, westlich von den Rubäho= bergen liegt. Dieser Gebirgsstock mußte überschritten werden. Ehe wir in der Schilderung der nun folgenden Vorgänge weitergehen, sei es gestattet, einen ganz kurzen Blick auf die Geschichte des Landes Uhähä zu werfen.

Als Burton Ende der fünfziger Jahre einen kleinen Teil des Landes kennen lernte, waren die Wahähä noch ein unbedeutender Stamm, der, am Ruaha sißend, ein kleines Gebiet bewohnte. Burton empfing von den Leuten keinen günstigen Eindruck und nannte sie Spißbuben, die von Raub leben. Mitte der siebziger Jahre begann in der Geschichte des bis dahin wenig gekannten Landes ein Wendepunkt, herbeigeführt durch einen be= sonders thatkräftigen und energischen Häuptling Namens Machinga (nicht der zu Anfang dieses Kapitels Genannte). Machinga war ungewöhnlich tapfer und erlangte über seine Unterthanen eine fast despotische Gewalt, so daß sie sich ihm in allen Dingen fügten. Es gelang Machinga, aus den früheren Wegelagerern einen Stamm wohldisziplinierter Krieger zu erziehen, welche sich später den Namen Wamachinga beilegten. Bis zu Machingas Erscheinen mußten die Wahähä an Merehre, den Häuptling des westwärts gelegenen Landes Urori, Tribut zahlen. Machinga machte diesem Zustande ein Ende. Er überschritt mit seinen Kriegern die Grenze von Urori, dort so unerwartet erscheinend, daß alles vor ihm floh, so auch Merehre, der seine weit ausgedehnte Hauptstadt im Stiche lassen mußte. Merehre setzte sich dann in der Nähe des Nyassa fest, nachdem Machinga das ganze Land Uhähä und Urori unter seine Herrschaft gebracht hatte. Die Boma des Merehre vermochte er aber nicht zu nehmen, besonders da sich der Engländer Elton, durch Merehre veranlaßt, in dessen Boma begeben hatte und den Häuptling mit seinen wenigen Flinten gegen die Wahähä unterstützte, so daß Machingas Macht an Merehres Boma zerschellte; er mußte abziehen. Dieser Umstand wurde dem Häuptling Machinga verhängnisvoll. Es entstand unter seinen Leuten eine Verschwörung, angezettelt durch einen Mamle genannten Mann. Machinga wurde ermordet, und Mamle trat dessen Erbschaft an. Mamle gelang es nun, den Merehre zu vertreiben, und fortan herrschte er über das ungeheure Gebiet zwischen Mpapua und dem Nyassa als Mssangirra von Uhähä. Schließlich gelang es aber dem Sohn des Machinga, mit dem Feind seines Vaters, dem alten noch lebenden Merehre, verbündet, den Mamle wieder zu vertreiben. Der französische Reisende Giraud fand in Uhähä den Häuptling Mkuanika, wahrscheinlich derselbe, mit dessen Abgesandten der Verfasser seiner Zeit zu thun hatte.

Die Hauptdaten der obigen kurzen Schilderung verdanken wir Thomson, doch ist es merkwürdig, daß dieser der Mafiti-Invasion keine Erwähnung thut. Die Mafiti beunruhigten, wie wir schon hörten, von Süden vorrückend, die Wahähä vorübergehend derart, daß sie auf kurze Zeit nordwärts gedrängt wurden. Wie eine Welle hat sich diese, wenn auch unbedeutende Völkerwanderung nordwärts fortgepflanzt und hinter sich wieder ruhige Verhältnisse gelassen, so daß die große Menge des Stammes in ihren alten Wohnsitzen blieb.

Diese Wanderung hatte eine Invasion der Wahähä in Südugogo ver=
anlaßt und ihren Höhepunkt, wie es scheint, erreicht, als der Verfasser
im Jahre 1885 durch Ugogo und Norduhähä zur Küste zog. Die
Wahähä waren damals im Westen Ugogos nordwärts bis zur Grenze
des Massailandes vorgedrungen und hatten bei dem nördlichsten Grenz=
ort Ugogos, Mkunduku, mit Massai im Kampf gelegen. Der Mssan=
girra von Uhähä hatte damals die Absicht, ganz Ugogo zu erobern,
doch scheint die Flut inzwischen zum Stehen gekommen zu sein.

Nehmen wir nunmehr den Faden unsrer Erzählung wieder auf.
Von Merehre aus überschritt die Zelewskische Expedition bei Masombi
den Ruaha und marschierte, genau die seiner Zeit vom Grafen Pfeil
verfolgte Route innehaltend, über Mgowero auf Magi zu, wo ein Lager
aufgeschlagen wurde. Dort zeigten sich die ersten Wahähäbanden,
welche sich aber, nachdem einige Schüsse auf dieselben abgegeben worden
waren, in westlicher Richtung zurückzogen. In der Nähe von Magi
und auf dem westwärts von dort aus weiter verfolgten Marsch wurden
in der sehr bevölkerten Gegend sechzig bis siebzig Tembe den Flammen
übergeben. Am 16. August wurde der Ort Lula erreicht, von wo die Ka=
rawane am 17. August in der Richtung auf Mdawaro aufbrach. Gegen
sieben Uhr morgens ließ der Kommandeur v. Zelewski auf einem kleinen
kahlen Hügel halten, um den Zusammenhang der Karawane wieder her=
zustellen, was auf dem Marsche, wie wir früher hörten, öfters not=
wendig wird. Jenseit des Hügels breitete sich ein dichter Busch
aus, in welchem viele große Granit= oder Gneißfelsen und =Trümmer
umherzerstreut lagen. An der Spitze marschierten mehrere schwarze
Führer, unter Bedeckung von zehn Sulu, Kommandeur v. Zelewski,
Arzt Dr. Buschow, Leutnant v. Pirch, die siebente Kompanie, mehrere
Unteroffiziere, dann folgte die Artillerie, bestehend aus drei Geschützen.
Kaum hatte die Kolonne einschließlich der Artillerie den Busch er=
reicht und war darin den Blicken der Nachfolgenden entschwunden,
als ein Schuß ertönte, worauf die Wahähä unter dem Kriegs=
schrei „uuui" in großer Überzahl auf höchstens dreißig Schritte Ent=
fernung von der Kolonne zu beiden Seiten des Weges auftauchten
und mit wildem Ungestüm, wie es ihre Art ist, auf die Karawane
eindrang. Der Überfall war so gut gelungen, daß die Soldaten der
Schutztruppe höchstens ein= bis zweimal feuern konnten, ehe der Feind

vollständig in ihre Reihen eingebrochen war. Es entstand eine un=
geheure Verwirrung und allgemeine Kopflosigkeit, die wilde Flucht
der Artillerieesel brachte noch größere Panik hervor, da die Tiere in
die fünfte Kompanie eindrangen. Die Askari wandten sich unauf=
haltsam zur Flucht, von den schnellfüßigen Wahähä mit großem Nach=
druck verfolgt.

Dem Leutnant v. Heydebreck, Murgan Effendi und etwa zwanzig
Askari gelang es, ein nahegelegenes Tembe zu erreichen und hier
mehrere Stürme der Wahähä mit Erfolg abzuschlagen. Leutnant
v. Tettenborn, welcher die Kolonne geschlossen hatte, eilte nun im
Trabe mit seinen zwanzig Soldaten an der Trägerkolonne nach dem
Gefechtsfelde auf die erstgenannte Höhe zu, welche er noch nicht er=
reicht hatte. Dort fand er in unbeschreiblichem Durcheinander Träger,
die ihre Lasten weggeworfen hatten, Wahähä, welche die Lasten durch=
wühlten, sterbende Krieger und zurückkehrende, vielfach verwundete
Soldaten. v. Tettenborn gelang es sofort, die Wahähä durch einige
wohlgezielte Schüsse zu verjagen. Er besetzte die Höhe, indem er die
Soldaten im Kreise aufstellte und in der Mitte die Träger, Ver=
wundeten und die mitgeführte Viehherde unterbrachte. Er nahm als
ganz natürlich an, daß an der Spitze das Gefecht zum Stehen ge=
kommen sei, ließ die deutsche Flagge auf einem hohen Baum hissen
und wollte mit der innegehaltenen Stellung dem von ihm als noch
vorhanden vermuteten Gros als Stütze dienen. Durch einen Hornisten
gab er in kurzen Unterbrechungen Hornsignale. Das Feuergefecht
verstummte schon nach zehn Minuten, und nur hier und da vernahm
man einige Salven. Dieselben rührten von dem Trupp des Leutnants
v. Heydebreck her. Durch eine Meldung erfuhr Leutnant v. Tettenborn,
daß in der Nähe ein Europäer mit einem Geschütz befindlich sei, er
sandte eine Patrouille dorthin mit dem Befehl, sich an den besetzt
gehaltenen Hügel heranzuziehen. Es war erst acht Uhr dreißig
Minuten, als Leutnant v. Heydebreck, diesem Befehl Folge leistend,
erschien, blutüberströmt, mit zwei Speerstichen hinter dem rechten
Ohr. In seiner Begleitung befanden sich zwei Unteroffiziere und
zwölf Mann. Nun erst erfuhr v. Tettenborn, daß alle drei Geschütze
vom Feind genommen und daß die Verluste sehr beträchtliche waren.
Es wurde nun beschlossen, die Stellung auf der Anhöhe zu halten,

Sulu. Nach einer Originalphotographie.

um Versprengte aufzunehmen, da die ganze Expedition aufgerieben schien, eine Ansicht, welche sich später leider bestätigen sollte.

Auf allen Seiten wurden nun Wahähä sichtbar, welche aber durch die Kugeln der Angegriffenen verscheucht wurden. Die Wahähä zündeten nun das dichte, aber kaum bis zum Unterleib reichende Gras an, der Wind trieb die Flammen immer näher, so daß dadurch die Lage verschlimmert wurde, wenn auch nicht gerade gefährlich, die unglücklichen Verwundeten aber waren dem Flammentod preisgegeben. Bald schaffte man den Sergeant Tiedemann, mit zwei schweren Speerstichen im Unterleib und durch Brandwunden verletzt, herbei. Der Bedauernswerte erlag später seinen Verletzungen. Die Verwundeten wurden, so gut es gehen wollte, verbunden. Auf das fortgesetzte Signalblasen hatten sich bis vier Uhr nachmittags etwa sechzig Soldaten und siebzig Träger eingefunden. v. Tettenborn trat nun, da nichts anders übrig blieb, den Rückzug an, marschierte nach einem Tembe, in dessen Nähe am Tage zuvor das Lager aufgeschlagen gewesen war, und befestigte sich am Wasser. Um sein möglichstes zur Rettung derjenigen zu thun, welche der Katastrophe entronnen waren, blieb Tettenborn in höchst anerkennenswerter Weise den ganzen Tag in dem befestigten Lager. Die Wahähä wagten weder am Tage, noch in der Nacht einen Angriff, zogen aber in größeren Massen seitlich in der Richtung nach Magi, wahrscheinlich in der Absicht, den Rest der Expedition nochmals anzugreifen. v. Tettenborn durfte nun nicht wagen, die alte Route über Magi zu benutzen, sondern wandte sich auf den Rat ortskundiger Führer nach dem steilen Kutugebirge im Südosten von Lula, um dann, längs des Ukase marschierend, den Ruaha zu erreichen. Dort waren mit ziemlicher Bestimmtheit Angriffe nicht mehr zu erwarten. Am 27. August gelang es auch, den Ruaha zu überschreiten. Der Marsch wurde bei der Bevölkerung wenig bekannt, da die Karawane überall nach geschwind ausgeführten Nachtmärschen auftrat und so von der sehr wenig freundlich gesinnten Bevölkerung unbelästigt gelassen. Am 29. August wurde der Miombobach wieder erreicht, wo die Bevölkerung wieder gut gesinnt war, am Tage zuvor war ein kleiner Trupp Geretteter dort vorbeigezogen. Der Rest der Expedition ging dann über Kondoa zur Küste zurück. Bis jetzt belaufen sich die Verluste auf zehn Europäer, davon die meisten gänzlich verstümmelt wurden.   v. Zelewski, Leutnant v. Pirch und Dr. Buschow wurden noch auf Eseln reitend durch viele Speer= stiche niedergemacht.   Unter den toten Europäern befanden sich vier Offiziere und sechs Unteroffiziere, ferner sind gefallen etwa zwei= hundertfünfzig Soldaten und sechsundneunzig Träger.   Dreiundzwanzig Esel, zweihundertfünfzig Gewehre und die drei Geschütze fielen dem Feinde nebst der Munition in die Hände.   Die Zahl der Angreifer wird von Tettenborn auf dreitausend geschätzt, eine Zahl, die sicher ebenso zu hoch gegriffen ist, wie die auf siebenhundert geschätzte An= zahl der getöteten Wahähä. — Das war ein sehr harter Schlag, und was das Schlimmste ist, ein Schlag, den zu erhalten sehr leicht hätte vermieden werden können.   Die Tapferen haben ihr Leben infolge einer Reihe von Fehlern und Unterlassungssünden ganz umsonst ge= opfert.

Da an der Wahrheit und Richtigkeit des Berichtes des Leutnants v. Tettenborn zu zweifeln auch nicht der allermindeste Grund vorliegt und dieser Bericht in erschöpfender Weise Aufschluß über den Hergang des unglücklichen Ereignisses gibt, wenn wir absehen von Berichten über interessante Details, so können wir, ohne noch andre Nachrichten abzuwarten, uns heute schon erlauben, ein Urteil über die Katastrophe zu fällen.

Man soll zwar die Toten ruhen lassen.   Hier aber glaubt sich der Verfasser bei der Wichtigkeit der Angelegenheit für die Zukunft unsrer Kolonien dennoch berechtigt, ein Urteil zu fällen, auch wenn es zu ungunsten eines Opfers, des Kommandeurs der Schutztruppe v. Zelewski, ausfällt.

Premierleutnant v. Zelewski hatte die Kriegsakademie in Berlin mehrere Jahre besucht, ehe er nach Afrika ging, und es vielleicht diesem Umstande zu verdanken, daß er so schnell zum Chef avancierte. Zur Zeit des Aufstandes war er, wie wir schon wissen, als Beamter der Deutsch=Ostafrikanischen Gesellschaft Vorstand der Station Pangani und geriet als solcher durch die Rebellen in eine höchst bedenkliche Lage, aus welcher ihn der General des Sultans rettete.   Nach seinem Eintritt in die Schutztruppe wurde er Chef der Station Kiloa, welche damals eine der fieberreichsten der ganzen Küste war.   Dort leistete er ganz Außerordentliches.   Er legte die Sümpfe trocken, brachte

durch eine vorzüglich erdachte Leitung Wasser von den Hügeln der
Umgebung bis nach der Stadt, dadurch einem großen Mangel ab=
helfend, und errichtete ein großartiges Stationsgebäude. Seine Er=
nennung zum Hauptmann hat Zelewski nicht mehr erhalten.

Die fortgesetzten Einfälle der Mafiti=Wahähä in den Grenz=
ländern waren dem nach v. Wißmanns Abgang zum Kommandeur
der Schutztruppe ernannten v. Zelewski ein Dorn im Auge, er nahm
sich vor, diesen Übelständen ernstlich Abhilfe zu schaffen durch eine
zu unternehmende Strafexpedition. Das Gouvernement scheint nicht
gerne in das Unternehmen eingewilligt zu haben, in sehr richtiger
Beurteilung der Verhältnisse. Noch richtiger aber wäre es unter
allen Umständen gewesen, wenn man die Expedition weiter nach
dem Innern von Uhähä ganz verboten hätte. Denn es ist immer
sehr gefährlich selbst für eine größere Truppenmacht, in Uhähä ein=
zudringen. Man hätte strenge Ordre geben sollen, daß die Grenz=
distrikte nicht überschritten werden durften. Ob Zelewski die Absicht
hatte, nur an der Grenze die Ruhe wieder herzustellen, ob er, durch die
Ereignisse gedrängt, weiter nach Westen zog, ist nicht bekannt. Jeden=
falls hat man sich aus den Kämpfen v. Gravenreuths mit den Mafiti=
Wahähä bei Jombo und besonders aus den verschiedenen kleineren
gegen die Wahähä unternommenen Expeditionen keine Lehre gezogen,
sonst hätte man sich sagen müssen, daß gegen einen so ungemein be=
weglichen Feind vorläufig nichts Durchgreifendes unternommen werden
kann. Die Wilden sind nicht zum Stehen zu bringen, da sie sich
wohlweislich hüten werden, eine offene Feldschlacht anzunehmen. Man
kann einen solchen Feind nicht fassen, da ist nur mit diplomatischen
Künsten beizukommen. Der Untergang der Expedition würde auch
nach dem Bericht des Leutnants v. Tettenborn unbegreiflich erschienen
sein, wenn uns nicht ein Aufsatz aus Zelewskis Feder, veröffentlicht
in der „Kreuzzeitung" nach seinem Tode, Aufschluß über den für den
Kenner sonst geradezu unbegreiflichen Untergang der Expedition gegeben
hätte. Die Überschrift des Aufsatzes hieß: „Truppenführung in Ost=
afrika." Unter anderm heißt es in dem Text: „Eine Marschsicherung
und =Aufklärung in unserm Sinne gibt es nicht bei dem bisherigen
Mangel an Reiterei. Für die Marschsicherung kommt dies weniger
in Betracht bei der geringen Initiative des Gegners und bei der Un=

empfindlichkeit der langen Kolonne gegen einen Stoß von der Seite." Wenn sich der Verfasser erlaubt, hier Kritik zu üben, so geschieht es nur, um darauf hinzuweisen, wie sehr man sich gerade in Afrika mit den Verhältnissen vertraut gemacht haben muß, um solch verantwortungsschwere Aufgaben zu übernehmen, wie diejenige Zelewskis war. Zelewski zeigt in seinem Aufsatz aber eine ganz erstaunliche Unkenntnis der Verhältnisse, und diese war es auch, welche ihm den Untergang brachte, denn er hat leider nach seinen eignen Instruktionen gehandelt und keine Vorkehrungen zur Marschsicherung getroffen. Jeder, selbst der unintelligenteste Unjamuesiträger weiß, daß Karawanen in gefährdeten Gegenden, nachdem man mit Feinden zusammengestoßen war und sogar feindliche Haufen bemerkt hat, auf 2—300 m Entfernung eine Spitze und seitwärts vom Weg in 100—200 m Entfernung Patrouillen gehen läßt. Der Verfasser hat außer dem dichten Dornbusch in Ugogo und Uhähä auf seiner langen Reise, abgesehen von einigen kleinen Urwaldparzellen und Urwaldbusch an Flußufern, letztere in Usagara, kein Terrain in Afrika gefunden, wo sich diese Art der Marschaufklärung nicht anwenden ließe. Er ist unzählige Male selbst in der Lage gewesen, auf einer strikten Durchführung solcher Marschsicherung zu bestehen und immer mit gutem Erfolg. Da aber, wo im dichten Dornbusch Ugogo=Uhähäs solche Marschsicherung unmöglich durchzuführen ist, da ist auch kein Überfall zu fürchten, denn da kann auch der Feind nicht hindurch und sich nicht verbergen, da sind gerade die Dornen der beste Schutz. Die Patrouillen, welche sich dort zusammenziehen, entwickeln sich sofort wieder in freierem Terrain. Alle Fälle, wo Karawanen plötzlich und mit Erfolg auf dem Marsch überfallen wurden, lassen sich ohne Ausnahme auf Unvorsichtigkeit und Nachlässigkeit im Sicherheitsdienst zurückführen. Es gilt in allen vom Verfasser berührten Gegenden der Grundsatz, daß man sofort auf jeden schieße, welcher sich während unruhiger Zeit auch nur wenige Schritte seitwärts vom Wege sehen läßt und auf Anruf nicht sofort herankommt, denn sonst kann man besonders in Ostafrika mit zweifelloser Sicherheit darauf schließen, feindliche Abteilungen im Gelände vor sich zu haben. Es ist bei Spitzen= und Seitenpatrouillen vollkommen ausgeschlossen, daß sich seitwärts vom Wege Feinde ungesehen verbergen können. Die Wahähä haben die Zelewskische Expedition

Station Saadani.

Nach einer von Major v. Wißmann zur Verfügung gestellten Originalphotographie.

längst beobachtet und mit deren Sorglosigkeit bezüglich der Marsch=
sicherung ihren so wohl gelungenen Plan gebaut. Mit großer Sach=
kenntnis haben sie sich ihren Hinterhalt gewählt. Nicht der Übermacht
nach tapferer erfolgloser Gegenwehr ist die Expedition zum Opfer ge=
fallen, sondern unbegreiflichen Unterlassungssünden und gefährlicher Unter=
schätzung des Feindes. Hoffentlich wird das Unglück ein eindringlicher
Mahnruf für alle Zeiten sein, so daß derartige Dinge nicht mehr vor=
kommen.

Einen so ungeheuren Eindruck unsre Niederlage auch im ersten
Augenblick in Ostafrika unter den Eingeborenen gemacht haben mag,
so wenig wird derselbe nachhallen. Denn auch die für die Ein=
geborenen unerhörten Umstände, welchen der Untergang der Expedition
allein zuzuschreiben ist, werden von jenen besprochen und nur dem
Führer zur Last gelegt werden. Die Neger werden, sobald sie sehen,
daß wir in unentwegter Energie unsre Pläne weiter verfolgen, sehr
bald sich wieder erinnern, was ihnen für den Fall eines Widerstandes
von unsrer Seite bevorsteht, nach den Erfahrungen, welche sie im
Aufstand gemacht haben. Leider muß auch gesagt werden, daß wir
nach unsern Siegen nicht allzu vertrauensselig auf den durch diese
hervorgebrachten Eindruck rechnen dürfen. Wo dem Neger nicht immer
wieder nachdrücklich die Gewalt vor Augen geführt wird, da fängt er
immer wieder von neuem an, Widerstand entgegenzusetzen.

Zu ernsten Besorgnissen ist in solchen Fällen nie Anlaß. Die
Beunruhigung und der Schrecken legen sich bald, alles wird vergessen.
Unruhige Elemente werden vielleicht das Haupt zu erheben versuchen,
doch rechtzeitig angewandte nachdrückliche Maßregeln helfen dann un=
bedingt. Nur in einem Falle ist Besorgnis gerechtfertigt, wenn sich
in der Politik der Regierung die geringsten Schwankungen zeigen und
Systemänderungen eintreten, welche zugleich ein Nachlassen der Energie
einschließen. Es muß deswegen auch alles vermieden werden, was
nur entfernt den Eindruck eines Rückzuges machen könnte, und dahin
rechnen wir den Verkauf der Station Saadani, wenn auch das dort
errichtete Fort nach Niederwerfung des Aufstandes seinen Zweck er=
füllt hat, so wäre es doch besser gewesen, mit dem Verkauf den Ein=
tritt eines günstigeren Momentes abzuwarten. Der Eindruck, den die
an und für sich harmlose Maßregel gerade jetzt hervorrief, war kein

günstiger. Dann stehen in Afrika sofort alle errungenen Vorteile in Frage.

Es muß zunächst unsre vornehmste Sorge sein, die Schutztruppe nicht nur auf den alten Stand zu bringen, sondern bedeutend zu vergrößern. Nirgends wäre Sparsamkeit übler angebracht wie hier.

Man hat vorgeschlagen, sich mit einer Polizeitruppe zu begnügen. Das hieße einfach, das Heft ganz aus den Händen zu geben, und würde zweifellos von seiten der Araber und Eingeborenen als der Beginn eines allgemeinen Rückzuges aufgefaßt werden. Weiße Schutztruppen zu errichten, wäre Thorheit. Dieselben könnten absolut nichts leisten, da sie keine andre Bedeutung hätten, als ein großes ambulantes Lazarett. Von Unternehmungen gegen die Wahähä kann man für den Augenblick nur abraten, die Schwierigkeiten eines solchen Feldzuges sind zu bedeutende. Die Wahähä sind bei ihrer ungewöhnlichen Beweglichkeit nicht zu fassen und sich in offene Feldschlacht zu stellen, werden sie sich wohlweislich hüten. Gegen diesen Stamm kann nur durch allmählich immer weiter ins Land vorgeschobene Militärstationen etwas ausgerichtet werden. Dagegen muß jetzt mit aller Energie die Besetzung Taboras betrieben werden, um dadurch einigermaßen die erlittene Schlappe auszugleichen, denn von dort können wir mit großem Erfolg unsre Pläne weiter betreiben. Wir müßten in Tabora längst eine Garnison von 4—500 Mann Schutztruppen und beinah ebenso vielen Irregulären haben. Uhähä hat vorläufig zu wenig Interesse für uns, und einen Rachezug dürfen wir nur dann unternehmen, wenn wir des Erfolges sicher sein können.

Schluß.

Bisher hat unſre vornehmſte Aufgabe nach der Erwerbung unſrer oſtafrikaniſchen Kolonie darin beſtanden, durch unſre Streit= kräfte das Erworbene thatſächlich in Beſitz zu nehmen. Der Haupt= ſache nach iſt dies in den Küſtengebieten erreicht, welche zunächſt allein in Betracht kommen, wie dies in der Natur der Sache liegt. Wenn= ſchon es den Anſchein hat, als ob ſich ein Zuſtand völliger Sicherheit noch nicht herausbilden wollte, was bei der Kürze der Zeit auch nicht zu verlangen iſt, ſo müſſen doch die wirtſchaftlichen Aufgaben von nun an bei weitem in den Vordergrund treten. Die Aufgaben, die unſer hier harren, ſind keine leichten. Es wird großer Zähigkeit bedürfen, allmählich vorzuſchreiten und eine Nutzbarmachung anzu= bahnen. Die größten Schwierigkeiten liegen unbeſtreitbar in dem Widerwillen des Kapitals, um einen techniſchen Ausdruck zu gebrauchen, ſich an den afrikaniſchen Unternehmungen zu beteiligen. Im Beginn unſrer kolonialen Unternehmungen war die Urſache der Zurückhaltung unſrer Kapitaliſten in den politiſch unſicheren Verhältniſſen in Oſt= afrika als die am meiſten in die Augen ſpringenden anzuſehen. Die Haupturſache aber beſteht weiter und wird auch in der nächſten Zukunft nicht beſeitigt werden können: In unſrer Zeit kann Kapital nicht in Unternehmungen geſteckt werden, deren Umſchlag eine ſo langſame Verzinſung ergeben, wie Kolonien im Beginn ihrer Entwickelung. Jede Kapitalbeteiligung kommt daher einer Zeichnung à fond perdu gleich oder bedeutet eine Anweiſung auf die Zukunft, vielleicht erſt für die kommende Generation.

Da unſre ganze moderne Kapitalerwerbung auf möglichſt ſchneller
Raumüberwindung beruht, ſo müſſen in erſter Linie Transportmittel
in den Kolonien geſchaffen werden. Einen bedeutenden Anfang haben
wir darin mit der ſubventionierten Dampferlinie gemacht. Die Pünkt=
lichkeit, mit welcher dieſe ihre Fahrten einhielten, machten ſehr bald,
daß die Schiffe bei der Ein= und Ausfahrt ſtets volle Ladung hatten
und beſonders auch von der Kaufmannſchaft andrer Nationen mit
Vorliebe benutzt werden.

Leider iſt das bisherige Vertrauen ein wenig erſchüttert worden
durch das Unglück, welches dem Reichspoſtdampfer „Kanzler“ zu=
geſtoßen iſt. Derſelbe ſcheiterte in dunkler Nacht an einem $4\frac{1}{2}$ See=
meilen langen Riff, fünfzig Seemeilen nördlich von Moſambik beim
Kap Loguno. Die Strömung iſt dort ſehr variabel und ſetzt oft von
Süd nach Nord oder umgekehrt ein, bei einer Geſchwindigkeit von
vier bis fünf Seemeilen, weshalb die Schifffahrt dort ſehr gefährlich
iſt. Der Dampfer ſank, ſo daß die ganze Ladung verloren ging,
während Beſatzung und Paſſagiere gerettet wurden. An derſelben
Stelle hat die „Britiſh India Company“ vor einiger Zeit einen
Dampfer verloren.

Seit dem Einſtellen der Dampfer hat der direkte Handel Deutſch=
lands mit der afrikaniſchen Oſtküſte bereits einen bemerkbaren Auf=
ſchwung genommen. Für die Kolonie ſelbſt aber iſt damit nicht
genug gethan; denn der Verkehr nach dem Innern iſt bei dem gänz=
lichen Mangel an ſchiffbaren Flüſſen bis auf den heutigen Tag der
denkbar primitivſte. Er wird noch immer ausſchließlich auf den ſchmalen
Fußſteigen vermittelt, den einzigen Verkehrsſtraßen Afrikas und nur
mittels ſchwarzer Träger. Auf die Unzulänglichkeit dieſer Ein=
richtungen brauchen wir nicht erſt hinzuweiſen.

Deutſch=Oſtafrika umfaßt ein enormes Gebiet, doppelt ſo groß
wie Deutſchland; dennoch zeigt ſich die merkwürdige Tatſache, daß in
dem ganzen Gebiet nur eine einzige bedeutende Karawanenſtraße nach
dem Innern führt. Es iſt die Straße, welche, von Bagamoyo oder
den in deſſen nächſter Nähe gelegenen kleinen Hafenplätzen ausgehend,
durch Uſagara über Mpapua weiter durch Ugogo hier auf 8—10
verſchieden parallel laufenden Wegen nach Tabora führt. Von Tabora
zweigt ſie ſich ſtrahlenförmig nach allen Himmelsrichtungen hauptſächlich

nach dem Viktoria Njansa, dem Tanganika und dem Nyassa ab. Diesem Wege wird auch die zu bauende Bahn zu folgen haben, zumal er die wenigsten Terrainschwierigkeiten bietet. Es bestehen allerdings noch einige andre Straßen, so vom Pangani aus nach dem Massailand. Diese aber bilden einen regelmäßigen Weg nur bis zur Grenze jenes Landes, um dann ganz aufzuhören, da sich die Karawanen nach dem jeweiligen Aufenthaltsort der Massai begeben mußten. Nach dem Nyassa hat innerhalb unsres heutigen Gebietes niemals ein reger Verkehr bestanden.

Es ist kein Zufall, daß die Hauptkarawanenstraße den oben be=schriebenen Weg verfolgt, denn das Handelszentrum an der Küste, Sansibar, wird durch diese Karawanenstraße, welche in fast gerader Richtung verläuft, mit dem Handelszentrum des Innern, mit Tabora verbunden. Wir werden diesen wichtigen Umstand auch bei der Eisen=bahnfrage nicht unberücksichtigt lassen können. Auf der ganzen Welt führen die wichtigsten Handelsstraßen von Osten nach Westen; auch die ersten großen Eisenbahnen wurden in dieser Richtung wie in Amerika die Bahn von New York nach San Francisco und jetzt die trans=kaspische Bahn ferner die geplante sibirische Eisenbahn. Es ist dies die natürliche Folge der gleichen klimatischen Bedingungen unter gleichen geographischen Breitegraden, hauptsächlich aber weil die Längsrichtung der Kontinente sich, abgesehen von Asien und Australien von Norden nach Süden erstreckt und dementsprechend die Haupt=Handelswege senk=recht zu den Küsten stehen müssen in westöstlicher Richtung. So auch hier in Deutsch=Ostafrika. In direktem Verkehr mit der Küste können nur die näher gelegenen Gebiete treten. Weiter binnenwärts liegende Länder müssen sich gewissen Punkten, den Handelszentren zuwenden, um dorthin ihre Produkte abzusetzen und umzutauschen. Diese Handels=zentren stellen dann die Verbindung mit der Küste her. Die Himmels=richtung, in welcher wir in unsrer Kolonie unsre Produkte und Waren transportieren müssen, ist westöstlich für die Landesprodukte und umgekehrt für unsre Waren. Die Verkehrsstraßen müssen selbst=verständlich dieselbe Richtung einhalten. Die einzigen Wasser=Verkehrs=straßen, welche uns in Ostafrika zur Verfügung stehen, der Nyassa= und Tanganika stehen aber unglücklicherweise genau senkrecht zu dieser Richtung. Der Viktoria Njansa schließt sich nördlich an. Von Norden nach Süden und umgekehrt Waren in Deutsch=Ostafrika zu transportieren, haben wir aber gar kein Interesse. Die obengenannten Seen bilden daher für uns nicht nur keine Verkehrsstraße, sondern sogar ein Ver= kehrshindernis, da wir darauf rechnen müssen, weite jenseits gelegene Länder als unser Handelsgebiet zu gewinnen. Die Bedeutung des Tanganika und Nyassa als Wasserwege sind rein lokaler Natur. Aus diesem Grunde sind sie für uns ziemlich bedeutungslos, abgesehen vom Viktoria Njansa, denn ehe wir Bahnen an dessen Westufern haben, um die Verbindung mit Uganda und den andern Ländern herzustellen, wird der Viktoria Njansa als Wasserweg ein wichtiger See bleiben. Wenn wir auch Durchzugsrecht nach den Bestimmungen der Kongoakte auf dem Nyassa, dem Schire und Sambesi hinunter haben, so werden wir davon niemals in bedeutendem Umfang Gebrauch machen, weil wir unsre Produkte nicht durch fremde Häfen ein= und ausgehen lassen werden.

Deutsch=Ostafrika ist vorläufig noch arm an Produkten, der Besitz der Kolonie allein würde uns daher wenig Nutzen versprechen, wenn es uns nicht möglich wird, den Handel aus den angrenzenden Be= sitzungen unsrer Mitbewerber in Afrika an uns zu ziehen. Wir glauben, daß sich der ganze Handel immer mehr nach unsern Gebieten hinzieht, da dort der kürzeste und auch billigste Weg zur Küste führt. Konsul Vohsen hat darüber einige kurze Hinweise gegeben.

Vom Tanganika zur Ostküste sind es rund 800 km, vom Viktoria Njansa dorthin 600 km.

Im Kongostaat dagegen sind es vom Tanganika bis zu den Stanleyfällen, der höchsten Stelle der Schiffbarkeit des Kongos, etwa 600 km, vom Albertsee ebensoweit, vom Viktoriasee 600 km. Von den Stanleyfällen aus sind dann aber auch für die Produkte 1500 km Flußschiffahrt auf kleinen höchstens 80—85 Tons fassenden Dampfern zurückzulegen, ehe man den Stanleypool erreicht. Von dort bis nach Matadi, dem Hafenplatz des Kongos, sind 435 km auf der Eisenbahn zurückzulegen. Es muß also eine dreifache Umladung stattfinden, ehe die Produkte in die Seeschiffe zur Verladung kommen, abgesehen von dem viermal so langen Weg. An eine Konkurrenz von dieser Seite ist also gar nicht zu denken. Elfenbein geht allerdings jetzt schon mehr den Kongo hinunter, allein dieser Artikel wird späterhin in unsern Kolonien keine Rolle mehr spielen.

Eine Bahn von Mombas aus nach Tavete kann uns allerdings Konkurrenz machen. Die Oberhand wird immer der behalten, welcher die erste Bahn baut. Für uns scheinen die Chancen augenblicklich ganz günstig zu stehen, denn die Britisch=Ostafrikanische Gesellschaft, mit so großem Posaunenschall gegründet, ist jetzt in recht bedrängter pekuniärer Lage und genötigt, die Hilfe der Regierung in Anspruch zu nehmen. Was den Norden von Afrika anlangt, so setzen die Engländer angeblich große Hoffnungen auf den Nil. Uns will scheinen, als ob man in denjenigen Kreisen Englands, welche ganz Afrika für sich be= anspruchen, auf den Nil als Verkehrsweg nur deswegen hinweist, um dem Publikum die Sache annehmbarer zu machen. Der Nil wird uns nie gefährlich werden. Vom Viktoria Njansa aus ist der Nil erst bei Lado in einer Entfernung von 600 km schiffbar, also in einer Entfernung, wo wir oder die Engländer von diesem See aus mit einer Konkurrenzbahn die Küste erreicht haben. Von Lado bis Berber sind 1800 km auf dem Strom zurückzulegen, von dort nochmals zu Land 400 km, ehe die Produkte einen Hafen erreicht haben.

Im Süden können uns die Engländer ebenfalls Konkurrenz machen und zwar vom Tanganika und Nyassa aus, über welche beiden Seen sie freies Durchgangsrecht nach dem Nil haben. Hier liegt eine Ge= fahr für uns, wenn es den Engländern gelingt, den Handel nach den beiden Seen hin an sich zu ziehen. Auf die Ausfuhr aus Deutsch= Ostafrika selbst würde der Einfluß nicht so bedeutend sein, wie man vielleicht auf den ersten Anblick annehmen könnte.

Was die Ausdehnung unsres Handelsgebietes in Ostafrika angeht, so werden die Grenzen desselben nach allen Richtungen so weit reichen, als die Transportkosten sich nach der andern Seite hin das Gleichgewicht halten und weiterhin immer teurer für den Weg von Westen nach Osten werden. Haben wir eine Bahn bis zu den Seen gebaut, welche dem vorerwähnten Weg folgt, so können wir nach den Berechnungen des Konsuls Vohsen unsre Waren weit billiger dorthin auf der Eisen= bahn bringen, wie andre Nationen solche auf den ihnen zur Verfügung stehenden Flüssen. Es ergibt sich nämlich nach diesen Berechnungen, daß der Flußtransport in Afrika viel teuer ist, wie der zu Land mit der Eisenbahn. Zehn Pfennig per t und km für Flußtransport, und acht Pfennig per t und km für die Bahn. Es rührt dies daher, daß man auf allen Flüssen nur flachgehende kleine Dampfer mit geringem Laderaum verwenden und nur bei Nacht fahren kann. Die Schiffahrt ist in der trockenen Zeit oft ganz unterbrochen, wodurch die Betriebskosten sehr erhöht werden. Wegen der vielen Unglücks=fälle, sind die Versicherungsprämien sehr hohe.

Es ist zu hoffen, daß Deutschland in Ostafrika die erste Bahn baut und zwar die Deutsch=ostafrikanische Gesellschaft. Die Unter=handlungen mit der Regierung sind geregelt. Das Kapital wird durch Aktien aufgebracht werden.

Die Bahn nimmt ihren Ausgangspunkt in Tanga, also an einem der besten Häfen. Dr. Oskar Baumann hat die notwendigen Terrain=studien gemacht. Danach sollen die Schwierigkeiten nur geringe sein, da man keine große Geschwindigkeit zu erzielen beabsichtigt und des=wegen Kurwen nicht gescheut zu werden brauchen. Erdbewegungen können aus diesem Grund auf ein Minimum beschränkt werden. Die Steigung beträgt drei Meter per Kilometer, ist also ganz unbedeutend. Bau=steine liefert der Küstenkalk und Jurakalk bei Magila. Die Bahn wird in einer Länge von 90 km von Tanga über Mangila, Qua, Mberua nach Korogue am Panganifluß führen. Die Schwellen müssen wegen der holzzerstörenden Insekten aus Eisen hergestellt werden. Es sind zwei Brücken und mehrere Durchlässe zu bauen. Sumpfiger Boden, so in der Nähe von Korogue kann leicht umgangen werden. Als Heizmaterial für die Lokomotive glaubt Oskar Baumann genügend Holz im Nebengelände der Bahn zu finden. Nach den Erfahrungen des Verfassers dürfte es aber damit bald zu Ende sein. Man wird dann nach anderm Material suchen müssen. Vielleicht läßt sich Gras, welches in Afrika in ungeheuren Mengen wächst, in getrockneter komprimierter Form verwenden. Versuche hat man schon damit gemacht.

Die Bahn soll als Anfangsstrecke zu einer Weiterführung nach dem Kilimandscharo und Viktoria Njansa gebaut werden. Der Ver=fasser glaubt aber, daß eine Bahn nach Tabora weit wichtiger und zweckmäßiger wäre. Sie hätten dem alten Karawanenweg zu folgen, denn dieser bietet auch die geringsten Terrainschwierigkeiten. Der kleine Umweg über Tabora zum Viktoria Njansa ist so unwesentlich, daß er nicht im Vergleich zu den Vorteilen steht, welche die Ver=

binbung jenes Handelszentrums mit der Küste bietet, weil durch eine solche Bahn mit einem Schlag thatsächlich ganz Ostafrika erschlossen sein wird, während eine direkte Bahn zum Viktoria Njansa nur dessen Küstenländern zu gute kommt.

Die wichtige Frage, ob in Ostafrika Steinkohlen in unserm Schutz= gebiet vorkommen, ist schon vor Jahren von deutschen Geologen in bejahendem Sinn beantwortet worden. Berichte über thatsächliche Funde sind aber so gut wie gar nicht in die Öffentlichkeit gedrungen.

Die ersten Kohlen wurden am Rowuma, dem südlichen Grenz= fluß, vor dreißig Jahren gefunden. Dr. Kirk, der frühere Begleiter Livingstones, machte die ersten Funde und zwar am sandigen Ufer des Rowuma. Es waren runde, abgeschliffene Stücke, welche vom Wasser weither getragen schienen. Nach Livingstones Mitteilungen war es den Eingeborenen bekannt, daß die schwarzen Steine brennen. Er sagt ferner, daß er an dem kleinen Kibiasee, auf deutschem Gebiet, in der Nähe der Rowumamündung, „Sandsteinfels mit fossilem Holz" (!) ge= sehen habe und nun bestimmt wußte, daß Steinkohlen darunter seien. Said Madjid war der einzige, welcher sich für die Entdeckung inter= essierte. Er ließ sich Proben von dort kommen, welche aber von indischen Regierungsbeamten nur „für lokale Verwendung geeignet" gefunden wurden. 1878 sandte Said Bargasch einen englischen Missionär dorthin, dieser fand am Lujenda oder Liende, welcher vom Süden kommt, eine Stelle, wo Kohlen am felsigen Ufer zu Tage traten. Im Jahre 1881 sandte Said Bargasch den Afrikaforscher Thomson dort= hin, der aber vorgab, nichts gefunden zu haben. Kirk, damals Ge= neralkonsul in Sansibar, schrieb an seine Regierung, daß Thomson doch etwas gefunden habe und zwar „a bituminous shale". Said Bargasch, der Thomson nicht traute, sandte nun den Franzosen Angelvy hinaus. Dieser ging vom Lindi aus nach dem Innern und fand auch wirklich am Lujenda, der nicht mehr in Deutsch=Ostafrika liegt, das Kohlenlager, dessen Kohle er für vorzüglich erklärt. In dem Gebiet zwischen Lindi und Rowuma fand er Malachit und Eisenadern. In der Umgebung der Missionsstation Massisi fanden die Missionäre edle Granatsteine und andre Edelsteine von bedeutendem Wert, wie Kirk in den englischen Blaubüchern berichtet. Er vermutet an andern Stellen sogar das Vorkommen von Diamanten.

Am Nyassasee fand ein englischer Missionsbeamter an dessen West=
ufer 10° 40¹ Südbreite außer einer Kohlenader von 5—6 Fuß Dicke
eine kleinere in nächster Nähe. Im nächsten Jahre fand ein englischer
Missionär dieser Stelle gegenüber am Ostufer ebenfalls Kohlen, welche
an Hügeln zu Tage traten und zwar noch innerhalb des heutigen
Deutsch=Ostafrikas. An der Nordseite der Westküste scheinen von den
Engländern überall Kohlen gefunden worden zu sein. Die dort ge=
fundenen Kohlen scheinen nach Untersuchungen im Britischen Museum
von einer vorzüglichen Qualität zu sein. Am nordwestlichen Teil des
Nyassa fand man sogar in unmittelbarer Nähe des Sees Gold.

Es ist nicht unmöglich, daß unter den am östlichen Tanganika
vorkommenden Schiefergesteinen ebenfalls Kohlen vorkommen.

Im allgemeinen machen uns aber die Geologen keine allzugroßen
Hoffnungen auf Steinkohlenreichtum in Ostafrika. Eisenbahnen aber
ohne Kohlen sind immer eine recht mißliche Sache. Der Bau von
Eisenbahnen wird in Ostafrika nur geringe Steigungsschwierigkeiten,
dagegen andre oft recht erhebliche Hindernisse finden. Zunächst können
Holzschwellen aus mehreren Gründen nicht angewendet werden. Einmal
findet sich überhaupt nicht viel geeignetes Holz, zum zweiten sind die
bösen Termiten gefährliche Feinde der Holzschwellen und zum dritten
wird man oft nicht in der Lage sein, eine durch die Savannenbrände
zu befürchtende Zerstörung aufzuhalten. Man wird zu Eisenschwellen
greifen müssen. Eisen ist aber in der Regenzeit sehr dem Verrosten
ausgesetzt. Die erheblichsten Hindernisse werden uns Sümpfe oder solche
Stellen bereiten, welche alljährlich großen Überschwemmungen ausge=
setzt sind.

Unsre Kolonien Kamerun und Togo sind heute schon wirtschaft=
lich so weit, daß sich Einnahmen und Ausgaben das Gleichgewicht halten.
Dies für Ostafrika zu erreichen, muß natürlich auch angestrebt werden.
Dieses Jahr verlangt die letztgenannte Kolonie noch einen Zuschuß von
zweieinhalb Millionen Mark.

Man stelle jedoch keine allzu großen Anforderungen in bezug auf
die Zeit, innerhalb welcher man dazu gelangen will, größere Erträge
zu erzielen, und greife beileibe nicht zur Einführung direkter Steuern;
wie man es in der jüngsten Zeit versucht hat, als man z. B. von
Kokospalmen je ¹/₄ Rupie erheben oder den Tonnengehalt der Schiffe

besteuern wollte. Das ist vorläufig undurchführbar, weil es unge=
heuer böses Blut macht und man auf den heftigsten Widerstand von
seiten der Eingeborenen stoßen wird. Um die Einkünfte ertragreicher
zu machen, erhöhe man die Zölle. Die Neger, Araber und Inder werden
dieselben ebenso wie die Europäer ohne viele Widerrede zahlen. Es
ist merkwürdig, wie einsichtsvoll und entgegenkommend darin die Afri=
kaner sind.

Nicht leicht ist es für uns, Kolonien gut zu verwalten, beson=
ders wenn noch so viele politische Schwierigkeiten zu überwinden sind,
wie wir dies jetzt noch in Deutsch=Ostafrika finden. Man sollte daher
auch nicht so schnell das System wechseln, was gegenwärtig leider
etwas zu früh dort stattgefunden hat, indem man schon jetzt mit der
Einführung einer Zivilverwaltung vorgegangen ist. Auf der andern
Seite muß aber gesagt werden, daß sich unter der Militärdiktatur
ganz bedenkliche Schäden eingeschlichen hatten, die nur durch Einführung
der Zivilverwaltung gut zu machen waren. Die meisten Schwierig=
keiten machen wir uns dadurch augenblicklich dort selbst, daß wir in
der Geschäftsführung durch eine streng büreaukratisch geschulte Beamten=
klasse nach denselben Grundsätzen verfahren wie hier, wo doch die Vor=
bedingungen so himmelweit verschieden sind.

Es haben sich in Ostafrika schon recht unangenehme Schäden
herausgebildet, indem die Kolonialkarriere einem verderblichen Streber=
tum Thür und Thor öffnet, natürlich zum unendlichen Nachteil unsrer
Besitzungen. Doch dies sind alles Dinge, welche sich nach und nach von
selbst klären, um so schneller, als wir in der Person des neuen Gou=
verneurs, des Herrn v. Soden, eine ausgezeichnete Kraft gewonnen haben.

Etwas weit Schwierigeres ist es mit der Produktionsfähigkeit
Ostafrikas. Da stehen wir nicht leicht zu lösenden Fragen gegenüber.
Freiwillig bietet uns das Land bis jetzt eigentlich nur Elfenbein, Kaut=
schuk und Kopal. Das Elfenbein liefert vorläufig die größten Be=
träge. Aber wie bald wird das immer mehr nachlassen, und wenn
es nicht gelingt, dem sinnlosen Raubbau der Kautschukausbeutung Ab=
bruch zu thun, so wird die wertvolle Schlingpflanze, deren Milchsaft
uns den geschätzten und immer mehr begehrten Stoff liefert, in Ost=
afrika bald ganz ausgerottet sein. Dagegen müssen beizeiten Maßregeln
getroffen werden. Doch von Erträgnissen des Elfenbeins, Kautschuks und

Kopals kann eine Kolonie nicht bestehen. Da müssen alle Hilfsquellen erschlossen werden. Der Anfang ist schon gemacht. Die Deutsch=ostafrikanische Gesellschaft, die Plantagengesellschaft und andre Unter=nehmen sind bemüht, Plantagen anzulegen. So die erstgenannte Ge=sellschaft, welche Versuche mit Baumwolle in Kikogue macht. Das Resultat als ein gutes zu bezeichnen, und die wieder in Betrieb ge=setzte Plantage Lewa der Plantagengesellschaft verspricht dieses Jahr eine gute und ergiebige Ernte.

Ostafrika produziert außer den obengenannten Erzeugnissen noch Kopra, doch ist der Ertrag einer Kokospalme heutzutage kaum nennens=wert und beträgt nicht mehr wie $^3/_4$—1 Rupie pro Jahr. Ferner findet sich Orseille, ein graues Bartmoos, das zur Herstellung roter Farbe verwendet wurde, jetzt aber durch Anilin immer mehr verdrängt wird. Kopal wird in ziemlicher Menge gewonnen, die Kopalgründe harren aber rationellerer Ausbeutung. Afrikanische Getreide und Reis werden in sehr geringen Mengen angebaut, derart, daß z. B. für San=sibar Korn aus Indien eingeführt werden muß. Bei den teueren Arbeitskräften wird der Anbau nie lohnend sein, doch werden wahr=scheinlich die Eingeborenen späterhin zum Anbau der afrikanischen Ge=treide für den eignen Bedarf gezwungen werden müssen.

Die einzige Feldfrucht, welche sicheren Gewinn für die Zukunft verspricht, ist die ölreiche Arachis, welche z. B. im Senegal den Haupt=ausfuhrartikel ausmacht. In Deutsch=Ostafrika wird sie ebenfalls eine recht wichtige Rolle spielen. Die Arachis gedeiht dort überall vor=züglich und der Anbau ist, wie wir schon gehört haben, nicht allzu schwierig. Da die Ausfuhr voraussichtlich sehr große Dimensionen an=nehmen wird, so wird die deutsche Reederei dadurch großen Nutzen haben. Es empfiehlt sich deswegen auch nicht, die Arachis in Ostafrika zu Öl zu verarbeiten, sondern dieselbe als unenthülste Frucht zu verfrachten. Auch für die zu erbauenden Eisenbahnen wird die Arachis einen Hauptfrachtartikel bilden. Zuckerrohr gedeiht in den feuchten Fluß=niederungen ebenfalls sehr gut, kann aber mit unserm billigen Rüben=zucker nie in Konkurrenz treten.

Die einheimische Banane liefert einen sehr guten Faserstoff, doch dürfte mit Anpflanzung der ostindischen Bananen, welche den bekannten Manillahanf liefern, noch bessere Resultate zu erzielen sein.

An Fasern liefernden Pflanzen scheint Afrika überhaupt sehr reich zu sein und noch viele unbekannte Schätze in dieser Richtung harren der Ausbeutung, ebenso wie alle diejenigen Pflanzen, welche Gerbstoffe enthalten. Es sind die zahlreichen Akazien= und Mimosenarten, deren Rinde nachgewiesenermaßen große Mengen Tannins enthält. Afrika ist bekanntlich sehr reich an diesen letztgenannten Pflanzen. Die Flöten=akazie liefert zudem neben der Gerbrinde ein gutes Gummi arabikum. Bei regelmäßigem Forstbetrieb ließen sich wahrscheinlich recht gute Resultate erzielen. Nicht zu vergessen ist der Kaffee, der ebenfalls in Ostafrika guten Boden finden dürfte.

An guten und schönen Holzarten ist Ostafrika dagegen arm. Nur in den Uferurwäldern und den wenigen Regenuferwäldern finden wir schöne Bäume, darunter den riesenhaften Mgarrmusi, Gelbholz, (Taxus elongatus) dessen Stamm ein wertvolles, leicht schneidbares Holz liefert. Die meisten sind aber schwer zugänglich, und Holz ver=trägt keine hohen Transportkosten. Zudem sind die meisten ostafrika=nischen Hölzer ungemein hart oder derart kreuzfaserig gewachsen, daß sie gar keine Verarbeitung zulassen. Die Hölzer der lichten Wälder sind im Durchschnitt ziemlich wertlos, da die Stämme nie gerade ge=wachsen sind, meist schon in geringer Entfernung vom Boden gabeln und geringen Umfang haben. Die Hölzer sind außerdem der unausbleib=lichen Vernichtung durch Bohrkäferlarven und Termiten ausgesetzt. In Unjamuesi gibt es, soweit bis jetzt auch den Eingeborenen bekannt, nur ein schönes leicht verarbeitbares Nutzholz einer afrikanischen Eschenart, des sogenannten Mninga, dessen Holz in Farbe, Struktur und Geruch ungemeine Ähnlichkeit mit Mahagoni hat. Baumwolle kommt in ganz Ostafrika vor, doch fand sie der Verfasser an keiner Stelle wild, immer nur bei Ansiedelungen. In Tongo oder Dorfruinen verschwinden die Stauden bald. Die bisher gemachten Versuche mit dem Anbau von Baumwolle in Plantagen haben gute Resultate geliefert. Die Baum=wolle soll von sehr guter Qualität sein und sehr zu ausgedehntem Anbau ermutigen.

Tabak finden wir, wie schon erwähnt, überall in Afrika, aber in sehr schlechten Sorten. Die bei Beginn des Aufstandes zerstörte Tabaks=plantage Lewa ist, wie schon bemerkt, jetzt wieder vollständig bestellt. Man erwartet dieses Jahr eine ausgiebige Ernte mit ziemlich guter

Qualität. Wir haben schon darauf hingewiesen, daß es zweifellos lohnend sein dürfte, Versuche mit dem Anbau von Zigarrettentabak zu machen, da sich der Verbrauch von Zigarretten immermehr steigert. Für Tabaksbau dürften sich die leichten Humusanschwemmungen Useguhas und Usaramos am besten eignen.

Bisher hat man auf den Anbau von Thee noch sehr wenig Aufmerksamkeit gerichtet. Es ist als ziemlich sicher anzunehmen, daß Thee in Deutsch=Ostafrika gut gedeihen wird. Die Theestaude stammt ursprünglich aus Assam in Indien und gedeiht in ihrer Heimat am besten. Die Engländer haben in Indien damit begonnen, Thee in ausgedehntester Weise zu bauen. Sie erzeugen ein vorzügliches Produkt, und der indische Thee macht schon heute dem chinesischen so gewaltige Konkurrenz, daß der Theeexport aus China bedeutend nachgelassen hat und die chinesischen Theeplantagenbesitzer nicht mehr genügenden Absatz für ihren Thee finden können. Es beginnt sich für Thee Überproduktion in China bemerkbar zu machen. In der französischen Mission in Bagamojo hat man schon seit Jahren sehr gute Resultate mit Vanillebau erzielt, ebenso v. Saint Paul Illaire auf seinen Plantagen in Bagamojo.

Der Verfasser möchte noch auf ein andres Gewächs aufmerksam machen, nämlich den Safran. Das Pfund Safran ist augenblicklich in Indien, wo es die Eingeborenen zu verschiedenen Zwecken verwenden, 40—50 Mark wert. Aus tausend Blüten, deren jede Pflanze allerdings nur eine bis höchstens zwei treibt, lassen sich 500 Gramm gewinnen. Der Safran wird in Indien auf den Bergen gebaut. In den Gebirgen der Küste findet er sicher guten Boden, besonders in den ungemein fruchtbaren kleinen Seitenthälern jener Berge, welche wegen ihrer schweren Zugänglichkeit für andre Produkte nicht zu benutzen sind.

Wenn auch der Boden Deutsch=Ostafrikas auf seiner größten Ausdehnung fruchtbar ist, so stehen seiner Ausnützung doch große Hindernisse entgegen, das ist neben dem Arbeitsmangel der Mangel an ausreichender Bewässerung. Die Niederschläge sind dazu nicht ausreichend. Selten treten Jahre ein, wo der Regen in solcher Menge und günstig verteilt niedergeht, daß gute Ernten zu erzielen sind. Nur in den Bergen oder am Fuße der Gebirge lassen sich künstliche Bewässerungsanlagen ohne allzu hohe Kosten herstellen, weil dort die Gebirgswasser benutzt werden können.

Es unterliegt nach der Ansicht des Verfassers keinen großen Schwierig=
keiten, Wassersammelbecken zum Auffangen des Regenwassers anzulegen,
ohne daß die Kosten allzu enorme würden. Leider steht aber der Ver=
wendung solcher Wasserwerke die ungeheure Verdunstung entgegen.
Die Sammelteiche würden, wenn sie nicht sehr tief angelegt würden,
ausgetrocknet sein, ehe sie für das betreffende Jahr ihren Zweck er=
füllt hätten.

An der Küste liefert der Fischfang eine Menge wohlschmeckender
Fische und dürfte, rationell betrieben, nicht wenig dazu beitragen, den
Fischreichtum des Meeres nutzbar für die Ernährung zu machen. Es
sei hier auch gestattet, einer einzelnen Tierart Erwähnung zu thun.
Es geschieht dies, weil wir ein höchst eigenartiges und seltenes Wesen
vor uns haben, dessen Sippe im Aussterben begriffen zu sein scheint.
Es ist dies ein Manatus oder eine Seekuh, von der wir eine Ab=
bildung zu geben vermögen. Die Seekühe gehören zu den pflanzen=
fressenden Walen und sind demnach Säugetiere. Der Aufenthaltsort
dieser auch in Ostafrika vorkommenden Tiere sind seichte Meerbusen
und Flußmündungen, wo die Seekühe von Wasserpflanzen, besonders
Tang, leben. Es sind stumpfsinnige Tiere, welche ein beschauliches,
träges Leben lieben, jedoch sehr schwer zu erbeuten sind, da sie sich
Nachstellungen geschickt zu entziehen vermögen. An der Küste Deutsch=
Ostafrikas ist die Existenz der Seekuh zwar bekannt, doch gibt es nicht
viele Eingeborene, welche das bis zu drei Meter große Tier gesehen
haben. Am meisten ist es deshalb bekannt geworden, weil es wie
alle Wale die Euter an der Brust zwischen den Vorderflossen sitzen
hat und dieselben an den Busen eines Weibes erinnern. Die See=
kühe kommen übrigens im ganzen Bereich des Indischen Ozeans vor.

Ostafrika ist sehr reich an Rindern, welche in den Küstengebirgen
sehr gut fortkommen in den Ländern Uhähä, Ugogo, den Massailändern,
uud außerdem in Ussukuma, südlich am Viktoria Njansa im Konde=
gebirge, am Nordende des Nyassa. Leider wütet gegenwärtig in den
Massailändern eine Viehseuche, welche den ganzen Viehbestand dort zu
vernichten droht. Die Rinder gehören alle der Rasse der Buckelrinder
an. Es sind ziemlich kleine Tiere, welche sehr wenig Milch geben,
1 — 1½ Liter täglich, niemals mehr. Die Milch ist sehr fettarm.
Es mögen diese Mängel daher rühren, daß die Eingeborenen gar kein

Verständnis für Zuchtwahl haben und die Futterkräuter jener Gegen=
den recht schlecht sind. Die Rinder des Kilimandscharo sollen dagegen
weit besser sein. Dieselben werden fast ausschließlich mit Bananen=
blättern ernährt.

Wir sind der Überzeugung, daß hier mit planmäßigem Vorgehen
durch deutsche Viehzüchter Ausgezeichnetes erzielt werden könnte
zumal es in Ostafrika eine Art schlingenden Grases gibt, welches von
den Rindern und auch vom Kleinvieh mit großer Gier gefressen wird·
In Sansibar wird es von den Negern als Viehfutter auf den Markt
gebracht Zweifellos stehen dem Anbau dieses Grases keine zu großen
Schwierigkeiten entgegen, da es bei ungemein dichtem, üppigem Wuchs
gar kein andres Gewächs aufkommen läßt da, wo es ihm einmal ge=
lungen ist, vom Boden Besitz zu ergreifen. Dieses Gras verlangt
allerdings leicht feuchten Boden und würde besonders in den Bergen
anzubauen sein. Einmalige leichte Rodung genügte, um ganze Almen
damit zu bestellen. Der Verfasser fand dies Gras übrigens auch häufig
im Flachland von Unjamuesi an zahlreichen feuchten Stellen, an jedem,
selbst dem kleinsten Tümpel, wenn derselbe auch in der trockenen Zeit
austrocknete. Sollten wir hier nicht einen bedeutungsvollen Fingerzeig
haben? Es liegt nämlich durchaus im Bereich der Möglichkeit, künst=
lich solche feuchte Stellen durch Eindämmen des Regenwassers her=
zustellen und mit dem ebengenannten Gras zu bestellen, dessen üppiger,
sehr dichter Wuchs den Sonnenstrahlen vollständig den Zutritt zum
Boden wehrt und außerdem perennierend ist.

Man hört in allen Reisewerken ohne Ausnahme, daß diese oder
jene Gegend wegen der dort vorkommenden Tsetse für Viehzucht ab=
solut nicht geeignet sei. Die Gefährlichkeit der Tsetse für das Rind
wird allgemein als ebenso feststehend betrachtet, als dieses Insekt schuld
sein soll, daß gewisse Gegenden für Rinder überhaupt nicht bewohn=
bar seien.

Der Verfasser machte dagegen folgende Beobachtungen in dieser An=
gelegenheit. In der Umgebung von Jgonda, der Hauptstadt des Landes
Ugunda, gedeihen Rinder ganz vortrefflich, auch noch in dem Ort
Simbile, eine Tagereise südlich von Uganda. In der Umgebung des
Ortes Kakoma dagegen, nur 4 Stunden von Simbile entfernt, gehen alle
Rinder und auch Esel nach kurzer Zeit ein, angeblich wegen der dort

Ein Manatus (Seekuh) in Bueni gefangen.

Nach einer von Major v. Wißmann zur Verfügung gestellten Originalphotographie.

vorkommenden Tsetsefliege. So meinen die europäischen Reisenden, die Eingeborenen aber sagen „majani mibi" — das Gras ist schlecht — und „dudu kado kado silliho" — ganz kleine Insekten sind dort. Diese ganz kleinen Insekten sind stecknadelkopfgroße Fliegen, welche den Tieren an den Extremitäten Stiche in solcher Menge beibringen, daß die Haut der Beine schließlich ganz verschwindet und die Beine dann aussehen, als wenn die Haut abgezogen sei. Diese kleinen In=sekten finden sich aber in ganz Unjamuesi treten jedoch nur in ge=wissen Jahren in großer Menge auf. Die Hauptursache dagegen, welche die Viehzucht in gewissen Gegenden bisher unmöglich macht, sind zweifellos saure und schädliche Futterkräuter, welche in bestimmten Strichen große Ausbreitung gewonnen haben mögen. Daß aber die Tsetse z. B. in Kakoma vorkommen sollte, vier Stunden nördlich aber nicht, ist kaum anzunehmen, ebensowenig, daß sie 8 Tagereisen weiter südlich in einer ganz gleich aussehenden Gegend wiederum nicht vor=kommen sollte, indem dort Rinder wieder gedeihen. In Karema da=gegen gehen dieselben nach kurzer Zeit zu Grund. Kakoma und Karema sind beides Orte, wo starke Fieber herrschen. Schlechtes Futter und das Fieber sind es also, welche die Rinder zu Grunde richten und nicht die Tsetse. Es mag vorkommen, daß diese Insekten Blutvergiftung veranlassen, wenn sie von einem Kadaver kommend ein gesundes Rind mit ihrem vergifteten Stachel verletzen. Jedenfalls be=darf es noch der eingehendsten Untersuchungen über die Ausbreitung und die Schädlichkeit der Tsetsefliege.

Gute Zucht, gutes Futter, gute Stallungen, welche bis jetzt nur die Wahähä und die Wakonde ihren Rindern bieten, werden wohl leicht dazu beitragen, die Rinderzucht in dem größten Teil Ostafrikas einzuführen. Rindshäute bilden einen guten Ausfuhrartikel und eine starke Rinderrasse muß als Arbeitstier in Ostafrika unendlich wertvoll sein. Kleinvieh gedeiht in Ostafrika ganz ausgezeichnet, Schafe wie auch Ziegen. Leider verlieren unsre Schafe sehr bald die Wolle, indem sie schlichthaarig werden. Dagegen ist das Fleisch der afrika=nischen Fettschwanzschafe und auch der Ziegen vortrefflich in Geschmack. Ganz bestimmt lassen sich in Ostafrika langhaarige Ziegenrassen züchten, deren Haare einen sehr wertvollen Artikel bilden. Pferde scheinen leider in Deutsch=Ostafrika nicht gedeihen zu wollen. Dagegen ist es

beinahe unbegreiflich, daß man noch immer nicht dazu übergegangen
ist, das Zebra zu zähmen und zu züchten. Ein besseres Arbeits- und
Reittier wie das ungemein kräftige und genügsame Zebra läßt sich
gar nicht denken. Das Zebra kommt in Ostafrika in großer Menge
herdenweise vor. Man wendet immer ein, daß das Zebra nicht zu
zähmen sei und sich nicht reiten lasse. Zebra halten sich aber in Ge=
fangenschaft erfahrungsgemäß viele Jahre lang. Der Verfasser hat
in Sansibar ein von einem Araber gerittenes Zebra gesehen. Die
Abessinier, welche vor 6—7 Jahren in Deutschland gezeigt wurden,
führten ein Zebra mit, welches ebenfalls geritten wurde. Der be=
kannte Reisende Otto Ehlers teilte dem Verfasser mit, daß er in
Rangun Zeuge einer Wette gewesen sei, der zufolge ein englischer
Sportsman behauptete, innerhalb zwei Stunden ein ganz wildes in
einer Menagerie gezeigtes Zebra gänzlich bändigen zu wollen. Er
gewann die Wette glänzend.

Wenn im allgemeinen vorauszusehen ist, daß wild eingefangene
Zebras große Schwierigkeiten machen werden und viele derselben zu
Arbeitszwecken nicht gebraucht werden können, so ist nicht einzusehen
warum die Tiere nach mehreren Generationen nicht von ihrer Wild=
heit einbüßen sollten. Die Urahnen unsrer Pferde und Esel sind doch
auch sicher nicht Tiere gewesen, welche die Natur dem Menschen in
gezähmtem Zustande zur Verfügung stellte. Was ihre ersten Bändiger
leisteten, dahinter werden wir nicht zurückstehen. Versuche mit Ein=
fangen, Zähmen und Züchten von Zebras stoßen auf keine erheblichen
Schwierigkeiten, und die Mittel, welche dazu notwendig sind, werden
auch noch aufzubringen sein. Wer damit den Anfang macht, der er=
wirbt sich großes Verdienst um die Erschließung von Afrika. Ähnlich
verhält es sich mit der Zähmung von Elefanten. Daß der afrikanische
Elefant von den Alten schon benutzt wurde, legen mit zweifelloser Gewiß=
heit alte Münzen dar. Der Fang und das Zähmen von Elefanten er=
fordert jedoch bedeutende Mittel und erfahrene indische Elefantenfänger.
Wir sollten nicht versäumen, das unsre zur Erhaltung und Nutzbar=
machung dieser edlen Tiere beizutragen und haben ganz besondere
Veranlassung dazu, als die Arbeitskräfte in Afrika ungenügend vor=
handen sind und uns Ersatz für dieselben durch die Natur wenig ge=
boten wird. An Kräften, welche uns die Natur zur Verfügung stellt,

finden wir in den Bergen die Bäche, welche aber in der trockenen Zeit zu wenig, in der Regenzeit zu viel Wasser führen und erst kostspielige Anlagen zur Nutzbarmachung fordern. Dagegen steht uns ein andrer Faktor zu Gebot, der Wind, den wir uns in Ostafrika noch gar nicht dienstbar gemacht haben. An der Küste ist es während der einen Hälfte des Jahres von Mai bis Ende Oktober der Südwestmonsum und von Ende November bis Ende April der allerdings unbeständige Nordostmonsum. Im Innern haben wir von Mitte Mai bis Ende Oktober den sehr konstanten, bisweilen bis zur Stärke von 5 und 6 der zehnteiligen Skala wehenden Südostpassat und in der Regenzeit den sehr unregelmäßigen Nordostpassat. Welche ungeheure Arbeit könnte nicht dieser Südostpassat leisten, wenn wir ihn zum Treiben amerikanischer Windräder verwendeten, und nichts steht dem im Wege. In Wasserwerken können wie damit Kraft aufspeichern und Elektrizität in Menge erzeugen.

Wir haben bisher unr von den Erzeugnissen Ostafrikas gesprochen und kommen nun kurz zu den Erzeugnissen, welche wir dorthin abzusetzen vermögen. Da sieht es nun leider für Deutschland recht betrübend aus. Die bedeutendste Bezugsquelle für Ostafrika ist Indien. In den letzten drei Jahren belief sich der Handelsumsatz zwischen Indien und dem Haupthafenplatz von Ostafrika auf 20 Millionen Mark jährlich, während unser Handelsumsatz nicht einmal eine Million erreicht hat. Deutsches, amerikanisches, englisches, schweizerisches und holländisches Fabrikat wird daneben eingeführt. Aus Deutschland stammen Kupfer und Messingdraht, Perlen, Seife, Pulver und Gewehre; die Einfuhr der beiden letztgenannten Gegenstände ist jetzt mit Recht verboten. Ferner liefert Deutschland Steingutwaren, und in den letzten Jahren ist Westfalen mit einer immer mehr zunehmenden Einfuhr an Stahlwaren beteiligt. Drei Viertel aller Einfuhrartikel bilden die Baumwollwaren und von diesen wiederum stammen drei Viertel aus Indien und Arabien. Deutschland, die Schweiz, Holland und Amerika teilen sich in das letzte Viertel. Es ist sicher vorauszusehen, daß unsre neue Dampferlinie unsrer Industrie einen starken Anstoß geben wird, sich mit aller Kraft darauf zu werfen, sich das neue Gebiet zu erobern; eine Aufgabe, die um so schwerer wird, als wir Sansibar preisgegeben haben, dessen Einfluß zu brechen vorläufig sehr schwer ist. Der Anteil Deutsch-Ostafrikas an dem Sansibarhandel beträgt übrigens nur 80 Prozent und deshalb denken auch unsre deutschen Handelsfirmen gar nicht daran, Sansibar zu verlassen. Von 1884 bis 1889 ist der indische Geschäftsumsatz um hundert Prozent gewachsen, von 15 auf 30 Millionen Mark. Die Ursache ist in der Entstehung von Fabriken zur Erzeugung von Baumwollwaren in Bombay zu suchen. Die billigen und geschickten Arbeitskräfte dort sowie die gute indische Baumwolle schließen vorläufig jede Konkurrenz aus.

Die direkte, durch Said Bargasch hergestellte Verbindung mit Bombay durch seine Schiffe hat viel dazu beigetragen, den indischen Handelseinfluß zum maßgebenden zu machen. Die sehr kapitalkräftigen Inder wandern in immer größerer Zahl in Sansibar und an der Küste ein. Sie beherrschen den ganzen Markt und machen, daß Sansibar nach wie vor seine Oberherrschaft behauptet, trotzdem es politisch von Deutsch-Ostafrika getrennt ist. Leider läßt sich dagegen vorläufig gar nichts machen, am wenigsten mit einer Erhöhung der Zölle für englisch-indische Ware zu gunsten unsrer Industrieerzeugnisse. Die unmittelbare Folge wäre eine Ableitung des Handels aus unsrer Kolonie nach den englischen Gebieten. Das einzige uns vorläufig dagegen zu Gebote stehende Mittel ist die Einrichtung möglichst schneller und billiger Verbindungen mit Deutschland und die Herstellung solcher Waren, mit denen unsre Industrie der englisch-indischen gewachsen ist, in möglichst ausgezeichneter Qualität und zu möglichst billigen Preisen.

Es existiert nun allerdings ein Artikel, durch welchen wir gute Einnahmen und hohe Zollerträge in Ostafrika erzielen könnten, das ist der Branntwein.

Dem wollen wir aber nicht das Wort reden, der erzielte materielle Gewinn würde zwar in der nächsten Zukunft ein sehr hoher sein, allein wir würden die Negerbevölkerung in Grund und Boden verderben, sie arbeitsunfähig und damit unfähig zum Konsum andrer Erzeugnisse machen. Der Einwand, daß die Neger selbst ein berauschendes Getränk, das Pombe, genössen und man daher nichts mehr verderben könne, ist ganz hinfällig. Es wäre dasselbe, als wolle man einen biertrinkenden Philister einem Branntweintrunkenbold gleichstellen. Die Wirkung des Pombe entspricht nämlich kaum der des

Bieres. Dasſelbe iſt zudem weit teurer wie unſer Bier, da die Her=
ſtellungskoſten im Handbetrieb ſehr hohe ſind, weil die Bereitung
lange Zeit erfordert. Es iſt daher ganz entſchieden zu billigen, wenn
die Reichsregierung die Branntweineinfuhr in Deutſch=Oſtafrika ver=
boten hat.

Es wäre in der That traurig, wenn wir auf ſolche Mittel an=
gewieſen wären, Oſtafrika zu einer ertragreichen Kolonie zu machen.
Da ſind die Hilfsquellen des Landes denn doch andre.

Wir dürfen uns aber nicht verhehlen, daß wir mit außer=
ordentlichen Schwierigkeiten zu kämpfen haben. Wir haben dort keine
Kultur gefunden und kein Volk, dem wir einfach ſeine Erzeugniſſe
abkaufen können, oder welches im ſtande wäre, Erzeugniſſe unſrer In=
duſtrie zu konſumieren. Die Eingeborenen ſind arm und widerwillig
gegen unſre Einwanderung. Sie ſind nicht geneigt zu arbeiten. Wir
müſſen ſie erſt zur Arbeit erziehen. Doch iſt begründete Hoffnung,
daß uns dies gelingt. Deswegen iſt auch der Verfaſſer ein grund=
ſätzlicher Gegner der Einführung fremder Arbeiter, etwa indiſcher
oder chineſiſcher Kuli. Dieſe Leute arbeiten zwar billig, verzehren
aber faſt gar nichts, ſondern nehmen das Erſparte mit in ihre Heimat.
Es kommt uns nicht zu gute. Außerdem würden wir dann wenig
Veranlaſſung haben, uns Mühe zu geben, den Neger zum Arbeiter
zu erziehen, ſondern nur Vagabunden aus ihnen machen, wenn wir
uns ihrer nicht in ausgedehntem Maße bedienen.

Auch in bezug auf den Handel haben wir ſchwer zu kämpfen,
wir müſſen ihn den Indern erſt entreißen. Aber unſre Thatkraft
und Zähigkeit wird uns hier gute Dienſte leiſten. Es iſt unſern
Kaufleuten ſchon unter viel ſchwierigeren Verhältniſſen gelungen, Mit=
bewerber aus dem Felde zu ſchlagen. Wir dürfen nur die Geduld
nicht verlieren. Aus den kleinen Anfängen werden wir ein großes
Werk zuwege bringen, denn Oſtafrika ſteht eine gute Zukunft bevor.

Unſrer Induſtrie ſind neue Abſatzländer geöffnet, unſre Handels=
marine iſt in ſtetem, ungeheurem Aufblühen begriffen und überragt
ſchon heute an Tonnengehalt denjenigen Frankreichs. (Deutſchland ver=
fügt über eine Handelsflotte von 1 637 229 Tonnen, Frankreich über
1 104 770.) Erſt von dem Moment an, wo wir in den Beſitz von
Kolonien gelangt ſind, fängt unſer Anſehen im Ausland an zu ſteigen.

Wir dürfen auch nicht vergessen, daß es sich für das deutsche Volk nicht nur um materiellen Gewinn handelt. Ist es nicht ein Fingerzeig, daß trotz aller Parteigegner Deutschland dennoch Kolonien erworben hat? Wir stehen jetzt in einem Abschnitt unsrer Geschichte, wo wir zu mächtiger Ausbreitung drängen. Unser Vaterland wird uns zu eng, wir müssen den Überschuß an Kraft hinauslassen. Warum soll uns derselbe an andre Völker verloren gehen? Unsre jungen Leute können jetzt in andern Erdteilen in deutschen Diensten für die deutsche Sache wirken. Schon jetzt bietet die Kolonialkarriere aussichts= volle Zukunft.

Das sind nicht zu unterschätzende Vorzüge von weittragendster Bedeutung, welche uns Aussichten, die Teilnahme am Welthandel in immer höherem Maße zu gewinnen, eröffnen. Und zuletzt ist der Besitz von Kolonien gerade für uns Deutsche von ganz besonderem Wert, als ein wesentliches Moment zum Ausbau des Nationalitäts= gedankens, der uns noch immer nicht genug in Fleisch und Blut über= gegangen ist.

Eine der größten Schwierigkeiten bereitet uns in Afrika immer die Arbeiterfrage. Der Neger kann, wie wir gehört, angestrengt arbeiten, sogar Außerordentliches leisten, solange es sich um ein althergebrachtes Maß handelt, welches unbedingt notwendig ist, um den ackerbauenden Neger vor Not zu schützen, oder wenn, wie wir gesehen haben, die Schwarzen als Träger zur Küste ziehen, oder Karawanen jahre= lang ins Innere begleiten. Anders ist es, wenn man den Neger zu regelmäßiger Arbeit heranzieht, da versagt er vollständig. Hat er irgendwelche Arbeit während fünf bis sechs Monaten andauernd ver= richtet, so bleibt er weg. Alle Bemühungen, ihn zu halten, sind dann gebens. Er kann mit dem erarbeiteten Lohn seine geringen Bedürf= nisse auf lange Zeit hinaus befriedigen und will vor allen Dingen eine Zeitlang mit Nichtsthun verbringen, um sich zu erholen, er macht sich Ferien. Das liegt nicht nur in seinem Naturell, sondern auch in den Verhältnissen. Warum sollte er ununterbrochen arbeiten, da ihn die Not nicht zwingt, und Vagabundieren bei ihm zu Hause nicht als Schande gilt. Es wird schwer sein, da Abhilfe zu schaffen. Den einzelnen zur Arbeit erziehen zu wollen, hält der Verfasser für ein durchaus vergebliches Bemühen. Erfolge sind damit in ganz Afrika nur ausnahmsweise erzielt worden. Man kann nur dann auf Erfolge rechnen, wenn man ein System einführt, welches die Bewohner ganzer Landschaften zur Arbeit zwingt. Das geht aber nicht mit der Knute, wohl aber dadurch, daß man Verhältnisse schafft, welche den Neger zur Arbeit treiben. Diese Verhältnisse haben immer geordnete Verhältnisse zur Voraussetzung, Schutz des Eigentums und Lebens, sowie eine gesetzlich geregelte Rechtspflege.

Wir müssen zur Erreichung unsres Zweckes allem voran darauf hinwirken, die Leute seßhaft zu machen und Auswanderung verbieten. Ackerboden muß unter die Neger verteilt werden und die Abnahme der Erzeugnisse zu angemessenen Marktpreisen in gewisser Weise garantiert werden. Die Heranziehung zu Fronarbeiten ist unter allen Umständen einzuführen, und zwar zur Ausführung öffentlicher gemeinnütziger Werke, wie Wegebau, Wasserregulierungsarbeiten, Trockenlegen von Sümpfen u. s. w. Dabei sind Gemeinden distriktweise zur Stellung einer bestimmten Anzahl Arbeiter anzuhalten. Die Einteilung in Gemeinden als feste politische Verbände ist schon deshalb notwendig, als nur so die Eingeborenen verpflichtet werden können, ein gewisses Minimum an Bodenfläche zu bebauen.

Um aber überhaupt irgendwelche kulturellen Ziele zu erreichen, ist unter allen Umständen eine allmähliche Abschaffung der Häuptlings- und Jumbewürde geboten. Die Häuptlinge und Jumbe sind es, welche uns die meisten Schwierigkeiten entgegenstellen. Sie sind nämlich die einzig wirklich Geschädigten bei der Unterwerfung ihrer Länder unter deutschen Schutz, bei der Errichtung deutscher Kolonien, denn es geht nunmehr mit ihrer Selbstherrlichkeit und Herrschaft zu Ende. Sie sind es, welche uns jenen fatalen passiven Widerstand entgegensetzen, den zu brechen so ungemein schwer fällt, weil jede Gelegenheit genommen ist, einen Hebel dagegen anzusetzen.

Die Engländer haben nicht umsonst in Indien die Radjas nach und nach entthront, die Negerhäuptlinge und Jumbe spielen in Afrika dieselbe Rolle im kleinen wie jene im großen in Indien.

Immer aber mache man sich zum Grundsatz, mit eiserner Beharrlichkeit einmal als gut erkannte Grundsätze zu befolgen, unter strengster Vermeidung aller Pedanterie die geplanten Arbeiten, seien sie gesetzgeberische, seien sie wirtschaftliche, durchzuführen. Am schwersten wird es uns immer, Pedanterie zu vermeiden. Es zeigen sich hierin jetzt schon ungeheuerliche Auswüchse in Deutsch = Ostafrika, besonders seitdem die Zollverwaltung in die Hände des Reiches übergegangen ist.

Alle Maßregeln, welches Gebiet auch immer dieselben betreffen, sollten nicht gleich derart getroffen werden, daß sie bis in die letzten Konsequenzen verfolgt werden. Man soll im Anfang nur das zu Ermöglichende verlangen und mit großmütiger Milde zur Durchführung bringen, auch manchmal drei gerade sein lassen. Damit gewinnen wir den Neger gleichwie den Araber. Es hängt dies sehr von der leitenden Persönlichkeit ab, in weiser Berechnung ab= und zuzugeben.

Wir müssen erst noch dahin kommen, daß wir mit dem Stolz des alten Römers und des heutigen Engländers ausrufen können: „Ich bin ein Deutscher." Dahin zu gelangen, ist überseeischer Besitz eine Grundbedingung, und zu dem materiellen Gewinn gesellt sich der geistige.

Ende.